CHIMIE INDUSTRIELLE

Cours et Problèmes résolus

Bernard LEFRANÇOIS

Professeur honoraire du Conservatoire National des Arts et Métiers
Chaire de Chimie industrielle

Editions TEC & DOC

LONDRES PARIS NEW YORK

11, rue Lavoisier
F 75384 Paris Cedex 08

ISBN : 2-85206-966-00 (2e tirage corrigé)

Collaborateurs de l'ouvrage :

Madame Bretelle-Desmazières

Monsieur Georges Lonchambon

Monsieur Alain Delacroix

Enseignants de la Chaire de Chimie industrielle
du Conservatoire National des Arts et Métiers

AVANT-PROPOS

L'enseignement de la Chimie industrielle a été longtemps limité à la description des procédés de fabrication. Depuis quelques années, cet enseignement s'est rapproché de la réalité industrielle : il est courant d'y inclure désormais - quoique de manière dispersée - la cinétique chimique, l'optimisation, l'automatisation, l'hygiène, la sécurité, la propriété industrielle, les aspects économiques...

Curieusement, la Thermodynamique et le Génie chimique sont rarement abordés dans cette grande "revue". Sans vouloir alimenter une querelle de frontières, il serait judicieux d'exposer ou au moins de rappeler - dans tout enseignement de Chimie industrielle - les bases de ces deux disciplines dont l'intérêt pratique est évident.

Par ailleurs, un enseignement cohérent de la Chimie industrielle ne peut être utilisable que s'il est étayé par la résolution de problèmes pratiques qui complètent et illustrent le cours.

Le présent ouvrage a été élaboré avec le souci de répondre, dans sa conception et son articulation, à cette double exigence.

Il traite des deux disciplines souvent négligées : la Thermodynamique et le Génie chimique et est divisé en deux parties d'égale importance : un cours et un ensemble de problèmes résolus.

- Le cours apporte les connaissances indispensables à la compréhension de solutions proposées dans la seconde partie.
Il est divisé en trois chapitres : les notions fondamentales de la thermodynamique, les méthodes de calcul des propriétés des gaz et des liquides, les généralités sur les procédés de séparation.
Le second chapitre est, en fait, une application de la thermodynamique développée dans le premier. Outre l'intérêt de familiariser les chimistes à des notions jugées abstraites, les méthodes décrites ont une grande importance pratique : comment peut-on concevoir, étudier un procédé, ou construire un atelier, si l'on ne connaît pas les propriétés des corps mis en œuvre ?
Le génie chimique est représenté par le dernier chapitre traitant des procédés de séparation, on y développe les notions générales de plateau théorique et d'unité de transfert.

- Les problèmes présentés ensuite concernent essentiellement les grandes fabrications de la Chimie industrielle : fabrication de l'ammoniac, du méthanol, de l'aniline, de l'oxyde d'éthylène...
Les données numériques sont tirées de schémas de procédés ou de relevés de marche industrielle, et les questions posées renvoient à des chapitres variés du cours. Chaque problème forme un ensemble, bien différent des exercices simplifiés que l'on trouve habituellement, en guise d'application, dans les monographies de produits, les traités de Thermodynamique ou de Génie chimique.

L'ensemble des notions exposées et la complémentarité entre les aspects théoriques et les applications devraient faire de cet ouvrage un outil de travail pour les chimistes, ingénieurs ou techniciens supérieurs - en cours de formation ou en activité -

Il eut été présomptueux de rédiger seul un tel ouvrage : nous y avons associé tout naturellement les enseignants de la Chaire de Chimie industrielle du Conservatoire National des Arts et Métiers : Madame Bretelle-Desmazières, Messieurs Lonchambon et Delacroix.
Ceux-ci ont participé activement à la rédaction des solutions de problèmes ; ils ont aussi pu apprécier, comme enseignants, les difficultés réelles de compréhension de certains textes et proposer, en conséquence, des modifications pertinentes. Ce livre a donc bénéficié de leur expérience pédagogique. Nous les remercions de leur précieuse collaboration.

Bernard LEFRANÇOIS
Professeur titulaire de la Chaire de Chimie Industrielle
Conservatoire National des Arts et Métiers

AVANT-PROPOS (2ème édition)

La présente édition tient compte des remarques et des observations qui nous ont été adressées par les lecteurs de la première édition.

Les améliorations apportées concernent essentiellement l'homogénéité des notations, l'écriture de certains noms d'auteurs et quelques variations de chiffres intermédiaires, qui, dans un calcul, ne modifient en rien le résultat.

La structure générale a été maintenue : on retrouvera ici le cours et les problèmes traités dans la première édition.

Cours et problèmes divisent toujours l'ouvrage en deux parties sensiblement égales.

Bernard LEFRANÇOIS
Professeur honoraire du Conservatoire National
des Arts et Métiers

Sommaire

COURS

Thermodynamique

Bilans énergétiques

Équilibres chimiques

Systèmes ouverts
Analyse thermodynamique des procédés

Propriétés des gaz et des liquides

Procédés de séparation

PROBLÈMES

COURS

THERMODYNAMIQUE

Notions fondamentales

Thermodynamique

Table des matières

Bilans énergétiques

LE PREMIER PRINCIPE. ÉNERGIE INTERNE. ENTHALPIE

EFFETS THERMIQUES LIÉS AUX PHÉNOMÈNES PHYSIQUES

EFFETS THERMIQUES LIÉS AUX TRANSFORMATIONS CHIMIQUES

Équilibres chimiques

LE DEUXIÈME PRINCIPE

FONCTIONS POTENTIELLES - POTENTIEL CHIMIQUE

ENTHALPIE LIBRE ET FUGACITÉ

CONSTANTES D'ÉQUILIBRE

Systèmes ouverts - Analyse thermodynamique des procédés

THERMODYNAMIQUE DES SYSTÈMES OUVERTS

ANALYSE THERMODYNAMIQUE DES PROCÉDÉS - RÉGIME STATIONNAIRE

Bilans énergétiques

I. Notions d'énergie - Définitions et conventions de signes

Les transformations de la matière, qui intéressent au premier chef les chimistes, sont liées à des interventions de l'énergie.

On sait que l'énergie peut se présenter sous différentes formes : chaleur, travail mécanique, énergie électrique, énergie rayonnante, énergie cinétique, énergie potentielle de gravité, énergie de surface.....

Certaines de ces énergies sont couramment échangées au cours des transformations physiques ou chimiques : ce sont la chaleur et le travail mécanique.

Nous remarquons que ces différentes énergies présentent la même équation aux dimensions(*), leur valeur absolue ou leurs variations peuvent donc être exprimées avec les mêmes unités. On sait que ces énergies ont la faculté de se transformer les unes en les autres.

Le premier principe a été énoncé par MAYER, en 1842, et les premières vérifications expérimentales d'équivalence entre l'énergie mécanique et la chaleur, réalisées par JOULE, entre 1842 et 1845.

Avant d'énoncer le premier principe, nous devons adopter quelques définitions :

- Système : portion de l'espace et son contenu limités par une surface fermée. L'espace extérieur, et son contenu, constituent le milieu extérieur. Les dimensions du système doivent être suffisantes pour que les corps qu'il contient puissent être considérés dans leur état macroscopique et non moléculaire.

- Système ouvert : système échangeant de la matière, du travail, de la chaleur ou toute autre forme d'énergie avec le milieu extérieur.

- Système fermé : système n'échangeant pas de matière mais échangeant du travail, de la chaleur ou toute autre forme d'énergie avec le milieu extérieur.

(*) ML^2T^{-2}

- <u>Système isolé</u> : système n'échangeant ni matière ni aucune forme d'énergie avec le milieu extérieur.

- <u>Variable d'état</u> : l'état stable d'un système peut être défini par un certain nombre de paramètres ou variables d'état. Certaines variables d'état sont proportionnelles à la taille du système (la masse, le volume...), elles sont dites variables extensives.
D'autres variables d'état sont indépendantes de la taille du système (concentration, pression, température...), on les nomme variables intensives.
Les variables d'état ne sont pas toutes indépendantes.

- <u>Transformation</u> : la transformation d'un système résulte de la variation d'au moins une variable d'état. Une tranformation fait passer un système d'un état initial à un état final.

- <u>Transformation cyclique</u> : si l'état initial et l'état final du système sont caractérisés par les mêmes valeurs des variables d'état, le système a parcouru une transformation cyclique.

- <u>Transformation ouverte</u> : si au moins une variable d'état a varié entre l'état initial et l'état final, la transformation subie par le système est dite ouverte.

- <u>Transformations équivalentes</u> : deux transformations sont équivalentes lorsque les états initial et final présentent des valeurs des variables d'état identiques. Ces variables peuvent évoluer différemment entre les états initial et final.

<u>Conventions de signes</u>

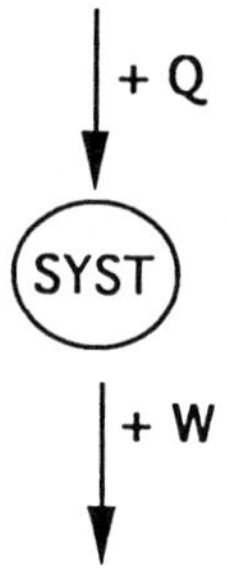

Nous prendrons les conventions de signes adoptées par les ingénieurs du Génie chimique, en particulier aux Etats Unis : la chaleur reçue par le système et le travail fourni par le système sont comptés positivement . Les conventions ci-dessus se justifient par des considérations héritées du siècle dernier au cours de l'étude des machines thermiques. Elles mettent bien en évidence l'équivalence entre la chaleur fournie au bouilleur et le travail mécanique produit.

Ces conventions sont différentes des conventions préconisées par l'AFNOR dans lesquelles la chaleur et le travail reçus par le système sont considérés comme positifs.

II. Enoncé du premier principe

En tenant compte de nos définitions précédentes, l'énoncé de MAYER peut s'écrire : "Lorsqu'un système fermé subit une transformation cyclique, en échangeant, avec le milieu extérieur, uniquement du travail et de la chaleur, la somme algébrique des quantités de chaleur et de travail échangées est nulle".

Avec nos conventions de signe nous avons : $Q - W = 0$

On peut généraliser et écrire que W représente, non seulement un travail, mais toute forme d'énergie échangée, autre que la chaleur.

- Si un système fermé subit une transformation ouverte, nous avons :

$$Q - W = \Delta E$$

ΔE représente ici la variation totale d'énergie du système : variation d'énergie cinétique ΔE_c, d'énergie potentielle de gravité ΔE_p, d'énergie interne ΔU, d'énergie de surface.....

Dans certains cas, il n'y a lieu de faire intervenir que les variations d'énergie cinétique, d'énergie potentielle de gravité et d'énergie interne :

$$\Delta E = \Delta E_c + \Delta E_p + \Delta U$$

Le premier principe s'écrira donc :

$$\Delta E_c + \Delta E_p + \Delta U = Q - W$$

- La variation d'énergie interne ΔU, représente l'énergie emmagasinée dans la matière au cours de la transformation ouverte considérée. L'énergie interne est l'énergie intrinsèque des corps du système et caractérise leur organisation interne : molécules, atomes, électrons.... Elle est la somme de toutes les énergies potentielles et cinétiques que l'on peut dénombrer au niveau des molécules, atomes, électrons et noyaux : énergies de rotation, vibration, de liaison entre atomes... Elle dépend de la composition du système et de sa masse. L'énergie interne est une grandeur extensive.

- On néglige souvent les variations d'énergie cinétique et d'énergie potentielle de gravité ainsi que les variations des autres formes d'énergie du système, à l'exception de l'énergie interne. Ceci conduit à l'expression classique, valable pour un système fermé subissant une transformation ouverte :

$$\Delta U = Q - W$$

- Le premier principe traduit donc :

- la **conservation de l'énergie**

- l'**équivalence** entre les différentes formes d'énergie et leur possible conversion mutuelle.

Il met aussi en évidence la notion nouvelle d'**énergie interne**.

III. Energie interne - Fonction d'état

- Considérons un système fermé évoluant d'un état 1 vers un état 2 par une transformation ouverte que l'on peut représenter sur un diagramme de variables d'état (par exemple, pression et température).

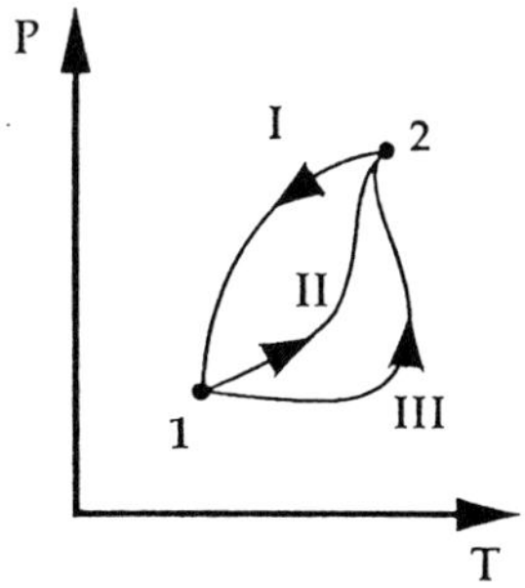

On peut imaginer le passage des états 1 à 2 et de 2 à 1 par différents "chemins thermodynamiques", figurés sur le diagramme ci-contre.

Si nous empruntons les chemins II et I, nous parcourons un cycle et, dans ce cas :

$$Q_{II} - W_{II} + Q_I - W_I = 0$$

Nous pouvons aussi parcourir un cycle en prenant les chemins III et I : $Q_{III} - W_{III} + Q_I - W_I = 0$

En comparant ces deux équations, nous avons :

$$Q_{II} - W_{II} = Q_{III} - W_{III}$$

La quantité (Q - W), pour un système fermé, a toujours la même valeur lorsqu'on passe de l'état 1 à l'état 2, quel que soit le chemin parcouru, II ou III.

La quantité (Q - W) est déterminée par les états initial et final du système fermé et ne dépend pas de l'évolution de celui-ci entre les deux états.

- Explicitons (Q - W), en ne retenant, comme précédemment, que l'énergie cinétique, l'énergie potentielle de gravité et l'énergie interne du système considéré :

$$Q_{II} - W_{II} = \Delta E_{c\,II} + \Delta E_{p\,II} + \Delta U_{II}$$

$$Q_{III} - W_{III} = \Delta E_{c\,III} + \Delta E_{p\,III} + \Delta U_{III}$$

- Les variations : $\Delta E_c = 1/2\, m\, (u_2^2 - u_1^{2)}$ et $\Delta E_p = mg\,(z_2 - z_1)$ ne dépendent que de l'état initial et de l'état final du système, et sont donc égales, quel que soit le chemin parcouru entre les états 1 et 2.

D'où :

$$\Delta U_{II} = \Delta U_{III} = U_2 - U_1$$

La variation d'énergie interne ne dépend pas du chemin parcouru entre les états 1 et 2 ; W et Q peuvent être variables, mais ΔU est constant. Nous dirons que U est une **fonction d'état** .

- Considérons un système dont l'état dépend de deux variables indépendantes, par exemple P et T. U étant une fonction d'état, il existe une relation exprimant U en fonction de P et T : U(P,T), et la différentielle dU peut se mettre sous la forme :

$$dU = \left(\frac{\partial U}{\partial P}\right)_T dP + \left(\frac{\partial U}{\partial T}\right)_P dT,$$ dU est une différentielle exacte ou totale exacte

et : $$\int_1^2 dU = U_2 - U_1$$

Si on néglige les variations d'énergie du système autres que l'énergie interne, la forme différentielle du premier principe est :

$$dU = \delta Q - \delta W$$

δW et δQ ne sont pas, en général, des différentielles exactes, ce sont des quantités infiniment petites, appelées **diminutifs**, qui dépendent à la fois des états initial et final et du chemin parcouru pour passer de l'un à l'autre, contrairement à dU. C'est pourquoi la notation spéciale δ a été adoptée.

Dans le cas général, si ξ, fonction d'état, est une fonction définie de deux variables indépendantes x et y :

$$d\xi = \left(\frac{\partial \xi}{\partial x}\right)_y dx + \left(\frac{\partial \xi}{\partial y}\right)_x dy$$

que l'on peut écrire sous la forme générale $d\xi = X\,dx + Y\,dy$. Nous avons :

$$\int_1^2 (X\,dx + Y\,dy) = \int_1^2 d\xi = \xi_2 - \xi_1$$

X et Y étant en général des fonctions de x et y,

$$\text{et} : \frac{\partial X}{\partial y} = \frac{\partial Y}{\partial x} . \quad \text{En effet,} \quad \frac{\partial^2 \xi}{\partial y\, \partial x} = \frac{\partial^2 \xi}{\partial x\, \partial y}$$

Cette dernière relation est la condition nécessaire et suffisante pour que l'expression X dx + Y dy soit la différentielle exacte d'une fonction ξ (*).

$$\text{Si} \ \frac{\partial X}{\partial y} \neq \frac{\partial Y}{\partial x} ,$$

$d\xi$ ne peut être considérée comme la différentielle exacte d'une fonction ξ.

- L'énergie interne n'étant définie que par ses variations, nous ne connaissons pas sa valeur absolue : la fonction U n'est connue qu'à une constante près.

Dans la pratique, on exprime les variations d'énergie interne en fonction de variables d'état indépendantes les plus courantes :

$$dU = \left(\frac{\partial U}{\partial P}\right)_T dP + \left(\frac{\partial U}{\partial T}\right)_P dT$$

$$dU = \left(\frac{\partial U}{\partial V}\right)_T dV + \left(\frac{\partial U}{\partial T}\right)_V dT$$

$$dU = \left(\frac{\partial U}{\partial V}\right)_P dV + \left(\frac{\partial U}{\partial P}\right)_V dP$$

Ces relations sont applicables à des sytèmes fermés de composition constante.

IV. Application du premier principe aux systèmes fermés

Dans le cas d'un système fermé pour lequel on néglige les variations des énergies potentielle, cinétique et autres, pour ne retenir que les variations d'énergie interne, nous considérerons trois transformations :

- pour une tranformation ouverte à pression constante,

On a toujours : $\Delta U = Q - W$

Si le seul travail à considérer est lié aux variations de volume, la transformation est dite **thermomécanique**.

Ce travail est appelé "travail des forces de pression" ou "travail de volume", il a pour expression :

(*) Les fonctions X et Y étant continûment dérivables.

$$W = \int_{V_1}^{V_2} P\,dV$$

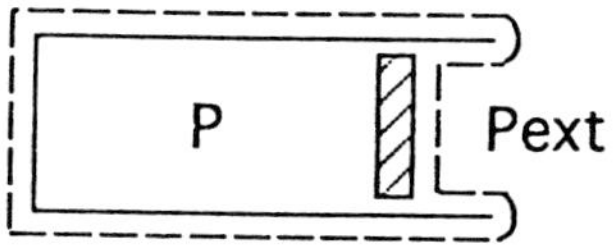

Considérons un fluide contenu dans un cylindre fermé par un piston mobile. Si le système étudié comprend le fluide, le cylindre et le piston mobile, le travail fourni à l'extérieur est bien $\int P_{ext}\,dV$, Pext représente ici la pression exercée sur la face extérieure du piston.

Dans la pratique, cette pression est différente de la pression exercée par le fluide sur la face intérieure du piston, car il existe des frottements et il n'y a pas équilibre des forces s'exerçant sur le piston.

Le travail fourni à l'extérieur ne peut être évalué en fonction des propriétés du fluide que dans le cas où P = Pext, c'est-à-dire si le piston est équilibré et sans frottement. Il s'agit alors d'une transformation "quasi-statique" (avec équilibre des forces) et sans frottement - donc réversible (*).

Si la pression extérieure est constante, $W_P = P\,\Delta V$, et le premier principe s'écrira :

$$\Delta U - Q_p - P\,\Delta V,$$

$$\text{d'où : } (U_2 + PV_2) - (U_1 + PV_1) = Q_p$$

- pour une transformation ouverte, à volume constant :

dans le cas d'une tranformation **thermomécanique**, le travail est nul :

$$W_V = 0 \quad \text{et} \quad Q_V = \Delta U$$

$$\text{ou : } \delta Q_V = dU$$

l'augmentation d'énergie interne est égale à la chaleur absorbée par le système.

- pour une transformation cyclique :

$$\Delta U = 0 \quad \text{d'où : } Q = W$$

(*) Voir les conditions de réversibilité au chapitre " le deuxième principe".

V. Application du premier principe aux systèmes ouverts

Nous considérerons ici le cas le plus fréquent d'un système ouvert fonctionnant en régime stationnaire. Pour un tel régime, les débits massiques entrants sont égaux aux débits massiques sortants.

Les débits et et les grandeurs intensives sont, en tout point du système, et aux limites du système, indépendantes du temps.

Il y a transformation ouverte entre les corps entrants et sortants.

Il n'existe, à l'intérieur du système, ni accumulation de matière, ni accumulation d'énergie. C'est le cas général des grandes unités de fabrication en marche continue.

Pour un tel système, de masse constante, schématisé sur la figure ci-jointe, on peut écrire : Energie entrante = Energie sortante, relation valable pendant un intervalle de temps Δt, au cours duquel une masse m de matière traverse le système.

En explicitant :

$$U_1 + m\frac{u_1^2}{2} + mgz_1 + P_1V_1 + W_1 + Q_1 = U_2 + m\frac{u_2^2}{2} + mgz_2 + P_2V_2 + W_2 + Q_2$$

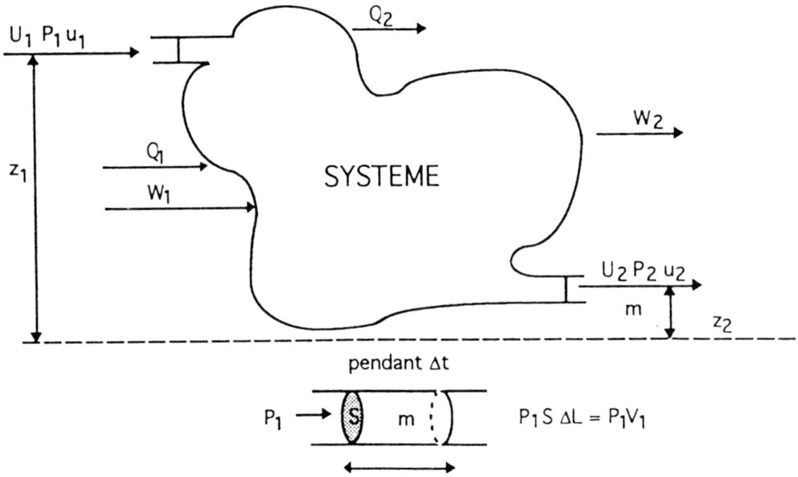

U_1 et U_2 étant rapportées à la masse m.

Tous ces termes sont connus, à l'exception des termes P_1V_1 et P_2V_2 relatifs à l'entrée et à la sortie des corps. Ceux-ci sont, le plus souvent, des fluides.

Le fluide entrant par une canalisation de surface S, à une pression P_1, fournit au système un travail $W = P_1 \, S \, \Delta L$ pendant le temps Δt, ou encore P_1V_1 ,
V_1 correspondant au volume occupé par la masse m introduite pendant le temps Δt.

De même, le fluide sortant fournit au milieu extérieur un travail P_2V_2.
Il s'agit dans les deux cas du travail **de transvasement**.

Si on néglige l'énergie potentielle de gravité et l'énergie cinétique :

$$U_2 - U_1 + P_2V_2 - P_1V_1 + W_2 - W_1 + Q_2 - Q_1 = 0$$

ou : $\Delta U + \Delta (PV) + W_2 - W_1 + Q_2 - Q_1 = 0$

Avec nos conventions de signes : $Q_2 - Q_1 = -Q$

et : $W_2 - W_1 = W$

Ecrivons ce travail $\overset{\circ}{W}$. Il représente tout travail d'origine mécanique ou autre fourni par le système, indépendamment du travail de transvasement.

On tire des équations précédentes :

$$\mathbf{\Delta U + \Delta (PV) = Q - \overset{\circ}{W}}$$

relation obtenue pour un système ouvert en régime stationnaire ; expression que l'on peut comparer à l'expression :

$$\mathbf{\Delta U = Q - W}$$

valable pour un système fermé.

Dans les deux cas, nous avons négligé les formes d'énergie emmagasinées autres que l'énergie interne.

VI. La fonction Enthalpie - Définition - Application aux systèmes ouverts

Si nous définissons une nouvelle fonction, la fonction enthalpie, par la relation :

$$H = U + PV,$$

nous pouvons écrire : $\Delta H = \Delta U + \Delta(PV)$

Pour un système ouvert, en régime stationnaire, nous avons vu que :

$$Q - \overset{\circ}{W} = \Delta U + \Delta(PV)$$

d'où : $$\mathbf{\Delta H = Q - \overset{\circ}{W}} \quad (*)$$

ΔH représente, par exemple, le travail théorique à fournir à un compresseur (*), en régime stationnaire, s'il n'y a pas d'échange de chaleur ($\Delta H = - \overset{\circ}{W}$).

- U et PV étant des fonctions d'état, l'enthalpie est une fonction d'état : ses variations ne dépendent que de l'état initial et de l'état final.

- La valeur absolue de H n'est pas connue, seules sont calculables les variations d'enthalpie.

Dans la pratique, on exprime les variations d'enthalpie en fonction des variables d'état indépendantes les plus courantes :

$$dH = \left(\frac{\partial H}{\partial T}\right)_P dT + \left(\frac{\partial H}{\partial P}\right)_T dP$$

$$dH = \left(\frac{\partial H}{\partial T}\right)_V dT + \left(\frac{\partial H}{\partial V}\right)_T dV$$

$$dH = \left(\frac{\partial H}{\partial P}\right)_V dP + \left(\frac{\partial H}{\partial V}\right)_P dV$$

Ces relations sont applicables à des systèmes fermés de composition constante.

VII. Applications aux systèmes fermés : variations d'enthalpie (*)

- Pour un système fermé subissant une transformation thermomécanique, à pression constante, nous avions : $Q_P = \Delta U + P\,\Delta V$, d'où :

$$\Delta H = Q_P$$

et sous la forme différentielle : $dH = \delta Q_P$, ou : $\delta Q_P = dU + PdV$

(*) Avec les restrictions données au paragraphe IV ci-dessus. ΔH ne représente la variation d'enthalpie d'un fluide que dans le cas où P = Pext (réversibilité).

- Pour un gaz parfait constituant un système fermé et subissant une transformation ouverte **thermomécanique et isotherme** : $\Delta U = 0$, (pour un gaz parfait, U n'est fonction que de la température) (*).

Donc : $Q - W = 0$ et $\Delta(PV) = 0$, car $PV = RT$ (pour une mole),

d'où : $\Delta H = 0$

$$\text{d'autre part (**)}, \quad W = \int_{v_1}^{v_2} P\,dV$$

Pour une mole de gaz parfait, remplaçons P par $\frac{RT}{V}$, on obtient :

$$W = RT \int_{v_1}^{v_2} \frac{dV}{V} = RT \ln \frac{V_2}{V_1}$$

et comme $Q = W$, nous trouvons :

$$Q = RT \ln \frac{V_2}{V_1}$$

(*) Un gaz parfait est un gaz pour lequel il n'existe pas de forces s'exerçant à distance entre les molécules, les seules forces à considérer sont les forces dues aux chocs entre les molécules ou entre molécules et parois. L'énergie interne ne varie pas avec la position relative des molécules, donc avec le volume.
On démontre, en écrivant la différentielle de l'entropie en fonction de U, V et T, que :
$\left(\frac{\partial U}{\partial V}\right)_T = T\left(\frac{\partial P}{\partial T}\right)_V - P$. Pour un gaz parfait, $P = \frac{RT}{V}$ et $\left(\frac{\partial U}{\partial V}\right)_T = 0$

(**) Avec les restrictions données au paragraphe IV ci dessus.

Les effets thermiques liés aux phénomènes physiques se présentent sous deux aspects principaux : les chaleurs sensibles et les chaleurs de changements d'états. Nous inclurons aussi dans ce chapitre les chaleurs de dissolution.

I. Chaleur sensible - Enthalpie sensible

La chaleur sensible est la quantité de chaleur absorbée ou libérée par un corps qui subit une élévation ou un abaissement de température, sans changement d'état.

Nous verrons que lorsque la pression est maintenue constante, la chaleur sensible est égale à la variation d'enthalpie - appelée alors enthalpie sensible -

Les enthalpies sensibles se calculent au moyen des capacités thermiques.

II. Capacité thermique

- La capacité thermique vraie, ou capacité thermique, à une température donnée, est la quantité de chaleur δQ qui provoque un changement de température dT.
Elle peut être molaire ou massique :

$$C_{mol} = \left(\frac{\delta Q}{dT}\right)\frac{1}{n} \quad \text{ou} \quad c_{mass} = \left(\frac{\delta Q}{dT}\right)\frac{1}{m}$$

n et m étant respectivement le nombre de moles et la masse considérés.

Le C majuscule est souvent réservé à la capacité thermique molaire.

- La capacité thermique moyenne est définie entre deux températures T_1 et T_2. Elle peut être molaire ou massique .

$$C = \left(\frac{Q}{T_2 - T_1}\right)\frac{1}{n} \quad \text{et} \quad c = \left(\frac{Q}{T_2 - T_1}\right)\frac{1}{m}$$

- Ces capacités thermiques **ne sont pas des grandeurs définies,** des propriétés des corps, puisque les quantités de chaleur échangées dépendent du chemin parcouru.

Il **n'en est plus de même** si nous précisons que la variation de température a lieu à pression constante ou à volume constant. On définit ainsi des capacités thermiques molaires à pression constante (C_P) ou des capacités thermiques molaires à volume constant (C_V) :

$$C_P = \left(\frac{\delta Q}{dT}\right)_P \qquad C_V = \left(\frac{\delta Q}{dT}\right)_V$$

- Pour un corps, constituant un système fermé, évoluant à pression constante, échangeant avec l'extérieur du travail lié au volume et de la chaleur (transformation thermomécanique réversible) nous avions : $\delta Q_P = dH$.

Par définition : $\delta Q_P = C_P \, dT$

En faisant dP = 0 dans l'expression de la différentielle totale de H :

$$dH = \left(\frac{\partial H}{\partial T}\right)_P dT$$

d'où :

$$C_P = \left(\frac{\partial H}{\partial T}\right)_P$$

C_P est une propriété du corps considéré.

On écrit souvent $Q_P = \Delta H_S$, pour montrer qu'il s'agit d'une **enthalpie sensible**

- Pour un corps, constituant un système fermé, maintenu à volume constant, sans échange de travail, nous avions $\delta Q_V = dU$:

Par définition : $\delta Q_V = C_V \, dT$

en faisant dV = 0 dans l'expression de la différentielle totale de U :

$$dU = \left(\frac{\partial U}{\partial T}\right)_V dT$$

d'où par identification :

$$C_V = \left(\frac{\partial U}{\partial T}\right)_V$$

C_V est une propriété du corps considéré .

III. Capacité thermique des gaz parfaits

Pour un gaz quelconque, on peut écrire U en fonction, par exemple, de T et de V :

$$U = U(T,V)$$

$$\text{et : } dU = \left(\frac{\partial U}{\partial T}\right)_V dT + \left(\frac{\partial U}{\partial V}\right)_T dV$$

$$\text{ou encore: } dU = C_V\, dT + \left(\frac{\partial U}{\partial V}\right)_T dV$$

Pour un **gaz parfait :**

$$\left(\frac{\partial U}{\partial V}\right)_T = 0\text{, donc : } dU = C_V\, dT$$

D'autre part, $H = U + PV$ et :

$$\frac{dH}{dT} = \frac{dU}{dT} + \frac{d\,PV}{dT}$$

Nous écrirons "d", en effet H, U et PV, pour un gaz parfait, ne dépendent que de T.

$$\text{On a : } \quad \left(\frac{\partial H}{\partial T}\right)_P = \frac{dH}{dT} = C_P \text{ et } \left(\frac{\partial U}{\partial T}\right)_V = \frac{dU}{dT} = C_V$$

Pour une mole de gaz parfait : $\frac{d\,PV}{dT} = R$,

L'expression $\frac{dH}{dT} = \frac{dU}{dT} + \frac{d\,PV}{dT}$ devient donc :

$C_p = R + C_v$, avec $R = 1{,}987$ cal/mol K ou 8,314 J/mol K

Pour un gaz parfait, C_p ne varie qu'avec la température et on peut écrire :

$C_p = a + bT + cT^2$, les constantes a, b et c variant d'un gaz à l'autre.

On peut ainsi calculer la variation d'enthalpie sensible, entre T_1 et T_2, à pression constante :

$$\Delta H_s = a\,(T_2 - T_1) + \frac{b}{2}\,(T_2^2 - T_1^2) + \frac{c}{3}\,(T_2^3 - T_1^3)$$

Pour un gaz réel, C_p varie avec la température et avec la pression. L'application du principe des états correspondants permet de calculer facilement ces variations.

IV. Chaleur de changement d'état -Enthalpie de changement d'état des corps purs

Tout changement d'état (ou changement de phase) est accompagné d'effets thermiques. Pour les corps purs, ces changements d'état (ébullition, fusion) se produisent, pour une pression donnée, à température constante.

On distingue la chaleur massique de transformation, ou chaleur latente massique :

$$l = \frac{Q}{m}$$

et la chaleur molaire de transformation, ou chaleur latente molaire :

$$L = \frac{Q}{n}$$

Ces grandeurs ne sont pas définies si on ne fixe pas la pression ou la température.
Il n'en est pas de même si un corps pur évolue à pression constante ($\Delta H = Q_p$) ; on définira alors des enthalpie molaire et enthalpie massique de changement d'état.

Ces dernières enthalpies sont des propriétés caractéristiques d'un corps. Elles sont en relation avec la température, la tension de vapeur et les volumes spécifiques des phases en présence, par l'équation de CLAPEYRON :

$$\frac{dP}{dT} = \frac{\Delta H}{T\,\Delta V},$$

$\Delta V = V_2 - V_1$ étant la variation de volume consécutive au changement d'état.
ΔH et ΔV sont rapportés, soit à l'unité de masse, soit à la mole du corps considéré.

1. Vaporisation : La vaporisation s'accompagne d'une augmentation d'enthalpie :

$$\Delta H_{vap} = H_{vap} - H_{liq} > 0$$

L'enthalpie de vaporisation varie avec la température. Elle diminue lorsque la température augmente, pour s'annuler au point critique.

2. Fusion : La fusion correspond aussi à une variation d'enthalpie positive, c'est donc une transformation endothermique :

$$\Delta H_{fus} = H_{liq} - H_{sol} > 0$$

L'enthalpie de fusion varie peu avec la pression.

3. Sublimation : La sublimation est la vaporisation d'un solide sans fusion, à des températures inférieures à la température du point triple.

$$\Delta H_{sub} = H_{vap} - H_{sol} > 0$$

En imaginant un cycle infinitésimal entourant le point triple, on peut écrire qu'en ce point :

$$\Delta H_{sub} = \Delta H_{vap} + \Delta H_{fus}$$

V. Diagramme enthalpie-température

On donne ci-contre l'allure générale d'un tel diagramme ; les paliers correspondent aux enthalpies de changement d'état.
Il n'est pas tenu compte ici des possibilités d'allotropie cristalline ou de mésomorphisme.

L'origine des enthalpies est arbitraire.

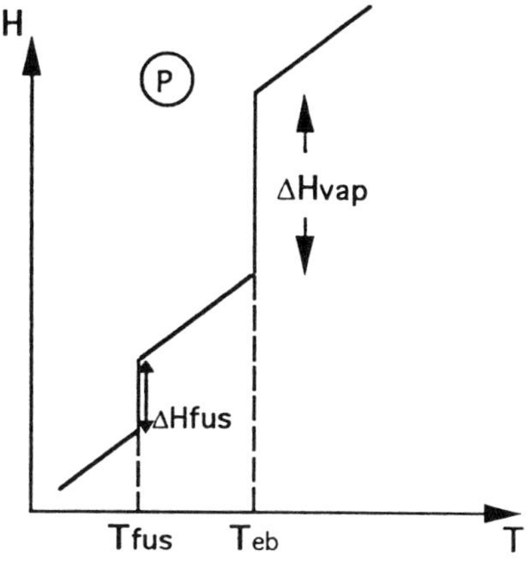

VI. Chaleurs de dissolution (ou de solution)

- La formation d'un mélange homogène, à partir de gaz, liquides ou solides, s'accompagne d'effets thermiques, selon la nature et la proportion des corps mélangés.

-La chaleur de solution ou de dissolution est la quantité de chaleur mise en jeu lors de la préparation d'une solution à teneur déterminée, d'un soluté dans un solvant.

- La chaleur **intégrale** de dissolution se rapporte à 1 mole de soluté pour n moles de solvant,

-La chaleur **intégrale standard de dissolution** se rapporte à **1** mole de soluté pour **n** moles de solvant, à la température T, généralement de 298,15 K et sous une pression de **1 bar.** Elle correspond à une variation d'enthalpie.

- La destruction des liaisons (ionisation) s'accompagne d'une absorption d'énergie ($\Delta H > 0$)

-La formation des liaisons (solvatation) libère de l'énergie ($\Delta H < 0$).

On trouve dans les recueils de constantes, des diagrammes donnant les chaleurs intégrales standard de dissolution pour les sels, acides et bases courants, en fonction du nombre de moles de solvant (en général l'eau).

Il est plus commode d'utiliser pour les mélanges binaires, les diagrammes Enthalpie-Composition, établis à pression constante et pour lesquels on a choisi arbitrairement les enthalpies des corps purs. Ces diagrammes sont faciles d'emploi, notamment pour le calcul des évaporateurs car ils présentent des alignements intéressants.

Si on réalise un mélange adiabatique de deux solutions d'enthalpie, H_a et H_b comportant respectivement n_a et n_b moles, et de teneurs en soluté x_a et x_b, l'enthalpie H_c du mélange sera donnée par le bilan enthalpique :

$$(n_a + n_b) H_c = n_a H_a + n_b H_b$$

$$\text{ou : } n_b (H_c - H_b) = n_a (H_a - H_c) \quad (1)$$

De même, on écrira le bilan de matière en fonction de la teneur x_c en soluté, du mélange :

$$(n_a + n_b) x_c = n_a x_a + n_b x_b$$

$$\text{ou : } n_b (x_c - x_b) = n_a (x_a - x_c) \quad (2)$$

D'après les équations (1) et (2) :

$$\frac{H_c - H_b}{x_c - x_b} = \frac{H_a - H_c}{x_a - x_c}$$

Cette relation indique que le point représentatif du mélange (H_c, x_c) est aligné avec les points représentatifs des solutions initiales (H_a, x_a) et (H_b, x_b), comme le montre la figure ci dessous :

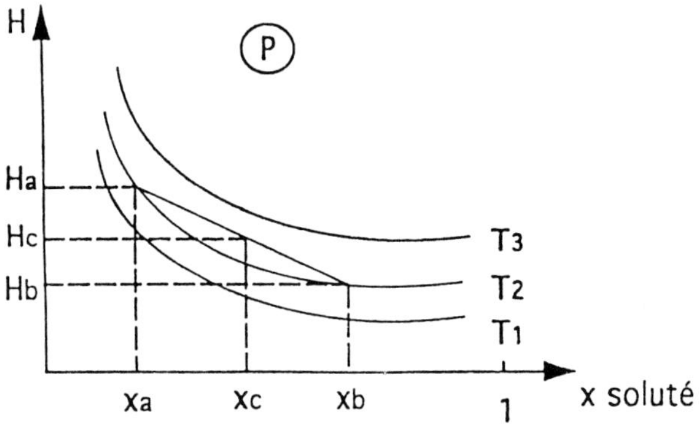

Une transformation chimique consiste en la rupture et (ou) la création de liaisons entre atomes. La destruction d'une liaison exige de l'énergie alors que la formation d'une liaison libère de l'énergie. On conçoit donc que les transformations chimiques s'accompagnent, en général, d'effets thermiques.

I. Chaleur de réaction

La chaleur de réaction est la quantité de chaleur mise en jeu par une réaction chimique dans des conditions déterminées.

Ces conditions déterminées peuvent être : la température, la pression, le volume, l'état physique des réactifs et des produits.

1. Chaleur de réaction et énergie interne

On peut considérer les réactifs formant un système fermé, évoluant selon une transformation ouverte (les réactifs sont transformés en produits). Dans le cas où la réaction chimique est menée **à volume constant**, si la seule énergie échangée est la chaleur de réaction, et si les variations d'énergies emmagasinées autres que l'énergie interne (potentielle, cinétique...) sont négligeables :

$$Q_V = \Delta U_V \quad \text{puisque} \quad W = 0$$

ΔU représente la variation d'énergie interne du système, c'est-à-dire la différence entre l'énergie interne des produits et l'énergie interne des réactifs :

$$Q_V = U_{Pj} - U_{Ri}$$

2. Chaleur de réaction et enthalpie

On peut encore considérer les réactifs formant un système fermé qui évolue selon une transformation ouverte. Dans le cas où la réaction est réalisée **à pression constante**, si les seules énergies considérées sont le travail lié aux variations de volume et la chaleur de réaction, et si les variations d'énergie emmagasinée, autre que l'énergie interne, sont négligeables :

$$Q_P = \Delta U_P + P\Delta V$$

$$\text{donc :} \quad Q_P = \Delta H$$

$$\text{d'où :} \quad Q_P = H_{P_j} - H_{R_i}$$

La plupart des réactions ayant lieu à pression constante, le terme **enthalpie de réaction** remplacera le terme "chaleur de réaction".

3. Chaleurs de réaction à pression et volume constants

Considérons une réaction chimique mettant en œuvre des liquides, solides et gaz, réalisée, soit à volume constant, soit à pression constante, et supposons que les produits, identiques, soient ramenés à la température des réactifs (température constante T).

Les conditions opératoires peuvent être schématisées selon la figure ci-dessous :

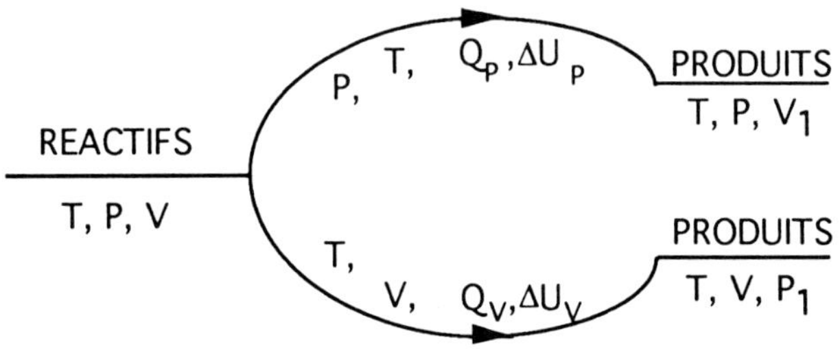

En conservant les notations précédentes, nous avons :

$$Q_V = \Delta U_V$$

$$Q_P = \Delta U_P + P\Delta V$$

d'autre part :

$$\Delta U_P = \Delta U_V + \int_{P_1}^{P} \left(\frac{\partial U_{P_j}}{\partial P} \right)_T dP$$

$(\Delta U_P - \Delta U_V)$ représente la variation d'énergie interne des produits avec la pression.

Dans le cas général, nous trouverons donc :

$$Q_p - Q_V = P\Delta V + \int_{P_1}^{P} \left(\frac{\partial U_{P_j}}{\partial P} \right)_T dP$$

- Si les produits de la réaction sont des gaz parfaits :

$$\left(\frac{\partial U_{P_j}}{\partial P} \right)_T = 0$$

et :

$$Q_P - Q_V = P\Delta V$$

- Si la réaction intéresse à la fois des corps gazeux et des corps condensés, on peut négliger les variations de volume des corps condensés devant les variations de volume des corps gazeux. On peut aussi écrire que pour les corps condensés, la variation d'énergie interne avec la pression est le plus souvent négligeable.

- On aura donc, approximativement, dans la plupart des cas, en supposant les gaz parfaits :

$$Q_P - Q_V = (n_F - n_i)\, R\, T$$

n_i étant le nombre de moles gazeuses avant réaction (état initial)
n_F étant le nombre de moles gazeuses après réaction (état final)

II. Enthalpie standard de réaction

L'enthalpie standard de réaction se définit comme la variation d'enthalpie d'une réaction qui transforme complètement les réactifs en les produits pris dans leur état standard, c'est-à-dire à l'état de corps purs à la température T et à la pression de un bar(*). La température T est généralement de 298,15 K.

L'enthalpie standard de réaction s'écrit ΔH°_{r} ou $(\Delta H^{\circ}_{r})_{298}$ (**) ou ΔH°_{298} ou $(\Delta H^{\circ}_{r})_{T}$.

Il faut, naturellement, préciser l'état physique des corps.

Loi de HESS :

L'enthalpie d'une réaction chimique est indépendante du chemin suivi pour la réaliser (une ou plusieurs étapes). En conséquence lorsqu'une réaction est la somme algébrique de plusieurs réactions, son enthalpie standard est la somme algébrique des enthalpies standard des réactions composantes.

(*) Le choix de cette pression standard date de 1982. Les tables courantes sont établies à la pression de 1 atmosphère - ancienne pression standard - et à la température de 298,15 K.
1 atm = 1,01325 bar

(**) Il est utile de préciser les températures (en K), car certaines tables ont été établies à 0°C ou à 18°C.

Exemple : Calculer $(\Delta H^\circ_r)_{298}$ de la réaction :

$$\underset{g}{SO_2} + \underset{g}{1/2\, O_2} \longrightarrow \underset{g}{SO_3}$$

On connaît : (1) $\underset{rhomb.}{S} + \underset{g}{3/2\, O_2} \longrightarrow \underset{g}{SO_3} \quad (\Delta H^\circ_r)_{298}\,(1) = -94{,}45$ kcal

(2) $\underset{rhomb.}{S} + \underset{g}{O_2} \longrightarrow \underset{g}{SO_2} \quad (\Delta H^\circ_r)_{298}\,(2) = -70{,}96$ kcal

On peut écrire : (1) - (2) : $1/2\, O_2 = SO_3 - SO_2$

ou : (1) - (2) : $SO_2 + 1/2\, O_2 = SO_3$

d'où : $(\Delta H^\circ_r)_{298} = (\Delta H^\circ_r)_{298}\,(1) - (\Delta H^\circ_r)_{298}\,(2) = -94{,}45 + 70{,}96 = -23{,}49$ kcal

ou - 98,32 kJ

III. Enthalpie de formation

Les enthalpies de réaction ne sont pas toujours directement mesurables ou mesurées, mais on peut, dans ce cas, les calculer à partir des enthalpies de formation des réactifs et des produits.

L'enthalpie de formation d'un composé chimique est la chaleur mise en œuvre dans la formation d'un corps, dans des conditions déterminées de température et de pression, identiques au début et à la fin de la réaction de formation.

IV. Enthalpie standard de formation

L'enthalpie standard de formation d'un composé est la variation d'enthalpie de la réaction de formation d'une mole de ce composé, dans son état standard, à partir de ses éléments constitutifs (corps simples), pris également dans leur état standard.

Les enthalpies des éléments, données pour un état standard stable, sont arbitrairement fixées à zéro. L'état standard des composés est défini pour une pression de un bar et une température T, généralement de 298,15 K(*).

Le symbole de l'enthalpie standard de formation est ΔH_f° ou $\left(\Delta H_f^\circ\right)_{298}$ ou $\left(\Delta H_f^\circ\right)_T$.

Il faut naturellement préciser l'état physique des corps.

Les enthalpies standard de réaction sont liées aux enthalpies standard de formation par la relation :

$$\Delta H_r^\circ = \Sigma \left(\Delta H_f^\circ\right)_{Pj} - \Sigma \left(\Delta H_f^\circ\right)_{Ri}$$

Prenons la réaction : $A + B \longrightarrow C + D$

Si a_1 et a_2 sont les éléments de A
b_1 et b_2 " les éléments de B
a_1 et b_1 " les éléments de C
a_2 et b_2 " les éléments de D

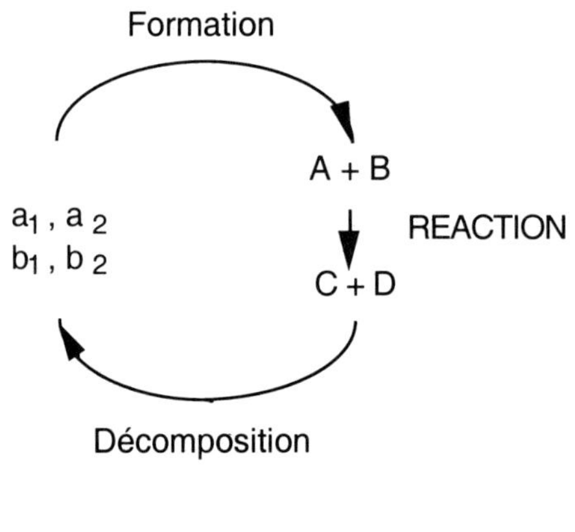

(*) Les tables courantes sont établies à la pression de une atmosphère et à la température de 298,15 K.

Nous pouvons imaginer une transformation cyclique, à 298,15 K et 1 bar, du système fermé constitué par les éléments a_1, a_2, b_1, b_2 .

Cette transformation se décompose en trois étapes : la formation de A et B à partir des éléments a_1, a_2, b_1, b_2 , la réaction A + B $\longrightarrow$ C + D, la décomposition de C et D en les éléments initiaux a_1, a_2 , b_1, b_2 .

L'état initial étant identique à l'état final, nous aurons :

$$\left(\Delta H_f^\circ\right)_A + \left(\Delta H_f^\circ\right)_B + \Delta H_r^\circ - \left(\Delta H_f^\circ\right)_C - \left(\Delta H_f^\circ\right)_D = 0$$

$$\Delta H_r^\circ = \left(\Delta H_f^\circ\right)_C + \left(\Delta H_f^\circ\right)_D - \left(\Delta H_f^\circ\right)_A - \left(\Delta H_f^\circ\right)_B$$

$$\text{donc :} \quad \Delta H_r^\circ = \Sigma\left(\Delta H_f^\circ\right)_{Pj} - \Sigma\left(\Delta H_f^\circ\right)_{Ri}$$

Exemple :

Calculer l'enthalpie standard de la réaction :

$$\underset{g}{CO} + \underset{g}{H_2O} \longrightarrow \underset{g}{CO_2} + \underset{g}{H_2}$$

On trouve dans les tables :

$$\left(\Delta H_f^\circ\right)_{298} \underset{g}{CO_2} = -94{,}051 \text{ kcal}$$

$$\left(\Delta H_f^\circ\right)_{298} \underset{g}{H_2O} = -57{,}798 \text{ kcal}$$

$$\left(\Delta H_f^\circ\right)_{298} \underset{g}{CO} = -26{,}416 \text{ kcal}$$

On sait que : $\left(\Delta H_f^\circ\right)_{298} H_2 = 0$

d'où : $\left(\Delta H_r^\circ\right)_{298} = -\ 94{,}051 - (-\ 26{,}416 - 57{,}798)$

et : $\left(\Delta H_r^\circ\right)_{298} = -\ 9{,}837$ kcal ou - 41,173 kJ

V. Enthalpie de combustion

En chimie minérale, on peut mesurer les chaleurs d'un grand nombre de réactions, mais il n'en est pas de même en chimie organique, où la plupart des réactions s'effectuent lentement et donnent lieu à des réactions secondaires.

Il existe, heureusement, une exception pour les réactions de la chimie organique : il s'agit des combustions en présence d'un excès d'oxygène. Ainsi, les enthalpies de combustion, facilement mesurables, permettent le calcul des enthalpies de réaction.

La chaleur de combustion est la chaleur dégagée par la combustion complète d'une substance, c'est-à-dire par la réaction complète avec l'oxygène moléculaire. A pression constante, on mesure l'enthalpie de réaction.

Pour les composés du carbone, de l'oxygène et de l'hydrogène, les produits de la combustion sont l'eau et le dioxyde de carbone, mais l'eau peut être à l'état liquide ou à l'état vapeur.

Pour les composés contenant carbone, hydrogène, oxygène, azote, soufre..., il faut connaître exactement les produits de combustion. L'incertitude sur les produits réels de la combustion (SO_2 , SO_3 ; NO_2 , NO) limite l'utilisation des enthalpies de combustion pour le calcul des enthalpies de réaction.

VI. Enthalpie standard de combustion

L'enthalpie standard de combustion est l'enthalpie de réaction entre le corps considéré et l'oxygène moléculaire, pris dans leur état standard, les produits étant stables et également dans leur état standard.

L'état standard est défini par : l'état de corps pur, une pression de 1 bar et une température T, généralement de 298,15 K(*).

(*) Les tables courantes sont établies à la pression de une atmosphère et à la température de 298,15 K.

Le symbole de l'enthalpie standard de combustion est $\Delta H°_C$ ou $(\Delta H°_C)_{298}$ ou $(\Delta H°_C)_T$.

Les tables doivent préciser l'état physique des corps et la nature des produits de combustion. Pour les composés organiques, il y a lieu de préciser, en particulier, l'état physique de l'eau formée : liquide ou vapeur (enthalpie de combustion supérieure pour la formation d'eau liquide). En général, les tables sont établies en considérant l'eau sous forme liquide.

Soit une réaction entre composés organiques, menée à 298,15 K et 1 bar ; on peut la réaliser directement ou la décomposer en deux étapes :

- combustion des réactifs, l'effet thermique est égal à $\Sigma (\Delta H°_C)_{Ri}$
- synthèse des produits de la réaction considérée, à partir des produits de combustion de la première étape, l'effet thermique est égal à $- \Sigma (\Delta H°_C)_{Pj}$.

Nous avons réalisé une transformation ouverte à 298,15 K et 1 bar, sur un système fermé, soit directement, soit en deux étapes. Les états initial et final étant identiques :

$$\Delta H_r^\circ = \Sigma (\Delta H°_C)_{Ri} - \Sigma (\Delta H°_C)_{Pj}$$

Le schéma ci-dessous donne l'exemple d'une réaction entre hydrocarbures :

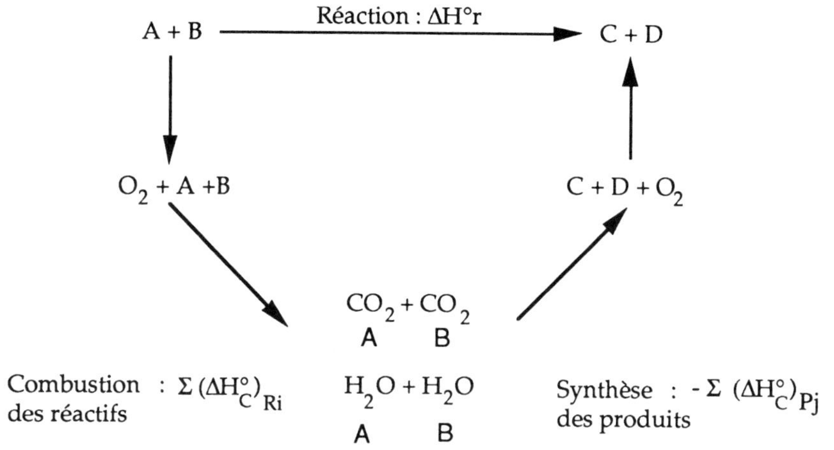

VII Influence de la température sur les enthalpies de réaction

Connaissant l'enthalpie standard d'une réaction (1 bar; 298,15 K(*)), soit directement par consultation des tables de constantes, soit par calcul à partir des enthalpies standard de formation ou enthalpies standard de combustion, comment peut-on calculer l'enthalpie de réaction à une température différente T, la pression étant toujours de 1 bar ?

On peut considérer les trois cas différents énumérés ci-après :

- Les réactifs et les produits sont à la même température.

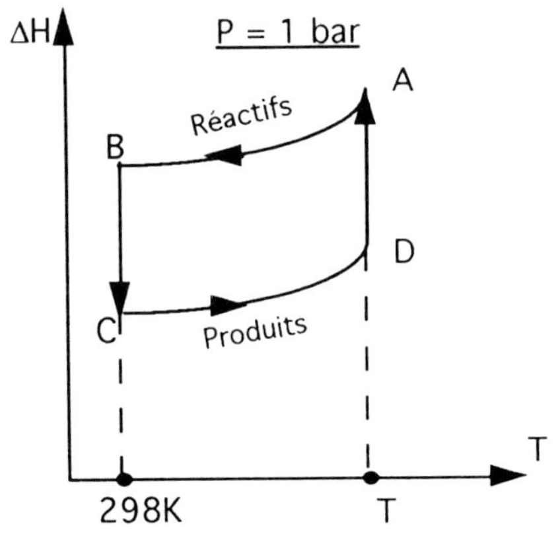

Considérons un diagramme "enthalpie-température" établi pour une pression de 1 bar, entre les températures 298 K et T. Portons le point A, représentant l'enthalpie des réactifs à la température T, les points B et C, l'enthalpie des réactifs et des produits à la température de 298 K, et le point D l'enthalpie des produits à la température T. Sur ce diagramme, les segments BC et DA sont relatifs aux enthalpies de réaction aux températures 298 K et T, alors que les segments AB et DC correspondent aux enthalpies sensibles des réactifs et des produits entre la température T et 298 K. L'enthalpie étant une fonction d'état, sa variation, quand on parcourt le cycle ABCDA, est nulle.

(*) Pour simplifier, nous écrirons dans la démonstration qui suit, 298 K et non 298,15 K.

$$(H_B - H_A) + (H_C - H_B) + (H_D - H_C) + (H_A - H_D) = 0 \qquad (1)$$

Explicitons : $$(H_B - H_A) = \int_T^{298} (\Sigma\, n_i C_{P_{Ri}})\, dT$$

$$(H_C - H_B) = (\Delta H_r^\circ)_{298}$$

$$(H_D - H_C) = \int_{298}^{T} (\Sigma\, n_j C_{P_{Pj}})\, dT$$

$$(H_A - H_D) = -(\Delta H_r^\circ)_T$$

D'après (1) :

$$(\Delta H_r^\circ)_T = (\Delta H_r^\circ)_{298} + \int_{298}^{T} (\Sigma\, n_j C_{P_{Pj}})\, dT - \int_{298}^{T} (\Sigma\, n_i C_{P_{Ri}})\, dT$$

d'où : $$(\Delta H_r^\circ)_T = (\Delta H_r^\circ)_{298} + \int_{298}^{T} (\Delta C_p)\, dT, \text{ si } \Sigma\, n_j C_{P_{Pj}} - \Sigma\, n_i C_{P_{Ri}} = \Delta C_P$$

ou encore : $$(\Delta H_r^\circ)_T = (\Delta H_r^\circ)_{298} + \left(\Delta H_{S_{Pj}}\right)_{298}^{T} - \left(\Delta H_{S_{Ri}}\right)_{298}^{T}$$

On a supposé ici qu'il n'y avait aucun changement d'état, entre 298 K et T, pour les réactifs et les produits. Nous ferons la même hypothèse dans les deux cas étudiés ci-après.

- Les réactifs et les produits sont à des températures différentes.

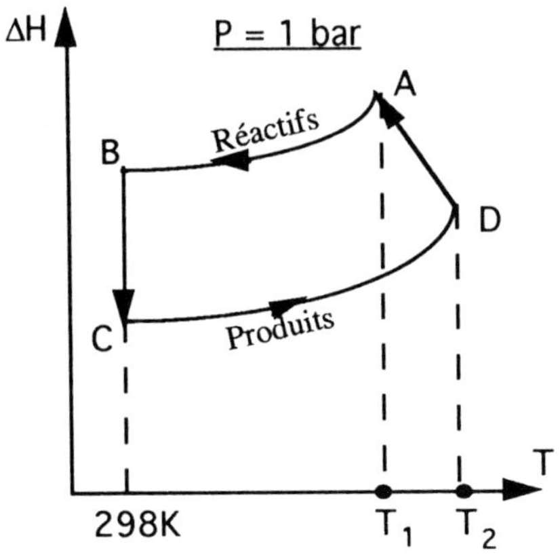

La température T_1 des réactifs est différente de la température T_2 des produits, la pression étant toujours de 1 bar.

Comme précédemment nous avons :

$$(H_B - H_A) + (H_C - H_B) + (H_D - H_C) + (H_A - H_D) = 0 \qquad (1)$$

Explicitons : $$(H_B - H_A) = \int_{T_1}^{298} (\Sigma\, n_i C_{P_{Ri}})\, dT$$

$$(H_C - H_B) = (\Delta H_r^{\circ})_{298}$$

$$(H_D - H_C) = \int_{298}^{T_2} (\Sigma\, n_j\, C_{P_{pj}})\, dT$$

$$H_A - H_D = -(\Delta H_r)_{T_1}^{T_2}$$

Il vient, en écrivant que la variation d'enthalpie pour le cycle ABCDA est nulle :

$$(\Delta H_r)_{T_1}^{T_2} = (\Delta H_r^\circ)_{298} + (\Delta H_{S_{Pj}})_{298}^{T_2} - (\Delta H_{S_{Ri}})_{298}^{T_1}$$

- Réactions adiabatiques

C'est une application du cas précédent, pour laquelle nous pouvons reprendre le diagramme "enthalpie-température" :

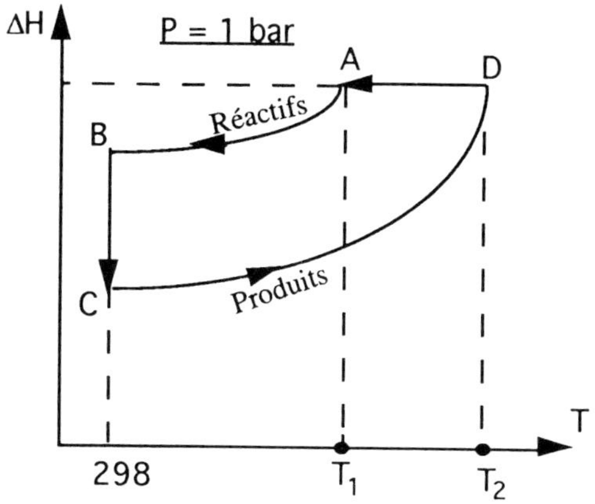

Nous avons : $(\Delta H_r)_{T_1}^{T_2} = Q_P = 0$

d'où : $H_D - H_A = 0$

Finalement on trouve, en parcourant le cycle ABCDA :

$$(\Delta H_r^\circ)_{298} = \int_{298}^{T_1} (\Sigma n_i C_{P_{Ri}})\, dT - \int_{298}^{T_2} (\Sigma n_j C_{P_{Pj}})\, dT$$

ou :

$$\left(\Delta H_r^\circ\right)_{298} = \left(\Delta H_{S_{Ri}}\right)_{298}^{T_1} - \left(\Delta H_{S_{Pj}}\right)_{298}^{T_2}$$

Le problème revient ici à calculer la température T_2 des produits, $(\Delta H^\circ_r)_{298}$, T_1 et les C_p étant connues. Si $(\Sigma n_j C_{p_{pj}})$ peut se mettre sous la forme : $a + bT + cT^2$, on aura à résoudre l'équation cubique :

$$\int_{298}^{T_1} (\Sigma\, n_i\, C_{P_{Ri}})\, dT - (\Delta H_r^\circ)_{298} = a\,(T_2 - 298) + \frac{b}{2}(T_2^2 - 298^2) + \frac{c}{3}(T_2^3 - 298^3)$$

On calcule ainsi les températures de flammes.

VIII Influence de la pression sur les enthalpies de réaction.

On fait ici varier la pression à une température fixe T_1. Le diagramme "enthalpie-pression" peut être à nouveau tracé :

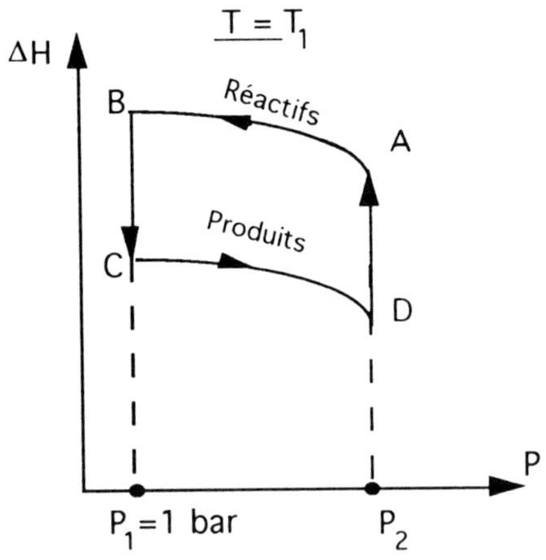

Nous trouvons :

$$H_B - H_A = \int_{P_2}^{1} \left(\frac{\partial H}{\partial P_{Ri}}\right)_{T_1} dP$$

$$H_C - H_B = (\Delta H_r^\circ)_{T_1}$$

$$H_D - H_C = \int_1^{P_2} \left(\frac{\partial H}{\partial P_{Pj}}\right)_{T_1} dP$$

$$H_A - H_D = - (\Delta H_r)_{T_1}$$

d'où pour le cycle ABCDA :

$$(\Delta H_r)_{T_1} = (\Delta H_r^\circ)_{T_1} + \int_1^{P_2} \left(\frac{\partial H}{\partial P_{pj}}\right)_{T_1} dP - \int_1^{P_2} \left(\frac{\partial H}{\partial P_{Ri}}\right)_{T_1} dP$$

Remarquons que pour les gaz parfaits :

$$\left(\frac{\partial H}{\partial P}\right)_T = 0$$

Pour les gaz réels et les liquides, il est possible de calculer les variations d'enthalpie avec la pression en s'appuyant sur le principe des états correspondants.

Équilibres chimiques

I. Le deuxième principe et la réversibilité

- Le premier principe s'intéresse aux bilans énergétiques et ne fait pas de différence entre la chaleur et les autres formes d'énergie.
Il permet de calculer des équivalences vérifiées au cours de toute transformation mais il ne renseigne pas sur le sens des transformations.

On sait qu'il existe des **transformations spontanées (appelées naturelles) et d'autres transformations qui exigent un apport d'énergie**. Est-il possible de prévoir si telle transformation est spontanée (*) ? Ou, en posant la question sous une forme plus générale : à quelles conditions telle transformation est-elle réalisable ?
Le second principe répond à cette question.

Alors que pour le premier principe toutes les transformations sont également possibles, le second principe donne le sens des transformations réalisables.

- On observe que le sens de certaines transformations naturelles peut varier avec les conditions opératoires, cette possibilité d'inversion nous amène à la notion de transformation réversible et implique l'existence d'états d'équilibre. On passe en effet d'une évolution dans un sens à l'évolution dans le sens opposé par l'intermédiaire d'un état d'équilibre. **Nous dirons qu'un système est en état d'équilibre si les variables qui définissent son état ne varient pas au cours du temps et si les variables intensives ont la même valeur dans tout le système**. On peut alors imaginer une transformation réversible de l'état A à l'état B comme une suite d'états d'états d'équilibre infiniment voisins les uns des autres, on définit ainsi la réversibilité thermodynamique.

- En fait, les conditions de la réversibilité thermodynamique sont des conditions idéales qui ne sont jamais satisfaites : les transformations réelles sont toujours irréversibles. La notion de réversibilité est cependant fondamentale car elle constitue le seul point de départ à partir duquel on peut étudier les transformations réelles. Dans les textes qui suivent, lorsque nous emploierons le mot "réversible", il s'agira toujours de la réversibilté thermodynamique.

(*) indépendamment de la vitesse de réaction. On écrira qu'une telle transformation est "thermodynamiquement possible".

- On conçoit que la réversibilité soit à la base même du second principe, le sens d'une évolution - ou transformation - étant étudié à partir d'un état d'équilibre, c'est-à-dire de la réversibilité.
Les transformations qui intéressent les chimistes sont principalement des réactions chimiques, les termes de : réaction d'équilibre ou réaction réversible, sont alors indifféremment employés.

II. Réversibilité

- Nous expliciterons ici ce qui caractérise la réversibilité. Toutes les variations qui, au cours d'une transformation réversible, se produisent dans un système et dans le milieu extérieur, peuvent être complètement annihilées en guidant la transformation dans le sens inverse. Par contre, lorsque la transformation est irréversible, l'état initial du système ne peut être rétabli sans qu'il ne subsiste un changement du milieu extérieur.

- Une transformation est réversible lorsque, après avoir été accomplie, elle peut être décrite en sens inverse de telle manière que le système repasse par les mêmes états intermédiaires.
Une modification infiniment petite des conditions extérieures suffit pour provoquer le passage d'un état d'équilibre à un autre état d'équilibre, le sens de ce passage étant fixé par celui de la modification qui l'a engendré (états "quasi-statiques") .

- S'il s'agit d'un échange de chaleur avec une source de chaleur, la condition de réversibilité (suite d'états d'équilibre) exige que la différence de température entre cette source et le système soit infiniment petite.

- S'il s'agit d'un travail mécanique, par exemple la compression d'un gaz par l'intermédiaire d'un piston, la condition de réversibilité exige l'absence de frottement, et une différence de pression entre les deux faces du piston infiniment petite (la résultante des forces sur le piston est quasiment nulle).

Les différences de température ou les différences de pression étant infiniment petites, les transformations réversibles ne peuvent être qu'infiniment lentes.

- On peut généraliser en écrivant que les "forces" ou "facteurs d'action" faisant évoluer un système : différence de température, différence de pression, différence de potentiel chimique(*), doivent être infiniment petites dans le cas des transformations réversibles.

(*) La notion de potentiel chimique sera vue au prochain chapitre.

III. La notion d'équilibre chimique au 19e siècle

- C'est BERTHOLLET (1803) qui le premier donna des indications sur le déplacement des équilibres chimiques : "On peut déplacer un équilibre chimique dans le sens d'une transformation complète, chaque fois que l'un des produits s'élimine du milieu où se déroule la réaction."

- Après les travaux de BERTHELOT et PEAN de SAINT GILLES sur l'estérification (1862), et de SAINTE-CLAIRE DEVILLE et DEBRAY sur la dissociation thermique de la vapeur d'eau (1863), la première relation quantitative est donnée, sous le titre de loi d'action de masse par GULDBERG et WAAGE en 1867 .

- Enfin en 1884, LE CHATELIER énonce le principe général applicable à tout système en équilibre, physique ou chimique :

"Toute variation de l'un des facteurs de l'équilibre tend à produire une variation de l'état d'équilibre dans un sens tel qu'il en résulte une variation en sens contraire du facteur considéré ".

C'est ainsi qu'un système soumis à la pression se contractera de manière à réduire l'effet de la pression et qu'une élévation de température favorisera la transformation s'accompagnant d'une absorption de chaleur. De même, l'élimination d'un constituant du milieu où se produit une réaction d'équilibre entraînera la production de ce constituant.

IV. Enoncé du deuxième principe

L'expérience montre que la chaleur n'est pas une forme d'énergie identique aux autres.

Les expérimentations de JOULE, relatives à la détermination de l'équivalent mécanique de la chaleur, sont à sens unique : une fois le poids descendu et l'eau échauffée, on n'observera jamais la remontée du poids par refroidissement de l'eau !

Le second principe définit les conditions dans lesquelles une transformation peut se produire, il est le fruit des nombreux travaux qui ont été traduits par des énoncés qui se complètent. Nous citerons celui de CLAUSIUS : "Une transformation qui consisterait uniquement au passage de la chaleur d'une source à basse température vers un corps à plus haute température est impossible", et celui de KELVIN : "Une transformation dont le seul résultat serait la transformation en travail de la chaleur d'une seule source à température uniforme est impossible".

CARNOT a montré que la transformation de chaleur en travail n'est possible que si l'on dispose de deux sources de chaleur de températures différentes :

"Si un système fermé est soumis à une transformation cyclique en empruntant une quantité de chaleur Q_1 à la source chaude de température T_1 et en restituant une quantité de chaleur Q_2 à la source froide de température T_2, le système considéré fournira un travail maximal dans le cas de la réversibilité, ce travail ne dépendant pas de la nature du système mis en jeu."

Dans ces conditions, températures et quantités de chaleur échangées sont liées par la relation:

$$\frac{Q_1}{T_1} + \frac{Q_2}{T_2} = 0^{(*)}$$

Une démonstration simple de cette relation peut être faite en considérant un cycle réversible, constitué de deux adiabatiques et de deux isothermes, parcouru par un gaz parfait.

Si le cycle est irréversible :

$$\frac{Q_1}{T_1} + \frac{Q_2}{T_2} < 0$$

CLAUSIUS a généralisé ces résultats, en décomposant un cycle quelconque en une infinité de cycles partiels constitués d'adiabatiques et d'isothermes.

CYCLE DE CARNOT

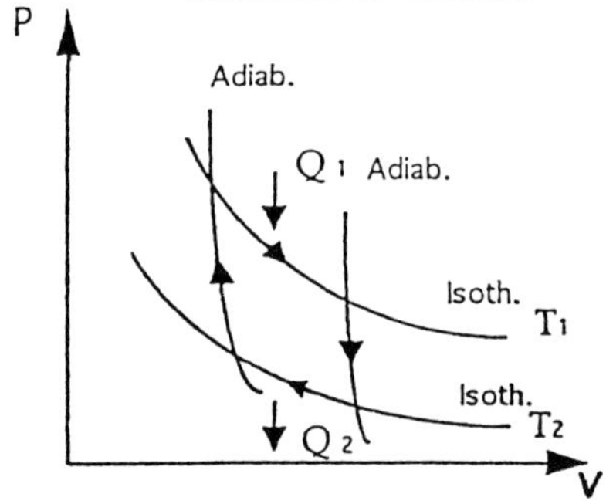

(*) Avec nos conventions de signes, Q_2 est négatif.

- Les relations précédentes deviennent donc, pour un cycle réversible, parcouru par un système fermé :

$$\oint_{rev} \frac{\delta Q}{T} = 0 \ ,$$

$$\text{et :} \quad \oint_{irrev} \frac{\delta Q}{T} < 0 \quad \text{pour un cycle irréversible}$$

Examinons le cas d'un système fermé, subissant une transformation ouverte AB, réversible.

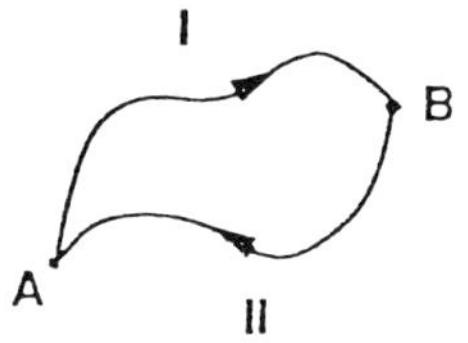

On peut compléter cette transformation pour revenir réversiblement au point A, en décrivant un cycle global réversible A B A ,

nous avons alors : $\displaystyle\int_{A\,rev\,I}^{B} \frac{\delta Q}{T} + \int_{B\,rev\,II}^{A} \frac{\delta Q}{T} = 0$

et : $\displaystyle\int_{A\,rev\,I}^{B} \frac{\delta Q}{T} = - \int_{B\,rev\,II}^{A} \frac{\delta Q}{T} = \int_{A\,rev\,II}^{B} \frac{\delta Q}{T}$, on voit donc que l'intégrale $\displaystyle\int_{A\,rev}^{B} \frac{\delta Q}{T}$

est indépendante du chemin thermodynamique suivi, on peut donc la considérer comme la variation d'une fonction d'état :

$$\Delta S = \int_{A\,rev}^{B} \frac{\delta Q}{T} = S_B - S_A \quad \text{ou} \quad (\delta Q)_{rev} = T\, dS$$

Nous venons de définir, pour les transformations réversibles, une nouvelle fonction d'état : **l'entropie S**.

On peut donc écrire, comme pour l'énergie interne ou l'enthalpie :

$$dS = \left(\frac{\partial S}{\partial P}\right)_V dP + \left(\frac{\partial S}{\partial V}\right)_P dV$$

$$dS = \left(\frac{\partial S}{\partial T}\right)_V dT + \left(\frac{\partial S}{\partial V}\right)_T dV$$

$$dS = \left(\frac{\partial S}{\partial P}\right)_T dP + \left(\frac{\partial S}{\partial T}\right)_P dT$$

Ces relations sont applicables à des systèmes fermés de composition constante.

- dans le cas de l'irréversibilité, on peut comparer l'intégrale : $\int_{1_{irrév}}^{2} \frac{\delta Q}{T}$

à la variation d'entropie $\int_{1_{rev}}^{2} \frac{\delta Q}{T}$ en considérant un cycle irréversible, constitué d'une partie réversible et d'une partie irréversible :

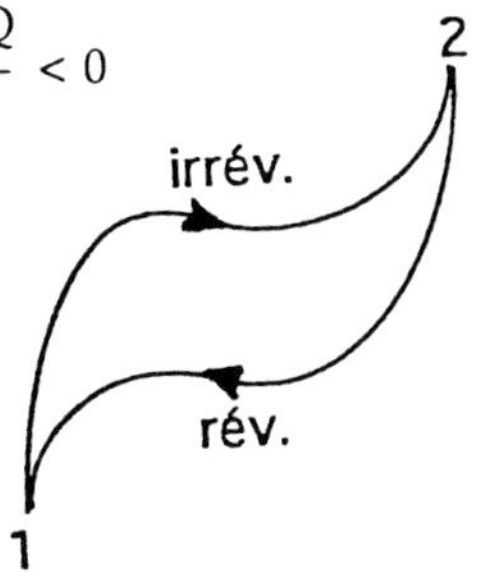

pour l'ensemble du cycle : $\oint_{irrév} \frac{\delta Q}{T} < 0$ ou $\int_{1\ irrév}^{2} \frac{\delta Q}{T} + \int_{2\ rev}^{1} \frac{\delta Q}{T} < 0$

on a : $-\int_{2\ rev}^{1} \frac{\delta Q}{T} = \int_{1\ rev}^{2} \frac{\delta Q}{T}$ d'où $\int_{1\ irrév}^{2} \frac{\delta Q}{T} < \int_{1\ rev}^{2} \frac{\delta Q}{T}$

et en faisant intervenir la notion d'entropie : $\int_{1\ irrév}^{2} \frac{\delta Q}{T} < \Delta S$

ou $\delta Q_{irrev} < T\, dS$

Si la température est constante : $\left(\frac{Q}{T}\right)_{irrév} < \Delta S$

V. Propriétés de l'entropie

Nous énonçons dans ce paragraphe les principales propriétés de la fonction entropie.

1 - L'entropie est une fonction d'état.

2 - Les variations d'entropie ne sont calculables que pour les transformations réversibles.

- Dans le cas d' une transformation irréversible, il faut imaginer, pour le calcul de ΔS, un chemin réversible ayant même état initial et même état final . On utilisera des transformations réversibles de référence (voir le point 7).

- Si un système échange, au cours d'une tranformation, **uniquement de la chaleur, que ce soit de façon réversible ou irréversible, nous aurons toujours** :

$$\Delta S = \int \frac{\delta Q}{T}$$

car on peut imaginer que le système reçoit ou cède la même quantité de chaleur de manière réversible, entre les mêmes températures, pour le même changement d'état.

3 - L'entropie est une grandeur extensive : les entropies s'additionnent et se soustraient.

L'entropie peut être considérée comme le facteur d'extensité de la chaleur échangée réversiblement :

On a en effet : $\delta Q_{rev} = T\,dS$, la température étant le facteur d'intensité.

4 - L'entropie d'un système isolé, qui évolue irréversiblement, croît. Considérons une transformation cyclique comportant une partie réversible et une partie irréversible ; dans son ensemble , la transformation est irréversible.
Reprenons la démonstration du paragraphe IV :

$$\oint_{irrév} \frac{\delta Q}{T} = \int_{1_{irrév}}^{2} \frac{\delta Q}{T} + \int_{2_{rev}}^{1} \frac{\delta Q}{T} < 0$$

$$\int_{1_{irrév}}^{2} \frac{\delta Q}{T} < - \int_{2_{rev}}^{1} \frac{\delta Q}{T}$$. Pour la partie réversible $$\int_{1_{rev}}^{2} \frac{\delta Q}{T} = - \int_{2_{rev}}^{1} \frac{\delta Q}{T}$$

en remplaçant : $$\int_{1_{irrév}}^{2} \frac{\delta Q}{T} < \int_{1_{rev}}^{2} \frac{\delta Q}{T}$$ d'où $$\int_{1_{irrév}}^{2} \frac{\delta Q}{T} < S_2 - S_1$$

Pour un système isolé, $\delta Q = 0$, et $S_2 - S_1 > 0$. L'entropie tend à croître s'il évolue irréversiblement, elle est constante s'il évolue réversiblement.

5 - L'entropie mesure l'état d'ordre ou de désordre d'un système. Elle est liée à la probabilité thermodynamique Ω par la formule de BOLTZMAN $S = k \ln \Omega$(*),
Ω représente le nombre d'états microscopiques dans lesquels peuvent se trouver les particules d'un système, pour un état thermodynamique donné. Ce nombre est plus grand pour un gaz (système désordonné) que pour un cristal (système ordonné). L'entropie est une fonction croissante de la probabilité thermodynamique : elle croît avec le désordre.

6 - A la température 0 K, l'entropie des corps purs, parfaitement cristallisés est nulle. **Cette propriété de l'entropie est connue sous le nom de troisième principe de la thermodynamique**. L'entropie croît avec la température : l'entropie d'un corps est toujours positive.

7 - Transformations réversibles de référence.
Parmi les transformations servant de référence et évoquées au point 2 ci-dessus, il en est 3 qui sont souvent utilisées :

- les échanges de chaleur à pression constante : $\Delta S = C_p \ln \frac{T_2}{T_1}$ (si C_p est constant)

- les transformations isothermes réversibles d'un gaz parfait : $\Delta S = R \ln \frac{V_2}{V_1}$

- les transformations adiabatiques réversibles : $\Delta S = 0$

(*) avec k = Constante des gaz parfaits / Nombre d'Avogadro.

En conclusion des premier et deuxième principes, on peut écrire pour un ensemble isolé (système + milieu extérieur), les relations suivantes :

$$\Delta E_{système} + \Delta E_{milieu\ extérieur} = 0$$

$$\Delta S_{système} + \Delta S_{milieu\ extérieur} \geq 0$$

<u>Exemple : entropie et réversibilité</u>

On échange une même quantité de chaleur : 100 calories, entre le milieu extérieur, à la température de 15°C, et 10, 20, 100 grammes d'eau, aux températures respectives de 5°C, 10°C et 14°C.

Quelle est la variation totale d'entropie (milieu extérieur + eau) dans les trois cas cités :

10 grammes d'eau à 5°C ΔT = 10°C , milieu extérieur 15°C

20 grammes d'eau à 10°C ΔT = 5°C , "

100 grammes d'eau à 14°C ΔT = 1°C "

On supposera la capacité thermique de l'eau constante, c_p = 1 cal/g K

Dans tous les cas, $\Delta S_{ext} = -\frac{100}{288}$ Clausius ou (cal/K)

et $\Delta S_{total} = \Delta S_{eau} + \Delta S_{ext}$

$$\text{à } 5°C,\ \Delta S_{total} = \int_{278}^{288} \frac{10 \times 1 \times dT}{T} - \frac{100}{288} = 10 \ln \frac{288}{278} - \frac{100}{288} = 0{,}00613 \text{ Clausius}$$

$$\text{à } 10°C,\ \Delta S_{total} = 20 \ln \frac{288}{283} - \frac{100}{288} = 0{,}00305 \text{ Clausius}$$

$$\text{à } 14°C,\ \Delta S_{total} = 100 \ln \frac{288}{287} - \frac{100}{288} = \quad = 0{,}00060 \text{ Clausius}$$

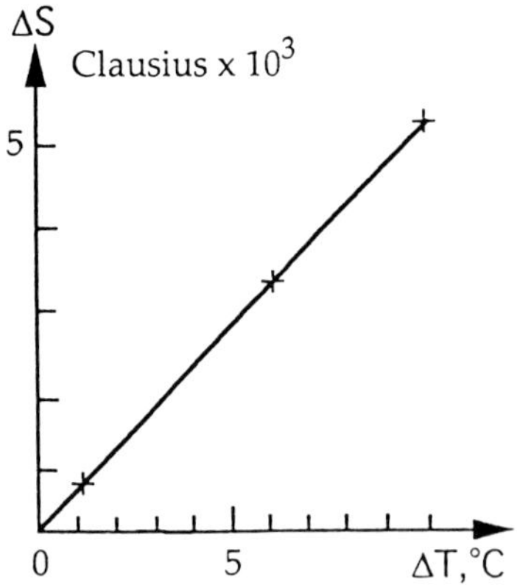

On peut écrire : $\Delta S_{total} = \frac{100}{\Delta T} \cdot \ln \frac{288}{288 - \Delta T} - \frac{100}{288}$

Généralisons, si $x = \frac{\Delta T}{288}$,

il vient : $\Delta S_{total} = \frac{100}{288}\left(\frac{1}{x} \ln \frac{1}{1-x} - 1\right)$

et $\Delta S_{total} = \frac{100}{288}\left(\frac{x}{2} + \frac{x^2}{3} \ldots\right)$

ou $\Delta S_{total} = 0{,}17366\, x + 0{,}1157\, x^2 \ldots$

Lorsque l'écart de température devient nul ΔS = 0, il y a réversibilité.

Exemple : entropie et travail perdu

Considérons deux réservoirs 1 et 2, à températures constantes, T_1 et T_2, tels que $T_1 > T_2$. Il y a uniquement échange de chaleur entre ces deux réservoirs. Montrez que l'entropie créée au cours de cet échange est une mesure du travail perdu.

L'ensemble des deux réservoirs forme un système isolé.

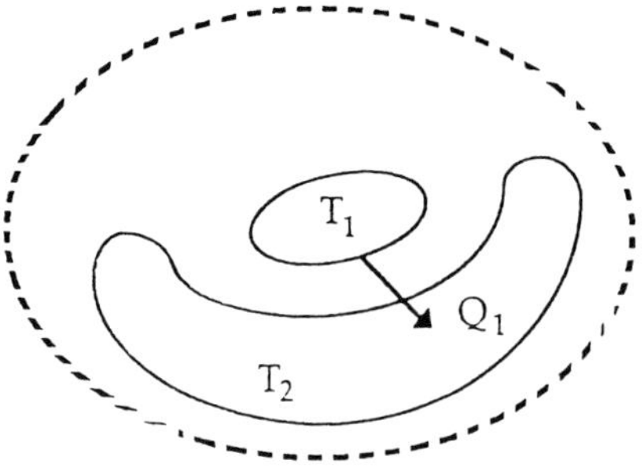

$$\Delta S_1 + \Delta S_2 = \Delta S_{total}$$

Si Q_1 est la chaleur échangée :

$$\Delta S_1 + \Delta S_2 = \frac{Q_1}{T_2} - \frac{Q_1}{T_1} = Q_1 \frac{(T_1 - T_2)}{T_1 T_2}$$

$$\text{et } Q_1 \frac{(T_1 - T_2)}{T_1 T_2} = \Delta S_{total} \quad (1)$$

On aurait pu produire un travail en utilisant un fluide parcourant un cycle réversible de CARNOT entre les températures T_1 et T_2. Ce travail, que l'on peut considérer comme du travail perdu, aurait eu pour valeur :

$$W_{perdu} = Q_1 \frac{T_1 - T_2}{T_1} \quad (2)$$

Le rapprochement des équations (1) et (2) nous montre que :

$$W_{perdu} = \Delta S_{total}\, T_2$$

T_2 étant la température du réservoir, ou de la source froide. On voit que la variation d'entropie est liée directement au travail perdu.

Cette équation établie pour des échanges de chaleur est d'une application plus générale. Si T_{ext} est la température du milieu extérieur (air ou eau courante), on aura également pour des systèmes ouverts fonctionnant en régime stationnaire :

$$\overset{\circ}{W}_{perdu} = \Delta S_{total}\, T_{ext}$$ (voir le chapitre "Analyse thermodynamique des Procédés")

VI. Entropie de mélange idéal

L'entropie étant fonction croissante du désordre d'un système, on conçoit que le mélange des corps accroisse l'entropie. Dans le cas d'un mélange idéal, l'accroissement d'entropie s'écrit, pour une mole :

$$\Delta S_{mel\ idéal} = - R\,(x_1 \ln x_1 + x_2 \ln x_2)\ (*)$$

x_1 et x_2 étant les fractions molaires des deux corps d'un mélange binaire.

VII. Entropie sensible

A pression constante, pour le réchauffement ou le refroidissement d'un corps, entre T_1 et T_2, l'entropie sensible s'écrit :

$$\Delta S = \int_{T_1}^{T_2} C_p \frac{dT}{T}$$

(*) Voir démonstration au chapitre "Enthalpie libre et fugacité" et si C_p est constant : $\Delta S = C_p \ln \frac{T_2}{T_1}$

Dans la majorité des cas, C_p est en fonction de la température, et il y a lieu de faire l'intégration entre les températures T_1 et T_2.

VIII. Entropie de changement d'état des corps purs

A pression constante, la température de changement d'état est fixée et la variation d'entropie s'écrit :

$$\Delta S = \frac{\Delta H}{T}$$

Ainsi, pour l'ébullition, sous pression atmosphérique :

$$\Delta S_{vap} = S_{vap} - S_{liq}$$

$$\text{et : } \Delta S_{vap} = \frac{\Delta H_{vap}}{T_B}$$

IX. Variation d'entropie d'un corps pur

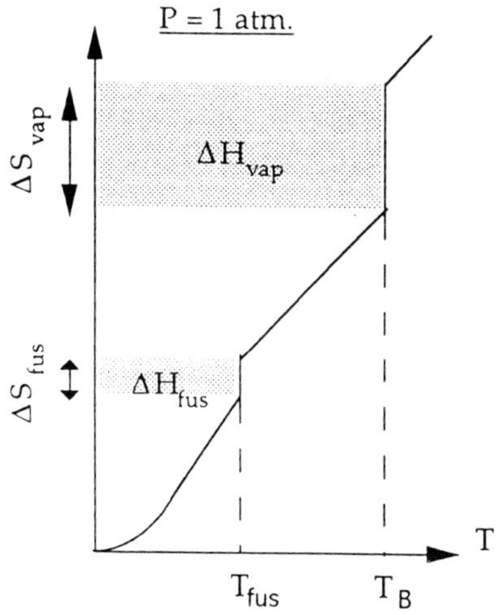

A la température de 0 K, S = 0. Nous pouvons tracer les variations d'entropie en fonction de la température, à pression constante (1 atm), nous obtenons ainsi la courbe de la figure ci-contre. Ce tracé suppose que le corps étudié ne présente ni allotropie cristalline, ni mésomorphisme.
On remarque que les aires en grisé représentent les enthalpies :

- de fusion : $\Delta H_{fus} = \Delta S_{fus} \cdot T_{fus}$
- de vaporisation : $\Delta H_{vap} = \Delta S_{vap} \cdot T_B$

X. Entropie d'une réaction chimique

La variation d'entropie d'une réaction chimique appelée aussi entropie de réaction est définie à partir des entropies des produits et des réactifs :

$$\Delta S_r = \Sigma S_{Prod} - \Sigma S_{React}$$

Ou selon nos notations précédentes (*):

$$\Delta S_r = \Sigma S_{Pj} - \Sigma S_{Ri}$$

On calcule ainsi l'entropie standard de réaction, les réactifs et les produits étant considérés dans leur état standard (corps pur, pression de un bar et température T, généralement de 298,15 K). On trouve les entropies standard des corps purs dans les recueils classiques de thermodynamique. L'entropie standard de réaction s'écrit : $\Delta S°_r$ ou $(\Delta S°_r)_{298}$ ou $(\Delta S°_r)_T$

La loi de HESS s'applique à l'entropie : on peut faire des sommes ou des soustractions de réactions pour calculer les entropies de réaction.

Exemple : Entropie standard de réaction.

Calculons l'entropie standard de la réaction de décomposition de l'ammoniac en hydrogène et azote :

$$\underset{g}{2\,NH_3} \longrightarrow \underset{g}{3\,H_2} + \underset{g}{N_2}$$

On trouve dans les tables :

$$S°_{298}\,H_2\,(g) = 31{,}211 \text{ cal/mol K}$$

$$S°_{298}\,N_2(g) = 45{,}767 \text{ cal/mol K}$$

$$S°_{298}NH_3(g) = 46{,}010 \text{ cal/mol K}$$

d'où :

$$(\Delta S°_r)_{298} = 45{,}767 + 3 \times 31{,}211 - 2 \times 46{,}01$$

et :

$$(\Delta S°_r)_{298} = 47{,}38 \text{ cal/K ou } 198{,}31 \text{ J/K}$$

(*) Voir le chapitre "Effets thermiques liés aux transformations chimiques".

FONCTIONS POTENTIELLES
POTENTIEL CHIMIQUE

Lorsqu'un corps est soumis au champ de la pesanteur, le travail effectué par la force de pesanteur sur ce corps ne dépend que des coordonnées géométriques de son centre de gravité à l'état initial et à l'état final.

Ce travail est égal à la variation d'une fonction potentielle que nous avons appelée l'énergie potentielle de gravité ($mg\Delta z = \Delta E_p$).

Dans le cas général, on appellera fonction potentielle, une fonction possédant les deux propriétés :

- sa variation représente le travail reçu par le système,

- sa valeur ne peut que diminuer au cours d'une évolution.

En thermodynamique, nous étudierons deux fonctions potentielles : l'enthalpie libre et l'énergie libre. Comme pour l'exemple évoqué ci-dessus, nous verrons que les propriétés générales des fonctions potentielles ne sont vérifiées que dans des conditions particulières.

I. Enthalpie libre

On définit l'enthalpie libre par la relation $G = H - TS$; c'est une fonction d'état comme le sont H et S. On ne connaît pas sa valeur absolue.

L'enthalpie libre est une grandeur extensive.

L'enthalpie libre est encore appelée fonction de GIBBS par les Anglo-saxons, qui lui donnent parfois pour symbole : F

1 - Variations de l'enthalpie libre avec la pression et la température.

On peut exprimer les variations de l'enthalpie libre en fonction des variables d'état indépendantes les plus courantes :

$$dG = \left(\frac{\partial G}{\partial P}\right)_T dP + \left(\frac{\partial G}{\partial T}\right)_P dT$$

$$dG = \left(\frac{\partial G}{\partial V}\right)_T dV + \left(\frac{\partial G}{\partial T}\right)_V dT$$

$$dG = \left(\frac{\partial G}{\partial V}\right)_P dV + \left(\frac{\partial G}{\partial P}\right)_V dP$$

Ces relations sont applicables à des systèmes fermés de composition constante.
Reprenons la définition de la fonction enthalpie libre : $G = H - TS$

en différenciant : $dG = dH - TdS - SdT$ (1)

avec $dH = dU + VdP + PdV$

Selon le premier principe $dU = \delta Q - \delta W$

d'où $dH = \delta Q - \delta W + PdV + VdP$

Si nous nous intéressons à une transformation thermomécanique, c'est-à-dire que les seules énergies échangées sont la chaleur et le travail mécanique lié aux variations de volume (travail des forces de pression), nous avons, dans le cas de la réversibilité :

$$\delta W = PdV \text{ et } \delta Q = TdS$$

$$\text{d'où : } dH = TdS + VdP$$

Portons cette valeur de dH dans l'équation (1), il vient :

$$dG = VdP - SdT \quad (2)$$

Cette expression, établie pour les conditions de la réversibilité, est aussi valable pour toute transformation équivalente, puisque G est une fonction d'état. Elle est utilisable pour des transformation irréversibles.

Compte tenu de la différentielle totale déjà écrite :

$$dG = \left(\frac{\partial G}{\partial P}\right)_T dP + \left(\frac{\partial G}{\partial T}\right)_P dT$$

on en déduit, en comparant à l'équation (2) :

$$\left(\frac{\partial G}{\partial P}\right)_T = V \quad \text{et} \quad \left(\frac{\partial G}{\partial T}\right)_P = - S$$

2 - Signification physique de la variation d'enthalpie libre

Soit un système fermé soumis à une transformation ouverte, à pression et température constantes.

Le travail des forces de pression (ou encore travail de volume) s'écrit :

$$\delta W_p = P\, dV$$

Le premier principe donne : $\delta Q - \delta W = dU$

Explicitons δW :

$\delta Q = dU + \delta W_u + \delta W_p = dU + P\, dV + \delta W_u$, si W_u est le travail autre que celui des forces de pression (ou travail de volume).

Le plus souvent, en chimie, le travail des forces de pression n'est pas récupéré. Il y a donc lieu de distinguer le travail réellement utile ou utilisable, qui peut être, par exemple, un travail électrique. W_u sera appelé le travail utile.

A pression constante : $\delta Q = dH + \delta W_u$ (1)

- dans le cas de la réversibilité ; $\delta Q_{rev} = T\, dS$

$$T\, dS = dH + \delta W_{u\ rev}$$
$$\text{ou } \delta W_{u\ rev} = T\, dS - dH$$

$\delta W_{u\ rev} = - dG$, et pour une transformation finie, $W_{u\ rev} = - \Delta G$

- dans le cas de l' irréversibilité ; $\delta Q_{irrev} < T\,dS$

l'équation (1) devient :

$$T\,dS > dH + \delta W_{u\ irrev}$$

$$\text{ou} \qquad \delta W_{u\ irrev} < T\,dS - dH$$

$\delta W_{u\ irrev} < - dG$, et pour une transformation finie $W_{u\ irrev} < -\Delta G$

On a toujours $W_{u\ irrev} < W_{u\ rev}$

En conséquence, si le système fournit du travail au milieu extérieur, il lui en fournit plus lorsque la transformation est menée réversiblement.

Si le système demande du travail au milieu extérieur, il lui en demande plus lorsque la transformation est réalisée irréversiblement.

Le travail susceptible d'être produit par un système fermé, pour toute transformation effectuée à température et pression constantes, travail des forces de pression déduit, est, au plus, égal à - ΔG.

3 - **Pour toute réaction chimique**, on peut considérer que les réactifs et les produits constituent un système fermé. A température et pression constantes, la variation d'enthalpie libre ou enthalpie libre de réaction est égale à :

$$\Delta G = G_{produits} - G_{réactifs}$$

- Une réaction chimique peut être réalisée réversiblement, avec travail extérieur (autre que le travail des forces de pression), par voie électrochimique, dans ce cas :

$$W_{u\ rev} = -\Delta G$$

$$Q_{rev} = T\,\Delta S$$

- Elle peut se produire spontanément, c'est-à-dire sans intervention extérieure, simplement en mélangeant les réactifs. Ce sont des conditions d'irréversibilité pour lesquelles :

$$W_{u\ irrev} = 0$$

$$Q_{irrev} < T\,\Delta S$$

$$\Delta G < 0 \quad \text{car} \quad -\Delta G > W_{u\ irrev}$$

L'enthalpie libre du système diminue et ΔG devient nulle lorsqu'on atteint un équilibre :

En effet, si : $W_{u\ rev} = 0$ on trouve : $\Delta G = 0$

On voit donc que pour une réaction chimique réalisée à pression et à température constantes, lorsqu'il n'y a pas de travail échangé avec le milieu extérieur (autre que le travail des forces de pression) :

$\Delta G < 0$ réaction spontanée (ou naturelle) possible (irréversibilité)(*)

$\Delta G = 0$ équilibre (réversibilité)

$\Delta G > 0$ réaction spontanée (ou naturelle) impossible. $(Q/T)_{irrev}$ serait plus grand que ΔS et il y aurait contradiction avec le deuxième principe. Dans ce cas la réaction inverse peut se réaliser spontanément.

Les transformations "naturelles" ou "spontanées" sont irréversibles, elles sont caractérisées par une diminution de l'enthalpie libre : $\Delta G < 0$. Les transformations dont le ΔG est positif ne peuvent être réalisées que si on fournit de l'énergie.

4 - Variation d'enthalpie libre d'un système fermé - équilibre chimique -

Si un ensemble de réactifs et produits (système fermé) est en équilibre (à température et pression constantes, sans échange de travail autre que celui des forces de pression), pour une certaine valeur de la composition ou du degré d'avancement de la réaction, l'enthalpie libre totale du système présente un minimum pour cette valeur. En effet :

- à l'équilibre $(dG)_{T,P} = 0$

- hors équilibre $(dG)_{T,P} < 0$

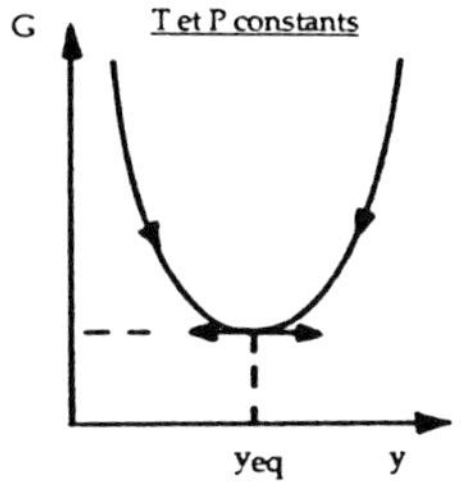

La variation d'enthalpie libre totale du système peut alors être représentée par la figure ci-dessus. Le sens de variation de G est indiqué par des flèches(**).

(*) Réaction "thermodynamiquement possible". Voir les deux premiers paragraphes du chapitre "Le Deuxième principe".
(**) Voir le chapitre "Constantes d'équilibre", paragraphe "Constante d'équilibre et activité".

5 - **La fonction enthalpie libre est une fonction potentielle**, pour toute transformation d'un système fermé, réalisée à température et pression constantes, lorsque le système n'échange pas de travail(*) avec le milieu extérieur.

En effet :

- La variation d'enthalpie libre représente le travail qui serait reçu par le système étudié, en supposant une transformation réversible : $\Delta G = - W_{u\ rev}$
- L'enthalpie libre décroît ($\Delta G < 0$) au cours d'une transformation irréversible, si, comme nous l'avons vu, paragraphe 3 ci-dessus, $W_{u\ irrev} = 0$ (transformation "naturelle").

On a toujours $- \Delta G > W_{u\ irrev}$ et la condition $\Delta G < 0$ est vérifiée si : $W_{u\ irrev} = 0$.

On voit que les deux conditions requises pour qu'une fonction soit potentielle peuvent être réalisées, mais avec certaines restrictions.

6 - Les enthalpies libres standard

On a défini précédemment des enthalpies libres de réaction par la relation générale :

$$\Delta G = G_{produits} - G_{réactifs}$$

ou selon nos notations précédentes :

$$\Delta G = G_{Pj} - G_{Ri}$$

On définit de même l'enthalpie libre standard d'une réaction comme la différence d'enthalpie libre des produits dans l'état standard et des réactifs également dans l'état standard - c'est-à-dire des corps purs, sous une pression de 1 bar et à la température de 298,15 K ou à la même température T.

On la notera :

$$(\Delta G^\circ_r)_{298} \quad \text{ou} \quad (\Delta G^\circ_r)_T, \text{ ou simplement } \Delta G^\circ_r$$

(*) Travail autre que le travail des forces de pression

On définit aussi des enthalpies libres standard de formation. Dans ce cas, les enthalpies des éléments, dans leur état stable, sous une pression de 1 bar et à 298,15 K, (ou à une même température T), sont arbitrairement prises égales à zéro.

On les notera : $(\Delta G^\circ_f)_{298}$ ou $(\Delta G^\circ_f)_T$ ou simplement ΔG°_f

L'enthalpie libre standard de réaction se calculera à partir des enthalpies libres standard de formation :

$$(\Delta G^\circ_r)_{298} = \sum_{\text{Produits}}(\Delta G^\circ_f)_{298} - \sum_{\text{Réactifs}}(\Delta G^\circ_f)_{298}$$

II. Energie libre

On définit l'énergie libre par la relation : $F = U - TS$.

L'énergie libre est une fonction d'état. Elle est encore appelée fonction de HELMOTZ par les Anglo-saxons qui la représentent par la lettre A.

1 - Soit un système fermé, soumis à une transformation ouverte, le volume et la température étant constants.

Le travail des forces de pression est nul : $\delta W_p = 0$
Le premier principe donne :

$$\delta Q - \delta W_u = dU \quad (1)$$

- dans le cas de la réversibilité, $\delta Q_{rev} = T\,dS$

$$T\,dS = dU + \delta W_{u\,rev}$$

$$\delta W_{u\,rev} = T\,dS - dU$$

$\delta W_{u\,rev} = -dF$ et, pour une transformation finie : $W_{u\,rev} = -\Delta F$

- dans le cas de l'irréversibilité, $\delta Q_{irrev} < T\,dS$
l'équation (1) devient :

$$T\,dS > dU + \delta W_{u\,irrev}$$

$\delta W_{u\,irrev} < T\,dS - dU$

$\delta W_{u\,irrev} < -dF$ et, pour une transformation finie : $W_{u\,irrev} < -\Delta F$

On a toujours : $\delta W_{u\,irrev} < \delta W_{u\,rev}$

Le travail susceptible d'être produit par un système fermé, pour toute transformation effectuée à volume et température constants, est au plus égal à $-\Delta F$.

2 - La fonction énergie libre est une fonction potentielle pour toute transformation d'un système fermé réalisée à température et volume constants, lorsque le système n'échange pas de travail avec le milieu extérieur.

3 - Soit un système fermé, subissant une transformation à température constante, la pression et le volume pouvant varier.

Le premier principe donne :

$$\delta Q = dU + \delta W_u + \delta W_p \quad (1)$$

- dans le cas de la réversibilité : $\delta Q_{rev} = T\,dS$

$$\text{d'où : } T\,dS = dU + (\delta W_u + \delta W_p)_{rev}$$

$$\text{et} \quad (\delta W_u + \delta W_p)_{rev} = -dF$$

pour une transformation finie : $(W_u + W_p) = -\Delta F$

- dans le cas de l'irréversibilité : $\delta Q_{irrev} < T\,dS$

l'équation (1) devient :

$$T\,dS > dU + (\delta W_u + \delta W_p)_{irrev}$$

$$\text{ou} \quad (\delta W_u + \delta W_p)_{irrev} < T\,dS - dU$$

$$(\delta W_u + \delta W_p)_{irrev} < -dF,$$

pour une transformation finie : $(W_u + W_p)_{irrev} < -\Delta F$

$$\text{et} \quad (\delta W_u + \delta W_p)_{irrev} < (\delta W_u + \delta W_p)_{rev}$$

Le travail susceptible d'être produit par un système fermé, pour toute transformation effectuée à température constante est au plus égal à - ΔF.

III. Enthalpie libre et énergie libre

En conclusion, les diminutions de l'enthalpie libre ou de l'énergie libre d'un système fermé sont égales au travail utile récupérable, dans des conditions particulières (réversibilité - température et pression constantes pour G, ou, réversibilité - température et volume constants pour F)

Il est légitime de considérer G et F comme des réservoirs de travail utile. Cependant :

- on ne peut utiliser, au cours d'une transformation - à température et pression constantes - d'un système fermé, toute la diminution de l'enthalpie, mais au maximum la diminution de (H - TS) ;

- de même, on ne peut utiliser, au cours d'une transformation - à température et volume constants - d'un système fermé, toute la diminution de l'énergie interne, mais au maximum la diminution de (U - TS).

Il est donc logique de donner à G et F les noms :

- d'enthalpie libre (G) ou enthalpie utilisable

- d'énergie libre (F) ou énergie interne utilisable

L'enthalpie libre est la fonction la plus utilisée.

IV. Exemple

Considérons la réaction entre l'acide chlorhydrique et l'étain :

$$2\,HCl + Sn = SnCl_2 + H_2$$

Cette réaction peut être réalisée de manière réversible ou irréversible.

1. Réaction irréversible

- à température et pression constantes :

La réaction par mélange des réactifs a lieu à pression atmosphérique, de manière irréversible, sans production de travail utile :

$$W_{u\ irrev} = 0$$

$$Q_{irrev} = \Delta U_p + P\,\Delta V$$

$$\text{et } \Delta G < 0$$

- à température et volume constants :

$$W_{u\ irrev} = 0$$

$$Q_{irrev} = \Delta U_v \quad \text{et } \Delta F < 0$$

2. Réaction réversible

- à température et pression constantes :

La réaction peut être réalisée électrochimiquement, en associant deux demi-piles, l'une d'oxydation (Sn —> Sn^{2+}), l'autre de réduction ($2H^+$ —> H_2). On se rapproche de la réversibilité en reliant les électrodes à un potentiostat de façon à équilibrer la force électromotrice produite. Il y a production d'énergie électrique, de chaleur et de travail.

$$W_{u_{rev}} = -\Delta G$$

W_u apparaît sous forme d'énergie électrique :

$$W_{u_{rev}} = n\,F\,E$$

n, nombre d'électrons intervenant dans la réaction,
E, force électromotrice de la pile ainsi formée, (V)
F = 23 060 cal/mol.V

Le travail des forces de pression est $W_p = P\,\Delta V$ (hydrogène dégagé)

$$\text{et} \quad Q_{rev} = T\,\Delta S$$

Le travail total produit est égal à $W_{u_{rev}} + P\,\Delta V = -\Delta F$

- à température et volume constants :

On suppose que l'électrolyseur est enfermé dans un réservoir.

$$W_{u_{rev}} = -\Delta F \quad \text{et} \quad W_p = 0$$

$$W_{u_{rev}} = nF\,E'$$

V. Le potentiel chimique - Relation de GIBBS-DUHEM

Ecrivons la variation de l'enthalpie libre pour une mole d'un corps pur, en fonction des variations de deux variables indépendantes, la pression et la température :

$$dG = \left(\frac{\partial G}{\partial P}\right)_T dP + \left(\frac{\partial G}{\partial T}\right)_P dT$$

$$\text{et} \qquad dG = V\,dP - S\,dT$$

1 - Système homogène : une phase unique

Supposons que nous nous intéressions, non pas à une mole, mais à n moles d'un corps pur constituant une seule phase homogène. Que se passe-t-il pour la fonction thermodynamique G lorsque le nombre de moles varie d'une quantité dn ? Il faut alors ajouter un terme qui correspond à l'enthalpie libre apportée par la matière rentrant dans le système qui est alors un système ouvert.

La variation d'enthalpie libre est fonction de dP, dT et dn :

$$dG = \left(\frac{\partial G}{\partial P}\right)_{T,n} dP + \left(\frac{\partial G}{\partial T}\right)_{P,n} dT + \left(\frac{\partial G}{\partial n}\right)_{T,P} dn$$

$$\text{et} \qquad dG = V\,dP - S\,dT + \left(\frac{\partial G}{\partial n}\right)_{T,P} dn$$

$\left(\frac{\partial G}{\partial n}\right)_{T,P}$ représente l'enthalpie libre apportée par une mole pénétrant dans le système, lorsqu'on maintient la température et la pression constantes. C'est l'enthalpie libre molaire du corps considéré.

Si, maintenant, nous considérons une phase homogène (système ouvert ou fermé) composée de n_1 moles du corps 1, n_2 moles du corps 2, n_3 moles du corps 3... et que les nombres de ces moles varient, la relation précédente devient :

$$dG = \left(\frac{\partial G}{\partial P}\right)_{T,ni} dP + \left(\frac{\partial G}{\partial T}\right)_{P,ni} dT + \sum_i \left(\frac{\partial G}{\partial n_i}\right)_{T,P,nj} dn_i$$

$$\text{ou : } dG = VdP - SdT + \sum_i \left(\frac{\partial G}{\partial n_i}\right)_{T,P,n_j} dn_i \qquad (1)$$

avec :

$$\sum_i \left(\frac{\partial G}{\partial n_i}\right)_{T,P,n_j} dn_i = \left(\frac{\partial G}{\partial n_1}\right)_{T,P,n_2,n_3,..n_k} dn_1 + \left(\frac{\partial G}{\partial n_2}\right)_{T,P,n_1,n_3,..n_k} dn_2 + ...$$

$\overline{G}_i = \left(\frac{\partial G}{\partial n_i}\right)_{T,P,n_j}$ est **l'enthalpie libre molaire partielle** du composé i. C'est la

dérivée partielle de l'enthalpie libre, à température, pression et nombres de molécules des autres constituants constants. Elle représente la variation de G du système rapportée à l'addition d'une mole du corps i, les autres variables, température, pression et les nombres de moles des autres corps restant constants.

On appelle aussi cette grandeur le potentiel thermodynamique ou **potentiel chimique** du corps i, et on lui donne pour symbole μ_i.

$$\mu_i = \left(\frac{dG}{\partial n_i}\right)_{T,P,n_j} = \overline{G}_i$$

On montre facilement que le potentiel chimique est une grandeur intensive, qui dépend donc de la composition et non de la masse.

Prenons, à pression et température constantes, deux échantillons d'une même phase homogène, la masse de l'un étant q fois plus grande que la masse de l'autre. L'enthalpie libre étant une grande extensive, on a :

$$q\,G\,(n_1, n_2... n_k, T, P) = G\,(q\,n_1, q\,n_2... qn_k, T, P)$$

et en dérivant par rapport à n_i :

$$q\left[\frac{\partial G(n_1,n_2...n_k,T,P)}{\partial n_i}\right]_{T,P,n_j} = \left[\frac{\partial G(qn_1,qn_2...qn_k,T,P)}{\partial n_i}\right]_{T,P,n_j}$$

ou : $$\left[\frac{\partial G\left(n_1,n_2...n_k,T,P\right)}{\partial n_i}\right]_{T,P,n_j} = \left[\frac{\partial G\left(qn_1,qn_2...qn_k,T,P\right)}{\partial n_i q}\right]_{T,P,n_j}$$

Le potentiel chimique du constituant i est donc identique pour tous les échantillons d'une même phase homogène, quelle que soit leur masse, dans les mêmes conditions de température et de pression.

Le potentiel chimique : $\left(\frac{\partial G}{\partial n_i}\right)_{T,P,n_j}$ est bien une grandeur intensive.

On définit de même d'autres grandeurs molaires partielles, par exemple le volume molaire partiel : $\left(\frac{\partial V}{\partial n_i}\right)_{P,T,n_j}$. Les grandeurs molaires partielles sont facilement calculables lorsqu'on connaît la variation des grandeurs molaires des mélanges en fonction de la composition. On donne sur la figure ci-dessous un exemple portant sur la détermination graphique des volumes molaires partiels, $\overline{V_1}$ et $\overline{V_2}$, d'un mélange binaire, pour la composition x_i.

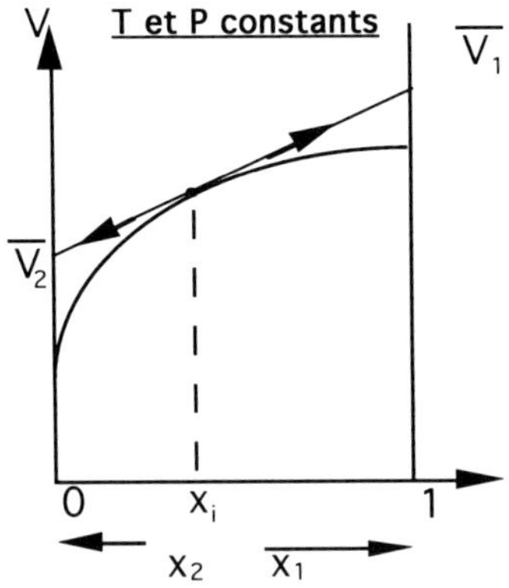

Reprenons l'équation précédente :

$$q\,G\,(n_1, n_2... n_k, T, P) = G\,(qn_1, qn_2...qn_k, T, P)$$

La fonction G est une fonction homogène de degré 1 par rapport aux nombres de moles n_1, n_2... n_k, on peut donc appliquer à l'enthalpie libre le théorème d'EULER :

$$G = n_1\left(\frac{\partial G}{\partial n_1}\right)_{T,P,n_2,n_3...n_k} + n_2\left(\frac{\partial G}{\partial n_2}\right)_{T,P,n_1,n_3...n_k} +.....$$

et, en faisant apparaître le potentiel chimique :

$$G = \sum_i n_i \mu_i = \sum_i n_i \overline{G_i}$$

Si G représente l'enthalpie libre molaire, nous avons en fonction des fractions molaires :

$$G = \sum_i y_i \mu_i$$

La relation $G = \sum_i n_i \mu_i$ est une relation générale.

Les potentiels chimiques sont fonction de la température, de la pression et de la composition. Si on fait subir au système considéré une transformation générale pour laquelle la température, la pression, la composition, les potentiels chimiques varient, on obtient par différenciation :

$$dG = \sum_i n_i d\mu_i + \sum_i \mu_i dn_i \qquad (2)$$

Reprenons l'équation (1), écrite avec les potentiels chimiques :

$$dG = VdP - SdT + \sum_i \mu_i dn_i \qquad (3)$$

ou en rapprochant (2) et (3) :

$$\mathbf{V\,dP - S\,dT = \sum_i n_i\, d\mu_i} \qquad \mathbf{(4)}$$

Nous obtenons la relation de GIBBS-DUHEM.

A température et pression constantes, si on fait varier les compositions :

$$\sum_i n_i d\mu_i = 0$$

ou, en fonction des fractions molaires : $\sum_i y_i \, d\mu_i = 0$

Dans le cas d'un système binaire : $y_1 \, d\mu_1 + y_2 \, d\mu_2 = 0$

Ce qui veut dire que si la variation $d\mu_1$ du potentiel chimique du constituant 1 est connue, la variation simultanée $d\mu_2$ du potentiel chimique du constituant 2 est nécessairement fixée (à température et pression constantes).

A l'équilibre, à température et pression constantes,

dG = 0 et l'équation (3) donne :

$$\sum_i \mu_i dn_i = 0$$

2 - Système hétérogène (plusieurs phases)

Intéressons-nous maintenant à un système formé de plusieurs phases homogènes A, B...
Ecrivons pour chacune des phases, la variation d'enthalpie libre :

$$dG_A = \left(\frac{\partial G_A}{\partial T_A}\right)_{P_A, n_A} dT_A + \left(\frac{\partial G_A}{\partial P_A}\right)_{T_A, n_A} dP_A + \sum_i \mu_{iA}\, dn_{iA}$$

$$dG_B = \left(\frac{\partial G_B}{\partial T_B}\right)_{P_B, n_B} dT_B + \left(\frac{\partial G_B}{\partial P_B}\right)_{T_B, n_B} dP_B + \sum_i \mu_{iB}\, dn_{iB}$$

....

Supposons les phases en équilibre thermique et mécanique, elles sont à la même température et à la même pression : $T = T_A = T_B = \ldots$, $P = P_A = P_B = \ldots$

Si, à température et pression constantes, dn_i moles passent de la phase A à la phase B, sans autre changement dans la composition des phases, nous aurons :

$$dG_A = \mu_{iA}\, dn_{iA}$$

$$dG_B = \mu_{iB}\, dn_{iB}$$

$$\text{et } dG = \mu_{iA}\, dn_{iA} + \mu_{iB}\, dn_{iB}$$

Pour tout échange de matière réversible, la condition d'équilibre s'écrit :

$$dG = 0 \text{ , (avec } dT = dT_A = dT_B = \ldots = 0 \quad \text{et } dP = dP_A = dP_B = \ldots = 0)$$

$$\text{d'où : } \mu_{iA}\, dn_{iA} + \mu_{iB}\, dn_{iB} = 0 \qquad (5)$$

La variation du nombre de moles du corps i, passant de la phase A à la phase B est telle que :

$$dni_A = - dni_B = dni$$

La condition (5) devient :

$$(\mu_{iA} - \mu_{iB})\, dn_i = 0 \quad \text{et, } dn_i \text{ étant différent de } 0 :$$

$$\mu_{iA} = \mu_{iB}$$

Le potentiel chimique du corps i a la même valeur dans les deux phases A et B en équilibre.

On peut généraliser ce résultat :

Dans tout système hétérogène en équilibre, un constituant donné a le même potentiel chimique dans toutes les phases.

Pour chacune des phases d'un système hétérogène, on peut écrire :

$$dG_A = V_A dP_A - S_A dT_A + \sum_i \mu_{iA} dn_{iA}$$

$$dG_B = V_B dP_B - S_B dT_B + \sum_i \mu_{iB} dn_{iB}$$

....

La variation d'enthalpie libre du système s'écrit :

$$dG = \sum_A d\,G_A$$

On a aussi : $S = \sum_A S_A$

$V = \sum_A V_A$

et : $dn_i = d\,n_{iA} + d\,n_{iB} + \dots$

Si les différentes phases sont à la même pression, à la même température et s'il y a équilibre physico-chimique pour chaque constituant :

$$dP = dP_A = dP_B \dots$$

$$dT = dT_A = dT_B \dots$$

$$\mu_i = \mu_{iA} = \mu_{iB} = \dots$$

Pour l'ensemble du système, on peut donc écrire :

$$dG = \sum_A dG_A = VdP - SdT + \sum_i \mu_i \, dn_i$$

On retrouve l'équation (3) qui est donc valable pour tout système, homogène ou hétérogène. A température et pression constantes, et à l'équilibre, on a :

$$\sum_i \mu_i \, dn_i = 0$$

VI. Applications de la notion de potentiel chimique

1. Le potentiel chimique à l'équilibre - équilibre liquide-vapeur d'un corps pur.

On considère la courbe d'équilibre "liquide-vapeur" et on ne fait varier qu'infiniment peu la température T (et la pression de saturation P_S). Les phases vapeur et liquide sont constituées du même corps : $\mu = G$.

Au point A, les enthalpies libres molaires sont égales : $G_{vap} = G_{liq}$

Au point B, infiniment voisin de A, il en est de même :

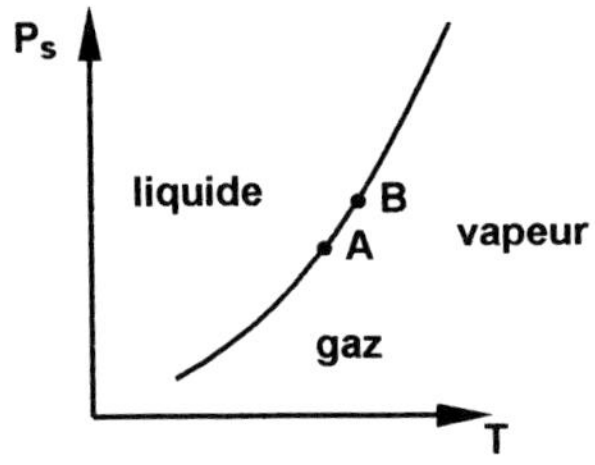

$$G_{vap} + dG_{vap} = G_{liq} + dG_{liq}$$

d'où : $dG_{vap} = dG_{liq}$

Explicitons dG, pour une mole de corps pur,

sous forme vapeur : $dG_{vap} = -S_{vap} \, dT + V_{vap} \, dP_S$

et sous forme liquide : $dG_{liq} = -S_{liq} \, dT + V_{liq} \, dP_S$

En faisant $dG_{vap} = dG_{liq}$, il vient : $dT(S_{vap} - S_{liq}) = (V_{vap} - V_{liq}) \, dP_S$

d'où :

$$\frac{dP_s}{dT} = \frac{\Delta S_{vap}}{\Delta V}$$

Sur la courbe d'équilibre "liquide-vapeur" : $\Delta S_{vap} = \frac{\Delta H_{vap}}{T}$

d'où : $$\frac{dP_s}{dT} = \frac{\Delta H_{vap}}{T\Delta V}$$

Nous trouvons ainsi l'équation de CLAPEYRON appliquée à l'équilibre "liquide-vapeur".

2. Le potentiel chimique et le sens des transformations

Si deux phases A et B ne sont pas en équilibre pour le constituant i, quelle est la condition pour que le constituant i puisse passer spontanément de la phase A à la phase B, à température et pression constantes, sans aucun autre changement dans les compositions des phases ?

Le transfert est possible si $dG < 0$ ou encore $\mu_{i\,A}\, dn_{i\,A} + \mu_{i\,B}\, dn_{i\,B} < 0$
nous avons : $-dn_{i\,A} = dn_{i\,B} = dn_i > 0$, si le constituant i passe de la phase A à la phase B.
d'où : $(\mu_{i\,B} - \mu_{i\,A})\, dn_i < 0$,
la condition recherchée est : $\mu_{i\,A} > \mu_{i\,B}$
L'échange de matière se fait, pour un constituant donné, de la phase à potentiel chimique élevé vers la phase à potentiel chimique faible. Le potentiel chimique se présente comme un "facteur d'action" pour les échanges de matière, au même titre que la température pour les échanges thermiques(*).

(*) Voir le paragraphe II du chapitre : "Le deuxième principe"

Nous avons vu, dans un chapitre précédent que, pour un système fermé, de composition constante, on peut écrire :

$$d G = V dP - S dT$$

A température constante :

$$dG = V dP,$$

et, pour une mole de gaz parfait : $V = RT/P$

d'où : $dG = (RT/P)\ dP$

et : $dG = R T d \ln P$

On démontre, en thermodynamique statistique, que pour le constituant i d'un mélange de gaz parfaits, on a de même :

$$d \overline{G}_i = R T d \ln P_i$$

I. Définitions

1. Gaz réels

Pour les gaz réels, LEWIS a voulu conserver la même relation en remplaçant la pression par la fugacité : $\mathbf{dG = R T d \ln f}$,

Dans le cas d'un gaz parfait, les deux dernières relations donnent :

$R T d \ln P = R T d \ln f$, d'où $P = f . \text{constante}$

LEWIS a complété sa définition en posant l'égalité : $f = P$, pour les gaz parfaits.

Les gaz réels se comportant comme des gaz parfaits à pression suffisamment faible, on peut écrire :

$$\lim (f/P) = 1 \text{ lorsque } P \longrightarrow 0$$

– Pour un corps pur i, l'intégration entre les pressions P_1 et P_2, à température constante, donne :

$$G_{i_{P_2}} - G_{i_{P_1}} = R\,T \ln \frac{f_{i_2}}{f_{i_1}}$$

Il faut donc , pour que f soit calculable, se donner un état de référence.
Pour les gaz, nous prendrons l'enthalpie libre du corps pur à la pression standard(*) (1 bar) et, à la température considérée : $G°_i$. Nous supposerons qu'à cette pression et à cette température : $f°_i$ = 1bar, c'est-à-dire que le gaz est parfait - c'est un état hypothétique -

$$\text{d'où : } G_i - G_i^{\circ} = R\,T \ln \frac{f_i}{f_i^{\circ}} \quad \text{et, avec } f_i^{\circ} = 1 \text{ bar}$$

$$G_i - G_i^{\circ} = R\,T \ln f_i$$

L'"état standard" est un état de référence défini par : le corps pur, la température réelle du corps, une pression de 1 bar.

– Pour un corps gazeux i engagé dans un mélange, la fugacité $\hat{f}_i$ sera définie d'une façon analogue :

$$d\overline{G}_i = R\,T\,d \ln \hat{f}_i \text{, avec } \lim \frac{\hat{f}_i}{P_i} = 1 \text{ lorsque } P_i \longrightarrow 0$$

et, en intégrant :

$$\overline{G_i} - G_i^{\circ} = R\,T \ln \frac{\hat{f}_i}{f_i^{\circ}} \quad (1)$$

(*) La pression standard était de 1 atmosphère jusqu'en 1982, la nouvelle pression standard est de 1 bar.

En prenant l'état standard de référence :

$$\overline{G_i} - G_i^{\circ} = R\,T\ \hat{f}_i$$

$$\text{ou :}\quad \mu_i - \mu_i^{\circ} = R\,T\ \hat{f}_i$$

$\mu^{\circ}{}_i$ étant le potentiel chimique du corps i sous la fugacité unité.

2. Liquides et solides

Pour les liquides et les solides, on gardera la même relation de définition que pour les gaz réels : dG = RT dln f. On peut prendre n'importe quel état de référence à condition de conserver la température qui doit être celle de l'état réel considéré. On peut donc généralement écrire : $G_i - G_i^* = R\,T \ln\frac{f_i}{f_i^*}$ pour un corps pur et $\overline{G_i} - G_i^* = R\,T \ln\frac{\hat{f}_i}{f_i^*}$ pour un corps en solution, l'astérisque représentant l'état de référence.Il existe cependant des états de référence couramment utilisés :

- Corps purs

L'état de référence est, en général, l'état du corps pur liquide ou solide à la température considérée et à la pression standard (1 bar), en précisant pour le solide, la structure cristalline.
Il est possible de prendre tout autre état de référence, par exemple le gaz parfait à la température considérée et à la pression standard ($f^{\circ}{}_i = 1$).

- Solutions réelles

Le problème de l'état de référence d'un corps engagé dans une solution est plus délicat. Pour les solutés (présents en faible concentration), on prend couramment un état de référence fictif reposant sur une extrapolation de la loi de HENRY jusqu'à $x_i = 1$(*), c'est-à-dire le corps pur "extrapolé" à l'état liquide, à la pression et à la température de la solution. Pour les solvants, il est d'usage de prendre comme état de référence le corps pur à l'état liquide, à la pression et à la température de la solution - (voir figure ci-après).

Dans les deux cas, on peut aussi prendre pour pression de référence la pression standard de 1 bar.

(*) ou jusqu'à une fraction molaire fixée, souvent exprimée en molalité.

- Solutions idéales

La notion de fugacité permet de donner une définition générale des solutions idéales : on appelle solution idéale, une solution dans laquelle tous les constituants ont une fugacité proportionnelle à leur teneur dans la solution, le coefficient de proportionnalité étant indépendant de la composition, (aux température et pression de la solution) - par exemple : $\hat{f}_{i_{idéal}} = x_i\ f_i$, f_i étant la fugacité du corps pur à T et P.

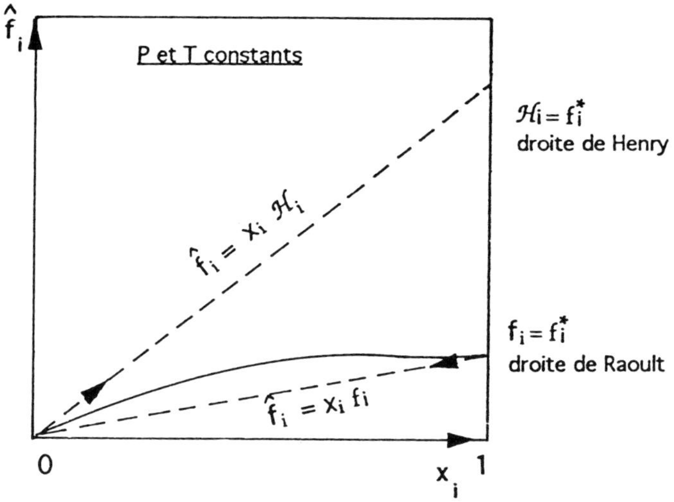

3. Activité et coefficient d'activité

– Il est intéressant de considérer spécialement le rapport des fugacités $\frac{\hat{f}_i}{f_i^*}$ qui apparaît dans tous les calculs d'équilibre. On donne à ce rapport le nom d'activité. L'équation (1) s'écrit, en fonction de l'activité :

$$\overline{G_i} - G_i^* = R\,T \ln a_i$$

$$\text{ou :}\quad \mu_i - \mu^*_i = R\,T \ln a_i$$

Le potentiel chimique μ_i, le potentiel chimique de référence μ^*_i, et les fugacités sont pris à la même température, mais il faut préciser pour μ^*_i et f_i^* la pression, la composition et l'état physique choisis.

L'état de référence peut être défini de façon différente selon la phase considérée (voir chapitre paragraphe 2 ci-dessus).

Pour une solution idéale : $\hat{f}_i = x_i\, f_i^*$, et on trouve alors : $\overline{G_i} - G_i^* = R\,T \ln x_i$

Pratiquement, la notion d'activité n'est utilisée que pour les solutions, car on a vu que pour les gaz, on prend toujours pour état de référence le corps pur gazeux supposé idéal à la pression de 1 bar ($f_i^* = f_i^\circ = 1$ bar) en conséquence $\hat{f}_i = a_i$

La notion d'activité n'a plus, alors, d'intérêt.

- On a pris l'habitude d'associer à une solution réelle, une solution idéale de même composition, à la même température et à la même pression. Le rapport des fugacités du corps i considéré dans les deux solutions : réelle et idéale, est appelé coefficient d'activité. Il est donc défini par la relation :

$$\gamma_i = \frac{\hat{f}_i}{x_i\, f_i}$$

f_i étant la fugacité du corps pur i, à l'état liquide, à la température et à la pression de la solution, x_i étant la fraction molaire du corps i dans la solution.

On peut prendre pour les solutés une solution idéale définie par la loi de Henry, dans ce cas :

$$\gamma_i = \frac{\hat{f}_i}{x_i\, \mathcal{H}_i}$$

– La valeur de γ dépend de l'état de référence choisi pour la définition de la solution idéale.

II. Egalité des fugacités dans deux phases en équilibre

Nous avons vu que lorsqu'un corps i est partagé entre deux phases A et B, en équilibre, nous avons l'égalité des potentiels chimiques :

$$\overline{G}_{i\,A} = \overline{G}_{i\,B}$$

En explicitant, en fonction des fugacités :

$$G_{iA}^* + R\,T \ln \frac{\hat{f}_{iA}}{f_{iA}^*} = G_{iB}^* + R\,T \ln \frac{\hat{f}_{iB}}{f_{iB}^*}$$

d'où $\hat{f}_{iA} = \hat{f}_{iB}$, si on a pris le même état de référence pour les deux phases A et B.

III. Variation de l'enthalpie libre et de la fugacité avec la pression

- A température constante, la pression étant la seule variable :

$$d G = V d P.$$

Nous pouvons aussi écrire l'équation de définition de la fugacité :

$$dG = R T d \ln f.$$

D'où en égalisant les deux expressions de dG :

$$d \ln f = \frac{V d P}{R T}$$

– Pour un corps i gazeux, entre P_0 atmosphères et P atmosphères :

$$\ln \frac{f_{iP}}{f_{iP_\circ}} = \frac{1}{R T} \int_{P_0}^{P} V_i d P$$

et si $f_{iP_\circ} = P_\circ = 1$ bar, on aura :

$$\ln f_{iP} = \frac{1}{RT} \int_{1}^{P} V_i d P ,$$

– Dans le cas d'un mélange, si nous faisons varier la pression et le nombre de molécules du constituant i, les nombres de moles des autres constituants et la température étant constants, on peut écrire :

$$\left[\frac{\partial}{\partial P} \left(\frac{\partial G}{\partial n_i} \right)_{P,T,n_j} \right]_{n_i} = \left[\frac{\partial}{\partial n_i} \left(\frac{\partial G}{\partial P} \right)_{n_i,n_j,T} \right]_P$$

on sait que : $\left(\frac{\partial G}{\partial n_i} \right)_{P,T,n_j} = \overline{G_i}$ et $\left(\frac{\partial G}{\partial P} \right)_{n_i,n_j,T} = V$

d'où : $\left[\frac{\partial \overline{G_i}}{\partial P} \right]_{T,n_i,n_j} = \left(\frac{\partial V}{\partial n_i} \right)_{T,P,n_j}$

et, compte tenu de la définition du volume molaire partiel, $\overline{V_i}$, on trouve :

$$\left[\frac{\partial \overline{G_i}}{\partial P}\right]_{T, n_i, n_j} = \overline{V}_i$$

ou : $$\left[\frac{\partial \mu_i}{\partial P}\right]_{T, n_i, n_j} = \overline{V}_i$$

sachant que : $\overline{dG_i} = R\,T\,d\ln \hat{f}_i$

on a immédiatement :

$$\left(\frac{\partial \ln \hat{f}_i}{\partial P}\right)_{T, n_i, n_j} = \frac{\overline{V_i}}{R\,T}$$

IV. Variations de l'enthalpie libre et de la fugacité avec la température

- A pression et composition constantes, nous avons vu que : $dG = -SdT$ ou $\left(\frac{\partial G}{\partial T}\right)_P = -S$. La dérivée de $\left(\frac{G}{T}\right)$ par rapport à la température est égale à :

$$\left(\frac{\partial G/T}{\partial T}\right)_P = \frac{T\left(\frac{\partial G}{\partial T}\right)_P - G}{T^2}$$, remplaçons $\left(\frac{\partial G}{\partial T}\right)_P$ par sa valeur :

$$\left(\frac{\partial G/T}{\partial T}\right)_P = \frac{-TS - G}{T^2}$$, sachant que $G = H - TS$, il vient :

$$\left(\frac{\partial G/T}{\partial T}\right)_P = \frac{-H}{T^2}$$

Nous obtenons la relation de **GIBBS-HELMHOTZ**

– Reprenons l'équation de définition de la fugacité pour un corps pur :

$$G_i = G_i^* + R\,T\,\ln \frac{f_i}{f_i^*}$$

En dérivant par rapport à la température, sachant que : $\left(\frac{\partial G_i/T}{\partial T}\right)_P = -\frac{H_i}{T^2}$,

on trouve : $$\left(\frac{\partial G_i^*/T}{\partial T}\right)_P + R\left(\frac{\partial \ln f_i}{\partial T}\right)_P - R\left(\frac{\partial \ln f_i^*}{\partial T}\right)_P = -\frac{H_i}{T^2} \qquad (1)$$

Si on prend, pour état de référence, le corps pur gazeux à sa température réelle et à une pression faible, en supposant qu'à cette pression, nous avons un gaz parfait :

$$f_i^* = P$$

d'où : $$\left(\frac{\partial \ln f_i^*}{\partial T}\right)_P = \left(\frac{\partial \ln P}{\partial T}\right)_P = 0$$

Pour l'état de référence, on peut écrire : $\left(\frac{\partial G_i^*/T}{\partial T}\right)_P = -\frac{H_i^*}{T^2}$

L'équation (1) devient donc :

$$\left(\frac{\partial \ln f_i}{\partial T}\right)_P = \frac{H_i^* - H_i}{R\,T^2}$$

- Considérons maintenant le cas d'un mélange, maintenu à pression constante, et faisons varier la température et le nombre de moles, n_i, du constituant i, les nombres de moles des autres constituants étant constants. dG est une différentielle exacte, on peut donc écrire :

$$\left[\frac{\partial}{\partial T}\left(\frac{\partial G}{\partial n_i}\right)_{T,P,n_j}\right]_{n_i} = \left[\frac{\partial}{\partial n_i}\left(\frac{\partial G}{\partial T}\right)_{n_i,n_j,P}\right]_T$$

on sait que : $\left(\frac{\partial G}{\partial n_i}\right)_{T,P,n_j} = \overline{G_i}$ et $\left(\frac{\partial G}{\partial T}\right)_{P,n_i,n_j} = -S$

d'où : $$\left(\frac{\partial \overline{G_i}}{\partial T}\right)_{P,n_i,n_j} = -\left(\frac{\partial S}{\partial n_i}\right)_{T,P,n_j}$$

Par définition : $\overline{S_i} = -\left(\frac{\partial S}{\partial n_i}\right)_{T, P, n_j}$ ce qui donne : $\left(\frac{\partial \overline{G_i}}{\partial T}\right)_{P, n_i, n_j} = -\overline{S_i}$ (2)

Par dérivation de G = H - TS, nous trouvons :

$$\left(\frac{\partial G}{\partial n_i}\right)_{T, P, n_j} = \left(\frac{\partial H}{\partial n_i}\right)_{T, P, n_j} - T\left(\frac{\partial S}{\partial n_i}\right)_{T, P, n_j}$$

ou : $\overline{G_i} = \overline{H_i} - T\,\overline{S_i}$

En tenant compte de l'équation (2) :

$$\overline{G_i} = \overline{H_i} + T\left(\frac{\partial \overline{G_i}}{\partial T}\right)_{P, n_i, n_j} \quad (3)$$

Calculons la dérivée de ($\overline{G_i}$/T) par rapport à la température :

$$\left[\frac{\partial (\overline{G_i}/T)}{\partial T}\right]_{P, n_i, n_j} = \frac{T\left(\frac{\partial \overline{G_i}}{\partial T}\right)_{P, n_i, n_j} - \overline{G_i}}{T^2} \quad (4)$$

Portons l'expression de G_i, obtenue en (3) dans l'équation (4), il vient :

$$\left[\frac{\partial (\overline{G_i}/T)}{\partial T}\right]_{P, n_i, n_j} = -\frac{\overline{H_i}}{T^2} \text{ ou } \left[\frac{\partial (\mu_i/T)}{\partial T}\right]_{P, n_i, n_j} = -\frac{\overline{H_i}}{T^2} \quad (5)$$

Sachant que $\overline{G_i} = G_i^* + R\,T \ln \frac{\hat{f}_i}{f_i^*}$, la dérivation par rapport à la température donne :

$$\left(\frac{\partial(\overline{G}_i / T)}{\partial T}\right)_{P,ni,nj} = \left(\frac{\partial(\overline{G}_i^* / T)}{\partial T}\right)_P + R\left(\frac{\partial \ln \hat{f}_i}{\partial T}\right)_{P,ni,nj} - R\left(\frac{\partial \ln f_i^*}{\partial T}\right)_{P,ni,nj} \quad (6)$$

On peut prendre pour état de référence, le corps pur gazeux supposé parfait, à la température du mélange et à une pression faible $\left(f_i^* = P\right)$.

Dans ces conditions $\left(\frac{\partial \ln f_i^*}{\partial T}\right)_P = 0$ (7)

Compte tenu des équations (5) et (7), l'équation (6) devient :

$$-\frac{\overline{H_i}}{T^2} = \left(\frac{\partial\left(G_i^* / T\right)}{\partial T}\right)_P + R\left(\frac{\partial \ln \hat{f}_i}{\partial T}\right)_{P,n_i,n_j} \qquad (8)$$

Sachant que : $\left(\frac{\partial (G_i^*/T)}{\partial T}\right)_P = -\frac{H_i^*}{T^2}$, l'équation (8) devient :

$$\left(\frac{\partial \ln \hat{f}_i}{\partial T}\right)_{P,n_i,n_j} = \frac{H_i^* - \overline{H_i}}{R\,T2}$$

$\left(H_i^* - \overline{H_i}\right)$ représente la différence entre l'enthalpie du corps i dans l'état de référence et l'enthalpie molaire partielle du corps i dans le mélange, à la même température

V - Enthalpie libre et entropie de mélange idéal

Reprenons pour une mole de mélange, la relation générale :

$$G = \sum_i x_i \overline{G_i}$$

En remplaçant $\overline{G_i}$ par sa valeur, il vient, à une température et à une pression données :

$$\sum_i x_i \overline{G_i} = \sum_i x_i G_i^* + R\,T \sum_i x_i \ln \frac{\hat{f}_i}{f_i^*} = G$$

Pour une solution idéale, on peut écrire $\hat{f}_i = x_i f_i^*$, en prenant pour état de référence les corps purs, aux mêmes pression et température que la solution.

d'où : $G = \sum_i x_i G_i^* + R\,T \sum_i x_i \ln x_i$ (1)

On définit l'enthalpie libre de mélange réel par la relation :

$$\Delta G_{\text{mel réel}} = G - \sum_i x_i\, G_i^*$$

ou : $$\Delta G_{\text{mel réel}} = \sum_i \left(x_i \overline{G}_i - x_i G_i^* \right)$$

et pour une solution idéale, compte tenu de l'équation (1)

on trouve : $\Delta G_{\text{mel idéal}} = R\,T \sum_i x_i \ln x_i$ (2)

On a de la même façon :

$$\Delta H_{\text{mel réel}} = \sum_i \left(x_i \overline{H}_i - x_i H_i^* \right)$$

sachant(*) que $H_i^* = -\ R\,T^2 \left[\dfrac{\partial\,(G_i^*/RT)}{\partial T} \right]_P$, pour le corps pur i.

et $\overline{H}_i = -R\,T^2 \left[\dfrac{\partial \left(\overline{G}_i / RT \right)}{\partial T} \right]_{P,x}$, pour le corps i dans un mélange,

on obtient : $$\frac{\Delta H_{\text{mel réel}}}{R\,T} = -\sum_i \left\{ x_i \left[\frac{\partial \left[\left(\overline{G}_i - G_i^* \right) / R\,T \right]}{\partial \ln T} \right]_{P,x} \right\} \qquad (3)$$

Pour une solution idéale $\overline{G_i} - G_i^* = R\,T \ln x_i$ (voir paragraphe I ci-dessus)

En portant cette expression dans (3), on trouve bien : $\Delta H_{\text{mel idéal}} = 0$ (4)

A température constante, on sait que $\Delta G_{\text{mel idéal}} = \Delta H_{\text{mel idéal}} - T\,\Delta S_{\text{mel idéal}}$

En remplaçant $\Delta H_{\text{mel idéal}}$ et $\Delta G_{\text{mel idéal}}$ par leurs valeurs (4) et (2), on trouve :

$$\Delta S_{\text{mel idéal}} = -\ R \sum_i x_i \ln x_i$$

(*) Voir paragraphe IV ci-dessus.

V. Grandeurs d'excès

Une grandeur d'excès est définie comme la différence entre la propriété réelle de mélange et la propriété de mélange idéal, à température, pression et compositions égales.

C'est ainsi que l'on explicite :

- l'enthalpie molaire d'excès : $H^E = \Delta H_{mel\ réel} - \Delta H_{mel\ idéal} = \Delta H_{mel\ réel}$

- l'enthalpie libre molaire d'excès : $G^E = \Delta G_{mel\ réel} - R\,T \sum_i x_i \ln x_i$

- l'entropie molaire d'excès : $S^E = \Delta S_{mel\ réel} + R \sum_i x_i \ln x_i$

I. Constante d'équilibre et activités

Considérons une réaction chimique entre les corps A, B, L et M, réalisée à température et pression constantes, et supposons que cette réaction puisse s'effectuer dans un sens ou dans l'autre :

$$\alpha A + \beta B \rightleftharpoons \lambda L + \mu M$$

Les réactifs et les produits constituent un système fermé évoluant à pression et température constantes, dans lequel les nombres de moles de A, B, L et M varient.
L'enthalpie libre du système est en conséquence modifiée par la réaction chimique, selon l'équation(*), valable pour tout système, homogène ou hétérogène :

$$dG = \sum_i \overline{G}_i \, dn_i$$

$$\text{d'où : } dG = \overline{G}_L dn_L + \overline{G}_M dn_M + \overline{G}_A dn_A + \overline{G}_B dn_B$$

Les variations des nombres de moles ne sont pas quelconques ; elles sont reliées aux coefficients stoechiométriques :

$$\frac{dn_L}{\lambda} = \frac{dn_M}{\mu} = \frac{dn_A}{-\alpha} = \frac{dn_B}{-\beta} = d\epsilon \;, \quad \text{avec } d\epsilon \neq 0$$

ϵ est le degré d'avancement de la réaction, $d\epsilon$ est positif ou négatif selon le sens de la réaction, nous choisirons arbitrairement $d\epsilon$ positif pour la réaction s'effectuant de la gauche vers la droite (⟶).

On obtient : $dG = d\epsilon\left(\lambda \overline{G_L} + \mu \overline{G}_M - \alpha \overline{G}_A - \beta \overline{G}_B\right)$ (1)

(*) voir le chapitre " Fonctions potentielles - Potentiel chimique", paragraphe "le potentiel chimique - relation de GIBBS-DUHEM" .

- **A l'équilibre,** d G = 0, s'il n'y a pas de travail, autre que celui des forces de pression. En prenant comme variable le degré d'avancement de la réaction, on a : $dG/d\epsilon = 0$.

$$\text{d'où : } \lambda \overline{G}_L + \mu \overline{G}_M - \alpha \overline{G}_A - \beta \overline{G}_B = 0 \quad (2)$$

$$\text{On peut écrire : } \overline{G}_A - G^\circ_A = R\,T \ln a_A$$

$$\text{ou } \quad \overline{G_A} = G^\circ_A + R\,T \ln a_A$$

Remplaçons les enthalpies libres molaires partielles par leurs valeurs, dans l'équation (2) :

$$\lambda RT \ln a_L + \mu RT \ln a_M - \alpha RT \ln a_A - \beta RT \ln a_B + \lambda G^\circ_L + \mu G^\circ_M - \beta G^\circ_B - \alpha G^\circ_A = 0$$

ou encore : $-\left(\Delta G^\circ_r\right)_T = R\,T \ln \dfrac{a_L^\lambda a_M^\mu}{a_A^\alpha a_B^\beta}$ (3), à l'équilibre.

$\left(\Delta G^\circ_r\right)_T$ représente l'enthalpie libre standard de la réaction complète réalisée de la gauche vers la droite, à la température T, c'est-à-dire la variation d'enthalpie libre calculée pour les **corps purs** pris à la température T et à la pression de 1 bar :

$$\left(\Delta G^\circ_r\right)_T = \lambda G^\circ_L + \mu G^\circ_M - \alpha G^\circ_A - \beta G^\circ_B$$

$$\text{ou } \left(\Delta G^\circ_r\right)_T = G^\circ_{T\ \text{produits}} - G^\circ_{T\ \text{réactifs}}$$

ou encore, selon nos notations précédentes : $\left(\Delta G^\circ_r\right)_T = G^\circ_{T\ Pj} - G^\circ_{T\ Ri}$

$\left(\Delta G^\circ_r\right)_T$ se calcule à partir des enthalpies libres de formation.

- L'équation (3) relie donc les activités à l'équilibre (dans les conditions P et T) à la variation d'enthalpie libre au cours d'une réaction complète (conditions : température T de réaction, et corps purs à la pression de un bar).

- $\left(\Delta G^\circ_r\right)_T$ varie **avec la température** mais ne varie pas avec la pression, celle-ci ayant été fixée à 1 bar. On définit ainsi une constante d'équilibre relative aux activités, K_a :

$$-(\Delta G_r^\circ)_T = R\,T \ln K_a$$

- Hors de l'équilibre, reprenons l'équation (1), et remplaçons les enthalpies libres molaires partielles par leurs valeurs :

$$\left(\frac{dG}{d\epsilon}\right)_{T,P} = \lambda G_L^\circ + \mu G_M^\circ - \alpha G_A^\circ - \beta G_B^\circ + \lambda RT \ln a'_L + \mu RT \ln a'_M - \alpha RT \ln a'_A - \beta RT \ln a'_B$$

$$\text{et} \left(\frac{dG}{d\epsilon}\right)_{T,P} = \lambda G_L^\circ + \mu G_M^\circ - \alpha G_A^\circ - \beta G_B^\circ + RT \ln \frac{a_L'^{\lambda} a_M'^{\mu}}{a_A'^{\alpha} a_B'^{\beta}} \qquad (4)$$

a'_L, a'_M, a'_A, a'_B représentent les activités des corps L , M , A , B pour un état de la réaction autre que l'état d'équilibre.

Une réaction ne peut se produire, à l'intérieur d'un système fermé évoluant à température et pression constantes et sans travail autre que celui des forces de pression, que si $dG < 0$

• Considérons la réaction dans le sens A + B ⟶ L + M, donc pour $d\epsilon > 0$ et en conséquence : $\left(\frac{dG}{d\epsilon}\right)_{T,P} < 0$

L'équation (4) peut s'écrire, en faisant apparaître $R\,T \ln K_{a\,eq}$ donné dans l'équation (3) :

$$R\,T \ln K_{a'} - R\,T \ln K_{a\,eq} < 0$$

$$\ln \frac{a'^{\lambda}_L\, a'^{\mu}_M}{a'^{\alpha}_A\, a'^{\beta}_B} - \ln \frac{a^{\lambda}_L\, a^{\mu}_M}{a^{\alpha}_A\, a^{\beta}_B} < 0$$

$$\text{et} \qquad \frac{a'^{\lambda}_{L}\, a'^{\mu}_{M}}{a'^{\alpha}_{A}\, a'^{\beta}_{B}} < \frac{a^{\lambda}_{L}\, a^{\mu}_{M}}{a^{\alpha}_{A}\, a^{\beta}_{B}}$$

En admettant que les activités représentent les proportions des corps présents dans un système fermé et que la réaction se produise dans une phase unique (par exemple en phase gazeuse), nous voyons que la réaction n'est possible que si les proportions de L et M sont plus petites que celles de l'équilibre (ou que les proportions de A et B sont plus grandes que celles de l'équilibre(*).)

La réaction possible de la gauche vers la droite ($\longrightarrow$) tend à réaliser les proportions de l'équilibre.

- Considérons la réaction inverse $\lambda L + \mu M \longrightarrow \alpha A + \beta B$. Avec la même convention de signe pour $d\in$, la relation (4) devient :

$$\left(\frac{dG}{d\in}\right)_{T,P} = \alpha G^{\circ}_{A} + \beta G^{\circ}_{B} - \lambda G^{\circ}_{L} + \mu G^{\circ}_{M} + RT\ln \frac{a'^{\alpha}_{A} a'^{\beta}_{B}}{a'^{\lambda}_{L} a'^{\mu}_{M}} \text{(**)}$$

La réaction pourra se produire si : $\left(\frac{dG}{d\in}\right)_{T,P} < 0.$

Soit : $- \ RT \ln K_{a\ eq} + RT \ln K_{a'} < 0$

d'où : $\frac{a'^{\alpha}_{A} a'^{\beta}_{B}}{a'^{\lambda}_{L} a'^{\mu}_{M}} < \frac{a^{\alpha}_{A} a^{\beta}_{B}}{a^{\lambda}_{L} a^{\mu}_{M}}$

En faisant les mêmes hypothèses que précédemment, nous constatons que la réaction ne peut se produire spontanément que si les proportions de A et B sont plus petites que celles de l'équilibre. La réaction possible tend à réaliser les proportions de l'équilibre.

Nous retrouvons bien les conclusions du paragraphe " Variations d'enthalpie libre d'un système fermé - équilibre chimique -" du chapitre : "Fonctions Potentielles".

(*) L'augmentation du nombre de moles de L et M entraîne la disparition des moles de A et B, le système étant fermé : (L + M)' + (A+B)' = (L+M) + (A+B).

(**) Ce qui revient à remplacer $d\in$ par $- d\in$ dans l'équation (4).

Le facteur $(\alpha \overline{G_A} + \beta \overline{G_B} - \lambda \overline{G_L} - \mu \overline{G_M})$ qui apparaît dans l'équation (1) est appelé **affinité chimique** $\mathcal{a}$ de la réaction $\alpha A + \beta B \longrightarrow \lambda L + \mu M$.

On a, d'après l'équation (1) : $\mathcal{a} = -\left(\frac{dG}{d\epsilon}\right)_{T,P}$.

La réaction $\alpha A + \beta B \longrightarrow \lambda L + \mu M$ ($d\epsilon > 0$) est thermodynamiquement possible si $dG < 0$, c'est-à-dire si $\mathcal{a} > 0$.

Elle est thermodynamiquement impossible si $\mathcal{a} < 0$; il y a équilibre pour $\mathcal{a} = 0$.

II. Réaction d'équilibre chimique en phase gazeuse

Reprenons la relation générale :

$$-\left(\Delta G_r^\circ\right)_T = R\,T \ln K_a$$

et appliquons-la à l'équilibre : $\alpha A + \beta B \rightleftharpoons \lambda L + \mu M$ réalisé en phase gazeuse.

Si on choisit, pour l'état standard de référence, le gaz parfait à la pression de 1 bar (f°_i = 1 bar), on a : $K_a = K_f$ (numériquement)

et $K_f = \dfrac{\hat{f}_L^{\lambda}\,\hat{f}_M^{\mu}}{\hat{f}_A^{\alpha}\,\hat{f}_B^{\beta}}$ à condition que les fugacités soient exprimées en bar.

Pour un corps pur gazeux, on définit le coefficient de fugacité $\Phi = f/P$ qui représente l'écart à l'idéalité. Pour un corps faisant partie d'un mélange gazeux, on définit de même :

$$\hat{\Phi}_i = \frac{\hat{f}_i}{P_i}$$

P_i étant la pression partielle de i dans le mélange gazeux, définie par : $P_i = y_i\,P$.

$$\text{d'où : } K_f = \frac{\hat{\Phi}_L^{\lambda}\,\hat{\Phi}_M^{\mu}}{\hat{\Phi}_A^{\alpha}\,\hat{\Phi}_B^{\beta}} \cdot \frac{P_L^{\lambda}P_M^{\mu}}{P_A^{\alpha}P_B^{\beta}}$$

$$\text{et } K_f = K_\Phi \,.\, K_P$$

On peut aussi faire intervenir les fractions molaires y_i, en explicitant les pressions partielles, on trouve :

$$K_f = K_\Phi \,.\, K_y \; P^{(\lambda + \mu - \alpha - \beta)}$$

Si N est le nombre total de moles, on a $y_L = n_L/N$, $y_M = n_M/N$, ...

$$\text{d'où : } K_y = \frac{n_L^\lambda \; n_M^\mu}{n_A^\alpha \; n_B^\beta} \,.\, N^{(\alpha + \beta - \lambda - \mu)}$$

$$\text{et } \quad K_y = K_n \,.\, N^{(\alpha + \beta - \lambda - \mu)}$$

Portons cette expression de K_y dans la relation :

$$K_f = K_\Phi K_y P^{(\lambda + \mu - \alpha - \beta)}$$

il vient :

$$K_f = K_\Phi K_n \left(\frac{P}{N}\right)^{(\lambda+\mu-\alpha-\beta)}$$

ou encore :

$$\mathbf{K_n} = \frac{\mathbf{K_f}}{\mathbf{K_\Phi}} \left(\frac{\mathbf{N}}{\mathbf{P}}\right)^{(\lambda+\mu-\alpha-\beta)}$$

K_f , calculé à partir de $\left(\Delta G_r^\circ\right)_T$, **varie avec la température mais ne varie pas avec la pression**. Cette dernière relation permet de calculer l'influence de la pression et l'influence de la dilution des réactifs sur K_n .

1. Influence de la pression :

On suppose ici que les coefficients de fugacité $\hat{\phi}_i$ ne varient pas ou varient peu avec la pression.

- Si $(\lambda + \mu - \alpha - \beta) > 0$, K_n diminue lorsque la pression croît .

C'est ainsi que la réaction d'oxydation partielle du méthane est défavorisée, thermodynamiquement, par une augmentation de la pression :

$$\underset{g}{CH_4} + \underset{g}{H_2O} \rightleftharpoons \underset{g}{CO} + \underset{g}{3\,H_2}$$

$$\lambda + \mu - \alpha - \beta = 2$$

- Si ($\lambda + \mu - \alpha - \beta$) < 0, K_n croît en même temps que la pression. C'est le cas de la synthèse de l'ammoniac qui est favorisée, thermodynamiquement, par une élévation de la pression :

$$\underset{g}{N_2} + \underset{g}{3\,H_2} \rightleftharpoons \underset{g}{2\,NH_3}$$

$$\lambda + \mu - \alpha - \beta = -2$$

2. Influence de la dilution des réactifs :

Une augmentation du nombre de moles N a le même effet qu'une diminution de la pression.

C'est ainsi que la synthèse de l'ammoniac est défavorisée, thermodynamiquement, par la présence de gaz inertes (méthane , argon...) .

III. Réaction d'équilibre chimique en phase liquide

Reprenons la définition de l'activité, pour un corps i dans une solution :

$$a_i = \frac{\hat{f}_i}{f_i^*} \qquad (1)$$

Adoptons pour f_i^* la fugacité du corps pur i, liquide à la température de la solution et à la pression de 1 bar, $f_i^* = f_i^\circ$.

$\left(\Delta G_r^\circ\right)_T$, qui permet d'accéder à Ka, est calculé en considérant le même état de référence. Notons que pour un liquide, f_i° est différent de 1 bar, car il y a équilibre entre le liquide et sa vapeur, dont la pression varie avec la température(*) $\left(a_i \neq \hat{f}_i\right)$.

Nous avons d'autre part la formule de définition du coefficient d'activité :

$$\gamma_i = \frac{\hat{f}_i}{x_i f_i} \qquad (2)$$

dans laquelle f_i représente la fugacité du corps pur i, à la température et à la pression de la solution, et x_i la fraction molaire du corps i dans la solution. Nous sommes dans le cas particulier pour lequel $f_i \neq f_i^\circ$

Si on porte la valeur de $\hat{f}_i$ en fonction du coefficient de fugacité (2) dans l'expression de l'activité, (1) on trouve :

$$a_i = \gamma_i x_i \left(\frac{f_i}{f_i^\circ}\right) \qquad (3)$$

L'influence de la pression sur la fugacité(**), entre la pression de 1 bar et la pression P réelle de la solution est donnée par la relation :

$$d \ln f = \frac{V\, dP}{R\, T}$$

En intégrant entre 1 bar et P bar, le volume molaire V_{il} du liquide étant supposé constant :

$$\ln \frac{f_i}{f_i^\circ} = \frac{V_{il}\,(P - 1)}{R\, T} \qquad (4)$$

(*) Voir le chapitre "enthalpie libre et fugacité", paragraphe "définitions".
(**) Voir le chapitre "enthalpie libre et fugacité", paragraphe "variations de l'enthalpie libre et de la fugacité avec la pression".

La constante d'équilibre K_a devient donc, pour la réaction :

$$\alpha A + \beta B \rightleftarrows \lambda L + \mu M,$$

$$K_a = K_x K_\gamma \exp\left[\left(\frac{P - 1}{R T}\right)(\lambda V_{L_l} + \mu V_{M_l} - \alpha V_{A_l} - \beta V_{B_l})\right]$$

ou, plus simplement : $K_a = \left[\Pi(x_i \gamma_i)^{v_i}\right] \exp\left[\frac{(P-1)}{R T}\sum_i v_i V_{il}\right]$

v_i étant le coefficient stoechiométrique du corps i.

Pour des pressions modérées, on peut considérer que la fugacité reste constante entre 1 bar et P bar. En effet, en reprenant l'équation (4), on voit que le facteur V_{il} (P - 1) est, pour des pressions de quelques bars, faible devant R T.

Dans ces conditions, on peut écrire $f_i \simeq f_i^\circ$

et $\quad a_i = \gamma_i x_i$

La constante d'équilibre devient :

$$K_a = \frac{x_L^\lambda x_M^\mu}{x_A^\alpha x_B^\beta} \cdot \frac{\gamma_L^\lambda \gamma_M^\mu}{\gamma_A^\alpha \gamma_B^\beta}$$

ou $K_a = K_x K_\gamma$

Pour une solution idéale et des pressions modérées :

$$K_a = \frac{x_L^\lambda x_M^\mu}{x_A^\alpha x_B^\beta} \quad \text{car } \gamma_i = 1$$

IV. Réaction d'équilibre chimique en milieu hétérogène : liquide-gaz

- Lorsqu'une réaction chimique est réalisée en présence d'une phase liquide et d'une phase gazeuse, la constante d'équilibre peut être calculée, en considérant les corps soit en phase gazeuse, soit en phase liquide, soit certains corps dans la phase liquide et d'autres dans la phase gazeuse.

Rappelons que $\left(\Delta G_r^\circ\right)_T$ a été défini jusqu'ici pour des corps purs, à la température réelle, et à la pression de 1 bar. Si on prend maintenant d'autres états de référence, $\left(\Delta G_r^\circ\right)_T$ et K_a seront différents : ils dépendent des états de référence choisis, et prendront les valeurs $\left(\Delta G_r^\circ\right)_T'$ et K_a'. Pour la phase gazeuse, on adoptera toujours, pour référence, les corps purs, supposés à l'état de gaz parfaits, à la température réelle et à la pression de 1 bar ; pour la phase liquide, on a vu qu'il existait plusieurs possibilités.

En fait, le choix est dicté par la connaissance des propriétés des corps.

- Reprenons, à titre d'exemple, la réaction d'équilibre :

$$\alpha A + \beta B \rightleftharpoons \lambda L + \mu M ,$$

Les corps A, B, L et M étant présents à la fois en phase liquide et en phase gazeuse, on peut écrire la constante d'équilibre K_a pour la phase gazeuse, en prenant pour état de référence les gaz parfaits à la pression de 1 bar (f_i° = 1 bar); $\left(\Delta G_r^\circ\right)_T$ étant calculé pour cet état standard.

La constante d'équilibre K_a a pour valeur :

$$K_a = \frac{\hat{f}_{L_g}^{\lambda}\,\hat{f}_{M_g}^{\mu}}{\hat{f}_{A_g}^{\alpha}\,\hat{f}_{B_g}^{\beta}}$$

- On pourra exprimer, indifféremment, selon les possibilités de calcul et les documents à notre disposition, la constante d'équilibre avec les fugacités en phase liquide $\hat{f}_{il}$ ou en phase gazeuse $\hat{f}_{ig}$ - à condition de conserver le même état de référence : gaz parfait à 1 bar, ($f_i° = 1$), ce qui permet d'écrire : $K_a = K_f$. L'équilibre impose :

$$\hat{f}_{Al} = \hat{f}_{Ag} \quad \text{et} \quad \hat{f}_{M_l} = \hat{f}_{Mg}$$

On calculera, par exemple,

$$K_a = \frac{\hat{f}^{\lambda}_{L_g} \hat{f}^{\mu}_{M_l}}{\hat{f}^{\alpha}_{A_l} \hat{f}^{\beta}_{B_g}}$$

en s'aidant, des relations :

$$\hat{f}_{M_l} = x_M \gamma_M f_{M_l}$$
$$\hat{f}_{A_l} = x_A \gamma_A f_{A_l}$$

(voir paragraphe III ci-dessus)

On pourra prendre pour f_{Ml} et f_{Al} les tensions de vapeur à la température considérée, si elles sont faibles, ainsi que la pression de réaction.

$$\hat{f}_{B_g} = y_B \hat{\Phi}_B P$$
$$\hat{f}_{L_g} = y_L \hat{\Phi}_L P$$

(voir paragraphe II ci-dessus)

- On pourra aussi conserver dans l'écriture de la constante d'équilibre les activités de certains corps en phase liquide :

$$K'_a = \frac{\hat{f}^{\lambda}_{L_g} a^{\mu}_{M_l}}{a^{\alpha}_{A_l} \hat{f}^{\beta}_{B_g}}$$

Si les activités sont exprimées, pour les corps A et M, en considérant, par exemple, comme états de référence : l'état liquide, des concentrations c_1(*) (pour A) et c_2(*)

(*) Extrapolation de la loi de Henry jusqu'aux concentrations c_1 et c_2 (voir le chapitre "enthalpie libre et fugacité").

(pour M), la pression de 1 bar, la température de la réaction, $\left(\Delta G_r^\circ\right)_T$ sera calculée :

- pour les corps A et M : - dans l'état liquide, aux concentrations c_1 et c_2, à la pression de 1 bar et à la température de la réaction

- pour les corps B et L : - dans l'état de corps pur gazeux, supposés parfaits à la pression de 1 bar et à la température de la réaction

En séparant les fugacités (phase gazeuse) et les activités (phase liquide) on écrira, à l'équilibre :

$$-\left(\Delta G_r^\circ\right)'_T = R\,T \ln \prod \hat{f}_{ig}^{\,\gamma} + R\,T \ln \prod a_{k_l}^{\eta}$$

γ et η étant les coefficients stœchiométriques, respectivement, des corps i (phase gazeuse) et des corps k (phase liquide).

V. Réaction d'équilibre chimique en milieu hétérogène : présence d'un corps pur constituant une phase solide (ou une phase liquide) distincte :

C'est le cas particulier pour lequel il existe une phase solide constituée par un corps pur (par exemple dépôt de carbone). L'activité de ce corps solide s'exprime par $a_S = f_S \,/\, f_S^*$ (et non $\hat{f}_S$ car il est seul présent dans la phase solide).

Pour une réaction réalisée à la pression standard de référence (1 bar) et si on porte dans le calcul de $\left(\Delta G_r^\circ\right)_T$ l'enthalpie libre du corps pur (solide ou liquide) à la pression de 1 bar, on a évidemment $a_S = 1$.

Si une réaction a lieu à une pression P supérieure à la pression standard de référence, on peut utiliser la relation donnant la variation de fugacité avec la pression :

$$d \ln f_s = \frac{V_s}{R\,T}\, d P$$

d'où, en intégrant de 1 à P bar à température constante et en supposant V_S constant :

$$\ln \frac{f_s}{f_s^\circ} = \frac{V_s(P-1)}{RT}$$

Dans le cas des liquides ou des solides, pour des pressions de quelques bar, le terme $\frac{V_s(P-1)}{RT}$ est faible et on peut admettre que : $\frac{f_s}{f_s^\circ} = 1$, d'où l'approximation $a_s = 1$

L'activité d'un corps pur constituant une phase solide distincte n'apparaît donc généralement pas dans l'expression de la constante d'équilibre K_a. Par exemple, pour la réaction :

$C + 1/2\,O_2 \rightarrow CO$, on pourra écrire :

sol. g. g.

$K_a = K_f = \frac{\hat{f}_{CO}}{\hat{f}_{O_2}^{1/2}}$, si les fugacités sont exprimées en bar.

et, à faible pression :

$K_a = \frac{y_{CO}}{y_{O_2}^{1/2}} P^{1/2}$, si P est exprimée en bar.

VI. Variation de K_a avec la température

Reprenons l'équation générale de GIBBS - HELMOLTZ démontrée au chapitre " Enthalpie libre et fugacité" :

$$\left(\frac{\partial (G/T)}{\partial T}\right)_P = -\frac{H}{T^2}$$

Cette relation peut être appliquée aux réactifs puis aux produits d'une réaction, réalisée à la pression P et à la température T :

$$\left(\frac{\partial(G/T)}{\partial T}\right)_{P_{\text{réactifs}}} = -\frac{H_{\text{réactifs}}}{T^2}$$

$$\left(\frac{\partial(G/T)}{\partial T}\right)_{P_{\text{produits}}} = -\frac{H_{\text{produits}}}{T^2}$$

On obtient par soustraction :

$$\left(\frac{\partial(G/T)}{\partial T}\right)_{P_{\text{produits}}} - \left(\frac{\partial(G/T)}{\partial T}\right)_{P_{\text{réactifs}}} = -\frac{\Delta H_r}{T^2} \qquad (1)$$

D'autre part, à pression constante, pour une variation de la température dT, l'enthalpie libre des réactifs varie de $\left(\frac{\partial G}{\partial T}\right)_{P_{\text{réactifs}}}$ dT, l'enthalpie libre des produits de $\left(\frac{\partial G}{\partial T}\right)_{P_{\text{Produits}}}$ dT, et l'enthalpie libre de la réaction de $\left(\frac{\partial(\Delta G)}{\partial T}\right)_P$ dT.

Sachant que $\Delta G = G_{\text{produits}} - G_{\text{réactifs}}$, les variations de ΔG et G sont telles que :

$$\left(\frac{\partial(\Delta G)}{\partial T}\right)_P = \left(\frac{\partial G}{\partial T}\right)_{P_{\text{produits}}} - \left(\frac{\partial G}{\partial T}\right)_{P_{\text{réactifs}}} \qquad (2)$$

La dérivation de (G/T) calculée pour les produits et pour les réactifs, compte tenu de l'équation (2) donne :

$$\left(\frac{\partial(G/T)}{\partial T}\right)_{P_{\text{produits}}} - \left(\frac{\partial(G/T)}{\partial T}\right)_{P_{\text{réactifs}}} = \left(\frac{\partial(\Delta G/T)}{\partial T}\right)_P$$

En égalisant avec l'équation (1) :

$$-\frac{\Delta H_r}{T^2} = \left(\frac{\partial(\Delta G/T)}{\partial T}\right)_P$$

Si nous adoptons des conditions "standard" (corps purs à la température T et à la pression de 1 bar), la dernière expression devient :

$$-\frac{\left(\Delta H_r^\circ\right)_T}{T^2} = \frac{d\left[\frac{\Delta G_r^\circ}{T}\right]_P}{dT},\quad \left(\Delta H_r^\circ\right)_T$$ étant l'enthalpie standard de réaction à la température T.

On peut remplacer : $-\left(\frac{\Delta G_r^\circ}{T}\right)_P$ par $R \ln K_a$ pour une réaction équilibrée, ce qui donne :

$$\frac{(\Delta H_r^\circ)_T}{R\,T^2} = \frac{d\ \ln K_a}{dT}$$

relation qui permet de calculer les variations de K_a en fonction de la température. On peut faire apparaître le terme 1/T :

$$\frac{\mathbf{d \ln K_a}}{\mathbf{d}\left(\frac{\mathbf{1}}{\mathbf{T}}\right)} = -\frac{\left(\Delta H_r^\circ\right)_T}{\mathbf{R}}$$

La pente de la courbe $\ln K_a = f\left(\frac{1}{T}\right)$ est égale à $-\frac{\left(\Delta H_r^\circ\right)_T}{R}$

- Si on suppose $(\Delta H_r^\circ)_T$ constant dans un certain domaine de températures: (T_1, T_2), $\ln K_a$ s'exprimera linéairement en fonction de 1/T, et nous aurons :

$$\ln\frac{K_{a_1}}{K_{a_2}} = -\frac{(\Delta H_r^\circ)_T}{R}\left[\frac{1}{T_1} - \frac{1}{T_2}\right]$$

- Pour une réaction exothermique :
$(\Delta H_r^\circ)_T < 0$, $\ln K_a = f(1/T)$ est représenté par une droite de pente positive.
Si $T_2 > T_1$, $K_{a2} < K_{a1}$,
la réaction exothermique est thermodynamiquement défavorisée par une élévation de température.

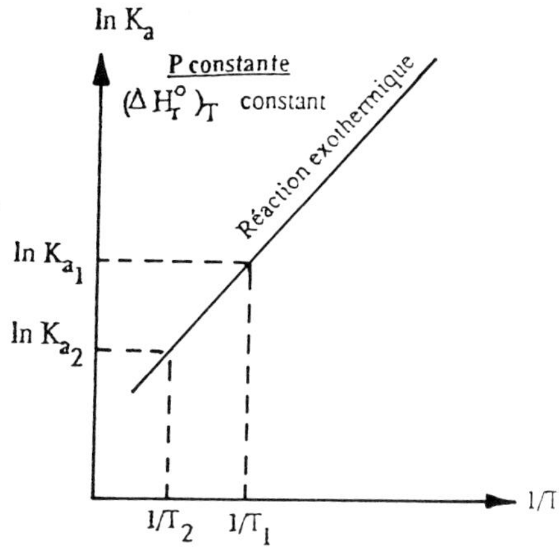

C'est le cas de la réaction de synthèse de l'ammoniac: $N_2 + 3\,H_2 \rightleftharpoons 2\,NH_3$

- Les conclusions sont inversées pour une réaction endothermique, par exemple la réaction d'oxydation partielle du méthane par l'eau : $CH_4 + H_2O \rightleftharpoons CO + 3\,H_2$ est thermodynamiquement favorisée par une élévation de la température.

VII - La règle des phases

On appelle variance d'un système en équilibre, le nombre de facteurs que l'on peut faire varier indépendamment pour que l'équilibre soit parfaitement défini, c'est-à-dire en conservant le nombre des phases et la nature de chacune d'elles.

Soit un système de N constituants (éléments ou composés définis) présents dans π phases. Chaque constituant est compté autant de fois qu'il figure dans des phases différentes.
Nous supposons qu'il existe entre les constituants de ce système, r réactions chimiques ou/et transformations physiques, réversibles indépendantes.
La connaissance de ces phénomènes réversibles nous permet d'écrire r conditions d'équilibre, par exemple :
pour un équilibre chimique : $\lambda\overline{G_L} + \mu\overline{G_M} - \alpha\overline{G_A} - \beta\overline{G_B} = 0$
pour un équilibre liquide-vapeur : $\overline{G}_{A\,vap} = \overline{G}_{A\,liq}$

Pour chaque phase, la somme des fractions molaires est égale à 1, par exemple :
pour une phase vapeur : $y_A + y_B + ... = 1$ et pour une phase liquide : $x_A + x_B + ... = 1$
Les π phases nous permettent d'écrire π équations.

Il peut aussi exister des relations particulières, par exemple la présence d'un azéotrope ($x_A = y_A$). Soit s le nombre de ces relations particulières.

Nous avons donc à notre disposition, au total : ($r + \pi + s$) équations.

L'état du système est défini si nous nous donnons la pression et la température (si ce sont les seuls paramètres intensifs agissant sur le système) et si nous fixons les N fractions molaires, soit (N+2) paramètres.

Au total, la variance, qui caractérise le degré de liberté qui nous reste pour définir le système est donnée par :

$$\text{Variance} = N + 2 - \pi - r - s$$

Remarquons que la variance porte sur les facteurs intensifs définissant le système.

Par exemple, on pourra vérifier que le système $CaCO_3$ / CaO / CO_2 en équilibre, selon la réaction :

$$\underset{\text{sol}}{CaCO_3} \rightleftharpoons \underset{\text{sol}}{CaO} + \underset{\text{g}}{CO_2}$$

est univariant, sachant que les phases solides, CO_3Ca et CaO, ne sont pas miscibles (2 phases distinctes).

Systèmes ouverts -
Analyse thermodynamique des procédés

- REGIME STATIONNAIRE -

Nous avons abordé l'étude des systèmes ouverts dans le chapitre traitant du 1er principe.

Reprenons l'équation générale, établie pour un système ouvert, en régime stationnaire :

$$\Delta H + m\,\frac{\Delta u^2}{2} + m\,g\,\Delta Z = Q - \overset{\circ}{W} \qquad (1)$$

Nous allons appliquer cette équation à des systèmes ouverts simples.

I. Détente adiabatique d'un fluide

On sait que le mouvement des fluides réels est un phénomème irréversible du fait de leur viscosité.

Imaginons cependant la détente réversible d'un fluide, en régime stationnaire, sans échange de chaleur, entre les pressions P_1 et P_2. Deux cas de figure peuvent se présenter : détente sans travail et détente avec travail.

1. Détente sans travail

On peut représenter le système étudié par la figure ci dessous. L'équation (1) devient, si on néglige l'énergie potentielle de gravité, et si la détente est adiabatique :

$$\Delta H + m\,\frac{\Delta u^2}{2} = 0, \text{ car aucun travail n'est produit}$$

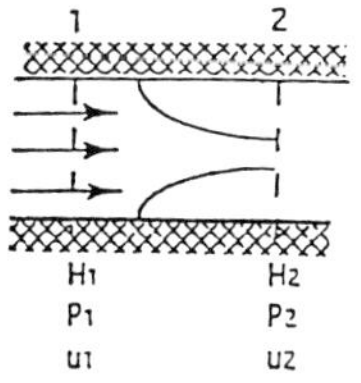

ou encore : $$(H_1 - H_2) = m\,\frac{u_2^2 - u_1^2}{2}$$

Connaissant les conditions de départ H_1 et u_1, le premier principe seul ne permet pas de calculer H_2 et u_2. Si nous admettons que la détente est réversible, $S_1 = S_2$, la variation d'enthalpie $(H_2 - H_1)$ calculée à entropie constante, soit $(\Delta H)_{is}$, est alors bien définie comme le montre le diagramme de MOLLIER du fluide considéré (voir figure ci-contre) .

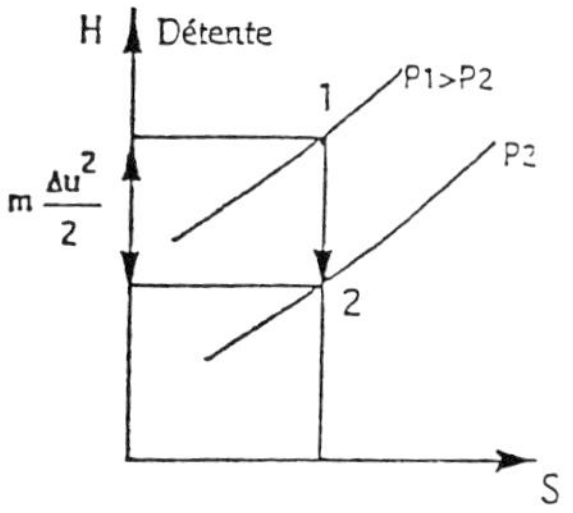

(*) Les deux derniers chapitres de ce cours doivent beaucoup à l'ouvrage de M.M. ABBOTT et H.C. VAN NESS : "Theory and Problems of Thermodynamics" - Schaum's outline series - Mc Graw-Hill Book Company - 1976.

La vitesse u_2 est maintenant calculable et $u_2 > u_1$.
L'expansion isentropique d'un fluide augmente son énergie cinétique.
On peut se rapprocher plus ou moins de la vitesse u_2 ainsi calculée, selon le profil de l'orifice de détente adopté.

2. Détente avec production de travail

Le fluide au cours de sa détente, peut produire du travail dans une turbine. Les vitesses dans les tuyauteries en amont et en aval étant toujours relativement faibles, on peut écrire : $m \, \Delta \, u^2 \, / \, 2 = 0$. Si, en outre, la turbine est thermiquement isolée on a :

$$\mathring{W} = -\Delta H$$

Le travail produit n'est calculable que si on se donne une nouvelle condition, par exemple, la réversibilité : $S_1 = S_2$

dans ce cas, $\mathring{W}_{is} = -(\Delta H)_{is}$

Le diagramme de MOLLIER, (voir figure ci-dessous), montre qu'il est facile de calculer le travail produit réversiblement.

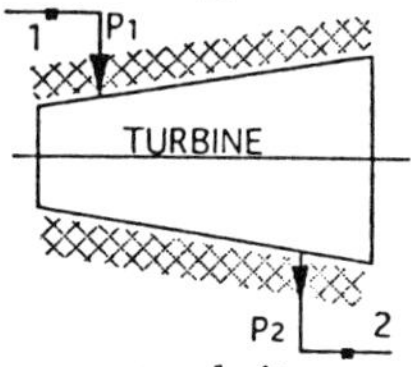

Ce travail est le travail maximum que peut produire le fluide qui se détend de manière adiabatique de P_1 à P_2.

En effet, l'irréversibilité des détentes réelles se traduit par une augmentation d'entropie. Le chemin de détente qui était 1 - 2 pour la réversibilité devient 1 - 2' dans le cas de l'irréversibilité et le travail produit $\mathring{W}$ est inférieur au travail isentropique $\mathring{W}_{is}$

Les machines réelles produisent couramment 75 à 80 % du travail isentropique, $\mathring{W}_{is}$.
On peut ainsi définir un rendement isentropique de détente η_{isD} :

$$\eta_{isD} = \frac{\mathring{W}}{\mathring{W}_{is}}$$

et $$\eta_{isD} = \frac{\Delta H}{(\Delta H)_{is}}$$

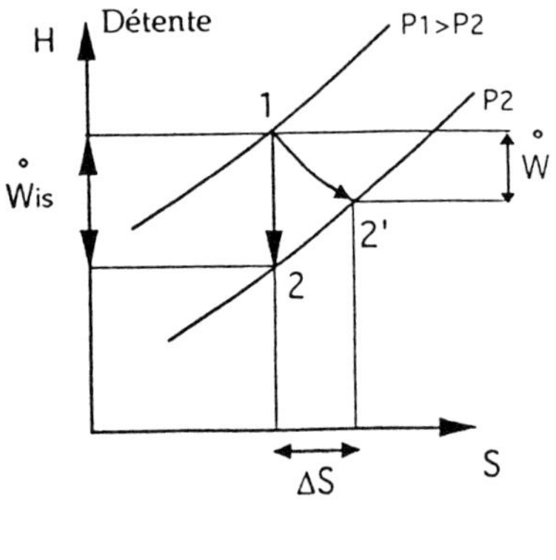

Plus l'accroissement d'entropie est grand, plus le rendement isentropique diminue.

II. Compression adiabatique d'un fluide

Une compression adiabatique réversible suit le chemin inverse d'une détente adiabatique réversible. En négligeant, comme précédemment, les variations d'énergie cinétique et d'énergie potentielle :

$$- \Delta H = \mathring{W}$$

$$\text{et :} \quad - (\Delta H)_{is} = \mathring{W}_{is}$$

Le diagramme de MOLLIER ci-contre nous montre que le travail à fournir est minimum dans le cas de la réversibilité.

En effet, dans ce cas, le chemin de compression est figuré par le segment 1 - 2 parallèle à l'axe des enthalpies.

Dans le cas de l'irréversibilité, ce chemin devient 1 - 2', car il y a augmentation d'entropie, et le travail à fournir devient supérieur au travail réversible : $\Delta H > (\Delta H)_{is}$

On peut définir un rendement isentropique de compression, η_{isC} :

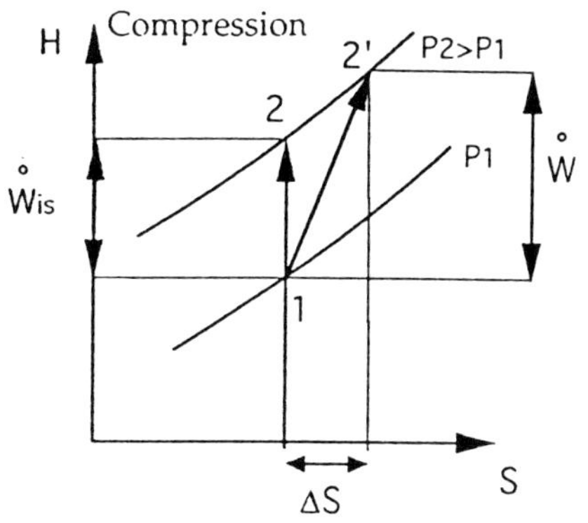

$$\eta_{isC} = \frac{\mathring{W}_{is}}{\mathring{W}}$$

$$\text{et :} \ \eta_{isC} = \frac{(\Delta H)_{is}}{\Delta H}$$

III. Détente "JOULE -THOMSON"

La détente adiabatique d'un gaz sans production de travail ($\mathring{W}$), sans variation d'énergie cinétique et d'énergie potentielle a reçu le nom de détente "JOULE -THOMSON".

C'est pratiquement le cas d'un gaz que l'on détend lentement à travers un tampon de métal poreux, isolé thermiquement. Selon le premier principe, la relation (1) est applicable et donne $\Delta H = 0$.

Une telle détente est isenthalpique .

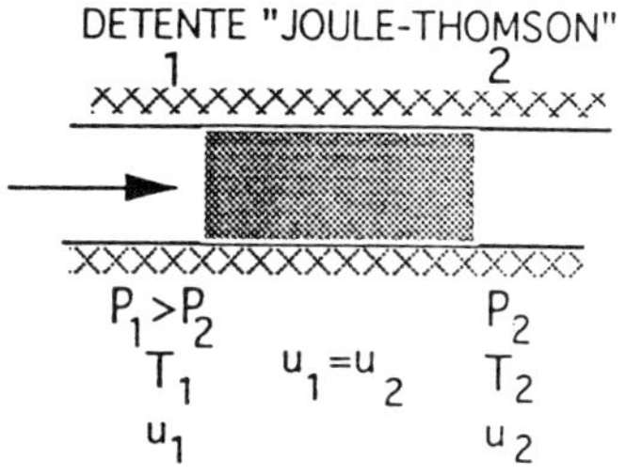

L'examen du diagramme de MOLLIER, nous apprend qu'une détente selon JOULE -THOMSON ne peut se produire qu'avec augmentation de l'entropie :

elle est toujours irréversible. On ne peut en effet passer de la pression P_1 à une pression P_2, à enthalpie constante, sans augmentation d'entropie. Le phénomène se ramène à une variation d'énergie interne du gaz. On observe généralement une variation de température au cours de la détente et on définit le coefficient de "JOULE-THOMSON" par le rapport : $\left(\frac{\partial T}{\partial P}\right)_H$

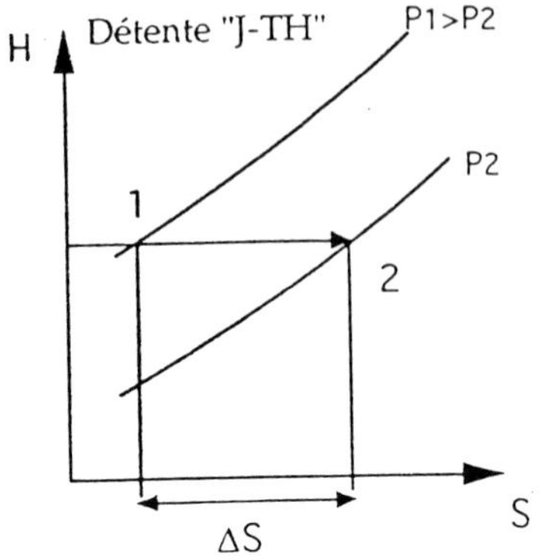

Pour un gaz parfait la détente "JOULE -THOMSON" est isotherme.

En effet, $dH = \left(\frac{\partial H}{\partial P}\right)_T dP + \left(\frac{\partial H}{\partial T}\right)_P dT = 0$

ou en remplaçant $\left(\frac{\partial H}{\partial P}\right)_T$ et $\left(\frac{\partial H}{\partial T}\right)_P$ par leurs valeurs on obtient :

$$\left[V - T\left(\frac{\partial V}{\partial T}\right)_P\right] dP + C_P\, dT = 0$$

Pour un gaz parfait $V - T\left(\frac{\partial V}{\partial T}\right)_P = 0$ et on en déduit que $dT = 0$

Les calculs de thermodynamique supposent les phénomènes réversibles, or on sait que tous les procédés réels sont irréversibles. Il est néanmoins possible d'analyser un procédé réel en le comparant à un procédé réversible qui présenterait les mêmes changements d'état, donc implicitement les mêmes variations des fonctions thermodynamiques.

Cette analyse, qui repose sur l'application des deux principes de la thermodynamique permet de calculer le rendement énergétique d'un procédé et de déterminer les principales causes de perte d'énergie.

La plupart des procédés industriels étant des procédés fonctionnant en régime stationnaire, on limitera l'étude à ce cas.

I. Expression du travail pour un système ouvert

Considérons un système ouvert fonctionnant en régime stationnaire, le bilan énergétique, établi en négligeant les variations d'énergie potentielle et les variations d'énergie cinétique s'écrit(*) :

$$\Delta H = Q - \overset{\circ}{W} \quad (1)$$

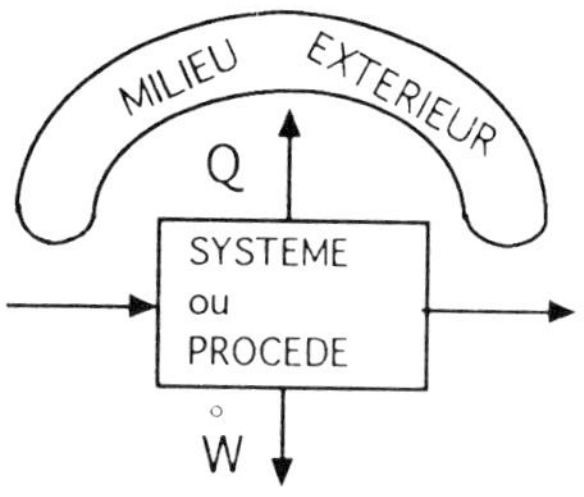

On suppose que le système considéré est placé dans un milieu extérieur, maintenu à température constante : T_{ext}.
La chaleur échangée entre le système et le milieu extérieur provoque une variation d'entropie du milieu extérieur :

$$\Delta S_{ext} = \frac{Q_{ext}}{T_{ext}}$$

(*) Voir le chapitre "Le premier Principe - Energie Interne - Enthalpie".

En adoptant nos conventions de signe : $Q = - Q_{ext}$ et $Q = - T_{ext}\,\Delta S_{ext}$.

L'équation (1) devient alors : $\overset{\circ}{W} = - T_{ext}\,\Delta S_{ext} - \Delta H$ (2).
Si toutes les transformations et échanges sont réversibles, on a :

$$\Delta S + \Delta S_{ext} = 0. \qquad (3)$$

Pour notre système ouvert, ΔS représente la différence d'entropie entre les corps entrants et sortants, l'entropie à l'intérieur du système étant constante en régime stationnaire.

Dans les conditions de réversibilité, $\overset{\circ}{W}$ deviendrait le travail $\overset{\circ}{W}_{rev}$ associé à un procédé réversible qui entraînerait les mêmes variations ΔH et ΔS, que le procédé réel. L'équation (2), compte tenu de l'équation (3) donne :

$$\overset{\circ}{W}_{rev} = T_{ext}\,\Delta S - \Delta H \quad (4)$$

Nous avons vu, dans le chapitre "Fonctions potentielles-Potentiel chimique" que le travail utile réversible avait pour expression :

$$W_{urev} = T\Delta S - \Delta H$$

$$\text{ou : } W_{urev} = - \Delta G$$

que l'on peut rapprocher de l'équation (4) ci-dessus, en faisant $T = T_{ext}$. Sous des expressions identiques, W_{urev} et $\overset{\circ}{W}_{rev}$ n'ont pas la même signification. La diminution d'enthalpie libre (= W_{urev}) est une mesure du travail maximal (hors travail de volume) que peut produire, dans un système fermé, une transformation réalisée à température et pression constantes.
L'expression (4) est d'une application plus générale. elle permet de calculer le travail maximal ($\overset{\circ}{W}_{rev}$) que peut fournir un système ouvert, fonctionnant en régime stationnaire, quelles que soient les conditions de température et de pression, des transformations se produisant à l'intérieur du système.

II. Expression du travail perdu pour un système ouvert

- La différence entre le **travail réversible** calculé pour certaines transformations entre les corps entrants et sortants, d'un procédé en régime stationnaire, et le **travail réel** qui résulte des transformations équivalentes réalisées en régime stationnaire avec les mêmes débits, représente le travail perdu du fait des irréversibilités.

Le travail perdu est par définition égal à : $W_{perdu} = W_{rev} - W_{réel}$

et, pour un système ouvert, en régime stationnaire :

$$\overset{\circ}{W}_{perdu} = \overset{\circ}{W}_{rev} - \overset{\circ}{W}$$

On sait que : $\overset{\circ}{W}_{rev} = T_{ext}\,\Delta S - \Delta H$ et que : $\overset{\circ}{W} = Q - \Delta H$, en négligeant, dans les deux cas, les variations d'énergie potentielle et d'énergie cinétique.

On peut donc écrire : $\overset{\circ}{W}_{perdu} = T_{ext}\,\Delta S - Q$ (5).

Ainsi le travail perdu dans tout procédé réel, (qui constitue un système ouvert), fonctionnant en régime stationnaire est relié simplement à la chaleur échangée avec l'extérieur et à la variation d'entropie entre les corps sortants et entrants dans le procédé.

On peut donner une forme différente à l'équation (5) en remarquant que la quantité de chaleur échangée change de signe selon que l'on considère le système ou le milieu extérieur :

$$Q_{ext} = - Q$$

l'équation (5) s'écrit alors : $\overset{\circ}{W}_{perdu} = T_{ext}\,\Delta S + Q_{ext}$ (6)

La température du milieu extérieur étant constante, la variation d'entropie ΔS_{ext} relative à la quantité de chaleur Q_{ext}, est telle que :

$$Q_{ext} = T_{ext}\,\Delta S_{ext}$$

l'équation (5) donne : $\overset{\circ}{W}_{perdu} = T_{ext}\,(\Delta S + \Delta S_{ext})$

et finalement : $\boldsymbol{\overset{\circ}{W}_{perdu} = T_{ext}\,\Delta S_{total}}$ (7)

ΔS_{total} est la somme de la variation d'entropie du système et de la variation d'entropie du milieu extérieur due à l'échange de chaleur.
Le second principe nous apprend que $\Delta S_{total} \geq 0$, donc d'après l'équation (6) :

$\overset{\circ}{W}_{perdu} \geq 0$. Le travail perdu est nul (réversibilité) ou positif dans le cas de toutes les transformations réelles (irréversibilité).

Plus l'irréversibilité est grande, plus la variation d'entropie totale est grande et plus importante est la quantité d'énergie perdue.

Toute **irréversibilité est de l'énergie perdue.**

III. Rendement énergétique

- Lorsqu'un système réel fournit du travail : $\overset{\circ}{W}$ est positif ainsi que $\overset{\circ}{W}_{rev}$,

$$\overset{\circ}{W}_{rev} = \overset{\circ}{W} + \overset{\circ}{W}_{perdu} \quad \text{avec} \quad \overset{\circ}{W}_{perdu} \geq 0$$

$$\text{donc} \quad \overset{\circ}{W}_{rev} > \overset{\circ}{W}$$

Pour des transformations équivalentes, (entre corps entrants et corps sortants), réalisées en régime stationnaire avec les mêmes débits, le travail produit dans le cas idéal de la réversibilité est toujours plus grand que le travail réellement produit.
On définit le <u>rendement énergétique</u> comme le rapport entre le travail effectivement obtenu et le travail qu'on aurait pu obtenir réversiblement :

$$\eta_{produit} = \frac{\overset{\circ}{W}}{\overset{\circ}{W} + \overset{\circ}{W}_{perdu}} = \frac{\overset{\circ}{W}}{\overset{\circ}{W}_{rev}} < 1$$

- Lorsqu'un système réel reçoit du travail, $\overset{\circ}{W}$ est négatif, alors que $\overset{\circ}{W}_{perdu}$ est toujours positif.

$$- \overset{\circ}{W} = - \overset{\circ}{W}_{rev} + \overset{\circ}{W}_{perdu}$$

$$\text{donc : } - \overset{\circ}{W} > - \overset{\circ}{W}_{rev}$$

Pour des transformations équivalentes, (entre corps entrants et corps sortants), réalisées en régime stationnaire avec les mêmes débits, le travail reçu dans le cas idéal de la réversibilité est toujours inférieur au travail réellement reçu.
Le rendement énergétique est égal au rapport entre le travail qui serait reçu dans les conditions de réversibilité et le travail effectivement reçu :

$$\eta_{reçu} = \frac{- \overset{\circ}{W}_{rev}}{- \overset{\circ}{W}_{rev} + \overset{\circ}{W}_{perdu}} = \frac{\overset{\circ}{W}_{rev}}{\overset{\circ}{W}} < 1$$

- Remarquons que le rendement énergétique est différent du rendement isentropique défini au chapitre précédent "Thermodynamique des systèmes ouverts - régime stationnaire". En effet le calcul du rendement isentropique consiste à comparer deux transformations qui ne sont pas équivalentes.

- Pour un procédé industriel comportant plusieurs étapes, il est intéressant de calculer le travail perdu au cours de chaque étape afin de déceler les causes d'irréversibilités. Cette analyse ouvre des possibilités d'amélioration du rendement énergétique de l'ensemble d'un procédé.

IV - La notion d'Exergie

On peut définir une nouvelle fonction d'état, **l'Exergie, Ex,** qui est liée à l'entropie et à l'enthalpie d'un système, ainsi qu'à la température du milieu extérieur :

$$Ex = H - T_{ext}S$$

Pour un système ouvert, en régime stationnaire, le travail réversible produit est, comme nous l'avons vu, égal à :

$$\overset{\circ}{W}_{rev} = T_{ext}\,\Delta S - \Delta H \qquad (4)$$

ΔS et ΔH représentant les variations d'entropie et d'enthalpie entre les corps sortants et entrants.

$\overset{\circ}{W}_{rev}$ peut aussi s'exprimer en fonction de l'exergie des corps entrants et des corps sortants, en effet l'équation (4) peut s'écrire :

$$\overset{\circ}{W}_{rev} = T_{ext}\,(S_{sort} - S_{ent}) - (H_{sort} - H_{ent})$$

$$\text{ou} \quad \overset{\circ}{W}_{rev} = (H_{ent} - T_{ext}\,S_{ent}) - (H_{sort} - T_{ext}\,S_{sort})$$

$$\text{et} \quad \overset{\circ}{W}_{rev} = Ex_{ent} - Ex_{sort} = -\Delta Ex$$

La différence de signification entre $-\Delta G$ et $\overset{\circ}{W}_{rev}$, exposée au paragraphe II ci-dessus, se retrouve évidemment entre ΔG et ΔEx puisque $\overset{\circ}{W}_{rev} = -\Delta Ex$.

Lorsqu'il existe des irréversibilités, le travail produit se met sous la forme :

$$\overset{\circ}{W} = Ex_{ent} - Ex_{sort} - \overset{\circ}{W}_{perdu} \qquad (8)$$

Le travail perdu peut être assimilé à une exergie détruite ($Ex_{dét.}$), liée directement à la création d'entropie due aux irréversibilités, l'équation (8) devient alors :

$$\overset{\circ}{W} = Ex_{ent} - Ex_{sort} - Ex_{dét.}$$

La notion d'exergie a simplifié l'analyse thermodynamique des procédés ouverts fonctionnant en régime stationnaire.

Thermodynamique

Symboles et abréviations

$\mathcal{a}$: affinité chimique

a : activité

a_i, a'_i : activité du corps i

a_{A_g} : activité du corps A en phase gazeuse

a_{k_l} : activité du corps k en phase liquide

a_{M_l} : activité du corps M en phase liquide

a_s : activité d'un corps pur en phase solide

a, b, c : constantes, développement de C_p en fonction de la température

c : capacité thermique massique

C : capacité thermique molaire

C_p : capacité thermique molaire à pression constante

C_v : capacité thermique molaire à volume constant

$C_{p_{R_i}}$: capacité thermique molaire à pression constante des réactifs

$C_{p_{P_j}}$: capacité thermique molaire à pression constante des produits

E : force électromotrice

ΔE : variation d'énergie

ΔE_c : variation d'énergie cinétique

ΔE_p : variation d'énergie potentielle

Ex : exergie

Ex_{ent} : exergie des corps entrant dans un système

Ex_{det} : exergie détruite

Ex_{sort} : exergie des corps sortant d'un système

F : énergie libre et énergie libre molaire

ΔF : variation d'énergie libre

f : fugacité

f_i : fugacité du corps i

f_{i_1}, f_{i_2} : fugacité du corps i aux pressions p_1 et p_2

f_i^* : fugacité du corps i à l'état de référence

f_s^* : fugacité à l'état de référence d'un corps pur - état solide -

f_i° : fugacité du corps i à l'état standard (P = 1 bar)

f_s : fugacité d'un corps pur à l'état solide

$\hat{f}_i$: fugacité du corps i dans un mélange

$\hat{f}_{i_A}$, $\hat{f}_{i_B}$: fugacité du corps i dans les phases A et B (mélanges)

$\hat{f}_{A_g}$, $\hat{f}_{A_l}$: fugacité du corps A en phase gazeuse, en phase liquide (mélanges)

F : constante de Faraday

G : enthalpie libre et enthalpie libre molaire

G^E : enthalpie libre molaire d'excès

G_i : enthalpie libre du corps i

G_A, G_B : enthalpie libre des corps A, B, ...

G_{P_j} : enthalpie libre des produits

G_{R_i} : enthalpie libre des réactifs

G_{i_A}, G_{i_B} : enthalpie libre du corps i dans les phases A, B, ...

$G_{i_{p_1}}$, $G_{i_{p_2}}$: enthalpie libre du corps i aux pressions p_1 et p_2

G_{vap}, G_{liq} : enthalpie libre à l'état de vapeur ou à l'état liquide

$\overline{G}_i$: enthalpie libre molaire partielle du corps i

$\overline{G}_A$, $\overline{G}_B$: enthalpie libre molaire partielle des corps A, B, ...

$\overline{G}_{i_A}$, $\overline{G}_{i_B}$: enthalpie libre molaire partielle du corps i dans les phases A, B, ...

G_i^* : enthalpie du corps i à l'état de référence

G_i° : enthalpie libre du corps i à l'état standard (P = 1 bar).

G_A°, G_B° : enthalpie libre des corps A, B, ... à l'état standard

ΔG : variation d'enthalpie libre

$\Delta G_{\text{mél réel}}$: enthalpie libre de mélange réel

$\Delta G_{\text{mél idéal}}$: enthalpie libre de mélange idéal

$\left(\Delta G_r^\circ\right)_{298}$: enthalpie libre standard de réaction (1 bar) à la température de 298,15 K

$\left(\Delta G_r^\circ\right)_T$, $\left(\Delta G_r^\circ\right)$: enthalpie libre standard de réaction (1 bar) à une température T,

$\left(\Delta G_f^\circ\right)_{298}$: enthalpie libre standard de formation (1 bar) à une température de 298,15 K

$(\Delta G_f^\circ)_T$, (ΔG_f°): enthalpie libre standard de formation (1 bar) à la température T

g : accélération de la pesanteur

H : enthalpie ou enthalpie molaire

H^E : enthalpie molaire d'excès

H_i : enthalpie du corps i

$H_a, H_b, \ldots$: enthalpie des solutions a, b, ...

H_A, H_B : enthalpie correspondant aux points A, B d'un diagramme "enthalpie-température"

H_{P_j} : enthalpie des produits

H_{R_i} : enthalpie des réactifs

H_{liq} : enthalpie à l'état liquide

H_{sol} : enthalpie à l'état solide

H_{vap} : enthalpie à l'état vapeur

$\overline{H_i}$: enthalpie molaire partielle du corps i

H_i° : enthalpie du corps i à l'état standard

ΔH : variation d'enthalpie

$\Delta H_{mél\ réel}$: enthalpie de mélange réel

$\Delta H_{mél\ idéal}$: enthalpie de mélange idéal

ΔH_{fus} : enthalpie de fusion

ΔH_{sub} : enthalpie de sublimation

ΔH_{vap} : enthalpie de vaporisation

ΔH_s : enthalpie sensible

$\Delta H_{s_{P_j}}$, $\Delta H_{s_{R_i}}$: enthalpie sensible des produits, des réactifs

$(\Delta H)_{is}$: variation d'enthalpie à entropie constante

ΔH_c°, $(\Delta H_c^\circ)_{298}$: enthalpie standard de combustion (1 bar) à la température de 298,15 K

$(\Delta H_c^\circ)_T$: enthalpie standard de combustion (1 bar) à la température T

$(\Delta H_c^\circ)_{P_j}$, $(\Delta H_c^\circ)_{R_i}$: enthalpie standard de combustion (1 bar) des produits, des réactifs

ΔH_f°, $(\Delta H_f^\circ)_{298}$: enthalpie standard de formation (1 bar) à la température de 298,15 K

$(\Delta H_f^\circ)_T$: enthalpie standard de formation (1 bar) à la température T

$(\Delta H_f^\circ)_{P_j}$, $(\Delta H_f^\circ)_{R_i}$: enthalpie standard de formation (1 bar) des produits, des réactifs

ΔH_r°, $\left(\Delta H_r^\circ\right)_{298}$: enthalpie standard de réaction (1 bar) à la température de 298,15 K

$\left(\Delta H_r^\circ\right)_T$: enthalpie standard de réaction (1 bar) à la température T

ΔH_r : enthalpie de réaction

$(\Delta H_r)_{T_1}^{T_2}$: enthalpie de réaction, à la pression de 1 bar, les réactifs étant à la température T_1 et les produits à la température T_2

$\mathcal{H}_i$: constante de HENRY du corps i

i, j : en indice, les corps purs i ou j

K_a : constante d'équilibre relative aux activités

K_f : constante d'équilibre relative aux fugacités

K_y : constante d'équilibre relative aux fractions molaires en phase gazeuse

K_x : constante d'équilibre relative aux fractions molaires en phase liquide

K_n : constante d'équilibre relative aux nombres de moles

K_p : constante d'équilibre relative aux pressions partielles

K_Φ : constante d'équilibre relative aux coefficients de fugacité

K_γ : constante d'équilibre relative aux coefficients d'activité

k : constante de Boltzmann

L : chaleur molaire de changement d'état

l : chaleur massique de changement d'état

ΔL : distance parcourue pendant le temps Δt (régime stationnaire)

m : masse, masse entrant dans un système pendant le temps Δt

n : nombre de moles

N : nombre de constituants (règle des phases)

n_i : nombre de moles du corps i

n_a, n_b, n_c : nombre de moles des solutions a, b, c

n_I : nombre de molécules gazeuses avant réaction

n_F : nombre de molécules gazeuses après réaction

n_{i_A}, n_{i_B} : nombre de moles du corps i dans la phase A, dans la phase B

°: exposant, indique l'état standard (1 bar)

P : pression

P_i : pression partielle du corps i

P_s : pression de vapeur saturante

P_1, P_2 : valeurs particulières de la pression

Q : quantité de chaleur fournie à un système

Q_p : quantité de chaleur échangée à pression constante

Q_v : quantité de chaleur échangée à volume constant

$Q_{rév}$: quantité de chaleur échangée réversiblement

$Q_{irrév}$: quantité de chaleur échangée irréversiblement

Q_{ext} : quantité de chaleur fournie au milieu extérieur

q coefficient multiplicatif du nombre de moles des différents constituants d'une phase

R : constante des gaz parfaits

r : nombre de réactions et/ou transformations réversibles indépendantes (règle des phases)

S : entropie et entropie molaire

S^E : entropie molaire d'excès

S_i : entropie du corps i

S_A, S_B : entropie de la phase A, de la phase B, ...

S_{P_j} : entropie des produits

S_{R_i} : entropie des réactifs

S_{liq} : entropie à l'état liquide

S_{vap} : entropie à l'état vapeur

ΔS : variation d'entropie

$\Delta S_{réel}$: entropie de mélange réel

$\Delta S_{idéal}$:entropie de mélange idéal

ΔS_{fus} : entropie de fusion

ΔS_{vap} : entropie de vaporisation

ΔS_{ext} : variation d'entropie du milieu extérieur

ΔS_{total} : somme des variations d'entropie du milieu extérieur et du système étudié

ΔS_r : entropie de réaction

ΔS_r°, $\left(\Delta S_r^\circ\right)_{298}$: entropie standard de réaction (1 bar) à la température de 298,15 K

$\left(\Delta S_r^\circ\right)_T$: entropie standard de réaction (1 bar) à la température T

s : nombre de relations particulières (règle des phases)

T : température absolue

T_B température normale d'ébullition

T_{ext} : température du milieu extérieur

Δt : intervalle de temps

U : énergie interne et énergie interne molaire

U_{P_j} : énergie interne des produits

U_{R_i} : énergie interne des réactifs

ΔU : variation d'énergie interne

ΔU_v : variation d'énergie interne à volume constant

ΔU_p : variation d'énergie interne à pression constante

u : vitesse

V : volume et volume molaire

ΔV : variation de volume

$\overline{V}_i$: volume molaire partiel du corps i

V_{liq} : volume à l'état liquide

V_{il} : volume molaire du constituant i liquide

V_{vap} : volume à l'état vapeur

V_s : volume molaire à l'état solide

W : travail fourni par un système

W_p : travail des forces de pression ou travail de volume

$W_{p_{rev}}$: travail des forces de pression pour une transformation réversible

$W_{p_{irrev}}$:travail des forces de pression pour une transformation irréversible

W_u : travail autre que le travail des forces de pression

$W_{u_{rev}}$: travail autre que le travail des forces de pression pour une transformation réversible

$W_{u_{irrev}}$: travail autre que le travail des forces de pression pour une transformation irréversible

$\overset{\circ}{W}$: travail fourni par un système ouvert (en régime stationnaire), hors le travail de transvasement

$\overset{\circ}{W}_{is}$: travail fourni par un système ouvert (en régime stationnaire hors-travail de transvasement) au cours d'une détente adiabatique et isentropique, les variations d'énergie potentielle et cinétique étant négligées

$\overset{\circ}{W}_{rev}$: travail fourni par un système ouvert (en régime stationnaire, hors le travail de transvasement) pour un procédé réversible qui entraînerait les mêmes ΔH et ΔS (corps entrants et sortants) que le procédé réel

x : fraction molaire, phase liquide

x_i : fraction molaire du corps i, dans une phase liquide

x_a, x_b, x_c : fraction molaire d'un soluté dans des solutions a, b, c

X coefficient de dx dans l'expression d'une différentielle exacte de la forme : Xdx + Ydy, en général fonction de x et y

y : fraction molaire, phase gazeuse

y_i : fraction molaire du corps i, dans une phase gazeuse

Y coefficient de dy dans l'expression d'une différentielle exacte de la forme : Xdx + Ydy, en général fonction de x et y

z : altitude

- Symboles grecs -

$\alpha, \beta, \gamma, \lambda, \eta, \nu$: coefficients stoechiométriques d'une réaction

γ : coefficient d'activité

γ_i : coefficient d'activité du corps i

$\gamma_A, \gamma_B, \gamma_L, \gamma_M$: coefficients d'activité des corps A, B, L, M

ε degré d'avancement d'une réaction chimique

ξ : fonction d'état quelconque

η_{ISD} : rendement isentropique de détente

η_{ISC} : rendement isentropique de compression

η : rendement énergétique

μ : potentiel chimique

μ_i : potentiel chimique du corps i

μ_i^* : potentiel chimique du corps i à l'état de référence

$\mu_A, \mu_B, \mu_L, \mu_M$: potentiel chimique des corps A, B, L, M

μ_i° : potentiel chimique du corps i à l'état standard

π : nombre de phases d'un système

Φ : coefficient de fugacité

Φ_i : coefficient de fugacité du corps i

$\hat{\Phi}_i$: coefficient de fugacité du corps i dans un mélange

$\hat{\Phi}_A, \hat{\Phi}_B, \hat{\Phi}_L, \hat{\Phi}_M$: coefficients de fugacité des corps A, B, L, M dans un mélange

Ω : probabilité thermodynamique

PROPRIÉTÉS DÈS GAZ ET DES LIQUIDES

Méthodes de calcul

Propriétés des gaz
et des liquides

Table des matières

CALCUL DES CONSTANTES CRITIQUES

I. Equations d'état

- Pour définir l'état d'un corps pur gazeux, deux variables intensives indépendantes doivent être fixées, par exemple le volume molaire et la température. La pression est alors donnée par une équation dite "équation d'état". L'équation d'état la plus simple est celle des gaz parfaits : $PV = RT$.

- Pour les gaz réels, on introduit un facteur correctif Z appelé facteur de compressibilité et l'équation précédente devient : $\frac{PV}{RT} = Z$; Z est fonction de V et de T, il devient égal à l'unité pour tous les gaz lorsque la pression tend vers zéro.

- On peut aussi traduire l'écart de comportement entre un gaz parfait et un gaz réel, sous la forme d'un développement en $\frac{1}{V^n}$, nous obtenons ainsi l'équation du "viriel" :

$$\frac{PV}{RT} = 1 + \frac{B}{V} + \frac{C}{V^2} + \frac{D}{V^3} + \ldots$$

B, C, D sont appelés respectivement second, troisième et quatrième viriels, ils varient avec la température et la nature du gaz. On montre que :

$$B = 2\pi N \int_0^\infty \left(1 - e^{-\frac{U_{(r)}}{kT}}\right) r^2 \, dr$$

pour les molécules à symétrie sphérique, $U_{(r)}$ représente le potentiel d'interaction entre les molécules, r étant la distance entre les centres de gravité des molécules. N et k sont respectivement le nombre d'AVOGADRO et la constante de BOLTZMANN.

On obtient des relations du même type pour les autres viriels. Si l'interaction entre les molécules est nulle, $U_{(r)} = 0$ et on retrouve l'équation d'un gaz parfait. Pour une pression modérée (10 atmosphères), on peut se limiter au second viriel :

$$\frac{PV}{RT} = 1 + \frac{B}{V}$$

- L'équation de VAN DER WAALS est une équation d'état simple qui représente assez bien le comportement des gaz jusqu'à des pressions de l'ordre de 50 atmosphères:

$$P = \frac{RT}{V - b} - \frac{a}{V^2}$$

a et b sont des constantes pour un gaz donné. Le terme $\frac{a}{V^2}$ représente la pression interne, conséquence de l'attraction entre les molécules. La constante b, appelée covolume, tient compte du fait que les molécules ne sont pas ponctuelles, mais occupent un certain volume.(*)

- Il existe d'autres équations du même type ; par exemple l'équation de REDLICH et KWONG :

$$P = \frac{RT}{V - b'} - \frac{a'}{T^{1/2}\, V\,(V + b')} ,$$

l'équation de BERTHELOT :

$$P = \frac{RT}{V - b''} - \frac{a''}{T\,V^2} ,$$

l'équation de BEATTIE-BRIDGEMAN :

$$P = \frac{RT}{V^2}\left[V + b_0\left(1 - \frac{b'''}{V}\right)\right]\left(1 - \frac{c}{V\,T^3}\right) - \frac{A_0}{V^2}\left(1 - \frac{a'''}{V}\right)$$

Les constantes a', b' - a'', b'' - a''', b''', c, b_0, A_0 - comme les constantes a et b de

(*) Volume de la "sphère de protection".

l'équation de VAN DER WAALS, sont spécifiques à chaque corps. Leurs valeurs sont données dans les recueils classiques.

II. Le principe des états correspondants

Si P_C, V_C, T_C sont les valeurs de variables P, V, T au point critique, on peut écrire qu'en ce point :

- l'équation de VAN DER WAALS est vérifiée,
- la courbe $P = f(V)$ présente un point d'inflexion à tangente horizontale :

$$\left(\frac{\partial P}{\partial V}\right)_C = 0 \quad \text{et} \quad \left(\frac{\partial^2 P}{\partial V^2}\right)_C = 0 \qquad \text{(Figure 1)}$$

Ces trois conditions donnent :

$$P_C = \frac{R\,T_C}{V_C - b} - \frac{a}{V_C^2}$$

$$0 = -\frac{R\,T_C}{(V_C - b)^2} + \frac{2a}{V_C^3}$$

$$0 = \frac{2\,R\,T_C}{(V_C - b)^3} - \frac{6a}{V_C^4}$$

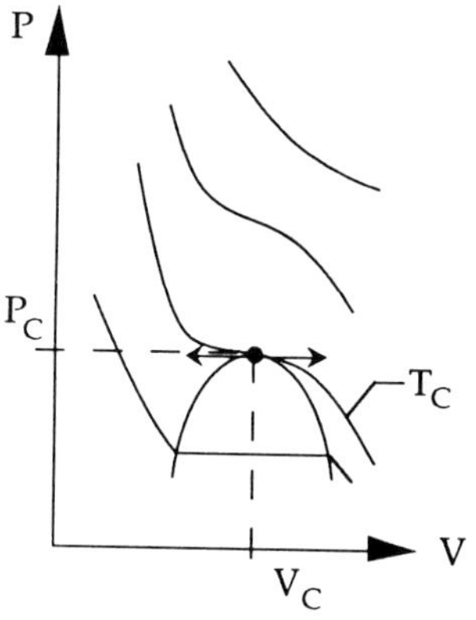

Figure 1

On déduit facilement de ces équations : $V_C = 3\,b$, $T_C = \dfrac{8\,a}{27\,Rb}$, $P_C = \dfrac{a}{27\,b^2}$

Pour décrire l'état d'un gaz, nous pouvons utiliser non pas les variables classiques P, V, T mais P_R, V_R et T_R telles que : $P_R = \dfrac{P}{P_C}$, $V_R = \dfrac{V}{V_C}$, $T_R = \dfrac{T}{T_C}$. Nous effectuons ainsi un changement de variables ; P_R, V_R, T_R sont appelées les coordonnées réduites. L'équation de VAN DER WAALS devient, après ce changement de variables :

$$P_R P_C = \frac{R T_C T_R}{V_C V_R - b} - \frac{a}{V_C^2 V_R^2}$$

Remplaçons P_C, V_C, T_C par leur valeur en fonction de a, b, et R , nous trouvons, après transformation :

$$(3 V_R - 1) \left(P_R + \frac{3}{V_R^2}\right) = 8 T_R \qquad (1)$$

Nous obtenons ainsi une équation dite "Equation de VAN DER WAALS généralisée", valable pour tous les corps, les constantes spécifiques ayant disparu.

Des gaz ayant les mêmes coordonnées réduites sont dits dans le même état correspondant.

Nous avons démontré (l'équation 1), que si deux gaz présentent deux des trois coordonnées réduites (T_R, V_R, P_R) égales, la troisième coordonnée réduite aura la même valeur pour ces deux gaz qui seront ainsi dans le même état correspondant.

Nous venons d'énoncer le principe des états correspondants.

Ce principe, sous sa forme simple ou légèrement modifiée, a des applications nombreuses dans le domaine du calcul des constantes thermodynamiques.

On peut en effet montrer facilement que certaines propriétés ou variations de propriétés sont égales pour des gaz pris dans le même état correspondant.

Prenons comme exemple le facteur de compressibilité :

$$Z = \frac{P V}{R T}$$

compte tenu de l'équation de VAN DER WAALS, il peut encore s'écrire :

$$Z = \frac{V}{V - b} - \frac{a}{VRT}$$

ou, après changement de variables :

$$Z = \frac{V_R V_C}{V_R V_C - b} - \frac{a}{V_R V_C \cdot T_R T_C \cdot R}$$

En remplaçant V_C et T_C par leurs valeurs en fonction de a, b et R, il vient :

$$Z = \frac{3 V_R}{3 V_R - 1} - \frac{9}{8 V_R T_R} \qquad (2)$$

Le facteur de compressibilité est donc fonction de deux variables réduites, soit T_R et V_R, soit V_R et P_R, soit P_R et T_R.

Cependant on s'aperçoit que l'équation de VAN DER WAALS généralisée ne représente que très imparfaitement le comportement des gaz réels.
Ainsi on trouve à partir de cette équation que le facteur de compressibilité critique de tous les gaz devrait être égal à 0,375 ; or on sait qu'en réalité il varie de 0,200 à 0,300.
De même la température réduite de BOYLE (température réduite pour laquelle $\left(\frac{\partial PV}{\partial P}\right)_T = 0$, à pression nulle) devrait être égale à 3,375 alors qu'elle est en moyenne voisine de 2,500.

III. Le Principe des états correspondants et le facteur de compressibilité moyen

1. Le facteur de compressibilité moyen

Dans un premier temps on a voulu conserver le principe des états correspondants, mais en le libérant de l'équation de VAN DER WAALS, à partir de laquelle il avait été conçu.
C'est ainsi que l'on a pris comme équation de référence, non plus l'équation de VAN DER WAALS généralisée, sous la forme (1) ou (2), mais le facteur de compressibilité moyen des gaz, en fonction des coordonnées réduites.
Les courbes moyennes $Z = f(T_R, P_R)$ ont été tracées par différents auteurs, notamment par NELSON et OBERT [1] (Figures 2. 3. 4. 5). L'erreur sur Z est inférieure à 5% dans la majorité des cas. Pour l'hydrogène et l'hélium, il est nécessaire d'utiliser des coordonnées réduites corrigées : $P'_R = \frac{P}{P_C + 8}$ et $T'_R = \frac{T}{T_C + 8}$ (Correction de NEWTON), au dessus de $T_R = 2{,}5$.

Facteur de compressibilité des gaz

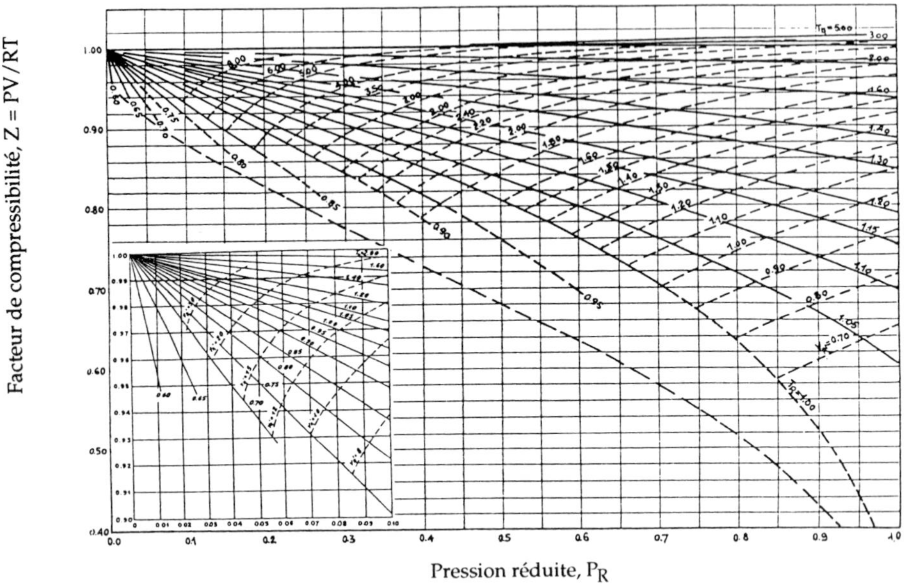

Figure 2 (1)

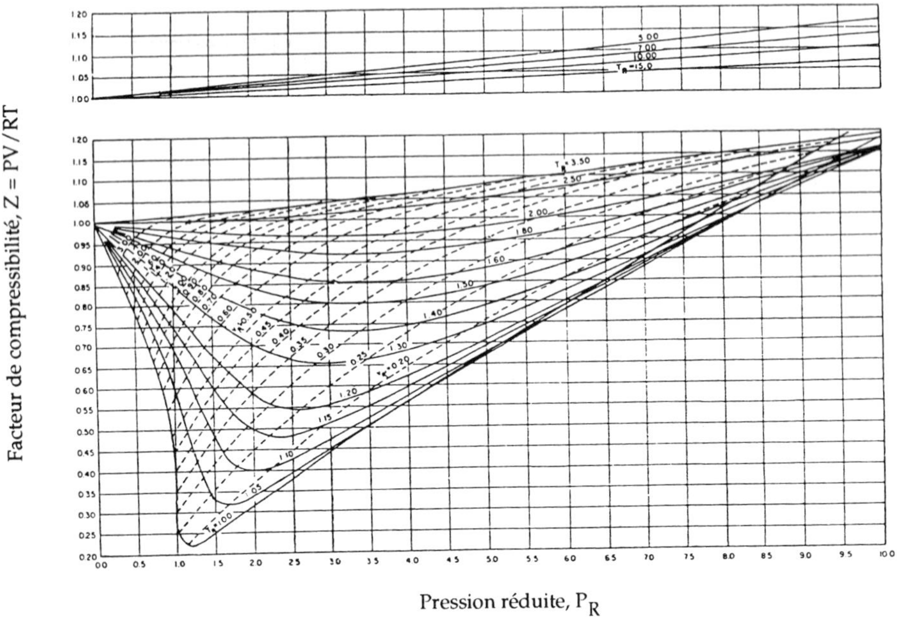

Figure 3 (1)

Facteur de compressibilité des gaz

Facteur de compressibilité, Z = PV/RT

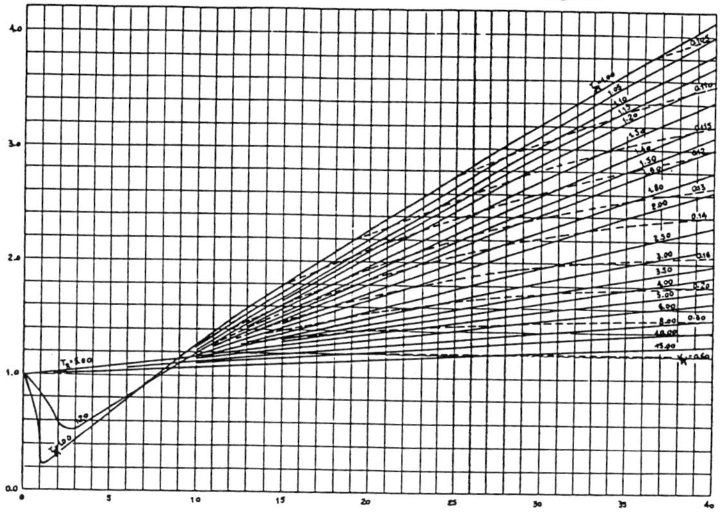

Pression réduite, P_R

Figure 4 (1)

Facteur $Z \cdot T_R = P_R \, V'_R$

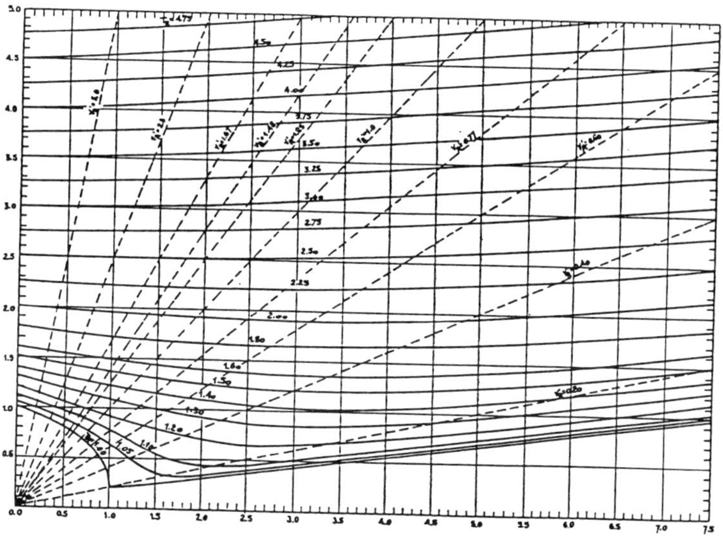

Pression réduite, P_R

Figure 5 (1)

Si on prend pour définition du volume pseudo-réduit :

$$V'_R = \frac{V\,P_C}{R\,T_C} \quad \text{on a : } V'_R = \frac{V\,Z_C}{V_C} = V_R\,Z_C$$

$$\text{Sachant que } Z = \frac{P_C\,P_R\,.\,V_C\,V_R}{R\,.\,T_C\,T_R} = Z_C\,\frac{P_R\,V_R}{T_R} \quad ,$$

on en déduit : $Z = \dfrac{P_R\,V'_R}{T_R}$. NELSON et OBERT ont tracé sur les graphiques généraux donnant le facteur de compressibilité, les courbes de volumes pseudo-réduits constants.
Il est apparu rapidement, lorsque les données expérimentales se multiplièrent, que les corps obéissaient plus ou moins bien au principe des états correspondants.

On remarque que le comportement des corps s'éloigne d'autant plus du principe des états correspondants que la dissymétrie du potentiel d'interaction moléculaire et la polarité croissent. Si on désire dans ces cas, calculer Z à moins de 5% près, il faut introduire une troisième variable, voire une quatrième variable pour les corps fortement polaires.

2. La troisième variable

Plusieurs variables ont été proposées :

- le facteur de compressibilité au point critique (Z_C)

- le facteur de RIEDEL [2] qui représente la pente de la courbe de tension de vapeur réduite $\ln\ Ps_R = f(\ln T_R)$ au point critique : $\alpha_C = \left[\dfrac{d\ln Ps_R}{d\ln T_R}\right]_C$

- le facteur "acentrique" de PITZER [3] : ω. C'est ce dernier qui est le plus utilisé.

PITZER a pris comme référence le xénon, le krypton et l'argon, corps à symétrie sphérique et baptisés "fluides simples".

L'examen des courbes de tension de vapeur de ces trois corps montre que pour une température réduite T_R de 0,70, la tension de vapeur réduite Ps_R est voisine de 0,10.

Le facteur "acentrique" de PITZER est défini par l'équation :

$$\omega = -\,1{,}00 - (\lg Ps_R)_{T_R = 0{,}70}$$

Pour les "fluides simples", $\omega = 0$.

Le facteur de compressibilité des corps présentant une faible polarité et une faible dissymétrie du potentiel d'interaction moléculaire, encore appelés "fluides normaux", peut être représenté par la relation :

$$Z = f\,(T_R, P_R, \omega)$$

La linéarité en fonction de ω est acceptable, on écrit, pour les "fluides normaux" :

$$Z = Z^0\,(T_R\,P_R) + \omega\,Z^1\,(T_R\,P_R)$$

La fonction Z^0 (T_R P_R) correspond au facteur de compressibilité du xénon, du krypton et de l'argon.

PITZER (3) a dressé les premières tables de Z^0 et Z^1, traduites en graphiques généraux par SMITH et VAN NESS (4) . Les tables de PITZER ont été améliorées par LEE et KESLER (5).
On trouvera, ci-joint, les graphiques généraux de SMITH et VAN NESS (Figure 6) ainsi que les tables de LEE et KESLER (Tables 1 et 2).

3. Le calcul de la troisième variable

Lorsque les mesures de tension de vapeur ne sont pas accessibles, on peut calculer le "facteur acentrique" par la formule de EDMISTER (6) :

$$\omega = \frac{3}{7}\left(\frac{T_{B_R}}{1 - T_{B_R}}\right) \lg P_C - 1$$

T_{B_R} étant la température normale d'ébullition réduite : $T_{B_R} = \frac{T_B}{T_C}$, et P_C étant la pression critique, exprimée en atmosphères.

Le facteur de RIEDEL peut aussi être calculé à partir de la température normale d'ébullition réduite et de la pression critique - exprimée en atmosphères - comme l'a prouvé MILLER (7) :

$$\alpha_C = 0{,}9076\left(1 + \frac{T_{B_R} \ln P_C}{1 - T_{B_R}}\right)$$

Ces deux dernières relations permettent d'estimer ω à partir de α_C :

$$\omega = 0{,}203\ (\alpha_C - 7{,}00) + 0{,}242$$

Enfin il existe une expression liant très approximativement Z_c et ω [(8)] :

$$Z_c = \frac{1}{1{,}28\ \omega\ + 3{,}41}$$

4. La quatrième variable

Pour les corps ayant une polarité modérée ou forte, et une dissymétrie du potentiel d'interaction moléculaire, il est nécessaire de faire intervenir à la fois le "facteur acentrique" et une fonction Y du moment dipolaire μ.

On écrira alors : $Z = Z^0 (T_R\, P_R) + \omega\, Z^1 (T_R\, P_R) + Y\, Z^2 (T_R\, P_R)$(*)

WU et STIEL [(9)] ont dressé des tables complémentaires donnant Z^2(*) (Table 3) et préconisé les valeurs de Y pour 12 corps fortement polaires. GOSSE [(10)] (Table 4) a appliqué l'analyse dimensionnelle pour exprimer Y en fonction de ω et du moment dipolaire réduit $\overline{\mu}$:

$$Y = 0{,}50\ \omega^2 + \overline{\mu}\ (9{,}87 - 32{,}2\ \overline{\mu} - 30\ \omega + 127\ \overline{\mu}\ \omega)$$

$$\text{avec } \overline{\mu} = \frac{7{,}29\ \mu \sqrt{P_C}}{T_C}$$

μ, le moment dipolaire, est exprimé en Debye, P_C est exprimée en atmosphères et T_c en K.

5. Cas particulier : fluides quantiques

Pour les fluides quantiques, on pourrait améliorer l'interprétation des courbes de NELSON et OBERT en faisant intervenir, au-dessus de 50 K, la masse molaire :

$$Z = f\ (T_R, P_R, M)^{(**)}$$

En l'absence de relation exploitable, on utilisera les courbes de NELSON et OBERT ou mieux, les tables de LEE et KESLER. C'est avec les corps les plus fortement quantiques (hydrogène, deutérium, hélium) que l'on doit s'attendre aux erreurs les plus importantes.

(*) Z^2 ne représente pas un carré, mais une fonction de T_R et P_R

(**) Certains auteurs font aussi intervenir, pour les fluides quantiques, le facteur acentrique (10)

IV. Résumé et classification

On peut dresser une classification des corps selon leur plus ou moins grande aptitude à respecter le principe des états correspondants sous sa forme la plus simple: $Z = f(T_R, P_R)$, et proposer les termes correctifs qu'il serait utile de prendre en compte dans la majorité des cas.

Nous donnons, ci-joint, le tableau établi par LEGRAND et CHAPPELEAR [11] et complété par les méthodes de calcul préconisées (Figure 7).

On remarquera que les frontières entre les différentes familles de "fluides" ne sont pas nettes, les propriétés varient progressivement. C'est ainsi que plusieurs méthodes de calcul peuvent être utilisées pour le même corps.

Exemple : Calculer le volume occupé par une mole de propane à la température de 147°C et sous une pression de 150 atmosphères.
On donne $T_C = 370$ K, $P_C = 42{,}10$ atm et $\omega = 0{,}145$.

On calcule: $T_R = \frac{420}{370} = 1{,}135$ et $P_R = \frac{150}{42{,}10} = 3{,}563$

Les courbes de NELSON et OBERT donnent $Z = 0{,}550$

d'où $V = \frac{ZRT}{P} = \frac{0{,}550 \cdot 82{,}05 \cdot 420}{150}$ $\underline{V = 126{,}35 \text{ cm}^3}$

Les courbes de SMITH et VAN NESS donnent : $Z^0 = 0{,}550$ et $Z^1 = -0{,}05$

d'où : $Z = Z^0 + \omega Z^1 = 0{,}543$ et $\underline{V = 124{,}75 \text{ cm}^3}$

Les tables de LEE et KESLER donnent, par interpolation :

$Z^0 = 0{,}5527$ et $Z^1 = -0{,}0123$

d'où : $Z = Z^0 + \omega Z^1 = 0{,}551$ et $\underline{V = 126{,}58 \text{ cm}^3}$

Le volume molaire mesuré est de : $\underline{124{,}8 \text{ cm}^3}$.

Facteur de compressibilité Z^0

T_R \ P_R	0,010	0,050	0,100	0,200	0,400	0,600	0,800	1,000	1,200	1,500	2,000	3,000	5,000	7,000	10,000
0,30	0,0029	0,0145	0,0290	0,0579	0,1158	0,1737	0,2315	0,2892	0,3470	0,4335	0,5776	0,8648	1,4366	2,0048	2,8507
0,35	0,0026	0,0130	0,0261	0,0522	0,1043	0,1564	0,2084	0,2604	0,3123	0,3901	0,5195	0,7775	1,2902	1,7987	2,5539
0,40	0,0024	0,0119	0,0239	0,0477	0,0953	0,1429	0,1904	0,2379	0,2853	0,3563	0,4744	0,7095	1,1758	1,6373	2,3211
0,45	0,0022	0,0110	0,0221	0,0442	0,0882	0,1322	0,1762	0,2200	0,2638	0,3294	0,4384	0,6551	1,0841	1,5077	2,1338
0,50	0,0021	0,0103	0,0207	0,0413	0,0825	0,1236	0,1647	0,2066	0,2466	0,3077	0,4092	0,6110	1,0094	1,4017	1,9801
0,55	0,9804	0,0098	0,0195	0,0390	0,0778	0,1166	0,1553	0,1939	0,2323	0,2899	0,3853	0,5747	0,9475	1,3137	1,8520
0,60	0,9849	0,0093	0,0186	0,0371	0,0741	0,1109	0,1476	0,1842	0,2207	0,2753	0,3657	0,5446	0,8959	1,2398	1,7440
0,65	0,9881	0,9377	0,0178	0,0356	0,0710	0,1063	0,1415	0,1765	0,2113	0,2634	0,3495	0,5197	0,8526	1,1773	1,6519
0,70	0,9904	0,9504	0,8958	0,0344	0,0687	0,1027	0,1366	0,1703	0,2038	0,2538	0,3364	0,4991	0,8161	1,1241	1,5729
0,75	0,9922	0,9598	0,9165	0,0336	0,0670	0,1001	0,1330	0,1656	0,1981	0,2464	0,3260	0,4823	0,7854	1,0787	1,5047
0,80	0,9935	0,9669	0,9319	0,8539	0,0661	0,0985	0,1307	0,1626	0,1942	0,2411	0,3182	0,4690	0,7598	1,0400	1,4456
0,85	0,9946	0,9725	0,9436	0,8810	0,0661	0,0983	0,1301	0,1614	0,1924	0,2382	0,3132	0,4591	0,7388	1,0071	1,3943
0,90	0,9954	0,9768	0,9528	0,9015	0,7800	0,1006	0,1321	0,1630	0,1935	0,2383	0,3114	0,4527	0,7220	0,9793	1,3496
0,93	0,9959	0,9790	0,9573	0,9115	0,8059	0,6635	0,1359	0,1664	0,1963	0,2405	0,3122	0,4507	0,7138	0,9648	1,3257
0,95	0,9961	0,9803	0,9600	0,9174	0,8206	0,6967	0,1410	0,1705	0,1998	0,2432	0,3138	0,4501	0,7092	0,9561	1,3108
0,97	0,9963	0,9815	0,9625	0,9227	0,8338	0,7240	0,5580	0,1779	0,2055	0,2474	0,3164	0,4504	0,7052	0,9480	1,2968
0,98	0,9965	0,9821	0,9637	0,9253	0,8398	0,7360	0,5887	0,1844	0,2097	0,2503	0,3182	0,4508	0,7035	0,9442	1,2901
0,99	0,9966	0,9826	0,9648	0,9277	0,8455	0,7471	0,6138	0,1959	0,2154	0,2538	0,3204	0,4514	0,7018	0,9406	1,2835
1,00	0,9967	0,9832	0,9659	0,9300	0,8509	0,7574	0,6353	0,2901	0,2237	0,2583	0,3229	0,4522	0,7004	0,9372	1,2772
1,01	0,9968	0,9837	0,9669	0,9322	0,8561	0,7671	0,6542	0,4648	0,2370	0,2640	0,3260	0,4533	0,6991	0,9339	1,2710
1,02	0,9969	0,9842	0,9679	0,9343	0,8610	0,7761	0,6710	0,5146	0,2629	0,2715	0,3297	0,4547	0,6980	0,9307	1,2650
1,05	0,9971	0,9855	0,9707	0,9401	0,8743	0,8002	0,7130	0,6026	0,4437	0,3131	0,3452	0,4604	0,6956	0,9222	1,2481
1,10	0,9975	0,9874	0,9747	0,9485	0,8930	0,8323	0,7649	0,6880	0,5984	0,4580	0,3953	0,4770	0,6950	0,9110	1,2232
1,15	0,9978	0,9891	0,9780	0,9554	0,9081	0,8576	0,8032	0,7443	0,6803	0,5798	0,4760	0,5042	0,6987	0,9033	1,2021
1,20	0,9981	0,9904	0,9808	0,9611	0,9205	0,8779	0,8330	0,7858	0,7363	0,6605	0,5605	0,5425	0,7069	0,8990	1,1844
1,30	0,9985	0,9926	0,9852	0,9702	0,9396	0,9083	0,8764	0,8438	0,8111	0,7624	0,6908	0,6344	0,7358	0,8998	1,1580
1,40	0,9988	0,9942	0,9884	0,9768	0,9534	0,9298	0,9062	0,8827	0,8595	0,8256	0,7753	0,7202	0,7761	0,9112	1,1419
1,50	0,9991	0,9954	0,9909	0,9818	0,9636	0,9456	0,9278	0,9103	0,8933	0,8689	0,8328	0,7887	0,8200	0,9297	1,1339
1,60	0,9993	0,9964	0,9928	0,9856	0,9714	0,9575	0,9439	0,9308	0,9180	0,9000	0,8738	0,8410	0,8617	0,9518	1,1320
1,70	0,9994	0,9971	0,9943	0,9886	0,9775	0,9667	0,9563	0,9463	0,9367	0,9234	0,9043	0,8809	0,8984	0,9745	1,1343
1,80	0,9995	0,9977	0,9955	0,9910	0,9823	0,9739	0,9659	0,9583	0,9511	0,9413	0,9275	0,9118	0,9297	0,9961	1,1391
1,90	0,9996	0,9982	0,9964	0,9929	0,9861	0,9796	0,9735	0,9678	0,9624	0,9552	0,9456	0,9359	0,9557	1,0157	1,1452
2,00	0,9997	0,9986	0,9972	0,9944	0,9892	0,9842	0,9796	0,9754	0,9715	0,9664	0,9599	0,9550	0,9772	1,0328	1,1516
2,20	0,9998	0,9992	0,9983	0,9967	0,9937	0,9910	0,9886	0,9865	0,9847	0,9826	0,9806	0,9827	1,0094	1,0600	1,1635
2,40	0,9999	0,9996	0,9991	0,9983	0,9969	0,9957	0,9948	0,9941	0,9936	0,9935	0,9945	1,0011	1,0313	1,0793	1,1728
2,60	1,0000	0,9998	0,9997	0,9994	0,9991	0,9990	0,9990	0,9993	0,9998	1,0010	1,0040	1,0137	1,0463	1,0926	1,1792
2,80	1,0000	1,0000	1,0001	1,0002	1,0007	1,0013	1,0021	1,0031	1,0042	1,0063	1,0106	1,0223	1,0565	1,1016	1,1830
3,00	1,0000	1,0002	1,0004	1,0008	1,0018	1,0030	1,0043	1,0057	1,0074	1,0101	1,0153	1,0284	1,0635	1,1075	1,1848
3,50	1,0001	1,0004	1,0008	1,0017	1,0035	1,0055	1,0075	1,0097	1,0120	1,0156	1,0221	1,0368	1,0723	1,1138	1,1834
4,00	1,0001	1,0005	1,0010	1,0021	1,0043	1,0066	1,0090	1,0115	1,0140	1,0179	1,0249	1,0401	1,0747	1,1136	1,1773

Table 1 (5) (10)

(10) : J. GOSSE, Données thermodynamiques des fluides. Constantes thermodynamiques K535, K536, K537. Les Techniques de l'Ingénieur. Paris, (1990). Avec l'autorisation des Techniques de l'Ingénieur.

Facteur de compressibilité Z^1

T_R \ P_R	0,010	0,050	0,100	0,200	0,400	0,600	0,800	1,000	1,200	1,500	2,000	3,000	5,000	7,000	10,000
0,30	−0,0008	−0,0040	−0,0081	−0,0161	−0,0323	−0,0484	−0,0645	−0,0806	−0,0966	−0,1207	−0,1608	−0,2407	−0,3996	−0,5572	−0,7915
0,35	−0,0009	−0,0046	−0,0093	−0,0185	−0,0370	−0,0554	−0,0738	−0,0921	−0,1105	−0,1379	−0,1834	−0,2738	−0,4523	−0,6279	−0,8863
0,40	−0,0010	−0,0048	−0,0095	−0,0190	−0,0380	−0,0570	−0,0758	−0,0946	−0,1134	−0,1414	−0,1879	−0,2799	−0,4603	−0,6365	−0,8936
0,45	−0,0009	−0,0047	−0,0094	−0,0187	−0,0374	−0,0560	−0,0745	−0,0929	−0,1113	−0,1387	−0,1840	−0,2734	−0,4475	−0,6162	−0,8606
0,50	−0,0009	−0,0045	−0,0090	−0,0181	−0,0360	−0,0539	−0,0716	−0,0893	−0,1069	−0,1330	−0,1762	−0,2611	−0,4253	−0,5831	−0,8099
0,55	−0,0314	−0,0043	−0,0086	−0,0172	−0,0343	−0,0513	−0,0682	−0,0849	−0,1015	−0,1263	−0,1669	−0,2465	−0,3991	−0,5446	−0,7521
0,60	−0,0205	−0,0041	−0,0082	−0,0164	−0,0326	−0,0487	−0,0646	−0,0803	−0,0960	−0,1192	−0,1572	−0,2312	−0,3718	−0,5047	−0,6928
0,65	−0,0137	−0,0772	−0,0078	−0,0156	−0,0309	−0,0461	−0,0611	−0,0759	−0,0906	−0,1122	−0,1476	−0,2160	−0,3447	−0,4653	−0,6346
0,70	−0,0093	−0,0507	−0,1161	−0,0148	−0,0294	−0,0438	−0,0579	−0,0718	−0,0855	−0,1057	−0,1385	−0,2013	−0,3184	−0,4270	−0,5785
0,75	−0,0064	−0,0339	−0,0744	−0,0143	−0,0282	−0,0417	−0,0550	−0,0681	−0,0808	−0,0996	−0,1298	−0,1872	−0,2929	−0,3901	−0,5250
0,80	−0,0044	−0,0228	−0,0487	−0,1160	−0,0272	−0,0401	−0,0526	−0,0648	−0,0767	−0,0940	−0,1217	−0,1736	−0,2682	−0,3545	−0,4740
0,85	−0,0029	−0,0152	−0,0319	−0,0715	−0,0268	−0,0391	−0,0509	−0,0622	−0,0731	−0,0888	−0,1138	−0,1602	−0,2439	−0,3201	−0,4254
0,90	−0,0019	−0,0099	−0,0205	−0,0442	−0,1118	−0,0396	−0,0503	−0,0604	−0,0701	−0,0840	−0,1059	−0,1463	−0,2195	−0,2862	−0,3788
0,93	−0,0015	−0,0075	−0,0154	−0,0326	−0,0763	−0,1662	−0,0514	−0,0602	−0,0687	−0,0810	−0,1007	−0,1374	−0,2045	−0,2661	−0,3516
0,95	−0,0012	−0,0062	−0,0126	−0,0262	−0,0589	−0,1110	−0,0540	−0,0607	−0,0678	−0,0788	−0,0967	−0,1310	−0,1943	−0,2526	−0,3339
0,97	−0,0010	−0,0050	−0,0101	−0,0208	−0,0450	−0,0770	−0,1647	−0,0623	−0,0669	−0,0759	−0,0921	−0,1240	−0,1837	−0,2391	−0,3163
0,98	−0,0009	−0,0044	−0,0090	−0,0184	−0,0390	−0,0641	−0,1100	−0,0641	−0,0661	−0,0740	−0,0893	−0,1202	−0,1783	−0,2322	−0,3075
0,99	−0,0008	−0,0039	−0,0079	−0,0161	−0,0335	−0,0531	−0,0796	−0,0680	−0,0646	−0,0715	−0,0861	−0,1162	−0,1728	−0,2254	−0,2989
1,00	−0,0007	−0,0034	−0,0069	−0,0140	−0,0285	−0,0435	−0,0588	−0,0879	−0,0609	−0,0678	−0,0824	−0,1118	−0,1672	−0,2185	−0,2902
1,01	−0,0006	−0,0030	−0,0060	−0,0120	−0,0240	−0,0351	−0,0429	−0,0223	−0,0473	−0,0621	−0,0778	−0,1072	−0,1615	−0,2116	−0,2816
1,02	−0,0005	−0,0026	−0,0051	−0,0102	−0,0198	−0,0277	−0,0303	−0,0062	0,0227	−0,0524	−0,0722	−0,1021	−0,1556	−0,2047	−0,2731
1,05	−0,0003	−0,0015	−0,0029	−0,0054	−0,0092	−0,0097	−0,0032	0,0220	0,1059	0,0451	−0,0432	−0,0838	−0,1370	−0,1835	−0,2476
1,10	−0,0000	0,0000	0,0001	0,0007	0,0038	0,0106	0,0236	0,0476	0,0897	0,1630	0,0698	−0,0373	−0,1021	−0,1469	−0,2056
1,15	0,0002	0,0011	0,0023	0,0052	0,0127	0,0237	0,0396	0,0625	0,0943	0,1548	0,1667	0,0332	−0,0611	−0,1084	−0,1642
1,20	0,0004	0,0019	0,0039	0,0084	0,0190	0,0326	0,0499	0,0719	0,0991	0,1477	0,1990	0,1095	−0,0141	−0,0678	−0,1231
1,30	0,0006	0,0030	0,0061	0,0125	0,0267	0,0429	0,0612	0,0819	0,1048	0,1420	0,1991	0,2079	0,0875	0,0176	−0,0423
1,40	0,0007	0,0036	0,0072	0,0147	0,0306	0,0477	0,0661	0,0857	0,1063	0,1383	0,1894	0,2397	0,1737	0,1008	0,0350
1,50	0,0008	0,0039	0,0078	0,0158	0,0323	0,0497	0,0677	0,0864	0,1055	0,1345	0,1806	0,2433	0,2309	0,1717	0,1058
1,60	0,0008	0,0040	0,0080	0,0162	0,0330	0,0501	0,0677	0,0855	0,1035	0,1303	0,1729	0,2381	0,2631	0,2255	0,1673
1,70	0,0008	0,0040	0,0081	0,0163	0,0329	0,0497	0,0667	0,0838	0,1008	0,1259	0,1658	0,2305	0,2788	0,2628	0,2179
1,80	0,0008	0,0040	0,0081	0,0162	0,0325	0,0488	0,0652	0,0816	0,0978	0,1216	0,1593	0,2224	0,2846	0,2871	0,2576
1,90	0,0008	0,0040	0,0079	0,0159	0,0318	0,0477	0,0635	0,0792	0,0947	0,1173	0,1532	0,2144	0,2848	0,3017	0,2876
2,00	0,0008	0,0039	0,0078	0,0155	0,0310	0,0464	0,0617	0,0767	0,0916	0,1133	0,1476	0,2069	0,2819	0,3097	0,3096
2,20	0,0007	0,0037	0,0074	0,0147	0,0293	0,0437	0,0579	0,0719	0,0857	0,1057	0,1374	0,1932	0,2720	0,3135	0,3355
2,40	0,0007	0,0035	0,0070	0,0139	0,0276	0,0411	0,0544	0,0675	0,0803	0,0989	0,1285	0,1812	0,2602	0,3089	0,3459
2,60	0,0007	0,0033	0,0066	0,0131	0,0260	0,0387	0,0512	0,0634	0,0754	0,0929	0,1207	0,1706	0,2484	0,3009	0,3475
2,80	0,0006	0,0031	0,0062	0,0124	0,0245	0,0365	0,0483	0,0598	0,0711	0,0876	0,1138	0,1613	0,2372	0,2916	0,3443
3,00	0,0006	0,0029	0,0059	0,0117	0,0232	0,0345	0,0456	0,0565	0,0672	0,0828	0,1076	0,1529	0,2268	0,2817	0,3385
3,50	0,0005	0,0026	0,0052	0,0103	0,0204	0,0303	0,0401	0,0497	0,0591	0,0728	0,0949	0,1356	0,2042	0,2584	0,3194
4,00	0,0005	0,0023	0,0046	0,0091	0,0182	0,0270	0,0357	0,0443	0,0527	0,0651	0,0849	0,1219	0,1857	0,2378	0,2994

Table 2 (5) (10)

Facteur de compressibilité Z^2

T_R \ P_R	0,010	0,050	0,100	0,200	0,400	0,600	0,800	1,000	1,200	1,500	2,000	3,000	5,000	7,000	10,000
0,40	−0,0002	−0,0010	−0,0021	−0,0042	−0,0085	−0,0130	−0,0176	−0,0223	−0,0272	−0,0348	−0,0480	−0,0767	−0,1402	−0,2079	−0,3113
0,45	−0,0002	−0,0012	−0,0024	−0,0049	−0,0098	−0,0149	−0,0200	−0,0252	−0,0305	−0,0385	−0,0523	−0,0812	−0,1435	−0,2111	−0,3203
0,50	−0,0003	−0,0013	−0,0026	−0,0052	−0,0105	−0,0158	−0,0212	−0,0266	−0,0321	−0,0404	−0,0546	−0,0839	−0,1461	−0,2127	−0,3202
0,55	−0,0139	−0,0013	−0,0027	−0,0054	−0,0108	−0,0163	−0,0218	−0,0274	−0,0330	−0,0416	−0,0560	−0,0856	−0,1474	−0,2126	−0,3159
0,60	−0,0065	−0,0014	−0,0027	−0,0055	−0,0110	−0,0166	−0,0222	−0,0279	−0,0336	−0,0422	−0,0568	−0,0865	−0,1481	−0,2121	−0,3117
0,65	−0,0029	−0,0277	−0,0028	−0,0055	−0,0111	−0,0168	−0,0224	−0,0282	−0,0339	−0,0426	−0,0572	−0,0870	−0,1482	−0,2112	−0,3077
0,70	−0,0012	−0,0114	−0,0446	−0,0056	−0,0112	−0,0169	−0,0226	−0,0283	−0,0341	−0,0428	−0,0574	−0,0872	−0,1479	−0,2098	−0,3037
0,75	−0,0004	−0,0044	−0,0163	−0,0056	−0,0112	−0,0169	−0,0226	−0,0283	−0,0341	−0,0428	−0,0575	−0,0872	−0,1475	−0,2084	−0,2999
0,80	0,0000	−0,0012	−0,0054	−0,0299	−0,0112	−0,0169	−0,0226	−0,0284	−0,0341	−0,0429	−0,0576	−0,0872	−0,1471	−0,2072	−0,2966
0,85	0,0001	0,0002	−0,0009	−0,0085	−0,0111	−0,0168	−0,0226	−0,0283	−0,0341	−0,0429	−0,0576	−0,0872	−0,1469	−0,2063	−0,2939
0,90	0,0002	0,0008	0,0010	−0,0008	−0,0191	−0,0167	−0,0224	−0,0282	−0,0341	−0,0429	−0,0576	−0,0873	−0,1468	−0,2057	−0,2919
0,93	0,0002	0,0010	0,0015	0,0013	−0,0066	−0,0430	−0,0223	−0,0282	−0,0341	−0,0429	−0,0577	−0,0873	−0,1468	−0,2055	−0,2910
0,95	0,0002	0,0010	0,0017	0,0021	−0,0023	−0,0184	−0,0221	−0,0281	−0,0341	−0,0430	−0,0577	−0,0874	−0,1467	−0,2053	−0,2905
0,97	0,0002	0,0011	0,0019	0,0026	0,0005	−0,0080	−0,0396	−0,0281	−0,0342	−0,0431	−0,0578	−0,0874	−0,1466	−0,2052	−0,2901
0,98	0,0002	0,0011	0,0019	0,0028	0,0014	−0,0049	−0,0210	−0,0283	−0,0345	−0,0433	−0,0580	−0,0874	−0,1466	−0,2051	−0,2896
0,99	0,0002	0,0011	0,0019	0,0029	0,0022	−0,0025	−0,0128	−0,0288	−0,0350	−0,0437	−0,0582	−0,0875	−0,1465	−0,2050	−0,2893
1,00	0,0002	0,0011	0,0019	0,0030	0,0028	−0,0008	−0,0077	−0,0266	−0,0363	−0,0444	−0,0586	−0,0876	−0,1465	−0,2049	−0,2890
1,01	0,0002	0,0011	0,0019	0,0031	0,0033	0,0006	−0,0045	−0,0104	−0,0398	−0,0454	−0,0590	−0,0876	−0,1463	−0,2046	−0,2889
1,02	0,0002	0,0011	0,0019	0,0032	0,0036	0,0017	−0,0021	−0,0061	−0,0509	−0,0473	−0,0596	−0,0878	−0,1462	−0,2044	−0,2887
1,05	0,0002	0,0010	0,0019	0,0032	0,0042	0,0035	0,0017	−0,0003	−0,0041	−0,0582	−0,0634	−0,0885	−0,1458	−0,2039	−0,2881
1,10	0,0002	0,0009	0,0017	0,0030	0,0043	0,0044	0,0036	0,0023	0,0001	−0,0138	−0,0678	−0,0911	−0,1451	−0,2027	−0,2871
1,15	0,0002	0,0008	0,0015	0,0026	0,0039	0,0041	0,0035	0,0023	0,0002	−0,0064	−0,0422	−0,0925	−0,1443	−0,2011	−0,2857
1,20	0,0001	0,0007	0,0012	0,0022	0,0032	0,0034	0,0028	0,0015	−0,0005	−0,0057	−0,0268	−0,0860	−0,1433	−0,1991	−0,2839
1,30	0,0001	0,0004	0,0007	0,0012	0,0017	0,0015	0,0006	−0,0007	−0,0028	−0,0072	−0,0196	−0,0637	−0,1372	−0,1943	−0,2790
1,40	0,0000	0,0001	0,0003	0,0004	0,0002	−0,0005	−0,0016	−0,0032	−0,0054	−0,0096	−0,0198	−0,0525	−0,1249	−0,1868	−0,2733
1,60	−0,0001	−0,0003	−0,0005	−0,0011	−0,0025	−0,0042	−0,0061	−0,0084	−0,0109	−0,0153	−0,0245	−0,0485	−0,1057	−0,1644	−0,2571
1,80	−0,0001	−0,0005	−0,0011	−0,0022	−0,0045	−0,0070	−0,0097	−0,0126	−0,0158	−0,0208	−0,0301	−0,0516	−0,0985	−0,1467	−0,2328
2,00	−0,0001	−0,0007	−0,0014	−0,0028	−0,0057	−0,0088	−0,0120	−0,0154	−0,0189	−0,0244	−0,0342	−0,0549	−0,0959	−0,1360	−0,2093
2,20	−0,0001	−0,0008	−0,0015	−0,0030	−0,0061	−0,0094	−0,0129	−0,0165	−0,0202	−0,0260	−0,0358	−0,0557	−0,0931	−0,1280	−0,1899
2,40	−0,0001	−0,0007	−0,0015	−0,0030	−0,0061	−0,0094	−0,0128	−0,0164	−0,0200	−0,0256	−0,0351	−0,0539	−0,0882	−0,1191	−0,1728

Table 3 (9) (10)

Facteurs de compressibilité Z^0 et Z^1

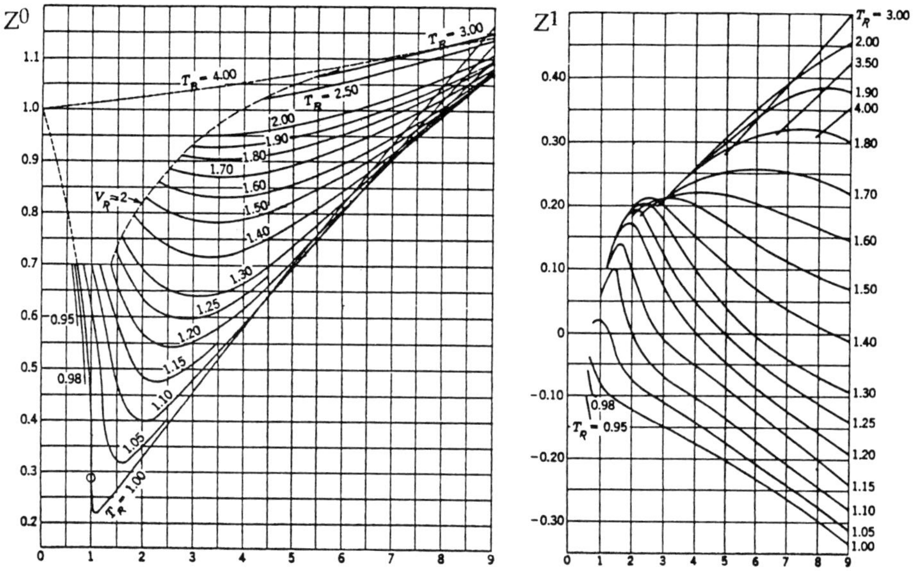

Pression réduite, P_R Pression réduite, P_R

Figure 6 (4)

J. M. SMITH et H. C. VAN NESS, Introduction to chemical engineering thermodynamics, 3° edition, 3, 89 - 90, Mc Graw Hill, Kogakusha ltd., (1975). Avec l'autorisation de McGraw-Hill, Inc.

Valeurs caractéristiques des fluides polaires

Composé	$\bar{\mu}$ (1)	ω (2)	Y (3)	Tc K	Pc MPa
Ammoniac	0,279	0,252	0,739	405,6	11,30
Acétone	0,268	0,307	0,652	508,2	4,70
Oxyde d'éthylène	0,249	0,202	0,565	469,0	7,19
Chlorure d'hydrogène	0,219	0,125	0,565	324,6	8,31
Fluorure de méthyle	0,314	0,190	0,739	317,8	5,88
Chlorure de méthyle	0,269	0,156	0,304	416,3	6,58
Difluorure de méthyle (R.32)	0,249	0,278	0,696	351,6	5,83
Eau	0,307	0,344	1,00	647,3	22,09
Ethanol	0,189	0,645	0,213	514,0	6,13
Méthanol	0,216	0,565	0,652	512,6	8,10
Isopropanol	0,167	0,663	0,0521	508,4	4,76
n-propanol	0,165	0,631	- 0,0521	536,7	5,17

(1) $\bar{\mu}$: moment dipolaire réduit
(2) ω : facteur acentrique de Pitzer
(3) Y : paramètre de Wu pour les fluides polaires

Table 4 (9) (10)

Famille	Corps	Relation
Fluides "quantiques"	He, H_2, HD, D_2, Ne, CH_4	$Z = f(T_R, P_R, M)$ pour $T > 50°K$
Fluides "simples"	CH_4, Ar, Kr, Xe, N_2, CO, C_2H_6, H_2S	$Z = f(T_R, P_R)$
Fluides "normaux"	N_2, CO, C_2H_6, H_2S, C_2H_4, C_3H_8, i-C_4H_{10}, n-C_4H_{10}, CO_2, CCl_4, neo-C_5H_{12}, i-C_5H_{12}, n-C_5H_{12}, n-C_nH_{2n+2}, CS_2, SO_2, O_2, Oléfines lourdes	$Z = Z^0(T_R, P_R) + \omega Z^1(T_R, P_R)$
Fluides "polaires et dissymétriques"	CS_2, SO_2, O_2, Oléfines lourdes, $CClF_3$, C_6H_6, $C_6H_6CH_3$, C_2H_2, $CHCl_3$, C_2H_5Cl, NO, $(CH_3)_2CO$, Amines, NH_3	
Fluides "associés"	$CHCl_3$, C_2H_5Cl, NO, $(CH_3)_2CO$, Amines, NH_3, NO_2, H_2O, Alcools, CH_3COOH, HCN	$Z = Z^0(T_R, P_R) + \omega Z^1(T_R, P_R) + YZ^2(T_R, P_R)$ forte polarité, phénomènes d'association

Figure 7[11]

V. Le coefficient de fugacité

Nous avons vu en thermodynamique (chapitre "fonctions potentielles") que la variation d'enthalpie libre en fonction de la pression et de la température s'écrit : $dG = VdP - SdT$, et, à température constante :

$$dG = V\,dP \qquad (1)$$

- Pour un gaz parfait $V = \frac{RT}{P}$ et $dG = R\,T\,d\ln P$

- Pour un gaz réel, LEWIS a voulu conserver la même formulation en écrivant :

$$dG = RT\,d\ln f \qquad (2)$$

f est la fugacité qui remplace ainsi, pour les gaz réels, la pression. Le comportement des gaz réels se rapproche du comportement des gaz parfaits pour des pressions faibles, et on peut écrire que $(\frac{f}{P})$ tend vers 1 quand P tend vers zéro. Pour un gaz réel on a : $V = Z\frac{RT}{P}$, et en portant dans l'équation (1) :

$$dG = \frac{R\,T\,Z}{P}\,dP,$$ en introduisant la fugacité (équation 2),

il vient :

$$\frac{Z}{P}\,dP = d\ln f$$

On peut ajouter et soustraire $\frac{dP}{P}$ au premier membre de cette équation :

$$d\ln f = \frac{Z}{P}\,dP + \frac{dP}{P} - \frac{dP}{P} = (Z - 1)\,\frac{dP}{P} + d\ln P$$

Si nous intégrons entre les pressions P_0 et P :

$$\ln f - \ln f_0 = \ln P - \ln P_0 + \int_{P_0}^{P} \frac{Z - 1}{P}\,dP$$

Si P_0 tend vers 0, $\ln P_0 = \ln f_0$ et, après simplification :

$$\ln f = \ln P + \int_{0}^{P} \frac{Z - 1}{P}\,dP$$

ou encore $\ln \Phi = \int_0^P \frac{Z-1}{P} dP$, Φ étant le coefficient de fugacité : $\Phi = \frac{f}{P}$

Si nous introduisons la pression réduite P_R : $P = P_R P_c$ et $dP = P_c dP_R$

nous trouvons : $$\ln \Phi = \int_0^{P_R} \frac{Z-1}{P_R} dP_R$$

- Si Z est fonction des coordonnées réduites T_R et P_R, il en est de même du coefficient de fugacité Φ. On peut donc établir des graphiques généraux donnant Φ en fonction de T_R et P_R. Nous donnons ici les courbes tracées par NEWTON (12) (Figure 8).

Pour des pressions réduites inférieures à l'unité on peut calculer Φ par l'équation:

$$\Phi = \frac{1}{2-Z}$$

Pour l'hydrogène et l'hélium, on utilisera les corrections :

$$T'_R = \frac{T}{T_C + 8} \quad \text{et} \quad P'_R = \frac{P}{P_C + 8}$$ au- dessus de $T_R = 2{,}5$

- Si Z est fonction de T_R, P_R et ω, et peut être exprimé sous la forme :

$$Z = Z^0 (T_R P_R) + \omega Z^1 (T_R P_R)$$

on trouve : $$\ln \Phi = \int_0^{P_R} \frac{Z^0 - 1}{P_R} dP_R + \omega \int_0^{P_R} \frac{Z^1}{P_R} dP_R$$

ou $$\ln \Phi = \ln \Phi^0 + \omega \ln \Phi^1$$ ou $$\Phi = (\Phi^0)(\Phi^1)^{\omega}$$

Φ^0 représente le coefficient de fugacité des fluides simples (Xénon,Argon, Krypton), alors que Φ^1 ne représente pas un coefficient de fugacité, mais un facteur correctif qui dépend de T_R et P_R.

Nous donnons les courbes de Φ^0 et Φ^1 tracées par SMITH et VAN NESS (Figure 9) ainsi que les tables ln Φ^0 et ln Φ^1 dressées par LEE et KESLER (Tables 5 et 6)

Exemple :

- Calculer le coefficient de fugacité de l'éthane, à 67°C et sous une pression de 125 atm. On connaît $T_c = 305{,}4$ K, $P_c = 48{,}2$ atm., $\omega = 0{,}091$.

- On trouve $T_R = \frac{340}{305{,}4} = 1{,}11$ et $P_R = \frac{125}{48{,}2} = 2{,}59$, les courbes de NEWTON donnent:

$$\Phi = \underline{0{,}500}$$

On trouve sur les courbes de SMITH et VAN NESS $\Phi^0 = 0{,}480$ et $\Phi^1 = 1{,}10$

d'où : $\Phi = 0{,}480 \times 1{,}10^{0{,}091} = \underline{0{,}484}$

Les tables de LEE et KESLER donnent lg $\Phi^0 = -0{,}3170$ et lg $\Phi^1 = 0{,}0415$

$$\lg\Phi = -0{,}3170 + 0{,}091 \times 0{,}0415 = -0{,}31322$$

d'où $\Phi = \underline{0{,}486}$

La valeur calculée d'après les tables DIN(*) en faisant l'intégration :

$$\int_0^{125\ \text{atm}} \frac{Z-1}{P}\, dP$$

est de : $\Phi = \underline{0{,}490}$

(*) F. DIN. Thermodynamic Functions of gases, Ethane, 3, 217, Butterworths 1961 London

Coefficient de Fugacité

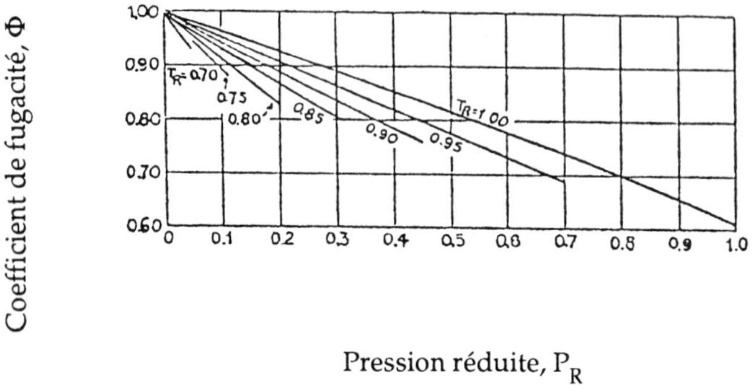

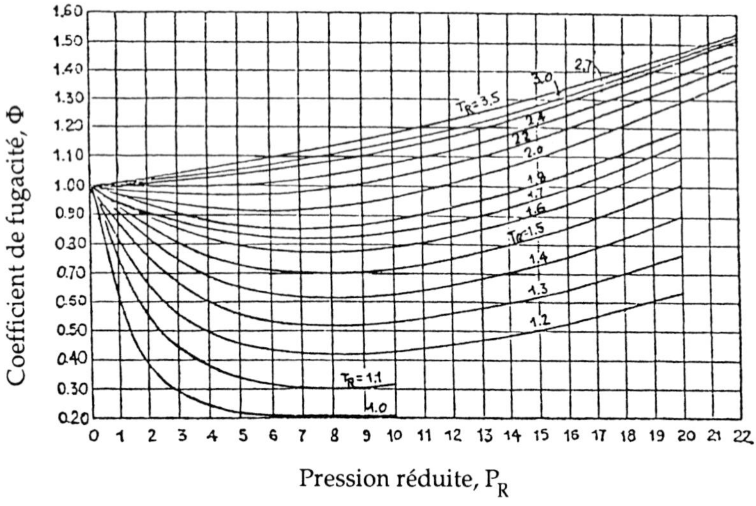

Figure 8 (12)

Coefficients de fugacité Φ^0 et facteur correctif Φ^1

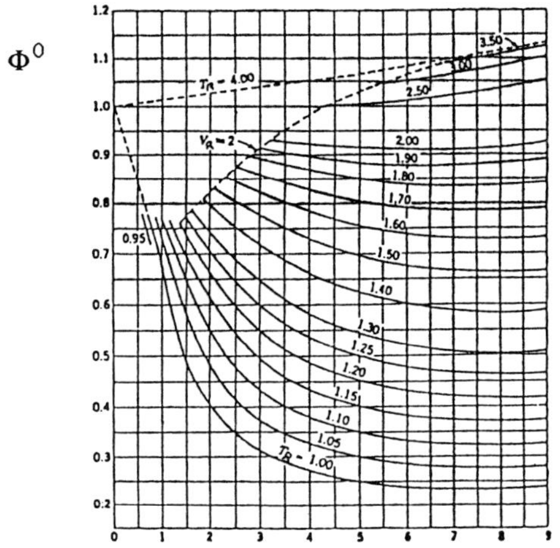

Pression réduite, P_R

$$\Phi^0 = \left(\frac{f}{p}\right) \text{ pour Argon, Xénon, Krypton}$$

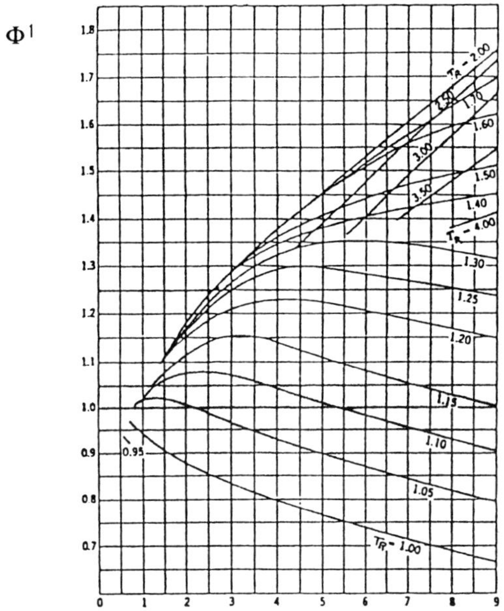

Pression réduite, P_R

Figure 9 (4)

J. M. SMITH et H. C. VAN NESS, Introduction to chemical engineering thermodynamics, 3° edition, 3, 236 - 237, Mc Graw Hill, Kogakusha ltd., (1975). Avec l'autorisation de McGraw-Hill, Inc.

Coefficient de fugacité : valeur de $\lg\left(\frac{f}{p}\right)$ pour Argon, Xénon et Krypton

T_R \ P_R	0,010	0,050	0,100	0,200	0,400	0,600	0,800	1,000	1,200	1,500	2,000	3,000	5,000	7,000	10,000
0,30	− 3,708	− 4,402	− 4,696	− 4,985	− 5,261	− 5,412	− 5,512	− 5,584	− 5,638	− 5,697	− 5,759	− 5,810	− 5,782	− 5,679	− 5,461
0,35	− 2,471	− 3,166	− 3,461	− 3,751	− 4,029	− 4,183	− 4,285	− 4,359	− 4,416	− 4,479	− 4,547	− 4,611	− 4,608	− 4,530	− 4,352
0,40	− 1,566	− 2,261	− 2,557	− 2,848	− 3,128	− 3,283	− 3,387	− 3,463	− 3,522	− 3,588	− 3,661	− 3,735	− 3,752	− 3,694	− 3,545
0,45	− 0,879	− 1,575	− 1,871	− 2,162	− 2,444	− 2,601	− 2,707	− 2,785	− 2,845	− 2,913	− 2,990	− 3,071	− 3,104	− 3,063	− 2,938
0,50	− 0,344	− 1,040	− 1,336	− 1,628	− 1,912	− 2,070	− 2,177	− 2,256	− 2,317	− 2,387	− 2,468	− 2,555	− 2,601	− 2,572	− 2,468
0,55	− 0,008	− 0,614	− 0,911	− 1,204	− 1,488	− 1,647	− 1,755	− 1,835	− 1,897	− 1,969	− 2,052	− 2,145	− 2,201	− 2,183	− 2,096
0,60	− 0,007	− 0,269	− 0,566	− 0,859	− 1,144	− 1,304	− 1,413	− 1,494	− 1,557	− 1,630	− 1,715	− 1,812	− 1,878	− 1,869	− 1,795
0,65	− 0,005	− 0,026	− 0,283	− 0,676	− 0,862	− 1,023	− 1,132	− 1,214	− 1,278	− 1,352	− 1,439	− 1,539	− 1,612	− 1,611	− 1,649
0,70	− 0,004	− 0,021	− 0,043	− 0,341	− 0,627	− 0,789	− 0,899	− 0,981	− 1,045.	− 1,120	− 1,208	− 1,312	− 1,391	− 1,396	− 1,344
0,75	− 0,003	− 0,017	− 0,035	− 0,144	− 0,430	− 0,592	− 0,703	− 0,785	− 0,850	− 0,925	− 1,015	− 1,121	− 1,204	− 1,215	− 1,172
0,80	− 0,003	− 0,014	− 0,029	− 0,059	− 0,264	− 0,426	− 0,537	− 0,619	− 0,685	− 0,760	− 0,851	− 0,958	− 1,046	− 1,062	− 1,026
0,85	− 0,002	− 0,012	− 0,024	− 0,049	− 0,123	− 0,285	− 0,396	− 0,479	− 0,544	− 0,620	− 0,711	− 0,819	− 0,911	− 0,930	− 0,901
0,90	− 0,002	− 0,010	− 0,020	− 0,041	− 0,086	− 0,166	− 0,276	− 0,359	− 0,424	− 0,500	− 0,591	− 0,700	− 0,794	− 0,817	− 0,793
0,93	− 0,002	− 0,009	− 0,018	− 0,037	− 0,077	− 0,122	− 0,214	− 0,296	− 0,361	− 0,437	− 0,527	− 0,637	− 0,732	− 0,756	− 0,735
0,95	− 0,002	− 0,008	− 0,017	− 0,035	− 0,072	− 0,113	− 0,176	− 0,258	− 0,322	− 0,398	− 0,488	− 0,598	− 0,693	− 0,719	− 0,699
0,97	− 0,002	− 0,008	− 0,016	− 0,033	− 0,067	− 0,105	− 0,148	− 0,223	− 0,287	− 0,362	− 0,452	− 0,561	− 0,657	− 0,683	− 0,665
0,98	− 0,002	− 0,008	− 0,016	− 0,032	− 0,065	− 0,101	− 0,142	− 0,206	− 0,270	− 0,344	− 0,434	− 0,543	− 0,639	− 0,666	− 0,649
0,99	− 0,001	− 0,007	− 0,015	− 0,031	− 0,063	− 0,098	− 0,137	− 0,191	− 0,254	− 0,328	− 0,417	− 0,526	− 0,622	− 0,649	− 0,633
1,00	− 0,001	− 0,007	− 0,015	− 0,030	− 0,061	− 0,095	− 0,132	− 0,176	− 0,238	− 0,312	− 0,401	− 0,509	− 0,605	− 0,633	− 0,617
1,01	− 0,001	− 0,007	− 0,014	− 0,029	− 0,059	− 0,091	− 0,127	− 0,168	− 0,224	− 0,297	− 0,385	− 0,493	− 0,589	− 0,617	− 0,602
1,02	− 0,001	− 0,007	− 0,014	− 0,028	− 0,057	− 0,088	− 0,122	− 0,161	− 0,210	− 0,282	− 0,370	− 0,477	− 0,573	− 0,601	− 0,588
1,05	− 0,001	− 0,006	− 0,013	− 0,025	− 0,052	− 0,080	− 0,110	− 0,143	− 0,180	− 0,242	− 0,327	− 0,433	− 0,529	− 0,567	− 0,546
1,10	− 0,001	− 0,005	− 0,011	− 0,022	− 0,045	− 0,069	− 0,093	− 0,120	− 0,148	− 0,193	− 0,287	− 0,368	− 0,462	− 0,491	− 0,482
1,15	− 0,001	− 0,005	− 0,009	− 0,019	− 0,039	− 0,059	− 0,080	− 0,102	− 0,125	− 0,160	− 0,220	− 0,312	− 0,403	− 0,433	− 0,426
1,20	− 0,001	− 0,004	− 0,008	− 0,017	− 0,034	− 0,051	− 0,069	− 0,088	− 0,106	− 0,135	− 0,184	− 0,266	− 0,352	− 0,382	− 0,377
1,30	− 0,001	− 0,003	− 0,006	− 0,013	− 0,026	− 0,039	− 0,052	− 0,066	− 0,080	− 0,100	− 0,134	− 0,195	− 0,269	− 0,296	− 0,293
1,40	− 0,001	− 0,003	− 0,005	− 0,010	− 0,020	− 0,030	− 0,040	− 0,051	− 0,061	− 0,076	− 0,101	− 0,146	− 0,205	− 0,229	− 0,226
1,50	− 0,000	− 0,002	− 0,004	− 0,008	− 0,016	− 0,024	− 0,032	− 0,039	− 0,047	− 0,059	− 0,077	− 0,111	− 0,157	− 0,176	− 0,173
1,60	− 0,000	− 0,002	− 0,003	− 0,006	− 0,012	− 0,019	− 0,025	− 0,031	− 0,037	− 0,046	− 0,060	− 0,085	− 0,120	− 0,135	− 0,129
1,70	− 0,000	− 0,001	− 0,002	− 0,005	− 0,010	− 0,015	− 0,020	− 0,024	− 0,029	− 0,036	− 0,046	− 0,065	− 0,092	− 0,102	− 0,094
1,80	− 0,000	− 0,001	− 0,002	− 0,004	− 0,008	− 0,012	− 0,015	− 0,019	− 0,023	− 0,028	− 0,036	− 0,050	− 0,069	− 0,075	− 0,066
1,90	− 0,000	− 0,001	− 0,002	− 0,003	− 0,006	− 0,009	− 0,012	− 0,015	− 0,018	− 0,022	− 0,028	− 0,038	− 0,052	− 0,054	− 0,043
2,00	− 0,000	− 0,001	− 0,001	− 0,002	− 0,005	− 0,007	− 0,009	− 0,012	− 0,014	− 0,017	− 0,021	− 0,029	− 0,037	− 0,037	− 0,024
2,20	− 0,000	− 0,000	− 0,001	− 0,001	− 0,003	− 0,004	− 0,005	− 0,007	− 0,008	− 0,009	− 0,012	− 0,015	− 0,017	− 0,012	0,004
2,40	− 0,000	− 0,000	− 0,000	− 0,001	− 0,001	− 0,002	− 0,003	− 0,003	− 0,004	− 0,004	− 0,005	− 0,006	− 0,003	0,005	0,024
2,60	− 0,000	− 0,000	− 0,000	− 0,000	− 0,000	− 0,001	− 0,001	− 0,001	− 0,001	− 0,001	− 0,001	0,001	0,007	0,017	0,037
2,80	0,000	0,000	0,000	0,000	0,000	0,000	0,001	0,001	0,001	0,002	0,003	0,005	0,014	0,025	0,046
3,00	0,000	0,000	0,000	0,000	0,001	0,001	0,002	0,002	0,003	0,003	0,005	0,009	0,018	0,031	0,053
3,50	0,000	0,000	0,000	0,001	0,001	0,002	0,003	0,004	0,005	0,006	0,008	0,013	0,025	0,038	0,061
4,00	0,000	0,000	0,000	0,001	0,002	0,003	0,004	0,005	0,006	0,007	0,010	0,016	0,028	0,041	0,064

Table 5 (5) (10)

Facteur correctif Φ^1 : valeurs de lg Φ^1

T_R \ P_R	0,010	0,050	0,100	0,200	0,400	0,600	0,800	1,000	1,200	1,500	2,000	3,000	5,000	7,000	10,000
0,30	− 8,778	− 8,779	− 8,781	− 8,785	− 8,790	− 8,797	− 8,804	− 8,811	− 8,818	− 8,828	− 8,845	− 8,880	− 8,953	− 9,022	− 9,126
0,35	− 6,528	− 6,530	− 6,532	− 6,536	− 6,544	− 6,551	− 6,559	− 6,567	− 6,575	− 6,587	− 6,606	− 6,645	− 6,723	− 6,800	− 6,919
0,40	− 4,912	− 4.914	− 4,916	− 4,919	− 4,929	− 4,937	− 4,945	− 4,954	− 4,962	− 4,974	− 4,995	− 5,035	− 5,115	− 5,195	− 5,312
0,45	− 3,726	− 3,728	− 3,730	− 3,734	− 3,742	− 3,750	− 3,758	− 3,766	− 3,774	− 3,786	− 3,806	− 3,845	− 3,923	− 4,001	− 4,114
0,50	− 2,838	− 2,839	− 2,841	− 2,845	− 2,853	− 2,861	− 2,869	− 2,877	− 2,884	− 2,896	− 2,915	− 2,953	− 3,027	− 3,101	− 3,208
0,55	− 0,013	− 2,163	− 2,165	− 2,169	− 2,177	− 2,184	− 2,192	− 2,199	− 2,207	− 2,218	− 2,236	− 2,273	− 2,342	− 2,410	− 2,510
0,60	− 0,009	− 1,644	− 1,646	− 1,650	− 1,657	− 1,664	− 1,671	− 1,677	− 1,684	− 1,695	− 1,712	− 1,747	− 1,812	− 1,875	− 1,967
0,65	− 0,006	− 0,031	− 1,242	− 1,245	− 1,252	− 1,258	− 1,265	− 1,271	− 1,278	− 1,287	− 1,304	− 1,336	− 1,397	− 1,456	− 1,639
0,70	− 0,004	− 0,021	− 0,044	− 0,927	− 0,934	− 0,940	− 0,946	− 0,952	− 0,958	− 0,967	− 0,983	− 1,013	− 1,070	− 1,124	− 1,201
0,75	− 0,003	− 0,014	− 0,030	− 0,675	− 0,682	− 0,688	− 0,694	− 0,700	− 0,705	− 0,714	− 0,728	− 0,766	− 0,809	− 0,858	− 0,929
0,80	− 0,002	− 0,010	− 0,020	− 0,043	− 0,481	− 0,487	− 0,493	− 0,499	− 0,504	− 0,512	− 0,526	− 0,551	− 0,600	− 0,645	− 0,709
0,85	− 0,001	− 0,006	− 0,013	− 0,028	− 0,321	− 0,327	− 0,332	− 0,338	− 0,343	− 0,351	− 0,364	− 0,388	− 0,432	− 0,473	− 0,530
0,90	− 0,001	− 0,004	− 0,009	− 0,018	− 0,039	− 0,199	− 0,204	− 0,210	− 0,215	− 0,222	− 0,234	− 0,256	− 0,296	− 0,333	− 0,384
0,93	− 0,001	− 0,003	− 0,007	− 0,013	− 0,029	− 0,048	− 0,141	− 0,146	− 0,151	− 0,158	− 0,170	− 0,190	− 0,228	− 0,262	− 0,310
0,95	− 0,001	− 0,003	− 0,005	− 0,011	− 0,023	− 0,037	− 0,103	− 0,108	− 0,114	− 0,121	− 0,132	− 0,151	− 0,187	− 0,220	− 0,265
0,97	− 0,000	− 0,002	− 0,004	− 0,009	− 0,018	− 0,029	− 0,042	− 0,075	− 0,080	− 0,087	− 0,097	− 0,116	− 0,149	− 0,180	− 0,223
0,98	− 0,000	− 0,002	− 0,004	− 0,008	− 0,016	− 0,025	− 0,035	− 0,059	− 0,064	− 0,071	− 0,081	− 0,099	− 0,132	− 0,162	− 0,203
0,99	− 0,000	− 0,002	− 0,003	− 0,007	− 0,014	− 0,021	− 0,030	− 0,044	− 0,050	− 0,056	− 0,066	− 0,084	− 0,115	− 0,144	− 0,184
1,00	− 0,000	− 0,001	− 0,003	− 0,006	− 0,012	− 0,018	− 0,025	− 0,031	− 0,036	− 0,042	− 0,052	− 0,069	− 0,099	− 0,127	− 0,166
1,01	− 0,000	− 0,001	− 0,003	− 0,005	− 0,010	− 0,016	− 0,021	− 0,024	− 0,024	− 0,030	− 0,038	− 0,054	− 0,084	− 0,111	− 0,149
1,02	− 0,000	− 0,001	− 0,002	− 0,004	− 0,009	− 0,013	− 0,017	− 0,019	− 0,015	− 0,018	− 0,026	− 0,041	− 0,069	− 0,095	− 0,132
1,05	− 0,000	− 0,001	− 0,001	− 0,002	− 0,005	− 0,006	− 0,007	− 0,007	− 0,002	0,008	0,007	− 0,005	− 0,029	− 0,052	− 0,085
1,10	− 0,000	− 0,000	0,000	0,000	0,001	0,002	0,004	0,007	0,012	0,025	0,041	0,042	0,026	0,008	− 0,019
1,15	0,000	0,000	0,001	0,002	0,005	0,008	0,011	0,016	0,022	0,034	0,056	0,074	0,069	0,057	0,036
1,20	0,000	0,001	0,002	0,003	0,007	0,012	0,017	0,023	0,029	0,041	0,064	0,093	0,102	0,096	0,081
1,30	0,000	0,001	0,003	0,005	0,011	0,017	0,023	0,030	0,038	0,049	0,071	0,109	0,142	0,150	0,148
1,40	0,000	0,002	0,003	0,006	0,013	0,020	0,027	0,034	0,041	0,053	0,074	0,112	0,161	0,181	0,191
1,50	0,000	0,002	0,003	0,007	0,014	0,021	0,028	0,036	0,043	0,055	0,074	0,112	0,167	0,197	0,218
1,60	0,000	0,002	0,003	0,007	0,014	0,021	0,029	0,036	0,043	0,055	0,074	0,110	0,167	0,204	0,234
1,70	0,000	0,002	0,004	0,007	0,014	0,021	0,029	0,036	0,043	0,054	0,072	0,107	0,165	0,205	0,242
1,80	0,000	0,002	0,003	0,007	0,014	0,021	0,028	0,035	0,042	0,053	0,070	0,104	0,161	0,203	0,246
1,90	0,000	0,002	0,003	0,007	0,014	0,021	0,028	0,034	0,041	0,052	0,068	0,101	0,157	0,200	0,246
2,00	0,000	0,002	0,003	0,007	0,013	0,020	0,027	0,034	0,040	0,050	0,066	0,097	0,152	0,196	0,244
2,20	0,000	0,002	0,003	0,006	0,013	0,019	0,025	0,032	0,038	0,047	0,062	0,091	0,143	0,186	0,236
2,40	0,000	0,002	0,003	0,006	0,012	0,018	0,024	0,030	0,036	0,044	0,058	0,086	0,134	0,176	0,227
2,60	0,000	0,001	0,003	0,006	0,011	0,017	0,023	0,028	0,034	0,042	0,055	0,080	0,127	0,167	0,217
2,80	0,000	0,001	0,003	0,005	0,011	0,016	0,021	0,027	0,032	0,039	0,052	0,076	0,120	0,158	0,208
3,00	0,000	0,001	0,003	0,005	0,010	0,015	0,020	0,025	0,030	0,037	0,049	0,072	0,114	0,151	0,199
3,50	0,000	0,001	0,002	0,004	0,009	0,013	0,018	0,022	0,026	0,033	0,043	0,063	0,101	0,134	0,179
4,00	0,000	0,001	0,002	0,004	0,008	0,012	0,016	0,020	0,023	0,029	0,038	0,057	0,090	0,121	0,163

Table 6 (5) (10)

VI. Variation d'enthalpie avec la pression

- Reprenons l'expression de la variation d'enthalpie libre :

$$dG = - S\,dT + V\,dP$$

d'autre part : $$dG = \left(\frac{\partial G}{\partial T}\right)_P dT + \left(\frac{\partial G}{\partial P}\right)_T dP$$

d'où : $$\left(\frac{\partial G}{\partial T}\right)_P = -S \qquad \text{et} \qquad \left(\frac{\partial G}{\partial P}\right)_T = V$$

Comme G est une fonction d'état, l'égalité des dérivées secondes, nous conduit à :

$$-\left(\frac{\partial S}{\partial P}\right)_T = \left(\frac{\partial V}{\partial T}\right)_P \qquad (1)$$

On sait aussi que : $dH = T\,dS + V\,dP$, et, en faisant varier la pression à température constante :

$\left(\frac{\partial H}{\partial P}\right)_T = T\left(\frac{\partial S}{\partial P}\right)_T + V$. En tenant compte de (1), on trouve :

$$\left(\frac{\partial H}{\partial P}\right)_T = - T\left(\frac{\partial V}{\partial T}\right)_P + V\text{, d'autre part : } dH = \left(\frac{\partial H}{\partial P}\right)_T dP + \left(\frac{\partial H}{\partial T}\right)_P dT \qquad (2)$$

Sachant que $\left(\frac{\partial H}{\partial T}\right)_P = C_p$, remplaçons les dérivées partielles de l'équation (2) par leurs valeurs :

$$dH = C_p dT + \left[V - T\left(\frac{\partial V}{\partial T}\right)_P\right] dP$$

Si nous voulons calculer la variation d'enthalpie à température constante, $dT = 0$

$$dH = \left[V - T\left(\frac{\partial V}{\partial T}\right)_P\right] dP \qquad (3)$$

Remarquons que pour un gaz parfait $\left(\frac{\partial V}{\partial T}\right)_P = \frac{R}{P}$ et $dH = 0$: l'enthalpie d'un gaz parfait ne varie pas avec la pression.

Pour un gaz réel écrivons $V = \frac{Z R T}{P}$, on trouve, par dérivation :

$$T\left(\frac{\partial V}{\partial T}\right)_P = \frac{Z R T}{P} + \frac{R T^2}{P}\left(\frac{\partial Z}{\partial T}\right)_P$$

En portant dans l'équation (3), il vient :

$$dH = -\frac{R T^2}{P}\left(\frac{\partial Z}{\partial T}\right)_P dP$$

Introduisons les constantes critiques, en effectuant les changements de variables :

$$dH = -R T_C T_R^2 \left(\frac{\partial Z}{\partial T_R}\right)_{P_R} \frac{dP_R}{P_R}$$

En intégrant, à température constante, entre P=0 et $P=P_R$, il vient :

$$\frac{H^* - H}{T_C} = R T_R^2 \int_0^{P_R} \left(\frac{\partial Z}{\partial T_R}\right)_{P_R} \frac{dP_R}{P_R}$$

H* étant l'enthalpie à pression nulle, et à la température T_R.

- On voit que si Z est fonction des coordonnées réduites, le second membre ne dépend que de T_R et P_R. Il est donc possible de construire des graphiques généraux donnant directement $\frac{H^* - H}{T_C}$ en fonction de T_R et P_R

Nous donnons, ci-joint, les courbes tracées par HOUGEN et WATSON (13) d'après les travaux de EDMISTER (14) et YORK et WEBER (15) (Figure 10).

Près de la température critique, il faut multiplier les valeurs lues sur les courbes par la correction de YORK et WEBER :

$\bar{\varphi} = \left(\frac{T_C}{470}\right)^n$, n étant donné dans le tableau suivant :

T_R	1,0	1,05	1,1	1,2	1,3	1,4	1,5	1,6
n	0,37	0,28	0,25	0,20	0,18	0,16	0,15	0,14

Pour l'hydrogène et l'hélium, on adoptera la correction de NEWTON lorsque $T_R > 2{,}5$:

$$T'_R = \frac{T}{T_C + 8} \quad \text{et} \quad P'_R = \frac{P}{P_C + 8}$$

Enfin pour P_R inférieur à 0,20 et pour T_R supérieur à 1,2, on peut calculer facilement les variations d'enthalpie par la relation:

$$\frac{H^* - H}{T_C} = \frac{9\, R\, P_R}{128\, T_R}\left(\frac{18}{T_R^2} - 1\right)$$

- Si Z est fonction de T_R, P_R et ω, sous la forme : $Z = Z^0 (T_R, P_R) + \omega\, Z^1 (T_R, P_R)$

on a :

$$\left(\frac{\partial Z}{\partial T}\right)_P = \frac{1}{T_C}\left(\frac{\partial Z^0}{\partial T_R}\right)_{P_R} + \frac{\omega}{T_C}\left(\frac{\partial Z^1}{\partial T_R}\right)_{P_R}$$

et en reprenant le même calcul que précédemment :

$$\frac{H^* - H}{R\, T_C} = T_R^2 \int_0^{P_R} \left(\frac{\partial Z^0}{\partial T_R}\right)_{P_R} \frac{dP_R}{P_R} + \omega\, T_R^2 \int_0^{P_R} \left(\frac{\partial Z^1}{\partial T_R}\right)_{P_R} \frac{dP_R}{P_R}$$

$$\text{ou :} \quad \frac{H^* - H}{R\, T_C} = \left(\frac{H^* - H}{R\, T_C}\right)^0 + \omega \left(\frac{H^* - H}{R\, T_C}\right)^1$$

Le second membre ne dépend que des coordonnées réduites et il est possible de tracer des courbes générales ou de dresser des tableaux généraux donnant les variations d'enthalpie en fonction de T_R et de P_R. Les tableaux de LEE et KESLER sont donnés ci-après (Tables 7 et 8).

VII. Calcul de variations d'autres propriétés

On peut calculer les variations de nombreuses propriétés en adoptant la même méthode.

A partir d'une relation thermodynamique classique donnant la variation d'une propriété, on fait intervenir le facteur de compressibilité par l'intermédiaire de l'équation $PV = Z\,RT$ et on opère ensuite le changement de variables $P = P_C\, P_R$ et $T = T_C\, T_R$.

Variations d'enthalpie des gaz : $\left(\frac{H^* - H}{T_C}\right)$

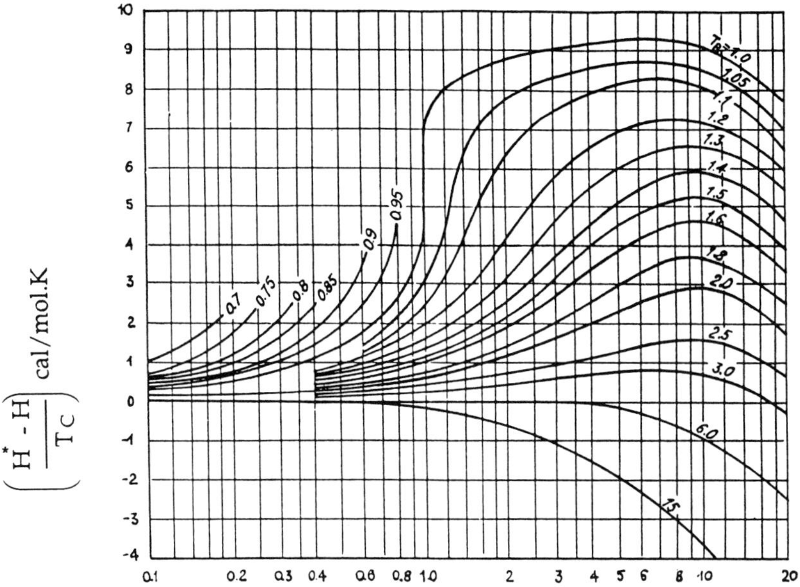

Pression réduite, P_R

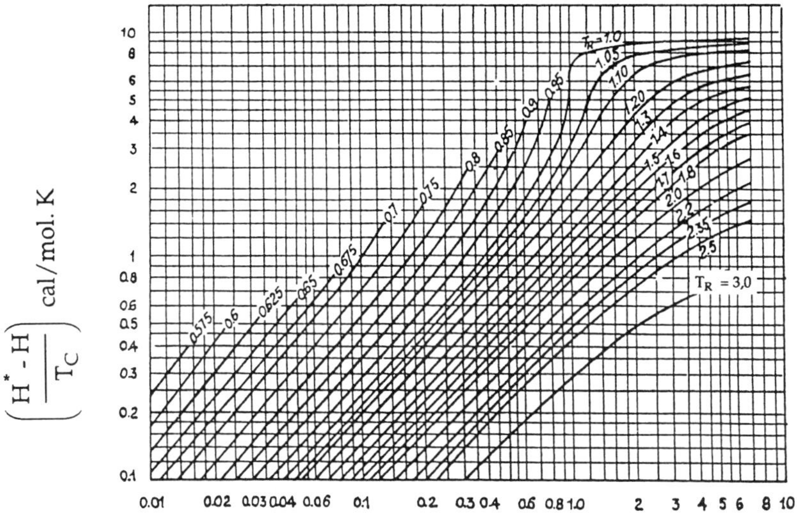

Pression réduite, P_R

Figure 10 (13)

O.A. HOUGEN et K. M. WATSON, Chemical Process Principles. A combinated volume,12, 494, 495, 2° edition, John Wiley & sons, New York, (1950). Avec l'autorisation de John Wiley & Sons.

Variations d'enthalpie : $\left(\dfrac{H^* - H}{R\,T_C} \right)^0$

T_R \ P_R	0,010	0,050	0,100	0,200	0,400	0,600	0,800	1,000	1,200	1,500	2,000	3,000	5,000	7,000	10,000
0,30	6,045	6,043	6,040	6,034	6,022	6,011	5,999	5,987	5,975	5,957	5,927	5,868	5,748	5,628	5,446
0,35	5,906	5,904	5,901	5,895	5,882	5,870	5,858	5,845	5,833	5,814	5,783	5,721	5,595	5,469	5,278
0,40	5,763	5,761	5,757	5,751	5,738	5,726	5,713	5,700	5,687	5,668	5,636	5,572	5,442	5,311	5,113
0,45	5,615	5,612	5,609	5,603	5,590	5,577	5,564	5,551	5.538	5,519	5,486	5,421	5,288	5,154	4,950
0,50	5,465	5,463	5,459	5,453	5,440	5,427	5,414	5,401	5,388	5,369	5,336	5,270	5,135	4,999	4,791
0,55	0,032	5,312	5,309	5,303	5,290	5,278	5,265	5,252	5,239	5,220	5,187	5,121	4,986	4,849	4,638
0,60	0,027	5,162	5,159	5,153	5,141	5,129	5,116	5,104	5,091	5,073	5,041	4,976	4,842	4,704	4,492
0,65	0,023	0,118	5,008	5,002	4,991	4,980	4,968	4,956	4,945	4,927	4,896	4,833	4,702	4,565	4,353
0,70	0,020	0,101	0,213	4,848	4,838	4,828	4,818	4,808	4,797	4,781	4,752	4,693	4,566	4,432	4,221
0,75	0,017	0,088	0,183	4,687	4,679	4,672	4,664	4,655	4,646	4,632	4,607	4,554	4,434	4,303	4,095
0,80	0,015	0,078	0,160	0,345	4,507	4,504	4,499	4,494	4,488	4,478	4,459	4,413	4,303	4,178	3,974
0,85	0,014	0,069	0,141	0,300	4,309	4,313	4,316	4,316	4,316	4,312	4,302	4,269	4,173	4,056	3,857
0,90	0,012	0,062	0,126	0,264	0,596	4,074	4,094	4,108	4,118	4,127	4,132	4,119	4,043	3,935	3,744
0,93	0,011	0,058	0,118	0,246	0,545	0,960	3,920	3,953	3,976	4,000	4,020	4,024	3,963	3,863	3,678
0,95	0,011	0,056	0,113	0,235	0,516	0,885	3,763	3,825	3,865	3,904	3,940	3,958	3,910	3,815	3,634
0,97	0,011	0,054	0,109	0,225	0,490	0,824	1,356	3,658	3,732	3,796	3,853	3,890	3,856	3,767	3,591
0,98	0,010	0,053	0,107	0,221	0,478	0,797	1,273	3,544	3,652	3,736	3,806	3,854	3,829	3,743	3,569
0,99	0,010	0,052	0,105	0,216	0,466	0,773	1,206	3,376	3,558	3,670	3,758	3,818	3,801	3,719	3,548
1,00	0,010	0,051	0,103	0,212	0,455	0,750	1,151	2,584	3,441	3,598	3,706	3,782	3,774	3,695	3,526
1,01	0,010	0,050	0,101	0,208	0,445	0,728	1,102	1,796	3,283	3,516	3,652	3,744	3,746	3,671	3,505
1,02	0,010	0,049	0,099	0,203	0,434	0,708	1,060	1,627	3,039	3,422	3,595	3,705	3,718	3,647	3,484
1,05	0,009	0,046	0,094	0,192	0,407	0,654	0,955	1,359	2,034	3,030	3,398	3,583	3,632	3,575	3,420
1,10	0,008	0,042	0,086	0,175	0,367	0,581	0,827	1,120	1,487	2,203	2,965	3,353	3,484	3,453	3,315
1,15	0,008	0,039	0,079	0,160	0,334	0,523	0,732	0,968	1,239	1,719	2,479	3,091	3,329	3,329	3,211
1,20	0,007	0,036	0,073	0,148	0,305	0,474	0,657	0,857	1,076	1,443	2,079	2,807	3,166	3,202	3,107
1,30	0,006	0,031	0,063	0,127	0,259	0,399	0,545	0,698	0,860	1,116	1,560	2,274	2,825	2,942	2,899
1,40	0,005	0,027	0,055	0,110	0,224	0,341	0,463	0,588	0,716	0,915	1,253	1,857	2,486	2,679	2,692
1,50	0,005	0,024	0,048	0,097	0,196	0,297	0,400	0,505	0,611	0,774	1,046	1,549	2,175	2,421	2,486
1,60	0,004	0,021	0,043	0,086	0,173	0,261	0,350	0,440	0,531	0,667	0,894	1,318	1,904	2,177	2,285
1,70	0,004	0,019	0,038	0,076	0,153	0,231	0,309	0,387	0,466	0,583	0,777	1,139	1,672	1,953	2,091
1,80	0,003	0,017	0,034	0,068	0,137	0,206	0,275	0,344	0,413	0,515	0,683	0,996	1,476	1,751	1,908
1,90	0,003	0,015	0,031	0,062	0,123	0,185	0,246	0,307	0,368	0,458	0,606	0,880	1,309	1,571	1,736
2,00	0,003	0,014	0,028	0,056	0,111	0,167	0,222	0,276	0,330	0,411	0,541	0,782	1,167	1,411	1,577
2,20	0,002	0,012	0,023	0,046	0,092	0,137	0,182	0,226	0,269	0,334	0,437	0,629	0,937	1,143	1,295
2,40	0,002	0,010	0,019	0,038	0,076	0,114	0,150	0,187	0,222	0,275	0,359	0,513	0,761	0,929	1,058
2,60	0,002	0,008	0,016	0,032	0,064	0,095	0,125	0,155	0,185	0,228	0,297	0,422	0,621	0,756	0,858
2,80	0,001	0,007	0,014	0,027	0,054	0,080	0,105	0,130	0,154	0,190	0,246	0,348	0,508	0,614	0,689
3,00	0,001	0,006	0,011	0,023	0,045	0,067	0,088	0,109	0,129	0,159	0,205	0,288	0,415	0,495	0,545
3,50	0,001	0,004	0,007	0,015	0,029	0,043	0,056	0,069	0,081	0,099	0,127	0,174	0,239	0,270	0,264
4,00	0,000	0,002	0,005	0,009	0,017	0,026	0,033	0,041	0,048	0,058	0,072	0,095	0,116	0,110	0,061

Table 7 (5) (10)

Variations d'enthalpie : $\left(\dfrac{H^* - H}{R\,T_C} \right)$[1]

T_R \ P_R	0,010	0,050	0,100	0,200	0,400	0,600	0,800	1,000	1,200	1,500	2,000	3,000	5,000	7,000	10,000
0,30	11,098	11,096	11,095	11,091	11,083	11,076	11,069	11,062	11,055	11,044	11,027	10,992	10,935	10,872	10,781
0,35	10,656	10,655	10,654	10,653	10,650	10,646	10,643	10,640	10,637	10,632	10,624	10,609	10,581	10,554	10,529
0,40	10,121	10,121	10,121	10,120	10,121	10,121	10,121	10,121	10,121	10,121	10,122	10,123	10,128	10,135	10,160
0,45	9,515	9,515	9,516	9,517	9,519	9,521	9,523	9,525	9,527	9,531	9,537	9,549	9,576	9,611	9,663
0,50	8,868	8,869	8,870	8,872	8,876	8,880	8,884	8,888	8,892	8,899	8,909	8,932	8,978	9,030	9,111
0,55	0,080	8,211	8,212	8,215	8,221	8,226	8,232	8,238	8,243	8,252	8,267	8,298	8,360	8,425	8,531
0,60	0,059	7,568	7,570	7,573	7,579	7,585	7,591	7,596	7,603	7,614	7,632	7,669	7,745	7,824	7,950
0,65	0,045	0,247	6,949	6,952	6,959	6,966	6,973	6,980	6,987	6,997	7,017	7,059	7,147	7,239	7,381
0,70	0,034	0,185	0,415	6,360	6,367	6,373	6,381	6,388	6,395	6,407	6,429	6,475	6,574	6,677	6,837
0,75	0,027	0,142	0,306	5,796	5,802	5,809	5,816	5,824	5,832	5,845	5,868	5,918	6,027	6,142	6,318
0,80	0,021	0,110	0,234	0,542	5,266	5,271	5,278	5,285	5,293	5,306	5,330	5,385	5,506	5,632	5,824
0,85	0,017	0,087	0,182	0,401	4,753	4,754	4,758	4,763	4,771	4,784	4,810	4,872	5,008	5,149	5,358
0,90	0,014	0,070	0,144	0,308	0,751	4,254	4,248	4,249	4,255	4,268	4,298	4,371	4,530	4,688	4,916
0,93	0,012	0,061	0,126	0,265	0,612	1,236	3,942	3,934	3,937	3,951	3,987	4,073	4,251	4,422	4,662
0,95	0,011	0,056	0,115	0,241	0,542	0,994	3,737	3,712	3,713	3,730	3,773	3,873	4,068	4,248	4,497
0,97	0,010	0,052	0,105	0,219	0,483	0,837	1,616	3,470	3,467	3,492	3,551	3,670	3,885	4,077	4,336
0,98	0,010	0,050	0,101	0,209	0,457	0,776	1,324	3,332	3,327	3,363	3,434	3,568	3,795	3,992	4,257
0,99	0,009	0,048	0,097	0,200	0,433	0,722	1,154	3,164	3,164	3,223	3,313	3,464	3,705	3,909	4,178
1,00	0,009	0,046	0,093	0,191	0,410	0,675	1,034	2,471	2,952	3,065	3,186	3,358	3,615	3,825	4,100
1,01	0,009	0,044	0,089	0,183	0,389	0,632	0,940	1,375	2,595	2,880	3,051	3,251	3,525	3,742	4,023
1,02	0,008	0,042	0,085	0,175	0,370	0,594	0,863	1,180	1,723	2,650	2,906	3,142	3,435	3,661	3,947
1,05	0,007	0,037	0,075	0,153	0,318	0,498	0,691	0,877	0,878	1,496	2,381	2,800	3,167	3,418	3,722
1,10	0,006	0,030	0,061	0,123	0,251	0,381	0,507	0,617	0,673	0,617	1,261	2,167	2,720	3,023	3,362
1,15	0,005	0,025	0,050	0,099	0,199	0,296	0,385	0,459	0,503	0,487	0,604	1,497	2,275	2,641	3,019
1,20	0,004	0,020	0,040	0,080	0,158	0,232	0,297	0,349	0,381	0,381	0,361	0,934	1,840	2,273	2,692
1,30	0,003	0,013	0,026	0,052	0,100	0,142	0,177	0,203	0,218	0,218	0,178	0,300	1,066	1,592	2,086
1,40	0,002	0,008	0,016	0,032	0,060	0,083	0,100	0,111	0,115	0,108	0,070	0,044	0,504	1,012	1,547
1,50	0,001	0,005	0,009	0,018	0,032	0,042	0,048	0,049	0,046	0,032	−0,008	−0,078	0,142	0,556	1,080
1,60	0,000	0,002	0,004	0,007	0,012	0,013	0,011	0,005	−0,004	−0,023	−0,065	−0,151	−0,082	0,217	0,689
1,70	0,000	0,000	0,000	−0,000	−0,003	−0,009	−0,017	−0,027	−0,040	−0,063	−0,109	−0,202	−0,223	−0,028	0,369
1,80	−0,000	−0,001	−0,003	−0,006	−0,015	−0,025	−0,037	−0,051	−0,067	−0,094	−0,143	−0,241	−0,317	−0,203	0,112
1,90	−0,001	−0,003	−0,005	−0,011	−0,023	−0,037	−0,053	−0,070	−0,088	−0,117	−0,169	−0,271	−0,381	−0,330	−0,092
2,00	−0,001	−0,003	−0,007	−0,015	−0,030	−0,047	−0,065	−0,085	−0,105	−0,136	−0,190	−0,295	−0,428	−0,424	−0,255
2,20	−0,001	−0,005	−0,010	−0,020	−0,040	−0,062	−0,083	−0,106	−0,128	−0,163	−0,221	−0,331	−0,493	−0,551	−0,489
2,40	−0,001	−0,006	−0,012	−0,023	−0,047	−0,071	−0,095	−0,120	−0,144	−0,181	−0,242	−0,356	−0,535	−0,631	−0,645
2,60	−0,001	−0,006	−0,013	−0,026	−0,052	−0,078	−0,104	−0,130	−0,156	−0,194	−0,257	−0,376	−0,567	−0,687	−0,754
2,80	−0,001	−0,007	−0,014	−0,028	−0,055	−0,082	−0,110	−0,137	−0,164	−0,204	−0,269	−0,391	−0,591	−0,729	−0,836
3,00	−0,001	−0,007	−0,014	−0,029	−0,058	−0,086	−0,114	−0,142	−0,170	−0,211	−0,278	−0,403	−0,611	−0,763	−0,899
3,50	−0,002	−0,008	−0,016	−0,031	−0,062	−0,092	−0,122	−0,152	−0,181	−0,224	−0,294	−0,425	−0,650	−0,827	−1,015
4,00	−0,002	−0,008	−0,016	−0,032	−0,064	−0,096	−0,127	−0,158	−0,188	−0,233	−0,306	−0,442	−0,680	−0,874	−1,097

Table 8 (5) (10)

On démontre ainsi que les entités :

$C_P - C_P^*$	$S_p^i - S_p$
$C_P - C_V$	$\frac{G_p^i - G_P}{T_C}$
$C_V - C_V^*$	$\frac{U - U^*}{T_C}$

peuvent être exprimées en fonction des coordonnées réduites.

Il faut remarquer que nous avons adopté des symboles particuliers :

- l'astérisque * indique qu'il s'agit de la propriété du gaz réel pour la température considérée et à pression nulle, donc assimilable à un gaz parfait, (exemple : C_P*)

- les lettres i et p montrent qu'il s'agit de la propriété d'un gaz parfait pris à la température et à la pression du gaz réel étudié, (exemple : S_p^i).

Si on veut calculer la variation d'entropie d'un gaz réel entre 1 atm. et la pression P, la température étant constante : $S_1 - S_P$, il faut tenir compte de la variation d'entropie d'un gaz parfait entre 1 et P atmosphères, soit - R ln P.

En effet : $$S_1 - S_P = S_p^i - S_P - S_p^i + S_1 \quad (4)$$

pour un gaz parfait : $$S_p^i = S_1^i - R \ln P$$

Si le gaz réel peut être considéré comme parfait sous la pression de 1 atmosphère :

$$S_1^i = S_1$$

et $$S_p^i = S_1 - R \ln P$$

d'où, d'après l'équation (4) : $$S_1 - S_P = S_p^i - S_P + R \ln P \quad (5)$$

(S_p^i - S_P) étant donné en fonction des coordonnées réduites par des courbes ou des tables générales, ($S_1 - S_P$) est calculable en utilisant l'équation (5).

VIII - Calcul des capacités thermiques des gaz parfaits -

Nous avons vu, dans le paragraphe précédent, qu'il était possible d'estimer les variations de la capacité thermique des gaz, nous nous proposons maintenant de calculer les valeurs absolues des capacités thermiques.

Il existe deux types de méthodes pour le calcul des capacités thermiques des gaz parfaits :

- les méthodes consistant à faire la somme des énergies emmagasinées par (et dans) les molécules, en s'appuyant sur des données spectrales moléculaires. Nous étudierons ici, à titre d'exemple, la méthode de DOBRATZ [16].

- les méthodes de "contributions" ou "incrémentales" qui attribuent, à chaque atome, ou groupe d'atomes, une contribution à la capacité thermique de l'ensemble de la molécule. Des tables ont été construites empiriquement, nous citerons les tables dressées par RIHANI et DORAISWAMY [17], et par JOBACK [18].

La méthode de DOBRATZ consiste à dénombrer les mouvements internes et externes des molécules gazeuses, puis à calculer pour chacun de ces mouvements, sa participation à l'énergie interne, donc à la capacité thermique à volume constant,

puisque $C_V = \left(\frac{\partial U}{\partial T}\right)_V$

On fait ensuite la somme de ces capacités, après avoir admis quelques approximations.

C'est ainsi que pour une molécule non linéaire, on distingue :

- Les mouvements de translation de l'ensemble de la molécule qui contribuent à la capacité thermique C_V pour 3R/2.

- Les mouvements de rotation de l'ensemble de la molécule, qui contribuent à la capacité thermique C_V pour 3R/2.
Les mouvements externes de la molécule correspondent à 6 degrés de liberté.

- Il peut exister, à l'intérieur des molécules, des rotations libres de groupes d'atomes, autour de certaines liaisons (C-C ou C-O, par exemple(*)). Si m est le nombre de ces rotations libres, elles mobilisent m degrés de liberté. Le terme "rotation libre interne" dans C_V vaut m R/2.

- Les atomes sont susceptibles de vibrer les uns par rapport aux autres, on est donc amené, pour chaque liaison i, à considérer une vibration longitudinale ν_i et une vibration transversale δ_i, mobilisant chacune un degré de liberté. La statistique quantique permet de calculer l'énergie correspondant à une fréquence donnée, en supposant que la force de rappel entre deux atomes est

(*) Liaison C-O dans les éthers-oxydes et esters.

proportionnelle à leur distance (assimilation à une oscillation linéaire harmonique).

On peut ainsi, pour chaque liaison, écrire les contributions relatives à sa vibration longitudinale et à sa vibration transversale caractéristiques :

$$C_{V_{\nu_1}} = A_{\nu_1} + B_{\nu_1} T + C_{\nu_1} T^2$$

$$C_{V_{\delta_1}} = A_{\delta_1} + B_{\delta_1} T + C_{\delta_1} T^2$$

Les valeurs des coefficients A_ν, B_ν, C_ν, A_δ, B_δ, C_δ, sont données dans la table 9, ces valeurs correspondent à des capacités thermiques exprimées en cal/mol K.

- Pour une molécule composée de n atomes, le nombre de degrés de liberté est de 3n. Les mouvements externes de la molécule mobilisent 6 degrés de liberté, les rotations libres internes m degrés de liberté et les vibrations 2 Σq_i degrés de liberté, si Σq_i est le nombre de liaisons entre atomes.

Généralement, le dénombrement est incomplet et $3n \neq 6+m+2\ \Sigma qi$.

DOBRATZ a été amené, en l'absence d'une analyse complète, à donner aux termes manquants, une valeur égale à la moyenne des contributions des vibrations transversales.

Nous avons donc, pour les vibrations transversales et autres, la contribution :

$$\left(\frac{3n - 6 - m - \Sigma q_i}{\Sigma q_i}\right) \Sigma\, q_i\, C_{V_{\delta_i}}$$

- En ajoutant tous les termes précédents, on trouve, sachant que pour un gaz parfait, $C_P - C_V = R$:

$$C_P^* = 4\,R + m\,\frac{R}{2} + \Sigma q_i C_{V_{\nu_i}} + \left(\frac{3n\text{-}6\text{-}m\text{-}\Sigma q_i}{\Sigma q_i}\right) \Sigma\, q_i\, C_{V_{\delta_i}}$$

C_P^* étant la capacité thermique de tout gaz réel à pression faible, car alors $C_P = C_P^*$

- On peut résumer les approximations inhérentes à la méthode de DOBRATZ :

- On a supposé les vibrations harmoniques, en réalité les forces de rappel ne sont pas proportionnelles aux élongations.

- Les termes ont été ajoutés les uns aux autres, alors qu'il n'y a pas indépendance des mouvements, mais interaction entre vibrations et rotations. Les molécules ne sont pas des édifices rigides mais subissent des distorsions.

- Les rotations internes ne sont pas toujours totalement libres, mais peuvent être gênées.

- Il n'a pas été tenu compte des changements d'états électroniques, qui peuvent intervenir à haute température.

- Enfin nous avons estimé grossièrement les termes manquants, en leur assignant une valeur moyenne arbitraire.

Capacités thermiques, à pression constante, des gaz parfaits

LIAISON	Participation pour les vibrations longitudinales ν			Participation pour les vibrations transversales δ		
	A	$B \times 10^3$	$C \times 10^6$	A	$B \times 10^3$	$C \times 10^6$
C - I, S - S	0,181	4,664	- 3,338	1,461	1,730	-1,272
C-Br	- 0,073	5,158	- 3,591	1,242	2,046	-1,501
C - Cl, C-S	- 0,562	6,385	- 4,495	1,023	2,590	-1,874
C- C, C- N, N - N	- 1,090	6,000	- 3,441	0,730	3,414	-2,577
C- O -, N - O	- 1,173	6,132	- 3,555	1,461	1,633	-1,414
C - F, C=S	- 1,128	5,845	- 3,253	0,011	5,119	-3,699
C=C, C=N	- 0,432	1,233	0,935	-1,140	7,254	-4,936
C=O, N=O	- 0,324	0,724	1,308	0,730	3,414	-2,577
S - H	0,129	- 1,333	2,263	-1,128	5,845	-3,253
C - H, N - H	0,229	- 1,224	1,658	-0,938	3,900	-1,342
O - H	0,150	- 0,810	1,055	-1,135	5,363	-2,740

TABLE 9 - (16)

Bibliographie

(1) L. C. NELSON et E. F. OBERT, Trans ASME, 76, 1057 (1954)

(2) L. RIEDEL, Chem. Ing. Tech., 26, 83, 257, 679 (1954)

(3) K. S. PITZER, D. Z. LIPPMAN, R. F. CURL, C. M. HIGGINS et D. E. PETERSON, J. Am. Chem. Soc., 77, 3433 (1955)

(4) J. M. SMITH et H. C. VAN NESS, Introduction to chemical engineering thermodynamics, 3° edition, 3, 89 - 90, Mc Graw Hill, Kogakusha ltd., (1975)

(5) B. I. LEE et M. G. KESLER, A generalized thermodynamic correlation based on three parameters corresponding states, AIChE J., 21, 510-527, (1975)

(6) W. C. EDMISTER, Petrol. Refiner, 37 (4), 173 (1958)

(7) D. G. MILLER, Ind. Eng. Chem. Fundamentals, 2, 78 (1963)

(8) O. A. HOUGEN, K. M. WATSON et R. A. RAGATZ, Chemical Process Principles, Part II, Thermodynamics, 14, 572. 2° edition, John Wiley & sons Inc. New York, (1965)

(9) G. Z. A. WU et L. I. STIEL, A generalized equation of state for the thermodynamic properties of polar fluids, AIChE J. , 31, 1632-1644 (1985)

(10) J. GOSSE, Données thermodynamiques des fluides. Constantes thermodynamiques K_{535}, K_{536}, K_{537}. Les Techniques de l'Ingénieur. Paris, (1990)

(11) T. W. LEGRAND et P. S. CHAPPELEAR, Ind. Eng. Chem., 60 (7), 15-44 (1968)

(12) R. H. NEWTON, Ind. Eng. Chem., 27, 302 (1935)

(13) O.A. HOUGEN et K. M. WATSON, Chemical Process Principles. A combinated volume, 12, 494, 2° edition, John Wiley & sons, New York, (1950)

(14) W. C. EDMISTER, Ind. Eng. Chem., 30, 352 (1938)

(15) R. YORK et H. C. WEBER, Ind. Eng. Chem., 32, 388 (1940)

(16) C.J.DOBRATZ , Ind. Eng. Chem., 33, 759 (1941)

(17) D.N. RIHANI et L.K. DORAISWAMY, Ind. Eng. Chem.Fundamentals , 4, 17 (1965)

(18) K.G. JOBACK, thesis, Massachussets Institute of Technology, Cambridge Mass. juin 1984.

I. Relations entre le volume, la pression et la température

La plupart des gaz traités dans l'industrie sont des mélanges de compositions très variées, on voit donc l'intérêt de pouvoir calculer les propriétés de tels mélanges que l'on ne peut trouver dans des recueils de constantes.
On s'intéressera dans ce chapitre aux relations entre le volume, la pression et la température des mélanges gazeux.
Les méthodes de calcul peuvent être classées en trois catégories, qui s'appuient sur :

- des règles empiriques, comme les règles de DALTON ou d'AMAGAT, qui peuvent être utilisées à l'aide des équations d'état des constituants,

- les constantes pseudo-critiques du mélange qui sont calculées à partir des constantes critiques des constituants,

- des équations d'état valables pour le mélange. Les coefficients de ces équations sont estimés à partir des coefficients des constituants.

1. Règles empiriques générales

Ces règles ne permettent qu'une estimation de la pression ou du volume d'un mélange. Leur principal intérêt est de fixer très rapidement les domaines et de limiter des calculs ultérieurs, plus précis.

- Règle de DALTON (Additivité des pressions à température et volume constants)

Si y_1 molécules du corps 1 occupent à la température T un volume V sous une pression P_1 et si y_2 molécules du corps 2 occupent à la même température le même volume V sous une pression P_2, l'ensemble de molécules $(y_1 + y_2)$ enfermées dans le volume V, à la température T, exercent une pression $(P_1 + P_2)$.

En faisant intervenir les facteurs de compressibilité Z_1 et Z_2 des constituants, on a:

$$V = Z_1 \, y_1 \frac{R\,T}{P_1} = Z_2 \, y_2 \frac{R\,T}{P_2}$$

si, comme le suppose DALTON : $P_1 + P_2 = P$;

il vient : $$P = \frac{RT}{V} (Z_1 y_1 + Z_2 y_2)$$

si, d'autre part, $y_1 + y_2 = 1$, V devient le volume molaire du mélange. Le facteur de compressibilité du mélange vaut : $Z_m = Z_1 y_1 + Z_2 y_2$.

Les facteurs de compressibilité Z_1 et Z_2 sont calculés (par une équation d'état) ou lus (sur des graphiques généraux en fonction des coordonnées réduites), pour chacun des corps pris respectivement aux pressions P_1 et P_2.

- Règle d'AMAGAT (Additivité des volumes à température et pression constantes)

Si y_1 molécules du corps 1 occupent à la température T un volume V_1 sous une pression P et si y_2 molécules du corps 2 occupent à la même température T un volume V_2 sous la même pression P, l'ensemble de molécules $(y_1 + y_2)$ occupe à la pression P et à la température T, un volume $(V_1 + V_2)$.
On peut écrire le volume $(V_1 + V_2)$ en fonction des facteurs de compressibilité des corps 1 et 2 :

$$V_1 + V_2 = Z'_1 y_1 \frac{RT}{P} + Z'_2 y_2 \frac{RT}{P}$$

Si on a choisi $y_1 + y_2 = 1$, $V = V_1 + V_2$, est le volume molaire du mélange et :

$$V = (Z'_1 y_1 + Z'_2 y_2) \frac{RT}{P}$$

On définit ainsi un facteur de compressibilité du mélange $Z'_m = y_1 Z'_1 + y_2 Z'_2$.
Les facteurs de compressibilité Z'_1 et Z'_2 des constituants sont pris à la pression totale P. Ils peuvent être calculés par une équation d'état ou lus sur des graphiques généraux en fonction des coordonnées réduites.

2. Constantes pseudo-critiques

Précisons qu'il s'agit de calculer les constantes "pseudo-critiques" d'un mélange qui n'ont rien à voir avec les constantes critiques vraies de ce mélange. Les constantes "pseudo-critiques" permettent seulement le calcul des propriétés des mélanges, elles n'ont aucune signification physique.

- méthode de KAY (1)

C'est la méthode la plus simple : les constantes "pseudo-critiques" du mélange sont des fonctions linéaires des constantes critiques des constituants :

$$T_{C_m} = \sum_i y_i T_{C_i} \quad \text{et} \quad P_{C_m} = \sum_i y_i P_{C_i}$$

- méthode de JOFFE (2)

Les deux équations de définition de T_{C_m} et P_{C_m} sont les suivantes :

$$\frac{T_{C_m}}{P_{C_m}^{1/2}} = \sum_i y_i \frac{T_{C_i}}{P_{C_i}^{1/2}} \quad \text{et} \quad \frac{T_{C_m}}{P_{C_m}} = \frac{1}{8} \sum_i \sum_j y_i \, y_j \left[\left(\frac{T_{C_i}}{P_{C_i}} \right)^{1/3} + \left(\frac{T_{C_j}}{P_{C_j}} \right)^{1/3} \right]^3$$

- méthode de PRAUSNITZ et GUNN (3)

Les constantes "pseudo-critiques" du mélange sont données par :

$$T_{C_m} = \sum_i y_i T_{C_i}\ , \qquad Z_{C_m} = \sum_i y_i Z_{C_i}\ , \qquad V_{C_m} = \sum_i y_i V_{C_i}$$

$$P_{C_m} = \frac{Z_{C_m} R \, T_{C_m}}{V_{C_m}} = R \, \frac{\sum_i y_i Z_{C_i} \sum_i y_i T_{C_i}}{\sum_i y_i V_{C_i}}$$

- méthode de LEE et KESLER (4)

Nous donnons ici les équations relatives à l'une des méthodes proposées par LEE et KESLER :

$$V_{C_m} = \frac{1}{8} \sum_i \sum_j y_i \, y_j \, (V_{C_i}^{1/3} + V_{C_j}^{1/3})^3$$

$$T_{C_m} = \frac{1}{8 \, V_{C_m}} \sum_i \sum_j y_i \, y_j \, (V_{C_i}^{1/3} + V_{C_j}^{1/3})^3 \sqrt{T_{C_i} T_{C_j}}$$

$$P_{C_m} = R \, \frac{Z_{C_m} T_{C_m}}{V_{C_m}} \quad \text{et} \quad \omega_m = \sum_i y_i \, \omega_i$$

Le facteur de compressibilité "pseudo-critique" du mélange est donné en fonction de ω_m :

$Z_{Cm} = 0{,}2901 - 0{,}0879\ \omega_m$ (*)

Les domaines d'emploi de ces 4 méthodes sont les suivants :

si $0{,}5 < \dfrac{T_{Ci}}{T_{Cj}} < 2$, on peut :

- utiliser la méthode de KAY si $P_{Ci} \approx P_{Cj}$ ou $V_{Ci} \approx V_{Cj}$
- utiliser la méthode de PRAUSNITZ et GUNN si $P_{Ci} > 1{,}20\ P_{Cj}$

si $\dfrac{T_{Ci}}{T_{Cj}} > 2$ ou $< 0{,}5$, il est recommandé d'appliquer la méthode de JOFFE ou celle de LEE et KESLER.

Lorsque les constituants sont polaires ou très dissemblables, on peut améliorer la méthode de PRAUSNITZ et GUNN en faisant intervenir pour la température pseudo-critique du mélange, un coefficient d'interaction entre les molécules, k_{ij} :

$$T_{C_m} = \sum_i \sum_j y_i\, y_j\, T_{Cij}$$

sachant que $T_{Cii} = T_{Ci}$ et $T_{Cij} = k_{ij}\ \dfrac{T_{Ci} + T_{Cj}}{2}$

Il existe des tables donnant pour chaque couple de constituants la valeur du facteur d'interaction k_{ij}. Des tables ont été établies pour les mélanges binaires des principaux composés organiques (5).

(*) Cette équation donne approximativement les mêmes résultats que l'équation :

$Z_C = \dfrac{1}{1{,}28\ \omega + 3{,}41}$ vue au paragraphe "Le principe des états correspondants et le facteur de compressibilité moyen" du chapitre "Corps purs gazeux".

3. Equations d'état

Nous prendrons comme exemples trois équations d'état, l'équation de VAN DER WAALS, l'équation du viriel et l'équation de GILLILAND.

- Equation de VAN DER WAALS.

Les coefficients a_m et b_m de l'équation : $P = \frac{R\,T}{V - b_m} - \frac{a_m}{V^2}$, écrite pour une mole de mélange, sont donnés en fonction des coefficients a_i et b_i des constituants par les équations simples :

$$a_m^{1/2} = \sum_i y_i\, a_i^{1/2} \qquad \text{et} \qquad b_m = \sum_i y_i\, b_i$$

On prendra les mêmes règles de calcul pour les coefficients a'_m et b'_m de l'équation de REDLICH et KWONG.
Les coefficients des constituants peuvent être calculés à partir de leurs constantes critiques.

- Equation du viriel.

L'équation du viriel, limitée au second terme, s'écrit :

$$\frac{P\,V}{R\,T} = 1 + \frac{B_m}{V}$$

Pour un mélange gazeux quelconque on prendra :

$$B_m = \sum_i \sum_j y_i\, y_j\, B_{ij}$$

VAN NESS et ABBOTT (6) proposent les relations suivantes, donnant le second viriel : $\frac{B\,P_c}{R\,T_c} = B_0 + \omega\, B_1$

avec $B_0 = 0{,}083 - \frac{0{,}422}{T_R^{1,6}}$ et $B_1 = 0{,}139 - \frac{0{,}172}{T_R^{4,2}}$

Ces relations empiriques permettent de calculer B_{ii} et B_{jj} des constituants mais aussi B_{ij} à partir B_{0ij} et de B_{1ij} connaissant T_{Cij}, P_{Cij} et ω_{ij}. Ces grandeurs peuvent être estimées, pour un mélange binaire, par les relations simples de PRAUSNITZ (7) :

$$T_{C_{ij}} = \left(T_{C_i} T_{C_j}\right)^{1/2}$$

$$V_{C_{ij}} = \frac{1}{8}\left(V_{C_i}^{1/3} + V_{C_j}^{1/3}\right)^3$$

$$Z_{C_{ij}} = \frac{Z_{C_i} + Z_{C_j}}{2}$$

$$P_{C_{ij}} = \frac{Z_{C_{ij}} R\, T_{C_{ij}}}{V_{C_{ij}}}$$

$$\omega_{ij} = \frac{\omega_i + \omega_j}{2}$$

On peut améliorer le calcul de T_{cij} en faisant intervenir un facteur d'interaction [7].

- Equation de GILLILAND [8].

L'équation de GILLILAND traduit la constatation que les isochores, P = f (T) sont approximativement des droites.
Pour un mélange on peut écrire : $P_m = \Omega_{1_m} T - \Omega_{2_m}$, le volume molaire étant V_m.
Pour l'un des constituants on écrira de même : $P_i = \Omega_{1i} T - \Omega_{2i}$, le volume occupé par ce constituant étant égal à V_m.

GILLILAND a montré que $\frac{\Omega_{2i}}{P_{Ci}}$ est fonction du volume réduit V_{Ri}.
Si on adopte les relations simples entre les coefficients Ω_i des constituants et les coefficients Ω_m du mélange :

$$\Omega_{1_m} = \sum_i y_i \Omega_{1_i} \quad \text{et} \quad \Omega_{2_m} = \left(\sum_i y_i \sqrt{\Omega_{2_i}}\right)^2,$$

il est facile de démontrer que pour un mélange binaire :

$$P = y_1 P_1 + y_2 P_2 + y_1 y_2 \left(\sqrt{\Omega_{21}} - \sqrt{\Omega_{22}}\right)^2$$

les pressions P_1 et P_2 étant les pressions des constituants 1 et 2 supposés seuls dans le volume V_m du mélange, à la température du mélange.(*)

Les coefficients Ω_{21} et Ω_{22} sont donnés en fonction des volumes réduits V_{R1} et V_{R2} des constituants, (en prenant toujours le volume molaire du mélange, $V_{R1} = \dfrac{V_m}{V_{C_1}}$), grâce aux courbes que l'on peut construire connaissant les propriétés de ces constituants (Figure 1) :

Equation de GILLILAND

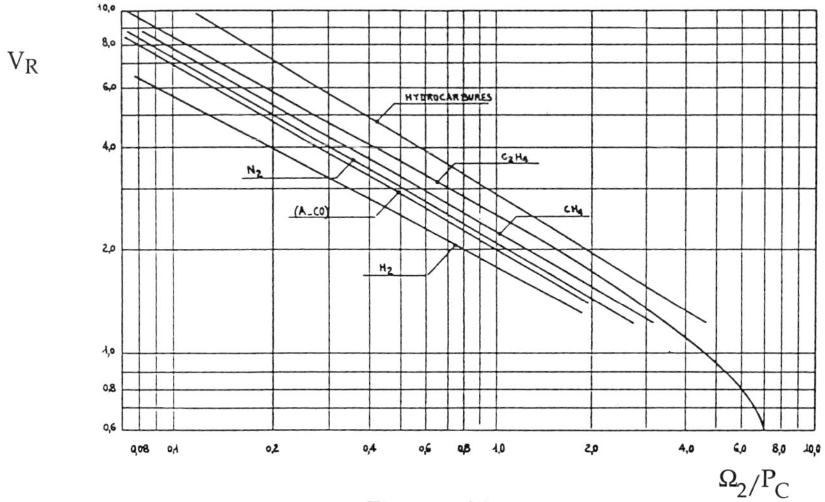

Figure 1 (8)

II. Fugacité d'un constituant d'un mélange gazeux

La connaissance de la fugacité d'un constituant présent dans un mélange est indispensable au calcul des équilibres chimiques ou physiques. Nous présentons ici trois méthodes de calcul de la fugacité.

1. Calcul thermodynamique classique

Si nous faisons varier, à température constante, la pression et le nombre de molécules, n_i, du constituant i d'un mélange, on peut écrire l'égalité des deux dérivées secondes de l'enthalpie libre du mélange :

$$\left[\frac{\partial}{\partial P}\left(\frac{\partial G}{\partial n_i}\right)_{P,T,n_j}\right]_{n_i,n_j,T} = \left[\frac{\partial}{\partial n_i}\left(\frac{\partial G}{\partial P}\right)_{n_i,n_j,T}\right]_{P,T,n_j} \qquad (1)$$

(*) Pressions obtenues si toutes les molécules du mélange étaient constituées des corps 1 ou 2.

car G est une fonction d'état.
Reprenons l'équation générale :

$$dG = -S\,dT + V\,dP + \sum_i \overline{G_i}\,dn_i$$

on a :

$$\overline{G}_i = \left(\frac{\partial G}{\partial n_i}\right)_{P,T,n_j} \qquad \text{et} \qquad V = \left(\frac{\partial G}{\partial P}\right)_{T,n_i,n_j}$$

et, compte tenu de l'équation (1) :

$$\left(\frac{\partial \overline{G}_i}{\partial P}\right)_{T,n_i,n_j} = \left(\frac{\partial V}{\partial n_i}\right)_{T,P,n_j}$$

ou :

$$\left(\frac{\partial \overline{G}_i}{\partial P}\right)_{T,n_i,n_j} = \overline{V}_i$$

$\overline{Vi}$ étant le volume molaire partiel du constituant i dans le mélange.

De la relation :

$$d\,\overline{G_i} = R\,T\,d\ln \hat{f}_i \quad ,$$

établie en thermodynamique statistique, on tire :

$$\left(\frac{\partial \ln \hat{f}_i}{\partial P}\right)_{T,n_i,n_j} = \frac{1}{R\,T}\cdot\left(\frac{\partial \overline{G_i}}{\partial P}\right)_{T,n_i,n_j} = \frac{\overline{V}_i}{R\,T} \qquad (2)$$

On sait, par définition, que :

$$\hat{f}_i = \hat{\Phi}_i\, P\, y_i$$

d'où :

$$\ln \hat{f}_i = \ln P + \ln \hat{\Phi}_i + \ln y_i$$

Dérivons cette dernière relation par rapport à la pression. Pour une composition et une température constantes, en tenant compte de l'équation (2), il vient :

$$\left(\frac{\partial \ln \hat{\Phi}_i}{\partial P}\right)_{T,n_i,n_j} = \left(\frac{\partial \ln \hat{f}_i}{\partial P}\right)_{T,n_i,n_j} - \left(\frac{\partial \ln P}{\partial P}\right)_{T,n_i,n_j} = \frac{\overline{V}_i}{R\,T} - \frac{1}{P}$$

On a donc, pour une température donnée et une composition fixée :

$$R\,T\,d\ln \hat{\Phi}_i = \left(\overline{V}_i - \frac{R\,T}{P}\right) d\,P$$

en intégrant de la pression nulle à la pression P :

$$R\,T \ln\ \hat{\Phi}_i = \int_0^P \left(\overline{V}_i - \frac{R\,T}{P}\right) dP \quad \text{car } \hat{\Phi}_i = 1 \text{ à pression nulle}$$

ou

$$R\,T \ln \frac{\hat{f}_i}{y_i\,P} = \int_0^P \left(\overline{V}_i - \frac{R\,T}{P}\right) dP$$

$\overline{V}_i$ peut être calculé par une équation d'état représentative du mélange, par exemple, par l'équation de VAN DER WAALS , appliquée à un mélange binaire :

$$\overline{V}_1 = \frac{b_1\left[V^2 P + \left(y_1\, a_1^{1/2} + y_2 a_2^{1/2}\right)^2\right] - 2\,a_1^{1/2}\left(y_1 a_1^{1/2} + y_2\, a_2^{1/2}\right)\left(V - y_1\, b_1 - y_2 b_2\right) + V^2\, R\,T}{2\,V\,P\ \left(V - y_1 b_1 - y_2 b_2\right) + V^2 P + \left(y_1 a_1^{1/2} + y_2 a_2^{1/2}\right)^2 - 2\,R\,T\,V}$$

2. Règle de LEWIS et RANDALL

On suppose que la fugacité d'un constituant d'un mélange, est, à température et pression constantes, proportionnelle à la fraction molaire :

$$\hat{f}_i = y_i\, f_i$$

f_i étant la fugacité du corps pur à la pression et à la température du mélange. Lorsque y_i tend vers 1, nous avons un corps pur de fugacité f_i.

La règle de LEWIS et RANDALL suppose que la solution (ou le mélange) est idéale. Dans ces conditions le coefficient de fugacité $\hat{\Phi}_i$ est égal au coefficient de fugacité du corps pur à la pression et à la température du mélange, en effet :

$$\frac{\hat{f}_i}{P\,y_i} = \hat{\Phi}_i = \frac{y_i\,f_i}{P\,y_i} = \Phi_i$$

3. Relation de JOFFE [9]

En supposant que le coefficient de fugacité du mélange Φ_m est fonction des coordonnées réduites, et que les constantes pseudo-critiques s'expriment par les relations de KAY, JOFFE a établi la relation générale :

$$\ln \hat{\Phi}_i = \ln \Phi_m + \left(\frac{T_{C_m} - T_{C_i}}{R\,T}\right)\left(\frac{H_m^* - H_m}{T_{C_m}}\right) + \left(\frac{P_{C_m} - P_{C_i}}{P_{C_m}}\right)(Z_m - 1)$$

Φ_m, $\frac{H_m^* - H_m}{T_{C_m}}$ et Z_m sont données par les courbes générales en fonction de T_{Rm} et P_{Rm}, une fois le calcul de P_{Rm} et T_{Rm} effectué par la méthode de KAY.

4. Equilibre "liquide-vapeur" à plusieurs constituants [10]

Le calcul ci-dessous a été développé en vue du calcul des compositions des phases pour les équilibres "liquide-vapeur" réalisés sous pression.

Pour tout constituant participant à l'équilibre on peut écrire :

$$\hat{f}_i^V = \hat{f}_i^L \qquad (1)$$

Pour la phase vapeur, nous avons :

$$\hat{f}_i^V = y_i\,\hat{\Phi}_i\,P$$

et pour la phase liquide :

$$\hat{f}_i^L = x_i\,\gamma_i\,f_i$$

f_i est la fugacité du corps pur i liquide, à la température et à la pression du mélange ; γ_i est le coefficient d'activité. On peut mettre f_i sous la forme :

$$f_i = P_{is} \cdot \frac{f_{is}}{P_{is}} \cdot \frac{f_i}{f_{is}}$$

L'indice "s" correspond à la saturation, c'est-à-dire à l'équilibre liquide-vapeur. Ainsi $P_{i\,s}$ représente la pression de saturation ou tension de vapeur du corps i à la température du mélange et $f_{i\,s}$ la fugacité pour cette tension de vapeur.

D'où :

$$f_i = P_{is} \cdot \Phi_{is} \frac{f_i}{f_{is}} \qquad (2)$$

Nous avons vu, dans le paragraphe "Variation de la fugacité avec la pression" que:

$$V_i \, dP = R\,T \, d\ln f_i$$

d'où, en intégrant de $P_{i\,s}$ à P :

$$\ln \frac{f_i}{f_{is}} = \frac{1}{R\,T} \int_{P_{is}}^{P} V_i^L \, dP \qquad (3),$$

au-dessus de la pression de saturation, le corps i est liquide, aussi V_i est-il remplacé par V_i^L.

Nous avons établi, dans le paragraphe "Coefficient de fugacité" du chapitre "corps purs gazeux", la relation liant la fugacité d'un gaz à son facteur de compressibilité. Jusqu'à la pression de saturation, nous avons :

$$\ln \Phi_{is} = \int_0^{P_{is}} \left[\frac{Z_i - 1}{P} \right] dP \qquad (4)$$

l'équation (2) devient en tenant compte de (3) et (4) :

$$f_i = P_{is} \exp\left[\int_0^{P_{is}} \left[\frac{Z_i - 1}{P} \right] dP + \frac{1}{RT} \int_{P_{is}}^{P} V_i^L \, dP \right]$$

En remplaçant f_i par sa valeur, dans l'expression de $\hat{f}_i^L$ et en portant $\hat{f}_i^L$ et $\hat{f}_i^V$ dans la relation (1), il vient :

$$x_i \gamma_i P_{is} \exp\left[\int_0^{P_{is}} \left(\frac{Z_i - 1}{P}\right) dP + \frac{1}{RT} \int_{P_{is}}^{P} V_i^L \, dP\right] = y_i \, \hat{\Phi}_i \, P \qquad (5)$$

La seule difficulté d'application de cette relation concerne γ_i. En l'absence de valeurs expérimentales, on peut utiliser la méthode de calcul de HILDEBRAND et SCOTT.

- HILDEBRAND et SCOTT [11] ont montré que pour des solutions présentant la même valeur de l'entropie de mélange que l'entropie de mélange d'une solution idéale (solutions appelées "régulières"), on pouvait écrire, dans le cas d'un mélange binaire de deux corps 1 et 2 :

$$\ln \gamma_1 = \frac{V_1^L}{RT} \mathcal{A}_2^2 (\delta_1 - \delta_2)^2$$

$\mathcal{A}_2$ étant égal à :

$$\frac{V_2^L x_2}{V_m}$$

avec $V_m = V_1^L x_1 + V_2^L x_2$; V_1^L et V_2^L sont les volumes molaires à l'état liquide des constituants 1 et 2

δ_1 et δ_2 sont appelés "paramètres de solubilité", exprimés souvent en $(\text{cal/cm}^3)^{1/2}$, ils peuvent être calculés par une relation de la forme :

$$\delta_1 = \left(\frac{U_1^* - U_1^{LS}}{V_1^L}\right)^{1/2}$$

$(U^*_1 - U_1^{LS})$ représente l'énergie interne requise pour vaporiser isothermiquement le corps 1 liquide de l'état saturé à l'état de gaz idéal. $(U^*_1 - U_1^{LS})$ peut être estimé en fonction de T_R et P_R par des courbes générales. (voir chapitre "corps purs gazeux"). Pour une solution régulière de plusieurs constituants, la relation de HILDEBRAND et SCOTT devient :

$$R T \ln \gamma_i = V_i^L (\delta_i - \bar{\delta})^2$$

avec :

$$\bar{\delta} = \sum_i \mathcal{A}_i \, \delta_i$$

Il existe des tables donnant directement les paramètres de solubilité.

- D'autre part, la fugacité du liquide sous une pression P, f_i, peut être calculée directement à partir des coordonnées réduites, comme l'ont montré CHAO et SEADER (12) pour les hydrocarbures et quelques corps courants (hydrogène, dioxyde de carbone, azote) selon la relation :

$$\lg \frac{f_i}{P} = \lg \nu^{(0)} + \omega' \lg \nu^{(1)}$$

avec :

$$\lg \nu^{(0)} = A_o + \frac{A_1}{T_R} + A_2 T_R + A_3 T_R^2 + A_4 T_R^3 + (A_5 + A_6 T_R + A_7 T_R^2)\, P_R + (A_8 + A_9 T_R)\, P_R^2$$
$$- \lg P_R$$

$$\lg \nu^{(1)} = -4{,}23893 + 8{,}65808\, T_R - \frac{1{,}22060}{T_R} - 3{,}15224\, T_R^3 - 0{,}025 (P_R - 0{,}6)$$

ω' étant légèrement différent du facteur acentrique de PITZER (ω)
CHAO et SEADER ont dressé des tables des 9 constantes A_0, ... A_9, et ω',

Reprenons l'équation générale (5). Le coefficient de fugacité $\hat{\Phi}_i$ a été calculé comme il a été vu dans le paragraphe précédent, et γ_i mesuré ou estimé à partir de $(U^*_1 - U_1^{LS})$. On peut donc, pour chaque constituant écrire $y_i = f(x_i)$ et tenant compte des conditions générales :

$$\sum_i y_i = 1 \qquad \text{et} \qquad \sum_i x_i = 1$$

connaître ainsi les compositions à l'équilibre.

Il est intéressant de voir comment l'équation générale (5) peut se simplifier :

- si V_i^L est petit, on peut supposer que :

$$\frac{1}{RT} \int_{P_{is}}^{P} V_i^L \, dP = 0$$

- si la phase vapeur est un mélange idéal : $\hat{\Phi}_i = \Phi_i$

- si la vapeur du corps i se comporte comme un gaz parfait, $Z_i = 1$ d'où :

$$\int_0^{P_{is}} \left(\frac{Z_i - 1}{P} \right) dP = 0 \qquad \text{et } \Phi_i = 1$$

- si la phase liquide est une solution idéale: $\gamma_i = 1$

Lorsque toutes ces conditions sont remplies on obtient :

$y_i P = x_i P_{is}$ ou $P_i = x_i P_{is}$, qui est l'expression de la loi de RAOULT.

III. Les autres propriétés ou variation de propriétés des mélanges gazeux

Les autres propriétés ou variations de propriétés des mélanges gazeux seront estimées à partir des constantes pseudo-critiques, en utilisant les courbes de OBERT et NELSON ou les tables de LEE et KESLER, établies pour les corps purs.

Bibliographie

(1) W.B. KAY, Ind. Eng. Chem., 28, 1014 (1936)

(2) J. JOFFE, Ind. Eng. Chem., 39, 837 (1947)

(3) J. M. PRAUSNITZ et R. D. GUNN, AIChE J., 4, 430-494 (1958)

(4) B. I. LEE et M. G. KESLER, A generalized thermodynamic correlation based on three parameters corresponding states, AIChE J., 21, 510-527 (1975)

(5) H. E. BARNER et C. W. QUILAN, Ind. Eng. Chem. Process. Design Develop., 9, 407 (1969)

(6) H. C. VAN NESS et M. M. ABBOTT, Classical thermodynamics of non electrolyte solutions, p 126-133, Mc Graw Hill, New York (1982)

(7) J. M. PRAUSNITZ, Molecular thermodynamics of fluid phase equilibrium, p 128-129, Prentice Hall, Englewood Cliffs, N.J. (1969)

(8) E. R. GILLILAND, Ind. Eng. Chem., 28, 212 (1936)

(9) J. JOFFE, Ind. Eng. Chem., 40, 1738 (1949)

(10) M. M. ABBOTT et H. C. VAN NESS, Theory and Problems of Thermodynamics - SI (metric) Edition, p 261-262, Schaum's outline Series, Mac Graw Hill, New York (1976)

(11) J. H. HILDEBRAND et R. L. SCOTT, Regular Solutions, Prentice Hall, Englewood Cliffs, N.J. (1962)

J. H. HILDEBRAND et R. L. SCOTT, The solubility of non electrolytes, Reinhold Publishing Corp. (1950)

(12) K. C. CHAO et J. D. SEADER, AIChE J., 7, 598 (1961)

Les propriétés des liquides varient relativement peu avec la pression ou la température, leur prédiction présentera donc un intérêt limité, contrairement à ce qui a été vu pour les gaz.

I. Compressibilité

Le volume molaire ou la masse volumique d'un liquide peuvent être calculés par plusieurs méthodes qui reposent toutes sur le principe des états correspondants.

1. Méthode de WATSON [1]

Reprenons l'équation d'état des gaz PV = Z RT et appliquons-la aux liquides, en faisant intervenir la masse volumique ρ.

par définition : $\rho = \frac{M}{V}$ et $V = \frac{Z\,RT}{P}$

D'où : $\rho = \frac{P\,M}{Z\,R\,T}$, en écrivant $P = P_C P_R$ et $T = T_C T_R$, il vient :

$$\rho = \frac{P_R}{Z\,R\,T_R} \cdot \frac{P_C\,M}{T_C}$$

Si Z n'est fonction que des coordonnées réduites, l'expression $\frac{P_R}{Z\,RT_R}$ n'est également fonction que des coordonnées réduites. On a donné à cet ensemble le nom de facteur d'expansion $\overline{\omega}$. Celui-ci est représenté en fonction de P_R et T_R sur la figure 1, ci-après.

Le rapport $\frac{P_C\,M}{T_C}$ est constant pour un corps donné, on peut écrire, si ρ_1 est une masse volumique connue et correspondant à un facteur d'expansion $\overline{\omega}_1$:

$$\frac{\rho_1}{\overline{\omega}_1} = \frac{\rho_2}{\overline{\omega}_2} = \ldots\ldots = \frac{\rho}{\overline{\omega}}$$

Il est alors possible de calculer ρ, relatif à des coordonnées réduites P_R et T_R, en fonction de ρ_1 et $\overline{\omega_1}$

Le facteur d'expansion $\overline{\omega_1}$ a la dimension de $\frac{1}{R}$, sur les courbes ci-jointes, il est exprimé en mol K/cm³ atm. . Pour des températures réduites inférieures à 0,65 et pour des pressions n'excédant pas 10 atmosphères, on peut écrire :

$$\overline{\omega} = 0{,}1745 - 0{,}0838\, T_R$$

On notera qu'au point critique :

$$\overline{\omega_C} = 0{,}044 \text{ mol K/cm}^3 \text{ atm}$$

2. Méthode de LU (2)

LU a montré que l'expression :

$$\frac{V_C^{1,77}}{V}\left(\frac{P_C}{R\,T_C}\right)^{0,77}$$

était fonction uniquement des coordonnées réduites. On peut aussi écrire :

$$K_L = \frac{V_C^{1,77}}{V} \cdot \left(\frac{P_C}{R\,T_C}\right)^{0,77} = \left(\frac{P_C V_C}{R\,T_C}\right)^{0,77} \cdot \frac{V_C}{V} = \frac{Z_C^{0,77}}{V_R}$$

Le facteur K_L est sans dimension, il est représenté en fonction des coordonnées réduites sur la figure 2 ci-après.

Si on ne connaît pas le volume critique, on peut utiliser un volume molaire expérimental V_1 correspondant au facteur K_{L_1} :

$$K_{L1}V_1 = K_{L2}V_2 = \ldots = K_L V$$

En effet le produit $K_L V$ ne dépend que des constantes critiques du corps considéré :

$$K_L V = \left(\frac{P_C}{R\,T_C}\right)^{0,77} V_C^{1,77} = V_C\, Z_C^{0,77}$$

Compressibilité des liquides

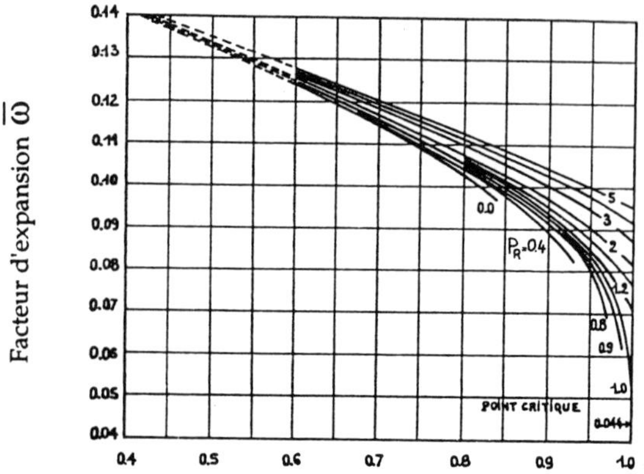

TEMPERATURE REDUITE

Figure 1 - (1)

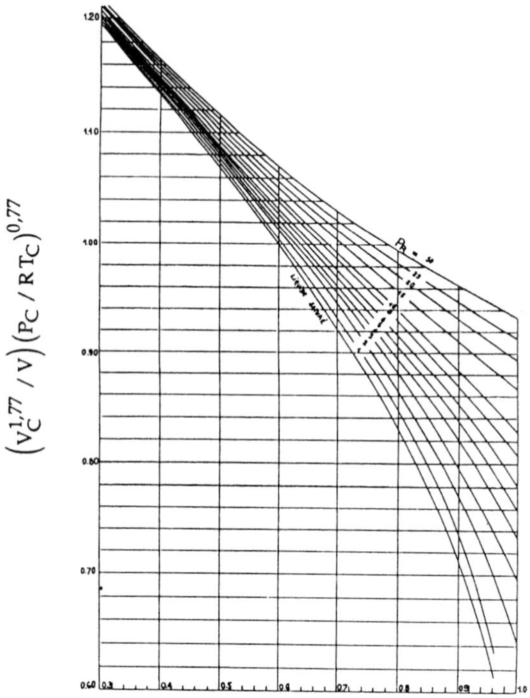

TEMPERATURE REDUITE

Figure 2 - (2)

3. Calcul d'un volume molaire

Les méthodes précédemment décrites requièrent la connaissance d'une masse volumique ou d'un volume molaire. Ceux-ci peuvent être estimés par différentes voies :

- des méthodes d'additivité, telles que celles mises au point par LE BAS [3] ou SCHROEDER [4]. On calcule ainsi, par une somme d'incréments, le volume molaire (V_B) des corps à leur température d'ébullition normale (pression d'une atmosphère) : (Table 1),

- des méthodes reposant sur les coordonnées critiques. Nous donnons ci-après les relations établies par différents auteurs :

- TYN et CALUS [5] :

$$V_B = 0{,}285\, V_C^{1{,}048}$$

- RACKETT [6] :

$$V = V_C\, Z_C^{(1 - T_R)^{0{,}2857}}$$

V étant le volume molaire du liquide, à la température réduite considérée T_R.

- BHIRUD [7] :

$$\ln \frac{P_C\, V}{R\,T} = \ln V^{(0)} + \omega \ln V^{(1)}$$

$V^{(0)}$ et $V^{(1)}$, étant des fonctions de la température réduite :

$$\ln V^{(0)} = 1{,}39644 - 24{,}076 T_R + 102{,}615 T_R^2 - 255{,}719 T_R^3 + 335{,}805 T_R^4 - 256{,}671 T_R^5 + 75{,}1088 T_R^6$$

$$\ln V^{(1)} = 13{,}4412 - 135{,}7437 T_R + 533{,}380 T_R^2 - 1091{,}453 T_R^3 + 1231{,}43\, T_R^4 - 728{,}227 T_R^5 + 176{,}737 T_R^6$$

Ces dernières expressions ne sont valables que pour les corps non polaires.

Volume molaire à l'état liquide, à la température d'ébullition normale

cm^3 / mol

	Schroeder (4)	Le Bas (3)
Carbone	7	14,8
Hydrogène	7	3,7
Oxygène		
dansles éthers et esters méthyliques	-	9,1
dans les éthers et esters éthyliques	-	9,9
dans les éthers et esters supérieurs	-	11,0
dans les acides	-	12,0
lié à S, N, P	-	8,3
Oxygène dans d'autres composés	7	7,4
Azote	7	-
double liaison	-	15,6
dans amine primaire	-	10,5
dans amine secondaire	-	12,0
Brome	31,5	27
Chlore	24,5	24,6
Fluor	10,5	8,7
Iode	38,5	37
Soufre	21	25,6
Cycle		
3 liaisons	-7	- 6,0
4 liaisons	-7	- 8,5
5 liaisons	-7	- 11,5
6 liaisons	- 7	- 15,0
Naphtalène	- 7	- 30,0
Anthracène	- 7	- 47,5
Double liaison entre 2 carbone	7	-
Triple liaison entre 2 carbone	14	-

Table 1 - (3) et (4)

Remarque :

Le volume molaire des liquides peut aussi être estimé, mais avec une précision moindre, à partir des tables de LEE et KESLER [8] donnant $Z^{(0)}$ et $Z^{(1)}$, ou encore en utilisant les tables des masses volumiques réduites ($\rho_R = \frac{\rho}{\rho_c}$) dressées par LYDERSEN, GREENKORN et HOUGEN [9] pour différentes valeurs du facteur de compressibilité critique.

II. Variations de l'enthalpie avec la pression

Reprenons l'équation générale, établie dans le chapitre "gaz corps purs, variation d'enthalpie avec la pression" :

$$dH = Cp\, d\,T + \left[V - T\left(\frac{\partial V}{\partial T}\right)_P\right] dP$$

Si nous travaillons à température constante :

$$\left(\frac{\partial H}{\partial P}\right)_T = V - T\left(\frac{\partial V}{\partial T}\right)_P$$

Introduisons les coordonnées réduites T_R et P_R, sachant que $T = T_C\, T_R$ et $P = P_C\, P_R$, il vient:

$$\frac{1}{P_C}\left(\frac{\partial H}{\partial P_R}\right)_{T_R} = V - T_R\left(\frac{\partial V}{\partial T_R}\right)_{P_R} \qquad (1)$$

Si M est la masse molaire, l'enthalpie figurant dans les relations précédentes correspond à M grammes du corps considéré, V étant le volume molaire. Si nous considérons maintenant H comme étant l'enthalpie relative à 1 gramme, l'équation (1) devient:

$$\frac{M}{P_C}\left(\frac{\partial H}{\partial P_R}\right)_{T_R} = V - T_R\left(\frac{\partial V}{\partial T_R}\right)_{P_R} \qquad (2)$$

V étant toujours le volume molaire.

Par définition, $V = \frac{M}{\rho}$ et en tenant compte du "facteur d'expansion" de WATSON :

$$\frac{\rho}{\overline{\omega}} = \frac{\rho_1}{\overline{\omega_1}} \qquad \text{et} \qquad \frac{1}{\rho} = \frac{\overline{\omega_1}}{\overline{\omega}\,\rho_1}$$

d'où :

$$V = \frac{M\,\overline{\omega_1}}{\overline{\omega}\,\rho_1}$$

Portons cette expression de V dans l'équation (2) :

$$\frac{M}{P_C}\left(\frac{\partial H}{\partial P_R}\right)_{T_R} = \frac{M\overline{\omega_1}}{\rho_1\overline{\omega}} - T_R M\left(\frac{\partial \frac{\overline{\omega_1}}{\overline{\omega}\rho_1}}{\partial T_R}\right)_{P_R}$$

$$\frac{1}{P_C}\left(\frac{\partial H}{\partial P_R}\right)_{T_R} = \frac{\overline{\omega_1}}{\rho_1\overline{\omega}} + \frac{T_R\overline{\omega_1}}{\overline{\omega}^2\rho_1}\left(\frac{\partial\overline{\omega}}{\partial T_R}\right)_{P_R}$$

ou :

$$\frac{1}{P_C}\left(\frac{\partial H}{\partial P_R}\right)_{T_R} = \frac{\overline{\omega_1}}{\rho_1}\left[\frac{1}{\overline{\omega}} + \frac{T_R}{\overline{\omega}^2}\left(\frac{\partial\overline{\omega}}{\partial T_R}\right)_{P_R}\right]$$

Si on intègre cette dernière relation entre un P_R quelconque et $P_R = 1$, il vient :

$$\frac{\rho_1}{P_C\overline{\omega_1}}\,[H_{P_C} - H\,]_{T_R} = \int_{P_R}^{1,0}\left[\frac{1}{\overline{\omega}} + \frac{T_R}{\overline{\omega}^2}\left(\frac{\partial\overline{\omega}}{\partial T_R}\right)_{P_R}\right]dP_R \qquad (3)$$

On voit que le second membre est une fonction de T_R et de P_R, si $\overline{\omega}$, lui-même, est fonction de T_R et de P_R. Le second membre est donc une fonction générale des coordonnées réduites, valable pour tous les corps. Il est ainsi possible de calculer la variation d'enthalpie, entre une pression quelconque et la pression critique, en recourant aux courbes ci-après [10] qui sont l'expression de l'intégrale du second membre de l'équation (3), calculée pour chaque température réduite (Figure 3).

Variations de l'enthalpie des liquides

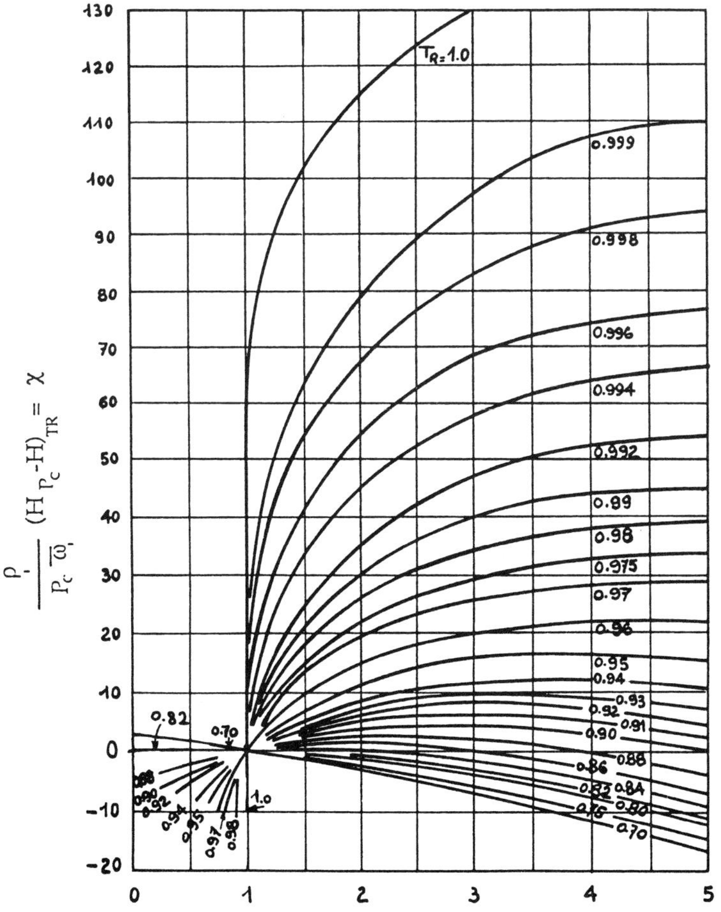

Pression réduite

Figure 3 (10)

L'expression $\frac{\rho_1}{P_C}\left(H_{P_C} - H\right)_{T_R}$ est sans dimension, et $\frac{\rho_1}{P_C\,\bar{\omega}_1}\left(H_{P_C} - H\right)_{T_R}$ a les dimensions de $\frac{1}{\bar{\omega}}$. Sur les courbes ci-jointes les valeurs portées en ordonnées sont exprimées en : cm^3 atm/mol K.

Cette méthode suppose la connaissance d'une masse volumique ρ_1, expérimentale ou calculée, le facteur d'expansion correspondant étant donné par les calculs exposés au chapitre précédent.

III. Variation de la capacité thermique à pression constante

Reprenons l'équation (3) précédente :

$$\frac{\rho_1}{P_C\,\bar{\omega}_1}\,[H_{P_C} - H\,]_{T_R} = \int_{P_R}^{1,0}\left[\frac{1}{\bar{\omega}} + \frac{T_R}{\bar{\omega}^2}\left(\frac{\partial\bar{\omega}}{\partial T_R}\right)_{P_R}\right]dP_R = \chi \qquad (3)$$

Dérivons par rapport à la température, à pression constante :

$$\frac{\rho_1}{P_1\bar{\omega}_1}\left[\left(\frac{\partial H_{P_C}}{\partial T}\right)_P - \left(\frac{\partial H}{\partial T}\right)_P\right]_{T_R} = \frac{1}{T_C}\left(\frac{\partial\chi}{\partial T_R}\right)_{P_R}$$

ou encore, en faisant apparaître les capacités thermiques à pression constante :

$$\frac{T_C\,\rho_1}{P_C\,\bar{\omega}_1}\,[\,C_{P_C} - C_P]_{T_R} = \left(\frac{\partial\chi}{\partial T_R}\right)_{P_R}$$

χ étant, selon l'équation (3), fonction uniquement de T_R et P_R, il en est de même

de : $\left(\frac{\partial\chi}{\partial T_R}\right)_{P_R}$ donc de : $\frac{T_C\,\rho_1}{P_C\,\bar{\omega}_1}\,[\,C_{P_C} - C_P]_{T_R}$

On peut ainsi tracer les courbes générales ci-après (Figure 4) qui donnent

$$\frac{T_C \rho_1}{P_C \overline{\omega}_1}\left[C_{P_C} - C_P\right]_{T_R}$$

en fonction des coordonnées réduites [10].

Il faut remarquer que C_{P_C} est la capacité thermique à pression constante, à la température considérée, et à la pression critique, qui est ici la pression de référence.

L'entité :

$$\frac{T_C \rho_1}{P_C \overline{\omega}_1}\left[C_{P_C} - C_P\right]_{T_R}$$

a les dimensions de $\frac{1}{\overline{\omega}}$, elle est exprimée sur la figure 4 ci-dessous, en $cm^3 atm/mol\ K$

IV. Calcul des variations de quelques autres propriétés

On peut calculer, de la même manière, les variations de l'entropie, du coefficient de dilatation à pression constante $\frac{1}{V}\left[\frac{\partial V}{\partial T}\right]_P$, du coefficient de compressibilité isotherme $-\frac{1}{V}\left[\frac{\partial V}{\partial P}\right]_T$, de $(C_P - C_V)$, ... en fonction de la température et de la pression réduites.

Nous donnons ci-après les courbes générales relatives aux variations d'entropie. (Figure 5)
Sur ces courbes, l'entité :

$$\frac{T_C \rho_1}{P_C \overline{\omega}_1}\left[S_{P_C} - S_P\right]_{T_R}$$

qui figure en ordonnées, est exprimée en cm^3 atm/mol K. [10]

Toutes ces méthodes nécessitent la connaissance d'une masse volumique ρ_1, qui peut être soit expérimentale, soit calculée. Les erreurs moyennes sont de l'ordre de 5 %.

Variation de la capacité thermique à pression constante des liquides

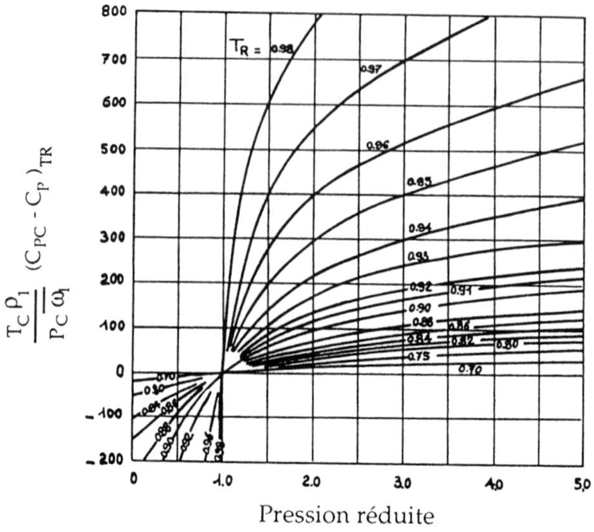

Figure 4 (10)

Variation de l'entropie des liquides

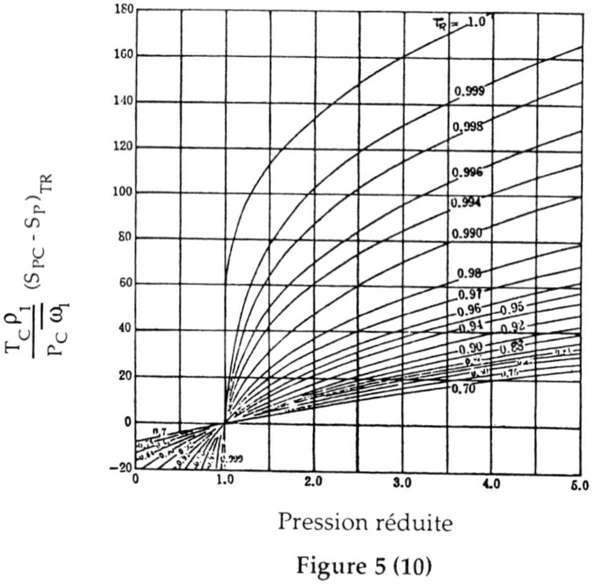

Figure 5 (10)

V. Calcul des tensions de vapeur

Le calcul des tensions de vapeur P_S repose sur l'équation de CLAPEYRON :

$$\frac{d P_S}{d T} = \frac{\Delta H_V}{T \Delta V} \qquad (1)$$

avec $\Delta V = V_{vap} - V_{liq} = V_V - V_L$

On peut écrire les facteurs de compressibilité du liquide et de la vapeur sous la forme :

$$\frac{P_S V_V}{R T} = Z_V \qquad \text{et} \qquad \frac{P_S V_L}{R T} = Z_L$$

et calculer ainsi ΔV :

$$\frac{P_S}{R T}(V_V - V_L) = Z_V - Z_L = \Delta Z$$

d'où :

$$\Delta V = \frac{\Delta Z R T}{P_S}$$

Portons cette valeur de ΔV dans l'équation (1) :

$$\frac{d P_S}{d T} = \frac{\Delta H_V}{R T^2} \cdot \frac{P_S}{\Delta Z} \, , \quad \text{d'où :} \quad \frac{dP_S}{P_S} = \frac{\Delta H_V}{R T^2} \cdot \frac{d T}{\Delta Z}$$

ou encore :

$$\frac{d \ln P_S}{d\left(\frac{1}{T}\right)} = - \frac{\Delta H_V}{R \Delta Z}$$

1. Equation de KIRCHHOFF

L'approximation de KIRCHHOFF consiste à écrire que $\left(\frac{\Delta H_V}{R\,\Delta Z}\right)$ est constant lorsqu'on fait varier la température. En réalité $\frac{\Delta H_V}{\Delta Z}$ varie de 10 à 12 % entre T_R= 0,60 et T_R=1 pour la plupart des corps, avec parfois des écarts beaucoup plus importants, comme pour l'éthanol.

Si on suppose donc que :

$$\frac{d \ln P_S}{d\left(\frac{1}{T}\right)} = \text{constante}$$

on a par intégration :

$$\ln P_S = A + \frac{B}{T}$$

Les constantes A et B sont facilement calculables, sachant que la courbe de tension de vapeur passe par le point critique (P_C, T_C) et par le point d'ébullition normale (1 atm. T_B) .

Ces deux conditions se traduisent par :

$$\ln P_C = A + \frac{B}{T_C}$$

$$\text{et : } 0 = A + \frac{B}{T_B}$$

Par différence, on tire : $\ln P_C = \frac{B}{T_B\,T_C}\,(T_B - T_C)$ et $B = \frac{T_B\,T_C}{T_B - T_C}\,.\ln P_C$

On peut exprimer la tension de vapeur P_{S_R} en fonction de B, en effet :

$$\ln P_{S_R} = \ln P_S - \ln P_C = B\left(\frac{1}{T} - \frac{1}{T_C}\right)$$

et, en remplaçant B par sa valeur :

$$\ln P_{S_R} = \frac{T_B\,T_C}{T_B - T_C}\cdot\left(\frac{1}{T} - \frac{1}{T_C}\right)\ln P_C = \frac{T_B}{T_B - T_C}\cdot\frac{T_C - T}{T}\ln P_C \qquad (2)$$

ou, en faisant intervenir la température d'ébullition normale réduite T_{B_R} :

$$\ln P_{S_R} = \frac{T_{B_R}}{T_{B_R} - 1}\left(\frac{1}{T_R} - 1\right)\ln P_C$$

2. Equation de COX - ANTOINE [12]

L'équation de départ est désormais : $\ln P_S = A_A - \frac{B_A}{T - C_A}$, ce qui revient à remplacer, dans l'équation (2) de KIRCHHOFF :

T par $T - C_A$
T_C par $T_C - C_A$
T_B par $T_B - C_A$, A_A, B_A, C_A étant des constantes.

On obtient donc directement l'équation :

$$\ln P_{S_R} = \frac{(T_B - C_A)(T_C - T)}{(T_B - T_C)(T - C_A)} . \ln P_C$$

Antoine avait proposé pour la constante C_A la valeur de 13 K. Les expressions de THOMPSON [13] donnent de meilleurs résultats :

$C_A = - 0{,}30 + 0{,}034\ T_B$, pour les corps monoatomiques et les corps dont la température d'ébullition normale est inférieure à 125 K.
et :
$C_A = - 18 + 0{,}19\ T_B$, pour les autres corps.

3. Equation de RIEDEL[14]

Si on écrit $\Delta H_V = a + bT$, l'équation de CLAPEYRON devient :

$$\frac{d \ln P_S}{d T} = \frac{a + bT}{\Delta Z R T^2}$$

Si on suppose que ΔZ = cte, l'intégration donne :

$$\ln P_S = A_R + \frac{B_R}{T} + C_R \ln T$$

RIEDEL a modifié cette relation en ajoutant un terme correctif D_R :

$$\ln P_S = A_R + \frac{B_R}{T} + C_R \ln T + D_R T^6$$

Les coefficients A_R, B_R, C_R, D_R sont fonction du facteur de RIEDEL défini précédemment :

$$\alpha_C = \left(\frac{d \ln P_{S_R}}{d \ln T_R} \right)_C$$

Si on admet que $\left[\frac{d \alpha_C}{d T} \right] = 0$, hypothèse très discutable, on trouve finalement :

$$\ln P_{S_R} = \alpha_C \ln T_R - 0{,}0838 \, (\alpha_C - 3{,}75) \left[\frac{36}{T_R} - 35 - T_R^6 + 42 \ln T_R \right]$$

On peut calculer α_C, en s'aidant de l'équation de KIRCHHOFF, on obtient :

$\alpha_C = \frac{T_{B_R}}{1 - T_{B_R}} \ln P_C$, relation qui a été modifiée par MILLER (15) :

$$\alpha_C = 0{,}9076 \left[1 + \frac{T_{B_R} \ln P_C}{1 - T_{B_R}} \right]$$

Il est aussi possible de calculer α_C à partir de l'équation de RIEDEL, appliquée à la température d'ébullition normale $\left(P_{S_R} = \frac{1}{P_C} \right)$.

4. Equation de LEE et KESLER (16)

LEE et KESLER proposent l'équation : $\ln P_{S_R} = f^{(0)} + \omega f^{(1)}$, $f^{(0)}$ et $f^{(1)}$ étant des fonctions de T_R :

$$f^{(0)} = 5{,}92714 - \frac{6{,}09648}{T_R} - 1{,}28862 \ln T_R + 0{,}169347 \, T_R^6$$

$$f^{(1)} = 15{,}2518 - \frac{15{,}6875}{T_R} - 13{,}4721 \ln T_R + 0{,}43577 \, T_R^6 ,$$

ω est le facteur acentrique de PITZER.

VI. Calcul des enthalpies de vaporisation

On peut calculer les enthalpies de vaporisation soit en partant des tensions de vapeur, soit en appliquant le principe des états correspondants. La première méthode est illustrée ici par les équations de GIACALONE, RIEDEL et KLEIN, la seconde méthode par l'équation de WU.

1. Equations de GIACALONE et de RIEDEL

Reprenons l'équation de CLAPEYRON :

$$\frac{d \ln P_S}{d\left(\frac{1}{T}\right)} = - \frac{\Delta H_V}{R \Delta Z}$$

qui peut être tranformée en faisant intervenir les valeurs réduites T_R et P_{S_R} :

$$\frac{d \ln P_{S_R}}{d\left(\frac{1}{T_R}\right)} = - \frac{\Delta H_V}{R T_C \Delta Z} \qquad (1)$$

L'équation de KIRCHHOFF :

$$\ln P_{S_R} = \frac{T_{B_R}}{T_{B_R} - 1}\left[\frac{1}{T_R} - 1\right] \ln P_C$$

permet de calculer :

$$\frac{d \ln P_{S_R}}{d\left(\frac{1}{T_R}\right)}$$

en effet :

$$\frac{d \ln P_{S_R}}{d\left(\frac{1}{T_R}\right)} = \frac{T_{B_R}}{T_{B_R} - 1} \ln P_C$$

Portons cette valeur dans l'équation (1) :

$$\Delta H_V = \frac{T_B \,.\, R \Delta Z. \ln P_C}{1 - T_{B_R}}$$

On peut faire plusieurs approximations au point d'ébullition normale : Z_L est très petit devant Z_V et sous faible pression, on peut considérer que la vapeur se comporte comme un gaz parfait d'où $\Delta Z = 1$.

Nous obtenons ainsi l'équation de GIACALONE[17], valable à la température d'ébullition normale :

$$\Delta H_{V_B} = \frac{R\, T_B \cdot \ln P_C}{1 - T_{B_R}}$$

ou encore :

$$\Delta H_{V_B} = R\, T_C \left[\frac{T_{B_R} \ln P_C}{1 - T_{B_R}} \right] \quad ,$$

équation qui a été modifiée empiriquement par RIEDEL [18] :

$$\Delta H_{V_B} = \frac{T_B\,(5\ \lg\ P_C - 2{,}175)}{0{,}930 - T_{B_R}} \ , \quad (\Delta H_{V_B} \text{ est exprimée en cal/mol.})$$

2. Equation de KLEIN

HAGGENMACHER [19] a donné une expression simple de ΔZ au point d'ébullition normale :

$$\Delta Z_B = \left[1 - \frac{1}{P_C\, T_{B_R}^3} \right]^{1/2}$$

Cette expression et un facteur correctif K_K ont été introduits par KLEIN [20] dans l'équation de GIACALONE, qui devient :

$$\Delta H_{V_B} = \frac{K_K \cdot T_B \cdot R \cdot \left[1 - \frac{1}{P_C\, T_{B_R}^3} \right]^{1/2} \cdot \ln P_C}{1 - T_{B_R}}$$

Le facteur correctif K_K, a été déterminé empiriquement, en fonction de la température d'ébullition normale :

$K_K = 1{,}020$ pour $T_B < 200$ K
$K_K = 1{,}040$ pour $200 < T_B < 300$ K
$K_K = 1{,}045$ pour $T_B > 300$ K

3. Relation de WU (21)

En application du principe des états correspondants, l'enthalpie de vaporisation peut se mettre sous la forme générale suivante :

$$\frac{\Delta H_V}{R\,T_C} = \frac{\Delta H_V^{(0)}}{R\,T_C} + \omega \frac{\Delta H_V^{(1)}}{R\,T_C} + Y \frac{\Delta H_V^{(2)}}{R\,T_C}$$

avec les expressions suivantes, calçulées par GOSSE (22):

$$\frac{\Delta H_V^{(0)}}{R\,T_C} = 4{,}5977 - 1{,}1142\,T_R + 33{,}11\,T_R^2 - 69{,}31\,T_R^3 - 6{,}85\,T_R^4 + 103{,}13\,T_R^5 - 62{,}33\,T_R^6$$

$$\frac{\Delta H_V^{(1)}}{R\,T_C} = 11{,}588 + 1{,}666\,T_R - 2{,}34\,T_R^2 - 49{,}98\,T_R^3 + 48{,}27\,T_R^4 + 27{,}21\,T_R^5 - 34{,}83\,T_R^6$$

$$\frac{\Delta H_V^{(2)}}{R\,T_C} = 6{,}45292 - 73{,}23022\,T_R + 287{,}1835\,T_R^2 - 576{,}5675\,T_R^3 + 649{,}54792\,T_R^4$$

$$- 391{,}11082\,T_R^5 + 97{,}58542\,T_R^6$$

Ces expressions ne sont utilisables que pour $0{,}44 < T_R < 0{,}98$

Dans la relation précédente donnant $\frac{\Delta H_V}{R\,T_C}$, ω représente le facteur acentrique de PITZER et Y un facteur correctif tenant compte à la fois de ω et du moment dipolaire μ (voir chapitre "corps purs gazeux").

Dans la plupart des cas, on arrêtera le développement de $\frac{\Delta H_V}{R\,T_C}$ soit au premier terme, soit au second terme : $\frac{\omega\,\Delta H_V^{(1)}}{R\,T_C}$, le facteur Y n'étant connu que pour douze corps polaires.

4. Variations de l'enthalpie de vaporisation avec la température

Outre la relation générale de WU qui permet de calculer ΔHv pour des températures réduites comprises entre 0,44 et 0,98 , WATSON (23) a proposé une expression simple, donnant les enthalpies de vaporisation ΔH_{V_1} et ΔH_{V_2} en fonction des températures réduites T_{R_1} et T_{R_2} :

$$\frac{\Delta H_{V_1}}{(1 - T_{R_1})^{0,38}} = \frac{\Delta H_{V_2}}{(1 - T_{R_2})^{0,38}}$$

L'exposant 0,38 peut être remplacé avantageusement, selon FISHTINE (24), par les valeurs de n suivantes, fonction de la température d'ébullition normale réduite :

$n = 0,300$ pour $T_{B_R} < 0,57$

$n = 0,740\ T_{B_R} - 0,116$ pour $0,57 < T_{B_R} < 0,71$

$n = 0,410$ pour $T_{B_R} > 0,71$

On peut aussi, si on connaît les capacités thermiques du liquide et de sa vapeur, calculer $(\Delta H_{V_1} - \Delta H_{V_2})$, en construisant un cycle thermodynamique entre les températures T_1 et T_2.

VII. Calcul des capacités thermiques des corps purs à l'état liquide

Il existe plusieurs méthodes pour le calcul des capacités thermiques des corps purs à l'état liquide. Les unes reposent sur l'analyse des mouvements internes et externes des molécules, telle la méthode de SAKIADIS et COATES (25), que nous développerons ici (copiée sur la méthode de DOBRATZ, applicable aux gaz). Les autres, sans aucun fondement théorique, sont des méthodes "incrémentales" qui donnent pour chaque atome ou groupe d'atomes une contribution à la capacité thermique de l'ensemble de la molécule, telle la méthode de MISSENARD (26). Enfin, il existe une méthode, imaginée par ROWLINSON (27), qui, en application du principe des états correspondants, donne l'écart entre la capacité thermique C_P d'un corps liquide et la capacité thermique C_P^* du même corps, à l'état de gaz parfait, en fonction de T_R et ω :

$$\frac{C_P - C_P^*}{R} = 1,45 + 0,45\,(1 - T_R)^{-1} + 0,25\,\omega\,[\,17,11 + 25,2\,(1 - T_R)^{1/3} T_R^{-1} + 1,742\,(1 - T_R)^{-1}]$$

La méthode de SAKIADIS et COATES consiste à dénombrer les mouvements internes et externes des molécules de liquide, puis à calculer pour chacun de ces mouvements, sa participation à l'énergie interne, donc à la capacité thermique :

$C_v = \left(\frac{\partial U}{\partial T}\right)_v$. On dresse ensuite la somme de ces participations en faisant des approximations. Explicitons ces participations dans le cas général :

- les oscillations de translation de l'ensemble de la molécule participent à la capacité thermique C_V pour 3 R ; en effet dans le cas d'oscillations, il faut compter l'énergie potentielle pour $\frac{3}{2}$ R, et l'énergie cinétique pour $\frac{3}{2}$ R (trois degrés de liberté),

- les oscillations de torsion de l'ensemble de la molécule comptent également pour 3R. Au total, les mouvements de l'ensemble de la molécule participent pour 6R et utilisent 6 degrés de liberté,

- les oscillations de torsions internes, par exemple autour des liaisons C-C ou C-O, mobilisent chacune un degré de liberté, et pour m liaisons, présentent une participation de mR à la capacité thermique à volume constant,

- les liaisons entre atomes sont le siège de vibrations qui sont longitudinales, νi, et transversales, δi. A chaque type de liaison, correspondent en moyenne des contributions $C_{V\nu i}$ et $C_{V\delta i}$ que l'on peut exprimer en fonction de la température :

$$C_{V\nu i} = A_{\nu i} + B_{\nu i}\, T + C_{\nu i}\, T^2$$

$$C_{V\delta i} = A_{\delta i} + B_{\delta i}\, T + C_{\delta i}\, T^2$$

Chaque liaison mobilise 2 degrés de liberté. On trouvera dans la table 2 ci-après les valeurs des coefficients $A_\nu, B_\nu, C_\nu, A_\delta, B_\delta, C_\delta$ pour différents types de liaisons.

Ces coefficients correspondent à des capacités thermiques à volume constant exprimées en cal/mol K.

- S'il existe dans la molécule q_i liaisons, la participation des vibrations longitudinales, dans C_V, est égale à : $\Sigma q_i\, C_{V\nu i}$, de la même façon, la part des vibrations transversales vaut $\Sigma\, q_i\, C_{V\delta i}$.

Pour une molécule composée de n atomes, le nombre de degrés de liberté est de 3n. Dans le cas général, tous les degrés de liberté ne sont pas comptabilisés, le dénombrement est incomplet : $3\,n \neq 6 + m + 2\,\Sigma q_i$.

SAKIADIS et COATES ont tourné la difficulté, en donnant aux degrés de liberté non dénombrés le même "poids moyen" que celui attribué aux vibrations transversales. Nous avons pour les vibrations longitudinales la participation : $\Sigma q_i\, C_{V\nu i}$ et nous prendrons pour les vibrations transversales et autres, la participation :

$$\left(\frac{3\,n - 6 - m - \Sigma q_i}{\Sigma q_i}\right) \Sigma q_i\, C_{V\delta i}$$

Tous les degrés de liberté sont bien utilisés car :

$$\Sigma q_i + \left(\frac{3\,n - 6 - m - \Sigma q_i}{\Sigma q_i}\right) \Sigma q_i = 3\,n - 6 - m$$

- Il a fallu introduire un facteur correctif \$, indépendant de la température mais qui tient compte de la masse molaire et du type de composé. La figure ci-après donne les valeurs de \$ (Figure 6).

Enfin, il faut noter que l'on a supposé les mouvements des molécules indépendants les uns des autres, ce qui est une approximation très grossière.

- En ajoutant les différentes contributions énumérées ci-dessus, on trouve :

$$C_V = (6 + m)\,R + \Sigma q_i\, C_{V\nu i} + \$ \left(\frac{3\,n - 6 - m - \Sigma q_i}{\Sigma q_i}\right) \Sigma q_i\, C_{V\delta i}$$

Capacité thermique, à pression constante, des liquides

LIAISON	Participation pour les vibrations longitudinales ν			Participation pour les vibrations transversales δ		
	A	$B \times 10^3$	$C \times 10^6$	A	$B \times 10^3$	$C \times 10^6$
C - I, S - S	0,181	4,664	- 3,338	1,461	1,730	-1,272
C-Br	- 0,073	5,158	- 3,591	1,242	2,046	-1,501
C - Cl, C-S	- 0,562	6,385	- 4,495	1,023	2,590	-1,874
C- C, C- N, N - N	- 1,090	6,000	- 3,441	0,730	3,414	-2,577
C- O -, N - O	- 1,173	6,132	- 3,555	1,461	1,633	-1,414
C - F, C=S	- 1,128	5,845	- 3,253	0,011	5,119	-3,699
C=C, C=N	- 0,432	1,233	0,935	-1,140	7,254	-4,936
C=O, N=O	- 0,324	0,724	1,308	0,730	3,414	-2,577
S - H	0,129	- 1,333	2,263	-1,128	5,845	-3,253
C - H	0,229	- 1,224	1,658	-0,758	3,700	-1,380
N - H	0,229	- 1,224	1,658	-0,938	3,900	-1,342
O - H	0,150	- 0,810	1,055	-1,135	5,363	-2,740

Table 2 - (25)

Nota - On a repris ici la table de DOBRATZ (voir chapitre "Corps purs gazeux"), dont les valeurs diffèrent peu des valeurs données par SAKIADIS et COATES, à l'exception des valeurs des coefficients relatifs à la liaison C-H pour les vibrations transversales. Celles-ci sont modifiées dans le présent tableau.

on passe de C_V à C_P par la relation :

$$C_P - C_V = -T\left(\frac{\partial P}{\partial V}\right)_T\left(\frac{\partial V}{\partial T}\right)_P^2$$

qui peut être transformée en introduisant soit la masse volumique réduite ρ_r, soit le facteur d'expansion : $\overline{\omega}$, soit le facteur de LU : K_L, toutes grandeurs qui sont fonction des coordonnées réduites . C'est ainsi que l'on trouve, en fonction de ρ_r :

$$C_P - C_V = \left(\frac{R\,T_R Z_C}{\rho_R^2}\right)\left(\frac{\partial \rho_R}{\partial T_R}\right)_{P_R}^2 / \left(\frac{\partial \rho_R}{\partial P_R}\right)_{T_R}$$

et en fonction de K_L :

$$C_P - C_V = T_R\,P_C\,V\left(\frac{\partial K_L}{\partial T_R}\right)_{P_R}^2 \Big/ \; K_L\,T_C\left(\frac{\partial K_L}{\partial P_R}\right)_{T_R}$$

Calcul de la capacité thermique des liquides

Courbes donnant le facteur de correction $

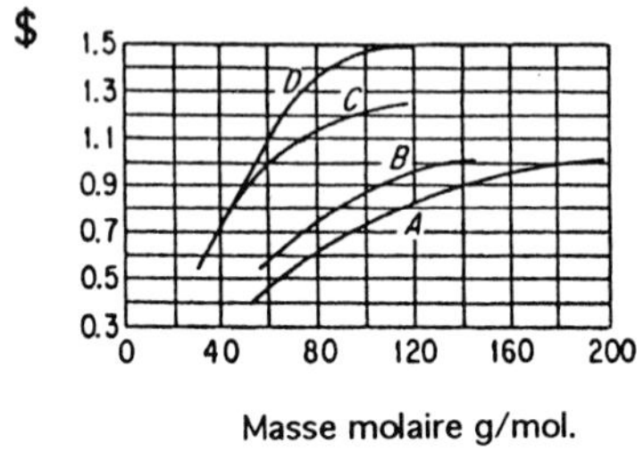

Courbe A : composés aliphatiques : hydrocarbures. hydrocarbures saturés cycliques, esters
Courbe B : composés aromatiques : hydrocarbures halogénés, esters, cétones
Courbe C : composés aliphatiques : acides, alcools, éthers
Courbe D : composés aromatiques : alcools, amines, mercaptans

Figure 6 - (25)

Bibliographie

(1) K.M. WATSON, Ind. Eng. Chem., 35, 398 (1943)

(2) B.C.Y. LU, Chem. Eng., 66 9, 137 (1959)

(3) G. LE BAS, "The molecular volumes of liquid chemical compounds" Longmans, Green et Co Inc., New York 1915

(4) SCHROEDER, cité par J. PARTINGTON, An Advanced Treatise on Physical Chemistry - Vol. 1, Fundamental Principles : The Properties of gases. Longmans, Green et Co Inc., New York 1949

(5) M.T. TYN et W.F. CALUS, Processing, 21 4, 16 (1975)

(6) H. G. RACKETT, J. Chem. Eng. Data, 15, 514 (1970)

(7) V.L. BHIRUD, AIChE J. , 24, 1127 (1978)

(8) B.I. LEE et M.G. KESLER, AIChE J., 21, 510 - 527 (1975)

(9) A.L. LYDERSEN, R.A. GREENKORN et O.A. HOUGEN "Generalized thermodynamic properties of pure fluids"Coll. Eng. Univ. Wisconsin, Eng. Expt. Sta. Rept. 4 MADISON Wisconsin, octobre 1955

(10) K.M. WATSON, Ind. Eng. Chem., 35, 400-402 (1943)

(11) R. C. REID et T.K. SHERWOOD, The Properties of gases and fluids, 116, 2 ed., Mc Graw Hill Book Company, 1966

(12) C. ANTOINE, C.R., Acad. Sci., 107, 681, 836, (1888)

E.R. COX, Ind. Eng. Chem., 15, 592 (1923).

(13) G.W. THOMSON, "Techniques of organic chemistry" A. Weissberger, 3e Ed., Vol. 1, pt 1, 473. Interscience Publishers, Inc New York , 1959

(14) L. RIEDEL, Chem. Ing. Tech., 26, 83- 89 (1954)

(15) D.G. MILLER , Ind. Eng. Chem. Fundamentals, 2, 78, (1963)

(16) B.I. LEE et M.G. KESLER, AIChE J., 21, 510-527, (1975)

(17) A. GIACALONE, Gazz. Chim. Ital., 81, 180 , (1951)

(18) L. RIEDEL, Chem. Ing. Tech., 26, 679, (1954)

(19) J.E. HAGGENMACHER, J. Am. Chem. Soc., 68, 1633, (1946)

(20) V.A. KLEIN, Chem. Eng. Prog., 45, 675, (1949)

(21) G.Z.A. WU "A generalized equation of state for polar fluids and mixtures" Polytechnic University Ph D. 1987

G.Z.A. WU et L.I. STIEL, AIChE J. , 31, 1632 - 1644 , (1985)

(22) J. GOSSE, Données thermodynamiques des fluides, constantes thermodynamiques, K 535, 16, Les Techniques de l'Ingénieur, Paris, 1990

(23) K.M. WATSON, Ind. Eng. Chem., 35, 398, (1943)

(24) S.H. FISHTINE, Hydrocarbon. Process. Petrol. Refiner, 42 (10), 143, (1963)

(25) B. C. SAKIADIS et J. COATES, AIChE J. , 2, 88 (1956)

(26) F.A. MISSENARD, C.R. Acad.Sci. 260, 5521 (1965)

(27) J.S. ROWLINSON - Liquids and liquid mixtures - 2° ed, Butterworth, London - 1969

Il existe de nombreux recueils donnant les constantes critiques des corps purs. Certaines tables sont le fruit d'une importante bibliographie (1).

Cependant, aussi importantes soient-elles, ces tables ne sauraient couvrir l'ensemble des corps utilisés industriellement. Il est donc nécessaire de faire appel à des méthodes de calcul.

Nous exposons ici trois méthodes générales, permettant la détermination de deux ou des trois constantes critiques, puis quelques méthodes particulières pour l'estimation d'une seule constante critique.

Ces méthodes ont été élaborées essentiellement pour les corps de la chimie organique.

I. Méthodes générales

1. Méthode de LYDERSEN et méthodes dérivées

A chaque atome ou groupe d'atomes correspond une contribution ou "incrément". La somme de ces contributions, pour une molécule, intervient dans une relation donnant la température, le volume ou la pression critiques.

LYDERSEN (2) fut l'un des premiers à dresser des tables de contribution ΔT_L, ΔP_L, ΔV_L (Table 1).
Les contributions critiques se calculent par les expressions :

$$T_C = T_B\left[0,567 + \sum \Delta T_L - \left(\sum \Delta T_L\right)^2\right]^{-1}$$

$$P_C = M\left(0,34 + \sum \Delta P_L\right)^{-2}$$

$$V_C = 40 + \sum \Delta V_L$$

Les unités employées sont le degré Kelvin pour les températures, le gramme par mole pour la masse molaire M, le centimètre cube par mole pour le volume critique, et l'atmosphère pour la pression critique.
D'autres méthodes très proches, ont été mises au point par AMBROSE (3) et JOBACK (4). Nous donnons dans la table 2, les contributions ΔT_J, ΔP_J, ΔV_J calculées par JOBACK et valables pour les relations suivantes :

Constantes de Lydersen

	ΔT_L	ΔP_L	ΔV_L
Valeur initiale	-	-	40
— CH3,> CH2	0,020	0,227	55
> CH2 dans un cycle	0,013	0,184	44,5
> CH—	0,012	0,210	51
> CH—dans un cycle	0,012	0,192	46
> C<	0,00	0,210	41
> C<dans un cycle	(- 0,007)	(0,154)	(31)
— CH<,=CH2	0,018	0,198	45
= CH— dans un cycle	0,011	0,154	37
= C<,=C=	0,00	0,198	36
= C=,>C= dans un cycle	0,011	0,154	36
≡ C—,≡CH	0,005	0,153	(36)
— Hydrogène	0,00	0,00	0,00
— F	0,018	0,224	18
— Cl	0,017	0,320	49
—_Br	0,010	(0,50)	(70)
— I	(0,012)	(0,83)	(95)
— O—	0,021	0,16	20
— O— dans un cycle	(0,014)	(0,12)	(8)
— OH, alcools	0,082	0,06	(18)
— OH, phénols	(0,031)	(-0,02)	(3)
> C= O	0,040	0,29	60
> C= O dans un cycle	(0,033)	(0,2)	(50)
— CHO aldéhydes	0,048	0,33	73
— COO— esters	0,047	0,47	80
— COOH acides	0,085	(0,4)	80
— NH2	0,031	0,095	28
= NH	0,031	0,135	(37)
= NH dans un cycle	(0,024)	(0,09)	(27)
= N—	0,014	0,17	(42)
— N— dans un cycle	(0,007)	(0,13)	(32)
— CN	(0,06)	(0,36)	(80)
— SH,—S—	0,015	0,27	55
O à l'exception des cas précédents	(0,02)	(0,12)	(11)
= S	(0,003)	(0,24)	(47)
— S — dans un cycle	(0,008)	(0,24)	(45)
— NO2	(0,055)	(0,42)	(78)

Note : Les valeurs entre parenthèses reposent sur un petit nombre de données expérimentales

Table 1 (2)

Constantes de Joback

	ΔT$_J$	ΔP$_J$	ΔV$_J$	ΔTB$_J$
Carbone - Chaîne aliphatique				
— CH3	0,0141	- 0,0012	65	23,58
> CH2	0,0189	0	56	22,88
> CH—	0,0164	0,0020	41	21,74
> C<	0,0067	0,0043	27	18,25
= CH2	0,0113	-0,0028	56	18,18
= CH—	0,0129	- 0,0006	46	24,96
= C<	0,0117	0,0011	38	24,14
= C=	0,0026	0,0028	36	26,15
≡ CH	0,0027	- 0,0008	46	9,20
≡ C—	0,0020	0,0016	37	27,38
Carbone dans un cycle				
— CH2—	0,0100	0,0025	48	27,15
> CH—	0,0122	0,0004	38	21,78
> C<	0,0042	0,0061	27	21,32
= CH—	0,0082	0,0011	41	26,73
= C<	0,0143	0,0008	32	31,01
Halogènes				
— F	0,0111	- 0,0057	27	- 0,03
— Cl	0,0105	- 0,0049	58	38,13
— Br	0,0133	0,0057	71	66,86
— I	0,0068	- 0,0034	97	93,84
Oxygène				
- OH alcool	0,0741	0,0112	28	92,88
- OH phénol	0,0240	0,0184	- 25	76,34
- O— non cyclique	0,0168	0,0015	18	22,42
- O— cyclique	0,0098	0,0048	13	31,22
> C=O non cyclique	0,0380	0,0031	62	76,75
> C=O cyclique	0,0284	0,0028	55	94,97
O=CH aldéhyde	0,0379	0,0030	82	72,24
- COOH acide	0,0791	0,0077	89	169,09
- COO - ester	0,0481	0,0005	82	81,10
= O autre cas que les précédents.	0,0143	0,0101	36	-10,50
Azote				
- NH2	0,0243	0,0109	38	73,23
> NH non cyclique	0,0295	0,0077	35	50,17
> NH cyclique	0,0130	0,0114	29	52,82
> N- non cyclique	0,0169	0,0074	9	11,74
— N= non cyclique	0,0255	- 0,0099	-	74,60
— N= cyclique	0,0085	0,0076	34	57,55
- CN	0,0496	- 0,0101	91	125,66
- NO2	0,0437	0,0064	91	152,54
Soufre				
- SH	0,0031	0,0084	63	63,56
- S— non cyclique	0,0119	0,0049	54	68,78
- S— cyclique	0,0019	0,0051	38	52,10

Table 2 (4)

$$T_C = T_B\left[0{,}584 + 0{,}965\sum\Delta T_J - \left(\sum\Delta T_J\right)^2\right]^{-1}$$

$$P_C = \left[0{,}113 + 0{,}0032\,n - \sum\Delta P_J\right]^{-2}$$

$$V_C = 17{,}5 + \sum\Delta V_J$$

Les unités employées sont le Kelvin pour la température, le centimètre cube par mole pour le volume critique, et le bar pour la pression critique.
n représente le nombre d'atomes de la molécule.

La méthode de JOBACK a été étendue au calcul de la température d'ébullition normale T_B :

$T_B = 198 + \sum\Delta T_{B_J}$, T_B est exprimée en Kelvin.

2. Méthode de FORMAN et THODOS [5].

Cette méthode, bien que d'une application moins facile que la méthode de LYDERSEN, est intéressante car elle ne demande pas la connaissance de la température d'ébullition normale T_B.

Le principe en est le suivant : la température et la pression critiques sont calculées à partir des relations de VAN DER WAALS :

$$T_C = \frac{8\,a}{27\,Rb}$$

$$P_C = \frac{a}{27\,b^2}$$

A chaque groupe d'atomes, on peut faire correspondre une contribution Δa_i, et une contribution Δb_i , telles que, pour l'ensemble de la molécule :

$$a = \left(\sum\Delta a_i^{2/3}\right)^{3/2}$$

$$b = \left(\sum\Delta b_i^{3/4}\right)^{4/3}$$

Les constantes a et b, calculées à partir des tables 3, 4, 5, 6, 7 sont exprimées respectivement en $(cm^3/mol)^2$ atm et cm^3/mol. Le volume critique n'est pas calculable par cette méthode ($V_C \neq 3b$).

Les aldéhydes, les alcools secondaires et tertiaires et les composés fluorés conduisent à des erreurs importantes. On considère 4 catégories d'atomes de carbone, les halogènes et les principaux groupes fonctionnels.

1. Les atomes de carbone d'une chaîne aliphatique saturée.

Quatre types d'atomes de carbone sont considérés :

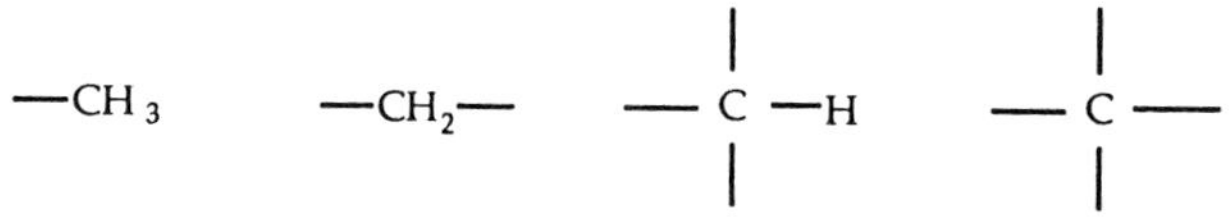

Type 1 2 3 4

La contribution $\Delta a^{2/3}$ des types de carbone 1,3 et 4 varie en fonction inverse du nombre n des atomes autres que les atomes d'hydrogène, c'est-à-dire en fonction inverse du nombre d'atomes dits "fonctionnels" (Table 3). Il en est de même pour la contribution $\Delta b^{3/4}$ des types de carbone 3 et 4.

Constantes de Forman et Thodos

n	type 1		type 2		type 3		type 4	
	$\Delta a^{2/3}$	$\Delta b^{3/4}$	$\Delta a^{2/3}$	$\Delta b^{3/4}$	$\Delta a^{2/3}$	$\Delta b^{3/4}$	$\Delta a^{2/3}$	$\Delta b^{3/4}$
1								
2	15.577	11,453						
3	15.216	11,453	13.678	6,262				
4	15.035	11,453	13.678	6,262	12.567	2,064		
5	14.927	11,453	13.678	6,262	11.189	0,886	6.181	- 4, 937
6	14.854	11,453	13.678	6,262	10.270	0,101	4.980	- 6,670
7	14.803	11,453	13.678	6,262	9.614	- 0,460	4.123	- 7,909
8	14.764	11,453	13.678	6,262	9.122	- 0,880	3.480	- 8,837
9	14.734	11,453	13.678	6,262	8.739	- 1,207	2.979	- 9,559
10	14.710	11,453	13.678	6,262	8.433	- 1,469	2.579	- 10,337
11	14.690	11,453	13.678	6,262	8.182	- 1,683	2.252	- 10,160
12	14.674	11,453	13.678	6,262	7.974	- 1,862	1.979	- 11,004
13	14.660	11,453	13.678	6,262	7.797	- 2,012	1.748	- 11,337
14	14.648	11,453	13.678	6,262	7.646	- 2,142	1.550	- 11,623
15	14.638	11,453	13.678	6,262	7.514	- 2,254	1.379	- 11,870

Table 3 (5)

est aussi possible d'estimer l'influence de l'isomérie sur les constantes critiques n faisant intervenir le nombre de WIENER. Nous négligerons cette correction.

2. Les atomes de carbone d'une chaîne aliphatique comportant une double ou une triple liaison.

On détermine dans un premier temps, les différentes contributions pour les atomes de carbone de la chaîne aliphatique correspondante saturée. Il faut y ajouter les valeurs de $\Delta a_i^{2/3}$ et $\Delta b_i^{3/4}$ relatives aux doubles et triples liaisons qui sont repérées à partir des atomes de carbone supposés saturés. Par exemple, la double liaison α, sera désignée 3 - 2, car elle est issue d'un carbone de type 3 et d'un carbone de type 2 :

Si la chaîne aliphatique comporte plusieurs doubles liaisons, le repérage ci-dessus est valable, lorsque les doubles liaisons sont distantes de plus d'une liaison C - C. Si deux doubles liaisons sont distantes d'une seule liaison C - C ou adjacentes, il faut faire intervenir un nouveau type de carbone, $= \overset{|}{C} - H$ appelé 3u, présent avant l'introduction de la deuxième double liaison (Table 4).

Constantes de Forman et Thodos

Doubles et triples liaisons	$\Delta a^{2/3}$	$\Delta b^{3/4}$
Première double liaison		
(1-1)	- 3. 868	- 2,021
(2-1)	- 3.154	- 1,895
(2-2)	- 2.551	- 2,009
(3-1)	- 1.548	- 1,706
(3-2)	- 928	- 1,820
(3-3)	- 540	- 1,930
Seconde double liaison		
(3-1)	- 828	- 1,259
(3-2)	- 496	- 1,343
(3u-1)	- 1.332	- 1,745
(3u-2)	- 1.324	- 1,862
(3u-3)	- 1.316	- 1,979
(3u-2-1)	- 1.687	- 1,399
(3u-2-2)	- 910	- 1,485
Triple liaison		
(1-1)	- 4.269	- 3,680
(2-1)	- 1.934	- 3,008
(2-2)	- 1.331	- 3,122

Table 4 (5)

Par exemple, pour l'oléfine suivante : C - C - C = C - C(C) - C , la première double
(β sous le troisième C, α sous le quatrième C)

liaison sera repérée 2 - 2 , alors qu'une seconde double liaison ajoutée en position α sera de type 3u - 2. Une seconde double liaison ajoutée en β sera de type 3u - 2 - 1.

3. Les atomes de carbone des cyclanes.

Les atomes de carbone des cycles saturés sont de trois types :

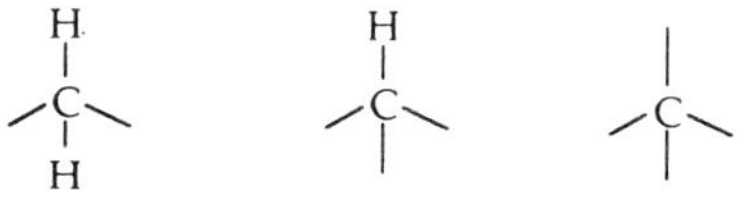

2n 3n 4n

Il existe une contribution pour chaque cycle. Il faut tenir compte de la position des substitutions sur le(s) cycle(s) et de leur forme (cis ou trans) (Table 5).

4. Les atomes de carbone des cycles aromatiques.

La table ci-dessous donne les contributions $\Delta a_i^{2/3}$ et $\Delta b_i^{3/4}$ pour les atomes de carbone :

3 a 4 a 4 p

Le type 4p correspond à deux noyaux aromatiques accolés. Il n'existe pas de contribution propre aux noyaux aromatiques.
La position des chaînes latérales intervient deux fois dans le calcul (rotation directe et rotation inverse), ainsi pour l'ortho-xylène, il faudra faire la somme des contributions de substitution 1 - 2 et 1 - 6 et pour le méta-xylène, la somme des contributions de substitution 1 - 3 et 1 - 5 (Table 6).

Constantes de Forman et Thodos

carbures saturés cycliques (cyclanes)	$\Delta a^{2/3}$	$\Delta b^{3/4}$
Atomes de carbone :		
type 2n	12.535	5,338
type 3n	9.910	0,023
type 4n	2.066	- 8,094
Cycle	2.648	9,073
Substitutions :		
Cis 1.2	- 427	- 0,866
1.3	- 2.525	- 1,493
trans 1.2	- 2.525	- 1,493
1.3	- 4.195	- 2,494

Table 5 (5)

Constantes de Forman et Thodos

Composés aromatiques	$\Delta a^{2/3}$	$\Delta b^{3/4}$
Atomes de carbone :		
type 3a	11.646	5,991
type 4a	11.144	1,043
type 4p	11.561	1,634
Cycle	0	0
Substitutions :		
1-2	- 830	- 1,253
1-3	- 1.597	- 0,806
1-4	155	0,212
1-5	279	0,254
1-6	488	0,525

Table 6 (5)

5. Les groupes fonctionnels et les halogènes.

On regroupe sous ce titre les différentes fonctions, alcools, phénols, cétones... et aussi les atomes d'halogènes, selon leur place, sur une chaîne aliphatique ou sur un cycle aromatique.

Lorsqu'il existe plusieurs atomes d'halogènes sur un même atome de carbone, le premier est celui qui présente la plus faible masse atomique.

Les contributions des groupes fonctionnels et halogènes se présentent sous les formes :

$$\Delta a_i^{2/3} = \frac{q}{n} + k \quad \text{et} \quad \Delta b_i^{3/4} = \frac{s}{n} + t$$

n est le nombre d'atomes fonctionnels (tous les atomes hors l'hydrogène) de la molécule. Les valeurs de q, k, s et t sont données par la table 7.

Constantes de Forman et Thodos

Groupes fonctionnels et halogènes		$\Delta a^{2/3}$ q	$\Delta a^{2/3}$ k	$\Delta b^{3/4}$ s	$\Delta b^{3/4}$ t
Alcools	- OH	30.200	14.000	8,96	7,50
Phénols	- OH	0	8.500	0	4,19
Ethers	- O -	14.500	6.500	0	3,26
Ethers (dans un cycle)	- O -	0	9.440	0	2,74
Cétones	— C(=O) —	62.800	16.700	27,20	4,55
Acides	— C(=O)OH	142.670	16.730	66,80	5,10
Anhydrides	— C(=O)OC(=O) —	0	43.880	0	14,78
Esters :					
formiates	HC(=O)O —	35.140	26.800	2,29	15,80
autres esters	— C(=O)O —	37.430	25.500	- 3,00	12,20
Amines					
primaires	— NH2	4.800	18.900	0	10,15
secondaires	— N(H) —	51.800	0	19,60	- 1,10
tertiaires	— N(—) —	60.200	- 4.300	29,20	- 7,90
Nitriles	— CN	86.000	25.900	39,70	12,10
Carbures aliphatiques halogénés :					
fluorure	— F				
premier		2.420	12.240	- 3,70	10,92
second		- 38 500	4.510	- 48,50	12,86
troisième		0	3.450	0	6,92
chlorure	— Cl				
premier		0	22.580	0	11,54
second		66.000	- 5.100	19,00	3,90
troisième		- 60.250	29.100	- 40,80	19,40
quatrième		0	16.500	0	11,46
bromure	— Br				
premier		- 2.720	23.550	- 4,35	11,49
second		0	20.860	0	5,37
iodure	— I				
premier		0	33.590	0	13,91
carbures benzéniques halogénés :					
fluorure	— F	0	4.210	0	7,22
chlorure	— Cl	0	17.200	0	10,88
bromure	— Br	0	24.150	0	12,74
iodure	— I	0	34.780	0	15,22

Table 7 (5)

II. Méthodes particulières

1. Température critique

La température critique des éléments peut être calculée avec une bonne précision par la relation de GATES et THODOS (6), (erreur de l'ordre de 2 %).

$$T_C = 1{,}47\ T_B^{1,03}$$

Les températures sont exprimées en Kelvin.

2. Pression critique

MEISSNER et REDDING (7) proposent une expression simple liant la pression, le volume et la température critiques :

$$P_C = \frac{20{,}8\ T_C}{V_C - 8}$$

La température critique est exprimée en Kelvin, le volume critique en cm^3/mol et la pression critique en atmosphères.

3. Volume critique

La relation de BENSON (8) donne d'assez bons résultats, mais elle nécessite la connaissance du volume molaire du liquide à la température d'ébullition normale V_B, ainsi que la pression critique :

$$V_C = V_B\left[0{,}422\ \lg\ P_C + 1{,}981\right]$$

V_B et V_C sont exprimés en cm^3/mol et P_C est exprimée en atmosphères.

III. Conclusion

Les méthodes de JOBACK et de FORMAN - THODOS sont les plus précises. Pour ces deux méthodes les erreurs moyennes croissent dans l'ordre : température critique, volume critique, pression critique. Elles peuvent être estimées respectivement en valeur absolue, à 1 %, 2,5 % et 5 %.

IV. Exemples

Calculez par la méthode de FORMAN et THODOS les températures et pressions critiques du diméthyl 2 - 3 hexane, du butadiène 1 - 3, du méthyl cyclopentane et du butyrate d'éthyle.

1. Diméthyl 2 - 3 hexane

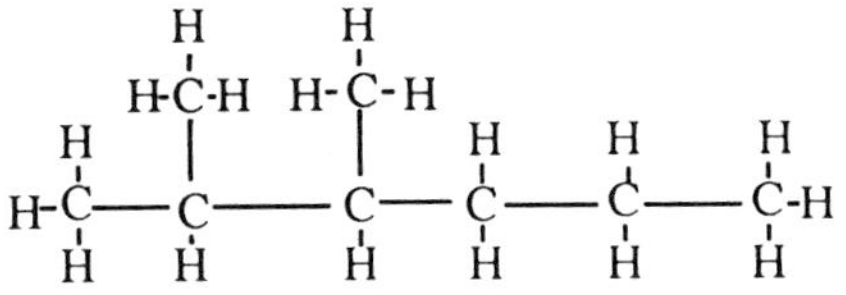

. nombre d'atomes fonctionnels : 8 (nombre d'atomes de la molécule, à l'exception des atomes d'hydrogène)

. les tables donnent :

	$\Delta a_i^{2/3}$		$\Delta b_i^{3/4}$	
4 carbone type 1	14 764 x 4	= 59 056	11,453 x 4	= 45,812
2 carbone type 2	13 678 x 2	= 27 356	6,262 x 2	= 12,524
2 carbone type 3	9 122 x 2	= 18 244	- 0,880 x 2	= - 1,760

$$\sum \Delta a_i^{2/3} = 104\,656 \qquad \sum \Delta b_i^{3/4} = 56{,}575$$

$$a = \left(\sum \Delta a_i^{2/3}\right)^{3/2} = 33{,}86\ 10^6 \left(\frac{cm^3}{mol}\right)^2 atm$$

$$b = \left(\sum \Delta b_i^{3/4}\right)^{4/3} = 217{,}2\ \frac{cm^3}{mol}$$

d'où les valeurs calculées : $T_C = \frac{8\,a}{27\,Rb} = \frac{8 \times 33{,}86.\ 10^6}{27 \times 82{,}06 \times 217{,}2} = 562{,}9\ K$

$$P_C = \frac{a}{27\,b^2} = \frac{33{,}86\ .\ 10^6}{27 \times 47\,175} = 26{,}6\ atm$$

Valeurs réelles : T_C = 566 K , P_C = 26,6 atm.

2.Butadiène 1-3 :

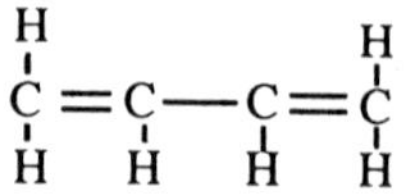

. nombre d'atomes fonctionnels : 4

	$\Delta a_i^{2/3}$		$\Delta b_i^{3/4}$	
. carbones saturés :				
2 carbone type 1	15 035 x 2	= 30 070	11,453 x 2	= 22,906
2 carbone type 2	13 678 x 2	= 27 356	6,262 x 2	= 12,524
. doubles liaisons				
1 carbone type 1-2		- 3 154		- 1,895
1 carbone type 3u-2-1		- 1 687		- 1,399
		$\Sigma \Delta a_i^{2/3} = 52\,585$		$\Sigma \Delta b_i^{3/4} = 32,136$

$$a = \left(\Sigma \Delta a_i^{2/3}\right)^{3/2} = 12,058\ 10^6 \left(\frac{cm^3}{mol}\right)^2 atm$$

$$b = \left(\Sigma \Delta b_i^{3/4}\right)^{4/3} = 102,15 \frac{cm^3}{mol}$$

d'où les valeurs calculées : $T_C = \frac{8\,a}{27\,Rb} = 426,2\ K$

$$P_C = \frac{a}{27\,b^2} = 42,8\ atm$$

Valeurs réelles : $T_C = 425\ K$, $P_C = 42,7\ atm$.

3. Méthyl cyclopentane :

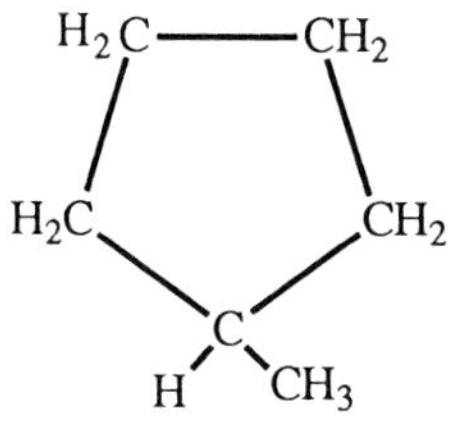

. nombre d'atomes fonctionnels : 6

		$\Delta a_i^{2/3}$		$\Delta b_i^{3/4}$
- cyclopentane				
4 carbone type 2n	12 535 x 4	= 50 140	5,338 x 4	= 21,352
1 carbone type 3n		9 910		0,023
contribution du cycle		2 648		9,073
- groupement méthyle				
1 carbone type 1		14 854		11,453
		$\sum \Delta a_i^{2/3} = 77\,552$		$\sum \Delta b_i^{3/4} = 41{,}901$

$$a = 21{,}596\ 10^6 \left(\frac{cm^3}{mol}\right)^2 \text{atm}$$

$$b = 145{,}53\ \frac{cm^3}{mol}$$

d'où les valeurs calculées $T_C = 536{,}2$ K, $P_C = 37{,}7$ atm.

Valeurs réelles : $T_C = 532{,}7$ K, $P_C = 37{,}4$ atm.

4. Butyrate d'éthyle :

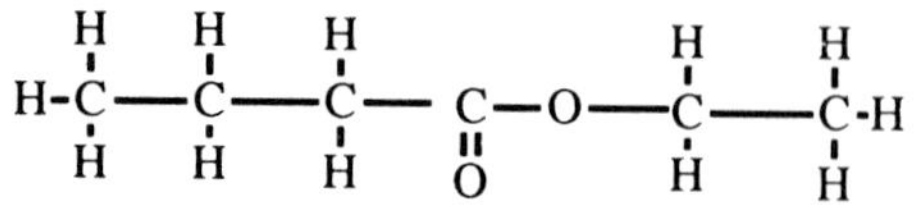

nombre d'atomes fonctionnels : 8

	$\Delta a_i^{2/3}$		$\Delta b_i^{3/4}$	
2 carbone type 1	14 764 x 2	= 29 528	11,453 x 2	= 22,906
3 carbone type 2	13 678 x 3	= 41 034	6,262 x 3	= 18,786
groupement ester :				
	37 430 / 8 + 25 500	= 30 178	- 3,00 / 8 + 12,200	= 11,825

$$\sum \Delta a_i^{2/3} = 100\,740 \qquad \sum \Delta b_i^{3/4} = 53{,}517$$

$$a = 31{,}974 \; 10^6 \left(\frac{cm^3}{mol}\right)^2 atm$$

$$b = 201{,}67 \; \frac{cm^3}{mol}$$

d'où, les valeurs calculées: $T_C = 572{,}5$ K , $P_C = 29{,}1$ atm.

Valeurs réelles : $T_C = 566$ K , $P_C = 30{,}2$ atm.

Bibliographie

(1) D. AMBROSE, "Vapour-liquid critical properties", National Physical Laboratory Teddington, NPL Rept. Chem. 107 Février 1980

(2) A. L. LYDERSEN, "Estimation of critical properties of organic compounds" Coll. Eng. Univ. Wisconsin. Eng. Expt. Sta. Rept 3, Madison - Wisconsin, Avril 1955

(3) D. AMBROSE, "Correlation and Estimation of Vapour Liquid Critical properties I, Critical temperatures of organic compounds" National Physical Laboratory - Teddington, NPL Rept. Chem. 92 , Septembre 1978

D. AMBROSE, "Correlation and estimation of vapour liquid critical properties II, Critical pressures and volumes of organic compounds" National Physical Laboratory - Teddington, NPL Rept. Chem. 98 , Septembre 1979

(4) K. G. JOBACK, Thesis in Chemical Engineering - Massachusetts Institute of Technology - Cambridge Massachusetts - Juin 1984

(5) J. C. FORMAN et G. THODOS, AIChE J, 4, 356 (1958)
J. C. FORMAN et G. THODOS, AIChE J, 6, 206 (1960)

(6) D. S. GATES et G. THODOS, AIChE J, 6, 50 (1960)

(7) H.P.MEISSNER et E.M.REDDING - Ind. Eng. Chem, 34, 521 (1942)

(8) S. W. BENSON, J. Phys. Chem., 52, 1060 (1948)

Propriétés des gaz et des liquides

Symboles et abréviations

A : constante, équation
$$\ln P_S = A + \frac{B}{T}$$

A_o : constante, équation de BEATTIE-BRIDGEMAN

$A_o, A_1, A_2...$: constantes. Calcul de $\frac{f_i}{P}$ pour un corps pur liquide

$\mathcal{A}_2$: fonction des volumes molaires dans un mélange liquide. Calcul des paramètres de solubilité

a: constante, équation de VAN DER WAALS

a' constante, équation de REDLICH et KWONG

a'' constante, équation de BERTHELOT

a''' : constante, équation de BEATTIE-BRIDGEMAN

a_m : constante d'un mélange, équation de VAN DER WAALS

A_A : constante, équation de COX-ANTOINE

A_R : constante, équation de RIEDEL

A_δ : coefficient de participation des vibrations transversales, dans l'expression donnant C_{v_δ}

A_v : coefficient de participation des vibrations longitudinales, dans l'expression donnant C_{v_v}

Δa : contribution au coefficient a de l'équation de VAN DER WAALS, méthode de FORMAN et THODOS

3a, 4a : types de carbone des cycles aromatiques - méthode de FORMAN et THODOS

B : constante, équation
$$\ln P_S = A + \frac{B}{T}$$

B : second viriel

B_A : constante, équation de COX-ANTOINE

B_R : constante, équation de RIEDEL

B_δ : coefficient de participation des vibrations transversales, dans l'expression donnant C_{v_δ}

B_v : coefficient de participation des vibrations longitudinales, dans l'expression de C_{v_v}

b: constante, équation de VAN DER WAALS

b' constante, équation de REDLICH et KWONG

b'' : constante, équation de BERTHELOT

b''' : constante, équation de BEATTIE-BRIDGEMAN

b_m : constante d'un mélange, équation de VAN DER WAALS

b_0 : constante, équation de Beattie-Bridgeman

B_0, B_1 : coefficients permettant de calculer le second viriel B ; $B = (B_0 + \omega B_1)\frac{RT_c}{P_c}$

B_m : second viriel pour un mélange gazeux

Δb : contribution au coefficient b de l'équation de VAN DER WAALS, méthode de FORMAN et THODOS

C : troisième viriel

C_A : constante, équation de COX-ANTOINE

C_R : constante, équation de Riedel

C_δ : coefficient de participation des vibrations transversales, dans l'expression donnant C_{v_δ}

C_v : coefficient de participation des vibrations longitudinales, dans l'expression donnant C_{v_v}

C_p : capacité thermique molaire à pression constante

C_p^* : capacité thermique molaire à pression constante, pression nulle (gaz parfait)

C_v : capacité thermique molaire à volume constant

C_v^* : capacité thermique molaire à volume constant, pression nulle

C_{pc} : capacité thermique molaire à pression constante, pression critique

C_{v_δ} : participation des vibrations transversales à la capacité thermique à volume constant

C_{v_v} : participation des vibrations longitudinales à la capacité thermique à volume constant

c : constante, équation de BEATTIE-BRIDGEMAN

c : en indice, propriété ou variable, à la pression critique, ou à la température critique

D : quatrième viriel

D_R : constante, équation de RIEDEL

f : fugacité

f_0 : fugacité à pression faible

$\hat{f}_i$: fugacité du corps i dans un mélange

$\hat{f}_i^V$: fugacité du corps i dans un mélange gazeux

$\hat{f}_i^L$: fugacité du corps i dans un mélange liquide

f_i : fugacité du corps i à l'état liquide, à la pression et température du mélange

f_{is} : fugacité du corps i à l'état liquide sous sa tension de vapeur

$f^{(0)}$, $f^{(1)}$: développements permettant de calculer la pression de saturation réduite P_{S_R}

G : enthalpie libre

G_P^i : enthalpie libre d'un gaz supposé parfait, à la pression P

$\overline{G}_i$: enthalpie libre molaire partielle du corps i

H : enthalpie

H^* : enthalpie à pression nulle, ou faible

H_{P_C} : enthalpie à la pression critique

ΔH_v : enthalpie de vaporisation

ΔH_{v_B} : enthalpie de vaporisation, à la température d'ébullition normale

$\Delta H_v^{(0)}$, $\Delta H_v^{(1)}$, $\Delta H_v^{(2)}$: développements, fonctions de la température réduite, permettant de calculer $\Delta H_v / RT_c$

$\left(\frac{H^* - H}{RT_c}\right)^0$: variation d'enthalpie molaire réduite. "fluides simples"

$\left(\frac{H^* - H}{RT_c}\right)^1$: terme correctif de la variation d'enthalpie molaire réduite - "fluides normaux"

i : en indice, propriété ou variable relative au corps i ; i = 1, 2, ...

i : en exposant, propriété du corps i, supposé gaz parfait

j : en indice, propriété ou variable relative au corps j ; j = 1, 2, ...

J en indice, constantes de JOBACK- Calcul des constantes critiques

K_L : facteur de Lu, fonction des coordonnées réduites - calcul des masses volumiques

K_K : coefficient correctif - équation de KLEIN

k : constante de BOLTZMANN

k : constante relative aux groupes fonctionnels - calcul des constantes critiques (FORMAN et THODOS)

L : en exposant, indique l'état liquide

L : en indice, constante de Lydersen - calcul des constantes critiques

M : masse molaire

m : en indice, indique une propriété ou un coefficient relatif à un mélange

m : nombre de rotations libres ou nombre d'oscillations de torsion à l'intérieur d'une molécule

N : nombre d'AVOGADRO

n : en exposant, équation de WATSON pour le calcul des enthalpies de vaporisation

n : nombre de moles

n : nombre d'atomes dans une molécule - méthode de calcul de C_v - Calcul de Pc - (JOBACK)

n : nombre d'atomes "hors atomes d'hydrogènes" dans une molécule - calcul des constantes critiques (FORMAN et THODOS)

2n, 3n, 4n : types d'atomes de carbone dans des cyclanes - calcul des constantes critiques (FORMAN et THODOS)

P : pression

P_C : pression critique

P_{C_m} : pression critique d'un mélange

P_R : pression réduite

P'_R : pression réduite corrigée

P_S : pression de vapeur saturante

P_{S_R} : pression de vapeur saturante réduite

P_{i_S} : pression de vapeur saturante du corps i

P_0 : pression faible

ΔP_J : constante de JOBACK- calcul des constantes critiques

ΔP_L : constante de LYDERSEN - calcul des constantes critiques

4p : type d'atome de carbone dans les carbures aromatiques - calcul des constantes critiques (FORMAN et THODOS)

q : constante relative aux groupes fonctionnels - calcul des constantes critiques (FORMAN et THODOS)

q : nombre de liaisons dans une molécule

R : constante des gaz parfaits

r : distance entre les centres de gravité de deux molécules

S : entropie

S_P^i : entropie d'un gaz supposé parfait, à la pression P

S_{P_C} : entropie à la pression critique

$: facteur correctif - calcul des capacités thermiques des liquides

s : constante relative aux groupes fonctionnels. calcul des constantes critiques (FORMAN et THODOS)

T : température absolue

T_C : température critique

T_R : température réduite

T'_R : température réduite corrigée

T_{B_R} : température d'ébullition normale réduite

T_{C_m} : température critique d'un mélange

ΔT_J : constante de JOBACK- calcul des températures critiques

ΔT_L : constante de LYDERSEN - calcul des constantes critiques

ΔT_{B_J} : constante de JOBACK- calcul des températures d'ébullition normale

t constante relative aux groupements fonctionnels - calcul des contantes critiques (FORMAN et THODOS)

U : énergie interne

U^* : énergie interne à pression nulle

U(r) : potentiel d'interaction entre les molécules

U_i^{LS} : énergie interne du corps i à l'état liquide saturé

3u : type d'atome de carbone - calcul des constantes critiques - (FORMAN et THODOS)

V : volume molaire

V_C : volume molaire critique

V_{C_m} : volume molaire critique d'un mélange

V_R : volume molaire réduit

V'_R : volume molaire pseudo-réduit

$V^{(0)}$, $V^{(1)}$: développements en fonction de la température réduite - calcul du volume molaire des liquides

$\overline{V}_i$: volume molaire partiel du corps i

V_i^L : volume molaire du corps i liquide

V_V : volume molaire d'une vapeur

V_L : volume molaire d'un liquide

ΔV : $V_V - V_L$

ΔV_J : constante de JOBACK- calcul de constantes critiques

ΔV_L : constante de LYDERSEN. Calcul des constantes critiques

x_i :fraction molaire du corps i, phase liquide

y_i :fraction molaire du corps i, phase gazeuse

Z : facteur de compressibilité

Z_i : facteur de compressibilité d'un corps i

Z_i' : facteur de compressibilité du corps i - application de la règle d'AVOGADRO

Z_C : facteur de compressibilité au point critique

Z_m : facteur de compressibilité d'un mélange gazeux

Z_{cm} : facteur de compressibilité d'un mélange gazeux au point critique

Z_v : facteur de compressibilité d'une vapeur

Z_L : facteur de compressibilité d'un liquide

ΔZ : $Z_v - Z_L$

ΔZ_B : valeur de $Z_v - Z_L$ au point d'ébullition normale

Z^0 : facteur de compressibilité des "fluides simples"

Z^1 : terme correctif du facteur de compressibilité - "fluides normaux"

Z^2 : terme correctif du facteur de compressibilité - fluides polaires et dissymétriques

Atomes de carbone 1, 2, 3, 4 : types d'atomes de carbone d'une chaîne aliphatique saturée - calcul des constantes critiques (FORMAN et THODOS)

α_C : facteur de RIEDEL - 3ème variable utilisée pour le calcul des facteurs de compressibilité

γ : coefficient d'activité

δ : vibration transversale - calcul des capacités thermiques

δ : paramètre de solubilité - calcul des coefficients d'activité

μ : moment dipolaire

$\overline{\mu}$: moment dipolaire réduit

$\nu^{(0)}$, $\nu^{(1)}$: développements en fonction de la température réduite - calcul de la fugacité des corps pris à l'état liquide

ρ : masse volumique

Φ : coefficient de fugacité

Φ^0 : coefficient de fugacité des "fluides simples"

Φ^1 : terme correctif du coefficient de fugacité - "fluides normaux"

$\hat{\Phi}_i$: coefficient de fugacité du corps i dans un mélange gazeux

Φ_{is} : coefficient de fugacité du corps i, liquide sous pression de saturation

$\overline{\varphi}$: correction applicable près du point critique. Variation d'enthalpie avec la pression

χ : fonction de $(H_{PC} - H)_{T_R}$ - calcul des variations des capacités thermiques à pression constante

Ω_{1i} : coefficient angulaire de la droite représentant l'isochore $P = f(T)$ du corps i à l'état gazeux

$-\Omega_{2i}$: ordonnées à l'origine de la droite représentant l'isochore $P = f(T)$ du corps i à l'état gazeux

Ω_{1m} : coefficient angulaire de la droite représentant l'isochore $P = f(T)$ pour un mélange gazeux

$-\Omega_{2m}$: ordonnées à l'origine de la droite représentant l'isochore $P = f(T)$ pour un mélange gazeux -
Les différents Ω intéressent la méthode de GILLILAND.

ω : coefficient "acentrique" de Pitzer

ω' : coefficient acentrique légèrement différent du coefficient de PITZER - calcul de la fugacité des corps purs à l'état liquide

$\overline{\omega}$: facteur d'expansion - calcul des masses volumiques des corps purs à l'état liquide

PROCÉDÉS DE SÉPARATION

Généralités

Procédés de séparation

Table des matières

REPRÉSENTATION DES ÉQUILIBRES

LES DIFFÉRENTS MODES DE RÉALISATION DES ÉCHANGES DE MATIÈRE

REPRÉSENTATION DES BILANS ET DES PLATEAUX THÉORIQUES.

FACTEURS INFLUENÇANT LA QUALITÉ DE LA SÉPARATION

I - Généralités et définitions

- Tout procédé de séparation consiste à obtenir, à partir d'une alimentation A, deux (ou plusieurs) effluents B et C de compositions différentes (Figure 1). Si l'opération est continue, on définit un flux entrant et deux (ou plusieurs) flux sortants. Il est pratiquement intéressant d'étudier le cas de régimes stationnaires pour lesquels les flux et compositions sont constants, en un point donné, dans le temps.

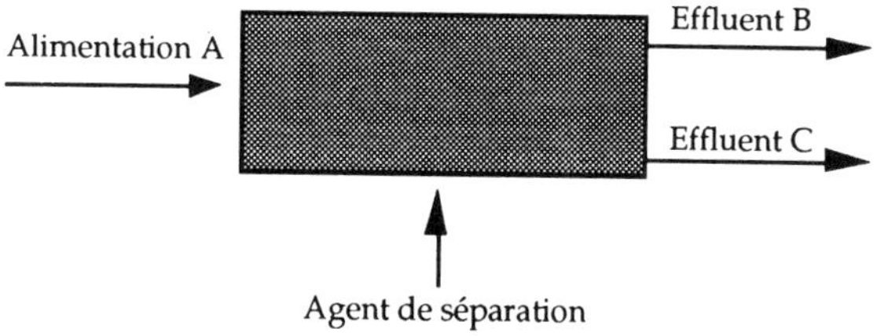

Figure 1

- Une séparation ne peut se concevoir sans l'action d'un "agent de séparation" qui peut être un solvant (absorption, extraction liquide-liquide), la chaleur (rectification), l'énergie mécanique (centrifugation)...

- Le principe de tout procédé de séparation repose :
  - soit sur l'existence d'un équilibre entre deux phases : c'est le cas de la rectification, de l'extraction liquide-liquide...
  - soit sur l'existence de vitesses de transfert différentes : par exemple la diffusion gazeuse, l'ultrafiltration...
  - soit sur l'existence des propriétés physiques différentes des constituants d'une alimentation hétérogène : masses volumiques, tailles des particules, charges électriques..., différentes. Les procédés de séparation correspondants sont souvent décrits comme des procédés mécaniques de séparation. On y trouve la filtration, la sédimentation, la précipitation électrostatique...

Nous nous limiterons aux procédés de séparation reposant sur un équilibre entre deux phases.

- Dans le cas général, quel que soit le principe de séparation, le facteur de séparation entre deux corps i et j présents dans les effluents B et C est défini par le rapport des fractions molaires $\frac{x_i}{x_j}$ dans chaque effluent :

$$\alpha_{ij} = \frac{\left(\frac{x_i}{x_j}\right)_B}{\left(\frac{x_i}{x_j}\right)_C}$$ ou, si y_i et y_j sont les teneurs dans l'effluent B : $$\alpha_{ij} = \frac{\left(\frac{y_i}{y_j}\right)}{\left(\frac{x_i}{x_j}\right)}$$

si $\alpha_{ij} > 1$, le corps i se concentre dans l'effluent B et le corps j se concentre dans l'effluent C.

- Le "facteur d'équilibre", ou "coefficient de partage" K_i de l'un des corps i présent dans les phases B et C est égal au rapport des fractions molaires du corps i dans les phases B et C :

$$K_i = \frac{(x_i)_B}{(x_i)_C} \text{ ou } \frac{(y_i)}{(x_i)}$$ et pour le corps j : $$K_j = \frac{(x_j)_B}{(x_j)_C} \text{ ou } \frac{(y_j)}{(x_j)}$$

On en déduit que : $$\alpha_{ij} = \frac{K_i}{K_j}$$

- Reprenons le schéma de la figure 1. Supposons que l'alimentation A et les effluents B et C contiennent chacun trois constituants : 1, 2 et 3.
Si A, B et C ont respectivement les teneurs x_{1A}, x_{1B} et x_{1C} en corps 1 et les teneurs x_{2A}, x_{2B} et x_{2C} en corps 2, les bilans s'écrivent :

$$A = B + C \quad \text{(1) bilan global}$$
$$A\,x_{1A} = B\,x_{1B} + C\,x_{1C} \quad \text{(2) bilan du corps 1}$$
$$A\,x_{2A} = B\,x_{2B} + C\,x_{2C} \quad \text{(3) bilan du corps 2}$$

Le bilan du corps 3 donnerait une équation dépendante des 3 premières.

On peut écrire $\frac{x_{2B} - x_{2C}}{x_{1B} - x_{1C}}$ en remplaçant x_{1B} par sa valeur en fonction de x_{1A} et x_{1C} (équation 2), et x_{2B} par sa valeur en fonction de x_{2A} et x_{2C} (équation 3) :

$$\frac{x_{2B} - x_{2C}}{x_{1B} - x_{1C}} = \frac{Ax_{2A} - Cx_{2C} - Bx_{2C}}{Ax_{1A} - Cx_{1C} - Bx_{1C}},\ \text{et sachant que } (B + C) = A,$$

il vient : $\frac{x_{2B} - x_{2C}}{x_{1B} - x_{1C}} = \frac{x_{2A} - x_{2C}}{x_{1A} - x_{1C}}$. Dans un diagramme de teneurs, les points représentatifs de A (x_{1A}, x_{2A}), de B (x_{1B}, x_{2B}) et de C (x_{1C}, x_{2C}) sont alignés, quel que soit le système de coordonnées adopté (rectangulaires ou triangulaires).

Pour un diagramme rectangulaire, on obtient la disposition représentée figure 2.

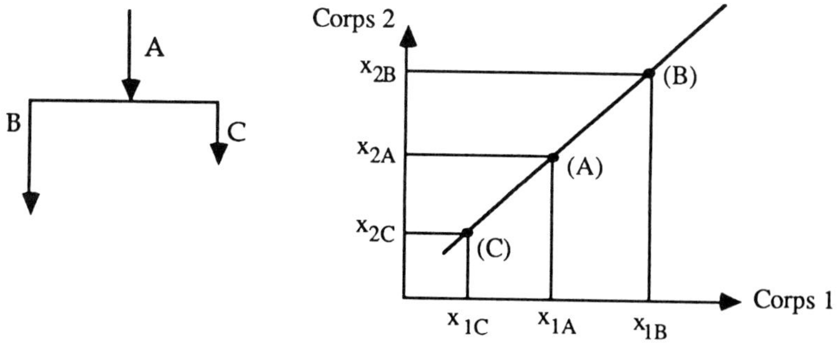

Figure 2

D'autre part, le rapport des longueurs des segments $(\overline{CA})$ et $(\overline{AB})$ peut être exprimé en fonction des teneurs :

$\frac{(\overline{CA})}{(\overline{AB})} = \frac{x_{1A} - x_{1C}}{x_{1B} - x_{1A}}$. En remplaçant x_{1A} par sa valeur, tirée de l' équation (2) :

$$x_{1A} = \frac{Bx_{1B} + Cx_{1C}}{B + C},\ \text{il vient } x_{1A} - x_{1C} = \frac{Bx_{1B} + Cx_{1C} - (B + C)x_{1C}}{B + C} = \frac{B(x_{1B} - x_{1C})}{B + C}$$

et de même : $x_{1B} - x_{1A} = \dfrac{(B+C)x_{1B} - (Bx_{1B} + Cx_{1C})}{B+C} = \dfrac{C\left(x_{1B} - x_{1C}\right)}{B+C}$

d'où : $\dfrac{(\overline{CA})}{(\overline{AB})} = \dfrac{B}{C}$, quel que soit le système de coordonnées adopté.

L'ensemble de ces deux propriétés : l'alignement des points représentatifs (A),(B), (C) et la valeur du rapport des segments $\dfrac{(\overline{CA})}{(\overline{AB})}$ constitue la "règle du bras de levier".

Elle s'applique à toute alimentation donnant deux effluents de compositions différentes. De même l'existence de trois équations de formes analogues aux formes des équations (1), (2) et (3) ou l'alignement de trois points dans un diagramme de teneurs, signifie que l'on peut considérer qu'une certaine quantité de matière A (ou débit) est la somme de deux quantités de matière (ou débits) B et C, réels ou fictifs, de compositions différentes.

Nous examinerons, dans les prochains paragraphes, les modes de représentation des équilibres mis en œuvre dans les procédés de séparation les plus couramment utilisés : les équilibres "liquide-gaz", "liquide-vapeur", "liquide-liquide", "solide-liquide".

<u>II- Equilibre "liquide-gaz"</u> - procédés d'absorption et de désorption.

- L'absorption consiste à transférer dans un liquide l'un (ou plusieurs) constituants d'une phase gazeuse. Il y a dissolution de ce constituant avec ou sans réaction chimique : on emploie les termes d'absorption physique ou d'absorption chimique.

Le mélange gazeux à traiter est constitué d'un (ou plusieurs) soluté C_o et d'un diluant ou inerte D_o. Le liquide d'absorption S_o est appelé solvant, il se charge en soluté au cours de l'absorption. L'opération inverse de l'absorption est la désorption ou dégazage : le transfert a lieu alors du liquide vers la phase gazeuse.

- Prenons le cas simple d'une absorption physique, mettant en œuvre trois corps : le soluté, le diluant et le solvant. A l'équilibre, la phase gazeuse contient le soluté, le diluant et la vapeur de solvant, alors que ce dernier solubilise le soluté, mais aussi le diluant. L'application de la règle des phases montre que le système est trivariant. Supposons la température et la pression fixées, l'équilibre du système sera complètement défini si on se donne, par exemple, la teneur en soluté de la phase liquide. La teneur en soluté de la phase gazeuse aura alors une valeur bien déterminée, fonction des autres variables fixées.

- On pourra donc représenter cet équilibre par un diagramme de distribution, construit à température et pression constantes. La fraction molaire en soluté de la phase gazeuse y_{Co} sera exprimée en fonction de la fraction molaire en soluté de la phase liquide x_{Co}.

Lorsque les teneurs en soluté dans le liquide sont faibles, ainsi que les pressions partielles, on peut appliquer la loi de HENRY : $p_{Co} = \mathcal{H} \cdot x_{Co}$, $\mathcal{H}$ étant la constante de HENRY et p_{Co} la pression partielle du soluté. Si la phase gazeuse est idéale, la loi de HENRY devient : $y_{Co}P = \mathcal{H} \cdot x_{Co}$, P étant la pression totale.

Dans ces conditions, la courbe de distribution sera une droite, dont la pente : $\dfrac{\mathcal{H}}{P}$ est égale au coefficient de partage du corps Co (Figure 3a). La constante de HENRY est exprimée le plus souvent en atm./ fraction molaire.

Dans le cas général, lorsque la loi de HENRY n'est pas valable, il faut calculer la courbe d'équilibre en écrivant l'égalité des fugacités entre les phases liquide et gazeuse, comme nous l'avons développé dans le cours "Propriétés des gaz et des liquides", au chapitre "Mélanges gazeux".

- On peut aussi représenter l'équilibre liquide-gaz dans un diagramme triangulaire équilatéral classique dont les sommets correspondent aux trois corps : soluté C_o, solvant S_o et diluant D_o. Les teneurs en solvant dans la phase gazeuse et en diluant dans la phase liquide étant en général faibles, les courbes représentatives de la composition de ces phases, sont proches des côtés (D_oC_o) et (C_oS_o) du triangle équilatéral. Les droites joignant les points représentatifs des teneurs des deux phases en équilibre sont appelées droites de conjugaison : elles relient les points dont les teneurs y_{Co} et x_{Co} sont sur la courbe d'équilibre précédemment tracée (figure 3b).
Les diagrammes de distribution sont pratiquement les seuls utilisés.

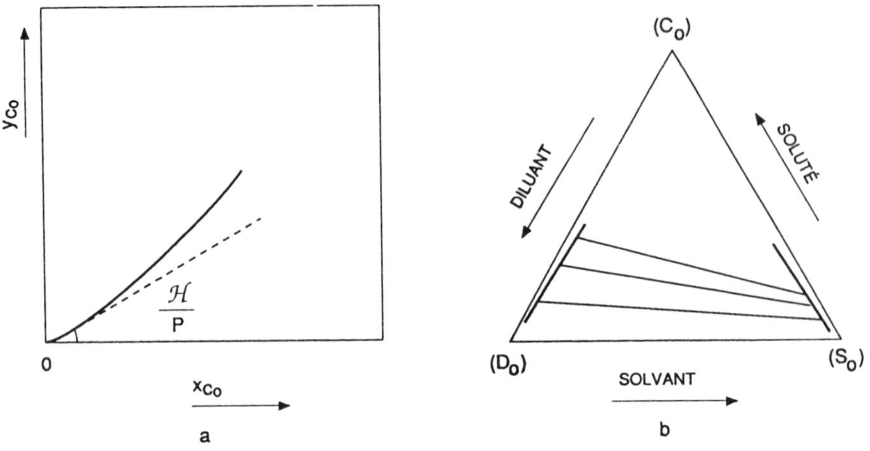

Figure 3

- Dans le cas d'une absorption chimique, par exemple le lavage d'un gaz de synthèse par une solution de carbonate de potassium, selon la réaction d'équilibre :

$$\underset{liq}{K_2CO_3} + \underset{g}{CO_2} + \underset{liq}{H_2O} \rightleftharpoons \underset{liq}{2\,KHCO_3}$$

ou encore l'échange isotopique du deutérium entre l'ammoniac et l'hydrogène :

$$\underset{liq}{NH_3} + \underset{g}{HD} \rightleftharpoons \underset{liq}{NH_2D} + \underset{g}{H_2},$$

nous sommes également en présence de systèmes trivariants. Nous pouvons tracer à température et pression constantes, une courbe d'équilibre donnant la teneur en soluté de la phase gazeuse en fonction de la teneur en soluté de la phase liquide (dans la phase liquide, CO_2 sera compté sous la forme $KHCO_3$, et HD sous la forme NH_2D).

III- Equilibre "liquide-vapeur" : procédés de distillation et de rectification.

- La distillation consiste en la formation, à partir d'une phase liquide, d'une phase vapeur de composition différente de celle du liquide, que l'on pourra condenser, soit globalement, soit en plusieurs fractions.

- La rectification est un échange répété de matière entre une phase liquide et une phase vapeur circulant à contre-courant. Cet échange répété de matière est obtenu par une succession de plateaux qui permettent le mélange intime de liquides et de vapeurs de compositions différentes.
Les deux procédés, distillation et rectification, reposent tous deux sur l'équilibre entre un liquide et sa vapeur.

- Si y_i est la fraction molaire du corps i dans la phase gazeuse et x_i sa fraction molaire dans la phase liquide, on obtient, en supposant les phases liquide et gazeuse idéales :

$$p_i = P_{is}\, x_i = P\, y_i \qquad (4)$$

P_{is} étant la tension de vapeur du corps i, p_i sa pression partielle et P la pression totale.

Le coefficient de partage s'écrit : $K_i = \frac{y_i}{x_i} = \frac{P_{is}}{P}$. Le facteur de séparation α_{ij} entre les corps i et j se calcule aisément : $\alpha_{ij} = \frac{K_i}{K_j} = \frac{P_{is}}{P_{js}}$,

il dépend de la température comme en dépendent les tensions de vapeur P_{is} et P_{js}.

Pour l'équilibre liquide-vapeur, le coefficient de séparation α_{ij} est appelé volatilité relative dans le cas général et volatilité relative idéale lorsque les solutions sont idéales.

- Si les conditions de l'idéalité ne sont pas remplies, il faut écrire l'égalité des fugacités de chaque corps entre les phases liquide et vapeur :

$$f_i^V = f_i^L$$, équation qui remplace l'équation (4) ci-dessus.

Le sujet a été traité en détail dans le cours "Propriétés des gaz et des liquides", au chapitre "Mélanges gazeux".

- Pour un mélange binaire, la définition de la volatilité relative donne :

$$\alpha_{ij} = \frac{y_i/x_i}{y_j/x_j} = \frac{y_i}{y_j} \cdot \frac{x_j}{x_i}$$

$$\text{et } \alpha_{ij} = \frac{y_i\,(1 - x_i)}{x_i\,(1 - y_i)}, \qquad \text{car : } x_i + x_j = 1, \qquad y_i + y_j = 1$$

$$\text{ou encore : } \quad y_i = \frac{\alpha_{ij}\, x_i}{1 + (\alpha_{ij} - 1)\, x_i}$$

Le système formé de deux corps répartis entre une phase liquide homogène et une phase vapeur en équilibre, est divariant. L'état de ce système est défini si on se donne la pression et si on se fixe, soit la teneur d'une phase, soit la température.

On peut tracer la courbe de distribution $y_i = f(x_i)$ à une certaine pression P.
A chaque point de la courbe correspond une température comprise entre les températures d'ébullition T_i et T_j à la pression P des corps i et j.

Si on suppose α_{ij} constant entre ces températures, on obtient une branche d'hyperbole passant par les points (x_i=y_i=0) et (x_i=y_i=1). La pente à l'origine vaut α_{ij} et la courbure croît avec α_{ij}. On a représenté sur la figure 4a une courbe de distribution à pression constante pour laquelle le corps i est le plus volatil. (y_i est toujours supérieur à x_i). il faut bien noter que la constance de α_{ij} entre T_i et T_j n'est qu'une approximation.

- Le diagramme de PONCHON et SAVARIT donne la représentation la plus complète de l'équilibre liquide-vapeur d'un mélange binaire. Il est constitué essentiellement par les 2 courbes donnant les enthalpies du liquide et de la vapeur saturés en fonction des teneurs x_i et y_i. Les compositions à l'équilibre sont reportées sur ces courbes. A chaque point de la courbe d'enthalpie du liquide h=f(x_i) correspond un point de la courbe d'enthalpie de la vapeur H =f(y_i). La droite joignant ces points est appelée droite de conjugaison ou droite d'équilibre. On obtient ainsi le diagramme de la figure 4b.

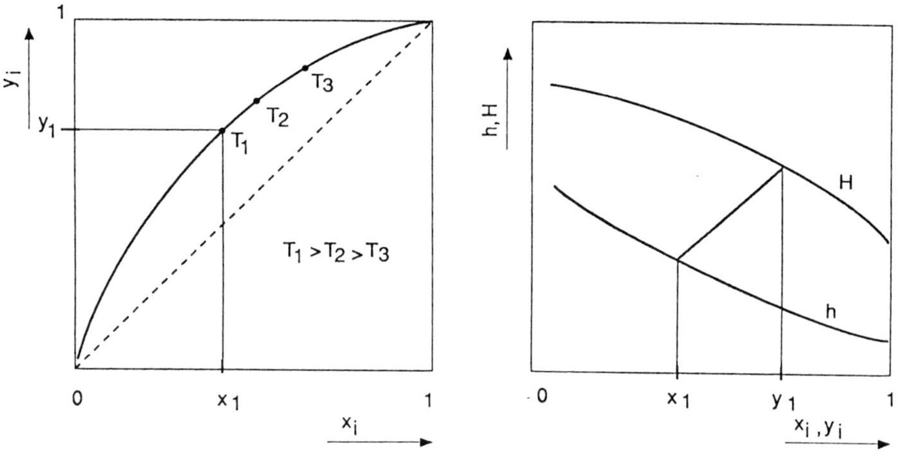

a b

Figure 4

L'équilibre liquide-vapeur peut aussi être représenté par des isobares de rosée et d'ébullition. A chaque température, comprise entre les températures d'ébullition sous la pression P des corps i et j, correspondent les compositions de la phase liquide x_i et de la phase vapeur y_i. L'espace compris entre les isobares de rosée et d'ébullition est représentatif des mélanges liquide-vapeur (Figure 5a). Le domaine situé sous la courbe d'ébullition est celui de la phase liquide.

Si maintenant on fixe la température T, on peut tracer les isothermes de rosée et d'ébullition. Les pentes des courbes sont naturellement inversées par rapport aux isobares, ainsi que les domaines de la vapeur et du liquide (Figure 5b).

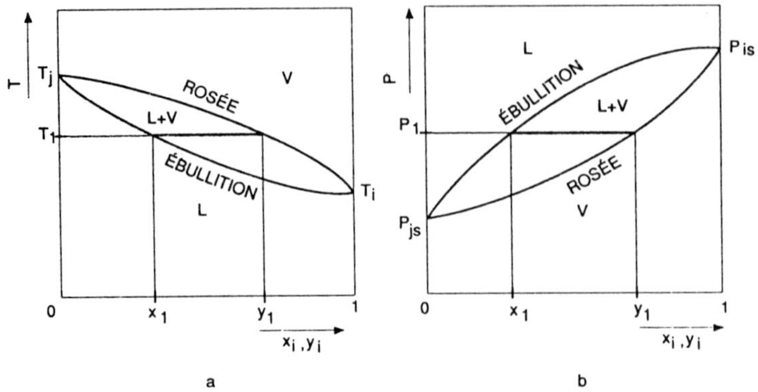

Figure 5

Il peut exister, non pas une phase liquide mais deux phases liquides, en équilibre avec la phase vapeur, dans un certain domaine de teneurs de la phase liquide. Le système devient alors univariant dans ce domaine : pour une pression donnée, la température d'équilibre est alors fixée et la composition de la phase vapeur ne varie pas. L'allure générale des courbes représentatives est donnée par la figure 6 (a, b, c).

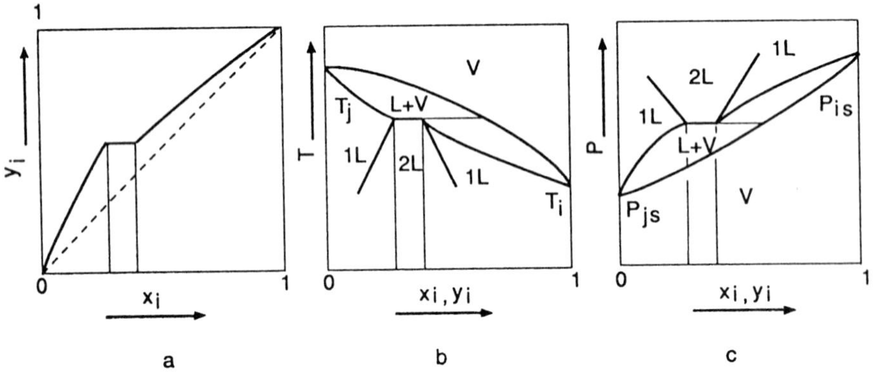

Figure 6

Enfin, il arrive, pour certains mélanges, que la teneur de la phase liquide soit égale à la teneur de la phase vapeur, en dehors des points extrêmes 0 et 1 : il y a formation d'un azéotrope qui se comporte, pour la distillation, comme un corps pur de composition intermédiaire. Pour la composition azéotropique, $\alpha_{ij}=1$ et toute séparation par une distillation simple devient évidemment impossible. La figure 7 illustre, dans des diagrammes classiques (a,b,c) l'existence d'un azéotrope en présence d'une seule phase liquide, nous avons ici un homoazéotrope. Les diagrammes 7a, 7b et 7c peuvent être considérés chacun comme la juxtaposition de deux diagrammes 4a, 5a ou 5b.

La composition azéotropique du liquide peut se situer dans le domaine de non miscibilité de deux phases liquides : on est en présence d'un hétéroazéotrope (non représenté).

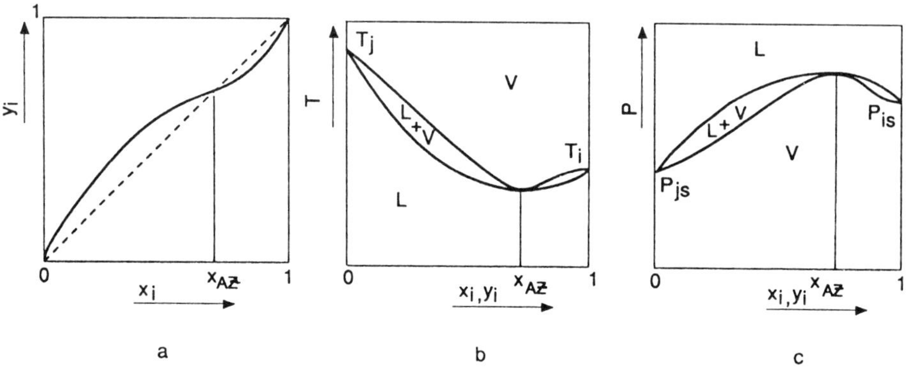

Figure 7

IV- Equilibre "liquide-liquide" - procédés d'extraction "liquide-liquide".

- L'extraction "liquide-liquide" consiste à séparer un (ou plusieurs) constituant(s) d'une solution en mettant celle-ci en contact d'un solvant qui fait apparaître deux couches de liquide dont l'une solubilise préférentiellement le (ou les) constituant(s) à extraire.

- Soit la solution initiale formée du soluté à extraire C_o et du diluant D_o. On ajoute un solvant S_o, (c'est l'agent de séparation) qui entraîne l'apparition -dans un certain domaine de teneurs- d'une deuxième phase liquide. Nous sommes en présence de deux phases liquides : l'une riche en solvant, contenant le soluté extrait, c'est l'extrait, l'autre riche en diluant, appelée le raffinat.

- Le coefficient de partage du soluté s'exprime par le rapport des teneurs en soluté dans l'extrait et le raffinat. Il varie avec la nature du solvant et du soluté, la teneur en soluté du mélange, et la température. Le coefficient de partage du diluant est défini de manière identique.
Le facteur de séparation est égal au rapport des coefficients de partage du soluté et du diluant :

$$\alpha_{C_oD_o} = \frac{K_{C_o}}{K_{D_o}} = \frac{(y_{C_o}/y_{D_o})_{\text{extrait}}}{(x_{C_o}/x_{D_o})_{\text{raffinat}}}$$

Les courbes d'équilibre sont tracées à température et pression constantes.

- On peut représenter l'équilibre "liquide-liquide" par un diagramme triangulaire équilatéral, c'est le type de diagramme dont l'interprétation est la plus facile (Figure 8a). Supposons qu'il existe un domaine de teneurs pour lequel il y a coexistence de deux phases liquides, domaine limité par la courbe (C) et une partie du côté (D_oS_o). La courbe (C) est la limite de deux zones : l'une, homogène (1 phase liquide) et l'autre, hétérogène (2 phases liquides). Si on ajoute à une solution initiale homogène, formée de diluant et de soluté, donc figurée par (L_A) sur le côté (D_oC_o) du triangle, le solvant S_o, on obtient un mélange de deux phases liquides dont la composition globale correspond au point (Σ). Pour une composition globale figurée en (Σ), située dans la zone d'hétérogénéité, il existe deux phases liquides représentées en (1) : l'extrait, et en (2) : le raffinat. La droite (1) (2) est appelée droite de conjugaison. Les points de la courbe (C) sont associés deux à deux : à chaque composition de l'extrait correspond une composition du raffinat. L'équilibre liquide-liquide est donc représenté non seulement par la courbe (C) mais aussi par une infinité de droites de conjugaison. Le point (K) pour lequel la composition de deux phases est identique (la droite de conjugaison y est réduite à un point) est abusivement nommé "point critique". La figure 8 présente un coefficient de partage du soluté $K_{C_o} > 1$. Pour $K_{C_o} < 1$, les droites de conjugaison présenteraient une pente inversée par rapport à (D_oC_o).

- L'ensemble des droites de conjugaison, qui surcharge souvent les figures peut être remplacé par une courbe dite de "corrélation" construite par intersection des parallèles aux côtés (D_oC_o) et (D_oS_o) issues respectivement des points (1) et (2).

-On peut construire un diagramme dérivé du diagramme triangulaire équilatéral en portant sur les côtés d'un angle droit les teneurs de deux constituants. On portera, par exemple, en ordonnée, la teneur en soluté (binaire "soluté-diluant") et en abscisse, la teneur en solvant (binaire "solvant-diluant"). Cette construction revient, en fait, à la projection de l'un des côtés du triangle équilatéral sur une perpendiculaire à l'un des deux autres côtés. Ce type de diagramme n'est pas représenté ici.

- Le diagramme de JANECKE est du même type que le diagramme de PONCHON -SAVARIT que nous utiliserons pour l'équilibre "solide-liquide". Ce diagramme est construit en coordonnées rectangulaires : on exprime le rapport massique du solvant à la somme (soluté + diluant) : $\frac{s_o}{c_o + d_o}$ en fonction du rapport massique du soluté à la somme (soluté + diluant) : $\frac{c_o}{c_o + d_o}$. La courbe d'équilibre et les droites de conjugaison sont tracées, comme nous l'avons vu précédemment pour la construction d'un diagramme triangulaire équilatéral.

Pour une composition globale Σ, figurée dans la zone d'hétérogénéité, deux phases liquides coexistent, dont les compositions sont données par la position des points (1) et (2) situés sur une droite de conjugaison.
L'addition de solvant à un mélange déplace le point figuratif de celui-ci sur une parallèle à l'axe des ordonnées (Figure 8b).

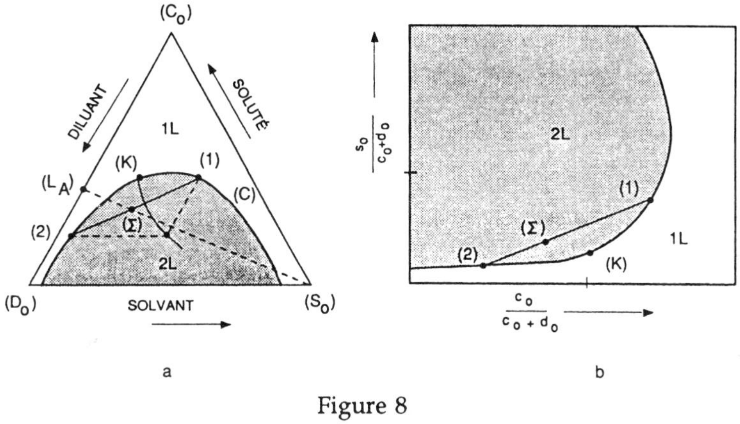

Figure 8

- Le solvant n'ayant qu'un rôle d'intermédiaire, on peut construire un diagramme d'équilibre ne faisant intervenir que les corps à séparer D_o et C_o, ce qui permet de bien visualiser l'efficacité du solvant.

On est ainsi amené à tracer, en coordonnées rectangulaires la courbe d'équilibre donnant le rapport massique $\frac{c_o}{c_o + d_o}$ de l'extrait en fonction du même rapport calculé pour le raffinat. Le diagramme ainsi obtenu est appelé diagramme de sélectivité (Figure 9a). Le point K est placé sur la diagonale des axes.

On peut calculer le facteur de séparation α à partir des fractions molaires x et y obtenues en faisant abstraction du solvant. Ce nouveau facteur, appelé facteur de sélectivité a pour définition :

$$\beta_{C_oD_o} = \frac{K_{C_o}}{K_{D_o}} = \frac{(y_{C_o}/y_{D_o})_{\text{extrait - solvant}}}{(x_{C_o}/x_{D_o})_{\text{raffinat - solvant}}}$$

Si le solvant n'intervient pas : $y_{D_o} = 1 - y_{C_o}$ et $x_{D_o} = 1 - x_{C_o}$

en portant dans l'expression de $\beta_{C_oD_o}$:

$$\beta_{C_oD_o} = \frac{y_{C_o}}{x_{C_o}} \cdot \frac{1 - x_{C_o}}{1 - y_{C_o}},$$

en faisant $x_{C_o} = x$ et $y_{C_o} = y$, et après réarrangement, il vient :

$$y = \frac{\beta_{C_oD_o} x}{1 + x(\beta_{C_oD_o} - 1)},$$ relation valable pour tout mélange binaire

réparti entre deux phases et analogue à la relation établie antérieurement dans le cas de l'équilibre liquide-vapeur. Le facteur de sélectivité est calculable à partir des rapports $\frac{c_o}{c_o + d_o}$, donc à partir des coordonnés de la courbe de sélectivité.

- On peut aussi construire un diagramme de distribution. On porte, en coordonnées rectangulaires, la teneur massique du soluté dans l'extrait :

$\left(\dfrac{c_o}{c_o + d_o + s_o}\right)_{extrait}$ en fonction de la teneur massique du soluté dans le raffinat :

$\left(\dfrac{c_o}{c_o + d_o + s_o}\right)_{raffinat}$. La courbe d'équilibre présente une courbure plus faible que celle du diagramme de sélectivité, en effet l'extrait contient plus de solvant que le raffinat.

Le point K, pour lequel les deux phases liquides ont la même composition est sur la diagonale des axes (Figure 9b).

On peut aussi construire un diagramme de distribution à partir des fractions molaires du soluté.

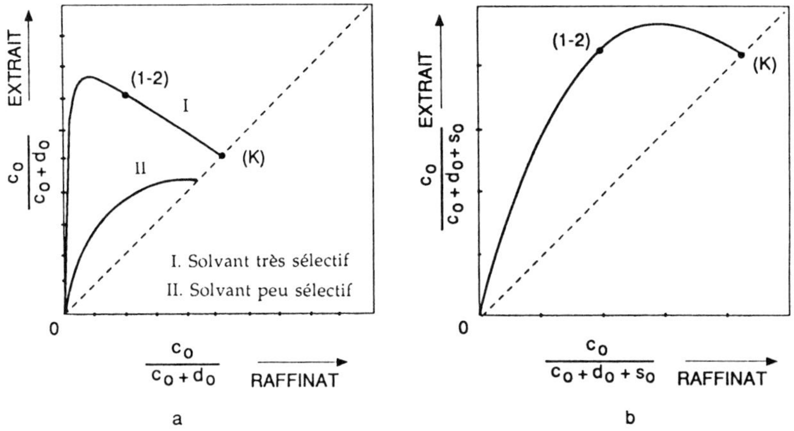

Figure 9

III- Equilibre "solide-liquide" - procédés d'extraction "solide-liquide"

L'extraction "solide-liquide" a pour but de dissoudre et de concentrer dans un liquide un (ou plusieurs) corps présent(s) dans un solide plus ou moins divisé. Le liquide d'extraction, appelé solvant, S_o dissout un soluté, C_o qui est mélangé à un inerte, R_o solide, pour donner une solution appelée surverse ou extrait. (solvant + soluté + traces d'inerte)

Figure 10

Le résidu de l'extraction, mélange de solide et de liquide (inerte+solvant+soluté) est appelé sous-verse ou insoluble (Figure 10). Les courbes d'équilibre, établies à température et pression constantes, peuvent être tracées dans différents diagrammes.

- La représentation de PONCHON-SAVARIT est la plus courante, elle donne le rapport massique de l'inerte r_o au mélange (soluté c_o + solvant s_o) de la solution adhérant au solide : $Y_o = \frac{r_o}{c_o + s_o}$ en fonction du titre massique du soluté dans la solution : $X_o = \frac{c_o}{c_o + s_o}$

Les rapports massiques X_o et Y_o, correspondant à l'équilibre, sont mesurés au laboratoire. On peut ainsi tracer, dans un diagramme rectangulaire, deux courbes représentatives des compositions de la sous-verse et de la surverse.

Un cas fréquent est celui représenté par la figure 11a ci-dessous : l'inerte est complètement insoluble dans la surverse et la masse de liquide retenue par le solide augmente avec la teneur en soluté de ce liquide. Les variations de masse volumique et de viscosité de celui-ci expliquent ce phénomène.
Dans ces conditions, la courbe représentative de la surverse est confondue avec l'axe des X_o et la courbe représentative de la sous-verse montre une concavité tournée vers l'axe des abscisses.

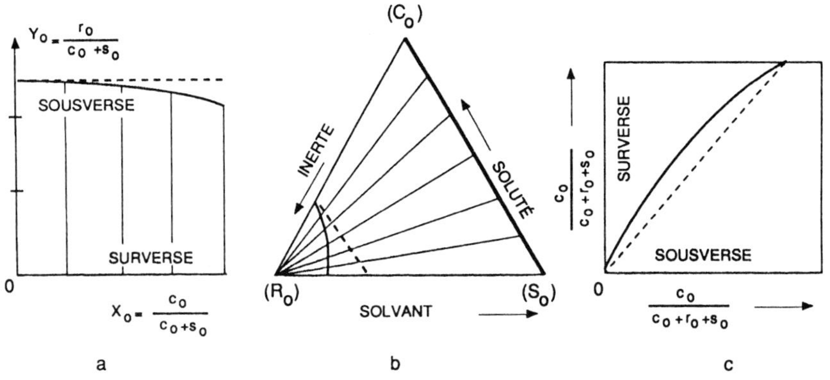

Figure 11

A chaque point de la courbe représentative de la sous-verse correspond un point de la courbe représentative de la surverse, lorsque l'équilibre est obtenu. Les points correspondants sont liés par des droites de conjugaison. Si la solution adhérant au solide a la même composition que la surverse, les droites de conjugaison sont parallèles à l'axe des ordonnées.

- On peut représenter l'équilibre dans un diagramme triangulaire équilatéral (Figure 11b). Les sommets (C_o), (S_o), (R_o) de ce triangle correspondent aux trois corps : soluté, solvant, inerte. Le côté (S_oC_o) figure les compositions de la surverse, lorsque l'inerte est complètement insoluble dans la surverse ($r_o = 0$). Une sous-verse pour laquelle le rapport $\frac{r_o}{c_o + s_o}$ est constant,sera figurée par une parallèle au côté (S_oC_o). Les droites de conjugaison sont issues du sommet (R_o) si le liquide adhérant au solide a la même composition que la surverse $\left(\frac{c_o}{c_o + s_o} \text{ constant}\right)$.

- Enfin, on peut aussi exprimer la teneur massique en soluté de la sous-verse en fonction de la teneur massique de la surverse $\left(\frac{c_o}{c_o + r_o + s_o}\right)$ à l'équilibre.

On obtient ainsi, en coordonnées rectangulaires, un diagramme de distribution (Figure 11c). Il est également possible de construire un diagramme de distribution à partir des fractions molaires du soluté.

LES DIFFERENTS MODES DE REALISATION DES ECHANGES DE MATIERE

I Généralités

L'échange de matière peut être réalisé :

- soit par le mélange "discontinu" des phases,
- soit selon un mode semi-continu, une phase étant fixe et l'autre mobile,
- soit selon un mode continu, les phases circulant à contre-courant, à co-courant ou à courants croisés.

Dans la pratique, on utilisera un élément, ou n éléments (ou étages ou plateaux(*)). Nous étudierons dans ce chapitre les échanges de matière régis par un équilibre, et, pour le mode "continu", leur réalisation en régime stationnaire. On supposera que l'équilibre est atteint dans chaque élément, que le coefficient de partage est constant d'un élément à l'autre et que les phases ne sont pas miscibles(**).

II Equilibre réalisé sur un étage

1- Mélange "discontinu" des phases

Deux phases L et V contenant un soluté sont mises en contact dans un récipient fermé. Soient L_o et V_o les quantités molaires des phases mises en présence, de teneurs a et b en soluté. S'il y a transport du soluté de la phase L vers la phase V pour réaliser l'équilibre entre les deux phases, la variation ΔL_o de la phase L due aux variations de teneurs en soluté, s'obtient, en supposant la non miscibilité des phases, par :

$$L_o a - (L_o - \Delta L_o) x = (V_o + \Delta L_o) y - V_o b$$

Les teneurs x et y des phases L et V après équilibre, sont telles que y = Kx. En remplaçant y par sa valeur on trouve :

$$\Delta L_o = \frac{x (V_o K + L_o) - L_o a - V_o b}{x (1 - K)}$$

Si on se donne le rapport $L_o / V_o = k$, il vient :

$$\frac{\Delta L_o}{L_o} = \frac{x (K + k) - (k a + b)}{x k (1 - K)}$$

(*) termes employés indifféremment.
(**) la distillation de RAYLEIGH est un cas particulier d'inversion de phase.

Si on néglige les corrections sur L_o et V_o dues aux variations des teneurs, le bilan devient :

$$L_o a + V_o b = L_o x + V_o y$$

$$\text{ou} \quad a k + b = k x + y$$

On calcule x et y, à l'équilibre, pour $y = K x$:

$$x = \frac{k a + b}{K + k} \qquad y = K \frac{k a + b}{K + k}$$

On trouvera les mêmes équations de bilan pour un étage fonctionnant en régime stationnaire, les débits L et V du régime stationnaire remplaçant les quantités initiales L_o et V_o.

2-Equation de RAYLEIGH - mode semi-continu.

Il s'agit ici d'une phase fixe donnant naissance à une phase mobile, qui est éliminée au fur et à mesure de sa production.

Prenons l'exemple d'un mélange liquide, contenu dans un réservoir (bouilleur). Le chauffage du liquide produit une vapeur qui est éliminée immédiatement du bouilleur. Il n'y a pas accumulation de la vapeur (Figure 1).

Le bilan d'un corps passant de la phase L à la phase V s'écrit:

$$Lx = y\,dV + (L - dL)(x - dx)$$

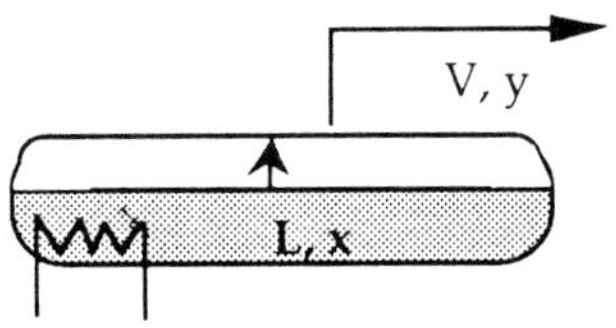

Figure 1

sachant que $dV = dL$, et en négligeant le terme de second ordre $dLdx$, on trouve :

$$(y - x)\,dL = L\,dx$$

$$\frac{dL}{L} = \frac{dx}{y - x}$$

En intégrant entre l'état initial ($L = L_o$, $x = a$) et l'état final (L et x), on a :

$$\int_{L_o}^{L} \frac{dL}{L} = \int_{a}^{x} \frac{dx}{y - x} \qquad (1)$$

Nous obtenons l'équation de RAYLEIGH.

Si l'équilibre est réalisé pendant l'opération, y = Kx, et si K est constant, on trouve :

$$\ln \frac{L}{L_o} = \frac{1}{K-1} \ln \frac{x}{a}$$

et

$$\frac{L}{L_o} = \left(\frac{x}{a} \right)^{\frac{1}{K-1}}$$

Dans le cas d'un mélange binaire, on utilisera le coefficient de séparation α, tel que :

$$y = \frac{\alpha x}{1 + (\alpha - 1) x}$$

En remplaçant y par sa valeur dans l'équation (1), l'intégration donne :

$$\ln \frac{L}{L_o} = \int_a^x \frac{[1 + (\alpha - 1) x] \, dx}{\alpha x - x [1 + (\alpha - 1) x]}$$

et : $$\ln \frac{L}{L_o} = \int_a^x \frac{[1 + (\alpha - 1) x] \, dx}{x (\alpha - 1)(1 - x)}$$

d'où : $$\ln \frac{L}{L_o} = \frac{1}{\alpha - 1} \left[\ln \frac{x}{a} + \alpha \ln \left(\frac{1-a}{1-x} \right) \right]$$

$$\frac{L}{L_o} = \left(\frac{x}{a} \right)^{\frac{1}{\alpha - 1}} \left(\frac{1-a}{1-x} \right)^{\frac{\alpha}{\alpha - 1}} \qquad (2)$$

L'équation de RAYLEIGH peut s'appliquer à tout échange pour lequel la phase formée en continu à partir d'une phase initiale fixe, est éliminée dès sa production. On peut ainsi utiliser l'équation de RAYLEIGH, pour une extraction liquide-liquide, une extraction solide-liquide ou une absorption, en exprimant les teneurs "hors agent de séparation".

On remarque que l'on ne peut obtenir un corps pur par ce procédé qu'en quantité infinitésimale. En effet pour $\alpha > 1$, x ne peut que décroître (on extrait une vapeur plus riche que le liquide). En fin d'opération $x = 0$, et nous obtenons le second constituant du binaire pur, mais alors $L = 0$.

Si $\alpha < 1$ la teneur $x = 1$ sera obtenue pour $L = 0$.

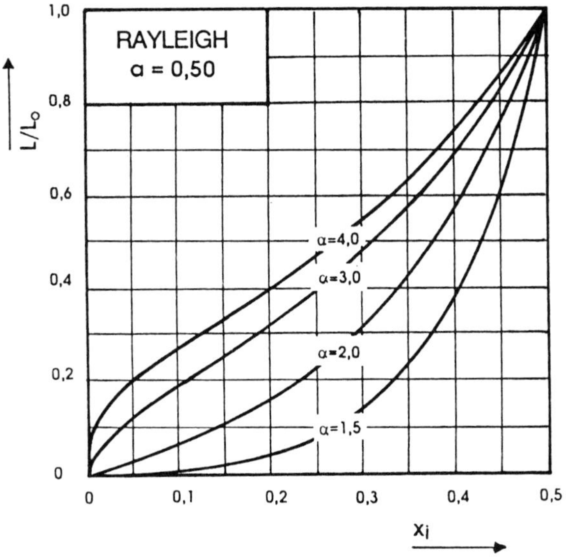

Figure 2

On a représenté sur la figure 2 les teneurs x d'un mélange liquide binaire en fonction de L/L_o pour différentes valeurs de $\alpha > 1$. On remarque que l'équation (2) donne les mêmes valeurs de L/L_0 lorsqu'on remplace α par $1/\alpha$, a par (1 - a) et x par (1 - x).

3 - Le contre-courant

- On supposera les teneurs assez faibles pour que l'on puisse considérer des débits constants. Si a et b sont les teneurs initiales des phases L et V entrant dans l'élément d'échange (Figure 3), le bilan d'un corps transféré entre L et V s'écrit :

$$L_A\, a + V_B\, b = L_1\, x_1 + V_1\, y_1$$

Si on écrit $L_A/V_B = k$ et, s'il y a équilibre entre les phases L et V sortantes :

$$a k + b = k x_1 + y_1$$

avec $y_1 = K x_1$

d'où : $ak + b = (k + K) x_1$

et : $x_1 = \frac{k a + b}{K + k}$, $y_1 = K \frac{k a + b}{K + k}$

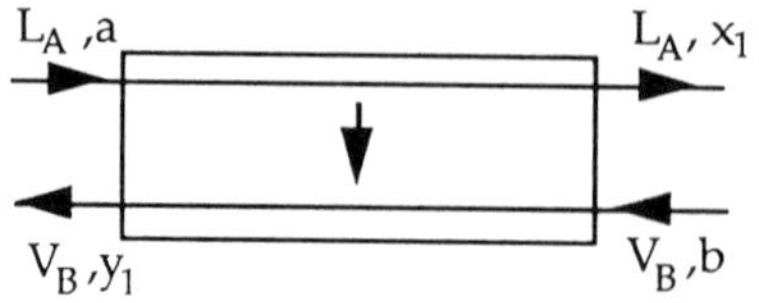

Figure 3

Si le transfert a lieu de la phase L vers la phase V, il faut que $x_1 < a$, d'où $b < Ka$.
Si $b = Ka$, il y a équilibre avant d'entrer dans l'élément d'échange et si $b > Ka$ le transfert se fera de la phase V vers la phase L. Nous nous placerons dans le premier cas (L→V).

On peut représenter y et x en fonction de k, on obtient les schémas de la figure 4 :

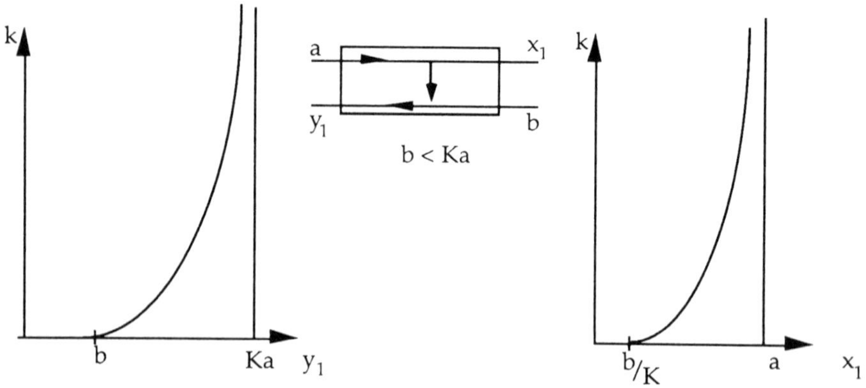

Figure 4

Pour une valeur fixée de K :

- La teneur maximale de V, $y_1 = Ka$ serait obtenue pour $k = \infty$; mais la phase V aurait un débit infiniment petit car alors $V_B = 0$ pour un débit L_A donné. Il faut naturellement que $Ka << 1$ si on veut rester dans le domaine des teneurs faibles.

-Pour $k = 0$, $x_1 = b/K$; mais la phase L serait obtenue avec un débit infiniment petit car alors $L_A = 0$ pour un débit V_B donné.

Le transfert de matière est égal à L_A (a - x_1) ou V_B (y_1 - b) et en remplaçant x_1 et y_1 par leur valeur, on trouve : $\left(\frac{K a - b}{K + k}\right) L_A$

- Si les teneurs ne sont plus faibles(*) et entraînent des variations de débits non négligeables, il faut alors faire des corrections. Les débits deviennent, après échange, L'_1 et V'_1 (Figure 5).

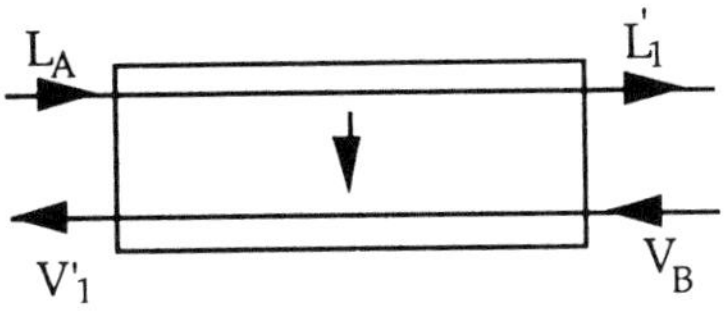

Figure 5

On peut calculer L'_1 et V'_1 en fonction de x :

$$L'_1 = L_A - (L_A a - L'_1 x_1) \quad \text{ou} \quad L'_1 = L_A \frac{1-a}{1-x_1} \quad \text{et} \quad L_A - L'_1 = L_A \frac{(a - x_1)}{1 - x_1}$$

$V'_1 = V_B + (L_A - L'_1)$, ou en remplaçant ($L_A - L'_1$) par sa valeur :

$$V'_1 = \frac{V_B (1 - x_1) + L_A (a - x_1)}{1 - x_1}$$

Le bilan général donne :

$$L_A a + V_B b = L'_1 x_1 + V'_1 y_1$$

et en tenant compte de l'équilibre :

$$L_A a + V_B b = x_1 (L'_1 + V'_1 K)$$

$$x_1 = \frac{L_A a + V_B b}{L'_1 + V'_1 K}$$

en remplaçant L'_1 et V'_1 par leurs valeurs, il vient :

$$x_1 = \frac{(L_A a + V_B b)(1 - x_1)}{L_A (1 - a) + V_B K (1 - x_1) + L_A K (a - x_1)}$$

(*) On suppose que les variations de débits sont dues uniquement aux variations de teneurs.

et en fonction de k :

$$x_1 = \frac{(k\,a + b)(1 - x_1)}{k(1 - a) + K(1 - x_1) + kK(a - x_1)}$$

En développant on obtient l'équation du second degré :

$$x_1^2 K(1 + k) - x_1 [k\,K\,a + k + K + b] + (ka + b) = 0$$

Pour k = 0, on retrouve $x_1 = b / K$; et pour $k = \infty$, on retrouve : $x_1 = a$; d'où $y_1 = Ka$ (avec $Ka < 1$).
On vérifie que l'on peut faire des erreurs importantes sur x_1, en négligeant les variations de débits, comme le montre, dans un cas particulier, la figure 6.

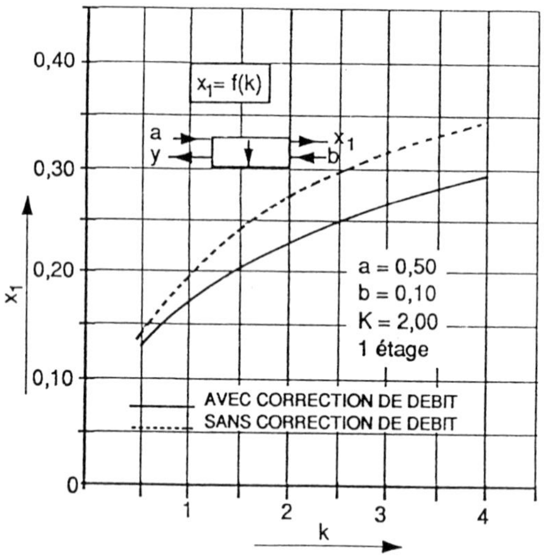

Figure 6

Le transfert est égal à $L_A - L_1'$, c'est-à-dire : $L_A \left(\frac{a - x_1}{1 - x_1}\right)$

4 - Le co-courant - Les courants croisés

Si on suppose l'équilibre réalisé en un seul étage, il n'y a aucune différence pour les bilans entre contre-courant et co-courant. Les relations donnant les teneurs établies pour le contre-courant sont valables pour le co-courant lorsqu'il n'existe qu'un étage. Il en est de même pour des courants croisés.

5 - Conclusion

On vient de montrer qu'il est impossible d'obtenir, en un seul étage, un produit pur, en quantité appréciable :

- Lorsqu'on opère avec une phase fixe donnant naissance à une phase éliminée immédiatement (équation de RAYLEIGH), on ne peut obtenir un produit pur qu'en fin d'opération, et en quantité infinitésimale.

- Dans le cas d'une opération réalisée "en continu" :
. on ne peut se rapprocher de la teneur maximale ($y_1 = K\,a$) qu'en produisant un débit très faible ($k \to \infty$ et $V_B \to 0$) ;
. on peut atteindre une teneur minimale de x ($x_1 = b/K$) et obtenir par exemple un solvant pratiquement pur, si b = 0, mais pour $k \to 0$, c'est-à-dire avec un débit très faible ($L_A \to 0$).

II Equilibre réalisé sur "n" étages

1 - Les courants croisés

Le mode de réalisation en courants croisés peut être schématisé comme il est indiqué sur la figure 7, avec des débits V_B égaux pour chaque étage :

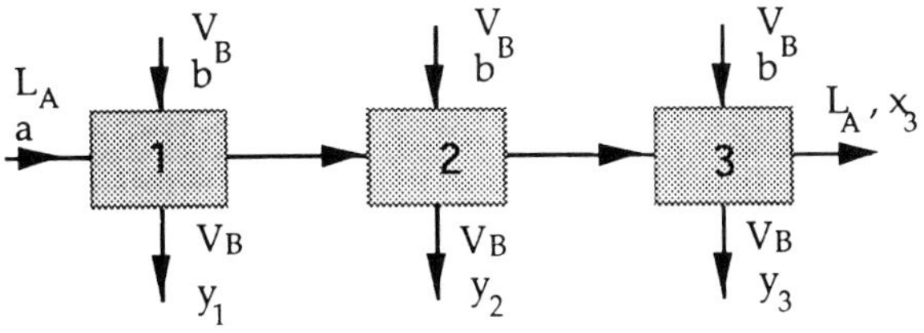

Figure 7

Si les débits sont supposés constants, le bilan de l'élément 1 donne :

$$L_A a + V_B b = L_A x_1 + V_B y_1$$

ou $$ka + b = kx_1 + y_1$$

avec $y_1 = K\,x_1$:

$$ka + b = kx_1 + Kx_1$$

$$\text{d'où : } x_1 = \frac{ka + b}{K + k}$$

de la même façon :

$$x_2 = \frac{kx_1 + b}{K + k}, \quad x_3 = \frac{kx_2 + b}{K + k}$$

Si on pose: $\frac{k}{K + k} = m$ et $\frac{b}{K + k} = \mathcal{B}$, les équations précédentes se simplifient :

$$\begin{array}{ll} x_1 = am + \mathcal{B} & y_1 = K(am + \mathcal{B}) \\ x_2 = x_1 m + \mathcal{B} & y_2 = K(x_1 m + \mathcal{B}) \\ x_3 = x_2 m + \mathcal{B} & y_3 = K(x_2 m + \mathcal{B}) \end{array} \qquad \text{avec } m < 1.$$

On remarque que :

$$x_1 - a = 1\,[a(m - 1) + \mathcal{B}]$$

$$x_2 - x_1 = m\,[a(m - 1) + \mathcal{B}]$$

$$x_3 - x_2 = m^2[a(m - 1) + \mathcal{B}]$$

ou généralement :

$$x_p - x_{p-1} = m^{P-1}\,[a(m - 1) + \mathcal{B}]$$

$$x_n - x_{n-1} = m^{n-1}\,[a(m - 1) + \mathcal{B}]$$

On en déduit :

$$x_n - a = (1 + m + m^2 + \ldots m^{n-1})\,[a(m - 1) + \mathcal{B}]$$

et sachant que : $1 + m + m^2 + \ldots\, m^{n-1} = \frac{1-m^n}{1-m}$

il vient : $x_n = a + \left(\frac{1-m^n}{1-m}\right)\left[a(m-1)+\mathcal{B}\right] = a - (1-m^n)\left[a - \frac{b}{K}\right]$

Les teneurs x seront décroissantes (transfert de $L \rightarrow V$) si :

$$a - \frac{b}{K} > 0$$

ou $b < Ka$, on retrouve la condition vue précédemment.

Le transfert, égal à $L_A\,(a - x_n)$, vaut, pour n_∞ : $\frac{L_A}{1 - m}\,[a(1 - m) - \mathcal{B}] = L_A\left(a - \frac{b}{K}\right)$,

il est alors maximal -

La valeur limite de x_n sera pour, n_∞, égale à b/K.

. On voit que l'on peut théoriquement obtenir pour x la valeur limite b/K avec un débit fini L_A, mais il faut un nombre infini d'étages, alors qu'avec un seul étage on ne peut obtenir cette valeur limite que pour L_A, = 0, c'est-à-dire avec un débit infiniment petit.

2- Le contre-courant

Les courants croisés ne permettent pas d'obtenir la teneur maximale de y avec des débits appréciables. D'autre part, l'obtention de nombreuses fractions à des teneurs variées est en général peu intéressante.

On a donc intérêt à utiliser chaque fraction intermédiaire pour l'alimentation de l'étage voisin, et réaliser un contre-courant, comme le montre le schéma de la figure 8 :

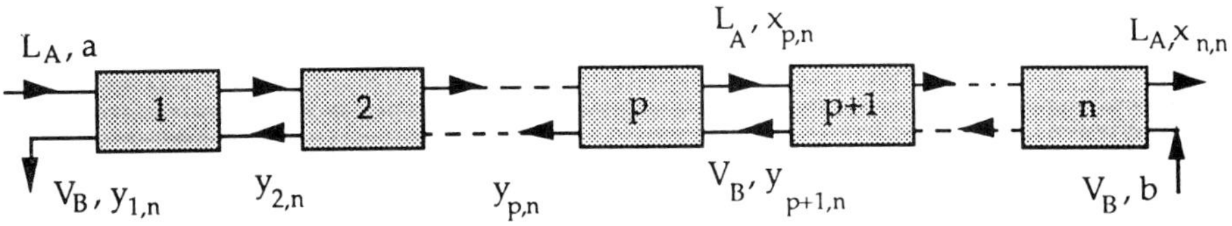

Figure 8

On supposera, jusqu'au point intitulé "Variations de débits", que les débits L et V sont constants, ce qui est approximativement réalisé lorsque les teneurs sont faibles.

L'influence du nombre d'étages sur les teneurs intermédiaires étant spécialement étudiée dans ce chapitre, nous avons adopté une notation indicielle double pour les teneurs, et, lorsque cela est nécessaire, pour les débits.

Par exemple, la notation $x_{p,n}$ symbolise la teneur de la phase liquide sortant du $p^{ème}$ étage d'un ensemble de n étages, le premier étage étant l'étage d'alimentation de la phase L.
Cette double notation sera abandonnée dans les chapitres suivants.

. Calcul des teneurs - (Figure 8)

Le bilan entre l'extrémité d'alimentation (L_A, a) et l'étage p donne :

$$V_B\,(y_{1,n} - y_{p+1,n}) = L_A(a - x_{p,n})\text{ , et avec } L_A/V_B = k :$$

$y_{1,n} - y_{p+1,n} = k(a - x_{p,n})$. Si $y_{p,n} = K\,x_{p,n}$ on trouve :

$$y_{p+1,n} = \frac{k}{K} y_{p,n} + y_{1,n} - ka$$

pour $p = 0$ $\quad y_{1,n} = y_{1,n}$

pour $p = 1$ $\quad y_{2,n} = \frac{k}{K} y_{1,n} + y_{1,n} - ka = y_{1,n}(\frac{k}{K} + 1) - ka$

pour $p = 2$ $\quad y_{3,n} = \frac{k}{K}\, y_{2,n} + y_{1,n} - ka$

En remplaçant $y_{2,n}$ par sa valeur tirée de la relation précédente :

$$y_{3,n} = \frac{k}{K}\left[y_{1,n}\left(\frac{k}{K} + 1\right) - ka\right] + y_{1,n} - ka$$

$$y_{3,n} = y_{1,n}\left[\frac{k^2}{K^2} + \frac{k}{K} + 1\right] - ka\left[1 + \frac{k}{K}\right]$$

et en généralisant :

$$y_{p+1,n} = y_{1,n}\left[\left(\frac{k}{K}\right)^{p} + \left(\frac{k}{K}\right)^{p-1} \ldots + 1\right] - ka\left[\left(\frac{k}{K}\right)^{p-1} + \left(\frac{k}{K}\right)^{p-2} \ldots + 1\right]$$

Sachant que : $\left(\frac{k}{K}\right)^{p} + \left(\frac{k}{K}\right)^{p-1} \ldots + 1 = \dfrac{1 - \left(\frac{k}{K}\right)^{p+1}}{1 - k/K}$

et $\left(\frac{k}{K}\right)^{p-1} + \left(\frac{k}{K}\right)^{p-2} \ldots + 1 = \dfrac{1 - \left(\frac{k}{K}\right)^{p}}{1 - k/K}$

On trouve :

$$y_{p+1,n} = \frac{y_{1,n}[1 - (k/K)^{p+1}] - ka\,[1 - (k/K)^{p}]}{1 - k/K}$$

ou en posant $\mathcal{A} = \frac{k}{K}$ il vient : $y_{p+1,n} = \frac{y_{1,n}[1 - \mathcal{A}^{p+1}] - ka[1 - \mathcal{A}^{p}]}{1 - \mathcal{A}}$

A l'extrémité de l'alimentation de la phase V, on peut écrire que $b = y_{n+1,n}$, l'alimentation à la teneur b étant supposée venir d'un étage fictif (n+1). On a donc, par application de la dernière relation :

$$b = y_{n+1,n} = \frac{y_{1,n}[1 - \mathcal{A}^{n+1}] - ka[1 - \mathcal{A}^{n}]}{1 - \mathcal{A}}$$

Expression qui permet de calculer $y_{1,n}$:

$$y_{1,n} = \frac{b[1 - \mathcal{A}] + ka[1 - \mathcal{A}^{n}]}{1 - \mathcal{A}^{n+1}}$$

soit, après réarrangement :

$$\boxed{y_{1,n} = \frac{b K^{n}(K - k) + aKk(K^{n} - k^{n})}{K^{n+1} - k^{n+1}}} \qquad (3)$$

Pour connaître les teneurs intermédiaires, il suffit de porter les valeurs de $y_{1,n}$ dans l'expression de $y_{p+1,n}$. On trouve, après simplifications :

$$y_{p+1,n} = \frac{b[1 - \mathcal{A}^{p+1}] + ka[\mathcal{A}^{p} - \mathcal{A}^{n}]}{1 - \mathcal{A}^{n+1}}$$

et pour la phase V quittant l'étage p :

$$y_{p,n} = \frac{b[1 - \mathcal{A}^{p}] + ka[\mathcal{A}^{p-1} - \mathcal{A}^{n}]}{1 - \mathcal{A}^{n+1}}$$

Sachant que $y_{p,n} = K x_{p,n}$, on trouve immédiatement :

$$x_{p,n} = \frac{b[1 - \mathcal{A}^{p}] + ka[\mathcal{A}^{p-1} - \mathcal{A}^{n}]}{K[1 - \mathcal{A}^{n+1}]}$$

La teneur finale $x_{n,n}$ s'obtient en faisant p = n dans la relation précédente :

$$x_{n,n} = \frac{b\,[1 - \mathcal{A}^{n}] + ka\,[\mathcal{A}^{n-1} - \mathcal{A}^{n}]}{K[1 - \mathcal{A}^{n+1}]}$$

soit après réarrangement :

$$\boxed{x_{n,n} = \frac{b[K^n - k^n] + ak^n[K - k]}{(K^{n+1} - k^{n+1})}} \qquad (4)$$

Il existe une symétrie évidente entre $x_{n,n}$ et $y_{1,n}$. On passe de $x_{n,n}$ à $y_{1,n}$ en remplaçant k par 1/k, K par 1/K, a par b et b par a.

Ces relations, sous des formes légèrement différentes, sont connues sous le nom de formules de KREMSER.

On peut également écrire les teneurs en fonction de m = k/(K+k), on trouve alors les expressions suivantes :

$$x_{n,n} = \frac{am^n(2m-1) + \left[m^n - (1-m)^n\right](1-m)b/K}{m^{n+1} - (1-m)^{n+1}} \qquad (5)$$

$$y_{1,n} = \frac{maK\left[m^n - (1-m)^n\right] + (2m-1)(1-m)^n b}{m^{n+1} - (1-m)^{n+1}} \qquad (6)$$

Le cas particulier, K = k, donne :

$$x_{n,n} = \frac{a + n\,b/K}{n+1} \quad \text{et} \quad y_{1,n} = \frac{aKn + b}{n+1}$$

On remarque que les teneurs x et y sont des fonctions homogènes du premier degré en a et b.

En comparant $x_{p,n}$ et $x_{p-1,n}$ on montre facilement que $x_{p,n} < x_{p-1,n}$ lorsque Ka > b.

En effet, en explicitant :

$$\frac{b[1-\mathcal{A}^{p}]+ka[\mathcal{A}^{p-1}-\mathcal{A}^{n}]}{(1-\mathcal{A}^{n+1})} < \frac{b[1-\mathcal{A}^{p-1}]+ka[\mathcal{A}^{p-2}-\mathcal{A}^{n}]}{(1-\mathcal{A}^{n+1})}$$

la condition : $ka\,\mathcal{A}^{p-2} > b\,\mathcal{A}^{p-1}$

impose : $ka > b\mathcal{A}$

ou $Ka > b$

Les teneurs $x_{p,n}$ sont décroissantes de l'étage 1 à l'étage n si $Ka > b$. Dans ces conditions le transfert de matière a lieu de la phase L à la phase V.
Si $Ka = b$, ($y_{1,n} = b$, $x_{n,n} = a$), il n'y a pas de transfert possible, les deux phases sont déjà à l'équilibre avant d'entrer dans l'ensemble des échangeurs. Pour $Ka < b$ l'échange aurait lieu de la phase V vers la phase L.

Nous n'envisagerons dans la suite de ce chapitre que l'enrichissement de la phase V, aux dépens de la phase L, c'est-à-dire le cas pour lequel $b < Ka$.

. Calcul du transfert.

Le transfert a pour valeur $L_A\,(a - x_{n,n})$

Calculons $(a - x_{n,n})$ à partir de l'expression (4) ci-dessus :

$$a - x_{n,n} = \frac{a\,(K^{n+1} - k^{n+1}) - b\,(K^{n} - k^{n}) - a\,k^{n}(K - k)}{K^{n+1} - k^{n+1}}$$

en simplifiant :

$$a - x_{n,n} = \frac{(Ka - b)\,(K^{n} - k^{n})}{K^{n+1} - k^{n+1}}$$

Pour $n \to \infty$, on constate que :

$(a - x_{n,n}) \to (a - b/K)$ si $K > k$

$(a - x_{n,n}) \to (a - b/K)\,\frac{K}{k}$ si $K < k$

On a tracé les courbes, figure 9, donnant $(a - x_{n,n})$ en fonction de $m = k/(K+k)$ pour différentes valeurs de n. Pour un débit L_A constant, elles représentent les variations du transfert, a, b et K étant fixés.

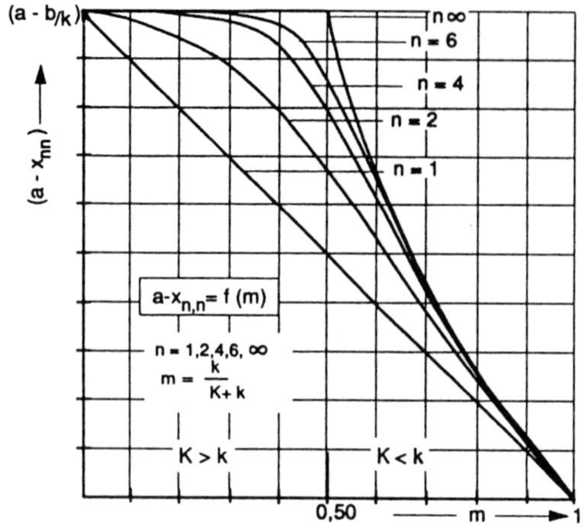

Figure 9

La démonstration géométrique de ce résultat est très facile, dans un diagramme y = f(x)(*)

. Valeurs "limite" de x et y.

On déduit des résultats de l'alinéa précédent :

- $x_{n,n} \rightarrow b/K$ pour $n \rightarrow \infty$ si $K > k$

- $x_{n,n} \rightarrow \dfrac{a\,(k - K) + b}{k}$ pour $n \rightarrow \infty$ si $K < k$

On calcule les valeurs "limite" de $y_{1,n}$ par bilan :

$$L_A\,(a - x_{n,n}) = V_B\,(y_{1,n} - b)$$

$$k\,(a - x_{n,n}) = y_{1,n} - b$$

En tenant compte des valeurs "limite" de $(a - x_{n,n})$ on trouve les résultats suivants :

$y_{1,n} \rightarrow \left(a - \dfrac{b}{K}\right)k + b$ pour $n \rightarrow \infty$ si $K > k$

$y_{1,n} \rightarrow K\,a$ pour $n \rightarrow \infty$ si $K < k$

(*) voir le chapitre "Représentation des bilans et des plateaux théoriques".

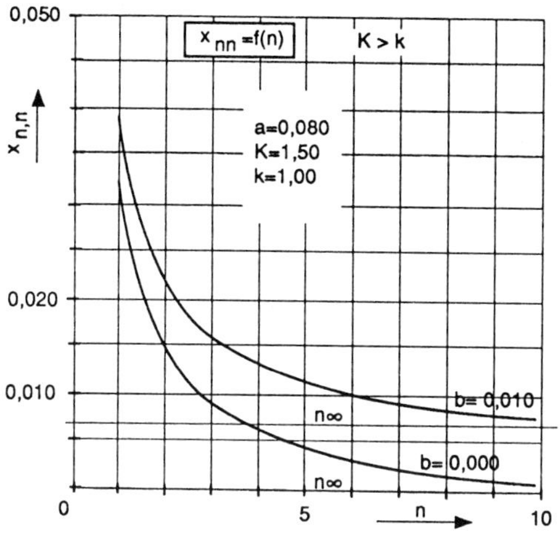

Figure 10

On constate que pour appauvrir au maximum la phase L, il faut lui opposer une phase V d'une teneur aussi faible que possible (b→ 0).
De même, pour enrichir au maximum la phase V, il faut lui opposer une phase L de teneur aussi forte que possible (Figures 10 et 11).

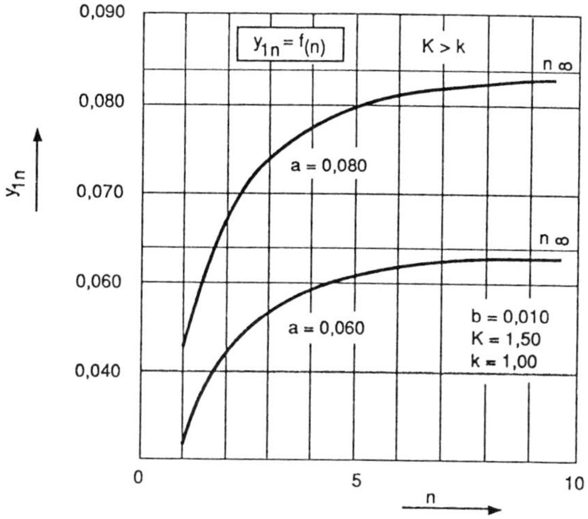

Figure 11

Ceci peut être réalisé, si on ne dispose pas de sources extérieures aux teneurs désirées, par un recyclage des produits, après une inversion de phase. Le recyclage sera étudié dans un prochain alinéa.

. Le rendement d'extraction maximum

Le rendement d'extraction peut être défini; soit par le rapport : $\frac{L_A(a - x_{n,n})}{L_A a + V_B b}$, soit par le rapport $\frac{L_A(a - x_{n,n})}{L_A a}$, selon la valeur que l'on attribue à la phase V entrante.

Sous sa forme la plus générale, il peut encore s'écrire : $\frac{k(a - x_{n,n})}{ka + b} = r^t$

En remplaçant $x_{n,n}$ par sa valeur "limite", on trouve :

$$\text{rendement} \rightarrow \frac{(aK - b)}{(ak + b)} \frac{k}{K} \quad \text{pour } n \rightarrow \infty \quad \text{si } K > k$$

$$\text{rendement} \rightarrow \frac{aK - b}{ak + b} \quad \text{pour } n \rightarrow \infty \quad \text{si } K < k$$

. Influence des débits

L'influence des débits peut se concrétiser en faisant varier k, K et les conditions opératoires étant constantes. Si on reprend les équations (3) et (4) on constate que :

- $x_{n,n}$ varie de b/K pour k=0 à a pour $k_{=\infty}$

- $y_{1,n}$ varie de b pour k=0 à Ka pour $k_{=\infty}$

On peut tracer les teneurs soit en fonction de $\mathcal{A}$, soit en fonction de m. La figure 12 donne l'évolution de $x_{n,n}$ et $y_{1,n}$ en fonction de m pour 3 étages, avec K = 1,20, a = 0,080 et b = 0,012.

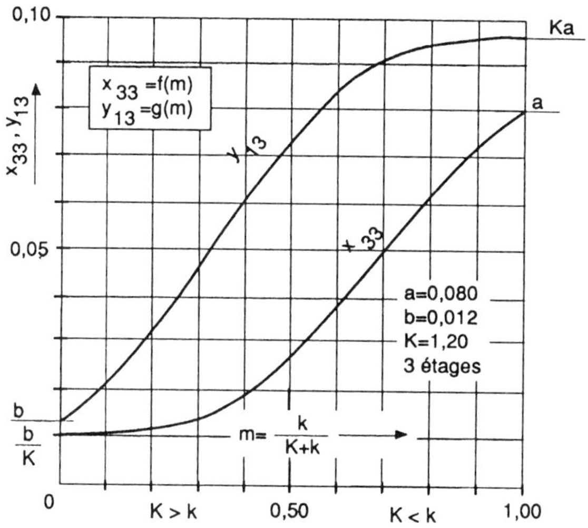

Figure 12

Si le débit V_B est constant, les teneurs croissent avec L_A. Le transfert qui est égal à V_B ($y_{1,n}$-b), croît aussi avec L_A pour V_B constant. Pour $L_{A\infty}$, il est maximum et égal à V_B(Ka -b). Limite toute théorique comme nous le montrerons bientôt.

Nous verrons dans le chapitre "Représentation des bilans et des plateaux théoriques" que l'interprétation graphique de ces résultats est évidente.

On peut tracer les courbes donnant les variations du transfert et du rendement avec L_A pour un débit V_B donné, et ceci pour 1, 2, 3 étages, comme le montre la figure 13. Le transfert augmente avec le débit de la source L_A et pour un débit L_A fixé, il est d'autant plus grand que le nombre d'étages est élevé (Figure 13a). Pour le même transfert de matière, il faut donc une source d'autant plus importante que le nombre d'étages est faible. Le rendement croît avec le nombre d'étages, comme on le constate sur la figure 13b. **On voit que le contre-courant à étages multiples économise la matière**. Dans tous les cas, le rendement décroît avec le débit L_A.

Il est évident que dans la pratique, on ne peut obtenir l'équilibre sur chaque étage pour n'importe quel débit. Nous avons supposé dans la figure 13a que K décroissait linéairement avec le débit L_A, à partir de $L_A = 2.V_B$ (courbes en pointillés).

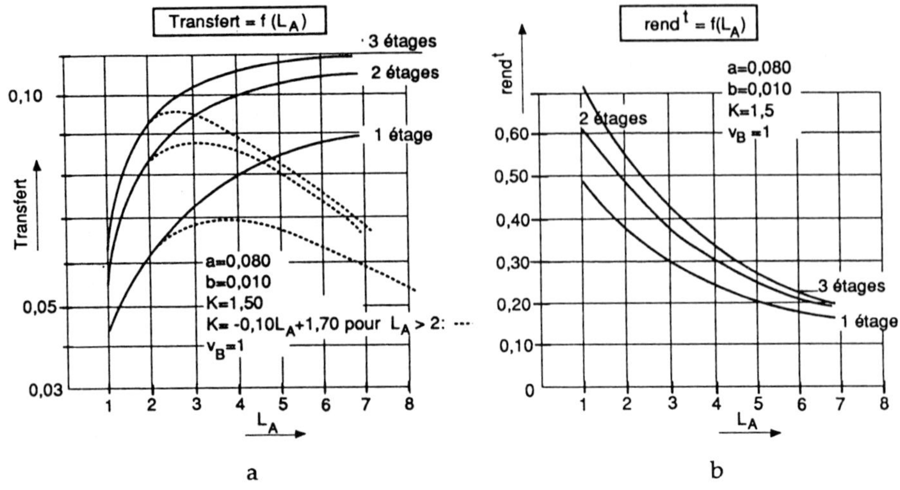

Figure 13

. Le recyclage

On a vu que la valeur maximale de y était égale à Ka pour un nombre d'éléments (ou étages) infini. Peut-on dépasser cette valeur, même avec un nombre fini d'éléments ?

- Prenons l'exemple d'une source L_A de teneur a = 0,050 et une phase à enrichir de teneur b = 0,00. Supposons que K =1,20 et k=1,80 d'où $\mathcal{A}$ = 1,5 et m = 0,60. Nous disposons de 6 éléments d'échange. Les teneurs calculées grâce aux relations (3) et (4) précédentes sont portées sur le schéma de la figure 14 :

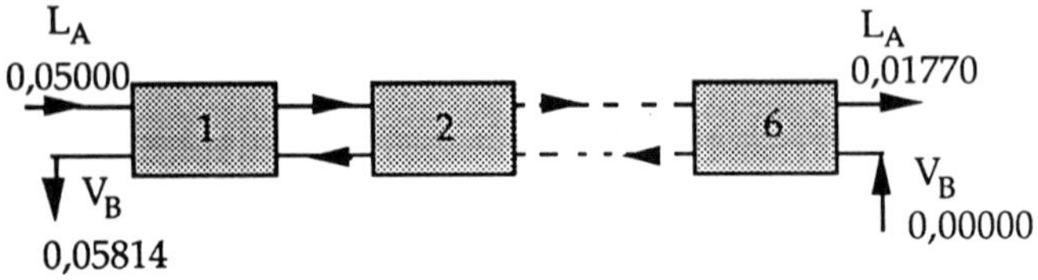

Figure 14

Supposons maintenant que nous disposions d'une nouvelle source L_A, de teneur a = 0,0600, les autres conditions étant identiques, les teneurs deviendraient :

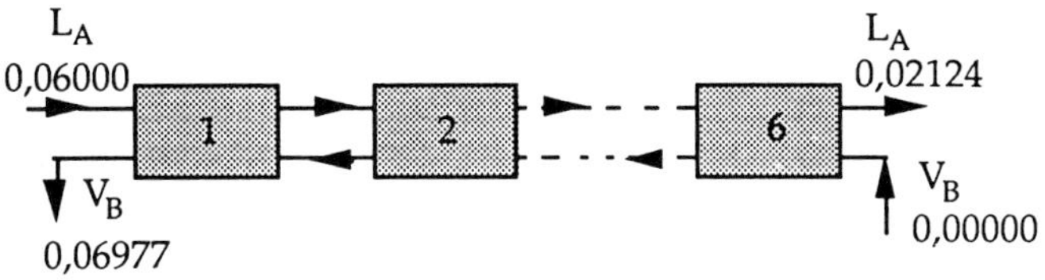

Figure 15

Nous pouvons obtenir une source de teneur 0,0600, à partir d'une source de teneur 0,0500 et d'une source de teneur 0,06977. Ceci peut être réalisé par une inversion (ou transformation) de phase entre les phases V et L. Il s'agira pratiquement, d'une vaporisation dans le cas des rectifications ou d'un craquage(*), dans le cas de certains procédés chimiques (ex : échange isotopique).
Si nous gardons les mêmes débits L_A et V_B dans les éléments d'échange et si le débit $L_A r$ de la phase V_B enrichie passe dans l'alimentation, nous obtenons le schéma de la figure 16 :

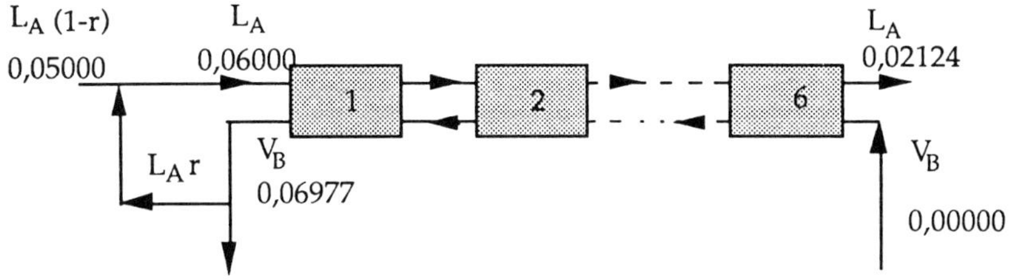

Figure 16

On voit qu'il est possible de dépasser, pour $y_{1,n}$, la teneur Ka =0,06000 avec un nombre limité d'éléments d'échange, mais au prix, comme nous allons le montrer, d'une baisse de rendement très significative.
Le débit de recyclage est tel que :

$$0{,}0600 = 0{,}06977\, r + (1 - r)\, 0{,}05000$$
$$r = 0{,}5058$$

Le rendement qui était de :

$$r^t = \frac{(0{,}05000 - 0{,}01770)}{0{,}05000} = 0{,}626$$

devient :

$$r^t = \frac{0{,}05000 \times 0{,}4942 - 0{,}02124}{0{,}05000 \times 0{,}4942} = 0{,}140$$

(*) Ou encore : condensation ou synthèse.

- Dans le cas le plus général, on conserve le débit L_A de la source. Le débit global rentrant dans les éléments d'échange devient (r+1) L_A, comme le montre le schéma de la figure 17 :

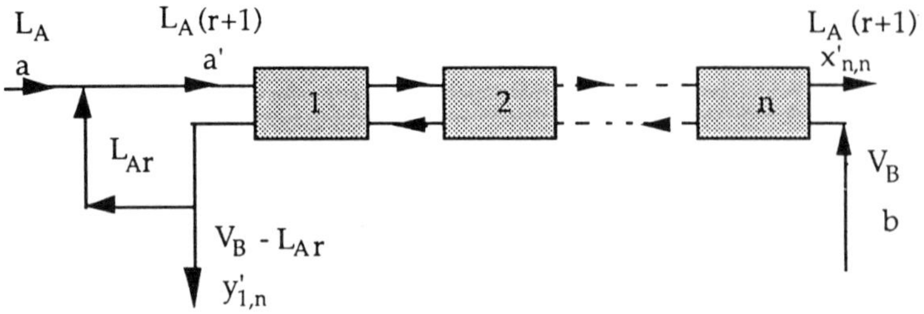

Figure 17

La teneur de l'alimentation devient : $a' = \dfrac{a + r\,y'_{1,n}}{r+1}$

La variation de L_A provoque une variation de k, donc de $\mathcal{A}$ et de m :

$$k' = k\,(r+1)\,,\quad \mathcal{A}' = \mathcal{A}\,(r+1) \quad \text{et} \quad m' = \frac{m\,(r+1)}{1+mr}$$

$x'_{n,n}$ et $y'_{1,n}$ seront calculés en remplaçant a et k par a' et k' dans les équations (3) et (4) ou a et m par a' et m' dans les équations (5) et (6). Il faut évidemment que $L_Ar < V_B$ ou $r < 1/k$ pour que le débit (V_B - L_Ar) soit positif.

Le rendement de l'extraction devient : $r^t = \dfrac{L_A\,[a - (1+r)\,x'_{n,n}]}{L_A\,a + V_B\,b}$

Prenons l'exemple d'un ensemble de 3 éléments, alimenté pour une phase L de teneur a = 0,0500. La phase V a pour teneur 0,01200, la constante K vaut 1,50 et, sans recyclage, k=1.

La figure 18 donne :

- d'une part, les variations de $y'_{1,3}$ en fonction du recyclage r, ou en fonction des seules variations de débit (sans recyclage avec un débit L_A (1 + r)) (Figure 18a) ;

- d'autre part l'influence de r sur le rendement (Figure 18b).

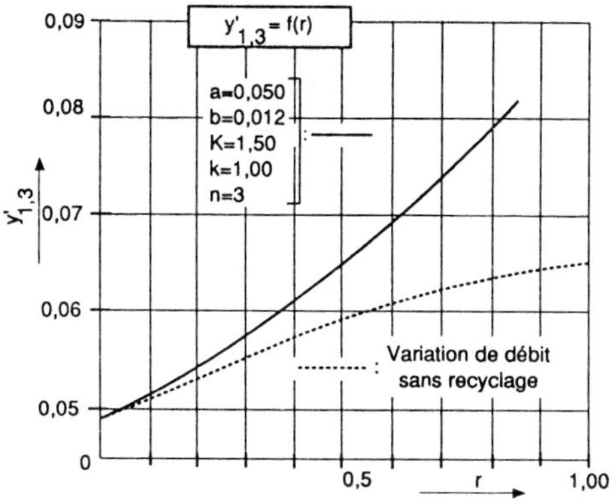

a

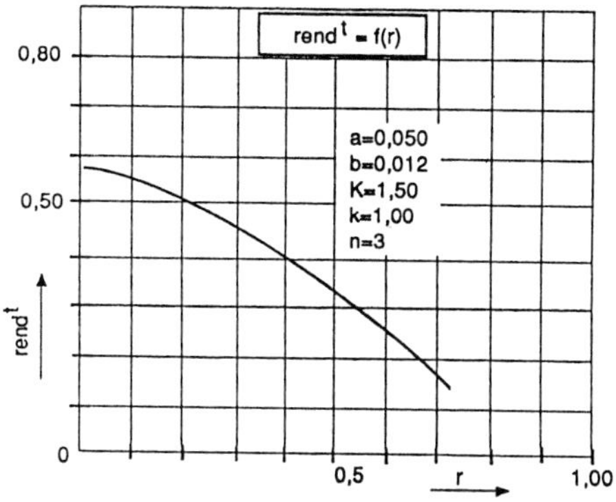

b

Figure 18

. Alimentation intermédiaire

Le problème est le suivant : disposant d'une source intermédiaire, d'une certaine teneur, entre quels éléments doit-on introduire cette source pour que le transfert soit maximal ?

Nous avons deux ensembles comportant p et n-p éléments, séparés par l'alimentation intermédiaire de teneur u et de débit $L_A r$ (Figure 19).

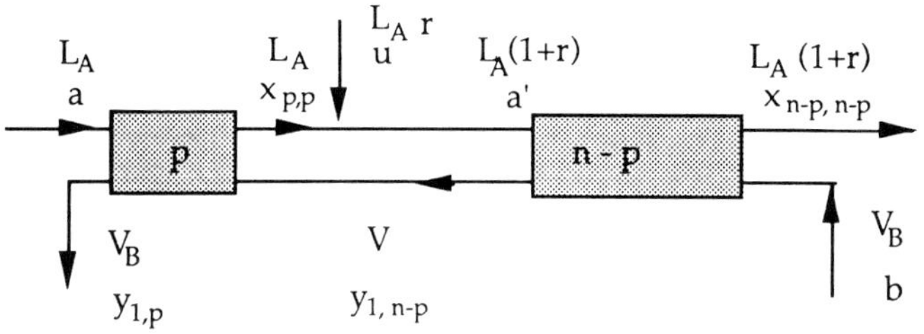

Figure 19

L'ensemble (n-p) est alimenté par un débit $L_A(1+r)$ de teneur a', telle que :

$$L_A\, x_{p,p} + L_A\, r\, u = L_A\,(1+r)\, a'$$

$$\frac{x_{p,p} + r\,u}{1 + r} = a'$$

Pour l'ensemble (n - p) le rapport des débits vaut : $k' = k\,(1 + r)$.

Des équations (3) et (4) on tire :

$$y_{1,n-p} = \frac{bK^{n-p}(K - k') + a'K\,k'\,[K^{n-p} - k'^{\,n-p}]}{K^{n-p+1} - k'^{\,n-p+1}} = \frac{N_{n-p}}{D_{n-p}}$$

$$x_{p,p} = \frac{y_{1,n-p}\,[K^p - k^p] + a\,k^p\,[K - k]}{K^{p+1} - k^{p+1}} = \frac{N_p}{D_p}$$

portons la valeur de $y_{1,n-p}$ dans $x_{p,p}$:

$$x_{p,p} = \frac{[bK^{n-p}(K - k') + a'Kk'(K^{n-p} - k'^{\,n-p})](K^p - k^p) + ak^p(K - k)\,D_{n-p}}{D_{n-p}\,.\,D_p}$$

remplaçons a' par sa valeur : $\dfrac{x_{p,p} + r\,u}{1 + r}$

$$x_{p,p} = \frac{[bK^{n-p}(K - k')(1+r) + (x_{p,p} + r\,u)Kk'(K^{n-p} - k'^{\,n-p})](K^p - k^p) + ak^p(1+r)(K - k)\,D_{n-p}}{(1+r)D_{n-p}\,.\,D_p}$$

d'où on tire :

$$x_{p,p} = \frac{[bK^{n-p}(K - k')(1+r) + r\,uKk'(K^{n-p} - k'^{\,n-p})](K^p - k^p) + ak^p(1+r)(K - k)\,D_{n-p}}{(1+r)D_{n-p}\,.\,D_p - K\,k'\,(K^{n-p} - k'^{\,n-p})\,(K^p - k^p)}$$

Calculons $\dfrac{x_{p,p} + r\,u}{1 + r}$:

$$\frac{x_{p,p} + r\,u}{1 + r} = \frac{bK^{n-p}(K - k')\,(K^p - k^p) + ak^p\,(K - k)\,D_{n-p} + r\,u\,D_{n-p}\,D_p}{(1+r)D_{n-p}\,.\,D_p - K\,k'\,(K^{n-p} - k'^{\,n-p})\,(K^p - k^p)} \qquad (7)$$

$\dfrac{x_{p,p} + r\,u}{1 + r}$ est la teneur de la phase L d'alimentation de l'ensemble n -p, ce qui permet de calculer facilement $x_{n-p,n-p}$:

$$x_{n-p,n-p} = \frac{b(K^{n-p} - k'^{n-p}) + (x_{p,p} + r u)(K - k')k'^{n-p}/1+r}{D_{n-p}}$$

Remplaçons $\frac{x_{p,p} + r u}{1 + r}$ par sa valeur calculée en (7), il vient :

$$x_{n-p,n-p} = \frac{k'^{n-p}(K - k')[a k^{p}(K - k) + r u D_p]}{(1+r)D_{n-p} \cdot D_p - K k'(K^{n-p} - k'^{n-p})(K^p - k^p)}$$

$$+ b\frac{\{(K^{n-p} - k'^{n-p})[(1+r)D_{n-p}D_p - K k'(K^{n-p} - k'^{n-p})(K^p - k^p)] + k'^{n-p}(K - k')^2 K^{n-p}(K^p - k^p)\}}{D_{n-p}[(1+r)D_{n-p}D_p - K k'(K^{n-p} - k'^{n-p})(K^p - k^p)]} \qquad (8)$$

On obtient le même genre de relation à partir des expresssions (5) et (6), en fonction de m, m' et r. $\left(m' = \frac{k'}{k' + K} \right)$ -

L'expression (8) permet de calculer $x_{n-p,\, n-p}$ en fonction de p, pour un nombre d'éléments d'échange n donné, toutes les autres conditions étant fixées (u, r, a, b, k, K). Ceci revient à changer la place de l'alimentation intermédiaire et à tester l'influence de cette place sur l'appauvrissement final, donc sur le transfert.

La figure 20 donne un exemple pour un ensemble de 10 éléments.
Le transfert est maximum ($x_{n-p,\, n-p}$ le plus petit) pour une alimentation entre les 5e et 6e éléments d'échange (Figure 20a). Si on calcule pour chaque point de la courbe l'écart ($x_{p,p} - u$), on constate que cet écart est bien minimal lorsqu'on alimente entre le 5e et le 6e élément (Figure 20b).

Il faut donc introduire l'alimentation intermédiaire, résultat bien connu, à l'endroit qui perturbe le moins les teneurs.

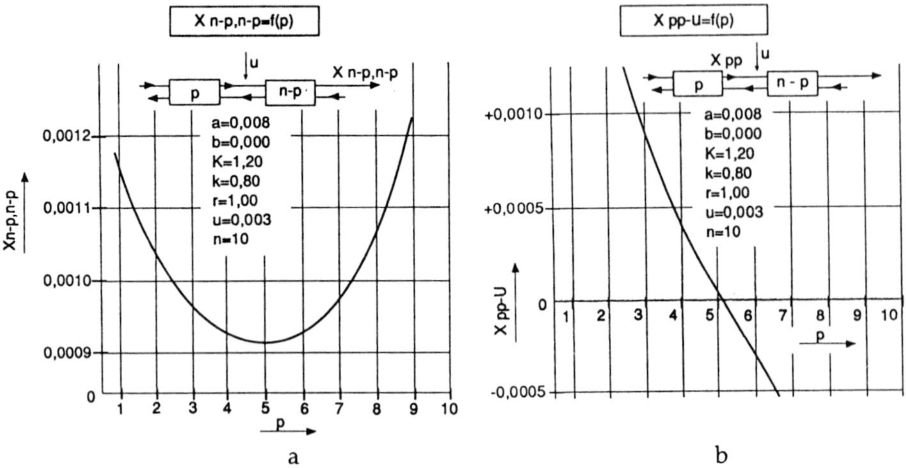

a b

Figure 20

. Variations de débits

Nous avons supposé jusqu'ici les débits constants, nous envisagerons maintenant les variations de débit dues uniquement au transfert de matière de la phase L vers la phase V. Les variations de teneurs en soluté peuvent être assez fortes pour que l'on ne puisse plus supposer les débits constants.

- Calcul des débits

Reprenons un ensemble de trois éléments d'échange schématisé figure 21 et calculons les débits $L_{1,3}$, $L_{2,3}$, $L_{3,3}$ et $V_{1,3}$, $V_{2,3}$, $V_{3,3}$ en fonction de a, $x_{1,3}$, $x_{2,3}$, $x_{3,3}$, L et V_B.

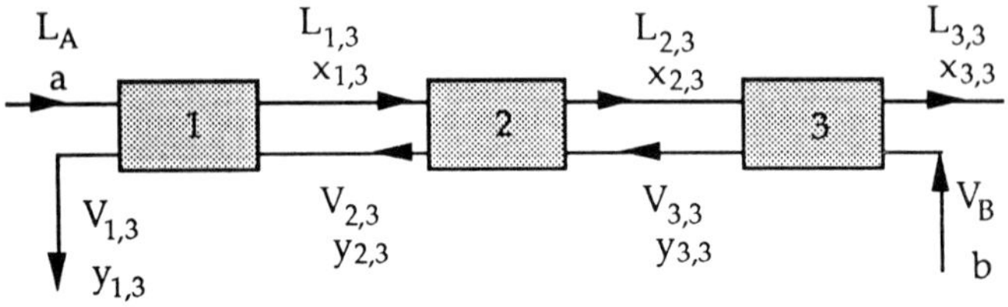

Figure 21

La variation de débit de L_A à $L_{1,3}$ est égale à $(L_A a - L_{1,3} x_{1,3})$

$$\text{d'où } L_{1,3} = \frac{L_A (1 - a)}{1 - x_{1,3}}$$

On aura de même :

$$L_{2,3} = L_{1,3} - (L_{1,3}x_{1,3} - L_{2,3}x_{2,3})$$

$$\text{ou : } L_{2,3}(1 - x_{2,3}) = L_{1,3}(1 - x_{1,3})$$

En remplaçant $L_{1,3}$ par sa valeur on trouve :

$$L_{2,3} = \frac{L_A\,(1 - a)}{1 - x_{2,3}}$$

En généralisant, on a pour le p^e élément d'un ensemble de n éléments :

$$L_{p,n} = \frac{L_A\,(1 - a)}{1 - x_{p,n}}$$

et pour le n^e élément : $L_{n,n} = \dfrac{L_A\,(1 - a)}{1 - x_{n,n}}$

Pour la phase V on calculera le même type de bilans, la matière perdue par la phase L étant reçue par la phase V :

$$V_{3,3} = V_B + L_{2,3}\,x_{2,3} - L_{3,3}\,x_{3,3}$$

En remplaçant $L_{2,3}$ et $L_{3,3}$ par leurs valeurs :

$$V_{3,3} = V_B + L_A\,(1-a)\left[\frac{x_{2,3}}{1 - x_{2,3}} - \frac{x_{3,3}}{1 - x_{3,3}}\right]$$

On aura de même :

$$V_{2,3} = V_{3,3} + L_{1,3}\,x_{1,3} - L_{2,3}\,x_{2,3}$$

$$\text{d'où } V_{2,3} = V_B + L_A\,(1-a)\left[\frac{x_{1,3}}{1 - x_{1,3}} - \frac{x_{3,3}}{1 - x_{3,3}}\right]$$

$$\text{et } V_{1,3} = V_B + L_A\,(1-a)\left[\frac{a}{1 - a} - \frac{x_{3,3}}{1 - x_{3,3}}\right]$$

En généralisant :

$$V_{p,n} = V_B + L_A\,(1-a)\left[\frac{x_{p-1,n}}{1 - x_{p-1,n}} - \frac{x_{n,n}}{1 - x_{n,n}}\right]$$

$$\text{et } V_{1,n} = V_B + L_A \frac{(a - x_{n,n})}{1 - x_{n,n}}$$

On peut résumer ainsi les variations de débits, pour un transfert de L vers V :

plateau	0	p	n
x	a	$x_{p,n}$	$x_{n,n}$
débit sortant phase L	L_A	⟶	$\frac{L_A\,(1-a)}{1 - x_{n,n}}$
débit entrant phase V	$V_B + L_A \frac{(a - x_{n,n})}{1 - x_{n,n}}$	⟵	V_B

Le rapport des débits peut varier considérablement entre les éléments 1 et n. Si nou appelons k' le rapport de débits pris entre les éléments d'échange, soit $L_A/V_{1,n}$, $L_{1,n}/V_{2,n}$...
nous pouvons écrire :

$$k' = \frac{L_A(1-a)}{\left(1-x_{p,n}\right)\left[V_B + L_A(1-a)\left(\frac{x_{p,n}}{1-x_{p,n}} - \frac{x_{n,n}}{1-x_{n,n}}\right)\right]} = \frac{L_{p,n}}{V_{p+1,n}}$$

Soit, en faisant apparaître le rapport de débits aux extrémités, $L_A/V_B = k$, e en remplaçant $x_{p,n}$ par x et $\frac{x_{n,n}}{1 - x_{n,n}}$ par J :

$$k' = \frac{k(1 - a)}{1 - x + k\,(1 - a)\,[x\,(1 + J) - J]}$$

$$\text{ou } k' = \frac{k(1 - a)}{x\,[k(1 - a)\,(1+J) - 1] + 1 - kJ\,(1 - a)}$$

Nous trouvons l'équation générale permettant le calcul des variations d rapport des débits le long d'un ensemble d'éléments. La figure 22 donne les valeu de k'/k en fonction de x pour a=0,50. Les pentes sont inversées lorsqu'on passe de k(1-a)(1+J) - 1 > 0 à k(1-a)(1+J) - 1 < 0. Pour k(1-a) (1+J) - 1 = 0, les débits varient, mais le rapport de débits est constant et égal à 1.

Cette condition correspond à $k = \frac{1 - x_{n,n}}{1 - a}$, et le rapport des débits devient :

$k' = \frac{k\,(1 - a)}{1 - k\,J\,(1 - a)}$. Si on remplace J et k par leur valeur, on trouve k'=1.

On a V = L pour tous les éléments, bien que L et V varient d'un élément à un autre.

On trouve bien, aux extrémités :

$$L_{n,n} = V_B = L_A \frac{(1-a)}{1-x_{n,n}} \quad \text{et } V_{1,n} = L_A = V_B + L_A \frac{a - x_{n,n}}{1-x_{n,n}}$$

Dans le cas général, la différence des débits $(V_{p+1,n} - L_{p,n})$ est évidemment constante, en effet :

$$V_{p+1,n} - L_{p,n} = V_B + L_A\,(1 - a)\left[\frac{x_{p,n}}{1 - x_{p,n}} - J\right] - \frac{L_A(1 - a)}{1 - x_{p,n}}$$

$$\text{et} \quad V_{p+1,n} - L_{p,n} = V_B - L_A\,(1 - a)\,(J + 1) = V_B\,[1-k\,(1-a)\,(J+1)]$$

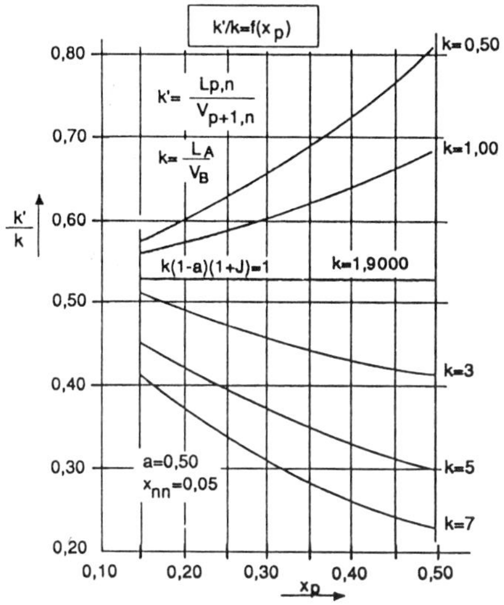

Figure 22

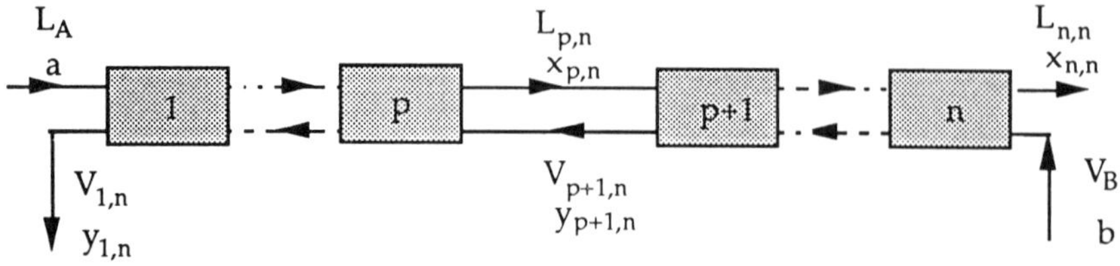

Figure 23

- Les équations de bilans

- Le bilan de matière, pour le corps transféré de la phase L à la phase V, s'écrit, (Figure 23), sachant que les débits varient :

$d(x_{p,n}L_{p,n}) = d(y_{p+1,n}V_{p+1,n})$. Si x et y sont les teneurs entre les éléments p et p+1 :

$$d(xL_{p,n}) = d(yV_{p+1,n})$$

ou encore $x\,dL_{p,n} + L_{p,n}\,dx = V_{p+1,n}\,dy + y\,dV_{p+1,n}$ (9)

La différence des débits étant constante, on a vu que :

$$V_{p+1,n} = L_{p,n} + V_B - L_A\,(1\text{-}a)\,(J+1)$$

On sait aussi que $L_{p,n} = \dfrac{L_A\,(1 - a)}{1 - x}$, d'où en portant dans l'équation (9) :

$$x\,d\left[\frac{L_A(1\text{-}a)}{1\text{-}x}\right] + \frac{L_A(1 - a)}{1 - x}dx = \left[\frac{L_A(1\text{-}a)}{1\text{-}x} + V_B - L_A(1\text{-}a)\,(J+1)\right]dy + y\,d\left[\frac{L_A(1\text{-}a)}{1\text{-}x}\right]$$

$$\text{ou : } (x\text{-}y)\,d\left[\frac{L_A(1\text{-}a)}{1\text{-}x}\right] + L_A\frac{(1 - a)}{1 - x}dx = \left[L_A(1\text{-}a) + V_B(1\text{-}x) - L_A\,(1\text{-}a)\,(J+1)\,(1 - x)\right]\frac{dy}{(1 - x)}$$

$$(x\text{-}y)\,L_A(1 - a)\,dx + L_A(1\text{-}a)\,(1\text{-}x)\,dx = (1 - x)\left[L_A(1\text{-}a) + V_B\,(1\text{-}x) - L_A(1\text{-}a)\,(J+1)\,(1\text{-}x)\right]dy$$

et après simplification, en introduisant $\dfrac{L_A}{V_B} = k$, il vient :

$$\frac{k\,(1\text{-}a)\,dx}{(1\text{-}x)\,\{x\,[k(1\text{-}a)\,(J+1) - 1] + 1 - k(1\text{-}a)J\}} = \frac{dy}{1 - y}$$

Transformons le premier membre :

$$\frac{dx}{1-x} + \frac{[\,(k(1-a)\,(J+1)-1]\,dx}{x\,[k\,(1-a)\,(J+1)-1\,]+1-k\,(1-a)\,J} = \frac{dy}{1-y}$$

L'intégration donne :

$$\ln\left[\frac{x\left[k\,(1-a)\,(J+1)-1\right]+1-k\,(1-a)\,J}{1-x}\right]+\text{Cte}=\ln\frac{1}{1-y}$$

ou encore : $y = 1 - \dfrac{(1-x)\,\text{Cte}}{x\,[k\,(1-a)\,(J+1)-1]+1-k(1-a)\,J}$

La constante d'intégration est calculable en considérant les teneurs à l'une des extrémités, par exemple $x = x_{n,n}$ et $y = b$.

On trouve que la constante d'intégration vaut (1 - b).
Finalement, l'équation de bilan s'écrit :

$$y = 1 - \frac{(1-x)\,(1-b)}{x\,[k\,(1-a)\,(J+1)-1]+1-k(1-a)\,J}$$

que l'on peut aussi mettre sous la forme :

$$y = \frac{x\,[\,(1+J)\,(1-a)\,k-b]-J\,k\,(1-a)+b}{x\,[\,(1+J)\,(1-a)k-1]+1-k(1-a)\,J} \qquad (10)$$

Les courbes représentative sont des hyperboles, sauf pour $(1+J)\,(1-a)\,k = 1$(*). Dans ce cas particulier, nous avons une droite de pente $(1-b)/1-x_{n,n}$.

- On peut aussi écrire les débits des phases L et V en faisant abstraction du corps transféré. Ces débits, L' et V', sont constants d'un élément à l'autre. Les teneurs x et y relatives à $L_{p,n}$ et $V_{p+1,n}$ deviennent X et Y par rapport à L' et V', et le bilan pour chaque phase s'écrit :

$$V_{p+1,n}\,y = V'Y \text{ avec } V' = V_{p+1,n} - V_{p+1,n}\,y$$

$$L_{p,n}\,x = L'\,X \quad \text{avec} \quad L' = L_{p,n} - L_{p,n}\,x$$

d'où on tire : $X = x/1-x$ et $Y = y/1-y$

(*) Cette condition a été discutée à l'alinéa précédent.

L' et V' se calculent en considérant les teneurs aux extrémités de l'ensemble :

$$L' = L_A\,(1\text{-}a) \quad \text{et } V' = V_B\,(1\text{-}b)$$

Le bilan entre un élément quelconque et l'élément de l'extrémité n s'écrira :

$$(X - X_{n,n})\,L' = (Y - Y_{n+1,n})\,V'$$

$$\text{et :} \quad \frac{(Y - Y_{n+1,n})}{(X - X_{n,n})} = \frac{L_A(1\text{-}a)}{V_B(1\text{-}b)} = k\,\frac{(1\text{-}a)}{(1\text{-}b)} \qquad (11)$$

Le bilan sera donc représenté par une droite, dans un système de coordonnées $X = \dfrac{x}{1 - x}$ et $Y = \dfrac{y}{1 - y}$. Cette méthode est beaucoup plus simple que la précédente.

La condition d'équilibre y = Kx, s'écrira alors en remplaçant x et y par leurs valeurs en fonction de X et Y :

$$Y = \frac{K\,X}{1 + X(1 - K)}$$

- Les deux méthodes ci-dessus conduisent évidemment aux mêmes résultats. On peut s'en assurer en écrivant l'équation (11) ci-dessus en fonction de x et y :

$$\frac{\dfrac{y}{1\text{-}y} - \dfrac{b}{1\text{-}b}}{\dfrac{x}{1\text{-}x} - \dfrac{x_{n,n}}{1\text{-}x_{n,n}}} = k\,\frac{1\text{-}a}{1\text{-}b}. \text{ On remarque que: } \frac{y\,(1\text{-}b) - b(1\text{-}y)}{(1\text{-}b)\,(1\text{-}y)} = \frac{y - b}{(1\text{-}y)\,(1\text{-}b)}$$

$$\text{et de même :} \ \frac{x(1-x_{n,n}) - x_{n,n}(1-x)}{(1-x)(1-x_{n,n})} = \frac{x - x_{n,n}}{(1-x)(1-x_{n,n})}$$

$$\text{D'où on trouve :} \qquad (y - b)\,(1\text{-}x) = \frac{x - x_{n,n}}{(1 - x_{n,n})}\,k\,(1\text{-}a)\,(1\text{-}y)$$

$$\text{ou : } y\left[\,(1 - x) + \frac{(x - x_{n,n})}{1 - x_{n,n}}\,k\,(1 - a)\,\right] = \frac{(x - x_{n,n})}{1 - x_{n,n}}\,k\,(1\text{-}a) + b\,(1 - x)$$

en introduisant J , il vient :

$$y = \frac{x\,(1{+}J)\,k\,(1\text{-}a) - J\,k\,(1\text{-}a) + b(1\text{-}x)}{(1\text{-}x) + [x\,(1{+}J) - J\,]\,k\,(1\text{-}a)}$$

et finalement : $y = \dfrac{x\,[(1+J)\,(1-a)k\ -b\,] - J\,k\,(1-a) + b}{x\,[(1+J)\,(1-a)\,k - 1\,] + 1 - k(1-a)\,J}$

qui est bien l'équation trouvée par intégration en (10).

On a représenté sur la figure 24 des courbes opératoires correspondant à différentes valeurs de k, pour des valeurs particulières de a, b et $x_{n,n}$.

- Transfert et rendement

Le transfert global de matière se calcule aisément. Il est égal à $L_A a - L_{n,n}\, x_{n,n}$ et en remplaçant $L_{n,n}$ par sa valeur, on trouve : $\dfrac{L_A\,(a - x_{n,n})}{1 - x_{n,n}}$.

Le rendement d'extraction s'écrit alors :

$$r^t = \frac{L_A(a - x_{n,n})}{(1 - x_{n,n})\,(L_A a + V_B b)} = \frac{k(a - x_{n,n})}{(1-x_{n,n})\,(ka + b)}$$

Si on néglige la valeur du corps transférable présent dans la phase V_B, le rendement devient :

$$r^t = \frac{(a - x_{n,n})}{(1 - x_{n,n})\,a}$$

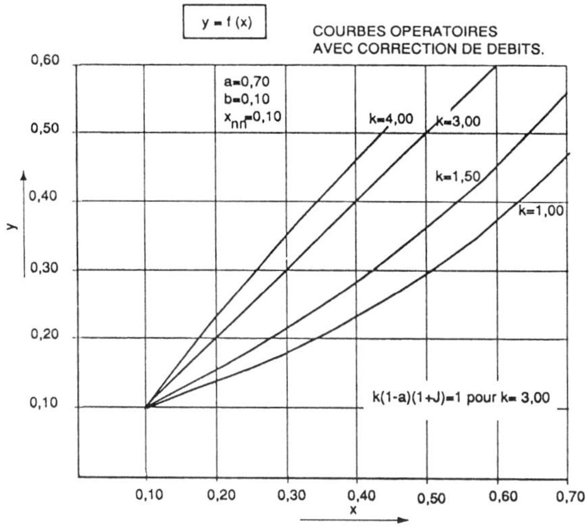

Figure 24

3 - Le co-courant

Une suite d'étages fonctionnant à co-courant n'a évidemment aucun intérêt si l'équilibre peut être réalisé, comme nous l'avons supposé, en un seul étage.

4 - Remarque générale

Nous avons envisagé, en étudiant le contre-courant, une suite d'éléments distincts, chaque élément réalisant l'équilibre.

On peut aussi procéder en utilisant un seul échangeur, le contact entre les phases étant réalisé en continu : c'est le cas des garnissages.

Les raisonnements sont identiques : un tronçon de garnissage pour lequel les phases sortantes sont en équilibre est assimilable à l'un de nos éléments d'échange.

. Le chapitre précédent nous a permis de mettre en évidence deux types de relations : les équations d'équilibre, et les équations de bilan.

. Nous avons vu dans le premier chapitre la représentation des équilibres. Nous étudierons au début du présent chapitre la représentation des bilans.

. La réalisation de l'équilibre sur un élément d'échange nous conduira à la notion de plateau théorique et à sa construction graphique dans un diagramme où sont tracées les courbes de bilan et d'équilibre.

. On supposera que les éléments d'échange fonctionnent en régime stationnaire.

I - Représentation des bilans

Nous donnerons ici quelques exemples de représentations des bilans pour des opérations de séparation classiques : absorption - désorption - rectification - extraction liquide-liquide, extraction solide-liquide.

1- Désorption à contre-courant - étages séparés.

Etudions la désorption du soluté contenu dans une phase L au profit d'une phase V, réalisée en plusieurs étages (Figure 1).

Nous retrouvons le cas de figure vu dans le chapitre "les différents modes de réalisation des échanges de matière", pour $b < Ka$.

Le bilan en soluté pour l'ensemble des p étages supérieurs s'écrit :

$$L_A a + V_{p+1} y_{p+1} = L_p x_p + V_1 y_1$$

$$y_{p+1} = \frac{L_p x_P + V_1 y_1 - L_A a}{V_{p+1}}$$

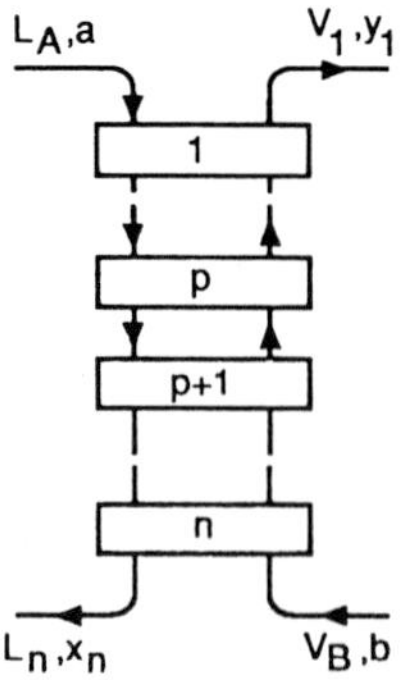

Figure 1

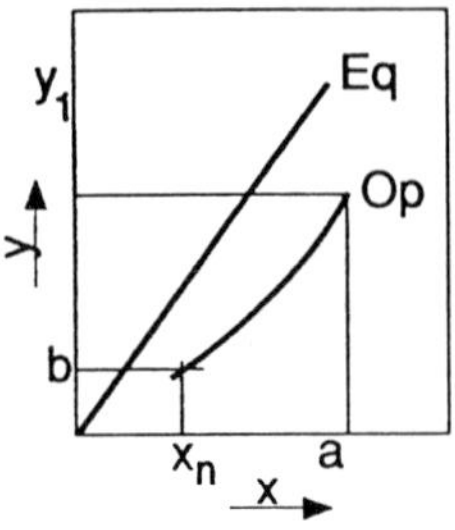

Figure 2

Soit en simplifiant l'écriture : $y = \frac{L_p x + V_1 y_1 - L_A a}{V_{p+1}}$, qui est l'équation de la courbe opératoire, située en-dessous de la courbe d'équilibre (Figure 2).

Les points courants (y, x) forment une suite discontinue sur la courbe opératoire, qui peut être assimilée à une droite si les diluant et solvant sont insolubles, et si les teneurs sont faibles ($V_1 = V_{p+1}$ et $L_A = L_p$).

Si les variations de débits résultent des seules variations de teneurs, l'équation de la courbe opératoire est donnée dans l'alinéa "variations de débits" du chapitre :"Les différents modes de réalisation des échanges de matière".
Il est plus courant, dans ce cas, de considérer les débits L' et V' des solvant et diluant, qui sont constants, et de rapporter les teneurs en soluté, X et Y, à ces débits. Le bilan s'écrit pour l'ensemble des p étages supérieurs :

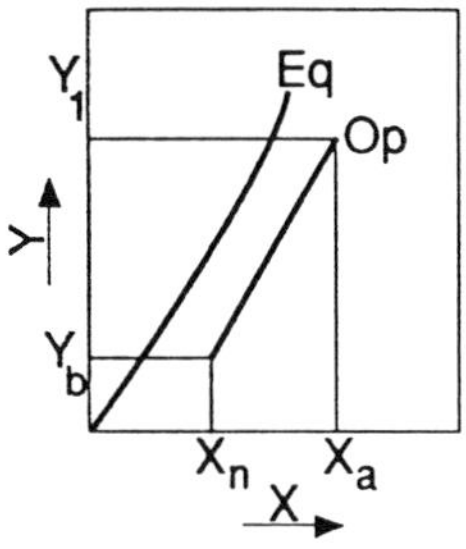

Figure 3

$$L' X_p + V' Y_1 = Y_{p+1} V' + L' X_a$$

$$Y_{p+1} = L' \frac{X_p}{V'} + Y_1 - L' \frac{X_a}{V'}$$

Soit, en simplifiant l'écriture :

$$Y = \frac{L'}{V'} X + Y_1 - \frac{L'_A X_a}{V'}$$

qui est l'équation d'une droite , sachant que $L' = L(1-a)$ et $V' = V(1-b)$ (Figure 3). On a vu aussi que dans ce cas, on passe de x à X et de y à Y par les équations :

$$X = \frac{x}{1-x} \quad \text{et} \quad Y = \frac{y}{1-y}$$

2- Absorption à contre-courant - étages séparés.

La phase L s'enrichit en soluté et b > Ka. La courbe opératoire est au-dessus de la courbe d'équililbre. Les équations précédentes restent valables et selon les coordonnées choisies (x, y) ou (X, Y) on obtient les schémas (a) ou (b) de la figure 4.

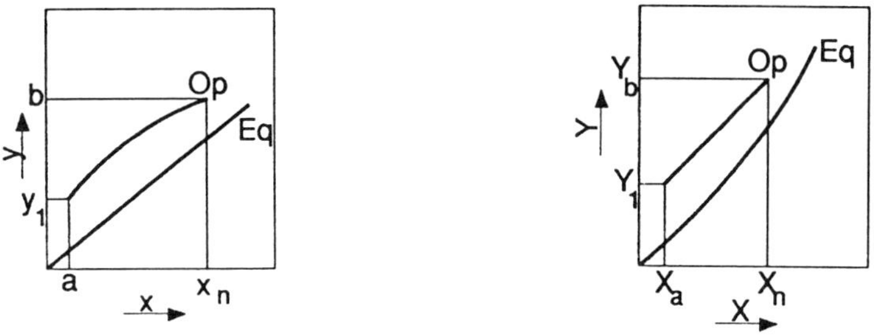

a b

Figure 4

L'équation de la courbe opératoire donne la teneur du gaz sortant d'un plateau p+1 en fonction de la teneur du liquide venant du plateau p, elle sera donc utile pour passer d'un étage à l'étage voisin.

3- Absorption à co-courant - contact continu

Considérons un absorbeur dans lequel le gaz V qui s'appauvrit en soluté, circule dans le même sens que l'absorbant L qui s'enrichit en soluté. La figure 5 en donne une représentation schématisée.

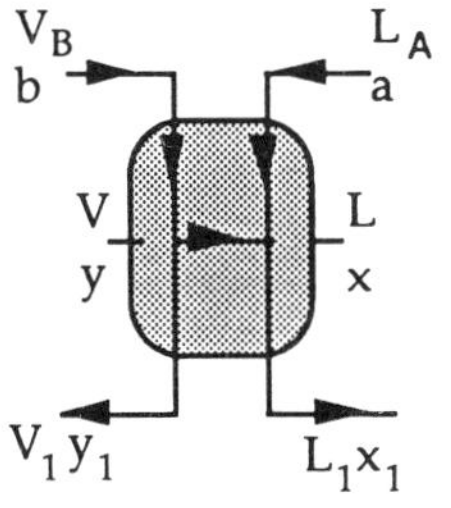

Figure 5

Le bilan entre l'extrémité (L_A, V_B) et un niveau intermédiaire de l'absorbeur, donne, en régime stationnaire :

$$L_A + V_B = L + V \qquad \text{(bilan global)}$$

$$L_A\, a + V_B\, b = L\, x + V\, y \qquad \text{(bilan du soluté)}$$

$$\text{d'où } y = \frac{L_A\, a + V_B\, b - Lx}{V} \qquad (1)$$

Pour l'ensemble de l'absorbeur, le bilan global s'écrit :

$$L_A + V_B = L_1 + V_1$$

$$\text{et } L_A\, a + V_B\, b = L_1\, x_1 + V_1\, y_1$$

d'où :

$$y_1 = \frac{L_A\, a + V_B\, b - L_1 x_1}{V_1}$$

L'équation (1) est l'équation de la courbe opératoire Op de l'absorbeur. Elle passe par les points (a, b) (x_1, y_1) et a pour pente - L/V. Elle est située au-dessus de la courbe Eq représentant l'équilibre car b>Ka (c'est la phase L qui s'enrichit).
Si les teneurs sont faibles et si le solvant et le diluant sont insolubles :
$V_B = V_1$ et $L_A = L_1$; nous avons une droite de pente : $-\dfrac{L_A}{V_B}$ comme le montre la figure 6.

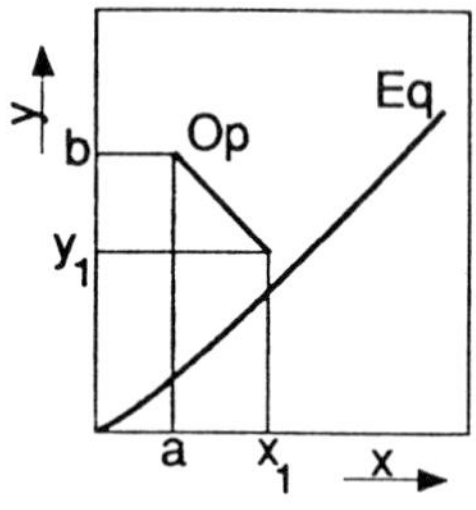

Figure 6

4 - Rectification - étages séparés (plateaux).

Considérons la partie "haute" d'une colonne de rectification traitant un mélange binaire (Figure 7). La vapeur est condensée et une partie du condensat de teneur x_D retourne dans la colonne, l'autre partie quitte la colonne, avec un débit D. Nous avons ici l'exemple d'une "inversion de phase", suivie d'un recyclage(*). Si nous nous intéressons au produit le plus léger, la phase L s'appauvrit à partir de la teneur $y_1 = x_D$, l'alimentation venant d'une condensation que nous supposons totale.
Les bilans établis pour les p plateaux supérieurs et le condenseur s'écrivent :

(*) Voir le chapitre " Les différents modes de réalisation des échanges", alinéa "Le contre-courant".

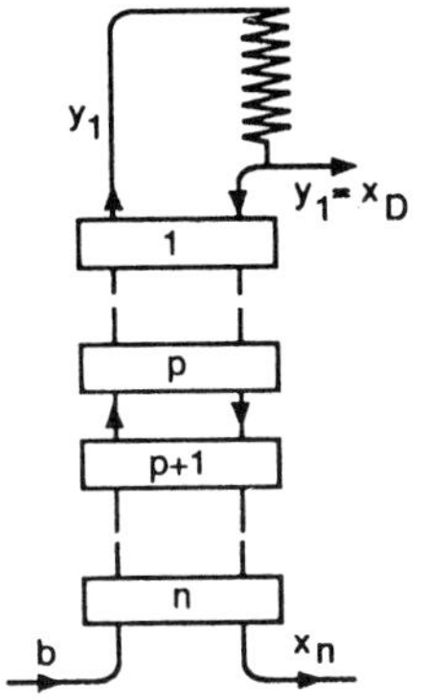

$V_{p+1} = D + L_p$ (bilan global)

$V_{p+1}\, y_{p+1} = D\, x_D + L_p\, x_p$
(bilan du corps le plus volatil)

$$\text{ou : } y_{p+1} = \frac{L_p}{V_{p+1}} x_p + \frac{Dx_D}{V_{p+1}}$$

en tenant compte du bilan global :

$$y_{p+1} = \frac{L_p}{L_p + D} x_p + \frac{Dx_D}{L_p + D}$$

Figure 7

Si L_p/D est défini comme le taux de reflux Rp du plateau p, nous trouvons :

$$y_{p+1} = \frac{R_p}{R_p + 1} x_p + \frac{x_D}{R_p + 1}$$

ou en simplifiant l'écriture : $y = \frac{R_p}{R_p + 1} x + \frac{x_D}{R_p + 1}$ qui est l'équation de la courbe opératoire représentée figure 8.

Les points courants (y_{p+1}, x_p) forment une suite discontinue sur la courbe opératoire qui est située sous la courbe d'équilibre ($b < Kx_D$). Cette courbe passe par le point (x_D, x_D) et sa pente est toujours plus petite que l'unité.

Si on suppose que les débits ne varient pas d'un plateau à l'autre, Rp = R est constant et nous obtenons une droite de pente $\frac{R}{R+1}$ (approximation de Mc CABE et THIELE).

Les définitions de $R = \frac{L}{V - L}$ et de $k = \frac{L}{V}$ nous permettent d'écrire l'équation de correspondance : $R = \frac{k}{1 - k}$

On obtient des équations analogues pour l'extrémité "pauvre" en corps le plus volatil, c'est-à-dire pour les plateaux situés sous l'alimentation de la colonne, et alimentés par un recyclage venant du bouilleur. Nous sommes dans le cas d'une alimentation intermédiaire. (Voir le chapitre "Les différents modes de réalisation des échanges de matière").

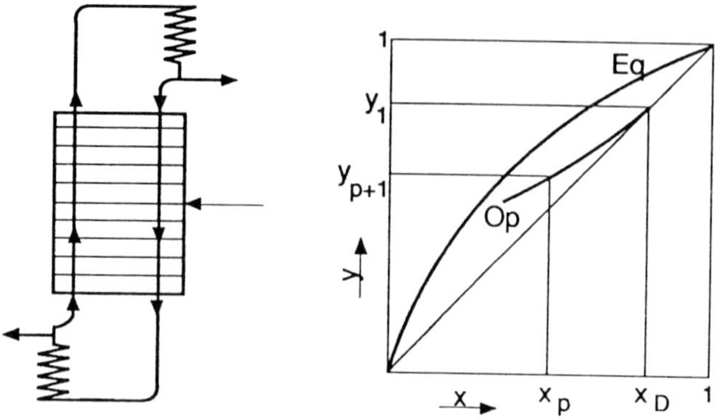

Figure 8

Lorsqu'on ne peut considérer les débits comme constants, il est intéressant de faire intervenir les bilans enthalpiques. On utilise alors le diagramme de PONCHON et SAVARIT.

Intéressons-nous, comme précédemment, à la partie supérieure d'une colonne de rectification. Ecrivons, pour les plateaux situés au-dessus de l'alimentation, le bilan enthalpique, en appelant Q la chaleur éliminée au condenseur, h et H les enthalpies du liquide et de la vapeur :

$$V_{p+1} H_{p+1} = L_p h_p + Q$$

ou : $$V_{p+1} H_{p+1} = L_p h_p + \frac{Q}{D} D$$

Si nous y ajoutons les équations de bilan général, et de bilan du corps le plus volatil, vues précédemment, nous obtenons les 3 équations suivantes :

$$V_{p+1} = L_p + D$$

$$V_{p+1} y_{p+1} = L_p x_p + x_D D$$

$$V_{p+1} H_{p+1} = L_p h_p + \frac{Q}{D} D$$

Ces trois équations nous montrent (règle du bras de levier) que les points de coordonnées $\begin{pmatrix} x_p & y_{p+1} & x_D \\ h_p & H_{p+1} & Q/D \end{pmatrix}$ sont alignés. Désignons ces points (Xp), (Yp+1) et (Δ)(*)

(*) Les points et les segments des figures sont écrits entre parenthèses.

Pour des conditions opératoires données, en régime stationnaire, le point de coordonnées (x_D, Q/D) est fixe. On voit que les droites (X_p), (Y_{p+1}) qui sont les droites "bilan" ou droites opératoires, passent par le point (Δ) qui peut être considéré comme un pôle .
La règle du bras de levier nous indique aussi que les débits sont tels que :

$$\frac{\left(\overline{\Delta Y_{p+1}}\right)}{\left(\overline{Y_{p+1}X_p}\right)} = \frac{L_p}{D} \quad \text{et en projetant sur l'axe des enthalpies :} \quad \frac{L_p}{D} = \frac{Q/D - H_{P+1}}{H_{P+1} - h_p}$$

Le rapport $\frac{\left(\overline{\Delta Y_{p+1}}\right)}{\left(\overline{Y_{p+1}X_p}\right)}$ est donc égal au taux de reflux R_p du plateau p, taux de reflux variable d'un plateau à l'autre. En appelant h_D l'enthalpie du liquide quittant le condenseur, on trouve : $Q = V_1\ (H_1 - h_D) + Dh_D$. Si R est le taux de reflux en "tête" de colonne : $\frac{Q}{D} = (R+1)\ (H_1 - h_D) + h_D$.

La figure 9 montre la disposition des droites opératoires et du pôle (Δ).

On obtient le même type de construction pour les plateaux situés entre l'alimentation et le bouilleur, les droites opératoires convergent vers un autre pôle (Δ') aligné avec le pôle (Δ) et le point représentatif de l'alimentation.

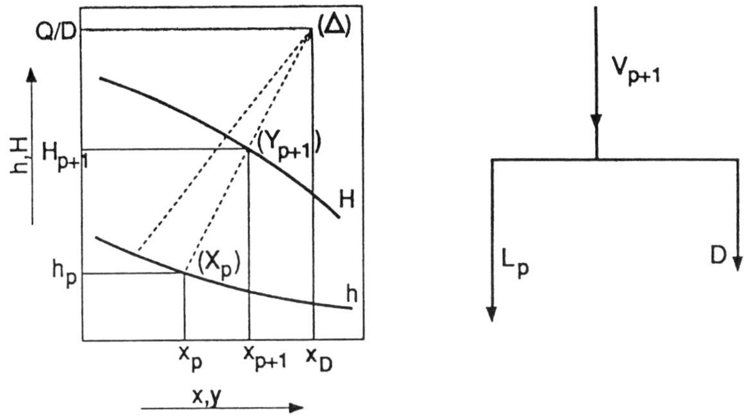

Figure 9

Nous verrons que la notion de pôle peut être généralisée utilement. Des exemples en seront donnés pour l'extraction "liquide-liquide" et l'extraction "solide-liquide".

5- Extraction "liquide-liquide" à contre-courant - étages séparés.

L'extracteur, constitué d'un certain nombre d'étages, est alimenté dans le premier étage par une solution de débit L_A contenant le soluté à extraire à la teneur a, et dans le dernier étage par une solution de débit V_B qui peut ne contenir que le solvant (b=0). Chaque étage est constitué d'un mélangeur et d'un séparateur, l'ensemble est schématisé sur la figure 10

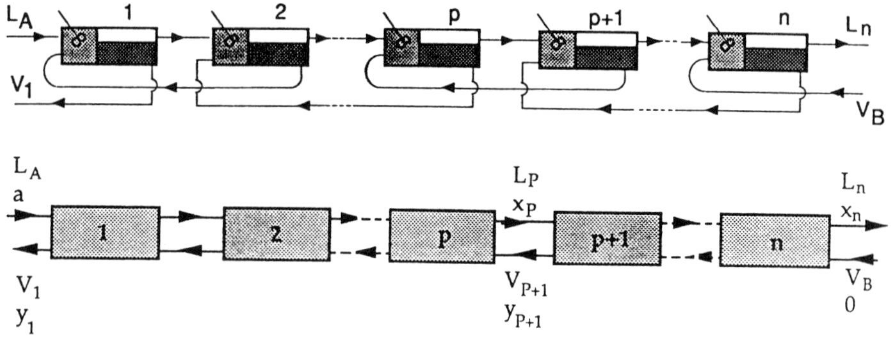

Figure 10

La phase V représente l'extrait, et la phase L le raffinat. Les bilans entre le plateau p et l'alimentation L_A s'écrivent :

$$L_A + V_{p+1} = L_p + V_1 \qquad \text{(bilan global)}$$

$$L_A\, a + V_{p+1}\, y_{p+1} = L_p\, x_p + V_1 y_1 \qquad \text{(bilan du soluté)}$$

$$\text{d'où } y_{p+1} = \frac{L_p\, x_p + V_1\, y_1 - L_A\, a}{V_{p+1}}$$

$$\text{ou : } y = \frac{L_p\, x + V_1\, y_1 - L_A\, a}{V_{p+1}}$$

Nous obtenons comme précédemment, l'équation du bilan en soluté, qui est représentée dans un diagramme de distribution par une courbe opératoire passant par les points extrêmes (a, y_1) et (x_n, b). Le soluté passant du raffinat L à l'extrait V,

ceci indique que pour une même valeur de x, $y_{extrait} < y_{eq}$, la courbe opératoire est située au-dessous de la courbe d'équilibre (b < Ka).
Le diagramme de distribution correspondant est donné figure 11.

Si, dans un certain domaine, les débits L et V peuvent être considérés comme constants, on assimilera la courbe opératoire à une droite de pente L_A/V_B. Si les variations de débits résultent des seules variations de teneurs, il faut, comme nous l'avons expliqué au sujet de la désorption, soit écrire l'équation de la courbe opératoire, L et V étant fonction de x, ou y, soit rapporter les teneurs aux débits des phases L' et V', calculés sans soluté.

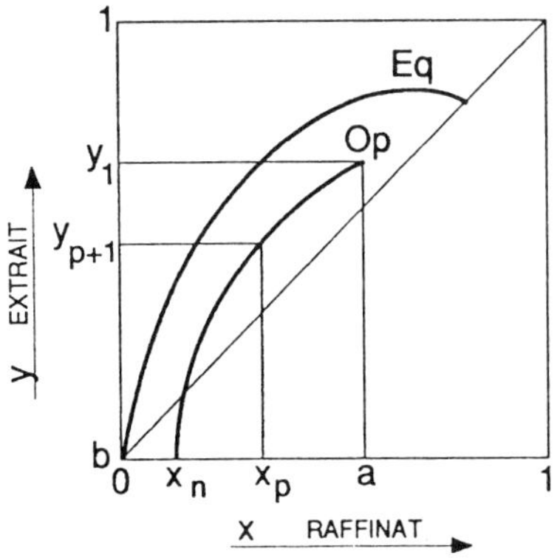

Figure 11

On utilise plus couramment, pour l'extraction liquide-liquide, des diagrammes triangulaires.
Le bilan global s'écrit :

$$V_B + L_A = V_1 + L_n = \Sigma$$

. Le point représentatif de cette somme, Σ, est, dans tout diagramme de teneurs, situé à l'intersection des droites joignant les points représentatifs (L_A) (V_B) et (L_n) (V_1) comme le montre la figure 12. Autre conséquence de la règle du bras de levier, le rapport des débits est tel que :

$$\frac{L_A}{V_B} = \frac{(\overline{\Sigma V_B})}{(\overline{L_A \Sigma})} \quad \text{et} \quad \frac{L_n}{V_1} = \frac{(\overline{\Sigma V_1})}{(\overline{L_n \Sigma})}$$

En régime stationnaire, les débits extrêmes sont constants, leur différence est constante, et pour l'ensemble des étages :

$L_A - V_1 = L_n - V_B = \Delta$

d'où : $L_A = V_1 + \Delta$

et : $L_n = V_B + \Delta$

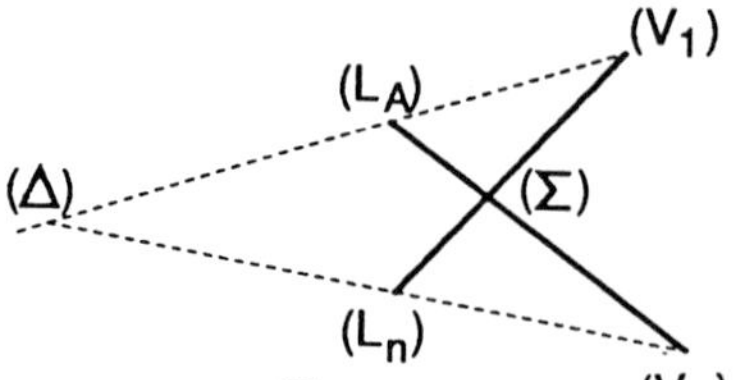

Figure 12

On peut considérer le débit L_A comme la somme du débit V_1 et d'un débit fictif Δ, de même on peut considérer le débit L_n comme la somme d'un débit V_B et du même débit fictif Δ. Les droites (L_A V_1) et (L_n V_B) ont donc, dans un diagramme de teneurs, un point commun représenté par (Δ). Les droites ($\Delta L_A V_1$) et ($\Delta L_n V_B$) sont les droites opératoires du premier et du dernier étage de l'ensemble de l'extracteur.

. Le rapport des débits est tel que :

$$\frac{\Delta}{V_1} = \frac{\overline{(L_A V_1)}}{\overline{(\Delta L_A)}}$$

$$\text{sachant que : } \frac{\Delta}{V_1} + 1 = \frac{\Delta + V_1}{V_1} = \frac{L_A}{V_1}$$

$$\text{on écrira : } \frac{\overline{(L_A V_1)}}{\overline{(\Delta L_A)}} + 1 = \frac{\overline{(\Delta L_A)} + \overline{(L_A V_1)}}{\overline{(\Delta L_A)}} = \frac{\overline{(\Delta V_1)}}{\overline{(\Delta L_A)}}$$

$$\text{d'où : } \frac{L_A}{V_1} = \frac{\overline{(\Delta V_1)}}{\overline{(\Delta L_A)}} \quad \text{et de même : } \frac{L_n}{V_B} = \frac{\overline{(\Delta V_B)}}{\overline{(\Delta L_n)}}$$

. On peut dresser facilement les bilans globaux entre l'alimentation L_A et chaque étage :

premier étage : $L_A + V_2 = L_1 + V_1$

d'où : $L_A - V_1 = L_1 - V_2 = \Delta$

et : $L_1 = V_2 + \Delta$

deuxième étage : $L_A + V_3 = L_2 + V_1$

d'où : $L_A - V_1 = L_2 - V_3 = \Delta$

et : $L_2 = V_3 + \Delta$

en généralisant : $L_p = V_{p+1} + \Delta$

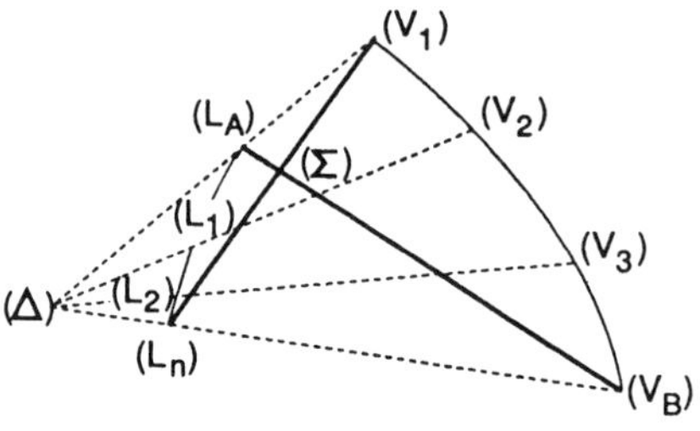

Figure 13

Tout débit L_p peut être considéré comme la somme du débit Vp+1 et d'un débit fictif Δ, constant si l'installation fonctionne en régime stationnaire. (Δ) est le point commun des droites - "bilan" ($L_A V_1$), ($L_1 V_2$), ($L_p V_{p+1}$) ...($L_n V_B$) ou droites opératoires (Figure 13). Encore appelé "point différence", le point (Δ) servira de pôle dans les futures constructions graphiques.

6 - Extraction "solide-liquide" à contre-courant et courants croisés - étages séparés

- Contre-courant.

Si la phase V représente la surverse et la phase L la sous-verse, l'échange de matière a lieu de L vers V ; c'est la surverse qui s'enrichit. Pour une même valeur de x la phase V a une teneur $y_{surverse}$ telle que $y_{surverse} < y_{eq}$, la courbe opératoire est située au-dessous de la courbe d'équilibre, dans un diagramme de distribution (b < Ka).

Dans ce type de diagramme, la courbe opératoire est représentée, avec les notations habituelles, par l'équation :

$$y = \frac{L_p x + V_1 y_1 - L_A a}{V_{p+1}}$$

Dans le cas général, les débits L_p, V_{p+1} varient avec les teneurs.

Ou bien on peut considérer le rapport L_p/V_{p+1} constant, et la courbe opératoire est une droite, ou bien il faut tenir compte des variations de débits et alors adopter la démarche décrite au sujet de l'extraction "liquide-liquide" ou de la désorption.(*)

Le diagramme de distribution aura l'allure générale donnée par la figure 14a.
Il est cependant plus pratique de construire des droites opératoires dans un diagramme présentant des droites de conjugaison. En effet, il est facile de traduire dans ce type de diagramme une différence de débits (L_p - V_{p+1}) constante. On utilisera soit un diagramme de PONCHON et SAVARIT, soit un diagramme triangulaire.
Sur ces diagrammes, on pourra tracer les alignements ($V_1 L_A \Delta$), ($V_2 L_1 \Delta$)...

D'autre part, la connaissance des teneurs et débits de l'alimentation L_A et du solvant V_B donne les débit et teneur d'une phase sortante, si la teneur de l'autre phase sortante est fixée. Cette propriété est évidente si on applique la règle du bras de levier aux alignements d'un diagramme de PONCHON et SAVARIT (Figure 14b)

(*) Si les variations de débits sont dues uniquement aux variations de teneurs.

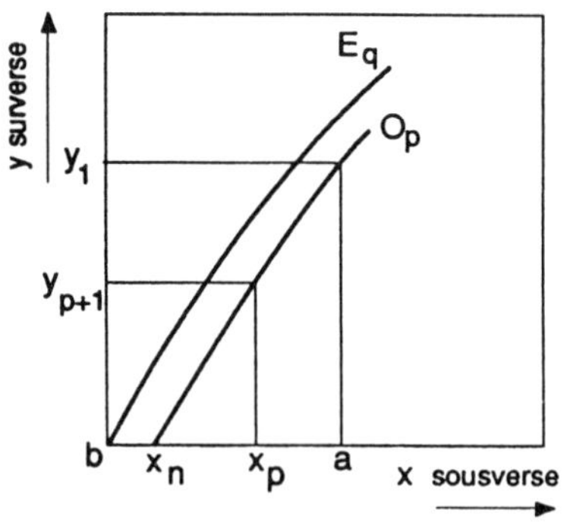

a

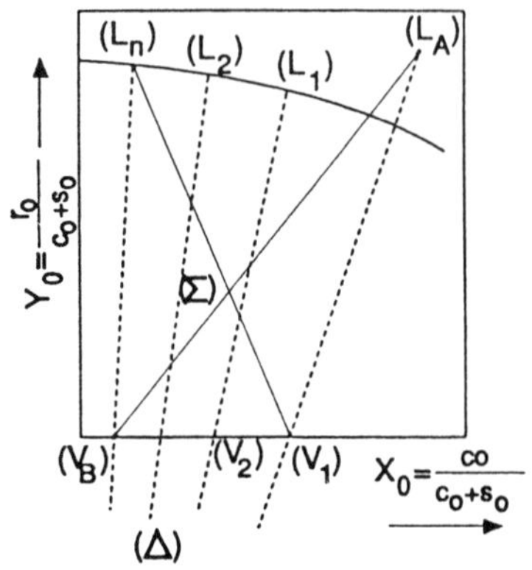

b

Figure 14

- Courants croisés

L'ensemble des éléments est représenté sur la figure 15. La sous-verse est appauvrie par le contact avec du solvant frais envoyé sur chaque élément. Les surverses, après enrichissement, sont sorties de l'installation.

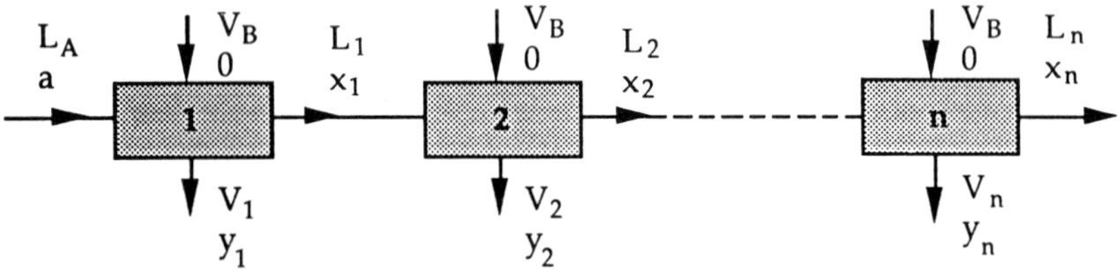

Figure 15

Si le solvant V_B a une teneur nulle en soluté, les bilans des étages s'écrivent :

$$L_A a = L_1 x_1 + V_1 y_1$$

$$L_1 x_1 = L_2 x_2 + V_2 y_2$$

....

$$L_p x_p = L_{p+1} x_{p+1} + V_{p+1} y_{p+1}$$

....

$$L_{n-1} x_{n-1} = L_n x_n + V_n y_n$$

La droite opératoire de l'élément p a pour pente $-\frac{L_p}{V_p}$ dans un diagramme de distribution. Si on peut supposer le rapport $\frac{L}{V}$ constant, $x_p - x_{p+1} = \frac{V}{L} y_{p+1}$, et on obtient la construction de la figure 16a. En réalité le rapport des débits varie ; en outre, il diminue du fait du transfert de matière de la phase L à la phase V, et les teneurs y_1 , y_2 , ...x_1, x_2... sont plus faibles que si on considérait L/V constant. On a représenté figure 16b, un diagramme triangulaire correspondant à des teneurs trop fortes pour que l'on puisse appliquer la construction illustrée par la figure 16a.

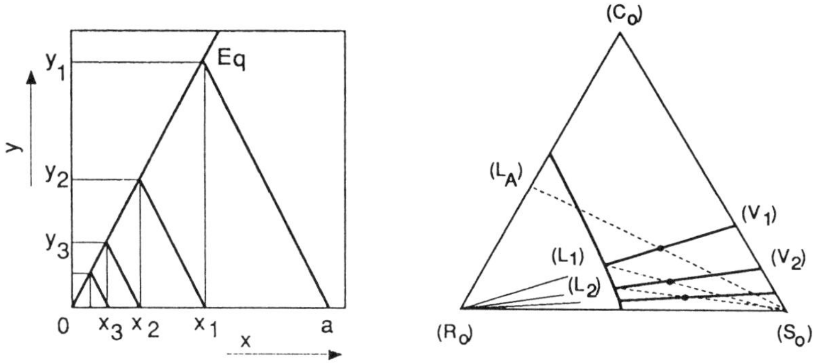

a b

Figure 16

Si K est constant, la courbe d'équilibre est la droite d'équation y = Kx et on retrouve bien, pour b=0, les relations établies dans le chapitre "Les différents modes de réalisation des échanges de matière" au paragraphe "Equilibre réalisé en n étages".

. On peut aussi enrichir continûment la surverse en rejetant les sous-verses non épuisées, comme le montre la figure 17 :

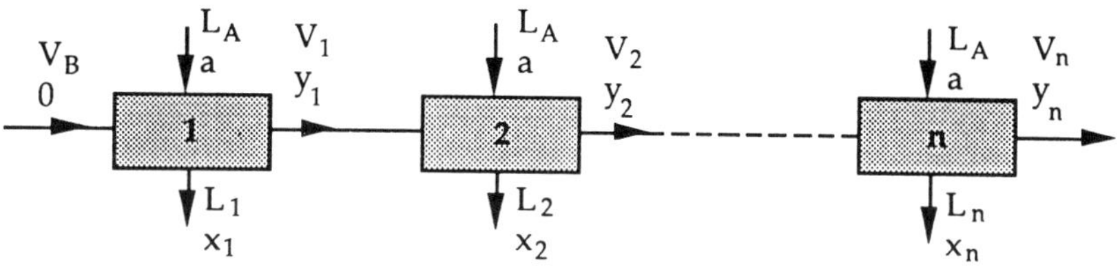

Figure 17

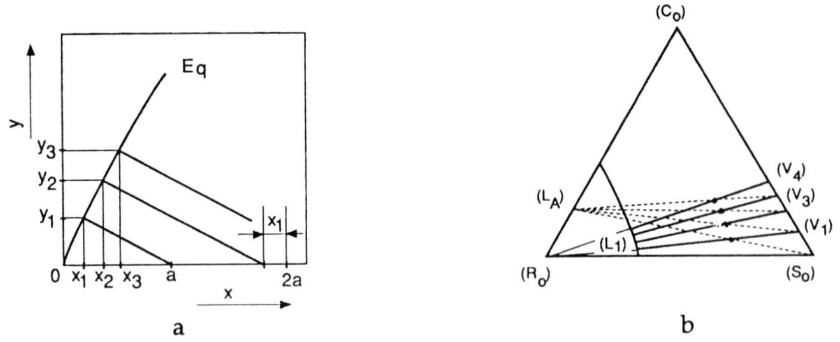

Figure 18

Si on suppose, dans un certain domaine, les débits L et V constants, on peut, par une construction simple, trouver les teneurs x_1, x_2, x_3 .... sur un diagramme de distribution.

En effet :

. pour l'étage 1 : $La = Lx_1 + V y_1$

ou : $L(a - x_1) = Vy_1$

. pour l'étage 2 : $La + V y_1 = L x_2 + V y_2$

et en remplaçant V y_1 par sa valeur :

$$L (2a - x_1 - x_2) = Vy_2$$

.et de même pour l'étage 3

$$L(3a - x_1 - x_2 - x_3) = V y_3$$

La figure 18a ci-dessus donne en détail la construction envisagée. La figure 18b montre l'évolution des teneurs pour le même schéma d'extraction. Il faut préciser qu'il n'y a pas correspondance entre les teneurs des figures (a) et (b), car on ne peut pas représenter lisiblement de faibles teneurs dans un diagramme triangulaire de dimensions réduites.

7- Conclusion

- Les échanges de matière sont réalisés pour la plupart des exemples précédents, à l'intérieur d'étages ou d'éléments séparés. Sur les courbes opératoires correspondantes, seuls ont une signification physique les points représentant les teneurs "entrée" et "sortie" des étages.

- Ces opérations peuvent aussi être conduites dans un seul échangeur(*), par contact continu entre les phases, c'est le cas des garnissages. Les courbes opératoires ont la même signification, mais tous les points de ces courbes ont alors une signification physique : ils représentent les teneurs des phases en contact au même niveau de l'échangeur.

- Nous avons remarqué que les équations de bilan, représentées par des courbes opératoires, donnent y_{p+1} en fonction de x_p. Elles doivent donc permettre de passer de l'étage p à l'étage p+1, mais nous ne savons pas, pour l'instant, réaliser cette opération. Celle-ci sera possible à condition de connaître la performance de chaque étage par rapport à l'équilibre, c'est-à-dire de concrétiser le lien entre courbe d'équilibre et courbe opératoire.
Nous verrons dans le prochain paragraphe que la notion de plateau théorique résout le problème, elle permet de passer d'un étage à l'étage voisin en estimant graphiquement les teneurs intermédiaires.

II- Représentation des plateaux théoriques

Un plateau théorique ou étage théorique est un élément d'échange tel que les phases qui le quittent sont en équilibre.
En réalité, dans les chapitres précédents, nous avons considéré (sans l'écrire) des étages théoriques en exprimant l'équilibre par la relation $y = Kx$.

La notion de plateau théorique va nous permettre, en reliant les courbe d'équilibre et courbe opératoire, de passer d'un élément à l'autre et ainsi de compter le nombre d'étages théoriques pour des conditions opératoires fixées.

Nous reprendrons, à titre d'exemple, les mêmes opérations classiques de séparation : absorption , désorption, rectification, extraction "liquide-liquide", extraction "solide-liquide".

(*) Voir l'exemple de l'absorption à co-courant.

1- Désorption à contre-courant - étages séparés

Pour des conditions imposées à l'une des extrémités de l'ensemble, par exemple pour des teneurs a et y_1 fixées, la construction donnant le nombre de plateaux théoriques dans un diagramme de distribution est illustrée sur la figure 19.
Le point de coordonnées (a, y_1) est sur la courbe opératoire, car les teneurs extrêmes vérifient l'équation du bilan général.
Si le plateau 1 est un plateau théorique, y_1 est en équilibre avec x_1 et le point représentatif 1 est sur la courbe d'équilibre, d'ordonnée y_1, d'où on déduit son abscisse x_1.

Le point de coordonnées (x_1, y_2) est sur la courbe opératoire, car il vérifie l'équation de bilan $y_2 = \dfrac{L_1 x_1 + V_1 y_1 - L_A a}{V_2}$ obtenue en coupant l'ensemble entre les plateaux 1 et 2.

Connaissant x_1, on obtient y_2 par intersection d'une parallèle à l'axe des y, menée du point 1, avec la courbe opératoire. Si le plateau 2 est un plateau théorique, les teneurs x_2 et y_2 sont sur la courbe d'équilibre. Connaissant y_2 par la construction précédente, on en déduit x_2 et le point représentatif 2.
La construction se poursuit de proche en proche jusqu'aux teneurs de l'autre extrémité de l'ensemble, c'est-à-dire jusqu'à $x=x_n$ et $y = b$.
Le nombre de points 1, 2, 3, sur la courbe d'équilibre ou le nombre de segments horizontaux (ou verticaux) délimités par la courbe d'équilibre et la courbe opératoire donnent le nombre de plateaux théoriques. On peut aussi considérer que chaque triangle rectangle ayant pour sommet de l'angle droit les points 1, 2, 3 ....représente un plateau théorique.

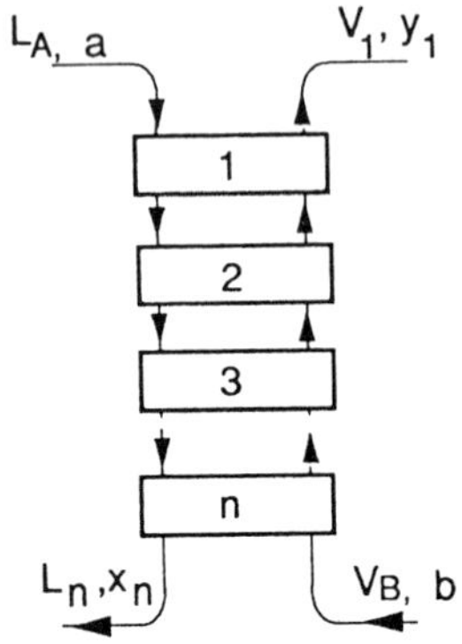

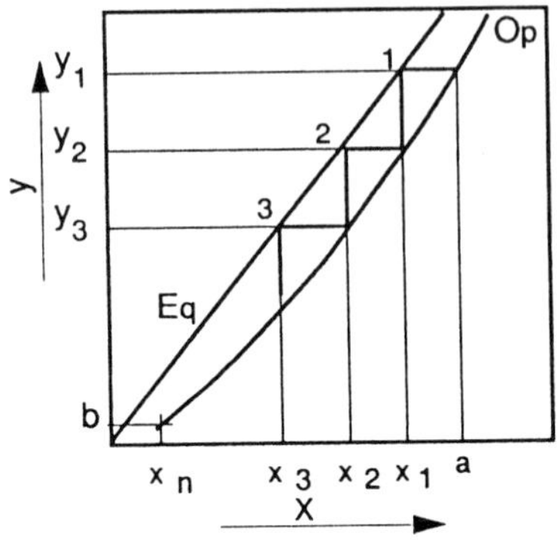

Figure 19

Le nombre de plateaux théoriques n'est pas nécessairement un nombre entier. On peut utiliser un diagramme de distribution classique (x, y) ou un diagramme de distribution ne faisant intervenir que les débits et des solvant et diluant (X, Y). Le même exemple est traité par les deux méthodes sur la figure 20 ci-dessous :

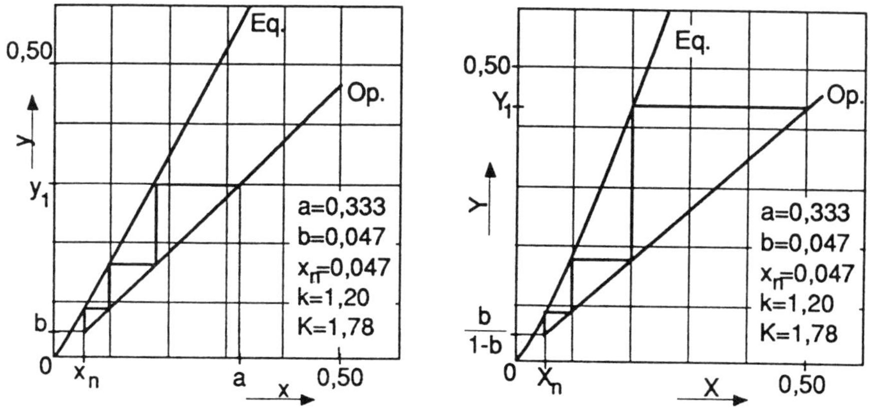

Figure 20

2- Absorption à contre-courant - étages séparés.

La détermination du nombre de plateaux théoriques est obtenue comme précédemment. La seule différence résulte de la position relative des courbe opératoire et courbe d'équilibre.

3- Absorption à co-courant - contact continu

Reprenons l'absorbeur fonctionnant à co-courant du précédent paragraphe. le diagramme de distribution y = f(x) de la figure 21 nous montre que l'on ne peut dépasser un plateau théorique, ce qui correspond à une courbe opératoire prolongée jusqu'à la courbe d'équilibre. En effet, les teneurs à l'équilibre x_1 et y_1, après échange, sont représentées par le point d'intersection de la courbe opératoire et de la courbe d'équilibre. On constate que la notion de plateau théorique ne présente pas d'intérêt pour le fonctionnement à co-courant.

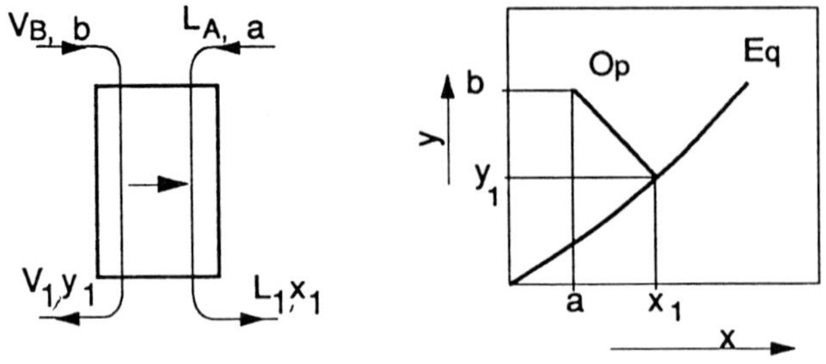

Figure 21

4- Rectification - étages séparés.

La courbe d'équilibre et la courbe opératoire sont dans la même position relative que dans le cas de la désorption, nous aurons donc des diagrammes de distribution analogues, avec $x_D = a = y_1$. La construction peut commencer par le point de la diagonale $x_D = y_1$ (Figure 22).

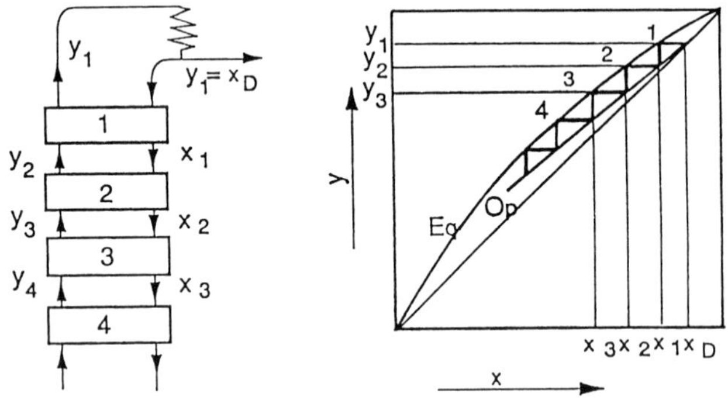

Figure 22

Le diagramme de PONCHON et SAVARIT (Figure 23) permet, par une construction simple, de connaître le nombre de plateaux théoriques. Cette construction donne une solution rigoureuse, lorsque toutes les données de base sont connues.

Les conditions opératoires en tête de colonne étant connues (R, x_D, température en sortie du condenseur, condensation totale) on peut placer le pôle (Δ) dans le diagramme.
Si $x_D = y_1$ (condensation totale), le point (Y_1) est sur la courbe H, à l'abscisse x_D. La teneur x_1 du premier plateau théorique est donnée par l'intersection de la droite de conjugaison ou droite d'équilibre issue de (Y_1), avec la courbe h. On trouve le point (X_1). La droite de conjugaison (Y_1X_1) représente le plateau théorique 1. La droite opératoire ou droite bilan ($X_1\Delta$) coupe la courbe H au point (Y_2) dont l'abscisse est la teneur y_2 de la phase vapeur quittant le plateau 2. La droite de conjugaison (Y_2X_2) représentant le plateau théorique 2, fournit la teneur x_2 du liquide sortant du plateau 2.
La droite ($X_2\Delta$) coupe la courbe H au point (Y_3) qui donne la teneur y_3...
On voit que les droites opératoires permettent de passer d'une droite de conjugaison à une autre droite de conjugaison, c'est-à-dire d'un plateau théorique au suivant.

La construction donne ainsi, pour la portion de colonne située entre l'alimentation et le condenseur, le nombre de plateaux théoriques nécessaires pour passer de x_D à x : il suffit de compter le nombre de droites de conjugaison utilisées. On aura le même type de construction pour les plateaux situés entre l'alimentation et le bouilleur.

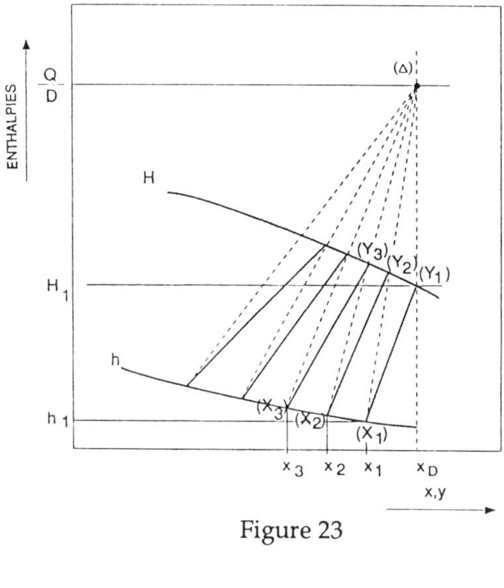

Figure 23

5- Extraction "liquide-liquide" à contre-courant - étages séparés

Il est possible de compter le nombre d'étages théoriques soit dans un diagramme de distribution, soit dans un diagramme triangulaire. Considérons la seconde possibilité.

- Reprenons le diagramme de construction des droites opératoires à partir du pôle (Δ), vu dans le paragraphe précédent. La méthode de détermination du nombre d'étages théoriques peut se résumer aux opérations suivantes :

- Les points (L_A) et (V_B) sont portés dans le diagramme. Les débits connus L_A et V_B donnent la position du point "somme" (Σ).
- Si on veut un extrait de teneur y_1, le point représentatif (V_1) donnera par alignement avec (Σ) le point (L_n) sur la courbe de solubilité. La règle du bras de levier permet le calcul des débits V_1 et L_n.
- L'intersection de (L_A V_1) et (LnV_B) donne le pôle (Δ) de la construction des droites opératoires.
- L'équilibre réalisé sur le premier étage est concrétisé par la droite de conjugaison connue (V_1L_1), d'où (L_1) et la teneur correspondante du raffinat.
- L'alignement ($L_1\Delta$) fournit le point (V_2).
- L'équilibre réalisé sur le second étage, donne, par la droite de conjugaison (V_2L_2) le point (L_2).
- L'alignement ($L_2\Delta$) fournit le point (V_3), etc...

On voit qu'il est possible de trouver ainsi, de proche en proche, la droite de conjugaison (ou droite d'équilibre) correspondant à chaque étage théorique. Le pôle (Δ) permet de passer d'un étage à l'autre par l'intermédiaire d'une droite opératoire. On poursuit ainsi la construction jusqu'au point (L_n).
Le nombre des droites de conjugaison utilisées est égal au nombre d'étages théoriques nécessaires pour assurer la séparation. La figure 24a illustre un exemple pour lequel le solvant est pur (b=0).

- La détermination du nombre d'étages théoriques, dans un diagramme de distribution, est immédiate (Figure 24b) et en tout point identique à ce que nous avons vu pour la rectification ou la désorption.

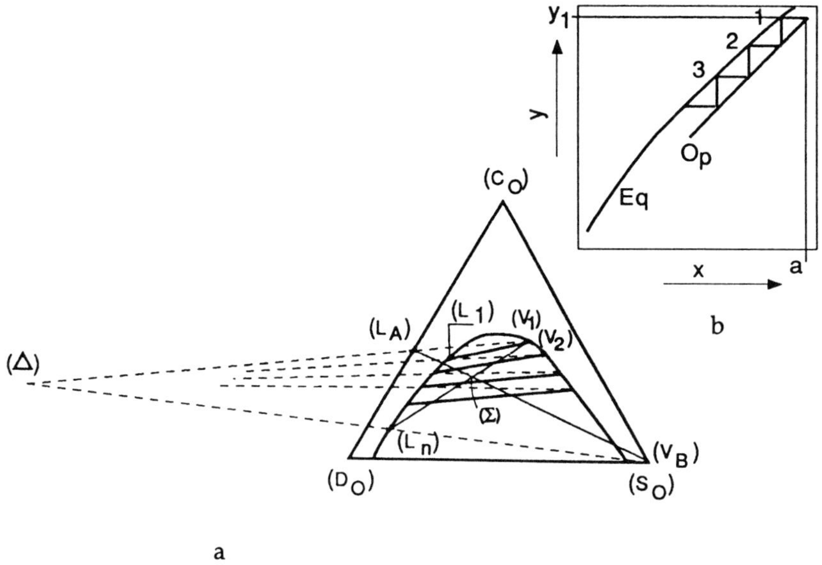

Figure 24

<u>6- Extraction "solide-liquide" à contre-courant - étages séparés</u>

- La méthode exposée pour l'extraction liquide-liquide est applicable à l'extraction "solide-liquide" - soit dans un diagramme de PONCHON et SAVARIT, soit dans un diagramme triangulaire. Explicitons la seconde possibilité :

  - Le point "somme" (Σ) permet de calculer les débits et teneurs de l'une des phases sortante connaissant teneur et débit de l'autre phase sortante.
  - Le point "différence" (Δ) donne par alignement les teneurs d'une phase à la sortie d'un étage en fonction de la teneur de l'autre phase à l'entrée du même étage. Chaque alignement constitue une droite opératoire.
  - Les droites de conjugaison font passer d'une droite opératoire à la droite opératoire voisine.
  - Le nombre de droites de conjugaison utilisées pour la construction entre les teneurs extrêmes de V_1 et L_n est égal au nombre de plateaux théoriques.

- La détermination du nombre de plateaux théoriques ne présente aucune difficulté dans un diagramme de distribution.

Nous donnons ci-dessous pour le même exemple, les constructions dans un diagramme de PONCHON et SAVARIT (Figure 25a), dans un diagramme de distribution (Figure 25b) et dans un diagramme triangulaire (Figure 25c).

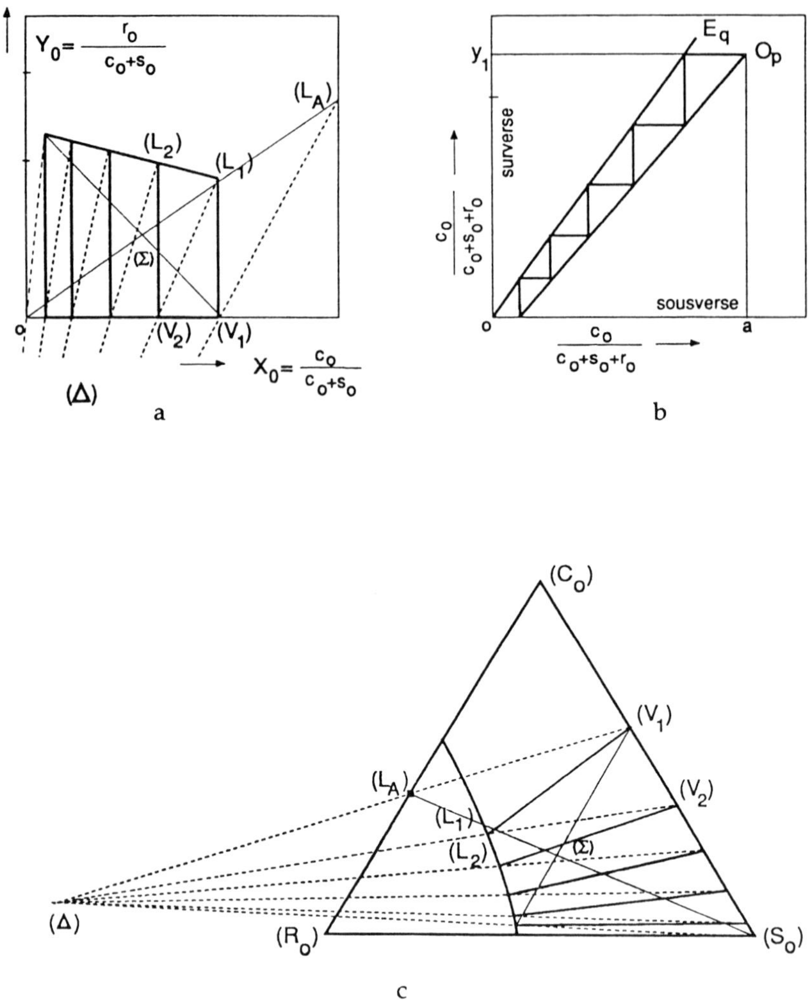

Figure 25

7 - Remarque générale

Dans le cas d'un contact continu entre les phases, réalisé avec des garnissages, toutes les méthodes exposées restent valables. L'étage théorique est alors remplacé par une hauteur de garnissage équivalente à un étage théorique, les phases quittant ce tronçon de garnissage sont en équilibre.

III Le débit minimum de l'une des phases

Il arrive que le débit de l'une des phases ne puisse pas réaliser l'enrichissement ou l'appauvrissement désiré. Nous donnons ci-dessous trois exemples de débit minimum ou "débit limite".

1- Désorption à contre-courant

. Représentons sur un diagramme de distribution la désorption d'un soluté d'une phase L vers une phase V, et examinons le cas pour lequel la courbe opératoire est une droite (Figure 26). Nous disposons d'une source L de teneur a, d'un solvant V de teneur b et nous désirons enrichir le solvant V jusqu'à la teneur y_1. On diminue le débit L à débit V constant, quel est le débit minimum pour réaliser l'enrichissement (fixé) de la phase V de la teneur b à la teneur y_1 ?

La droite opératoire pivote autour du point (a, y_1). Lorsqu'elle coupe la courbe d'équilibre au point (C), point de la courbe d'équilibre d'ordonnée b, elle a atteint sa position "limite", car en continuant la rotation, on admettrait des teneurs y supérieures aux teneurs en équilibre avec x, ce qui est impossible. Cette position correspond au débit L minimum capable de transférer le débit de soluté V(y_1-b). Il faut alors, pour réaliser ce transfert, un nombre de plateaux théoriques infini.

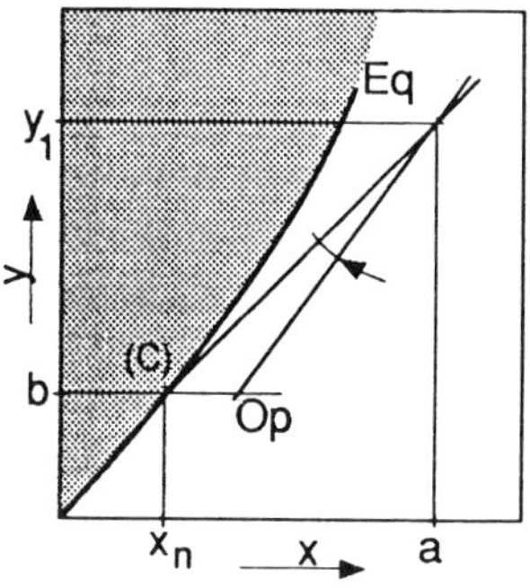

Figure 26

. Pour l'absorption à contre-courant, le traitement est identique, seule varie la position relative des courbe opératoire et courbe d'équilibre.

2- Rectification

Limitons-nous à la partie haute (condenseur) d'une colonne de rectification (Figure 27). Nous supposons toujours que la courbe opératoire est une droite et nous désirons transférer de la phase L à la phase V un débit donné ($V\Delta y$) du corps le plus volatil, pour une teneur au condenseur x_D connue. La droite opératoire traduit le bilan : $L\Delta x = V\Delta y = Cte$. Si V est fixé, Δy est lui aussi fixé et pour obtenir $L\Delta x$ constant, on peut faire varier soit L, soit Δx. Ceci se concrétise, sur un diagramme de distribution, par une rotation de la droite opératoire autour du point (x_D, x_D). On peut diminuer L (et augmenter Δx) jusqu'au débit minimum, qui correspond au point (C), de la courbe d'équilibre d'ordonnée (x_D-Δy). Au-delà du point (C), les valeurs de y seraient supérieures aux valeurs en équilibre avec x, ce qui est impossible. Dans cette position extrême de la droite opératoire, le nombre de plateaux théoriques nécessaires pour transférer le débit du corps volatil VΔy entre les teneurs de la phase V : (x_D - Δy) et x_D, est infini. Le taux de reflux R est alors minimum.

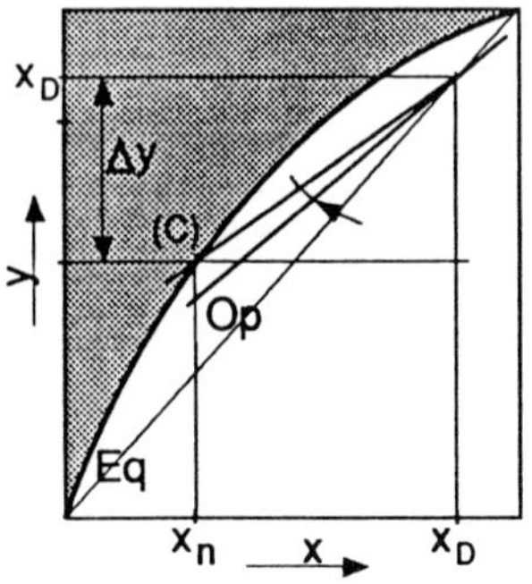

Figure 27

3- Extraction "liquide-liquide" à contre-courant

Examinons la représentation d'une extraction liquide-liquide dans un diagramme triangulaire (Figure 28).
Si, au cours de la construction donnant le nombre de plateaux théoriques, une droite de conjugaison passe par le pôle (Δ), il devient impossible de poursuivre vers l'étage suivant. Nous allons en donner un exemple. Supposons qu'avec une alimentation (L_A) de teneur et de débit connus, nous désirions obtenir un raffinat de teneur x_n, en utilisant un solvant pur. On pourra passer sûrement d'un étage au suivant si le pôle (Δ) est plus éloigné de (L_n) que toutes les intersections des droites de conjugaison avec (V_B L_n).

Imaginons que pour un certain débit de solvant correspondant à une position (Σ ') du point "somme", il arrive que l'une des droites opératoires soit confondue avec une droite de conjugaison, ceci prouve que nous avons atteint le débit de solvant minimum V_B. En effet, la seule possibilité de séparation, pour ce cas de figure, est alors d'éloigner le pôle (Δ) de (L_n) pour qu'aucune droite de conjugaison ne passe par (Δ). Sur la figure 28, le pôle passera de la position (Δ') à la position (Δ).
Eloigner le pôle (Δ) revient, pour les points (L_A) (L_n) (V_B) connus, à rapprocher le point "somme", du point (V_B), soit (Σ) sa nouvelle position . Ceci se traduit par une augmentation du débit de solvant pour un même débit de l'alimentation, conformément aux relations :

$$\frac{\left(\overline{\Sigma V_B}\right)}{\left(\overline{L_A \Sigma}\right)} = \frac{L_A}{V_B} \quad \text{et} \quad \frac{\left(\overline{\Sigma' V_B}\right)}{\left(\overline{L_A \Sigma'}\right)} = \frac{L_A}{V'_B}$$

La position relative de (Σ') et (Σ) impose : $\frac{(\overline{\Sigma' V_B})}{(\overline{L_A \Sigma'})} > \frac{(\overline{\Sigma V_B})}{(\overline{L_A \Sigma})}$

d'où : $V'_B < V_B$

- la droite de conjugaison du premier élément coïncide avec la droite opératoire ($L_A\Delta'$).
- en augmentant le débit de solvant $(\Sigma') \rightarrow (\Sigma)$ et $(\Delta') \rightarrow (\Delta)$, la construction devient possible.

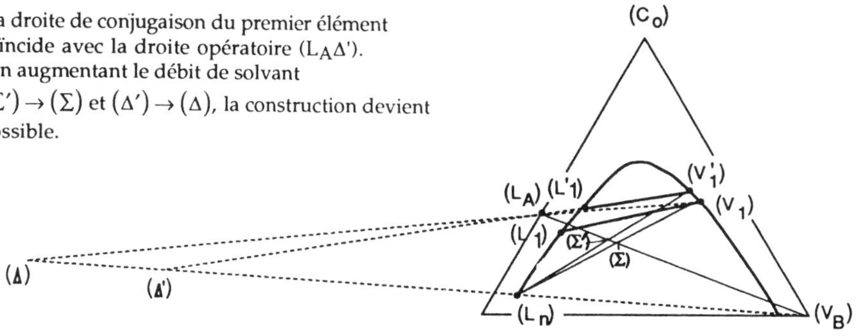

Figure 28

IV Les teneurs 'limite" et l'influence des débits - contre-courant

1- Les teneurs "limite"

- Les teneurs "limite" obtenues pour un nombre d'éléments infini se déduisent facilement des constructions précédentes, lorsque les courbe d'équilibre et courbe opératoire se coupent pour l'une des teneurs extrêmes. Nous supposons que le transfert a lieu de la phase L vers la phase V (b<Ka).
Prenons le cas simple où ces deux courbes peut être assimilées, dans un diagramme de distribution, à des droites. Il y a deux possibilités pour "loger" un nombre de plateaux théoriques infini entre les teneurs extrêmes a et b fixées.

- Si k > K, nous avons la construction présentée figure 29a ci-dessous. La valeur "limite" de y_1 est Ka. La valeur limite x_n s'obtient en calculant l'abscisse correspondant à l'ordonnée y=b, sur une droite de pente k passant par le point (a, Ka).
L'équation de cette droite s'écrit $y = kx + a(K - k)$

et pour y = b, on trouve $x_n = \dfrac{a\,(k - K) + b}{k}$

- Si k < K, la figure 29b illustre la deuxième possibilité. la valeur "limite" de x_n est égale à b/K. La teneur "limite" de y_1 s'obtient en calculant l'ordonnée du point d'abscisse x = a, sur une droite de pente k passant par le point. (b/K, b). L'équation de cette droite s'écrit : $y = kx + b(1 - k/K)$ et pour x = a on obtient $y_1 = (a - b/K) k + b$.

On retrouve les valeurs calculées dans le paragraphe "équilibre réalisé sur n étages" du chapitre "Les différents modes de réalisation des échanges de matière". Elles fournissent une bonne explication de l'allure des courbes exposées dans ce paragraphe.

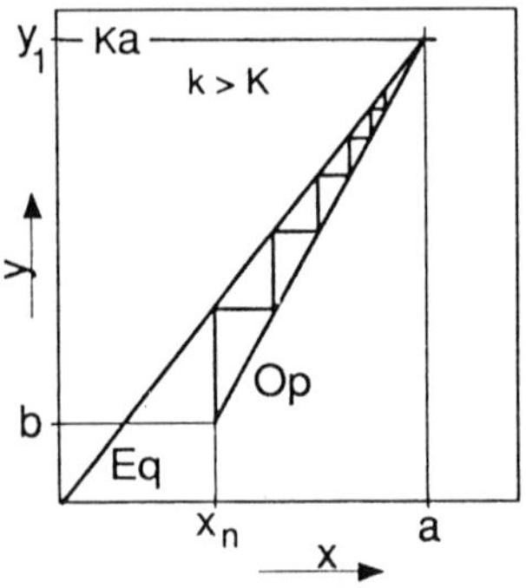

a

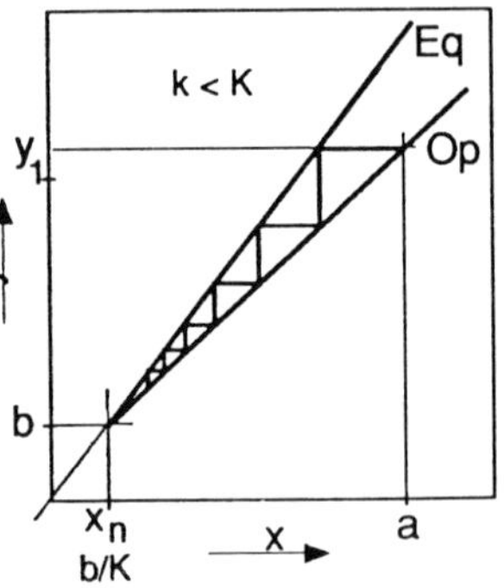

b

Figure 29

2- L'influence des débits

- Les constructions graphiques permettent aussi d'apprécier l'influence du rapport des débits L/V sur les teneurs.
On suppose, toujours pour simplifier, que la courbe d'équilibre et la courbe opératoire sont des droites dans un diagramme de distribution, et on se place dans le cas du transfert de la phase L vers la phase V (b < Ka). On se donne les teneurs a et b et le nombre de plateaux théoriques, quelle est l'évolution des teneurs x_n et y_1 lorsqu'on fait varier le débit L en conservant le débit V constant ?

Le problème revient à "inscrire" un nombre de plateaux théoriques donné entre les teneurs a et b et des droites, l'une étant fixe (droite d'équilibre), la pente et la position de l'autre étant variables (droite opératoire).
Les figures 30a et 30b ci-dessous montrent que l'augmentation de L/V, donc l'augmentation du débit L pour un débit V constant, provoque l'accroissement des teneurs y_1 et x_n.
Le transfert qui est égal à $V (y_1-b)$, V étant constant, croît donc avec le débit L.

Les calculs présentés au paragraphe "équilibre réalisé sur n étages" du chapitre "Les différents modes de résolution des échanges" trouvent ici une confirmation graphique.

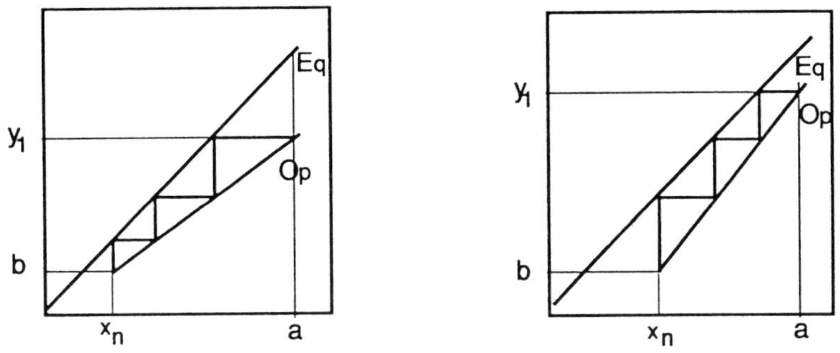

Figure 30

V Calcul du nombre de plateaux théoriques

Après avoir déterminé graphiquement le nombre de plateaux théoriques, nous en donnerons ici le calcul, dans le cas simple où la courbe opératoire et la courbe d'équilibre sont des droites (figure 31).

Soit (P) le point d'intersection de ces deux droites, de coordonnées $x_{(P)}$ et $y_{(P)}$.
On peut écrire, pour la pente de la droite opératoire :

$$k = \frac{y_{(p)} - y_1}{x_{(p)} - a} = \frac{y_{(p)} - y_2}{x_{(p)} - x_1} = \ldots = \frac{y_{(p)} - y_n}{x_{(p)} - x_{n-1}}$$

$$\text{et} \quad k^n = \frac{y_{(p)} - y_1}{x_{(p)} - a} \cdot \frac{y_{(p)} - y_2}{x_{(p)} - x_1} \cdot \ldots \cdot \frac{y_{(p)} - y_n}{x_{(p)} - x_{n-1}}$$

et pour la pente de la droite d'équilibre :

$$K = \frac{y_{(p)} - y_1}{x_{(p)} - x_1} = \frac{y_{(p)} - y_2}{x_{(p)} - x_2} = \ldots = \frac{y_{(p)} - y_n}{x_{(p)} - x_n}$$

$$\text{et} \quad K^n = \frac{y_{(p)} - y_1}{x_{(p)} - x_1} \cdot \frac{y_{(p)} - y_2}{x_{(p)} - x_2} \cdot \ldots \cdot \frac{y_{(p)} - y_n}{x_{(p)} - x_n}$$

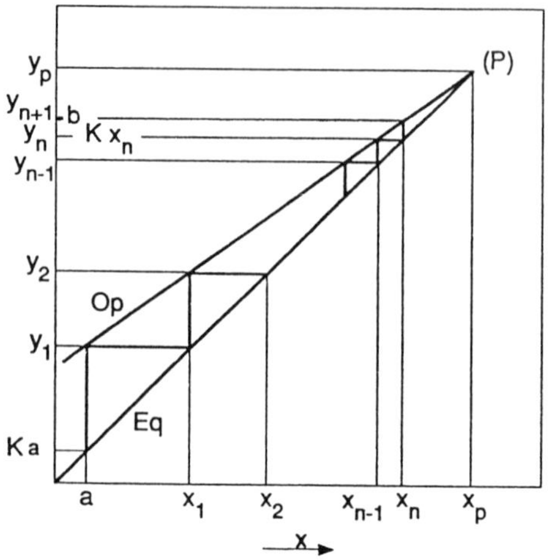

Figure 31

On en déduit : $\left(\frac{k}{K}\right)^n = \frac{x_{(p)} - x_n}{x_{(p)} - a}$ ou, si on veut tenir compte des teneurs de la

de la phase V, sachant que : $(x_{(p)} - x_n)\, k = y_{(p)} - b$

et : $(x_{(p)} - a)\, k = y_{(p)} - y_1$

on obtient : $\left(\frac{k}{K}\right)^n = \frac{y_{(p)} - b}{y_{(p)} - y_1}$

Le nombre n_t de plateaux théoriques est donc :

$$n_t = \frac{\ln \frac{x_{(p)} - x_n}{x_{(p)} - a}}{\ln k/K} = \frac{\ln \frac{y_{(p)} - b}{y_{(p)} - y_1}}{\ln k/K} \qquad (2)$$

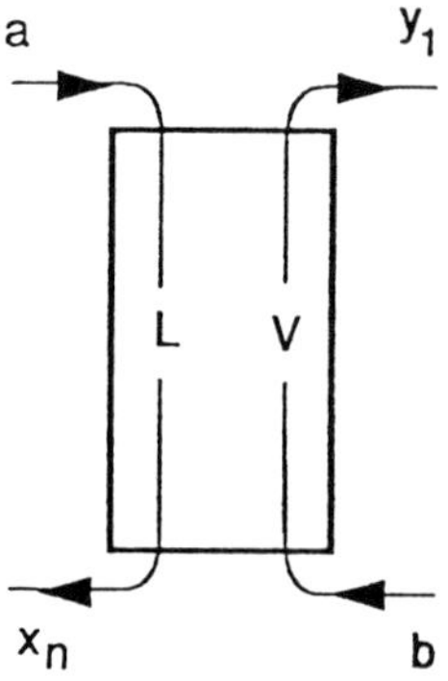

Figure 32

Ces relations sont plus exploitables, si on exprime les coordonnées du point (P) en fonction des teneurs aux extrémités. En examinant le diagramme de distribution de la figure 33, les triangles semblables de sommet (P) permettent de calculer :

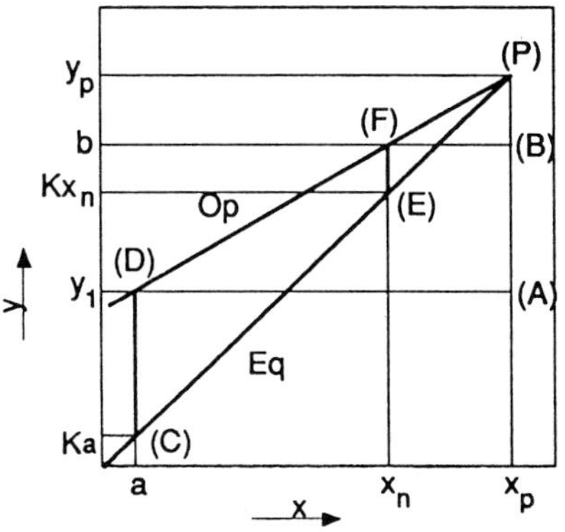

Figure 33

$$\frac{y_{(p)} - b}{y_{(p)} - y_1} = \frac{(\overline{BP})}{(\overline{AP})} = \frac{(\overline{FP})}{(\overline{DP})} = \frac{(\overline{EF})}{(\overline{CD})}$$

$$\text{d'autre part : } \frac{(\overline{EF})}{(\overline{CD})} = \frac{b - Kx_n}{y_1 - Ka} = \frac{y_{(p)} - b}{y_{(p)} - y_1}$$

On trouve donc d'après l'équation (2) : $n_t = \dfrac{\ln \dfrac{b - K x_n}{y_1 - Ka}}{\ln k/K}$ (3)

Le même résultat peut être obtenu en calculant les coordonnées du point (P) :
$x_{(p)} = \dfrac{b - kx_n}{K - k}$, $y_{(p)} = K \cdot \dfrac{b - kx_n}{K - k}$ et en les portant dans l'équation (2)

L'équation (3) peut être modifiée sachant que $k(x_n - a) = b - y_1$, pour prendre la la forme :

$$n_t = \frac{\ln\left[\left(\frac{b - Ka}{y_1 - Ka}\right)\left(1 - \frac{K}{k}\right) + \frac{K}{k}\right]}{\ln k / K} \quad (*)$$

On trouve de même, en fonction de la teneur x_n :

$$n_t = \frac{\ln\left[\left(\frac{b - Ka}{b - Kx_n}\right)\left(1 - \frac{k}{K}\right) + \frac{k}{K}\right]}{\ln K / k} \quad (*)$$

(*) Relations qui peuvent aussi être obtenues à partir des équations de KREMSER. Voir le paragraphe "Equilibre réalisé sur n étages" du chapitre "Les différents modes de réalisation des échanges de matière".

Nous avons examiné jusqu'ici les procédés de séparation "théoriques" en supposant l'équilibre réalisé à chaque étage et nous avons vu que même dans ce cas idéal, le mode de réalisation limite les échanges de matière.
Plusieurs causes interviennent pour influencer la qualité de la séparation :

- les modes de réalisation des échanges,
- le mélange entre phases,
- les facteurs cinétiques.

Les modes de réalisation des échanges ne sont pas repris dans ce chapitre.
Les facteurs cinétiques sont les plus importants et nous leur accorderons un développement privilégié.

I - Le mélange entre les phases

L'exemple-type de mélange entre les phases est celui de l'entraînement de gouttelettes de liquide dans une phase gazeuse. Reprenons l'exemple, d'une vaporisation réalisée en continu, d'un mélange binaire de deux corps i et j (Figure 1)

Le facteur de séparation s'écrit, en l'absence d'entraînement :

$$\alpha_{ij} = \frac{\left(\frac{y_i}{y_j}\right)}{\left(\frac{x_i}{x_j}\right)}, \quad \text{ou encore : } \alpha_{ij} = \frac{y_i}{x_i}\,\frac{x_j}{y_j}$$

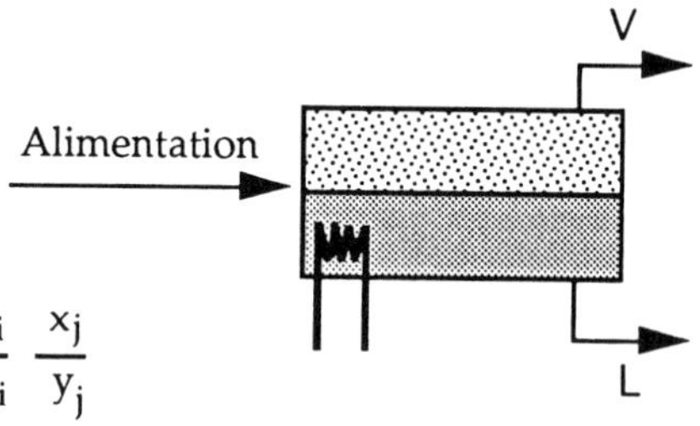

Figure 1

En supposant le corps i le plus volatil, $\alpha_{ij} > 1$

S'il y a entraînement de la phase liquide vers la phase vapeur, y_i prend une nouvelle valeur y'_i, comprise entre y_i et x_i ; $y'_i < y_i$ et par suite : $\frac{y'_i}{x_i} < \frac{y_i}{x_i}$

Pour le corps le moins volatil, $x_j > y_j$ et en présence d'entraînement y'_j sera compris entre x_j et y_j ; $y'_j > y_j$ et on aura : $\frac{x_j}{y'_j} < \frac{x_j}{y_j}$

Dans ces conditions, le facteur de séparation réel s'écrira :

$$\alpha'_{ij} = \frac{y'_i}{x_i} \frac{x_j}{y'_j}$$

Les deux inégalités précédentes nous montrent que $\alpha'_{ij} < \alpha_{ij}$.

Un problème analogue se présente lorsqu'il y a "dissolution" entre les phases L et V. L'échange de deutérium entre l'ammoniac liquide et l'hydrogène gazeux, assimilable à une absorption chimique, s'écrit :

$$\underset{liq}{NH_3} + \underset{gaz}{HD} \rightleftharpoons \underset{liq}{NH_2D} + \underset{gaz}{H_2}$$

Le coefficient de partage K du deutérium entre l'ammoniac et l'hydrogène, en supposant les phases non miscibles, s'écrit :

$$K = \frac{\left(\frac{D}{H+D}\right)_{(H_2 + HD)_{gaz}}}{\left(\frac{D}{H+D}\right)_{(NH_3 + NH_2D)_{liq}}}$$

L'équilibre réalisé industriellement sous pression doit tenir compte de la présence :

- dans la phase gazeuse, des vapeurs d'ammoniac NH_3 et d'ammoniac deutéré NH_2D, c'est-à-dire de l'ensemble : $(HD + H_2 + NH_2D_{\,vap} + NH_{3\,vap})$
- dans la phase liquide, de l'hydrogène H_2 et de l'hydrogène deutéré HD, qui sont dissous, c'est-à-dire de l'ensemble : $(NH_3 + NH_2D + H_{2diss} + HD_{diss})$.

Le coefficient de partage réel K' peut être, selon les conditions opératoires, très différent du coefficient de partage théorique, ainsi, à 30°C et sous une pression de 300 atmosphères et en présence d'une phase gazeuse de composition molaire $(N_2 + 3H_2)$:

$$K = 0{,}284 \quad \text{et} \quad K' = 0{,}387$$

II - Les facteurs cinétiques

1 - Transfert de matière par diffusion moléculaire : loi de Fick

- Considérons une phase immobile (température et pression identiques en tout point) dans laquelle toutes les molécules d'un même plan possèdent la même valeur moyenne d'une propriété quelconque F, et supposons que cette grandeur diminue d'un plan à un autre plan parallèle, linéairement en fonction de la distance x des deux plans (Figure 2). On démontre en théorie cinétique que la quantité totale de la grandeur F transportée à travers l'unité de surface du plan P, pendant l'unité de temps, vers les x croissants, est proportionnelle à : - dF/dx.

Appliquée au transfert de matière provoqué par une différence de concentration, la démonstration conduit à la loi de Fick :

$$\frac{\Phi_M}{\Omega} = - \mathcal{D}\frac{\partial c}{\partial x}$$

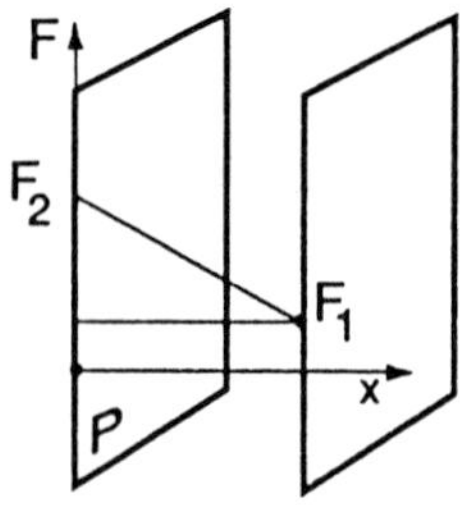

Figure 2

Φ_M est le flux de matière traversant la surface Ω et $\mathcal{D}$ le coefficient de diffusion. Le coefficient $\mathcal{D}$ représente pour une température et une pression fixées, et un système déterminé, le nombre de moles qui diffusent par unité de temps à travers une section "unité", pour un gradient de concentration égal à l'unité (dimension $L^2\ T^{-1}$).

- Considérons désormais une phase en mouvement, parallèlement à deux plans maintenus à des concentrations c_2 et c_1 ($c_2>c_1$), le régime étant stationnaire. Si l'écoulement est laminaire, le transfert de matière du plan 2 vers le plan 1 est dû uniquement à l'agitation moléculaire, c'est-à-dire qu'il n'y a pas échange de "paquets" de matière entre les feuillets parallèles de la phase en mouvement, mais seulement passage de molécules d'un feuillet à l'autre (Figure 3).

En régime stationnaire, $\frac{\partial c}{\partial x} = \text{cte}$ et le profil des concentrations est linéaire entre les deux plans.

On pourra écrire dans ce cas, pour les plans parallèles, distants de e :

$$\frac{\Phi_M}{\Omega} = - \mathcal{D}\frac{\partial c}{\partial x} = \frac{\mathcal{D}(c_2 - c_1)}{e}$$

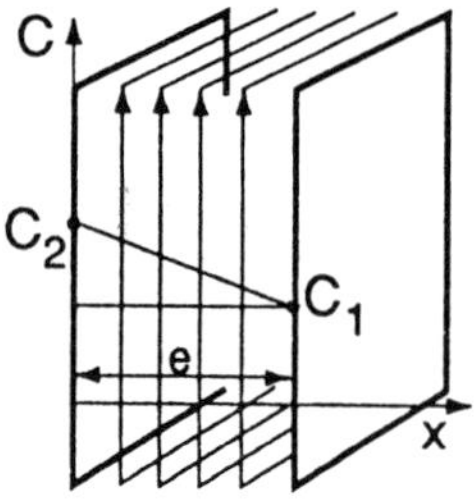

Figure 3

- Etudions le problème d'une phase en mouvement turbulent en contact d'une paroi qui maintient la concentration dans la phase mobile à la valeur c_{in}(*). Le vecteur "vitesse moyenne" de la phase mobile est parallèle à la paroi. Loin de celle-ci, la concentration moyenne qui résulte d'un mélange supposé parfait, grâce aux turbulences, est constante et égale à c. On suppose ($c < c_{in}$).

(*) En régime stationnaire

Quelles que soient les turbulences de la phase mobile, il existe toujours au contact de la paroi une "couche limite diffusionnelle" dans laquelle est localisée la majeure partie de la résistance au transfert.

On supposera, pour simplifier, que toute la résistance au transfert est située dans une couche "limite équivalente", d'épaisseur e, dans laquelle n'intervient que la diffusion moléculaire.

On pourra donc écrire :

$$\frac{\Phi_M}{\Omega} = \mathcal{D}\frac{c_{in} - c}{e}$$

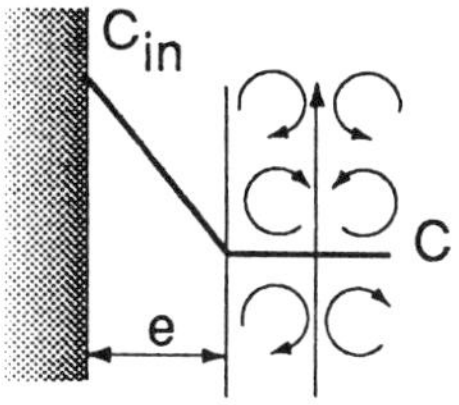

Figure 4

Dans la pratique, c'est le rapport $\mathcal{D}/e$ que l'on peut mesurer facilement, on l'appelle coefficient de transfert individuel. La loi de Fick peut alors prendre différentes formes, selon, la variable utilisée : c, x, y ou p.

Pour les liquides, on écrit : $\frac{\Phi_M}{\Omega} = k_c(c_{in} - c)$ (si $c_{in} > c$)

ou encore : $\frac{\Phi_M}{\Omega} = k_x(x_{in} - x)$

Si χ est la concentration molaire totale : $\left(\frac{\text{nombre total de moles}}{\text{volume du liquide}}\right)$,

on trouve $c = \chi x$ et $k_x = \chi\, k_c$

Pour les gaz, on écrira : $\frac{\Phi_M}{\Omega} = k_y\,(y_{in} - y)$ si $(y_{in} > y)$

En faisant intervenir les pressions partielles $p_{in} = Py_{in}$ et $p = Py$:

$$\frac{\Phi_M}{\Omega} = \frac{k_y}{P}\,(p_{in} - p)$$

$$\text{ou } \frac{\Phi_M}{\Omega} = k_p\,(p_{in} - p), \text{ avec } k_p = \frac{k_y}{P}$$

k_c , k_x , k_y , k_p sont les coefficients de transfert individuels, relatifs aux concentrations, fractions molaires et pressions partielles.

2 - Transfert de matière entre deux phases en mouvement

Considérons le transfert de matière entre deux phases en mouvement, par exemple, une phase liquide et une phase gazeuse. Le raisonnement pourrait être généralisé aux systèmes "liquide-liquide". Plaçons-nous en régime stationnaire. Le mécanisme du transfert peut être expliqué par la théorie du double film(*).

Cette théorie repose sur trois hypothèses :

- la résistance est localisée dans deux couches minces situées de part et d'autre de l'interface. Il s'agit de deux "couches limite équivalentes" évoquées précédemment ; l'interface ne fait aucune résistance au transfert,
- dans chaque "couche limite équivalente" on peut appliquer l'une des expressions simplifiées de la loi de Fick,
- il y a équilibre entre les phases à l'interface.

On a schématisé figure 5 les variations de teneurs d'un soluté passant d'une phase gazeuse vers une phase liquide :

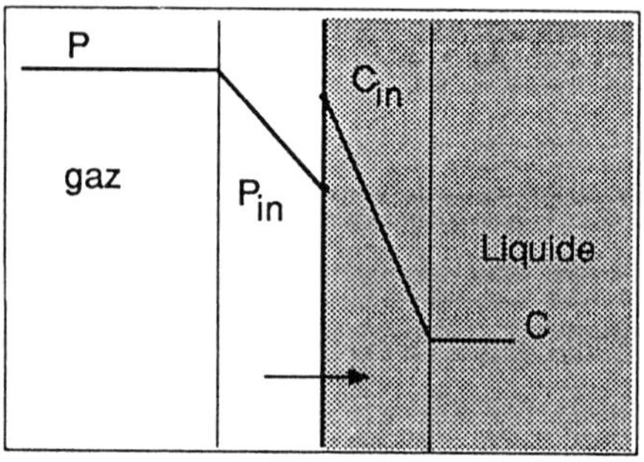

Figure 5

Il y a passage du soluté du gaz vers le liquide, lorsque la teneur en soluté dans le gaz (exprimée en pression partielle p) est plus grande que celle qui correspond à l'équilibre avec la teneur réelle du liquide à l'interface. Ceci se traduit par :

$$p > p_{in} \text{ et } p_{in} \text{ en équilibre avec } c_{in}$$

(*) Ce n'est pas la seule théorie applicable au transfert de matière entre deux phases en mouvement.

En régime stationnaire, les flux traversant les films gazeux et liquide sont égaux :

$$k_p\,(p - p_{in}) = k_c\,(c_{in} - c)$$

$$\text{ou : } \frac{p - p_{in}}{c - c_{in}} = -\frac{k_c}{k_p} \qquad (1)$$

Si on porte dans un diagramme les pressions partielles en fonction des concentrations, on peut y tracer la courbe de solubilité et placer le point de fonctionnement (P) de coordonnées (c, p). La droite de pente $- kc/kp$ issue du point (P) coupe la courbe de solubilité au point (M) de coordonnées (c_{in}, p_{in}).

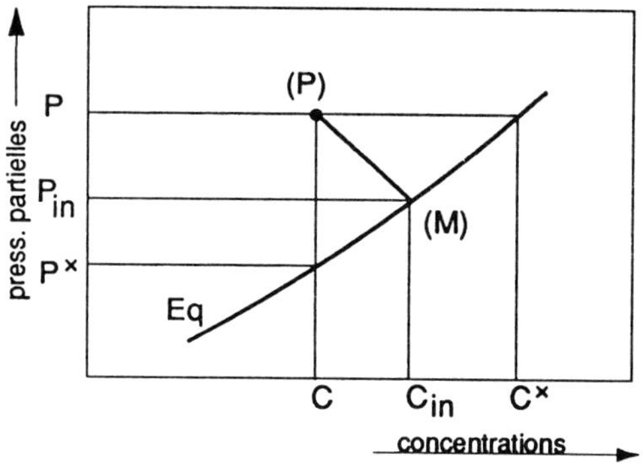

Figure 6

3 - Coefficients de transfert globaux

- On ne connaît, généralement, ni p_{in}, ni c_{in}, mais on connaît la valeur de p en équilibre avec c, soit p* et la valeur de c en équilibre avec p, soit c*.

On peut définir ainsi un coefficient global de transfert pour les gaz : K p, relatif aux pressions partielles p.

$$k_p\,(p - p_{in}) = K_p\,(p - p^*)$$

soit $\dfrac{1}{K_p} = \dfrac{1}{k_p}\,\dfrac{p - p^*}{p - p_{in}}$, en ajoutant et soustrayant p_{in} au numérateur, on a :

$$\frac{1}{K_p} = \frac{1}{k_p}\left(\frac{p - p_{in} + p_{in} - p^*}{p - p_{in}}\right) = \frac{1}{k_p}\left[\,1 + \frac{p_{in} - p^*}{p - p_{in}}\right] \qquad (2)$$

En reportant l'expression de $1/k_p$ tirée de l'équation (1), dans l'équation (2), on trouve :

$$\frac{1}{K_p} = \frac{1}{k_p} + \frac{1}{k_c}\left(\frac{p_{in} - p^*}{c_{in} - c}\right) \qquad (3)$$

Si la courbe de solubilité (qui est une courbe d'équilibre, figure 6) peut être assimilée à une droite de pente K, la relation (3) s'écrit :

$$\frac{1}{K_p} = \frac{1}{k_p} + \frac{K}{k_c} \qquad (4)$$

On peut définir, de même, pour les liquides un coefficient de transfert global : K_c, relatif aux concentrations :

$$k_c (c_{in} - c) = K_c (c^* - c)$$

soit $\frac{1}{K_c} = \frac{1}{k_c}\frac{c^* - c}{c_{in} - c}$. En ajoutant et soustrayant c_{in} au numérateur :

$$\frac{1}{K_c} = \frac{1}{k_c}\left(\frac{c^* - c_{in} + c_{in} - c}{c_{in} - c}\right) = \frac{1}{k_c}\left[1 + \frac{c^* - c_{in}}{c_{in} - c}\right] \qquad (5)$$

En reportant l'expression de $1/k_c$ tirée de l'équation (1) , soit :

$\frac{1}{k_c} = \frac{1}{k_p}\left(\frac{c_{in} - c}{p - p_{in}}\right)$ dans l'équation (5), on trouve :

$$\frac{1}{K_c} = \frac{1}{k_c} + \frac{1}{k_p}\left(\frac{c^* - c_{in}}{p - p_{in}}\right) \qquad (6)$$

On peut remarquer sur la figure 6, que $\frac{c^* - c_{in}}{p - p_{in}}$, représente l'inverse de la pente K de la courbe d'équilibre, p = f(c), si celle ci peut être assimilée à une droite.
L'équation (6) peut alors s'écrire :

$$\frac{1}{K_c} = \frac{1}{k_c} + \frac{1}{K k_p} \qquad (7)$$

Les produits $K_c c$, $K_p p$, $k_c c$, $k_p p$ sont des grandeurs homogènes.

- Il existe une relation simple entre les deux coefficients de transfert globaux K_c et K_p.

Reprenons les relations de définition des coefficients de transfert globaux :

$$K_p (p - p^*) = k_p (p - p_{in})$$

$$K_c (c^* - c) = k_c (c_{in} - c)$$

Chacun des membres de ces équations est égal à Φ_M/Ω, d'où :

$$K_c (c^* - c) = K_p (p - p^*)$$

$$\text{soit : } \frac{1}{K_p} = \frac{1}{K_c} \frac{p - p^*}{c^* - c}$$

$$\text{d'où : } \frac{1}{K_p} = \frac{K}{K_c} \qquad (8)$$

- Si on considère les grandeurs $1/k$ comme des résistances au transfert de matière, les relations (4) et (7) nous montrent que la résistance totale, calculée soit en fonction des concentrations dans la phase liquide, soit en fonction des pressions partielles dans la phase gazeuse, est égale à la somme des résistances des films gazeux et liquide. Le terme correctif K, donne des dimensions cohérentes aux différents coefficients et concrétise l'influence de la solubilité sur les transferts.

Nous allons examiner cette influence dans deux cas extrêmes :

. grande solubilité du corps transféré d'une phase gazeuse vers une phase liquide et k_c/k_p grand : $K << k_c/k_p$.

La relation (4), mise sous forme : $\frac{1}{K_p} = \frac{1}{k_p}\left[1 + K\frac{k_p}{k_c}\right]$ nous montre que :

$\frac{1}{K_p} \approx \frac{1}{k_p}$, la résistance est localisée dans le film gazeux.

on a: $p - p_{in} \approx p - p^*$. La figure 7 illustre les variations des teneurs.

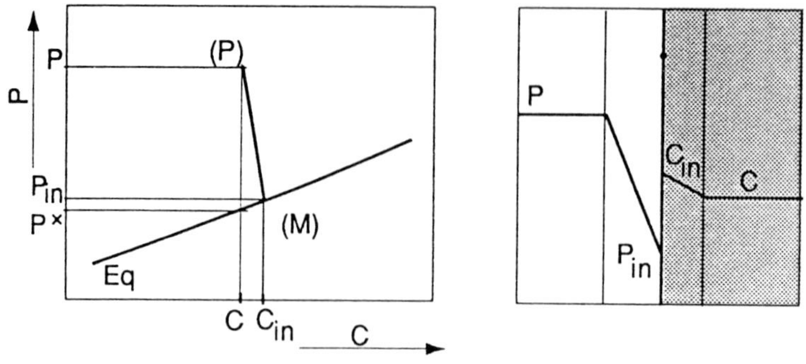

Figure 7

. faible solubilité du corps transféré d'une phase gazeuse vers une phase liquide et k_c/k_p petit : $K >> k_c/k_p$.

La relation (7) qui peut être mise sous la forme : $\frac{1}{K_c} = \frac{1}{k_c}\left[1 + \frac{k_c}{k_p K}\right]$, nous indique que $\frac{1}{K_c} \approx \frac{1}{k_c}$, la résistance est localisée dans la phase liquide.

On a : $c_{in} - c \approx c^* - c$. La figure 8 illustre les variations des teneurs.

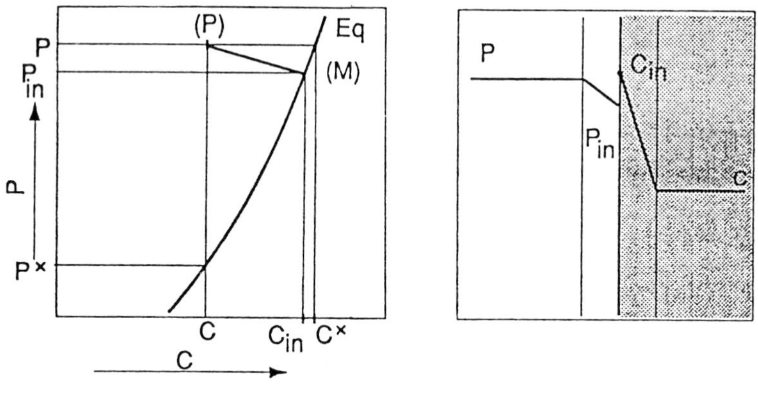

Figure 8

4 - Autre exemple de transfert

- Le transfert de matière et le transfert thermique présentent des analogies, dont nous donnons ici un exemple.
On étudie le transfert de chaleur, en régime stationnaire, entre deux fluides à des températures T_1 et T_2, ($T_1 > T_2$), séparés par une paroi mince très conductrice. Cette hypothèse nous permet de supposer que les températures sont égales des deux côtés de la paroi. Soit T cette température commune .

La densité de flux de chaleur transmise par convection du fluide chaud à la paroi est égale à :

$\frac{\Phi_T}{\Omega_1} = h_1 (T_1 - T)$, h_1 étant le coefficient superficiel de transmission de chaleur.

On a de même de la paroi vers le fluide froid :

$\frac{\Phi_T}{\Omega_2} = h_2 (T - T_2)$. On suppose que les surfaces sont égales des deux côtés de la paroi.

$\Omega_1 = \Omega_2 = \Omega$

En régime stationnaire les flux de chaleur transmis par convection sont égaux. D'autre part, on peut définir un coefficient global H_{app} pour l'ensemble de l'échangeur, tel que :

$$\frac{\Phi_T}{\Omega} = H_{app} (T_1 - T_2)$$

On peut écrire :

$$\frac{\Phi_T}{\Omega h_1} = T_1 - T, \qquad \frac{\Phi_T}{\Omega h_2} = T - T_2, \qquad \frac{\Phi_T}{\Omega H_{app}} = T_1 - T_2$$

En ajoutant ces trois dernières équations, on en déduit :

$$\frac{1}{h_1} + \frac{1}{h_2} = \frac{1}{H_{app}}$$

On étudiera, comme dans le cas de transfert de matière, les cas extrêmes :

- si $h_1 >> h_2$ les différences de température sont telles que $T_1 - T << T - T_2$ et $\frac{1}{h_1} << \frac{1}{h_2}$ d'où $\frac{1}{H_{app}} \approx \frac{1}{h_2}$. Le fluide chaud (1) intervient peu dans la résistance thermique, celle-ci est localisée du côté du fluide froid (2), de température T_2.

- si $h_1 << h_2$. On a alors $(T_1 - T) >> (T - T_2)$ et $\frac{1}{h_1} >> \frac{1}{h_2}$ d'où $\frac{1}{H_{app}} \approx \frac{1}{h_1}$

La résistance thermique est située du côté du fluide chaud (1). Les variations de température du fluide (1) au fluide (2) sont schématisées sur la figure 9.

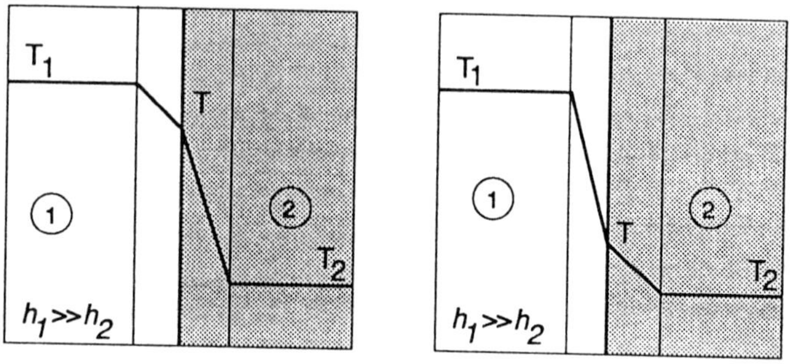

Figure 9

On peut remédier à un coefficient de transmission faible, en augmentant la surface d'échange correspondante. Si les deux côtés de la paroi présentent des surfaces différentes et si le coefficient global H_{app} est défini par rapport à la surface Ω_1, on aura les trois équations :

$$\frac{\Phi_T}{h_1 \Omega_1} = T_1 - T \quad ; \quad \frac{\Phi_T}{h_2 \Omega_2} = T - T_2 \quad ; \quad \frac{\Phi_T}{H_{app} \Omega_1} = (T_1 - T_2)$$

qui par addition donnent :

$$\frac{1}{h_1} + \frac{1}{h_2 \Omega_2 / \Omega_1} = \frac{1}{H_{app}}$$

Si h_2 est faible, on peut y remédier en augmentant Ω_2 par une géométrie appropriée, par exemple des ailettes.

III - Les unités de transfert

1- Hauteur d'une colonne à garnissage - absorption -

Prenons le cas d'une absorption réalisée dans une colonne à garnissage, fonctionnant en régime stationnaire et à contre-courant. Nous pouvons écrire, en fonction du coefficient global K_y, ou du coefficient global K_p :

$$\Phi_M = \Omega\, K_y\,(y - y^*) \quad \text{ou} \quad \Phi_M = \Omega\, P\, K_p\,(y - y^*),$$

et pour une surface $d\Omega$:

$$d\Phi_M = K_y\,(y - y^*)\, d\Omega,$$

Appelons σ l'aire interfaciale créée, par unité de volume de garnissage. Pour un élément de volume correspondant à un tronçon de garnissage de hauteur dz et de section S (Figure 10), on a la surface :

$$d\Omega = \sigma\, S\, dz$$

$$\text{et } d\Phi_M = K_y\, \sigma\, S\,(y - y^*)\, dz$$

La variation de flux peut aussi s'écrire :

$d\Phi_M = -\, d(Vy)$. y diminuant lorsque z croît, on a :

$$K_y\, \sigma\, S\,(y - y^*)\, dz = -\, d(Vy) \qquad (9)$$

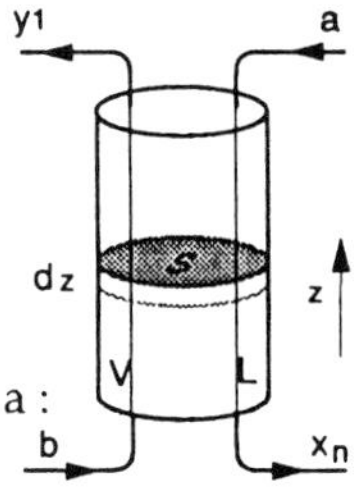

Figure 10

Si le diluant et le solvant sont insolubles, le débit total de gaz est égal au débit du diluant augmenté du débit du soluté, soit :

$$V = V' + Vy, \text{ (V' est constant le long de la colonne)}$$

$$\text{d'où } V = \frac{V'}{1 - y} \quad \text{et } d(V_y) = V'\, d\left(\frac{1}{1 - y}\right) = \frac{V'}{(1 - y)^2}\, dy$$

On peut encore écrire $d(V\,y) = \dfrac{V\,dy}{1 - y}$ et, en portant dans l'équation (9) :

$$\frac{-\,V\,dy}{1 - y} = K_y\, \sigma\, S\,(y - y^*)\, dz$$

$$\text{et :} \qquad dz = \frac{-\,V\,dy}{K_y\, \sigma\, S\,(1 - y)\,(y - y^*)}$$

Pour passer de la teneur b à la teneur y, il faut donc une hauteur de colonne :

$$z = \int_{y_1}^{b} \frac{V\,dy}{K_y\,\sigma\,S\,(1-y)\,(y-y^*)}$$ (10), ou, en fonction de K_p :

$$z = \int_{y_1}^{b} \frac{V\,dy}{K_p\;P\,\sigma\,S\,(1-y)\,(y-y^*)}$$

. Les calculs se simplifient si on suppose que le produit $K_y\,\sigma\,S$ (ou $K_p\,\sigma\,P\,S$) ne varie pas et que les teneurs sont assez faibles pour considérer le débit V constant, dans toute la colonne.
Dans ces conditions d(Vy) = Vdy, et l'intégration de l'équation (9) devient :

$$z = \frac{V}{K_y\,\sigma\,S} \int_{y_1}^{b} \frac{dy}{y-y^*} \quad \text{ou} \quad \frac{V}{K_p\,P\,\sigma\,S} \int_{y_1}^{b} \frac{dy}{y-y^*}$$

. Pour des gaz riches en soluté, et lorsque la résistance est localisée dans la phase gazeuse, le terme $V/K_y\,\sigma\,S$ ne peut être supposé constant, mais plutôt le terme $V/(1-y)_m K_y\,\sigma\,S$, si $(1-y)_m$ est la moyenne logarithmique de (1-y) et (1-y*) (approximation de CHILTON et COLBURN).

L'équation (10) devient alors :

$$z = \frac{V}{(1-y)_m K_y\,\sigma\,S} \int_{y_1}^{b} \frac{(1-y)_m\,dy}{(1-y)\,(y-y^*)} \qquad (11)$$

. La hauteur de la colonne à garnissage peut s'exprimer aussi en fonction des teneurs de la phase liquide, par exemple pour des teneurs faibles et $(K_x\sigma S)$ constant :

$$z = \frac{L}{K_x\,\sigma\,S} \int_{a}^{x_n} \frac{dx}{x^*-x} \quad \text{ou} \quad \frac{L}{\chi\,K_c\,\sigma\,S} \int_{a}^{x_n} \frac{dx}{x^*-x}$$

2- La notion d'unité de transfert

. Pour des teneurs faibles, si $K_y \sigma S / V$ peut être considéré comme constant le long d'une colonne de hauteur z, l'équation (10) simplifiée donne :

$$\frac{zK_y \sigma S}{V} = \int_{y_1}^{b} \frac{dy}{y - y^*}$$

Le terme de droite a été appelé par CHILTON et COLBURN "nombre d'unités de transfert globales en phase gazeuse", par définition : $N_{TV} = \int_{y_1}^{b} \frac{dy}{y - y^*}$

Ce nombre mesure la difficulté d'une séparation.

En effet, ce calcul revient à apprécier l'enrichissement (ou l'appauvrissement) réel par rapport à la force directrice (y - y*).

Si les courbes opératoire et d'équilibre sont des droites, (y - y*) est une fonction linéaire de y. Dans ce cas particulier, l'intégration donne $N_{TV} = \frac{b - y_1}{(y - y^*)_m}$ et plus généralement $N_{TV} = \frac{\Delta y}{(y - y^*)_m}$, $(y - y^*)_m$ étant la moyenne logarithmique de (y - y*) calculée pour les extrémités de la colonne.

On aura de même pour la phase liquide : $N_{TL} = \int_{a}^{x_n} \frac{dx}{x^* - x}$, N_{TL} représentant le nombre d'unités de transfert globales en phase liquide.

On en déduit la hauteur d'une unité de transfert globale H_{TV} ou H_{TL} :

$$z = H_{TV} \cdot N_{TV} = H_{TL} \cdot N_{TL}$$

Les hauteurs H_{TV} et H_{TL}, sont calculées, en fonction de K_y et K_x, à :

$$H_{TV} = \frac{V}{K_y \sigma S}, \qquad H_{TL} = \frac{L}{K_x \sigma S}$$

ou encore, en fonction de K_p et K_c :

$$H_{TV} = \frac{V}{K_p P \sigma S}, \qquad H_{TL} = \frac{L}{\chi K_c \sigma S}$$

Ces relations simples lient les coefficients de transfert globaux aux hauteurs des unités de transfert. La hauteur d'une unité de transfert est la hauteur de garnissage qui donne un changement de composition égal à celui d'une unité de transfert.

. Pour les gaz riches en soluté, le calcul est plus difficile. Il faut reprendre l'approximation consistant à supposer $\frac{V}{(1-y)_m K_y \sigma S}$ constant et écrire, selon l'équation (11) : $N_{TV} = \int_{y_1}^{b} \frac{(1-y)_m dy}{(1-y)(y-y^*)}$. Si, en outre, on prend pour $(1-y)_m$, non pas la moyenne logarithmique, mais la moyenne arithmétique : $\frac{(1-y^*)+(1-y)}{2}$, on trouve $\frac{(1-y)_m}{1-y} = \frac{y-y^*}{2(1-y)} + 1$, et en portant dans l'intégrale donnant N_{TV} :

$$N_{TV} = \int_{y_1}^{b} \frac{dy}{y-y^*} + \frac{1}{2} \ln \frac{1-y_1}{1-b}$$

La hauteur d'une unité de transfert globale est alors égale à : $H_{TV} = \frac{V}{(1-y)_m K_y \sigma S}$

3 - Signification physique de l'unité de transfert globale

Une unité de transfert globale correspond dans le cas le plus simple à :

$$\int_{y_1}^{y_2} \frac{dy}{y-y^*} = 1,$$

Concrètement, si les courbes opératoire et d'équilibre sont des droites, ceci peut être traduit par :

$$\Delta y = (y - y^*)_m$$

Pour une unité de transfert globale, la variation de teneur est égale à la force "directrice moyenne" $(y - y^*)_m$.
Une telle unité a été représentée sur la figure 11, on a bien, entre x_1 et a : $\Delta y = (y - y^*)_m$

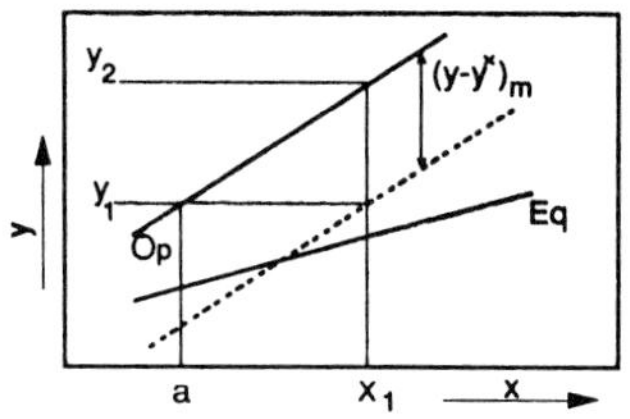

Figure 11

. Examinons graphiquement les variations du rapport $\frac{N_{TV}}{n_t}$ en fonction de $\frac{k}{K}$.

- si $k/K > 1$, nous avons la disposition des droites opératoire et d'équilibre de la figure 12a. Prenons l'exemple du plateau (n) que nous supposerons théorique.

La construction graphique de la valeur moyenne de $(y - y^*)$ nous montre que $(y_{n+1} - y_n) > (y - y^*)_m$. Pour un plateau théorique nous avons : $\Delta y/(y - y^*)_m > 1$

$$\text{donc} \quad N_{TV} > 1 \text{ et } \frac{N_{TV}}{n_t} > 1$$

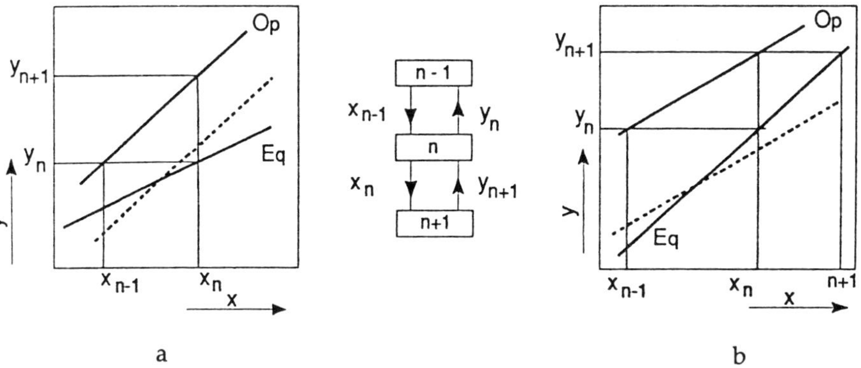

Figure 12

- si $k/K < 1$, la nouvelle disposition des droites opératoire et droite d'équilibre (Figure 12b) nous apprend que pour le plateau théorique (n) nous avons

$(y_{n+1} - y_n) < (y - y^*)_m$, donc $N_{TV} < 1$ et $\frac{N_{TV}}{n_t} < 1$.

4- Calcul du nombre d'unités de transfert globales

Nous nous plaçons dans le cas pour lequel on peut considérer V et $K_y \sigma S$ constants sur toute la hauteur d'une colonne. Nous avons à calculer :

$$\int_{y_1}^{b} \frac{dy}{y - y^*} = N_{TV}$$

Ecrivons l'équation de la droite opératoire sous la forme $y = kx + q$ (12)
et l'équation de la droite d'équilibre sous la forme $y^* = Kx$ (13).

De l'équation (12) nous tirons $x = \frac{y - q}{k}$ et en portant dans (13): $y^* = K\left(\frac{y - q}{k}\right)$,

ce qui permet de calculer $(y - y^*)$:

$$y - y^* = y - K\,\frac{(y - q)}{k}$$

ou : $$y - y^* = \frac{y(k - K) + Kq}{k}$$

et : $$\int_{y_1}^{b} \frac{dy}{y - y^*} = \int_{y_1}^{b} \frac{k\ dy}{y(k - K) + Kq}$$

l'intégration donne :

$$N_{TV} = \frac{k}{k - K}\left[\ln \frac{y(k - K) + Kq}{k}\right]_{y_1}^{b}$$

$$\text{d'où } N_{TV} = \frac{k}{k - K}\ln\left[\frac{b(k - K) + Kq}{y_1(k - K) + Kq}\right] = \frac{k}{k - K}\ln\left[\frac{b + \frac{Kq}{k - K}}{y_1 + \frac{Kq}{k - K}}\right]$$

Calculons les coordonnées du point (P) intersection des droite opératoire et droite d'équilibre : $y^*_{(p)} = y_{(p)} = K.\frac{\left(y_{(p)} - q\right)}{k}$ et : $y_{(p)} = -\frac{Kq}{k - K}$. L'expression de N_{TV} s simplifie en y incluant $y_{(p)}$:

$$N_{TV} = \frac{k}{k - K}\ln\left[\frac{y_{(p)} - b}{y_{(p)} - y_1}\right]$$

5- Détermination graphique du nombre des unités de transfert globales - Méthode de BAKER

Supposons que nous puissions assimiler pour chaque unité de transfert, les courbe opératoire et courbe d'équilibre à des portions de droites dans un diagramme de distribution (Figure 13).

Sur la courbe opératoire, la teneur moyenne entre deux valeurs y_n et y_{n+1}, correspond à un point (O), milieu de (O'O"). On peut tracer le triangle rectangle (O"CO').

La perpendiculaire menée de (O) sur le côté (O'C) sera telle que (O'T) = (TC) et (TO) = (CO")/2, sachant que (CO") = Δy. Le prolongement de (OT), coupe la courbe d'équilibre en (E), OE représente $(y - y^*)_m$. Pour que nous ayons une unité de transfert, il faut que $\Delta y = (y - y^*)_m$, c'est-à-dire que :

(OE) = (O"C) et que (TO) = (ET) = (CO")/2

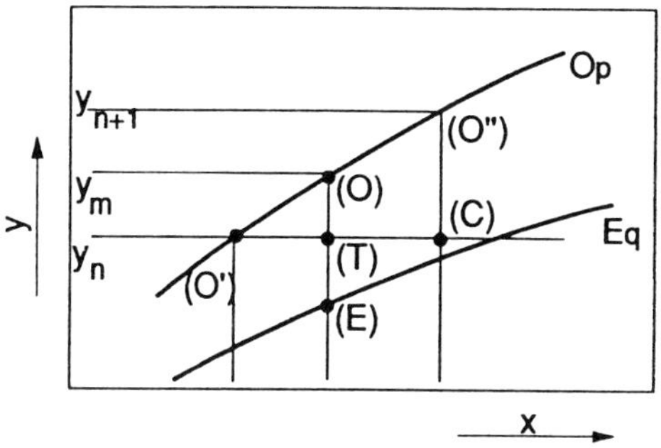

Figure 13

Ceci nous amène à la construction proposée par BAKER et appliquée ici aux unités de transfert globales en phase gazeuse d'une colonne d'absorption (Figure 14a).

Connaissant les courbe opératoire et courbe d'équilibre tracées dans un diagramme de distribution, on construit la courbe des unités de transfert, (U_T), lieu des points (T), milieux des segments verticaux construits entre les courbe opératoire et courbe d'équilibre.

A partir des teneurs (a,y_1) du sommet de la colonne (point O'), on trace une parallèle à l'axe de x qui rencontre la courbe des unités de transfert en T, et on porte sur cette droite une longueur TC = O' T.

Du point C on mène une parallèle à l'axe des y, qui coupe la courbe opératoire en O".

La longueur du segment CO" représente le Δy correspondant à une unité de transfert.

A partir de O" on recommence la même construction, jusqu'à ce qu'on dépasse les teneurs au pied de la colonne (x_n,b).

Le nombre de triangles rectangles (O' C O") représente le nombre des unités de transfert globales en phase gazeuse.

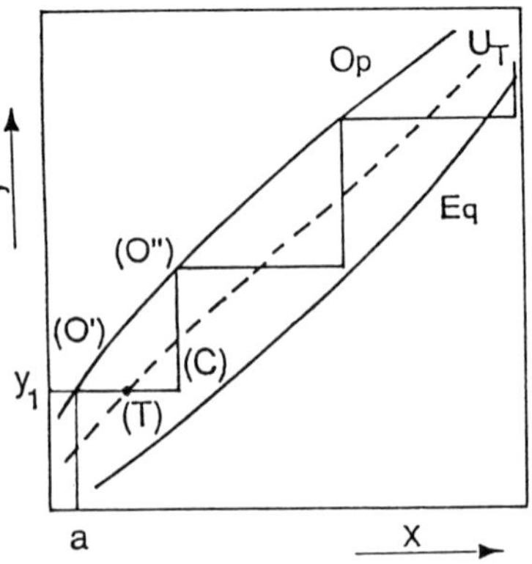

a

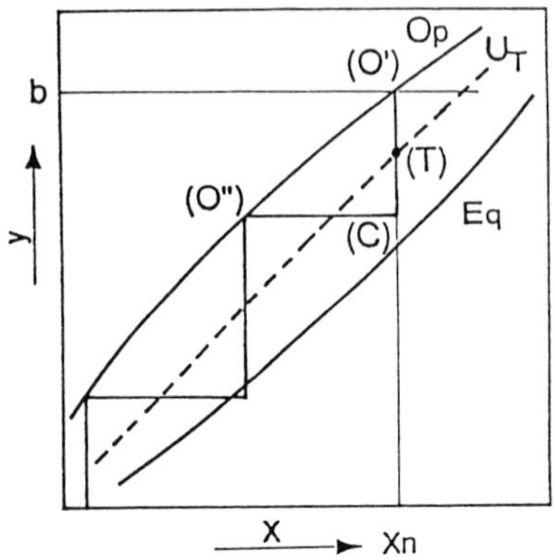

b

Figure 14

On détermine le nombre des unités de transfert globales en phase liquide par une construction analogue : dans ce cas, la courbe des unités de transfert sera le lieu des milieux des segments parallèles à l'axe des x, limités par les courbe opératoire et courbe d'équilibre.

Nous avons toujours (O'T) = (TC), mais ces segments seront parallèles à l'axe des y (Figure 14b)

6 - Considérations pratiques

. Si la détermination du nombre des unités de transfert, soit graphiquement soit par calcul, ne pose pas de difficulté, il n'en est pas de même pour l'estimation de la hauteur des unités de transfert.

. Il existe de nombreuses relations permettant le calcul des coefficient individuels de transfert en fonction des propriétés physiques des corps, on en dédui les coefficients de transfert globaux K_p ou K_c. On applique alors, selon les teneurs en soluté, par exemple pour la phase V, les relations :

$$H_{TV} = \frac{V}{K_p \, P \, \sigma \, S} \quad \text{ou} \quad H_{TV} = \frac{V}{(1-y)_m \, K_p \, P \, \sigma \, S}$$

Ces calculs sont, hors les quelques cas bien étudiés, très approximatifs. Le problème le plus délicat est la connaissance de la surface de garnissage réellement mouillée.

. Il est donc recommandé de déterminer expérimentalement, sur une unité pilote, les hauteurs des unités de transfert. On respectera les débits unitaires V/S et L/S et on veillera à ce que le rapport :

diamètre de la colonne / dimension du garnissage

soit toujours supérieur à 10. Des formules d'extrapolation fiables donnent les corrections à apporter pour des variations de diamètre de colonne, de dimension et de hauteur de garnissage, à condition de rester dans les limites d'extrapolation de 1 à 3.

7- Unités de transfert et plateaux théoriques

Nous avons calculé précédemment le nombre de plateaux théoriques :

$$n_t = \frac{\ln \dfrac{y_{(p)} - b}{y_{(p)} - y_1}}{\ln k/K}$$

ainsi que le nombre des unités de transfert globales : $N_{TV} = \dfrac{k}{k-K} \ln\left[\dfrac{y_{(p)} - b}{y_{(p)} - y_1}\right]$,

pour passer des teneurs b à y_1.

Le rapport $\dfrac{N_{TV}}{n_t}$ vaut donc :

$$\frac{N_{TV}}{n_t} = \frac{k \ln k/K}{k - K} = \frac{\mathcal{A} \ln \mathcal{A}}{\mathcal{A} - 1},$$

On peut tracer $\dfrac{N_{TV}}{n_t}$ en fonction du rapport des pentes k/K. On obtient une courbe (Figure 15) qui passe par le point de coordonnées (1,1), en effet, si : $\dfrac{k}{K} = 1 + \varepsilon$,

$$\text{on trouve : } \frac{N_{TV}}{n_t} = \frac{\varepsilon + \varepsilon^2/2...}{\varepsilon} \rightarrow 1 \text{ pour } \varepsilon \rightarrow 0$$

Lorsque la droite d'équilibre est parallèle à la droite opératoire , le nombre d'unités de transfert est égal au nombre de plateaux théoriques.

- si k/K > 1 ou $\mathcal{A} > 1$, la pente de la droite opératoire est supérieure à la pente de la droite d'équilibre, le nombre d'unités de transfert est supérieur au nombre de plateaux théoriques.

- si k/K < 1 ou $\mathcal{A} < 1$, la pente de la droite opératoire est inférieure à la pente de la droite d'équilibre, le nombre d'unités de transfert est inférieur au nombre de plateaux théoriques.

Nous retrouvons les conclusions de l'estimation géométrique précédente.

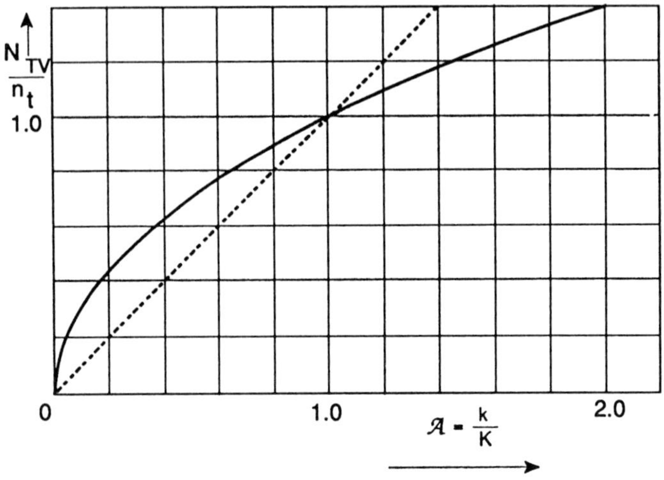

Figure 15

- On peut définir une hauteur équivalente à un plateau théorique (HEPT) connaissant k, K et H_{TV}. En effet, le calcul précédent nous permet de connaître la valeur de N_{TV}/n_t. Pour une même hauteur de colonne on a :

$$H_{TV} \cdot N_{TV} = n_t \, HEPT = z$$

$$\text{d'où :} \quad HEPT = \frac{H_{TV} \, N_{TV}}{n_t}$$

IV - L'efficacité de plateau

1 - Définition - efficacité de MURPHREE

Les calculs des précédents chapitres ont été menés en supposant l'équilibre réalisé entre les phases quittant chaque élément (ou plateau) d'échange et c'est ainsi que nous avons défini le plateau théorique.

En réalité, de nombreux facteurs, dont les facteurs cinétiques, limitent l'échange et on fait alors intervenir la notion d'efficacité de plateau. Parmi différentes possibilités, nous adopterons la définition donnée par MURPHREE :

L'efficacité de plateau est égale au rapport de l'enrichissement réel d'une phase à l'enrichissement que l'on obtiendrait pour cette phase si les deux phases quittant le plateau étaient en équilibre(*).

Pour un échange entre une phase liquide L et une phase gazeuse V, il y a donc une efficacité de MURPHREE côté liquide E_{ML} et une efficacité de MURPHREE côté gaz E_{MV}.

Considérons un élément n, pour lequel les teneurs des phases sont portées sur la figure 16

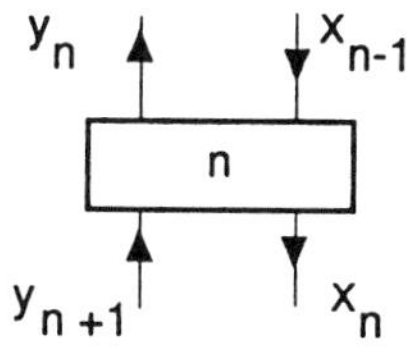

La définition de MURPHREE donne :

pour la phase L : $E_{ML} = \dfrac{x_n - x_{n-1}}{x_n^* - x_{n-1}}$ et x_n^* en équilibre avec y_n

pour la phase L : $E_{MV} = \dfrac{y_{n+1} - y_n}{y_{n+1} - y_n^*}$ et y_n^* en équilibre avec x_n

Figure 16

2 - Représentation

La représentation de E_{MV} et E_{ML} est évidente dans un diagramme de teneurs où sont tracées les courbe opératoire et courbe d'équilibre .

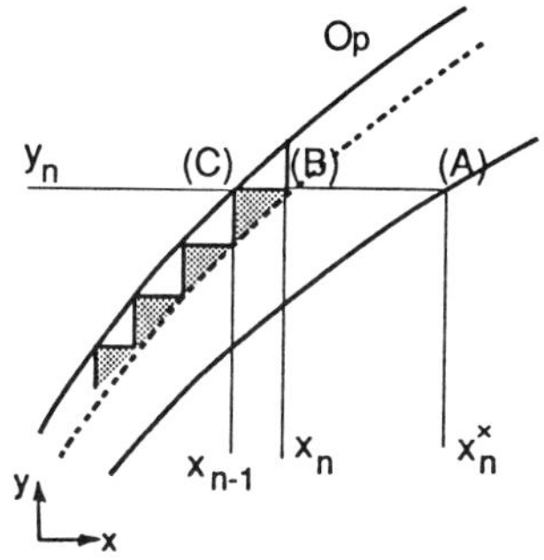

Figure 17a

- L'efficacité E_{ML} étant inférieure à 1, la valeur réelle x_n est comprise entre x^*_n et x_{n-1}. D'autre part, pour y_n fixé, la teneur de la phase L qui serait à l'équilibre x^*_n, est en réalité x_n. Le point (x_n, y_n) figuré en (B) sur la figure 17a remplace le point (A) de coordonnées (x^*_n, y_n) de telle sorte que :

$$E_{ML} = \frac{\overline{CB}}{\overline{CA}}$$

(*) Enrichissement ou appauvrissement.

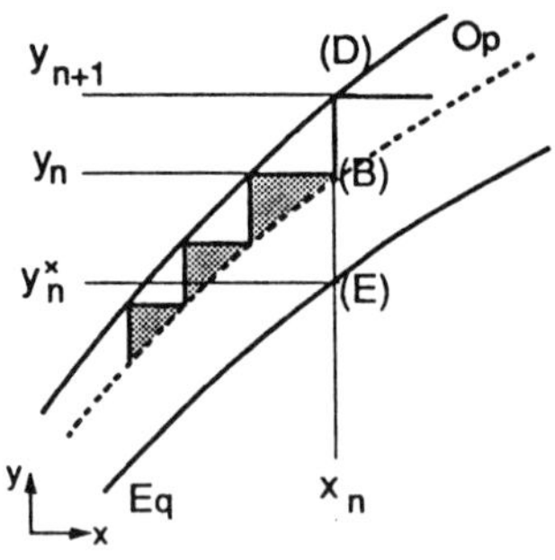

Figure 17b

- L'efficacité E_{MV} peut être illustrée aussi facilement dans le même diagramme (Figure 17b). Le point (B) représentatif de la teneur (x_n, y_n) qui remplace le point (E) de coordonnées (x_n, y^*_n) (relatif à l'équilibre pour le même x_n) est placé de telle sorte que :

$$E_{MV} = \frac{\overline{BD}}{\overline{ED}}$$

Si les efficacités E_M conservent une valeur constante lorsque les teneurs varient, on pourra tracer facilement la courbe de pseudo-équilibre, lieu des points (B). Le nombre de plateaux réels sera obtenu en comptant le nombre de triangles de sommets (B) construits entre la courbe opératoire et la courbe de pseudo-équilibre.

3 - Relation entre les efficacités de MURPHREE

- Si les courbe opératoire et courbe d'équilibre peuvent être assimilées à des droites, il existe une relation simple entre les efficacités de MURPHREE E_{MV} et E_{ML}.

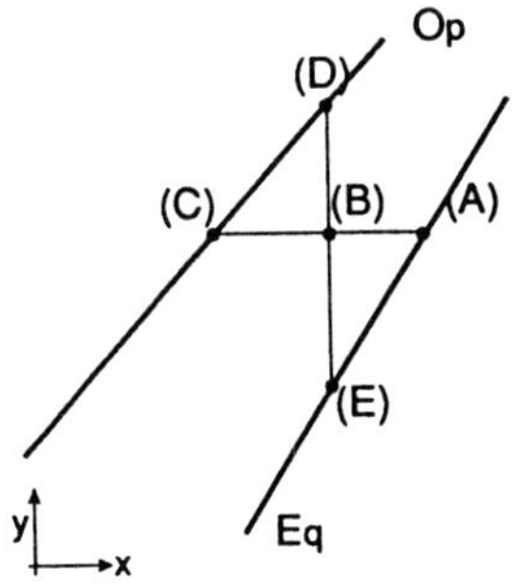

Figure 18

Le problème revient à calculer le rapport $\overline{BD} / \overline{ED} = E_{MV}$ en fonction des pentes K (droite d'équilibre), k (droite opératoire) et du rapport $\overline{CB} / \overline{CA} = E_{ML}$. On constate sur la figure 18 que : $\overline{BD} = k\,\overline{CB}$ et que $\overline{EB} = K\,\overline{BA}$. Sachant que $\overline{ED} = \overline{EB} + \overline{BD}$, on trouve :

$$\overline{ED} = k\,\overline{CB} + K\,\overline{BA}$$

d'où : $$\frac{\overline{BD}}{\overline{ED}} = \frac{k\,\overline{CB}}{k\,\overline{CB} + K\,\overline{BA}}$$

et : $$\frac{\overline{BD}}{\overline{ED}} = \frac{k}{k + K\,\overline{BA}/\overline{CB}} = E_{MV}$$

On sait que : $\overline{BA} = \overline{CA} - \overline{CB}$, ou : $\frac{\overline{BA}}{\overline{CB}} = \frac{\overline{CA}}{\overline{CB}} - 1$. Ce rapport peut s'écrire, en fonction de E_{ML} : $\frac{\overline{BA}}{\overline{CB}} = \frac{1}{E_{ML}} - 1$

Portons cette valeur dans l'équation précédente donnant E_{MV}, il vient :

$$E_{MV} = \frac{k}{k + K(1/E_{ML} - 1)}$$

$$\text{d'où : } E_{MV} = \frac{k\ E_{ML}}{K + E_{ML}(k - K)} = \frac{\mathcal{A}\ E_{ML}}{1 + E_{ML}(\mathcal{A} - 1)}$$

Pour k = K, c'est-à-dire lorsque les droite opératoire et droite d'équilibre sont parallèles, on trouve : $E_{MV} = E_{ML}$.

4 - Nombre de plateaux réels et efficacité globale

Si l'efficacité de MURPHREE E_{MV} (ou E_{ML}) ne varie pas d'un élément à l'autre et si on peut toujours assimiler les courbe opératoire et courbe d'équilibre à des droites, il est facile de calculer le nombre de plateaux réels n_r nécessaires pour faire passer les teneurs de b à y_1 (phase V).

Le problème revient à calculer la pente K' de la droite de pseudo-équilibre. Cette droite, tracée dans un diagramme de distribution (Figure 19) passe par le point (P) intersection des droite d'équilibre et droite opératoire et par le point (B), sur l'axe des y, tel que $\overline{BD} / \overline{ED} = E_{MV}$. $\overline{ED}$ représente l'ordonnée à l'origine de la droite opératoire et vaut $(b - kx_n)$; on en déduit que $\overline{BD} = (b - kx_n)\, E_{MV}$ et $\overline{EB} = \overline{ED} - \overline{BD} = (b - kx_n)(1 - E_{MV})$.

Les coordonnées du point (P) sont telles que : $y_p = kx_p + b - kx_n = Kx_p$,
d'où $x_p = \dfrac{b - kx_n}{K - k}$ et $y_p = K\dfrac{b - kx_n}{K - k}$

La pente K' de la droite de pseudo-équilibre est égale à :

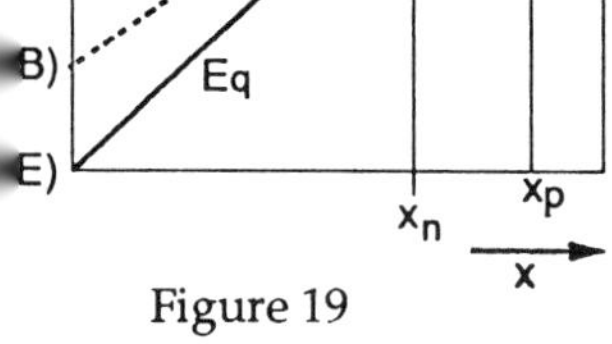

Figure 19

$$K' = \frac{y_p - \overline{EB}}{x_p} = \frac{K(b - kx_n) - (b - kx_n)(1 - E_{MV})(K - k)}{b - k\, x_n}$$

$$\text{ou : } K' = k\left[1 + E_{MV}\left(\frac{K}{k} - 1\right)\right]$$

$$\text{et : } \frac{k}{K'} = \frac{1}{1 + E_{MV}\left(\dfrac{K}{k} - 1\right)}$$

L'expression : $$n_t = \frac{\ln\left[\frac{y_{(p)} - b}{y_p - y_1}\right]^{(*)}}{\ln k / K}$$

donne le nombre de plateaux réels n_r, en remplaçant k/K par k/K' :

il vient : $$n_r = \frac{\ln\left[\frac{y_{(p)} - b}{y_{(p)} - y_1}\right]}{-\ln\left[1 + E_{MV}\left(\frac{K}{k} - 1\right)\right]}$$

ou encore (*) : $$n_r = \frac{\ln\left[\left(\frac{b - Ka}{y_1 - Ka}\right)\left(1 - \frac{K}{k}\right) + \frac{K}{k}\right]}{-\ln\left[1 + E_{MV}\left(\frac{K}{k} - 1\right)\right]}$$

on trouverait de même(*), en fonction de x_n et E_{ML} :

$$n_r = \frac{\ln\left[\left(\frac{b - Ka}{b - Kx_n}\right)\left(1 - \frac{k}{K}\right) + \frac{k}{K}\right]}{-\ln\left[1 + E_{ML}\left(\frac{k}{K} - 1\right)\right]}$$

L'efficacité moyenne ou globale E_G d'un ensemble d'étages est égale au rapport :

$$E_G = \frac{\text{Nombre d'étages théoriques assurant un enrichissement donné}}{\text{Nombre d'étages réels nécessaire pour obtenir le même enrichissement}} = \frac{n_t}{n_r}$$

Compte tenu des relations précédentes, on trouve donc, en fonction de E_{MV} :

$$E_G = \frac{\ln\left[1 + E_{MV}\left(\frac{K}{k} - 1\right)\right]}{\ln K / k} = \frac{\ln\left[1 + E_{MV}\left(\frac{1}{\mathcal{A}} - 1\right)\right]}{-\ln \mathcal{A}}$$

et en fonction de E_{ML} :

$$E_G = \frac{\ln\left[1 + E_{ML}\left(\frac{k}{K} - 1\right)\right]}{\ln k / K} = \frac{\ln\left[1 + E_{ML}\left(\mathcal{A} - 1\right)\right]}{\ln \mathcal{A}}$$

(*) Voir Chapitre "Représentation des bilans et des plateaux théoriques".

Il est intéressant d'étudier les variations de E_G en fonction de E_{MV} ou E_{ML} pour différentes valeurs de $k/K = \mathcal{A}$. La figure 20 montre que l'efficacité globale peut s'éloigner considérablement de l'efficacité de plateau de MURPHREE E_{MV} lorsque les valeurs de $\mathcal{A}$ ou $1/\mathcal{A}$ sont très différentes de 1. Pour $\mathcal{A} = 1$, l'efficacité E_{MV} est égale à l'efficacité globale.

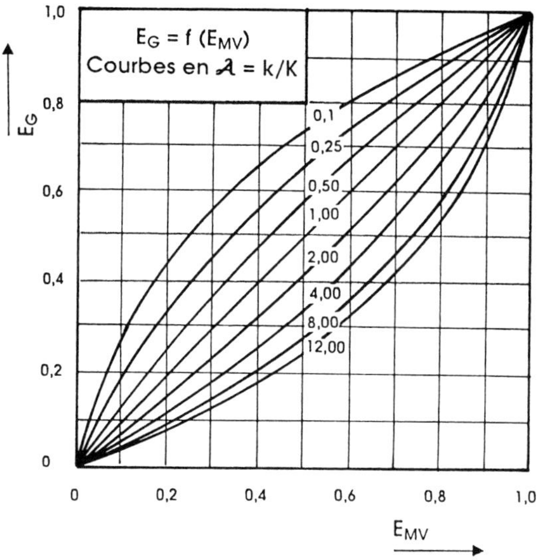

Figure 20

5 - Considérations pratiques

Même pour des systèmes de contacts simples (plateaux perforés, plateaux à cloches) il est difficile de calculer des efficacités de MURPHREE. Le véritable problème est de construire un modèle tenant compte de la qualité du brassage de chacune des phases.

Aussi est-il indispensable de mesurer les efficacités, le plus souvent sur une unité pilote. Lorsque le facteur d'extrapolation est important (> 5 diamètres) il est utile de mener parallèlement une étude hydrodynamique du système de contact choisi.

Symboles et abréviations

a : teneur de l'alimentation, phase L

a′ : teneur de l'alimentation (phase L), modifiée par un recyclage

A débit ou quantité d'une alimentation (molaire ou massique)

$\mathcal{A}$: rapport k/K

b : teneur de l'alimentation, phase V

$\mathcal{B}$: rapport b/(K + k)

B : débit ou quantité d'un effluent (molaire ou massique)

c : concentration en soluté d'une phase liquide

c_1, c_2 : concentration en soluté aux points 1 et 2 d'une même phase

c^* : concentration en soluté d'une phase liquide en équilibre avec une phase gazeuse de pression partielle en soluté p

c_{in} : concentration d'un soluté à l'interface gaz-liquide

c_o : masse ou débit massique de soluté C_o

C : débit ou quantité d'un effluent (molaire ou massique)

C_o : soluté

(C) : courbe de solubilité (équilibre liquide-liquide)

d_o : masse ou débit massique de diluant D_o

$\mathcal{D}$: coefficient de diffusion

D_o : diluant

D : débit de distillat (rectification) = V − L

D : en indice, relatif au distillat

D_p : expression $\left(K^{p+1} - k^{p+1}\right)$

D_{n-p} : expression $\left(K^{n-p+1} - k'^{n-p+1}\right)$

e : distance entre deux plans parallèles - Épaisseur de la couche "limite équivalente" pour les concentrations

E_G : efficacité globale

E_{MV} : efficacité de MURPHREE - phase vapeur

E_{ML} : efficacité de MURPHREE - phase liquide

E_q : courbe d'équilibre

f(x) : fonction de x, de même f(y) ...

F : propriété quelconque

$\hat{f}_{iV}$: fugacité du corps i dans un mélange - phase gazeuse -

$\hat{f}_{iL}$: fugacité du corps i dans un mélange - phase liquide -

h : enthalpie d'une phase liquide

h_D : enthalpie du distillat liquide

h_p : enthalpie d'une phase liquide quittant le plateau p

h_1, h_2 : coefficients superficiels de transfert de chaleur

H : enthalpie d'une phase vapeur

H_p : enthalpie d'une phase vapeur quittant le plateau p

H_{EPT} : hauteur équivalente à un plateau théorique

H_{TL} : hauteur d'une unité de transfert globale en phase liquide

H_{TV} : hauteur d'une unité de transfert globale en phase gazeuse

H_{app} : coefficient global de transmission de chaleur pour l'ensemble d'un appareil

$\mathcal{H}$: constante de Henry

i : l'un des corps d'un mélange ; en indice : x_i, y_i ; i = 1, 2, ...

j : l'un des corps d'un mélange ; er indice : x_j, y_j ; j = 1, 2, ...

$\dot{J}$: rapport $\frac{x_{n,n}}{1 - x_{n,n}}$

k : rapport des débits L/V

k' : rapport des débits L/V modifi par un recyclage, un alimentation intermédiaire, o des variations de teneurs

k_c, k_p, k_x, k_y : coefficients de transfer individuels de matière, relati aux concentrations, pression partielles, ou fractions molaires

K : coefficient de partage, pente d toute droite d'équilibre

K_i, K_j : coefficients de partage de corps i ou j

K_{C_o}, K_{D_o} : coefficients de partage d soluté C_o ou diluant D_o

K' : - coefficient de partage tena compte du mélange des phas
- pente d'une droite de pseud équilibre

K_c, K_p, K_x, K_y : coefficients c transfert globaux de matière, relatifs aux concentrations, pressions partielles, ou fractions molaires

ln : logarithme népérien

lg : logarithme décimal

L : l'une des phases traitées dans un procédé de séparation - phase liquide -

L : débit de la phase L

L'_1 : débit de la phase L, sortant d'un étage unique, compte tenu des variations de débit

L' : débit de la phase L, hors soluté

L_A : débit d'alimentation de la phase L

L_o : quantité ou débit initiaux de la phase L

L_n : débit de la phase L sortant du n^e étage, l'étage 1 étant l'étage d'alimentation en phase L

$L_{p,n}$: débit de la phase L sortant du p^e étage, d'un ensemble de n étages, l'étage 1 étant l'étage d'alimentation en phase L

m : en indice, moyenne - exemple : $(1-y)_m$

m : rapport $k/_{K+k}$

m' : rapport $k'/_{K+k'}$ modifié pour un recyclage ou une alimentation intermédiaire

n : en indice - Rang du dernier élément d'échange (ou étage, ou plateau) d'un ensemble de n éléments d'échange - exemple x_n

n_r : nombre de plateaux réels

n_t : nombre de plateaux théoriques

N_p : expression

$$y_{1,n-p}\left[K^p - k^p\right] + ak^p[K-k]$$

N_{n-p} : expression

$$bK^{n-p}[K-k'] + a'Kk'\left[K^{n-p} - k'^{n-p}\right]$$

N_{TL} : nombre d'unités de transfert globales en phase liquide

N_{TV} : nombre d'unités de transfert globales en phase gazeuse

o : en indice - exemples : c_o : masse ou débit massique de soluté ; s_o : masse ou débit massique de solvant ...; $Y_o = \dfrac{c_o}{c_o + s_o}$ ...

O_p : courbe opératoire

p : en indice - Rang de l'élément p - exemple : x_p $(p < n)$

p : pression partielle

p_i, p_j : pression partielle des corps i ou j

p_{in} : pression partielle du soluté à l'interface liquide-gaz

p^* : pression partielle du soluté dans une phase gazeuse en équilibre avec une phase liquide de concentration c en soluté

P_{is}, P_{js} : tension de vapeur saturante des corps i ou j

P : pression totale

q : ordonnée à l'origine d'une droite opératoire d'équation : $y = k\,x + q$

Q : quantité de chaleur éliminée au condenseur d'une colonne de rectification

r : indice, dans n_r = nombre de plateaux réels

r : fraction d'un débit principal

r_o : masse ou débit massique d'inerte R_o

R : taux de reflux

R_o : inerte

R_p : taux de reflux du plateau p

s : indice dans P_{is}, P_{js} : tension de vapeur saturante des corps i ou j

s_o : masse ou débit massique de solvant S_o

S : aire de la section horizontale d'une colonne

S_o : solvant

t : indice dans n_t = nombre de plateaux théoriques

T, T_1, T_2 : températures

T_i, T_j : températures d'ébullition des corps i ou j

u teneur d'une alimentation intermédiaire

U_T : courbe des unités de transfert

V : l'une des phases traitées dans un procédé de séparation - phase gazeuse -

V : débit de la phase V

V' : débit de la phase V hors soluté

V'_1 : débit de la phase V sortant d'un étage unique, compte tenu de la variation de débit

V_B : débit d'alimentation de la phase V

V_o : quantité ou débit initiaux de la phase V

V_n : débit de la phase V sortant du n^e étage, l'étage 1 étant l'étage d'alimentation de la phase L

$V_{p,n}$: débit de la phase V sortant du p^e étage, d'un ensemble de n étages, l'étage 1 étant l'étage d'alimentation de la phase L

x : teneur en soluté de la phase L

x' : teneur en soluté de la phase L ; compte tenu d'un recyclage ou d'un mélange des phases L et V

x_i, x_j : teneurs en corps i ou j de la phase L

$x_{iA}, x_{iB}, x_{jA}, x_{jB}$: teneurs des corps i et j dans l'alimentation, ou dans un effluent

x_n : teneur en soluté de la phase L, sortant de l'étage n, l'étage 1 étant l'étage d'alimentation de la phase L

$x_{p,n}$: teneur en soluté de la phase L sortant du p^e étage (ou élément, ou plateau) d'un ensemble de n étages, le 1er étage étant l'étage d'alimentation de la phase L

x_D : teneur du distillat dans une rectification

x_{in} : teneur en soluté de la phase L, à l'interface liquide-gaz

x^* : teneur en soluté de la phase L, en équilibre avec une phase V dont la pression partielle en soluté est p

x_d : rapport massique $\dfrac{c_0}{c_0 + s_0 + d_0}$ dans la phase L (diagramme de distribution)

$x_{(p)}$: abscisse du point d'intersection des droites opératoire et droite d'équilibre dans un diagramme de distribution

X : teneur corrigée en soluté de la phase L, $X = x/_{1-x}$

X_o : rapport massique $\dfrac{c_0}{c_0 + s_0}$ de la phase L (extraction solide-liquide, diagramme de PONCHON-SAVARIT)

y : teneur en soluté de la phase V

y' : teneur en soluté de la phase V ; compte tenu d'un recyclage ou d'un mélange des phases L et V

y_i, y_j : teneurs en corps i ou j de la phase V

y_{C_o} : teneur en soluté de la phase V

y_n : teneur en soluté de la phase V, sortant de l'étage n, l'étage 1 étant l'étage d'alimentation de la phase L

$y_{p,n}$: teneur en soluté de la phase V sortant du p^e étage d'un ensemble de n étages, le 1er étage étant l'étage d'alimentation de la phase L

y_{in} : teneur en soluté de la phase V, à l'interface liquide-gaz

y^* : teneur en soluté de la phase V, en équilibre avec une phase liquide de teneur en soluté x, ou de concentration en soluté c

$y_{(p)}$: ordonnée du point d'intersection des droite opératoire et droite d'équilibre dans un diagramme de distribution

$(y-y^*)_m$: moyenne logarithmique ou arithmétique de $(y-y^*)$, valeurs prises aux extrémités

d'une colonne ou d'un ensemble d'étages

$(1-y)_m$: moyenne logarithmique ou arithmétique de $(1-y)$ et $(1-y^*)$

Y : teneur corrigée en soluté de la phase V, $Y = y/1-y$

Y_o : rapport massique $\frac{c_o}{c_o+s_o}$ de la phase V (extraction solide-liquide, diagramme de PONCHON-SAVARIT)

z : hauteur d'une colonne à contact continu (garnissage)

- Symboles grecs -

α_{ij} : facteur de séparation des corps i et j

α'_{ij} : facteur de séparation des corps i et j modifié pour un mélange des phases

β : facteur de sélectivité

$\beta_{C_oD_o}$: facteur de sélectivité des soluté et diluant

Δ : différence de débit $(L-V)$

ΔL_o : variation de la quantité ou du débit de la phase L, compte tenu des variations de teneurs

σ : aire créée par unité de volume de garnissage

Σ : somme des débits $(L+V)$

Σ' somme des débits $(L+V)$ modifiée par une variation de V (solvant)

Φ_M : flux de matière

Φ_T : flux de chaleur

$\Omega, \Omega_1, \Omega_2$: aires d'interfaces liquide-gaz ou liquide-solide ou gaz-solide

χ : concentration molaire totale

nota :

Les points ou les segments portés sur les diagrammes sont écrits entre parenthèses - Exemples : (P), (Δ), (Σ), $(\overline{AB})$, ...

PROBLÈMES

Les dix-huit problèmes présentés ici sont des applications directes des notions essentielles développées dans la première partie de cet ouvrage.
La démarche adoptée pour tout problème est simple : à partir d'un schéma de fabrication industrielle, nous avons voulu résoudre des questions variées, relatives aux teneurs, aux bilans, aux unités de séparation...
C'est ainsi que tous les problèmes ont un caractère global et requièrent les connaissances prises dans plusieurs chapitres du cours.

Chaque problème forme un ensemble indépendant, ce qui explique que les mêmes documents ont été reproduits plusieurs fois. Ces documents -graphiques ou tableaux- venant de sources diverses, sont exprimés avec des unités qui sont rarement celles du Système International ; nous n'avons pas jugé utile de procéder à leur conversion.

Sauf indication contraire, les fabrications décrites fonctionnent en régime stationnaire.

Les abréviations et symboles utilisés sont ceux du cours.

Problèmes - Énoncés et Solutions -

Table des matières

PRODUCTION D'HYDROGENE PAR OXYDATION PARTIELLE DU METHANE - Enoncé -

On étudie l'oxydation partielle du méthane par la vapeur d'eau en vue de produire l'hydrogène nécessaire à la synthèse de l'ammoniac.

1°) En supposant que seules les réactions suivantes :

$$\underset{g}{CH_4} + \underset{g}{H_2O} \rightleftarrows \underset{g}{CO} + 3\,\underset{g}{H_2} \qquad (1)$$

$$\underset{g}{CO} + \underset{g}{H_2O} \rightleftarrows \underset{g}{CO_2} + \underset{g}{H_2} \qquad (2)$$

interviennent, calculer les constantes d'équilibre K_{1a} et K_{2a} pour une température de 1100 K (voir annexe 1).

2°) Le four d'oxydation est alimenté par un mélange méthane-vapeur d'eau, dont le rapport molaire H_2O/CH_4 vaut 3.

La pression d'alimentation est de 4,97 atm (pression absolue). Si, pour une mole de méthane à l'alimentation, on convertit x moles de méthane par la réaction (1) et y moles de monoxyde de carbone par la réaction (2), exprimer les constantes d'équilibres K_{1a} et K_{2a} en fonction de x et y.

3°) Connaissant y = 0,334 et x = 0,971, montrer que l'une des expressions de Ka est vérifiée et calculer la composition, en titres molaires, du mélange gazeux sortant du four.

4°) La proposition d'un constructeur, pour les mêmes conditions de marche du four, donne des titres molaires, dans le mélange gazeux sortant, supposé sec, de 0,0200 pour le méthane et de 0,1384 pour le monoxyde de carbone.

Ces titres sont-ils compatibles avec les titres à l'équilibre donnés en réponse à la question 3 ?

On ne tiendra compte, désormais, que des titres donnés par le constructeur ou calculés à partir de ceux-ci.

5°) Montrer que la réaction :

$$\underset{g}{2\,CO} \rightleftarrows \underset{g}{CO_2} + \underset{s}{C} \qquad (3)$$

ne peut amener aucun dépôt de carbone dans les conditions de marche définies précédemment. Les coefficients de fugacité seront pris égaux à 1.

6°) On imagine de récupérer la chaleur sensible des gaz sortants pour fournir du travail.

A cet effet, les gaz sortants servent à produire de la vapeur surchauffée (750 K et 35 kg/cm^2) à partir d'eau (319 K et 35 kg/cm^2), en se refroidissant de 1100 K à 600 K. Cette vapeur donne un travail par détente, de 35 kg/cm^2 à 0,10 kg/cm^2, dans une turbine thermiquement isolée.

Si la détente décrite ci-dessus a un rendement de 80% par rapport à une détente isentropique, calculer le travail produit correspondant à une alimentation de mille moles de méthane. Les variations de la capacité thermique avec la pression seront négligées pour les gaz sortants.

7°) La vapeur détendue est totalement condensée, à 319 K et 0,10 kg/cm^2 (il n'y a pas de sous-refroidissement) dans un condenseur alimenté par de l'eau à 298 K (température du milieu extérieur).

Calculer le travail perdu dans la turbine et dans le condenseur pour une alimentation de mille moles de méthane. Quel est le rendement énergétique de l'ensemble formé par la turbine et le condenseur ?

8°) Le méthane est disponible à une pression de 1,5 atm (pression absolue) et à une température de 298 K.

Calculer le travail nécessaire pour comprimer adiabatiquement mille moles de méthane, de 1,5 à 4,97 atm, la compression ayant un rendement de 65% par rapport à une compression isentropique.

Comparer ce travail au travail produit avec la chaleur sensible des gaz sortants.

Annexe 1 : Enthalpies libres de formation et chaleur sensible.
Annexe 2 : Enthalpie et entropie de l'eau liquide à 319 K et 0,10 kg/cm^2.
Annexe 3 : Diagramme de MOLLIER de l'eau.
Annexe 4 : Diagramme T/S du méthane.

Annexe 1

Tableau des enthalpies libres : $\Delta G^0_{f_T}$ en cal/mol

T	H_2O	CO	CO_2	CH_4
1000 K	- 46040	- 47859	- 94628	+ 4800
1100 K	- 44712	- 49962	- 94658	+ 7300
1200 K	- 43371	- 52049	- 94681	+ 9900

Tableau de $\int C_p\,dT$ entre 298 et 1100 K en kcal/mol

T	H_2O	CO	CO_2	CH_4	H_2
298 K	2,368	2,073	2,238	2,550	2,024
600 K	4,876	4,210	5,323	7,300	4,130
1100 K	9,576	8,056	11,581	16,540	7,693

Annexe 2

Pour l'eau à l'état liquide saturé on utilisera les valeurs suivantes qui ne figurent pas sur le diagramme de MOLLIER :

à 319 K et 0,10 kg/cm^2 : H = 46 kcal/kg
S = 0,155 kcal/kg K

On prendra les mêmes valeurs pour l'eau à 319 K, sous une pression de 35 kg/cm^2.

Annexe 3 - DIAGRAMME DE MOLLIER DE L'EAU - Enoncé -

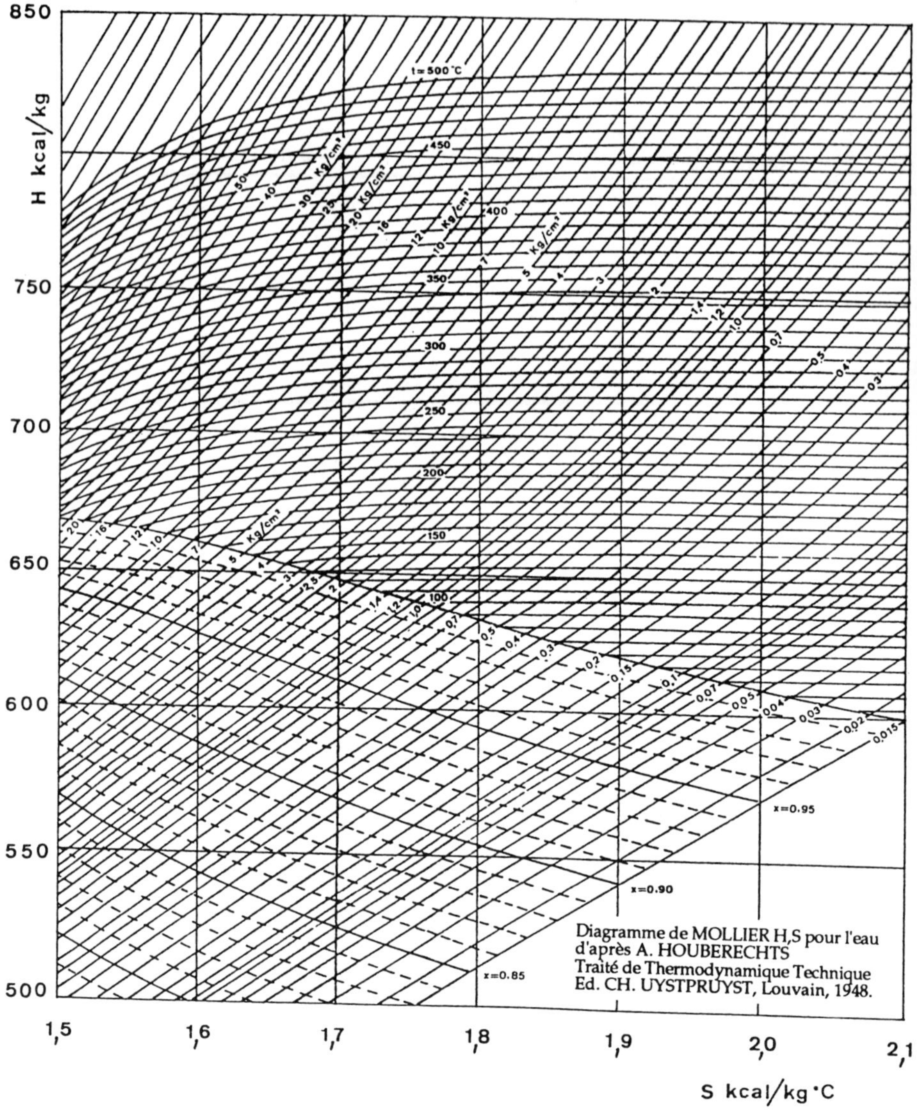

Annexe 4 - DIAGRAMME T.S. POUR LE MÉTHANE - Enoncé -

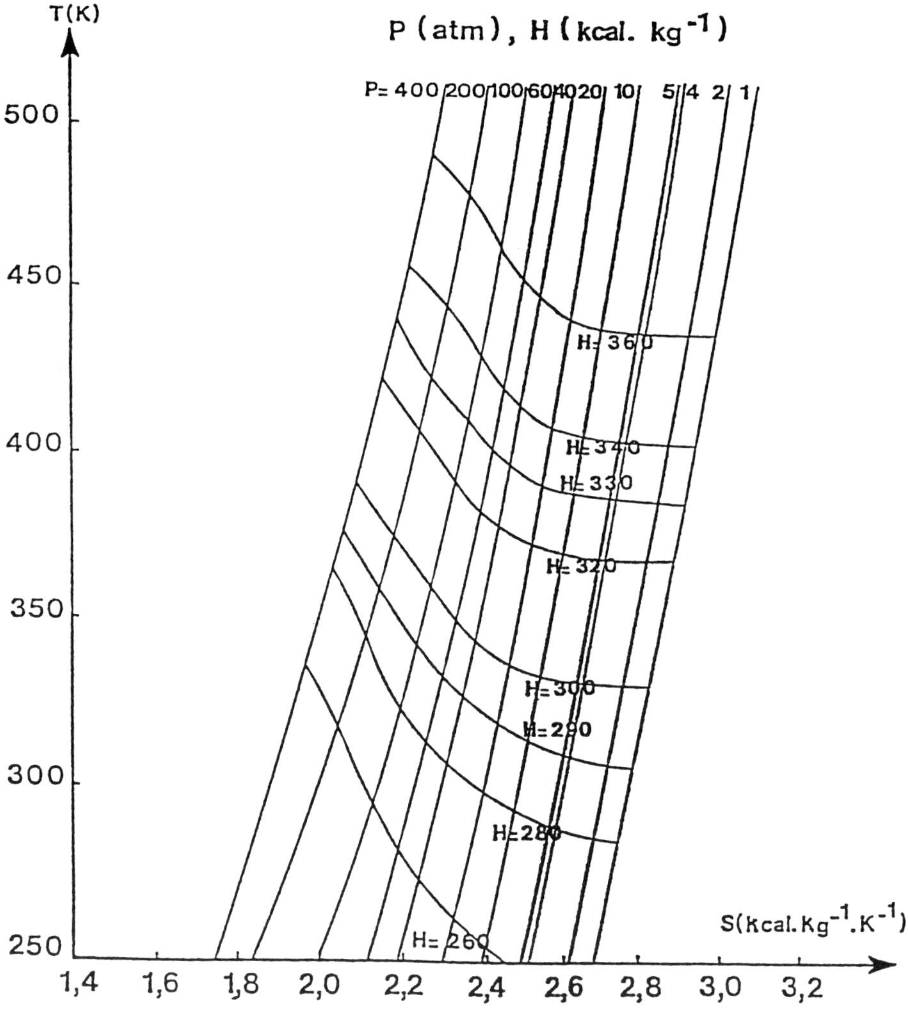

L'AIR LIQUIDE (Division scientifique),
Encyclopédie des gaz, 287
Elsevier, AMSTERDAM, 1976.

PRODUCTION D'HYDROGENE PAR OXYDATION PARTIELLE DU METHANE - Solution -

1°) Calcul des constantes d'équilibre K_{1a} et K_{2a} à 1100 K

$$\underset{g}{CH_4} + \underset{g}{H_2O} \rightleftharpoons \underset{g}{CO} + \underset{g}{3\,H_2} \qquad (1) \quad K_{1a}$$

$$\underset{g}{CO} + \underset{g}{H_2O} \rightleftharpoons \underset{g}{CO_2} + \underset{g}{H_2} \qquad (2) \quad K_{2a}$$

On utilise la relation $\Delta G_r^0 = -RT \ln Ka$.

Pour la réaction (1) :

$$\Delta G^0_{r(1)1100} = \Delta G^0_{f1100}(CO) - \left(\Delta G^0_{f1100}(CH_4) + \Delta G^0_{f1100}(H_2O)\right)$$
$$= -49962 - 7300 + 44712 = -12550 \text{ cal/mol}$$
$$\ln K_{1a} = -\frac{\Delta G^0_{r(1)1100}}{RT} = \frac{12550}{1,987 \times 1100} = 5,741867$$
$$K_{1a} = 311,6$$

Pour la réaction (2) :

$$\Delta G^0_{r(2)1100} = \Delta G^0_{f1100}(CO_2) - \left(\Delta G^0_{f1100}(CO) + \Delta G^0_{f1100}(H_2O)\right)$$
$$= -94658 + 49962 + 44712 = 16 \text{ cal/mol}$$
$$\ln K_{2a} = -\frac{\Delta G^0_{r(2)1100}}{RT} = -\frac{16}{1,987 \times 1100} = -0,007320$$
$$K_{2a} = 0,993 \approx 1,00$$

2°) Expression de K_1 et K_2 en fonction de x et de y. Taux de participation respectifs des réactions (1) et (2).

On prend pour base des calculs 1 mol de CH_4 dans l'alimentation :

Soit x le nombre de mol de CH_4 converties par (1)
Soit y le nombre de mol de CO converties par (2)
Soit z le nombre de mol de H_2O par mol de CH_4 dans l'alimentation
(ici z = 3)

Les nombres de moles sont donnés dans le tableau suivant :

Composés	**au départ** (mol)	**à l'équilibre** après (1) (mol)	**à l'équilibre** après (2) (mol)
CH_4	1	1 - x	1 - x
H_2O	3	3 - x	3 -x - y
CO	0	x	x - y
CO_2	0	0	y
H_2	0	3x	3x + y
Total : N	**4**	**4 + 2x**	**4 + 2x**

Comme la pression d'alimentation, p = 4,97 atm, est faible, on suppose que f = p. On aura donc $K_a = K_f = K_p$

Pour la réaction (1) :

$$K_{1p} = \frac{(P_{CO})(P_{H_2})^3}{(P_{CH_4})(P_{H_2}O)} = \frac{\left(\frac{n_{CO}}{N}P\right)\left(\frac{n_{H_2}}{N}P\right)^3}{\left(\frac{n_{CH_4}}{N}P\right)\left(\frac{n_{H_2O}}{N}P\right)}$$

$$K_{1a} = \frac{4,97\left(\frac{x-y}{4+2x}\right)x\frac{4,97^3(3x+y)^3}{(4+2x)^3}}{4,97\left(\frac{1-x}{4+2x}\right)x4,97\left(\frac{3-x-y}{4+2x}\right)}$$

$$K_{1a} = \frac{4,97^2\ (x-y)(3x+y)^3}{(4+2x)^2(1-x)(3-x-y)}$$

$$K_{1a} = \frac{24,70\,(x-y)\,(3x+y)^3}{(4+2x)^2(1-x)\,(3-x-y)}$$

Pour la réaction (2) :

$$K_{2p} = \frac{(PCO_2)(PH_2)}{(PCO)(PH_2O)} = \frac{\left(\frac{nCO_2}{N}P\right)\left(\frac{nH_2}{N}P\right)}{\left(\frac{nCO}{N}P\right)\left(\frac{nH_2O}{N}P\right)}$$

$$K_{2a} = \frac{y(3x+y)}{(x-y)(3-x-y)}$$

3°) Vérification d'une des expressions de Ka pour x = 0,971 et y = 0,334

$$K_{2a} = \frac{y(3x+y)}{(x-y)(3-x-y)} = \frac{1{,}084498}{0{,}637 \times 1{,}695} = \frac{1{,}0845}{1{,}0797} = 1{,}0044$$

ce qui est proche de la valeur de 0,993 trouvée précédemment.

Composition en titres molaires du mélange gazeux sortant du four

Composé	**Titre molaire dans le mélange sortant du four**
CH_4	$\frac{1-x}{4+2x} = \frac{1-0{,}971}{4+2\times 0{,}971} = \frac{0{,}029}{5{,}942} = 0{,}00488$
H_2O	$\frac{3-x-y}{4+2x} = \frac{3-0{,}971-0{,}334}{4+2\times 0{,}971} = \frac{1{,}695}{5{,}942} = 0{,}28526$
CO	$\frac{x-y}{4+2x} = \frac{0{,}971-0{,}334}{4+2\times 0{,}971} = \frac{0{,}637}{5{,}942} = 0{,}10720$
H_2	$\frac{3x+y}{4+2x} = \frac{3\times 0{,}971+0{,}334}{4+2\times 0{,}971} = \frac{3{,}247}{5{,}942} = 0{,}54645$
CO_2	$\frac{y}{4+2x} = \frac{0{,}334}{4+2\times 0{,}971} = \frac{0{,}334}{5{,}942} = 0{,}05621$
Total : N = 4 + 2x = 5,942	**Total = 1,00000**

4°) Composition, en fractions molaires, du mélange gazeux sec :

Composés	**Titres molaires**		**%**
CH_4	$\frac{1-x}{1+3x+y} =$	0,0200	2,00
CO	$\frac{x-y}{1+3x+y} =$	0,1384	13,84
H_2	$\frac{3x+y}{1+3x+y} = \frac{3{,}104}{4{,}104} =$	0,7563	75,63
CO_2	$\frac{y}{1+3x+y} = \frac{0{,}350}{4{,}104} =$	0,0853	8,53
Total = N = 1 + 3x+y		**0,999**	**100,00**

Calculons x et y grâce aux 2 relations connues :

$$1 - x = 0{,}02 + 0{,}06x + 0{,}02y$$
$$x - y = 0{,}1384 + 0{,}4152x + 0{,}1384y$$

De la première, on peut tirer :

$$x = \frac{1 - 0{,}02(1+y)}{1{,}06} = \frac{0{,}98 - 0{,}02y}{1{,}06}$$

Portons cette valeur dans la 2ème équation, qu'on peut écrire :

$$0{,}5848x = 0{,}1384 + 1{,}1384y$$
$$0{,}5848\left(\frac{0{,}98 - 0{,}02y}{1{,}06}\right) = 0{,}1384 + 1{,}1384y$$
$$0{,}5407 - 0{,}0110y = 0{,}1384 + 1{,}1384y$$
$$0{,}4023 = 1{,}1494y$$

d'où : $y = 0{,}350$
$x = 0{,}918$

On peut alors calculer les titres molaires de H_2 et CO_2, figurant dans le tableau ci-dessus.

Les nouvelles valeurs de x et y pourraient correspondre, si on néglige les facteurs cinétiques, à une température d'équilibre < 1100 K. En effet, on trouve, pour les nouvelles valeurs de x et y :

$$K_{1a} = \frac{24{,}70(x-y)(3x+y)^3}{(4+2x)^2(1-x)(3-x-y)} \approx 110 < 311{,}6 \text{ (réaction endothermique)}$$

$$\text{et } K_{2a} = \frac{y(3x+y)}{(x-y)(3-x-y)} \approx 1{,}14 > 0{,}99 \text{ (réaction exothermique)}$$

5°) Possibilité d'un dépôt de carbone

Montrons que la réaction $2\,CO_{g} \rightleftharpoons CO_{2\,g} + C_{s}$ ne peut donner aucun dépôt de carbone.

Calculons K_{1100} d'après la relation $\Delta G_r^0 = - RT \ln K_a$

$$\Delta G^0_{r_{1100}} = \Delta G^0_{f_{1100}}(CO_2) - 2\Delta G^0_{f_{1100}}(CO) = -94658 + 2x49962 = 5266 \text{ cal/mol}$$

$$\ln K_{3a} = -\frac{5266}{1{,}987 \times 1100} = -2{,}409296 \text{ d'où } K = 0{,}0899$$

On calcule $\frac{P_{CO_2}{}^{(*)}}{(P_{CO})^2} = \frac{y(4+2x)}{(x-y)^2 4{,}97} = 1{,}275 > 0{,}0899$

Le dépôt de carbone n'est donc pas possible, car la valeur trouvée est supérieure à la valeur d'équilibre.

6°) Travail fourni par la récupération de l'enthalpie sensible des gaz sortants.

Le schéma du procédé est le suivant :

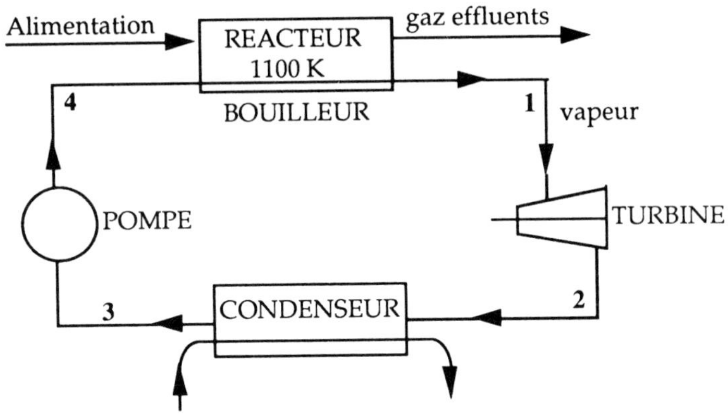

Afin de déterminer la quantité de vapeur produite, calculons la chaleur cédée par les gaz sortants, c'est-à-dire la variation d'enthalpie sensible de ce gaz.

$$\Delta H_s = \int_{600}^{1100} \overline{C}_p \, dT$$

(*) On suppose toujours, pour une pression faible (4,97 atm), que $K_p = K_a$

Bilan pour 1000 mol de CH_4 dans l'alimentation :

Comp.	Nomb. de mol départ	Titre molaire dans les effluents*		Nomb.* de mol effluents	$(\Delta H_s)_{600}^{1100}$ pour 1 mol en kcal.
CH_4	1000	$\frac{1-x}{4+2x}=\frac{1-0,918}{4+1,836}$	=0,01405	82,0	16,540 - 7,300 = 9,240
H_2O	3000	$\frac{3-x-y}{4+2x}=\frac{1,732}{5,836}$	=0,29678	1732,0	9,576 - 4,876 = 4,700
CO	---	$\frac{x-y}{4+2x}=\frac{0,568}{5,836}$	=0,09733	568,0	8,056 - 4,210 = 3,846
H_2	---	$\frac{3x+y}{4+2x}=\frac{3,104}{5,836}$	=0,53187	3104,0	7,693 - 4,130 = 3,563
CO_2	---	$\frac{y}{4+2x}=\frac{0,350}{5,836}$	=0,05997	350,0	11,581 - 5,323 = 6,258
Total	4000		1,00000	5836,0	

Ce qui donne, pour la variation d'enthalpie sensible des effluents :

$$\Delta H_{s_{effluents}} = 82 \cdot 9,240 + 1732 \cdot 4,700 + 568 \cdot 3,846 + 3104 \cdot 3,563 + 350 \cdot 6,258$$

$$\Delta H_{s_{effluents}} = 24332 \text{ kcal}$$

La quantité de chaleur cédée au bouilleur est donc de 24332 kcal.

D'après les données de l'énoncé et les documents annexes joints, on peut tracer le diagramme thermodynamique de la figure : "Diagramme de MOLLIER de l'eau - Solution" et en déduire les valeurs portées dans le tableau suivant :

Point	Température K	Pression kg/cm²	Enthalpie kcal/kg	Entropie kcal/kg K
1	750	35,00	810	1,695
2	319	0,10	590	1,870
3	319	0,10	46	0,155
4	319	35,00	46	0,155

Le point 2 est obtenu à partir du point 2' correspondant à une détente isentropique ($H_{2'}$ = 535 kcal/kg), par l'opération :
H_2 = 810 - (810 - 535) 0,80 = 590 kcal/kg

Quantité de vapeur formée :

$$\frac{24332}{H_1 - H_4} = \frac{24332}{810 - 46} = 31,85 \text{ kg vap/1000 mol } CH_4$$

* Chiffres modifiés par rapport à la première édition. La quantité de vapeur formée et le rendement énergétique n'ont pas varié.

Travail réel fourni par la turbine : $W = - \Delta H$, soit :

$W = - (H_2 - H_1)$ en kcal/kg de vapeur.

Le travail réel accompli par 31,85 kg de vapeur est donc :

$$W_{réel} = - (590 - 810) \cdot 31{,}85 = 7007 \text{ kcal}$$

Il correspond à une alimentation de 1000 mol de CH_4.

7°) Travail perdu dans la turbine et le condenseur

Le travail perdu a pour expression :

$$W_{perdu} = T_o \, \Delta S - Q$$

T_o : température du milieu extérieur
ΔS : variation d'entropie du système
Q : chaleur échangée avec le milieu extérieur

Travail perdu dans la turbine qui est thermiquement isolée (Q = 0) :

$$W_{perdu} = 298\,(1{,}870 - 1{,}695) \cdot 31{,}85 = 1660{,}98 \text{ kcal}$$

Calculons la chaleur cédée par la vapeur dans le condenseur :

$$Q = H_3 - H_2 = (46 - 590) \cdot 31{,}85 = - 17326{,}40 \text{ kcal}$$

Travail perdu dans le condenseur :

$$W_{perdu} = 298\,(0{,}155 - 1{,}870) \cdot 31{,}85 + 17326{,}40 = 1048{,}82 \text{ kcal}$$

Travail perdu au total dans la turbine et le condenseur :

$$W_{perdu\ total} = 1660{,}98 + 1048{,}82 = 2709{,}80 \text{ kcal}$$

Le rendement énergétique de l'ensemble vaut :

$$\frac{7007}{7007 + 2709{,}8} = 0{,}72 \text{ soit } 72\%$$

Le travail de compression de l'eau de 0,10 kg/cm^2 à 35 kg/cm^2 a été négligé ($H_4 \neq H_3$).

8°) Travail nécessaire à la compression de 1000 mol de CH_4

Etat initial du méthane : P = 1,5 atm
T = 298 K

DIAGRAMME DE MOLLIER DE L'EAU - Solution -

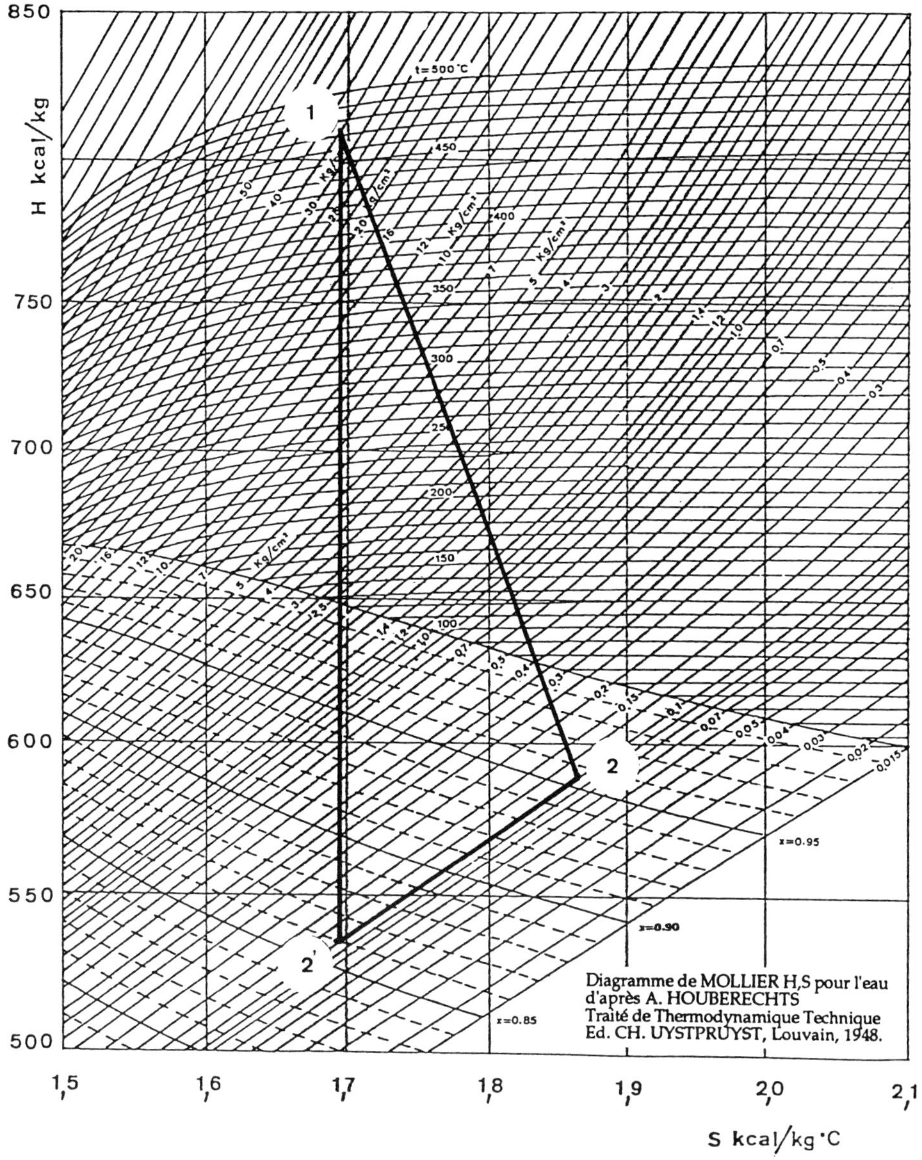

Diagramme de MOLLIER H,S pour l'eau d'après A. HOUBERECHTS Traité de Thermodynamique Technique Ed. CH. UYSTPRUYST, Louvain, 1948.

Le diagramme T, S du méthane permet de déduire, pour cet état,

$$H = 286 \text{ kcal/kg}$$

Après une compression isentropique, jusqu'à P = 4,97 atm, l'enthalpie serait de 332 kcal/kg. Or, le compresseur a un rendement de 65% par rapport à la compression isentropique. Il faut donc fournir un travail de :

$$\frac{332 - 286}{0,65} = 70,77 \text{ kcal/kg de } CH_4$$

et, pour 1000 mol de méthane ($M_{CH_4} = 16$) :

$$70,77 \times 16 = 1132 \text{ kcal}$$

Ce travail est très inférieur à celui qui est produit en utilisant l'enthalpie sensible des gaz sortants du réacteur d'oxydation partielle du méthane (question 6 : 7011,4 kcal).

FABRICATION DU DIOXYDE DE SOUFRE - Enoncé -

On s'intéresse au grillage des pyrites pour la fabrication du dioxyde de soufre. La réaction générale s'écrit :

$$2\,FeS_2 + 11/2\,O_2 \longrightarrow Fe_2O_3 + 4\,SO_2 \qquad (1)$$

Il se forme aussi une petite quantité de trioxyde de soufre, 1/40 du SO_2 formé étant oxydé :

$$1/10\,SO_2 + 1/20\,O_2 \rightleftarrows 1/10\,SO_3 \qquad (2)$$

Le grillage est conduit avec un excès d'air de 100%, à la fois pour la réaction (1) et la réaction (2).

1°) Calculer la composition volumique du gaz obtenu. On se limitera à SO_2, SO_3, N_2 et O_2.

2°) Le gaz de grillage, après dépoussiérage, déshydratation, épuration, est envoyé dans un réacteur d'oxydation fonctionnant à la pression atmosphérique et contenant 4 couches de catalyseur (V_2O_5). Nous étudierons la réaction :

$$\underset{g}{SO_2} + 1/2\,\underset{g}{O_2} \rightleftarrows \underset{g}{SO_3} \qquad (3)$$

- Connaissant les valeurs de ΔG données en annexe 1, calculer K_a à 750 K. A la pression atmosphérique, on peut écrire : $K_a = K_f = K_y = K_p$.
- Exprimer K_y en fonction du degré d'avancement de la réaction (3). Vérifier qu'à 750 K, ε = 7,278 (relatif à un mélange initial de 100 moles), ce qui donne un taux de conversion du dioxyde de soufre de 95,75%.

3°) La température du gaz entrant dans la première couche de catalyseur est de 673 K. Le régime étant stationnaire, calculer la température du gaz en sortie de la première couche, sachant que :

- $\Delta H^0_{r\,673} = -23$ kcal/mol,
- le taux de conversion de SO_2 est de 75%,
- la capacité thermique moyenne des gaz, $\overline{C}_p$, vaut 8,26 cal/mol K,
- la réaction est supposée adiabatique.

Le gaz sortant de la première couche de catalyseur est refroidi à 733 K, puis envoyé dans une deuxième couche de catalyseur. Le taux de conversion global du dioxyde de soufre étant de 90% après la deuxième couche de catalyseur, calculer la température du gaz après cette deuxième couche.

On supposera la réaction adiabatique, $\Delta H^0_{r\,733}$ = - 23 kcal/mol et la capacité thermique moyenne des gaz, $\overline{C}_p$, égale à 8,38 cal/mol K.

4°) On a tracé, en annexe 2, la courbe donnant le taux de conversion z* en fonction de la température d'équilibre, comme cela a été fait pour la question 2 (T_{eq}).

On peut aussi calculer le taux de conversion en fonction de la température qui correspond à la vitesse maximale dans un lit de catalyseur et tracer la courbe (T_{opt}).

Reporter, sur ce graphique, les taux de conversion et les températures correspondant aux deux premières couches de catalyseur. Montrer que les courbes d'élévation de température, dans les couches de catalyseurs, sont approximativement des droites, ΔH et $\overline{C}_p$ pouvant être supposés constants et la réaction adiabatique.

Les points reportés et ceux relatifs aux 3ème et 4ème couches de catalyseur sont également représentés sur le graphique de l'annexe 2. Que vous suggère la distribution de ces points par rapport à la courbe de vitesse maximale ? (température optimale).

5°) Si on écrit que la vitesse de réaction, r, est proportionnelle à :

$$e^{-\frac{31000}{RT}} f\left(\frac{z}{z^*}\right)$$

expression dans laquelle : z est le taux de conversion en un point de la couche de catalyseur, et z* le taux de conversion correspondant à l'équilibre, à la température T. Montrer qu'il est possible de trouver la courbe donnant la température pour laquelle la vitesse est maximale, en fonction du taux de conversion (T_{opt}).

Annexe 1 : ΔG^0_{rT} de la réaction (3)
Annexe 2 : Taux de conversion : f(T) - Enoncé.

Annexe 1

$$\underset{g}{SO_2} + 1/2\,\underset{g}{O_2} \rightleftharpoons \underset{g}{SO_3}$$

T_K	$\Delta G^0_{r_T}$ kcal/mol
600	- 9,94
700	- 7,72
800	- 5,51
900	- 3,34
1000	- 1,18

Annexe 2

TAUX DE CONVERSION = f(T) - Enoncé -

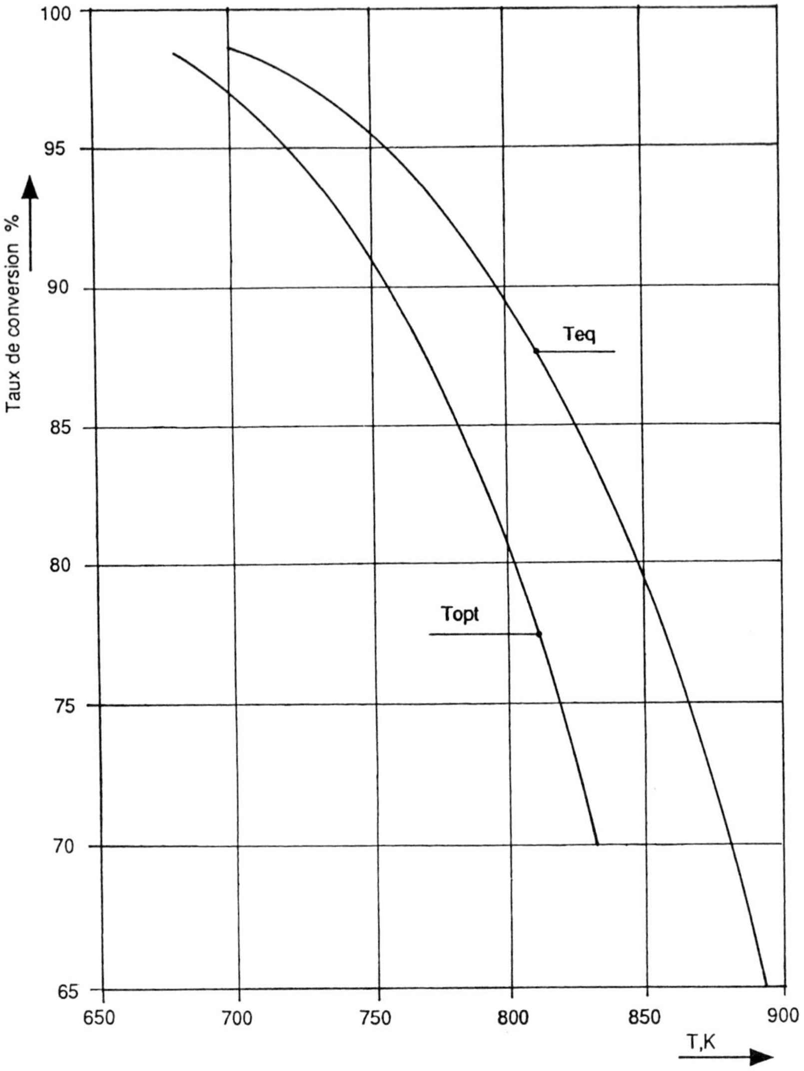

FABRICATION DU DIOXYDE DE SOUFRE - Solution -

La réaction générale est :

$$2\,FeS_2 + 11/2\,O_2 \longrightarrow Fe_2O_3 + 4\,SO_2 \qquad (1)$$

1/40 du SO_2 formé est oxydé selon la réaction :

$$1/10\,SO_2 + 1/20\,O_2 \rightleftarrows 1/10\,SO_3 \qquad (2)$$

Un excès d'air de 100% est utilisé pour les réactions (1) et (2).

1°) Calcul de la composition volumique du gaz obtenu.

Si on suppose les réactions complètes, on obtient

- après (1) : 4 SO_2
- après (2) : 3,9 SO_2 et 0,1 SO_3

La quantité d'oxygène utilisée est $\frac{11}{2}O_2 + \frac{1}{20}O_2 = \frac{111}{20}O_2$ ou 5,55 mol

Le taux d'excès est 100%. L'oxygène en excès est donc $\frac{111}{20}O_2$ ou 5,55 mol O_2

et l'azote correspondant $\frac{79 \times 2 \times 111}{21 \times 20} = 41{,}757$ mol N_2

On aura donc le bilan suivant :

Composé	au départ (mol)	après les réactions (1) et (2) (mol)	%
SO_2	0	3,900	7,601
SO_3	0	0,100	0,195
O_2	11,100	5,550	10,817
N_2	41,757	41,757	81,386
TOTAL N	**52,857**	**51,307**	**99,999**

2°) Calcul des constantes d'équilibre de la réaction

$$\underset{g}{SO_2} + \underset{g}{1/2\,O_2} \rightleftharpoons \underset{g}{SO_3} \qquad (3)$$

On calcule K_a à 750 K connaissant $\Delta G^0_{r\,700}$ et $\Delta G^0_{r\,800}$

$$\Delta G^0_{r\,T} = -RT \ln K_{a\,T} \text{ ou } \ln K_{a\,T} = -\frac{\Delta G^0_{r\,T}}{RT}$$

On détermine d'abord $\Delta G^0_{r\,750} = \Delta G^0_{r\,700} + \dfrac{\Delta G^0_{r\,800} - \Delta G^0_{r\,700}}{2}$

$$\Delta G^0_{r\,750} = -7{,}72 + \frac{-5{,}51 + 7{,}72}{2} = -6{,}615 \text{ kcal / mol}$$

$$\ln K_{a\,750} = +\frac{6615}{1{,}987 \times 750} = 4{,}43885$$

d'où $K_{a\,750} = 84{,}677$

A la pression atmosphérique $K_a = K_f = K_y = K_p$

Exprimons K_y en fonction du degré d'avancement de (3) :

$$\frac{dn\,SO_2}{-1} = \frac{dn\,O_2}{-\frac{1}{2}} = \frac{dn\,SO_3}{1} = d\,\varepsilon$$

Pour le dioxyde de soufre, par exemple, on obtient n en fonction de ε :

$$\int_{7{,}601}^{n_{SO_2}} dn\,SO_2 = \int_0^{\varepsilon} -d\,\varepsilon \qquad \text{d'où : } n_{SO_2} = -\varepsilon + 7{,}601$$

On peut ainsi calculer les compositions en fonction du degré d'avancement :

Composé	au départ	à l'équilibre	$y_i = \frac{n_i}{N}$
SO_2	7,601	$\int_{7,601}^{n_{SO_2}} dn\, SO_2 = \int_0^{\varepsilon} -d\varepsilon \quad n_{SO_2} = -\varepsilon + 7,601$	$\frac{7,601-\varepsilon}{100-\frac{1}{2}\varepsilon}$
SO_3	0,195	$\int_{0,195}^{n_{SO_3}} dn\, SO_3 = \int_0^{\varepsilon} +d\varepsilon \quad n_{SO_3} = \varepsilon + 0,195$	$\frac{0,195+\varepsilon}{100-\frac{1}{2}\varepsilon}$
O_2	10,817	$\int_{10,817}^{n_{O_2}} dn\, O_2 = \int_0^{\varepsilon} -\frac{1}{2} d\varepsilon \quad n_{O_2} = -\frac{1}{2}\varepsilon + 10,817$	$\frac{10,817-\frac{1}{2}\varepsilon}{100-\frac{1}{2}\varepsilon}$
N_2	81,386	non modifié d'où : $n_{N_2} = 81,386$	$\frac{81,386}{100-\frac{1}{2}\varepsilon}$
TOTAL	**99,999**	$\mathbf{99,999 - \frac{1}{2}\varepsilon \approx 100 - \frac{1}{2}\varepsilon}$	

$$\text{D'où } K_y = \frac{(0,195+\varepsilon)\left(100-\frac{1}{2}\varepsilon\right)^{1/2}}{(7,601-\varepsilon)\left(10,817-\frac{1}{2}\varepsilon\right)^{1/2}}$$

à 750 K si $\varepsilon = 7,278$, on aura : $\dfrac{(0,195+7,278)\left(100-\frac{1}{2}x7,278\right)^{1/2}}{(7,601-7,278)\left(10,817-\frac{1}{2}x7,278\right)^{1/2}} = K_y$

ce qui donne $\dfrac{7,473x9,816}{0,323x2,679} = 84,77 \approx 84,677$, valeur trouvée précédemment, d'où le taux de conversion correspondant à $\varepsilon = 7,278$

$$\frac{7,278}{7,601} = 0,95750, \text{ soit } 95,75\ \%.$$

3°) Calcul de la température du gaz en sortie :

- après la 1ère couche de catalyseur :

On a $\Delta H^0_{r\,673} = -23 \text{ kcal / mol}, \ \overline{C}_P = 8,26 \text{ cal / mol K}$

Le taux de conversion est de 75%, on a donc 7,601 × 0,75 = 5,701 mol de SO_3 formé, et ε = 0,75 × 7,601 = 5,701.
La réaction étant considérée comme adiabatique, l'enthalpie de réaction est égale à l'enthalpie sensible des produits : $-\Delta H^0_{r\,673} = n\left[\overline{C}_P\right]_{673}^{T_1} \Delta T$

Calculons donc le nombre de mol de gaz sortant pour 100 mol au départ :

Composé	**au départ** (mol)	**après la 1ère couche** (mol)
SO_2	7,601	7,601 (1 - 0,75) = 1,900
SO_3	0,195	0,195 + 7,601 × 0,75 = 5,896
O_2	10,817	10,817 - 5,701 × 0,5 = 7,966
N_2	81,386	81,386
TOTAL N	**99,999 ≈ 100**	**97,148**

$$-\Delta H^0_{r\,673} = -23000 \times 5,701 = -131123 \text{ cal}$$

$$(\Delta H_S)_{673}^{T} = 97,148 \times 8,26 \times \Delta T = 802,442 \ \Delta T$$

$$\text{d'où } \ \Delta T = \frac{131123}{802,442} = 163,405 \text{ K}$$

d'où la température de sortie du 1er lit T_1 = 673 + 163 = 836 K

Le gaz est refroidi à 733 K avant d'être envoyé dans la 2ème couche de catalyseur.

- après la 2ème couche de catalyseur :

On a $\Delta H^0_{r\,733} = -23 \text{ kcal / mol}, \ \ \overline{C}_P = 8,38 \text{ cal / mol K}$

Le taux de conversion global de SO_2 est 90%, et ε = 0,90 × 7,601 = 6,841

Comme précédemment la réaction est considérée comme adiabatique, on a donc :

$$-\Delta H^0_{r\,733} = n\left[\overline{C}_p\right]_{733}^{T_2} \Delta T$$

Calculons le nombre de mol de gaz sortant de la 2ème couche de catalyseur.

Composé	au départ (mol)	après la 2ème couche (mol)	
SO_2	7,601	7,601 (1 - 0,90) =	0,760
SO_3	0,195	0,195 + 7,601 × 0,9 =	7,036
O_2	10,817	10,817 - 6,841 × 0,5 =	7,397
N_2	81,386		81,386
TOTAL N	**99,999 ≈ 100**		**96,578 ≈ 96,58**

Le nombre de mol de SO_3 formé dans le 2ème lit est égal à :

(7,601 × 0,90) - (7,601 × 0,75) = 6,841 - 5,701 = 1,140 mol et $\varepsilon_2 = 1,14$

$$-\Delta H^0_{r\,733} = 23000 \times 1,140 = 26220 \text{ cal}$$

$$n\left[\overline{C}_p\right]_{733}^{T_2} \Delta T = 96,58 \times 8,38 \times \Delta T = 809,34\ \Delta T$$

$$\text{d'où } \Delta T = \frac{26220}{809,34} = 32,397 \text{ K}$$

La température du gaz sortant de la 2ème couche est T_2 = 733 + 32 = 765 K

4°) Donnons l'indice 1 aux grandeurs relatives à la première couche de catalyseur : ε_1, ΔH_{r_1}, $\overline{C}_{p_1}$.

Si z_1 est le taux de conversion : $\frac{\varepsilon_1}{7,601} = z_1$

Le bilan thermique de la première couche de catalyseur s'écrit :

$$\Delta T_1 = \frac{-\Delta H_{r_1} . \varepsilon_1}{\overline{C}_p . (100 - \varepsilon_{1/2})}$$

ou numériquement :

$$\Delta T_1 = \frac{174823 z_1}{8,26\,(100 - 3,80 z_1)}$$

La courbe $z_1 = f(\Delta T_1)$ est une hyperbole très proche d'une droite de pente 0,0046 dans l'intervalle $z_1 = 0$, $z_1 = 0,75$.

Si nous donnons l'indice 2 aux grandeurs relatives à la deuxième couche de catalyseur, nous trouverons le même type d'équations.

Nous avons : $\frac{\varepsilon_2}{1,900} = z_2$

$$\Delta T_2 = \frac{-\Delta H_{r_2} \cdot \varepsilon_2}{\overline{C}_{p_2}\,(100 - \frac{\varepsilon_1}{2} - \frac{\varepsilon_2}{2})}$$

et, en remplaçant ε_2 et ε_1 par leurs valeurs :

$$\Delta T_2 = \frac{-\Delta H_{r_2} \cdot 1,900\, z_2}{\overline{C}_{p_2}\,(100 - 3,80\, z_1 - 0,95\, z_2)},$$

ou, connaissant ΔH_{r_2}, z_1 et $\overline{C}_{p_2}$:

$$\Delta T_2 = \frac{43700 \cdot z_2}{814,12 - 7,96\, z_2}$$

Nous nous intéressons non pas à z_2 mais au taux de conversion global z.

$$z = \frac{7,601 - (1,900 - \varepsilon_2)}{7,601} = 1 - \frac{1,900\,(1 - z_2)}{7,601}$$

et, sachant que $1,900 = 7,601\,(1 - z_1)$,

on trouve : $z = 1 - (1 - z_1)(1 - z_2) = z_1 + z_2 - z_1 z_2$

et : $z_2 = \frac{z - z_1}{1 - z_1}$

Portons cette valeur dans l'expression de ΔT_2 :

$$\Delta T_2 = \frac{43700\,(z - z_1)}{(1 - z_1)\,814,12 - 7,96\,(z - z_1)}$$

et avec $z_1 = 0{,}75$:

$$\Delta T_2 = \frac{43700\,(z - 0{,}75)}{197{,}56 - 7{,}96\,z} \qquad \text{soit } z = \frac{32775 + 197{,}56\,\Delta T_2}{43700 + 7{,}96\,\Delta T_2}$$

La courbe $z = f(\Delta T_2)$ est une hyperbole, assez proche d'une droite dans l'intervalle z = 0,75, z = 0,90, comme le montre le tableau suivant où sont portés les ΔT_2 tirés de l'équation précédente et les ΔT_2 calculés linéairement : ΔT_{2l}.

z	0,75	0,80	0,85	0,90
ΔT_2 (K)	0	11,43	22,90	32,39
ΔT_{2l} (K)	0	10,80	21,59	32,39

La pente de cette droite vaut : $\frac{0{,}15}{32{,}39} = 0{,}0046$. Les deux droites représentant approximativement les élévations de température sont parallèles.

On peut placer les différents points de fonctionnement sur le graphique portant la courbe de températures optimales et la courbe d'équilibre, et imaginer les droites de fonctionnement pour les couches de catalyseur 3 et 4. La courbe des températures d'équilibre est la courbe des vitesses nulles.

On remarque que les différentes droites de fonctionnement (droites d'élévation de température) chevauchent la courbe de températures optimales. Il faudrait un nombre de couches de catalyseur beaucoup plus grand que 4 pour rester proche des vitesses maximales (voir la figure : "Taux de Conversion = f(T) - Solution").

5°) On se fixe un taux de conversion z. On connaît z* pour différentes températures T_1, T_2, T_3 ... (courbe d'équilibre T_{eq}). On calcule ensuite r, la vitesse de réaction, pour les températures T_1, T_2 et T_3, et la courbe $r = f(T)$ donne la température de vitesse maximale, pour chaque valeur de z.

L'opération répétée pour différentes valeurs de z permet de tracer la courbe des températures optimales T_{opt}, telle qu'elle apparaît sur le graphique de l'annexe 2.

On peut aussi trouver l'expression de z* en fonction de la température, porter cette expression dans l'équation de r, et calculer pour chaque valeur de z, la température pour laquelle $\frac{dr}{dT} = 0$.

TAUX DE CONVERSION = f(T) - Solution -

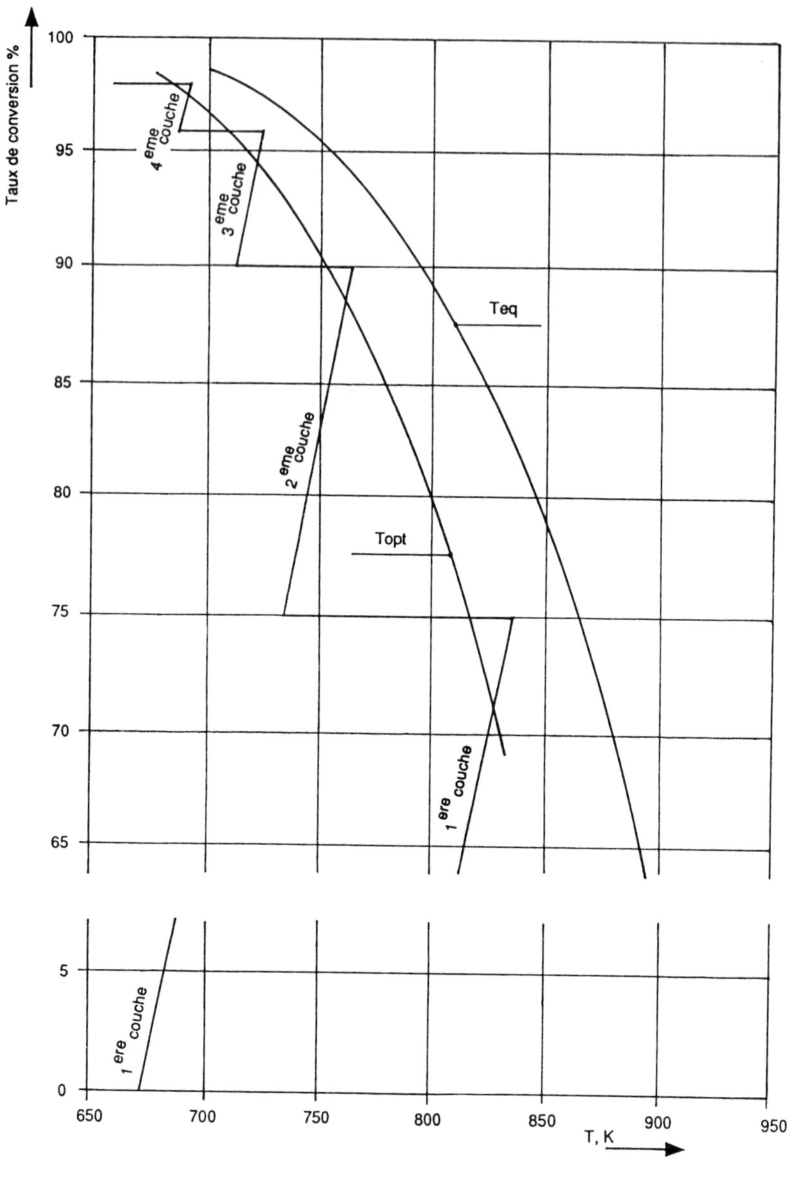

FABRICATION DE L'ANILINE - Enoncé -

On s'intéresse à la fabrication de l'aniline par hydrogénation catalytique du nitrobenzène, en phase vapeur, à 350°C, et sous une pression absolue de 2,7 atmosphères.

$$\underset{g}{C_6H_5NO_2} + \underset{g}{3H_2} \longrightarrow \underset{g}{C_6H_5NH_2} + \underset{g}{2H_2O} \qquad \Delta H_{r298} = -117 \text{ kcal}$$

On suppose, pour simplifier, que la réaction est complète et qu'il n'y a formation d'aucun sous-produit. On emploie, industriellement, un grand excès d'hydrogène, ce qui implique le recyclage de celui-ci.

1°) On peut imaginer un premier schéma de fabrication (figure 1)

Le mélange gazeux nitrobenzène-hydrogène est envoyé dans l'ensemble réacteur-échangeurs R. Les produits, refroidis, séparés de l'hydrogène en excès qui est recyclé, se séparent en deux phases liquides, dont les compositions massiques sont les suivantes :

- phase aqueuse : aniline : 3,5%, eau: 96,5%
- phase organique : aniline : 95 %, eau : 5%

Pour le débit d'alimentation donné sur la figure 1, calculer les débits des deux phases liquides.

En supposant la phase aqueuse éliminée, quel est le rendement global en aniline, par rapport au nitrobenzène ?

On admet que le gaz recyclé est constitué uniquement d'hydrogène.

2°) L'élimination de la phase aqueuse n'étant pas satisfaisante, ni du point de vue économique, ni du point de vue de la pollution, on veut récupérer l'aniline présente dans cette phase, par extraction en un seul étage, avec du nitrobenzène qui sera ensuite envoyé à l'alimentation. L'addition de nitrobenzène à la phase aqueuse donne deux phases liquides, l'une très pauvre en aniline et en nitrobenzène, qui peut être rejetée, et l'autre, riche en nitrobenzène, qui est envoyée à l'alimentation du réacteur, selon un deuxième schéma de fabrication (figure 2).

Connaissant les débits d'alimentation en hydrogène et en nitrobenzène, les compositions aux points B, C, D, la teneur en nitrobenzène au point A ainsi que la teneur en eau du rejet E, calculer les débits aux points A, B, C, D, E, F, et les teneurs en nitrobenzène et aniline du rejet E.

Quel est maintenant le rendement global en aniline ?

3°) En prenant pour base le deuxième schéma de fabrication, calculer la chaleur récupérable, en une heure, dans le réacteur R, pour une alimentation (aniline et nitrobenzène liquides, eau et hydrogène gazeux) à 298 K, les produits sortant à 453 K.

On connaît les enthalpies de vaporisation de l'aniline et du nitrobenzène à 298 K, ainsi que les capacités thermiques moyennes de l'eau et de l'aniline gazeuses entre 298 et 453 K (voir annexe 1).

On suppose qu'il n'y a pas de condensation de l'aniline dans le mélange des produits sortant du réacteur à 453 K.

4°) La chaleur récupérable calculée précédemment est utilisée pour faire de la vapeur à 300°C et à une pression de 20 kg/cm^2.

Calculer la quantité de vapeur produite en une heure lorsqu'on utilise de l'eau liquide à 25°C et 20 kg/cm^2, H_{eau} = 25 kcal/kg.

Le diagramme de MOLLIER de la vapeur d'eau est donné en annexe 2.

5°) On utilise cette vapeur d'eau pour produire du travail, par détente dans une turbine, jusqu'à une pression de 0,07 kg/cm^2, la teneur moyenne en liquide, après détente, étant de 3%.

Quel est le travail fourni ainsi, en une heure, exprimé en kcal/h ?

6°) La perte de charge du réacteur et des différents échangeurs entrées-sorties, non représentés sur le schéma, est de 1,5 atm. Cette perte de charge doit être vaincue par l'hydrogène de recyclage. Calculer le travail horaire nécessaire pour la recompression de cet hydrogène, le rendement par rapport à une compression isotherme d'un gaz parfait, à 298 K, étant de 65% (compresseur W de la figure 2).

Comparer ce travail au travail récupéré sur la turbine.

7°) La réaction de fabrication de l'aniline à partir de nitrobenzène est exothermique et consomme de l'hydrogène. L'hydrogène nécessaire peut être produit par la réaction de fabrication du styrène à partir d'éthylbenzène, qui est endothermique :

$$\underset{g}{C_6H_5NO_2} + \underset{g}{3H_2} \longrightarrow \underset{g}{C_6H_5NH_2} + \underset{g}{2H_2O} \qquad \Delta H_{r_{623\,K}} = -\ 112{,}2 \text{ kcal}$$

$$\underset{g}{C_6H_5C_2H_5} \longrightarrow \underset{g}{C_6H_5C_2H_3} + \underset{g}{H_2} \qquad \Delta H_{r_{623\,K}} = 29{,}4 \text{ kcal}$$

Imaginer un réacteur unique mettant en oeuvre l'ensemble de ces deux réactions.

Figure 1 : Fabrication de l'aniline - premier schéma - énoncé.
Figure 2 : Fabrication de l'aniline - deuxième schéma - énoncé.
Annexe 1 : Capacités thermiques moyennes et enthalpies de vaporisation.
Annexe 2 : Diagramme de MOLLIER de l'eau.

Figure 1 : FABRICATION D'ANILINE - Premier schéma - Enoncé -

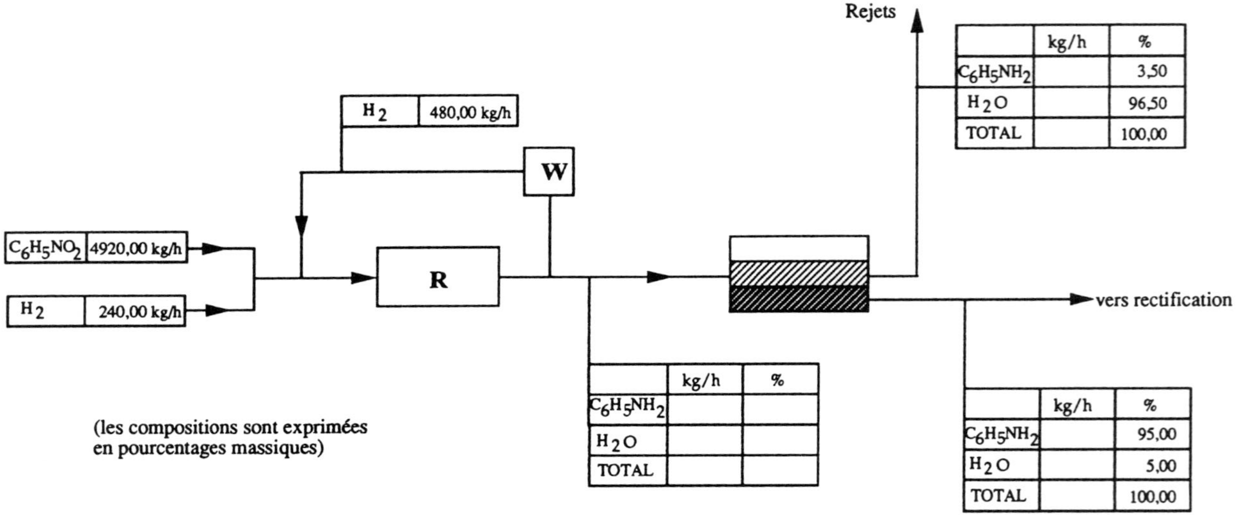

(les compositions sont exprimées en pourcentages massiques)

Figure 2 - FABRICATION D'ANILINE - Deuxième schéma - Enoncé -

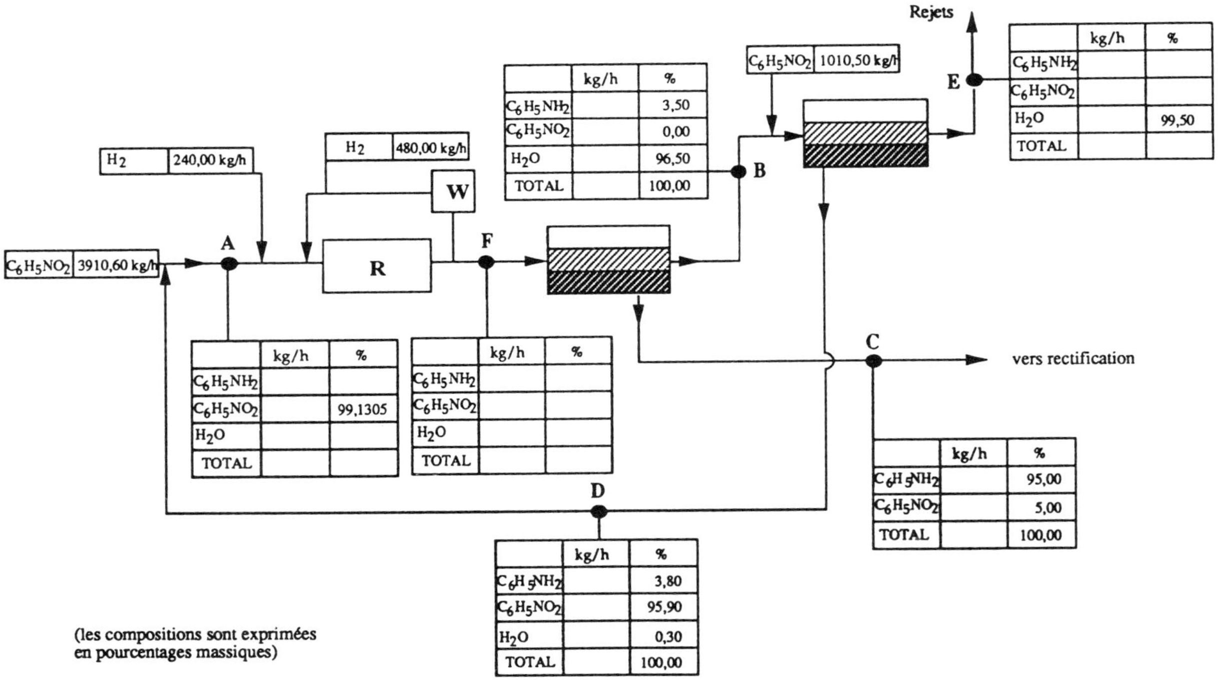

(les compositions sont exprimées en pourcentages massiques)

Annexe 1

Capacités thermiques moyennes entre 298 K et 453 K : $\left(\overline{C}_P\right)_{298}^{453}$

- eau vapeur : 0,455 cal/g K
- aniline vapeur : 0,438 cal/g K
- hydrogène gaz : 3,470 cal/g K

Enthalpies de vaporisation ΔH_v :

- aniline : ΔHv_{298} = 143,28 cal/g
- nitrobenzène : ΔHv_{298} = 97,00 cal/g

L'eau est à l'état vapeur dans l'alimentation du réacteur R.

Annexe 2 - DIAGRAMME DE MOLLIER DE L'EAU - Enoncé -

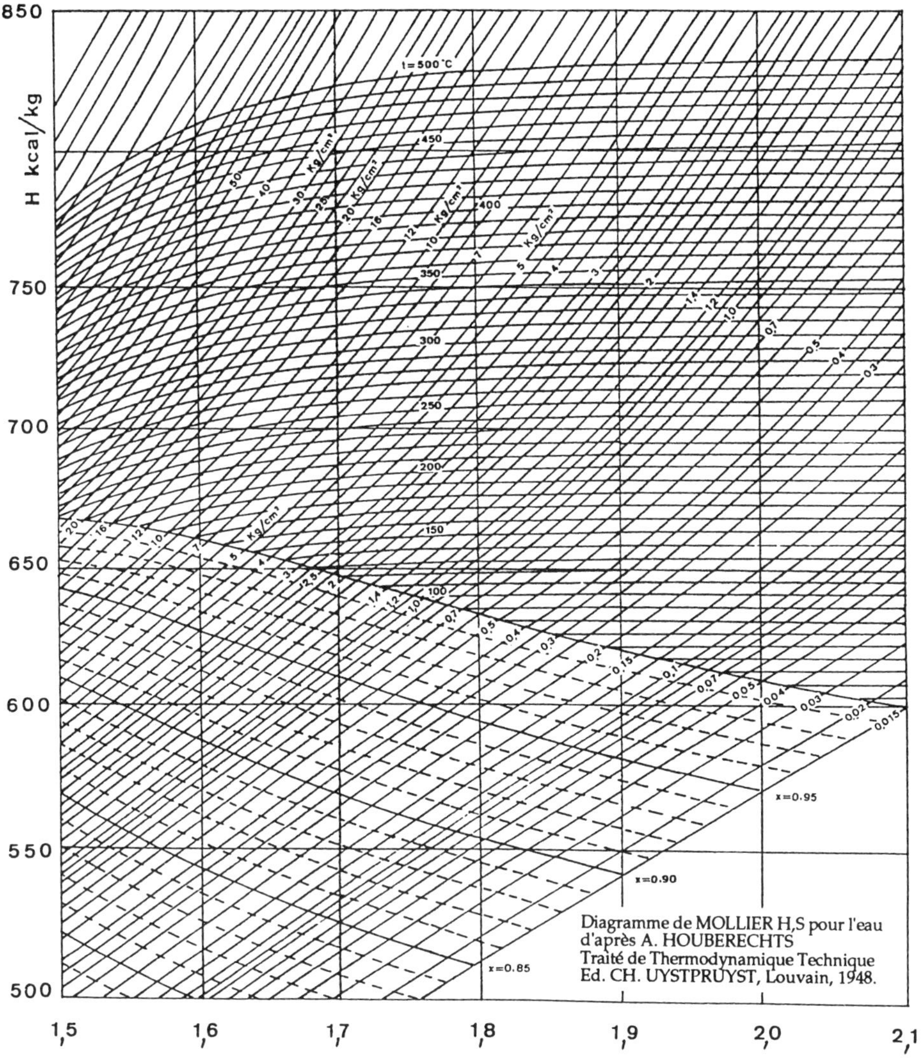

FABRICATION DE L'ANILINE - Solution -

1°) Calcul des débits de deux phases effluentes liquides selon le schéma de fabrication - figure 1 -

Les masses molaires des composés sont les suivantes :

$$M_{C_6H_5NO_2} = 123, \quad M_{H_2} = 2, \quad M_{C_6H_5NH_2} = 93, \quad M_{H_2O} = 18$$

Le débit molaire de l'appoint est :

$$C_6H_5NO_2 = \frac{4920}{123} = 40 \text{ kmol / h} \; ; \; H_2 = \frac{240}{2} = 120 \text{ kmol / h}$$

Ce qui représente la composition correspondant au rapport stoechiométrique :

$$\frac{C_6H_5NO_2}{H_2} = \frac{40}{120} = \frac{1}{3}$$

La quantité d'hydrogène recyclé est :

480 kg/h soit 240 kmol/h

Composition massique des effluents du réacteur entrant dans le décanteur :

$C_6H_5NH_2$	: 93 × 40	=	3720 kg/h ou, en % massique :	72,093
H_2O	: 18 × 2 × 40	=	1440 kg/h	27,907
soit, au total			5160 kg / h	100,000

Calculons les compositions des deux phases issues du décanteur, en prenant pour x et y les débits massiques en aniline et en eau de la phase organique :

	kg/h	% mass
$C_6H_5NH_2$	3720	72,093
H_2O	1440	27,906
TOTAL	5160	99,999

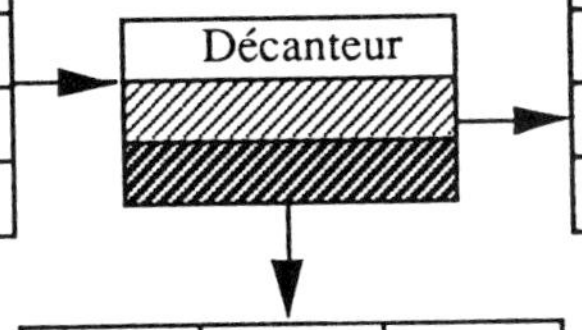

	kg/h	% mass
$C_6H_5NH_2$	3720 - x	3,500
H_2O	1440 - y	96,500
TOTAL	5160 - (x + y)	100,000

	kg/h	% mass
$C_6H_5NH_2$	x	95,000
H_2O	y	5,000
TOTAL	x + y	100,000

On a : $\frac{x}{x+y} = \frac{95}{100}$ (1)

et : $\frac{3720 - x}{5160 - (x+y)} = \frac{3,5}{100}$ (2)

$$100x = 95x + 95y$$
$$5x = 95y$$
$$x = 19y$$ et, en portant dans l'équation (2) :

$$100\,(3720 - 19y) = 3,5\,(5160 - 20y)$$
$$372000 - 18060 = 1900y - 70y$$
$$353940 = (1900 - 70)y$$

d'où : $y = 193,41$ kg/h

$x = 3674,79$ kg/h

Ainsi, les débits sont les suivants :

- pour la phase aqueuse :

$C_6H_5NH_2$ = 3720 - 3674,79 = 45,21 kg/h soit 3,50%

H_2O = 1440 - 193,41 = 1246,59 kg/h soit 96,50%

Débit total : 1291,80 kg / h 100,00%

FABRICATION D'ANILINE - Premier schéma - Solution -

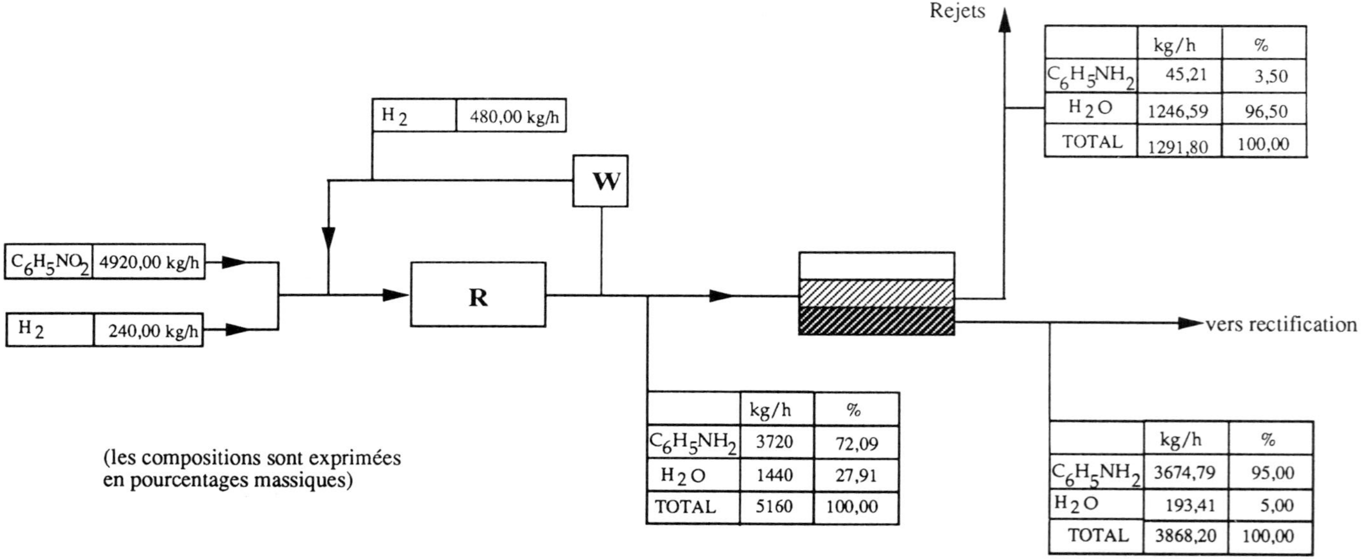

	kg/h	%
$C_6H_5NH_2$	3720	72,09
H_2O	1440	27,91
TOTAL	5160	100,00

	kg/h	%
$C_6H_5NH_2$	45,21	3,50
H_2O	1246,59	96,50
TOTAL	1291,80	100,00

	kg/h	%
$C_6H_5NH_2$	3674,79	95,00
H_2O	193,41	5,00
TOTAL	3868,20	100,00

(les compositions sont exprimées en pourcentages massiques)

- pour la phase organique

$C_6H_5NH_2$	=	3674,79 kg/h	soit	95%
H_2O	=	193,41 kg/h	soit	5%
Débit total		3868,20 kg / h		100%

Rendement global en aniline de l'opération en supposant la phase aqueuse éliminée :

$$C_6H_5NH_2 \text{ récupérée représente } \frac{3674,79}{93} = 39,514 \text{ kmol/h}$$

On a vu précédemment que l'appoint était de 40 kmol/h $C_6H_5NO_2$

Comme il n'y a pas de réaction secondaire, on peut considérer que le rendement est égal à :

$$\frac{C_6H_5NH_2 \text{ récupérée}}{C_6H_5NH_2 \text{ théorique formée}} = \frac{39,514}{40} = 0,9878 \text{ ou } 98,78\%$$

Les débits et compositions sont portés sur la figure : "Fabrication d'aniline - premier schéma - solution".

2°) Calculons les débits des différents courants du schéma de fabrication de la figure 2 :

21. Le recyclage D

Le bilan en $C_6H_5NO_2$ donne :

$$3910,6 + D = A$$
$$3910,6 + 0,959\ D = 0,991305\ A$$

d'où :

$$3910,6 + 0,959\ D = 0,991305\ (3910,6 + D)$$
$$3910,6 - 3876,5973 = (0,991305 - 0,959)\ D$$
$$34,0026 = 0,032305\ D$$
$$D = 1052,55 \text{ kg/h}$$

On a donc, pour le recyclage D :

$C_6H_5NO_2$	= 1052,55 × 0,959 = 1009,396	≈ 1009,40 kg/h soit	95,90%
$C_6H_5NH_2$	= 1052,55 × 0,038 = 39,997	≈ 40,00 kg/h	3,80%
H_2O	= 1052,55 × 0,003 = 3,158	≈ 3,16 kg/h	0,30%
	1052,551 kg / h	1052,56 kg / h	100,00%

22. Le courant A :

A = 3910,60 + 1052,55 = 4963,15 kg/h. Le débit en $C_6H_5NO_2$ vaut :

4963,15 × 0,991305 ≈ 4920,00 kg/h

D'où, pour l'ensemble du courant A :

$C_6H_5NO_2$	courant A total	4920,00	99,13%
$C_6H_5NH_2$	provenant du recylage D	40,00	0,81%
H_2O	provenant du recylage D	3,16	0,06%
		4963,16 kg / h	100,00%

Remarque : la quantité de $C_6H_5NO_2$ dans le courant A : 4920 kg/h, soit 40 kmol/h correspond bien à la quantité nécessaire à la réaction stoechiométrique.

23. Le courant F, effluent du réacteur :

D'après la stoechiométrie de la réaction (voir question 1) et les débits de recyclage, on a :

$C_6H_5NO_2$	: 0			
$C_6H_5NH_2$	: 3720 +	40,00	= 3760,00 kg/h ou	72,26%
H_2O	: 1440 +	3,16	= 1443,16 kg/h	27,74%
Total :	5160 +	43,16	5203,16 kg/h	100,00%

24. Les courants B et C :

Soient x' et y' les débits respectifs d'aniline et d'eau dans le courant C ; on a, pour les deux phases :

$$\frac{x'}{x'+y'} = \frac{95}{100} \qquad \text{(voir réponse à la question 1)}$$

$$\frac{3760 - x'}{5203,16 - (x'+y')} = \frac{3,5}{100}$$

$$100\,x' = 95\,x' + 95\,y'$$

$$5\,x' = 95\,y'$$

$$x' = 19\,y'$$

$$100\,(3760 - 19\,y') = 3,5\,(5203,16 - 20\,y')$$

$$376000 - 18211,06 = 1900\,y' - 70\,y'$$

$$357788,94 = 1830\,y'$$

$$\text{d'où} \quad y' = 195,513 \text{ kg/h} \approx 195,51 \text{ kg/h}$$

$$x' = 3714,75 \text{ kg/h}$$

En résumé : courant C :

$C_6H_5NO_2$	:	0	
$C_6H_5NH_2$	:	3714,75 kg/h ou	95,00%
H_2O	:	195,51 kg/h	5,00%
Total :		3910,26 kg/h	100,00%

courant B :

$C_6H_5NO_2$	:	0				
$C_6H_5NH_2$	:	3760	- 3714,75 =	45,25 kg/h	soit	3,50%
H_2O	:	1443,16	- 195,51 =	1247,65 kg/h		96,50%
Total :				1292,90 kg / h		100,00%

courant E :

$C_6H_5NO_2$	:	1010,50 - 1009,40 =	1,10 kg/h	0,09%
$C_6H_5NH_2$	:	45,25 - 40,00 =	5,25 kg/h	0,42%
H_2O	:	1247,65 - 3,16 =	1244,49 kg/h	99,49%
Total :			1250,84 kg/h	100,00%

Figure 2 - FABRICATION D'ANILINE - Deuxième schéma - Solution -

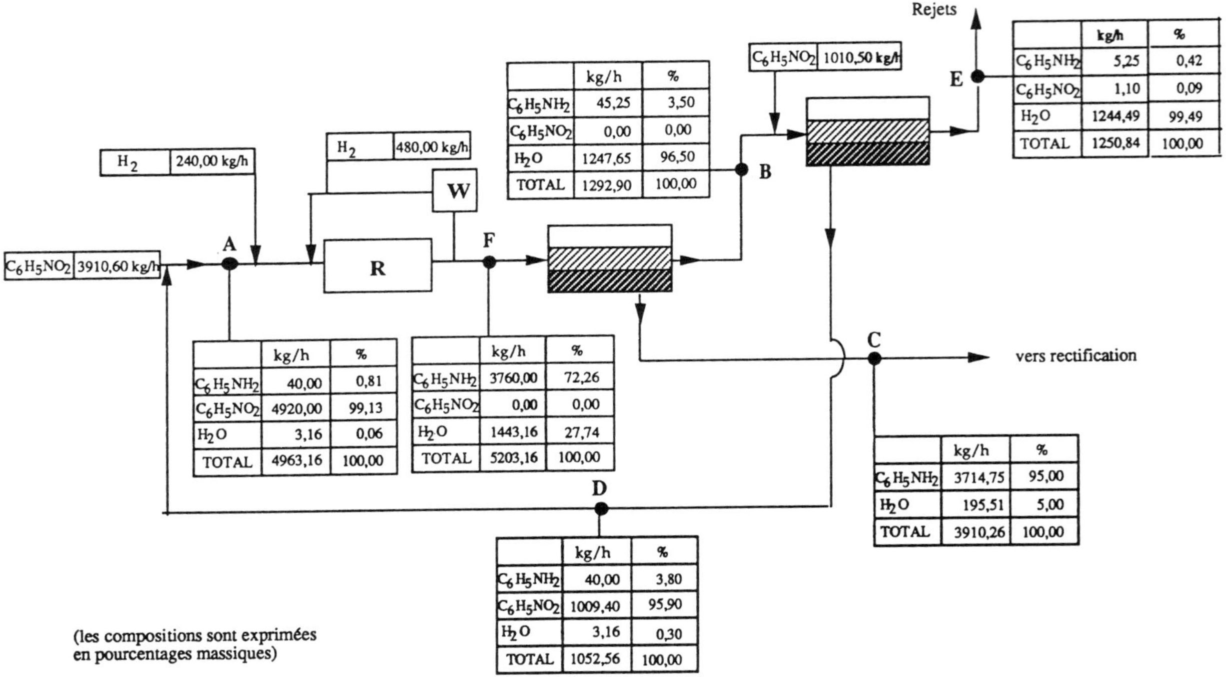

	kg/h	%
$C_6H_5NH_2$	40,00	0,81
$C_6H_5NO_2$	4920,00	99,13
H_2O	3,16	0,06
TOTAL	4963,16	100,00

	kg/h	%
$C_6H_5NH_2$	3760,00	72,26
$C_6H_5NO_2$	0,00	0,00
H_2O	1443,16	27,74
TOTAL	5203,16	100,00

	kg/h	%
$C_6H_5NH_2$	45,25	3,50
$C_6H_5NO_2$	0,00	0,00
H_2O	1247,65	96,50
TOTAL	1292,90	100,00

	kg/h	%
$C_6H_5NH_2$	5,25	0,42
$C_6H_5NO_2$	1,10	0,09
H_2O	1244,49	99,49
TOTAL	1250,84	100,00

	kg/h	%
$C_6H_5NH_2$	3714,75	95,00
H_2O	195,51	5,00
TOTAL	3910,26	100,00

	kg/h	%
$C_6H_5NH_2$	40,00	3,80
$C_6H_5NO_2$	1009,40	95,90
H_2O	3,16	0,30
TOTAL	1052,56	100,00

(les compositions sont exprimées en pourcentages massiques)

Le rendement global en aniline est égal à :

$$\frac{C_6H_5NH_2 \text{ récupérée}}{C_6H_5NH_2 \text{ théoriquement formée}} = \frac{3714{,}75}{3720} = 99{,}86\%$$

Les débits et compositions sont portés sur la figure : "Fabrication d'aniline - deuxième schéma - solution", ci-jointe.

3°) Chaleur récupérable, en une heure, dans le réacteur. On a le schéma :

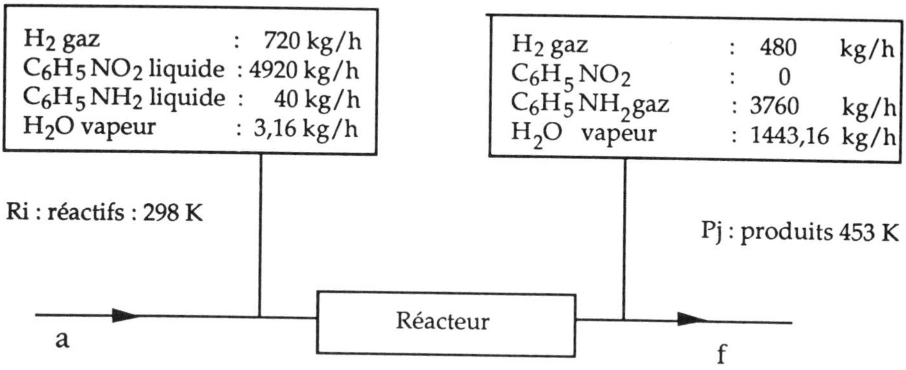

Pour obtenir la quantité de chaleur libérée dans le réacteur on peut effectuer deux chemins thermodynamiques permettant de passer de a à f :

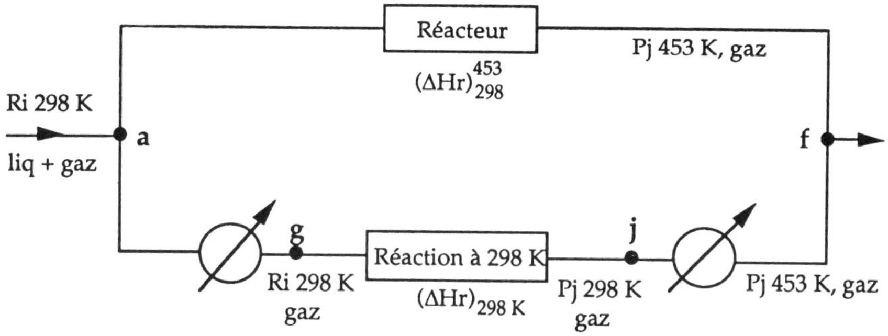

$$H_f - H_a = (\Delta H_r)_{298}^{453}$$

$$(\Delta H_r)_{298}^{453} = H_g - H_a + H_j - H_g + H_f - H_j = H_f - H_a$$

$$(\Delta H_r)_{298}^{453} = (\Delta H_{v_{298}}) R_i + (\Delta H_r)_{298} + (\Delta H_s)_{298}^{453} P_j$$

$(\Delta H_r)_{298}$ étant donné pour des réactifs gazeux, seules interviennent, dans le calcul, les enthalpies de vaporisation des réactifs liquides.

Calculons les différents termes de cette équation :

$$(\Delta H v_{298}) R_i = 97 \times 4920 + 143,28 \times 40,0 = 482971 \text{ kcal / h}$$

L'enthalpie sensible des produits est égale à :

$$(\Delta H_S)_{298}^{453} P_j = [\ 3,47 \times 480 + 0,438 \times 3760 + 0,455 \times 1443,16\ ](453 - 298)$$
$$= 615213 \text{ kcal/ h}$$

40 kmol/h de nitrobenzène ayant été transformées :

$$(\Delta H_r)_{298} = -117 \times 40.10^3 = -4680000 \text{ kcal / h}$$

Le bilan donne :

$$(\Delta H_r)_{298}^{453} = -4680000 + 615213 + 482971 = -3581816 \text{ kcal / h}$$

La chaleur récupérable est de : 3581816 kcal/ h

4°) Quantité de vapeur produite. Dressons le schéma du circuit de vapeur :

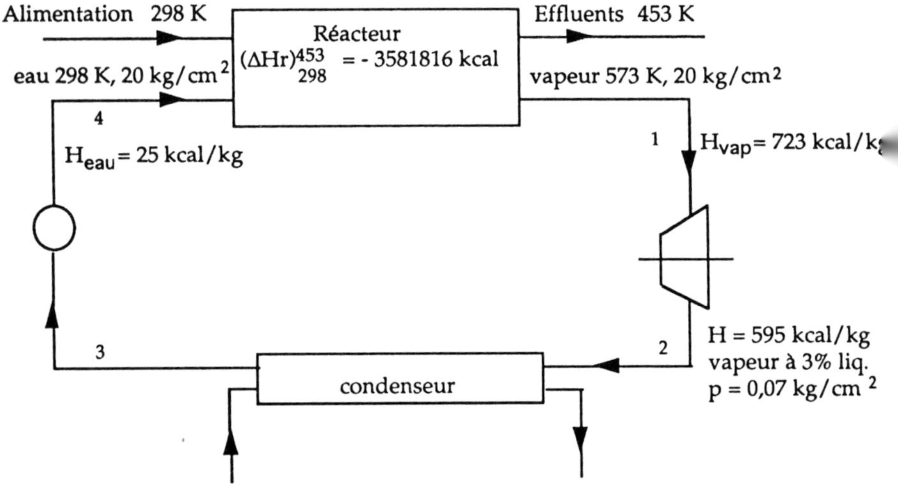

Les valeurs de H_1 et H_2 sont déterminées d'après le diagramme de MOLLIER.

Quantité de chaleur nécessaire pour vaporiser 1 kg d'eau :

$H_1 - H_4 = 723 - 25 = 698$ kcal/kg

Quantité de vapeur formée :

$$\frac{3581816}{698} = 5131{,}54 \text{ kg/h ou } 5{,}131 \text{ t/h}$$

5°) Travail fourni par détente de la vapeur dans la turbine :

Pour la vapeur obtenue après détente, jusqu'à $p = 0{,}07$ kg/cm^2 et $x = 0{,}97$ (titre massique, 3% de liquide), le diagramme de MOLLIER donne $H_2 = 595$ kcal/kg

Travail fourni par la turbine :

$H_1 - H_2 = 723 - 595 = + 128$ kcal pour un kg de vapeur donc :

$$128{,}0 \times 5131{,}54 = 656837 \text{ kcal / h}$$

6°) Travail de compression de l'hydrogène recyclé :

$T = 298$ K $\quad p_1 = 1{,}2$ atm $\quad$ et $\quad p_2 = 2{,}7$ atm

$$W = nRT \ln \frac{p_2}{p_1}$$

$$W = 240 \times 1{,}987 \times 298 \times \ln\frac{2{,}7}{1{,}2}$$

$W = 115241$ kcal/h

Le rendement du compresseur étant de 65% par rapport à l'isotherme, le travail à fournir au compresseur est de :

$$W_{\text{réel}} = \frac{115241}{65} \times 100 = 177294 \text{ kcal / h}$$

Le travail fourni par la turbine est très supérieur au travail requis pour la recompression de l'hydrogène recyclé.

7°) Pour réaliser la réaction stoechiométrique de fabrication de l'aniline il est nécessaire de disposer de 3 H_2. Il faut donc se placer dans des conditions opératoires permettant d'effectuer 3 fois la réaction de fabrication du styrène, qui produit l'hydrogène utilisé :

$$C_6H_5NO_2 \quad + \quad 3\,H_2 \longrightarrow C_6H_5NH_2 \quad + \quad 2\,H_2O$$

$$3\,C_6H_5C_2H_5 \longrightarrow 3\,C_6H_5C_2H_3 \quad + \quad 3\,H_2$$

L'ensemble des deux réactions présente à 623 K un caractère exothermique avec $(\Delta H_r)_{623} = -112{,}2 + 3 \times 29{,}4 = -24$ kcal.

On peut imaginer un réacteur mixte à faisceau tubulaire. La réaction d'hydrogénation du nitrobenzène serait réalisée sur un catalyseur placé à l'intérieur des tubes alors que la déshydrogénation de l'éthylbenzène aurait lieu à l'extérieur des tubes, le catalyseur correspondant étant enfermé dans l'enveloppe extérieure du réacteur mixte.

Le démarrage nécessiterait :
- soit un faible apport de chaleur et un appoint d'hydrogène (réaction d'hydrogénation du nitrobenzène) ;
- soit un fort apport de chaleur qui pourrait être fourni par un fluide caloporteur circulant dans certains tubes du faisceau, si on ne dispose pas de source annexe d'hydrogène (réaction de déshydrogénation de l'éthylbenzène).

FABRICATION DE L'OXYDE D'ETHYLENE - Enoncé -

On étudie la fabrication de l'oxyde d'éthylène par oxydation directe de l'éthylène par l'air. Les deux réactions principales mises en jeu sont les suivantes :

$$\underset{g}{7\,C_2H_4} + \underset{g}{6\,O_2} \longrightarrow \underset{g}{6\,C_2H_4O} + \underset{g}{2\,CO_2} + \underset{g}{2\,H_2O} \qquad (1)$$

$$\underset{g}{C_2H_4O} + \underset{g}{2{,}5\,O_2} \longrightarrow \underset{g}{2\,CO_2} + \underset{g}{2\,H_2O} \qquad (2)$$

Le schéma simplifié d'une telle unité de production est donné par la figure 1. On remarque que tout l'oxyde d'éthylène produit dans le réacteur (RE) est éliminé de l'installation par un lavage à l'eau dans l'absorbeur (AB), lavage au cours duquel une partie de l'eau formée est entraînée (point F).

Cet absorbeur élimine également, par solubilité dans l'eau, une mol de CO_2 pour 20 mol d'oxyde d'éthylène. Les autres constituants ne sont pas absorbés.

Une purge (P) permet de maintenir une teneur constante en gaz inertes dans la boucle de recirculation (BR).

Sachant que :

- l'unité fonctionne, en régime stationnaire, avec un débit d'appoint de :
  297 kmol/h d'éthylène
  364 kmol/h d'oxygène
  1390 kmol/h d'azote,

- la purge élimine 61 kmol/h d'éthylène,

- le rendement en oxyde d'éthylène, calculé par rapport à l'éthylène est de 82,54%,

- la teneur en eau dans la purge (P) et dans les gaz circulant dans la boucle (BR) correspond à la tension de vapeur d'eau à 45°C (donnée en annexe), la pression totale absolue étant de 13,95 atmosphères, et le mélange étant supposé idéal,

- le taux de recyclage est de 6,75,

calculer :

1°) La production horaire en oxyde d'éthylène, ainsi que le débit horaire du dioxyde de carbone éliminé avec l'oxyde d'éthylène dans l'eau de l'absorbeur (AB).

2°) La participation respective des réactions (1) et (2) au procédé global mis en jeu dans le réacteur (RE). On calculera ainsi le nombre de kmol/h d'oxyde d'éthylène détruites par la réaction (2).

3°) Les débits et teneurs aux points suivants du schéma de la figure 1 :

Purge (P), recyclage (D), entrée du réacteur (B), sortie du réacteur (C), sortie de l'absorbeur (E) et production (F).

4°) Le taux de transformation global de l'éthylène.

5°) L'éthylène est disponible à une pression absolue de 30 psi, et l'air à la pression atmosphérique. Calculer le travail de compression isotherme, jusqu'à 15,30 atm, pour 1 kmol d'oxyde d'éthylène produit, en supposant le rendement de 60%, par rapport à la compression isotherme d'un gaz parfait (T = 298 K).

6°) La perte de charge du réacteur (RE) et de l'absorbeur (AB) étant de 1,35 atm, il convient de recomprimer le gaz circulant dans la boucle (BR) pour lui permettre de rentrer dans le réacteur. Calculer le travail de compression pour 1 kmol d'oxyde d'éthylène produit, le rendement, par rapport à la compression isotherme d'un gaz parfait, étant de 68% (T = 298 K).

7°) Connaissant les enthalpies de réaction suivantes :

$$\underset{g}{C_2H_4} + 0{,}5\,\underset{g}{O_2} \longrightarrow \underset{g}{C_2H_4O} \qquad \Delta H^0_{r\,298} = -\ 103{,}3\ kJ/mol$$

$$\underset{g}{C_2H_4} + 3\,\underset{g}{O_2} \longrightarrow 2\,\underset{g}{CO_2} + 2\,\underset{g}{H_2O} \qquad \Delta H^0_{r\,298} = -\ 1323{,}4\ kJ/mol$$

$$\underset{g}{C_2H_4O} + 2{,}5\,\underset{g}{O_2} \longrightarrow 2\,\underset{g}{CO_2} + 2\,\underset{g}{H_2O} \qquad \Delta H^0_{r\,298} = -1220{,}1\ kJ/mol$$

calculer la quantité de chaleur développée dans le réacteur, pour 1 kmol d'oxyde d'éthylène produit, les gaz entrant à 298 K et sortant à 333 K.

Le $\overline{C}_p$ moyen des gaz sortants, entre 298 K et 333 K vaut : 7,3 cal/mol K.

On ne fera pas de correction de pression.

8°) La chaleur développée dans le réacteur est utilisée pour fabriquer de la vapeur d'eau surchauffée à 290°C, sous une pression absolue de 10 kg/cm^2.

Cette vapeur est détendue, dans une turbine isolée thermiquement, jusqu'à 0,31 kg/cm^2 (70°C).

En supposant le rendement, par rapport à une détente isentropique, de 70%, calculer, à l'aide de la figure 2, la quantité de vapeur fabriquée en partant d'eau liquide (à 70°C, 10 kg/cm^2), correspondant à la production de 1 kmol d'oxyde d'éthylène, ainsi que le travail effectué par la turbine pour cette même production.

Comparer ce travail à la somme de travaux requis pour la compression du gaz d'appoint (question 5) et la recirculation des gaz de la boucle (BR) (question 6).

Figure 1 : Fabrication de l'oxyde d'éthylène - Enoncé.
Figure 2 : Diagramme de MOLLIER de l'eau.
Annexe : Enthalpie et tension de vapeur de l'eau
Facteur de conversion psi - atm.
Facteur de conversion JOULE - calorie.

Figure 1 : FABRICATION DE L'OXYDE D'ETHYLENE - Enoncé -

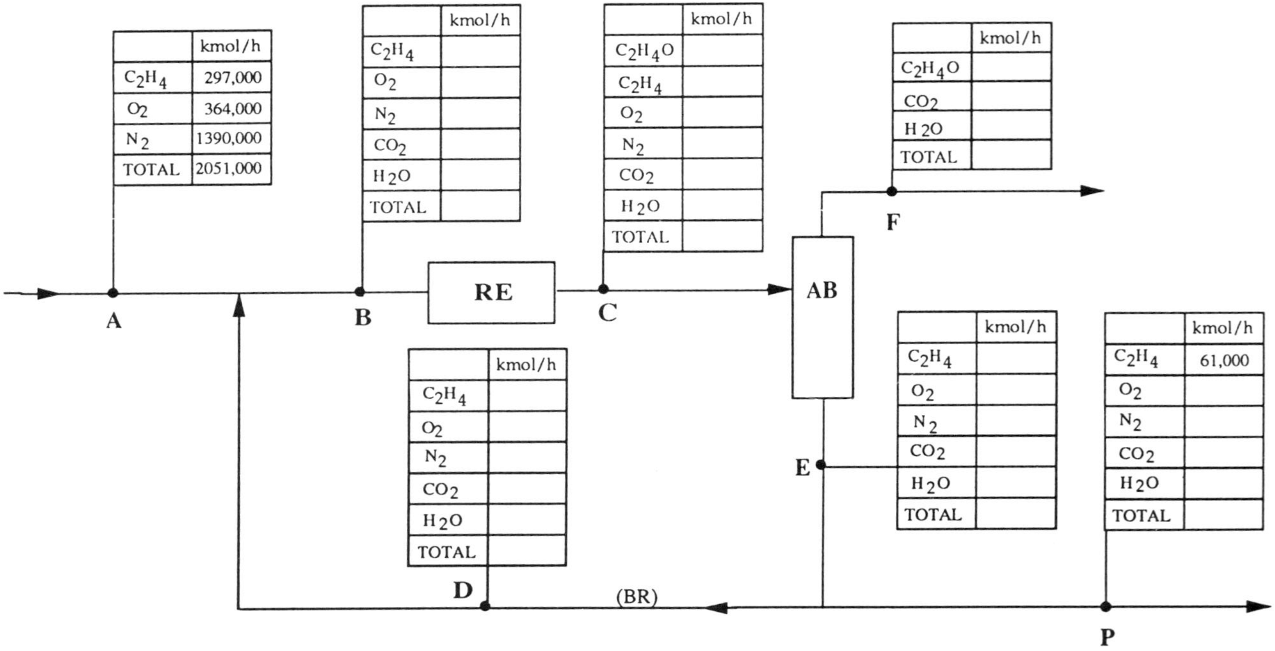

Figure 2 - DIAGRAMME DE MOLLIER DE L'EAU - Enoncé -

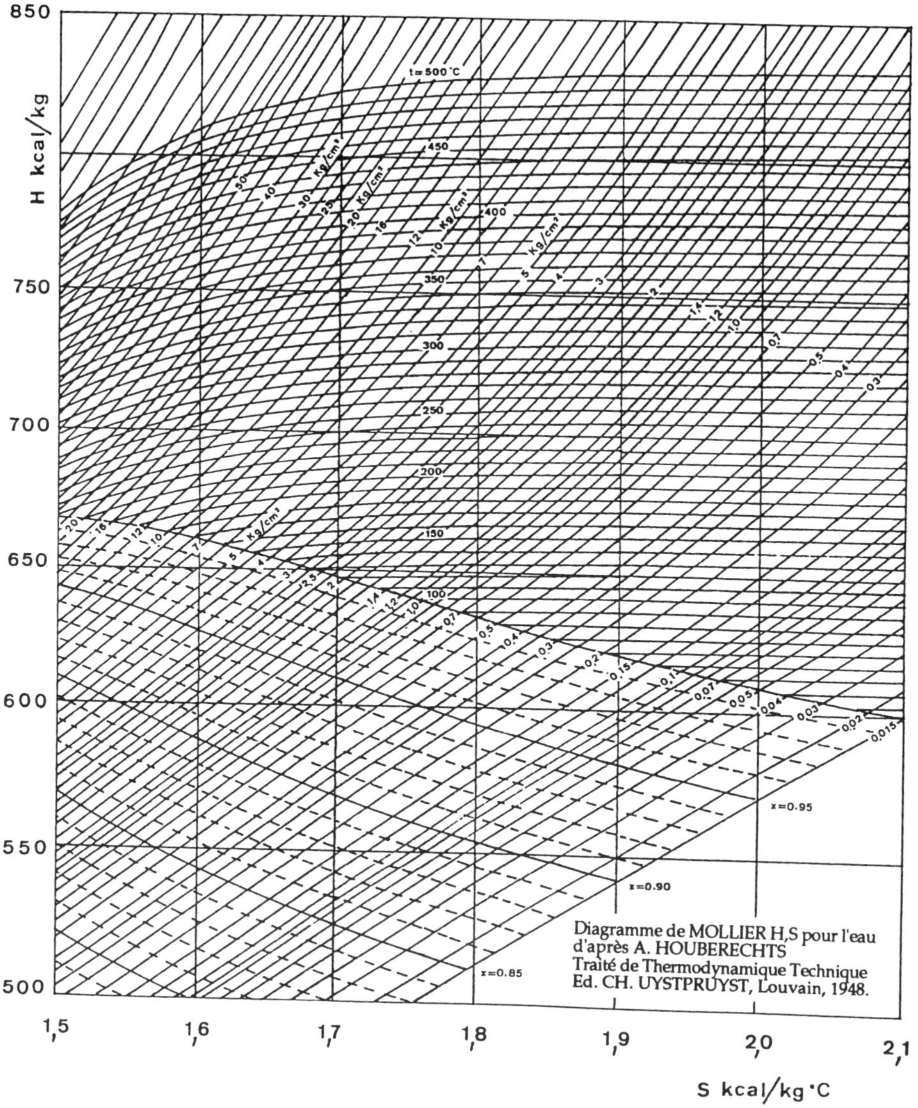

Annexe

- Tension de vapeur de l'eau à 45°C : 71,88 mm de mercure.

- Enthalpie de l'eau liquide à 70°C et sous une pression de 10kg/cm^2 : 70 kcal/kg

- 1 psi = 0,06805 atm

- 1 calorie = 4,1855 Joule

FABRICATION DE L'OXYDE D'ETHYLENE - Solution -

$$7\,C_2H_4 + 6\,O_2 \longrightarrow 6\,C_2H_4O + 2\,CO_2 + 2\,H_2O \qquad (1)$$

$$C_2H_4O + 2{,}5\,O_2 \longrightarrow 2\,CO_2 + 2\,H_2O \qquad (2)$$

1°) Production horaire de C_2H_4O et débit horaire de CO_2 éliminé avec C_2H_4O dans l'absorbeur (AB).

Le mélange étant idéal, la teneur en eau dans la purge peut être déduite de la relation :

$$\frac{n_i}{N} = \frac{p_i}{P} = \frac{p_S}{P}$$

à 45°C pour l'eau $p_S = 71{,}88$ mm de mercure ou $\frac{71{,}88}{760} = 0{,}09458$ atm

la pression totale étant $P = 13{,}95$ atm,

la teneur en eau dans la purge est donc :

$$\frac{0{,}09458}{13{,}95} = 0{,}00678 \frac{\text{mol } H_2O}{\text{mol mélange gazeux}}$$

Le taux de recyclage : $\frac{\text{recyclage}}{\text{appoint}}$ valant 6,75 et

comme l'appoint est connu, A = 297 + 364 + 1390 = 2051 kmol/h,

on en déduit le recyclage D = 13844,250 kmol/h.

On peut calculer le débit d'éthylène qui a réagi :

$$C_2H_4\,_{(A)} - C_2H_4\,_{(P)} = 297 - 61 = 236 \text{ kmol/h.}$$

Le rendement $\eta = \frac{C_2H_4 \text{ transformé en } C_2H_4O}{C_2H_4 \text{ qui a réagi}} = 82{,}54\%$,

permet de calculer le débit de C_2H_4 transformé en C_2H_4O :

$$236 \times 0{,}8254 = 194{,}794 \text{ kmol/h}$$

Le débit de C_2H_4O produit est donc :

$$194{,}794 \times \frac{6}{7} = 166{,}966 \text{ kmol/h}$$

Le débit de CO_2 éliminé avec C_2H_4O est (rapport $\frac{1}{20}$) :

$$\frac{166{,}966}{20} = 8{,}348 \text{ kmol/h}$$

2°) Participation respective des réactions (1) et (2) au procédé global mis en jeu et nombre de kmol/h de C_2H_4O détruites dans la réaction (2).

Le débit de C_2H_4O théoriquement formé à partir de 236 kmol/h C_2H_4 est :

$$236 \times \frac{6}{7} = 202{,}286 \text{ kmol/h}$$

On en déduit le débit de C_2H_4O dégradé selon (2) :

$$202{,}286 - 166{,}966 = 35{,}320 \text{ kmol/h}$$

d'où participation de (1) : $\frac{166{,}966}{202{,}286} = 0{,}8254$ ou 82,54% ($\approx$ rendement)

et participation de (2) : $\frac{35{,}320}{202{,}286} = 0{,}1746$ ou 17,46%

3°) Bilan-matière :

Bilan CO_2 :

Formation de CO_2	selon (1) : $\frac{202{,}286 \times 2}{6}$ =	67,429 kmol/h
	selon (2) : $35{,}32 \times 2$ =	70,640 kmol/h
	Total :	138,069 kmol/h

Le débit de CO_2 éliminé dans la purge est égal à :

$$138{,}069 - 8{,}348 = 129{,}721 \text{ kmol/h.}$$

Bilan O_2 :

Débit de O_2 consommé

selon (1) :		202,286 kmol/h
selon (2) : 35,320 × 2,5 =		88,300 kmol/h
Total :		290,586 kmol/h

Le débit de O_2 en excès, éliminé dans la purge P est égal à :

364 - 290,586 = 73,414 kmol/h

Les débits horaires dans la purge sont donc, avec $H_2O_{(P)} = x$:

C_2H_4	:	61,000 kmol/h
O_2	:	73,414 kmol/h
N_2	:	1390,000 kmol/h
CO_2	:	129,721 kmol/h
H_2O	:	x
Total	:	(1654,135 + x) kmol/h

On sait que : $\frac{x}{1654,135 + x} = 0,00678$

$$11,2150 = x\,(1 - 0,00678)$$

d'où le débit d'eau dans la purge :

$$x = \frac{11,2150}{0,99322} = 11,292 \text{ kmol/h}$$

On a donc la composition suivante pour la purge (P) :

	kmol/h	%
C_2H_4	61,000	3,66272
O_2	73,414	4,40812
N_2	1390,000	83,46208
CO_2	129,721	7,78905
H_2O	11,292	0,67802
TOTAL	**1665,427**	**99,99999**

Comme les teneurs en composés sont les mêmes dans toute la boucle de recyclage, on en déduit la composition du courant de recyclage D, dont le débit total est 13844,250 kmol/h.

	kmol/h
C_2H_4	507,076
O_2	610,271
N_2	11554,699
CO_2	1078,336
H_2O	93,867
TOTAL	**13844,249**

On a donc à l'entrée du réacteur courant (B) :

		kmol/h	%
C_2H_4	297 + 507,076	804,076	5,059
O_2	364 + 610,271	974,271	6,129
N_2	1390 + 11554,699	12944,699	81,438
CO_2		1078,336	6,784
H_2O		93,867	0,590
TOTAL		**15895,249**	**100,000**

Formation d'eau selon (1) : $\frac{202,286 \times 2}{6}$ = 67,429 kmol/h

(2) : 35,320 × 2 = 70,640 kmol/h

Total : 138,069 kmol/h

On peut calculer la composition des effluents (C) du réacteur :

		kmol/h	%
C_2H_4O		166,966	1,056
C_2H_4	804,0,76 - 236	568,076	3,593
O_2	974,271 - 290,586	683,685	4,324
N_2		12944,699	81,867
CO_2	1078,336 + 138,069	1216,405	7,693
H_2O	93,867 + 138,069	231,936	1,467
TOTAL		**15811,767**	**100,000**

On en déduit la composition du courant (E), sortant de l'absorbeur :

		kmol/h	%
C_2H_4		568,076	3,663
O_2		683,685	4,408
N_2		12944,699	83,462
CO_2	1216,405 - 8,348	1208,057	7,789
H_2O	93,867 + 11,292	105,159	0,678
TOTAL		**15509,676**	**100,000**

La quantité d'eau éliminée dans l'absorbeur est :

231,936 - 105,159 = 126,777 kmol/h.

On déduit des bilans aux points (E) et (C) la production en (F), le débit de l'eau de lavage, qui solubilise CO_2 et C_2H_4O, n'étant pas comptabilisé :

	kmol/h
C_2H_4O	166,966
CO_2	8,348
H_2O	126,777

On peut ainsi compléter ainsi le schéma simplifié de l'atelier (voir la figure : "Fabrication de l'oxyde d'éthylène - Solution").

4°) Taux de transformation global de l'éthylène :

$$t_{tg} = \frac{C_2H_4 \text{ transformé}}{C_2H_4 \text{ initial}} = \frac{236}{804,076} = 0,2935 \text{ ou } 29,35\%$$

on peut calculer aussi le taux de transformation utile :

$$t_{tu} = \frac{C_2H_4 \text{ consommé correspondant à } C_2H_4O \text{ produit}}{C_2H_4 \text{ initial}}$$

$$t_{tu} = \frac{194,794}{804,076} = 0,24226 \text{ ou } 24,226\%$$

on peut vérifier le rendement $\eta = \frac{24,226}{29,35} = 0,8254$ ou 82,54%

5°) Travail de compression de l'appoint correspondant à 1 kmol C_2H_4O produit, le rendement par rapport à la compression isotherme étant 60% :

FABRICATION DE L'OXYDE D'ETHYLENE - Solution -

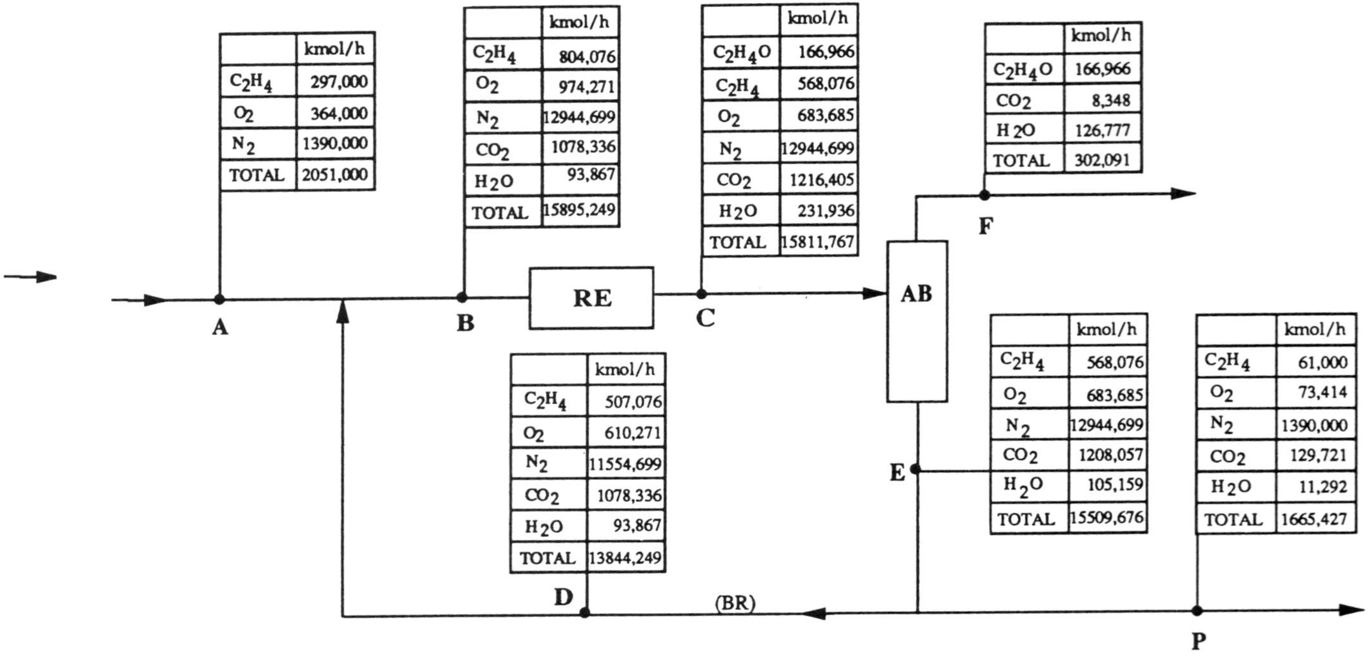

A

	kmol/h
C_2H_4	297,000
O_2	364,000
N_2	1390,000
TOTAL	2051,000

B

	kmol/h
C_2H_4	804,076
O_2	974,271
N_2	12944,699
CO_2	1078,336
H_2O	93,867
TOTAL	15895,249

C

	kmol/h
C_2H_4O	166,966
C_2H_4	568,076
O_2	683,685
N_2	12944,699
CO_2	1216,405
H_2O	231,936
TOTAL	15811,767

F

	kmol/h
C_2H_4O	166,966
CO_2	8,348
H_2O	126,777
TOTAL	302,091

D

	kmol/h
C_2H_4	507,076
O_2	610,271
N_2	11554,699
CO_2	1078,336
H_2O	93,867
TOTAL	13844,249

E

	kmol/h
C_2H_4	568,076
O_2	683,685
N_2	12944,699
CO_2	1208,057
H_2O	105,159
TOTAL	15509,676

P

	kmol/h
C_2H_4	61,000
O_2	73,414
N_2	1390,000
CO_2	129,721
H_2O	11,292
TOTAL	1665,427

Ce travail s'exprime par la relation :

$$W = n\ R\ T \ln \frac{f \text{ état final}}{f \text{ état initial}}$$

On a :

pour C_2H_4 $T = 298°K$ $p_1 = 30 \text{ psi} = 2{,}04 \text{ atm}$ $p_2 = 15{,}30 \text{ atm}$

pour l'air $T = 298°K$ $p_1 = 1 \text{ atm}$ $p_2 = 15{,}30 \text{ atm}$

Les pressions étant relativement faibles, on considèrera les coefficients de fugacité comme étant égaux à 1.

$$\text{d'où } W = n\ RT \ln \frac{p_2}{p_1}$$

Déterminons la quantité de chacun des gaz d'appoint nécessaire pour produire 1 kmol C_2H_4O.

$$C_2H_4 : \frac{297}{166{,}966} = 1{,}779 \text{ kmol/h}$$

$$O_2 : \frac{364}{166{,}966} = 2{,}180 \text{ kmol /h}$$

$$N_2 : \frac{1390}{166{,}966} = 8{,}325 \text{ kmol /h}$$

}air : 10,505 kmol /h

pour C_2H_4 :

$$W = 1{,}779 \times 1{,}987 \times 298 \times \ln \frac{15{,}30}{2{,}04} = 2122{,}5 \text{ kcal}$$

pour l'air :

$$W = 10{,}505 \times 1{,}987 \times 298 \times \ln \frac{15{,}30}{1} = 16968{,}0 \text{ kcal}$$

Travail de compression de l'appoint :

$$2122{,}5 + 16968{,}0 = 19090{,}5 \text{ kcal}$$

Travail réel à fournir sachant que les compresseurs ont un rendement de 60% par rapport à la compression isotherme

$$W_{\text{réel}} = \frac{19090,5}{0,60} = 31817,5 \text{ kcal}$$

6°) Compression des gaz de recyclage entre 13,95 atm et 15,30 atm pour 1 kmol C_2H_4O

Le débit dans la boucle de recyclage est de 13844,25 kmol/h, pour une production de 166,966 kmol/h de C_2H_4O.

Pour une mole de C_2H_4O, il faudra donc recomprimer :

$$\frac{13844,249}{166,966} = 82,917 \text{ kmol/h}$$

En assimilant les fugacités aux pressions, on écrira :

$$W = n\ RT\ \ln \frac{P_2}{P_1} \quad \text{, avec } P_1 = 15,30 \text{ atm et } P_2 = 15,30 - 1,35 = 13,95 \text{ atm}$$

$$W = 82,917 \times 1,987 \times 298 \ln \frac{15,30}{13,95}$$

$$W = 4535,3 \text{ kcal}$$

Le rendement du compresseur étant 68% par rapport à l'isotherme :

$$W_{\text{réel}} = \frac{4535,3}{0,68} = 6669,6 \text{ kcal}$$

Le travail de compression total pour l'appoint et le recyclage est :

$$31817,5 + 6669,6 = 38487,1 \text{ kcal} \approx 38\,487 \text{ kcal.}$$

7°) Quantité de chaleur développée dans le réacteur

Si n est le nombre de moles d'effluents, on a le bilan :

$$\Delta H_{r\ 298}^{\ 333} = \Delta H^0_{r\ 298} + n\left[\overline{C}_P\right]_{298}^{333} (333 - 298)$$

$$\text{avec} \quad \Delta H^0_{r\ 298} = \Delta H^0_{r\ 298}{}_{(1)} + \Delta H^0_{r\ 298}{}_{(2)}$$

Calculons l'enthalpie de la réaction (1) par combinaison linéaire des réactions élémentaires :

$$\begin{array}{ll} C_2H_4 + 0,5\ O_2 \rightarrow C_2H_4O & |\ x6 \\ C_2H_4 + 3\ O_2 \quad \rightarrow 2CO_2 + 2H_2O & |\ x1 \\ \hline 7C_2H_4 + 6\ O_2 \rightarrow 6C_2H_4O + 2\ CO_2 + 2H_2O & \end{array}$$

$$\Delta H^0_{r\,298}{}_{(1)} = \quad - 6\ (103,3) + (- 1323,4) = - 1943,2\ kJ$$

On connaît l'enthalpie de la réaction (2) :

$$\Delta H^0_{r\,298}{}_{(2)} = \quad - 1220,1\ kJ$$

236 kmol de C_2H_4 ont été consommées selon la réaction (1), d'où la variation d'enthalpie :

$$\Delta H_{r\,298}{}_{(1)} = -\frac{1943,2 \times 236.10^3}{7} = - 65513600\ kJ$$

35,32 kmol de C_2H_4O sont dégradées selon la réaction (2), ce qui entraîne une variation d'enthalpie :

$$\Delta H_{r\,298}{}_{(2)} = -1220,1 \times 35,32.10^3 = - 43093932\ kJ$$

$\Delta H_{r\,298}{}_{total}$ = - 65513600 - 43093932 = - 1,086075.10^8 kJ pour 166,966 kmol de C_2H_4O produit.

pour 1 kmol C_2H_4O produit :

$$\Delta H_{r\,298}{}_{total} = - 1,086075.10^8\ /\ 166,966 = - 650477\ kJ \text{ ou } - 155412\ kcal$$

Calculons $[\Delta H_s]_{298}^{333}\ P_j = n[\overline{C}_P]_{298}^{333}\ (333 - 298)$ pour 1 kmol C_2H_4O produit

Le nombre de kmol d'effluents correspondant à 1 kmol C_2H_4O est :

$$\frac{15811,767}{166,966} = 94,701\ kmol$$

et $\quad [\Delta H_s]_{298}^{333} P_j = 94{,}701 \times 7{,}3 \times 35 = 24196$ kcal

au total :

$$[\Delta H_r]_{298}^{333} = -155412 + 24196 = -131216 \quad \text{kcal}$$

La quantité de chaleur développée dans le réacteur est de 131216 kcal.

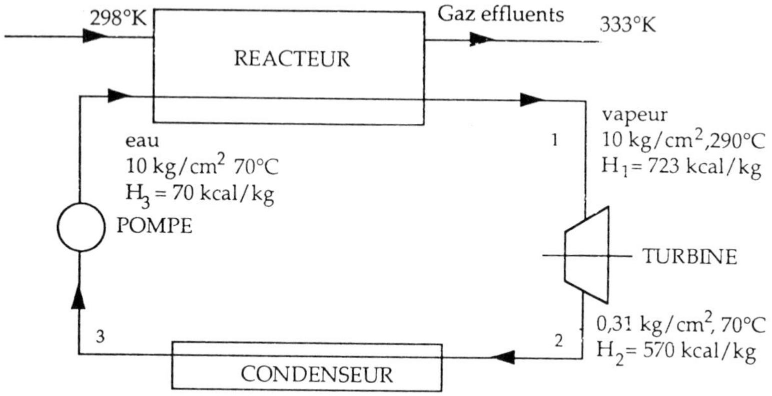

8°) Quantité de vapeur formée et travail fourni par la turbine :

La quantité de chaleur disponible dans le réacteur pour former de la vapeur est :

$$- [\Delta H_r]_{298}^{333} = 131216 \text{ kcal/kmol } C_2H_4O \text{ formé}$$

La vapeur est formée à partir d'eau à 10 kg/cm², 70°C dont l'enthalpie est 70 kcal/kg eau.

La vapeur formée surchauffée à 290°C sous 10 kg/cm² a une enthalpie de :

H_1 : 723 kcal/kg (voir figure 2, diagramme de MOLLIER)

La quantité de vapeur produite est donc :

$$\frac{[\Delta H_r]_{298}^{333}}{H_1 - H_3} = \frac{131216}{723 - 70} = 200{,}94 \text{ kg vap./kmol } C_2H_4O$$

Calculons le travail produit par cette vapeur détendue de 10 kg/cm^2 à 0,31 kg/cm^2

La détente isentropique a lieu entre : p_1 = 10 kg/cm^2 et p_2 = 0,31 kg/cm^2
T_1 = 290°C et T_2 = 70°C
H_1 = 723 kcal/kg et H_2 = 570 kcal/kg

Le rendement de la turbine est 70% par rapport à l'isentropique, d'où le travail réellement effectué par la turbine lors de cette détente :

$$(723 - 570) \times 0{,}70 \times 200{,}94 = 21521 \text{ kcal/kmol } C_2H_4O$$

On peut faire la comparaison avec le travail de compression :

travail nécessaire à la compression : 38487 kcal
travail fourni par la turbine : 21521 kcal

La turbine fournit : $\frac{21521}{38487} \times 100 = 55{,}9\,\%$ du travail nécessaire à la compression.

PREPARATION D'UN GAZ DE SYNTHESE - Enoncé -

On étudie la préparation du gaz de synthèse de l'ammoniac par oxydation du méthane. Le schéma général de préparation est donné figure 1.

Le gaz sortant du premier four d'oxydation (par la vapeur d'eau) a la composition suivante, exprimée en fractions molaires :

CH_4 : 0,030	CO_2 : 0,055
H_2O : 0,280	H_2 : 0,530
CO : 0,105	

Il est soumis à une post-combustion, afin de réduire notablement sa teneur résiduelle en méthane. Au cours de la post-combustion, on suppose qu'interviennent seulement les deux réactions :

$$\underset{g}{CH_4} + \underset{g}{H_2O} \rightleftharpoons \underset{g}{CO} + 3\,\underset{g}{H_2} \qquad (1)$$

$$\underset{g}{H_2} + 1/2\,\underset{g}{O_2} \rightleftharpoons \underset{g}{H_2O} \qquad (2)$$

1°) Calculer les constantes d'équilibre K_{1a} et K_{2a} à 1250 K en s'aidant des enthalpies libres de formation données en annexe 1.

2°) Pour une mole du mélange gazeux précédent, on ajoute, pour réaliser la post-combustion, 0,266 mol d'air, soit 0,210 mol d'azote et 0,056 mol d'oxygène.

La pression, dans le four de post-combustion, est de 22 atmosphères absolues.

Dans ces conditions, exprimer les constantes d'équilibre en fonction de :
- x moles de méthane transformées selon (1)
- y moles d'hydrogène transformées selon (2),

rapportées respectivement à 0,030 mol de méthane et 0,530 mol d'hydrogène. La pression étant faible, on confondra fugacité et pression partielle.

3°) Le calcul de x et y, à partir des constantes d'équilibre, est relativement laborieux. Pour simplifier, on supposera que la teneur en oxygène, après post-combustion, est nulle, ce qui permet de déterminer y. On pourra alors calculer x par l'expression de la constante d'équilibre de la réaction 1.

Montrer, par deux essais, que x est compris entre 0,0276 et 0,0278. Faire l'interpolation entre ces deux valeurs.

4°) Donner la composition des gaz après post-combustion, en fractions molaires.

5°) Les gaz, après post-combustion, sont envoyés dans un atelier de conversion.

Sachant que l'on veut convertir 97% de l'oxyde de carbone présent dans le gaz de post-combustion, en hydrogène et dioxyde de carbone, selon la réaction :

$$\underset{g}{H_2O} + \underset{g}{CO} \rightleftharpoons \underset{g}{CO_2} + \underset{g}{H_2} \qquad (3)$$

calculer la quantité d'eau à ajouter à ce gaz(*), si on veut obtenir l'équilibre correspondant à la température de 530 K (partie basse température de la conversion).

On utilisera les enthalpies libres de formation données en annexe 1.

La quantité d'eau sera recalculée pour 29411,76 moles d'azote, correspondant à la production d'une tonne d'ammoniac.

Donner la composition du gaz sortant de l'atelier de conversion, en fractions molaires. On suppose, étant donné le faible niveau de pression (de l'ordre de 20 atmosphères) que les fugacités sont égales aux pressions partielles.

6°) Les gaz sortant de la post-combustion doivent être refroidis de 1250 K à 650 K, avant d'entrer dans l'atelier de conversion. On utilisera leur variation d'enthalpie sensible entre ces températures pour produire de la vapeur d'eau surchauffée (750 K et 35 kg / cm^2) à partir d'eau (319 K et 35 kg / cm^2) dont l'enthalpie vaut 46,0 kcal/kg.

(*) Il s'agit de compenser une baisse d'activité du catalyseur.

Quelle est la quantité de vapeur produite, correspondant à 29411,76 moles d'azote présentes dans les gaz après post-combustion (soit la quantité de vapeur produite par tonne d'ammoniac) ? Les enthalpies sensibles des gaz sont données en annexe 2.

Le diagramme de MOLLIER de l'eau donne, pour la vapeur surchauffée (750 K, 35 kg/cm^2), une enthalpie de 812 kcal/kg.

Figure 1 : Préparation du gaz de synthèse ($N_2 + 3H_2$)
Annexe 1 : Enthalpies libres de formation
Annexe 2 : Enthalpies sensibles

Figure 1 - PREPARATION DU GAZ DE SYNTHESE ($N_2 + 3\ H_2$) **- Enoncé -**

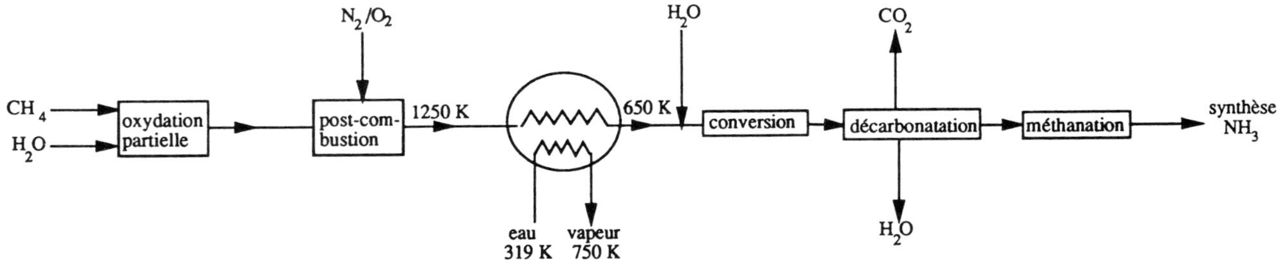

Annexe 1

Enthalpies libres de formation : $\Delta G^0_{f_T}$ en cal/mol

T	H_2O	CO	CO_2	CH_4
400 K	- 53520	- 35010	- 94330	- 10070
500 K	- 52360	- 37190	- 94390	- 7850
600 K	- 51150	- 39360	- 94440	- 5490
1000 K	- 46040	- 47859	- 94628	+ 4900
1100 K	- 44712	- 49962	- 94658	+ 7300
1200 K	- 43371	- 52049	- 94681	+ 9900
1300 K	- 42020	- 54126	- 94680	+ 12500

Annexe 2

Enthalpies sensibles : $\Delta H_S = \int C_P \, dT$ en kcal / mol

T	H_2O (g)	CO	CO_2	CH_4	N_2	H_2
298 K	2,368	2,073	2,238	2,550	2,072	2,024
600 K	4,876	4,210	5,323	5,710	4,198	4,130
700 K	5,757	4,946	6,482	7,030	4,925	4,832
1200 K	10,606	8,867	12,868	13,950	8,790	8,428
1300 K	11,665	9,689	14,225	15,550	9,602	9,174

PREPARATION D'UN GAZ DE SYNTHESE - Solution -

On considère que les deux réactions qui interviennent lors de la post-combustion sont les suivantes :

$$\underset{g}{CH_4} + \underset{g}{H_2O} \rightleftharpoons \underset{g}{CO} + 3\,\underset{g}{H_2} \qquad (1)$$

$$\underset{g}{H_2} + 1/2\,\underset{g}{O_2} \rightleftharpoons \underset{g}{H_2O} \qquad (2)$$

1°) Calcul des constantes d'équilibre K_{1a} et K_{2a} à 1250 K :

A partir des enthalpies libres de formation, on peut calculer les constantes d'équilibre grâce à la relation : $\Delta G^0_{r_T} = -R\,T\,l\,n\,K_a$ sachant que :

$$\Delta G^0_{r_T} = \Delta G^0_{f_T\cdot\text{Produits}} - \Delta G^0_{f_T\cdot\text{Réactifs}}.$$

On remarque que les enthalpies libres des réactions (1) et (2) varient linéairement avec la température, en effet :

pour la réaction (1) : $\Delta G^0_{r_{1100}} - \Delta G^0_{r_{1200}} = 6028$ cal/mol
$\Delta G^0_{r_{1200}} - \Delta G^0_{r_{1300}} = 6028$ cal/mol,

pour la réaction (2) : $\Delta G^0_{r_{1100}} - \Delta G^0_{r_{1200}} = -\ 1341$ cal/mol
$\Delta G^0_{r_{1200}} - \Delta G^0_{r_{1300}} = -\ 1351$ cal/mol

La réaction (1) donne, à 1200 K et 1300 K :

$$\Delta G^0_{r_{1200}} = -\ 52049 - (9900 - 43371) = -\ 18578 \text{ cal/mol}$$

$$\Delta G^0_{r_{1300}} = -\ 54126 - (12500 - 42020) = -\ 24606 \text{ cal/mol}$$

on en déduit, par interpolation :

$$\Delta G^0_{r_{1250}} = \frac{-18578 - 24606}{2} = -\ 21592 \text{ cal/mol}$$

Pour la réaction (2), on calcule de même :

$$\Delta G^0_{r_{1250}} = \frac{-43371 - 42020}{2} = - 42695{,}5 \text{ cal/mol}$$

d'où :

$$\ln K_{1a} = -\frac{-21592}{1{,}987 \times 1250} = +8{,}6933 \text{ et } K_1 = 5963$$

$$\ln K_{2a} = -\frac{-42695{,}5}{1{,}987 \times 1250} = +17{,}1899 \text{ et } K_2 = 29206446 = 29{,}206 \,.\, 10^6$$

2°) Expression des constantes d'équilibre en fonction de x et de y :

x : nombre de moles de méthane transformées selon (1)
y : nombre de moles d'hydrogène transformées selon (2)

Si on part respectivement de 0,030 mol de CH_4 et 0,530 mol de H_2, on calcule les nombres de moles à l'équilibre :

Composés	**au départ** (mol)	**à l'équilibre** après (1) (mol)	**à l'équilibre** après (2) (mol)
CH_4	0,030	0,030 - x	0,030 - x
H_2O	0,280	0,280 - x	0,280 - x + y
CO	0,105	0,105 + x	0,105 + x
CO_2	0,055	0,055	0,055
H_2	0,530	0,530 + 3x	0,530 + 3x - y
O_2	0,056	0,056	$0{,}056 - \frac{1}{2}y$
N_2	0,210	0,210	0,210
Total : N	**1,266**	**1,266 + 2x**	$\mathbf{1{,}266 + 2x - \frac{1}{2}y}$

La pression étant faible, on assimile la fugacité, f, à la pression partielle p.

Pour un composé i, $p_i = y_i P$ avec $y_i = \frac{n_i}{N}$

d'où : $p_i = \frac{n_i}{N} P$, et Ka = Kf = Kp

ainsi :

$$K_{1a} = K_{1p} = \frac{\dfrac{n_{CO}\,P}{N} \times \dfrac{n_{H_2}^3\,P^3}{N^3}}{\dfrac{n_{CH_4}\,P}{N} \times \dfrac{n_{H_2O}\,P}{N}} = \frac{n_{CO}\,n_{H_2}^3}{n_{CH_4}\,n_{H_2O}} \times \frac{P^2}{N^2}$$

$$K_{1p} = \frac{(0,105 + x)(0,530 + 3x - y)^3\,22^2}{(0,030 - x)(0,280 - x + y)(1,266 + 2x - \frac{1}{2}y)^2}$$

$$K_{2a} = K_{2p} = \frac{\dfrac{n_{H_2O}\,P}{N}}{\dfrac{n_{O_2}{}^{1/2}\,P^{1/2}}{N^{1/2}} \times \dfrac{n_{H_2} \times P}{N}} = \frac{n_{H_2O}\,N^{1/2}}{n_{O_2}{}^{1/2}\,n_{H_2} \times P^{1/2}}$$

$$K_{2p} = \frac{(0,280 - x + y)(1,266 + 2x - \frac{1}{2}y)^{1/2}}{(0,056 - \frac{1}{2}y)^{1/2}\,(0,530 + 3x - y)\,22^{1/2}}$$

3°) Calcul de x en supposant la teneur en oxygène nulle après post-combustion :

On a alors : $0,056 - \frac{1}{2}y = 0$ d'où $y = 0,112$

L'expression de K_{1p} devient :

$$K_{1p} = \frac{484(0,105 + x)(0,530 + 3x - 0,112)^3}{(0,030 - x)(0,280 - x + 0,112)(1,266 + 2x - 0,056)^2}$$

$$K_{1p} = \frac{484(0,105 + x)(0,418 + 3x)^3}{(0,030 - x)(0,392 - x)(1,21 + 2x)^2} = 5963$$

si $x = 0,0276$

$$K_{1p} = \frac{484 \times 0,1326 \times 0,1256}{0,0024 \times 0,3644 \times 1,600} = 5761$$

si x = 0,0278

$$K_{1p} = \frac{484 \times 0,1328 \times 0,126052}{0,0022 \times 0,3642 \times 1,60174} = \frac{8,10201751}{0,00128338} = 6313$$

x est bien compris entre 0,0276 et 0,0278.

L'interpolation, pour K_{1p} = 5963 donne x = 0,02767

On prendra pour la suite des calculs, x = 0,0277

4°) Composition, en fractions molaires, du gaz après post-combustion :

Composés	à l'équilibre après (1) et (2)	en mol	en %
CH_4	0,0300 - 0,0277 =	0,0023	0,18
H_2O	0,2800 - 0,0277 + 0,1120 =	0,3643	28,79
CO	0,1050 + 0,0277 =	0,1327	10,49
CO_2	0,0550	0,0550	4,35
H_2	0,5300 + 3 × 0,0277 - 0,112 =	0,5011	39,60
O_2	0	0,0000	0,00
N_2	0,2100	0,2100	16,60
Total		**1,2654**	**100,01**

5°) Quantité d'eau à ajouter au gaz pour la conversion de 97% de l'oxyde de carbone, si on veut obtenir l'équilibre correspondant à la température de 530 K. Soit z cette quantité d'eau en mol.

La réaction de conversion s'écrit :

$$\underset{g}{H_2O} + \underset{g}{CO} \rightleftharpoons \underset{g}{CO_2} + \underset{g}{H_2} \qquad (3)$$

Calculons K_{3a} à 530 K à partir de la relation $\Delta G^0_{rT} = -RT \ln K_{3a}$

Il faut déterminer ΔG^0_{r530K} à partir des ΔG^0_f connues à 500 K et à 600 K.

$$\Delta G^0_{r500} = (-94390) - [(-52360) + (-37190)] = -4840 \text{ cal / mol}$$

$$\Delta G^0_{r600} = (-94440) - [(-51150) + (-39360)] = -3930 \text{ cal / mol}$$

$\Delta G^0_{r_T}$ ne variant pas linéairement avec la température, on écrira ΔG sous la forme :

$$\Delta G = \frac{A}{T} + B$$

$$\text{d'où } - 4840 = \frac{A}{500} + B \qquad (1)$$

$$\text{et } - 3930 = \frac{A}{600} + B \qquad (2)$$

$$- 500 \times 4840 = A + 500\ B \quad (1)$$
$$- 600 \times 3930 = A + 600\ B \quad (2)$$

$$\begin{cases} -2420000 = A + 500B & (1) \\ -2358000 = A + 600B & (2) \end{cases}$$

(2) - (1) donne $100B = 62000$

$B = 620$

d'où $A = - 2420000 - (500 \times 620) = - 2730000$

On peut alors calculer :

$$\Delta G^0_{r530} = \frac{-2730000}{530} + 620 = -5150{,}94 + 620 = -4530{,}94 \text{ cal / mol}$$

$$\ln K_{3a} = -\frac{-4530{,}94}{1{,}987 \times 530} = +4{,}302438 \text{ d'où } K_{3a} = 73{,}8797$$

On calcule maintenant l'expression de la constante d'équilibre en fonction des compositions à l'équilibre après conversion de 97% du CO présent, soit après la disparition de $0{,}1327 \times 0{,}97 = 0{,}128719$ mol de CO.

Si on ajoute z mol d'eau aux 1,2654 mol de gaz de post-combustion, on trouve :

Composés	au départ (mol) avant conversion	à l'équilibre (mol) après conversion
CH_4	0,0023	0,0023
H_2O	0,3643 + z	0,3643 + z - 0,128719 = 0,235581 + z
CO	0,1327	0,003981
CO_2	0,0550	0,0550 + 0,128719 = 0,183719
H_2	0,5011	0,5011 + 0,128719 = 0,629819
O_2	0,0000	0,0000
N_2	0,2100	0,2100
Total	**1,2654 + z**	**1,2654 + z**

Sachant que pour la réaction 3; Ka = Kf = Kp = Kn,
l'expression de K_{3a} est donc, à 530 K :

$$73{,}8796 = \frac{0{,}183719 \times 0{,}629819}{(0{,}235581 + z) \times 0{,}003981} = \frac{0{,}1157097}{0{,}000937848 + 0{,}003981\,z}$$

$$0{,}0692878 + 0{,}2941147\,z = 0{,}1157097$$

$$0{,}29411\,z = 0{,}046422 \text{ et } z = 0{,}15784$$

d'où H_2O totale = 0,15784 + 0,23558 ≈ 0,3934 mol

Il est nécessaire d'ajouter 0,15784 mol d'eau pour 0,2100 mol d'azote. Donc pour la production d'une tonne d'ammoniac correspondant à 29411,76 mol d'azote, il faut :

$$\frac{0{,}15784 \times 29411{,}76}{0{,}21} \approx 22106 \text{ mol d'eau}$$

6°) Quantité de vapeur d'eau produite par tonne d'ammoniac selon le schéma suivant :

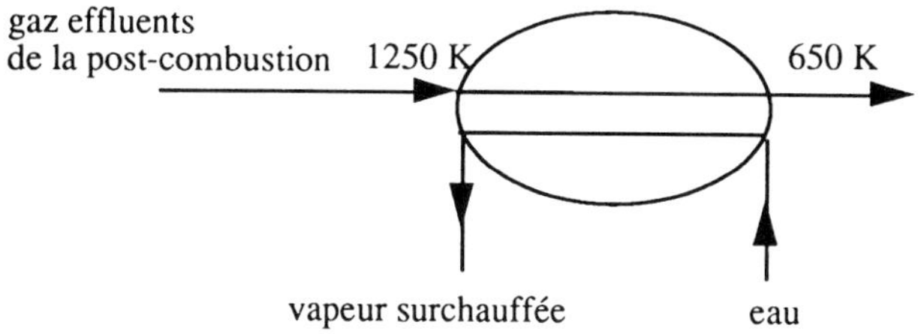

$T_2 = 750$ K $\quad$ $T_1 = 319$ K

$p_2 = 35$ kg/cm2 $\quad$ $p_1 = 35$ kg/cm2

$H_2 = 812$ kcal/kg (MOLLIER) $H_1 = 46$ kcal/kg

Il faut 812 - 46 = 766 kcal pour former 1 kg de vapeur surchauffée.

La chaleur fournie à l'eau provient de la variation d'enthalpie sensible des gaz effluents de post-combustion.

Calculons le nombre de mol de chaque constituant correspondant à 29411,76 mol N_2 (pour la production de 1t d'ammoniac)

Composés	Composition		(mol)
CH_4	0,0023	$\times \frac{29411,76}{0,210}$ =	322,13
H_2O	0,3643	× " =	51022,40
CO	0,1327	× " =	18585,43
CO_2	0,0550	× " =	7703,08
H_2	0,5011	× " =	70182,06
O_2	0,0000		0
N_2	0,2100	x " =	29411,76

On connaît l'enthalpie de chacun des constituants à différentes températures. Calculons la variation d'enthalpie sensible entre 1250 K et 650 K, par interpolation.

Pour 1 mol de composé :

$$(\Delta H_s)_{1250}^{650} = (H_{s650} - H_{s298}) - (H_{s1250} - H_{s298}) = H_{s650} - H_{s1250}$$

$$H_{s650} = H_{s600} + \frac{H_{s700} - H_{s600}}{2}$$

$$H_{s1250} = H_{s1200} + \frac{H_{s1300} - H_{s1200}}{2}$$

$$(\Delta H_s)_{1250}^{650} = \left(H_{s600} + \frac{H_{s700} - H_{s600}}{2}\right) - \left(H_{s1200} + \frac{H_{s1300} - H_{s1200}}{2}\right)$$

on a donc, d'après les valeurs de l'annexe 2 :

$$(\Delta H_s)_{1250}^{650} CH_4 = \left[\left(5,71 + \frac{7,03 - 5,71}{2}\right) - \left(13,95 + \frac{15,55 - 13,95}{2}\right)\right] = -8,38 \text{ kcal/mol}$$

$$(\Delta H_s)_{1250}^{650} H_2O = \left[\left(4,876 + \frac{5,757 - 4,876}{2}\right) - \left(10,606 + \frac{11,665 - 10,606}{2}\right)\right] = -5,819 \text{ kcal/mol}$$

$$(\Delta H_s)_{1250}^{650} CO = \left[\left(4,210 + \frac{4,946 - 4,210}{2}\right) - \left(8,867 + \frac{9,689 - 8,867}{2}\right)\right] = -4,70 \text{ kcal/mol}$$

$$(\Delta H_s)_{1250}^{650} CO_2 = \left[\left(5,323 + \frac{6,482 - 5,323}{2}\right) - \left(12,868 + \frac{14,225 - 12,868}{2}\right)\right] = -7,644 \text{ kcal/mol}$$

$$(\Delta H_s)_{1250}^{650} H_2 = \left[\left(4,13 + \frac{4,832 - 4,13}{2}\right) - \left(8,428 + \frac{9,174 - 8,428}{2}\right)\right] = -4,320 \text{ kcal/mol}$$

$$(\Delta H_s)_{1250}^{650} N_2 = \left[\left(4,198 + \frac{4,925 - 4,198}{2}\right) - \left(8,79 + \frac{9,602 - 8,79}{2}\right)\right] = -4,635 \text{ kcal/mol}$$

Soit au total, pour la production de 1 tonne d'ammoniac :

$$(\Delta H_s)_{1250}^{650} Pj = (-8,38 \times 322,13) + (-5,819 \times 51022,40) + (-4,7 \times 18585,43) + (-7,644 \times 7703,08) + (-4,32 \times 70182,06) + (-4,635 \times 29411,76)$$

$$(\Delta H_s)_{1250}^{650} Pj = -885343 \text{ kcal}$$

La quantité de vapeur produite est donc $\frac{885343}{766} = 1156$ kg

Soit 1,156 tonne de vapeur pour 1 tonne d'ammoniac.

SYNTHESE DE L'AMMONIAC - ANALYSE THERMODYNAMIQUE
- Enoncé -

On s'intéresse à la synthèse de l'ammoniac, réalisée à 750 K et sous une pression de 220 atm, selon la réaction :

$$\underset{g}{1/2\,N_2} + \underset{g}{3/2\,H_2} \rightleftharpoons \underset{g}{NH_3} \qquad \Delta H^0_{r298} = -11040 \text{ cal / mol } NH_3$$

1°) Connaissant l'enthalpie libre de formation de l'ammoniac à 298 K et sous une pression de 1 atmosphère, $\Delta G^0_{f_{298}}$ = - 3976 cal/mol, calculer $K_{a\,298}$.

2°) En supposant l'enthalpie de réaction constante entre 298 et 750 K, et égale à - 11835 cal (valeur moyenne), calculer $K_{a\,750}$.

3°) En s'aidant des graphiques généraux de l'annexe 1, calculer la valeur de K_ϕ à 750 K et sous une pression de 220 atmosphères.

4°) Donner la composition à l'équilibre (750 K et 220 atm), après avoir déterminé le degré d'avancement de la réaction. Les réactifs ont une composition correspondant à 1/2 mol N_2 pour 3/2 mol H_2 et ne contiennent ni ammoniac, ni inertes.

5°) On suppose l'équilibre atteint pour la température de 750 K et sous une pression de 220 atm.

Si on refroidit les gaz, après synthèse, à 298 K (220 atm), une partie de l'ammoniac formée est condensée.

On désire calculer la variation d'enthalpie $\Delta H^{220\,atm(*)}_{298\,K}$ et la variation d'entropie $\Delta S^{220\,atm}_{298\,K}$, pour une mol d'ammoniac formée, entre les effluents :

$(N_2 + 3H_2)_g + NH_{3_l} + NH_{3g}$ à 298 K et sous 220 atm (état final)

et le gaz de synthèse de départ :

$(N_2 + 3H_2)_g$ à 298 K et sous 220 atm (état initial)

(*) On écrira, dans la suite du problème, ΔH^{220}_{298} et ΔS^{220}_{298} pour simplifier l'écriture.

Comment peut-on calculer ces variations, connaissant :

- le nombre de moles de gaz ($N_2 + 3H_2$) pour une mol d'ammoniac formée (question 4),
- les enthalpie et entropie "standard" de réaction,
- la fraction molaire d'ammoniac condensée,
- la tension de vapeur de l'ammoniac à 298 K,
- les constantes critiques de l'ammoniac, de l'azote, de l'hydrogène, ainsi que les courbes générales :

$$\frac{H^*\text{-}H}{T_c} = f\left(T_R P_R\right) \text{ et } S_p^i - Sp = f\left(T_R P_R\right)$$

Le calcul, relativement long, donne les résultats suivants :

$$\Delta H_r{}_{298}^{220} = -14800 \text{ cal / mol, pour une mol d' ammoniac formée}$$

$$\Delta S_r{}_{298}^{220} = -21 \text{ cal / molK, pour une mol d' ammoniac formée}$$

Pour les conditions opératoires précédemment décrites, quel est le travail idéal correspondant à la formation d'une mol d'ammoniac, le milieu extérieur étant à 298 K ?

6°) En réalité, les gaz réactifs ($N_2 + 3H_2$) entrent, dans le réacteur, à 298 K et 225 atm (*) et les produits N_2, H_2, NH_3, sortent gazeux du réacteur à 400 K et 220 atm (*).

Le réacteur comporte des échangeurs et une chaudière. La chaleur dégagée dans le réacteur est utilisée pour fabriquer de la vapeur surchauffée à 350°C et 16 kg/cm^2 à partir d'eau liquide à 46°C et 16 kg/cm^2.

Cette vapeur est détendue dans une turbine, de 16 kg/cm^2 à 0,10 kg/cm^2. Le rendement isentropique de cette turbine est de 78%. La température de la vapeur détendue est de 46°C. L'eau nécessaire à la condensation est à la température du milieu extérieur : 298 K.

L'eau condensée du cycle, à 46°C et 0,10 kg/cm^2, est reprise par une pompe et envoyée dans les échangeurs et chaudière du réacteur. Le schéma général du cycle est donné ci-joint (schéma 1).

(*) Les variations de propriétés, entre 225 et 220 atm, sont négligeables.

La variation d'enthalpie entre les gaz sortants du réacteur à 400 K (220 atm) :

$(N_2 + 3\,H_2)_g + NH_{3\,g}$.

et les mêmes gaz après refroidissement et condensation partielle, à 298 K (220 atm) :

$(N_2 + 3\,H_2)g + NH_{3\,g} + NH_{3_l}$

est la somme des enthalpies sensibles ΔH_S et de l'enthalpie de condensation de l'ammoniac ΔH_C.

On sait que $(\Delta H_S + \Delta H_C)_{Pj}$ = 6 400 cal, pour une mol d'ammoniac formée.

L'enthalpie et l'entropie de l'eau liquide à 46°C et sous une pression de 16 kg/cm^2 ou de 0,10 kg/cm^2 (les variations sont négligeables) sont respectivement de 46 kcal/kg et de 0,155 kcal/kg K.

Sachant que le réacteur et la turbine sont isolés thermiquement, calculer :

- la quantité de vapeur et de travail produits pour une mol d'ammoniac formée,

- le travail perdu : dans le réacteur, dans la turbine, dans le condenseur, par mol d'ammoniac formée. Le travail nécessaire à la reprise du liquide de 0,10 kg/cm^2 à 16 kg/cm^2 est négligeable.

- donner, dans un tableau, le bilan de l'ensemble.

Les enthalpies et entropies nécessaires aux calculs sont lues sur le diagramme de MOLLIER de l'annexe 2.

On donne les constantes critiques :

	H_2	N_2	NH_3
$T_{C\,K}$	33,24	126,26	405,4
$P_{C\,atm}$	12,797	33,54	111,3

Schéma 1 : Cycle de la vapeur
Annexe 1 : Graphique $\phi = f(T_R\ P_R)$
Annexe 2 : Diagramme de MOLLIER

Schéma n° 1

- Schéma du cycle de la vapeur :

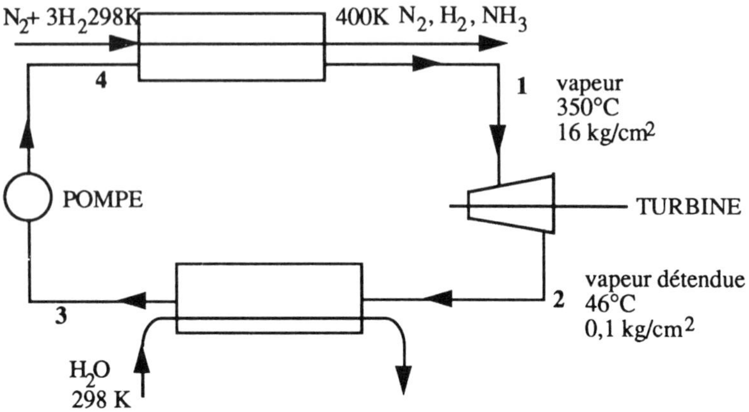

3 : eau liquide à 0,10 kg/cm^2 et 46°C H = 46 kcal/kg
S = 0,155 kcal/kg K

4 : eau liquide à 16 kg/cm^2 et 46°C H = 46 kcal/kg
S = 0,155 kcal/kg K

Annexe 1

Diagramme $\phi = f(T_R\ P_R)$

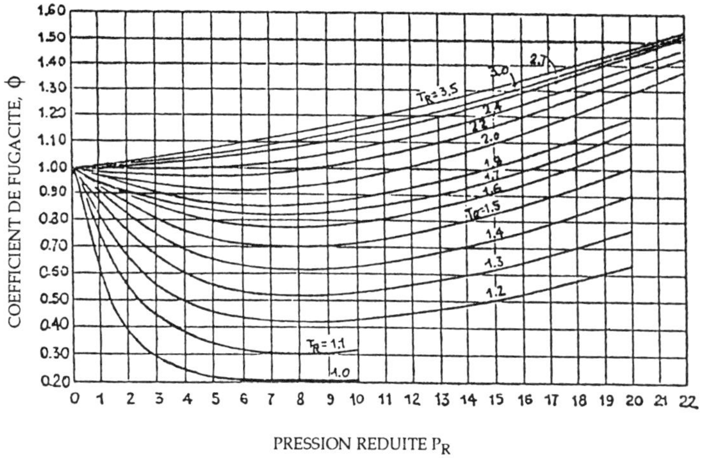

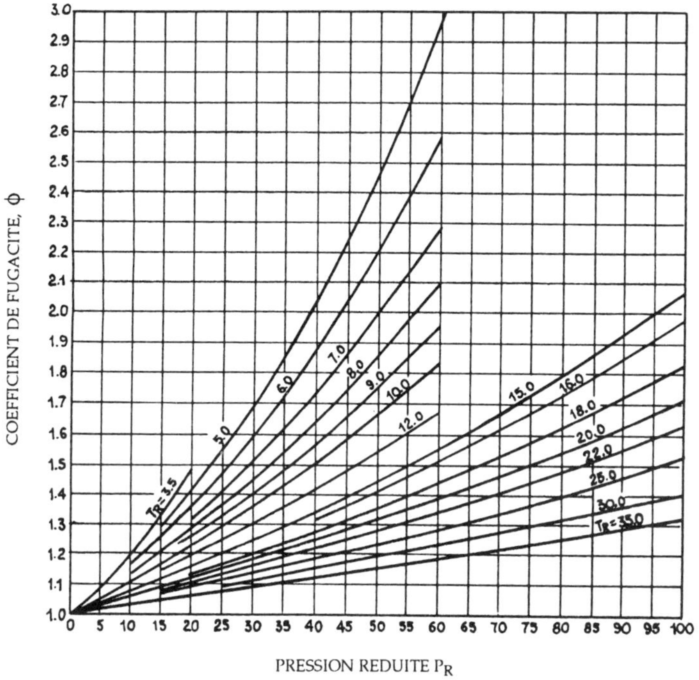

[R.H. NEWTON, Ind. Eng. Chem., 27, 302 (1935)]

Annexe 2

DIAGRAMME DE MOLLIER - Enoncé -

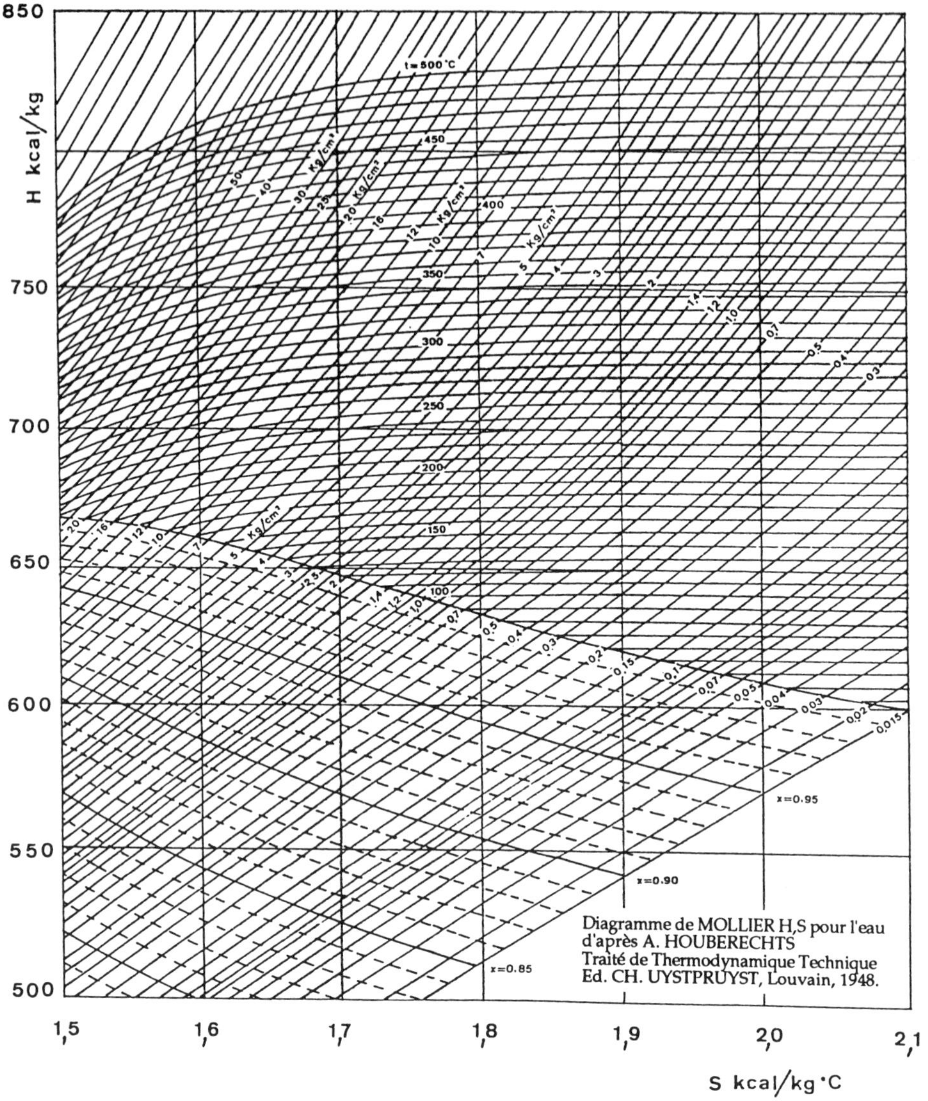

SYNTHESE DE L'AMMONIAC - ANALYSE THERMODYNAMIQUE
- Solution -

On considère la réaction :

$$\underset{g}{1/2\,N_2} + \underset{g}{3/2\,H_2} \rightleftarrows \underset{g}{NH_3} \qquad \Delta H^0_{r298} = -11040 \text{ cal / mol } NH_3$$

1°) Calcul de $K_{a\,298}$.

On connaît l'enthalpie libre standard de formation à 298 K

Or $\Delta G^0_{r298} = -RT \ln K_a$

$$\text{d'où : } \ln K_a = -\frac{\Delta G^0_{r298}}{RT}$$

$$\ln K_{a298} = +\frac{3976}{1{,}987 \times 298} = +6{,}714787$$

$K_{a298} = 824{,}508.$

2°) Calcul de $K_{a\,750}$, en supposant ΔH_r constante entre 298 et 750 K.

L'enthalpie de réaction étant considérée comme constante, on peut envisager le calcul de K_a par la relation de VAN'T HOFF :

$$\frac{d(\ln K)}{dT} = \frac{\Delta H_r}{RT^2}$$

qui donne après intégration entre 750 et 298 K

$$\ln\frac{K_2}{K_1} = -\frac{\Delta H_r}{R}\left(\frac{1}{T_2} - \frac{1}{T_1}\right)$$

$$\ln\frac{K_{a750}}{K_{a298}} = \frac{11835}{1{,}987}\left(\frac{1}{750} - \frac{1}{298}\right)$$

$$= -12{,}0457$$

$\ln K_{a_{750}} = - 12{,}0457 + \ln K_{a_{298}} = - 12{,}0457 + 6{,}7148$

$\ln K_{a_{750}} = - 5{,}3309$

d'où : $K_{a_{750}} = 0{,}00484$

3°) Calcul de K_ϕ à 750 K et 220 atm.

On calcule $K_\phi = \dfrac{\phi_{NH_3}}{\phi_{N_2}^{1/2}\ \phi_{H_2}^{3/2}}$ en supposant que la phase gazeuse est une solution idéale.

On détermine les coefficients de fugacité à l'aide des courbes $\phi = f(P_R, T_R)$

	$T_R = \dfrac{T}{T_C}$	$P_R = \dfrac{P}{P_C}$	ϕ
NH_3	$\dfrac{750}{405{,}4} = 1{,}85$	$\dfrac{220}{111{,}3} = 1{,}98$	0,93
H_2	$\dfrac{750}{33{,}24 + 8} = 18{,}18$	$\dfrac{220}{12{,}797 + 8} = 10{,}58$	1,07
N_2	$\dfrac{750}{126{,}26} = 5{,}94$	$\dfrac{220}{33{,}54} = 6{,}56$	1,12

$$K_{\phi\,750} = \frac{0{,}93}{(1{,}12)^{1/2}\,(1{,}07)^{3/2}}$$

$K_{\phi\,750} = 0{,}794$

4°) Calcul de la composition à l'équilibre (750°C, 220 atm) après avoir déterminé le degré d'avancement ε.

Pour la réaction : $\frac{1}{2}N_2 + \frac{3}{2}H_2 \rightleftarrows NH_3$

On a : $$\frac{dn_{N_2}}{-\frac{1}{2}} = \frac{dn_{H_2}}{-\frac{3}{2}} = \frac{dn_{NH_3}}{1} = d\varepsilon$$

Ce qui permet de calculer :

$$dn_{N_2} = -\frac{1}{2}d\varepsilon \qquad \text{d'où : } \int_{1/2}^{n_{N_2}} dn_{N_2} = -\frac{1}{2}\varepsilon \qquad \text{et : } \quad n_{N_2} = -\frac{1}{2}\varepsilon + \frac{1}{2} = \frac{1}{2}(1-\varepsilon)$$

$$dn_{H_2} = -\frac{3}{2}d\varepsilon \qquad \text{d'où : } \int_{3/2}^{n_{H_2}} dn_{H_2} = -\frac{3}{2}\varepsilon \qquad \text{et : } \quad n_{H_2} = -\frac{3}{2}\varepsilon + \frac{3}{2} = \frac{3}{2}(1-\varepsilon)$$

$$dn_{NH_3} = d\varepsilon \qquad \text{d'où : } \int_{0}^{n_{NH_3}} dn_{NH_3} = +\varepsilon \qquad \text{et : } \quad n_{NH_3} = \varepsilon$$

Soit N, nombre total de mol à l'équilibre :

$N = - \varepsilon + 2$

Connaissant le nombre de mol à l'équilibre on peut calculer :

$$K_n = \frac{n_{NH_3}}{(n_{N_2})^{1/2}\,(n_{H_2})^{3/2}}$$

On a déjà déterminé K_a et K_ϕ à 750 K.

En établissant les relations entre ces constantes on pourra en tirer la composition à l'équilibre, après avoir calculé la valeur de ε.

On peut écrire : $K_a = K_f$

or : $K_f = K_\phi\, K_p$

Il est donc possible d'en déduire $K_{p\,750} = \dfrac{K_{f\,750}}{K_{\phi\,750}}$

Mais, comme $p_i = y_i\, P$, on aura : $K_p = \dfrac{y_{NH_3}\, P}{(y_{N_2}\, P)^{1/2}\,(y_{H_2}\, P)^{3/2}} = K_y\, P^{-1}$

$$\text{et } y_i = \frac{n_i}{N} \text{ d'où } K_p = \frac{\dfrac{n_{NH_3}}{N}}{\left(\dfrac{n_{N_2}}{N}\right)^{1/2}\left(\dfrac{n_{H_2}}{N}\right)^{3/2}} P^{-1} = K_n\frac{N}{P}$$

$$\text{ce qui donne : } K_n = K_p\frac{P}{N}, \qquad \text{et : } \quad K_n = \frac{K_f}{K_\phi}\cdot\frac{P}{N} = \frac{K_a}{K_\phi}\cdot\frac{P}{N}$$

$$\text{or } K_n = \frac{\varepsilon}{\left[\frac{1}{2}(1-\varepsilon)\right]^{1/2}\left[\frac{3}{2}(1-\varepsilon)\right]^{3/2}} = \frac{\varepsilon}{1,299\,(1-\varepsilon)^2}$$

On a donc à l'équilibre, à 750 K et 220 atm :

$$\frac{\varepsilon}{1,299\,(1-\varepsilon)^2} = \frac{0,00484}{0,794} \times \frac{220}{(-\varepsilon+2)} = \frac{K_a}{K_\phi} \cdot \frac{P}{N}$$

$$\frac{2\varepsilon - \varepsilon^2}{1,299\,(1-\varepsilon)^2} = 1,341$$

$$2\varepsilon - \varepsilon^2 = 1,742\,(1-\varepsilon)^2$$

$2,742\,\varepsilon^2 - 5,484\,\varepsilon + 1,742 = 0$ $\quad \Delta = b^2 - 4ac = 30,074 - 19,096 = 10,968$

$\sqrt{\Delta} = 3,3118$

$\varepsilon = \frac{+5,484 \pm 3,3118}{2 \times 2,742}$ $\quad$ d'où $\varepsilon = 0,39610$

La composition à l'équilibre à 750 K, 220 atm est donc,

avec ε : 0,3961 pour la réaction $\frac{1}{2}N_2 + \frac{3}{2}H_2 \rightleftarrows NH_3$:

$NH_3 = \varepsilon$	$= 0,39610$ mol ,	y_{NH_3}	=	0,24696
$N_2 = \frac{1}{2}(1-\varepsilon) = \frac{1}{2}(1-0,3961) =$	0,30195 mol ,	y_{N_2}	=	0,18826
$H_2 = \frac{3}{2}(1-\varepsilon) = \frac{3}{2}(1-0,3961) =$	0,90585 mol ,	y_{H_2}	=	0,56478
Total :	1,60390 mol			1,00000

5°) Calcul du travail idéal correspondant à la formation d'une mol d'ammoniac sous 220 atm et à 298 K (température du milieu extérieur), une partie de l'ammoniac étant condensée.

On sait que pour une mol d'ammoniac formée, il y a $\frac{1,60390}{0,39610} = 4,04923$ mol $\approx$ 4,049 mol d'effluents, pour une alimentation de 5,049 mol de $(N_2 + 3H_2)_g$.
Les effluents se composent de : 3,049 mol de $(N_2 + 3H_2)_g$, x mol d'ammoniac condensées et (1-x) mol d'ammoniac à l'état gazeux.

Le calcul du travail idéal nécessite la connaissance de ΔH_{298}^{220} et ΔS_{298}^{220}. On peut calculer ces variations d'enthalpie et d'entropie en imaginant un "chemin thermodynamique" entre l'état initial :

5,049 mol de $(N_2 + 3H_2)_g$ à 298 K et 220 atm

et l'état final :

3,049 mol de $(N_2 + 3H_2)_g + (1\text{-}x)\ NH_{3g} + x\ NH_{3_l}$ à 298 K et 220 atm

On considère les étapes suivantes, toutes réalisées à 298 K :

1- détente de 2 mol de $(N_2 + 3H_2)_g$ de 220 à 1 atm
2- synthèse d'une mol de NH_{3g} à 1 atm
3- compression d'une mol de NH_{3g} de 1 atm à la tension de vapeur P_S de l'ammoniac à 298 K
4- condensation de x moles de NH_3 à la pression P_S
5- détente de 3,049 mol de $(N_2 + 3\ H_2)_g$ de 220 atm à P_S
6- mélange de 3,049 mol de $(N_2 + 3\ H_2)_g$ et de (1-x) mol de NH_{3g} $[\Delta H_{mel\ idéal} = 0,\ \Delta S_{mel\ idéal} = -\ R\ (y_1 \ln y_1 + y_2 \ln y_2)]$
7- compression du mélange précédent de P_S à 220 atm
8- compression de x mol de NH_{3_l} de Ps à 220 atm.

Pour les étapes 1, 3, 5 et 7, les variations ΔH et ΔS peuvent être estimées à partir des courbes générales : $\frac{H^* - H}{T_c} = f(T_R, P_R)$ et $S_p^i - Sp = f(T_R, P_R)$, connaissant les teneurs et les constantes critiques.

On peut négliger les variations ΔH et ΔS relatives à l'étape 8.

Il est possible d'obtenir des valeurs plus proches de la réalité en utilisant une équation d'état valable pour les mélanges gazeux considérés (l'équation de VAN DER WAALS ou, de préférence, l'équation de BEATTIE-BRIDGEMAN).

On aura donc à calculer :

$$(H^* - H)_T = RT - PV + \int_{\infty}^{V} \left[P - T\left(\frac{\partial P}{\partial T}\right)_V \right]_T dV$$

et :

$$(S_p^i - Sp)_T = \int_{\infty}^{Vi} R\, d \ln V - \int_{\infty}^{V} \left(\frac{\partial P}{\partial T}\right)_V dV$$

Vi étant le volume du gaz parfait à la pression P et à la température T.

On passe de $\left(S_p^i - Sp\right)_T$ à $\left(S_1 - S_p\right)_T$ par la relation :

$$\left(S_1 - Sp\right)_T = \left(S_p^i - S_p\right)_T + R \operatorname{Ln} P$$

Le travail idéal correspondant à une mol d'ammoniac se calcule par la relation :

$$W_{idéal} = - \Delta H_{298}^{220} + T_0 \, \Delta S_{298}^{220}$$

$$W_{idéal} = 14800 - 298 \,.\, 21 = 8542 \text{ cal/mol de } NH_3 \text{ formée.}$$

6°) Quantité de vapeur et de travail produits par mol de NH_3 formée.

Le schéma du circuit de vapeur est le suivant :

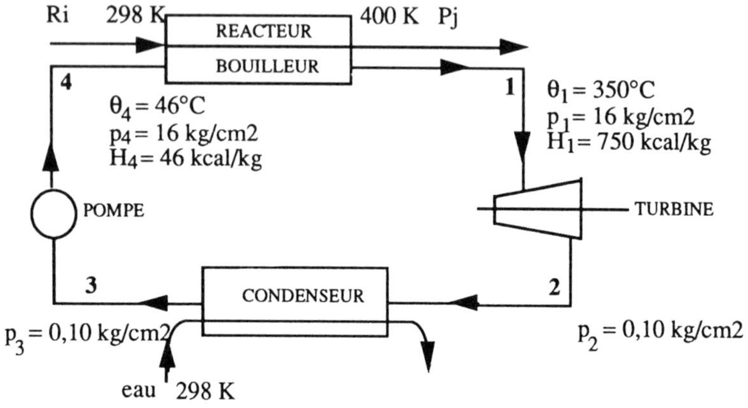

Pour déterminer la quantité de vapeur produite, il faut connaître la chaleur transmise au bouilleur :

$$\Delta H_{bouilleur} = -\Delta H_{r\,298}^{\;220} - (\Delta H_s + \Delta H_c)\, P_j \;,$$

soit $\Delta H_{bouilleur} = +14800 - 6400 = 8400$ cal / mol de NH_3 formée.

1. La quantité de vapeur obtenue grâce à cette énergie sera donc, sachant que H_1 = 750 kcal/kg (diagramme de MOLLIER) :

$$\frac{\Delta H_{bouilleur}}{H_1 - H_4} = \frac{8,400}{750 - 46} = 0,011932 \text{ kg de vapeur / mol de } NH_3 \text{ formée.}$$

On calcule le travail produit dans la turbine lors de la détente de la vapeur entre 16 et 0,10 kg/cm^2.

Les valeurs de l'enthalpie correspondant à ces pressions sont d'après le diagramme de MOLLIER, respectivement H_1 = 750 et H_2' = 532 kcal/kg de vapeur pour une détente isentropique.

Le rendement par rapport à une détente isentropique est de 78%.

Le travail produit est donc égal à :

(750 - 532) 0,78 = 170,04 kcal/kg vapeur
(H_2 = 750 - 170,04 = 579,96 kcal/kg vapeur ≈ 580 kcal / kg_{vapeur}).

soit 170,04 × 0,011932 = 2,0289 kcal/mol de NH_3 formée.

2. Le travail perdu s'exprime par la relation $W_{perdu} = T_0\ \Delta S - Q$

- dans l'ensemble "bouilleur-réacteur", on trouve :

$$W_{perdu} = T_0\left[(S_1 - S_4) + \Delta S_{298}^{220}\right] + (\Delta H_s + \Delta H_c)\, P_j$$

(S_1 est donnée par le diagramme de MOLLIER)

$$W_{perdu} = 298\left[(1{,}690 - 0{,}155) \times 0{,}011932 - 0{,}021\right] + 6{,}400$$
$$= 5{,}6001 \text{ kcal / mol de } NH_3 \text{ formée.}$$

- dans la turbine, thermiquement isolée Q = 0, donc :

$$W_{perdu} = T_0\ [S_2 - S_1]$$

On lit sur le diagramme de MOLLIER S_1 = 1,69 kcal/kg K
et S_2 = 1,84 kcal/kg K pour un rendement isentropique de 78%, d'où :

W_{perdu} = 298 (1,840 - 1,690) × 0,011932 = 0,5334 kcal/mol de NH_3 formée.

- dans le condenseur $W_{perdu} = T_0\ \Delta S - Q$

$W_{perdu} = [T_0\ (S_3 - S_2) - (H_3 - H_2)]$

= [298 (0,155 - 1,840) - (46 - 580)] × 0,011932
= 0,3803 kcal/mol de NH_3 formée

Les enthalpies H_1, H_2, $H_{2'}$ et les entropies S_1, S_2 sont reportées sur la figure ci-dessous : "Diagramme de MOLLIER - solution".

3. Le bilan général s'établit ainsi :

- Travail produit		
turbine	2,0289 kcal/mol NH_3	23,75%
- Travail perdu		
réacteur-bouilleur	5,6001 " "	65,56%
turbine	0,5334 " "	6,24%
condenseur	0,3803 " "	4,45%
Total :	8,5427 kcal / mol NH_3	100,00%

En vérification, on retrouve bien le travail idéal (8,5427 ≈ 8,542 kcal/mol NH_3) correspondant à la formation d'une mole d'ammoniac.

Diagramme de MOLLIER - Solution -

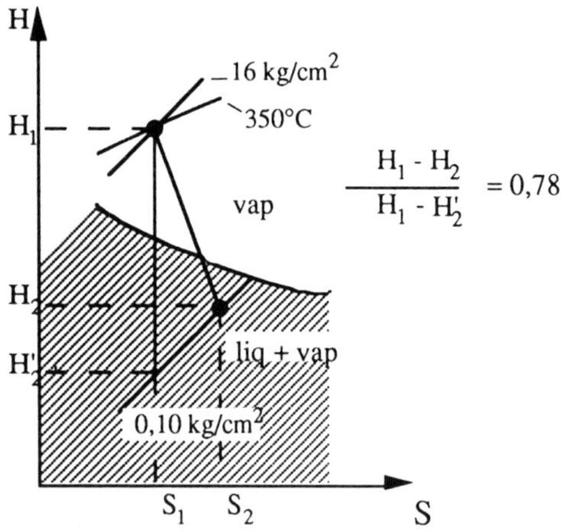

SYNTHESE DE L'AMMONIAC - Enoncé -

On veut étudier la synthèse de l'ammoniac, réalisée à partir d'azote et d'hydrogène, selon la réaction :

$$\underset{g}{1/2\,N_2} + \underset{g}{3/2\,H_2} \rightleftharpoons \underset{g}{NH_3}$$

Le schéma général d'un atelier de fabrication est donné sur la figure 1 ci-jointe, sur laquelle on distingue le réacteur, le condenseur d'ammoniac et la boucle de recyclage.

On connaît :

- la composition de l'alimentation en A,
- la teneur en ammoniac en B,
- la teneur en inertes et en ammoniac en C,
- la teneur du gaz en ammoniac après condensation en G, E et F.

Ces teneurs, exprimées en fractions molaires, sont données sur la figure 1. On suppose que la production d'ammoniac en D est de l'ammoniac pur, sans gaz dissous.

1°) Compléter les teneurs aux différents points du schéma. On calculera, dans l'ordre :

- la teneur en inertes au point B,
- le taux de recyclage : débit en F/débit en A,
- la teneur en inertes au point F,
- les teneurs en azote et hydrogène aux points C, B, F et E. On vérifiera que l'on a bien la même valeur du rapport : teneur en inertes/teneur (N_2 + 3 H_2) aux points C et E.

2°) Calculer la quantité d'ammoniac produite (point D) en kg pour un appoint en A de 1000 N m^3/h. Donner les débits globaux en F, B, C, G, D et E.

3°) On s'intéresse à l'élévation de température dans un réacteur composé de deux couches de catalyseur. Le réacteur fonctionne à la pression de 220 atmosphères.

Une partie du gaz initial (composition de B) entre dans un premier lit de catalyseur à la température de 360°C et sa teneur, en sortie de ce lit de catalyseur, est de 13% en ammoniac (% molaire).

Connaissant $\Delta H_{r\,360}^{\,220}$ = - 13,03 kcal/mol de NH_3 et la capacité thermique moyenne des gaz sortants (entre 360°C et la température de sortie du catalyseur) :

$$\overline{C}_p = 8{,}43 \text{ cal/mol °C}$$

calculer la température, θ_1, de sortie de gaz, en supposant que 15% de la chaleur de réaction est dissipée à l'extérieur du lit de catalyseur.

4°) Ces gaz sortants sont dilués avec du gaz initial (composition de B) dans les proportions molaires : gaz sortant 1er lit/gaz initial = 3/1. Le gaz initial étant à la température de 103°C et les capacités thermiques moyennes $\overline{C}_p$ étant :

- pour le gaz initial : 7,70 cal/mol °C,
- pour les gaz sortants du lit de catalyseur : 8,43 cal/mol °C

calculer la température, θ_m, du mélange gazeux.

Ce gaz est dirigé vers un deuxième lit de catalyseur et sa teneur, en sortie du lit, atteint 17% (% molaire) en ammoniac, c'est-à-dire la composition de C.

Connaissant $\Delta H_{r\,407}^{\,220}$ = - 13,09 kcal/mol de NH_3 et la capacité thermique moyenne $\overline{C}_p$ des gaz sortants étant de 8,92 cal/mol °C, calculer la température, θ_2, des gaz sortant de ce deuxième lit de catalyseur. Comme précédemment, on admet que 15% de la chaleur de réaction est dissipée à l'extérieur du lit catalytique (figure 2).

5°) Porter sur le graphique ci-joint (figure 3) les températures et les teneurs calculées en réponse aux questions 3 et 4.

Quelles remarques la position relative de ces points, par rapport à la courbe des températures optimales et à la courbe des températures d'équilibre, vous suggère-t-elle ?

On donne :

- 1 mole = 22,414 litres TPN
- NH_3 = 17 g

Figure 1 : SYNTHESE D'AMMONIAC - Enoncé -

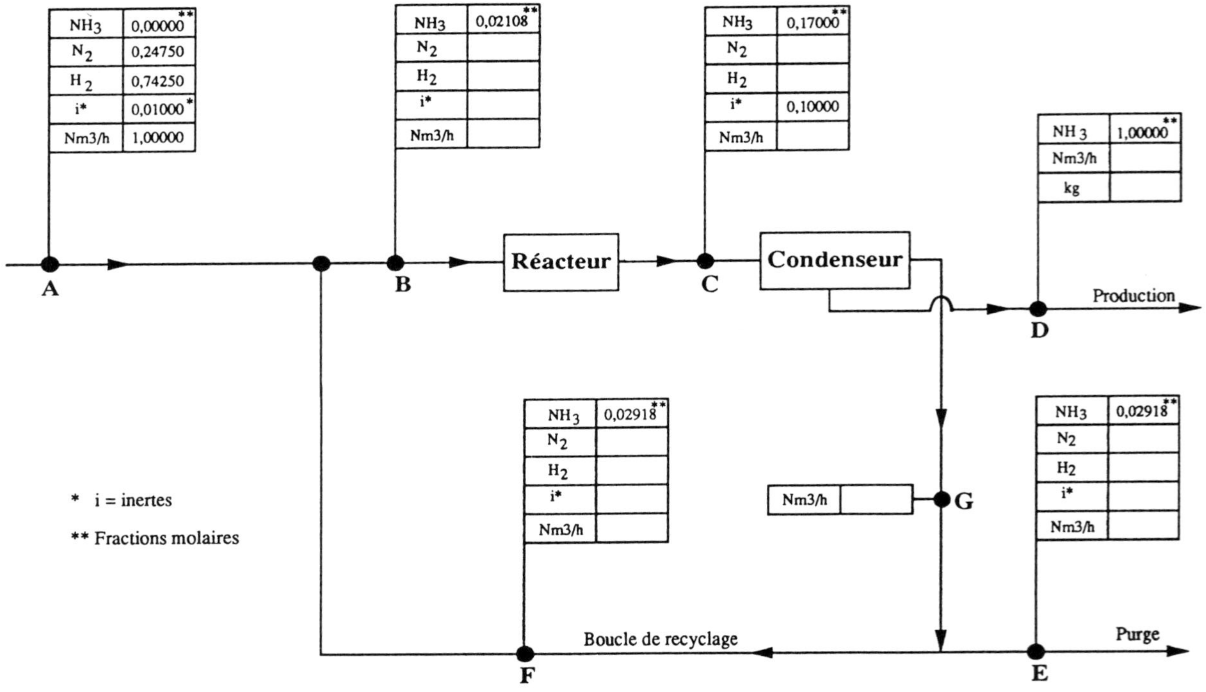

Figure 2 : SCHÉMA DES TEMPÉRATURES RÉACTEUR DE SYNTHÈSE - Enoncé -

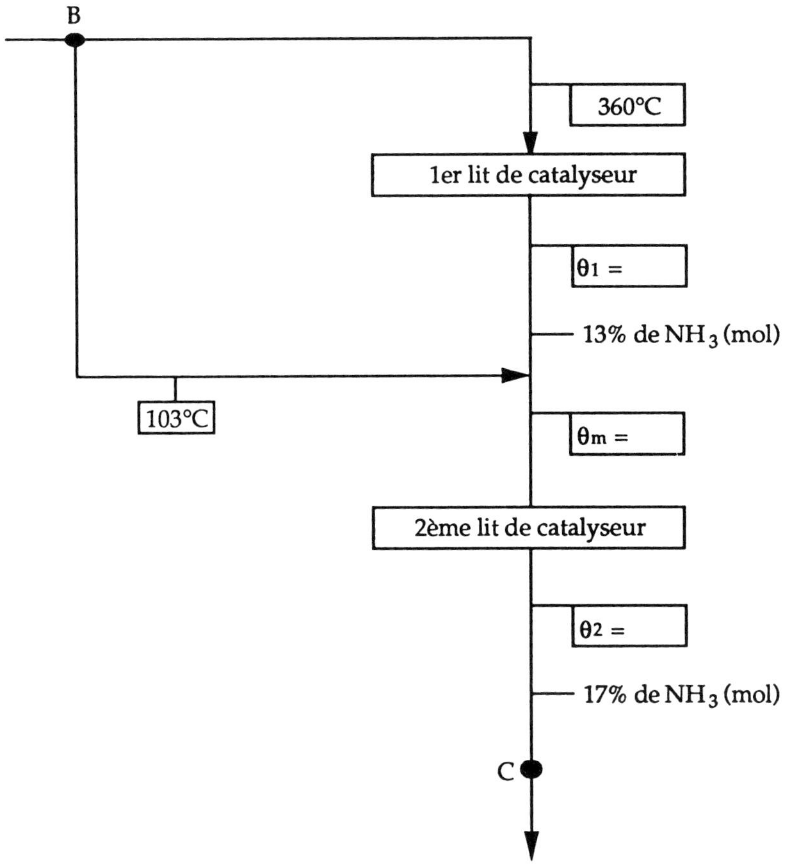

Figure 3 : TEMPÉRATURES D'ÉQUILIBRE ET TEMPÉRATURES OPTIMALES - Enoncé -

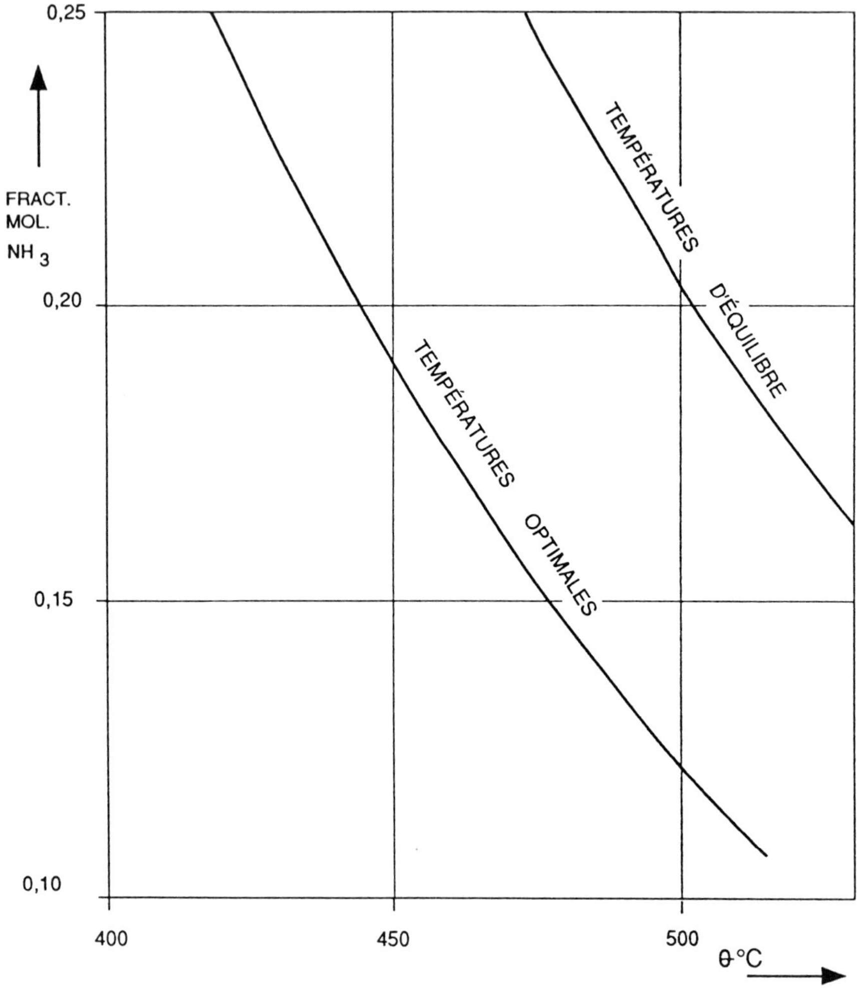

SYNTHESE DE L'AMMONIAC - Solution -

Soit la réaction :

$$\underset{g}{1/2\, N_2} + \underset{g}{3/2\, H_2} \rightleftarrows \underset{g}{NH_3}$$

1°) Bilan-matière

- Calcul de la teneur en inertes dans le courant B.

La réaction s'effectuant avec diminution du nombre de moles,

on observe la relation suivante :

débit volumique de C = débit volumique de B - débit volumique NH_3 formé.

$$V_C = V_B - V_{NH_3} \text{ formé} \qquad (1)$$

Les teneurs en NH_3 dans chacun des courants B et C sont connues d'où :
$NH_{3_C} = NH_{3_B} + NH_3 \text{formé}$

$$V_C \times 0,17 = V_B \times 0,02108 + V_{NH_3} \text{ formé} \qquad (2)$$

D'où en portant dans (1) la valeur de V_{NH_3} tirée de (2) :

$$V_C = V_B + V_B \times 0,02108 - V_C \times 0,17$$

$$1,17\, V_C = 1,02108\, V_B$$

$$\text{et : } V_C = \frac{1,02108}{1,17} V_B = 0,8727\, V_B$$

Par ailleurs, concernant les inertes, les volumes d'inertes en B et en C sont égaux :

$$V_{i_B} = V_{i_C} = 0,1 \times 0,8727\, V_B$$

D'où la teneur en inertes en B :

$$i_B = 0{,}08727$$

- Calcul du taux de recyclage : $\dfrac{\text{débit recyclage}}{\text{débit appoint}} = \dfrac{V_F}{V_A} = \dfrac{V_F}{1000}$

car $V_A = 1000\ Nm^3/h$

V_F peut être calculé grâce au bilan ammoniac.

En effet B = F + A, or $NH_{3_A} = 0$, donc $NH_{3_B} = NH_{3_F}$

$$0{,}02108 \times (V_A + V_F) = 0{,}02918\ V_F$$

$$\text{et : } V_F = 2602{,}469\ Nm^3/h$$

Le taux de recyclage est donc : $\dfrac{2602{,}469}{1000} = 2{,}602$

- Calcul de la teneur en inertes au point F.

$$V_{i_B} = V_{i_F} + V_{i_A}$$

$$V_{i_F} = 3602{,}469 \times 0{,}08727 - 1000 \times 0{,}01 = 314{,}38 - 10 = 304{,}387\ Nm^3/h$$

D'où la teneur en inertes :

$$i_F = \frac{304{,}387}{2602{,}469} = 0{,}11696 \text{ ou } 11{,}696\%$$

- Calcul des teneurs en azote et en hydrogène successivement en C, B, F et E.

Le débit en C est : $V_C = 0{,}8727\ V_B$

$$V_B = V_A + V_F = 1000 + 2602{,}469 = 3602{,}469\ Nm^3/h$$

d'où : $V_C = 3602{,}469 \times 0{,}8727 = 3143{,}875\ Nm^3/h$

On peut calculer directement les teneurs N_{2_C} et H_{2_C} en écrivant :

$$(N_{2_C} + 3H_{2_C}) = 1 - (0{,}17 + 0{,}10) = 0{,}73$$

d'où : $N_{2_C} = \dfrac{0{,}73}{4} = 0{,}1825$

et : $H_{2_C} = 0{,}73 \times \dfrac{3}{4} = 0{,}5475$ et $V_{H_{2_C}} = 1721{,}27\ Nm^3/h$

De la même façon, en B :

$$(N_{2_B} + 3H_{2_B}) = 1 - (0{,}02108 + 0{,}08727) = 0{,}89165$$

d'où : $N_{2_B} = \dfrac{0{,}89165}{4} = 0{,}2229$

et : $H_{2_B} = 0{,}89165 \times \dfrac{3}{4} = 0{,}6687$

Vérification : 0,02108 + 0,08727 + 0,2229 + 0,6687 = 0,99995

De la même façon, en F :

$$(N_{2_F} + 3H_{2_F}) = 1 - (0{,}02918 + 0{,}11696) = 0{,}85387$$

d'où : $N_{2_F} = \dfrac{0{,}85387}{4} = 0{,}21347$

et : $H_{2_F} = 0{,}85387 \times \dfrac{3}{4} = 0{,}64040$ et $V_{H_{2_F}} = 1666{,}62\ Nm^3/h$

Vérification : 0,02918 + 0,21346 + 0,64040 + 0,11696 = 1,00000

En E, les teneurs sont les mêmes qu'en F, puisque le courant de purge est une fraction de celui de recyclage.

Vérification de l'identité des rapports $\dfrac{\text{teneur en inertes}}{\text{teneur } (NH_3 + 3H_2)}$ en C et E :

en C : $\dfrac{0{,}10}{0{,}73} = 0{,}13699$

en E : $\dfrac{0{,}11696}{0{,}85387} = 0{,}13698$

2°) Production de NH_3 et débits aux points F, B, C, G, D et E

Débit en E :

$$V_{H2_C} - V_{H2_F} = 1721{,}27 - 1666{,}62 = 54{,}65 \text{ m}^3/\text{h} = V_{H2_E}$$

d'où : $V_E = \dfrac{54{,}65}{0{,}6404} = 85{,}337 \approx 85{,}34 \text{ Nm}^3/\text{h}$. D'autre part :

$$V_{NH_{3_D}} = V_{NH_{3_C}} - V_{NH_{3_F}} - V_{NH_{3_E}}$$

$$V_{NH_{3_D}} = 3143{,}87 \times 0{,}17 - 0{,}02918 \times 2602{,}47 - 0{,}02918 \times 85{,}34 = 456{,}03 \text{ Nm}^3/\text{h} = V_D$$

Soit une production massique de : $\dfrac{17 \times 456{,}03}{22{,}414} = 345{,}88$ kg/h pour 1000 Nm^3/h d'appoint.

d'où : $V_G = V_C - V_D = 3143{,}87 - 456{,}03$

$V_G = 2687{,}84 \text{ Nm}^3/\text{h}$

Les débits globaux sont :

en F : 2602,47 Nm^3/h
en B : 3602,47 Nm^3/h
en C : 3143,87 Nm^3/h
en G : 2687,84 Nm^3/h
en D : 456,03 Nm^3/h
en E : 85,34 Nm^3/h

Les teneurs et débits globaux sont portés sur la figure : "Synthèse d'ammoniac - Solution".

3°) Calcul de la température du gaz à la sortie du 1er lit de catalyseur, θ_1.

On a V_B, débit volumique de gaz entrant dans le réacteur et

soit $V_{C'}$, le débit volumique du gaz sortant du 1er lit de catalyseur

Le débit volumique de NH_3 formé peut être calculé par la relation :

$$V_{C'} \times 0{,}13 - V_B \times 0{,}02108 = V_{NH_3} \text{ formé}$$

SYNTHESE D'AMMONIAC - Solution -

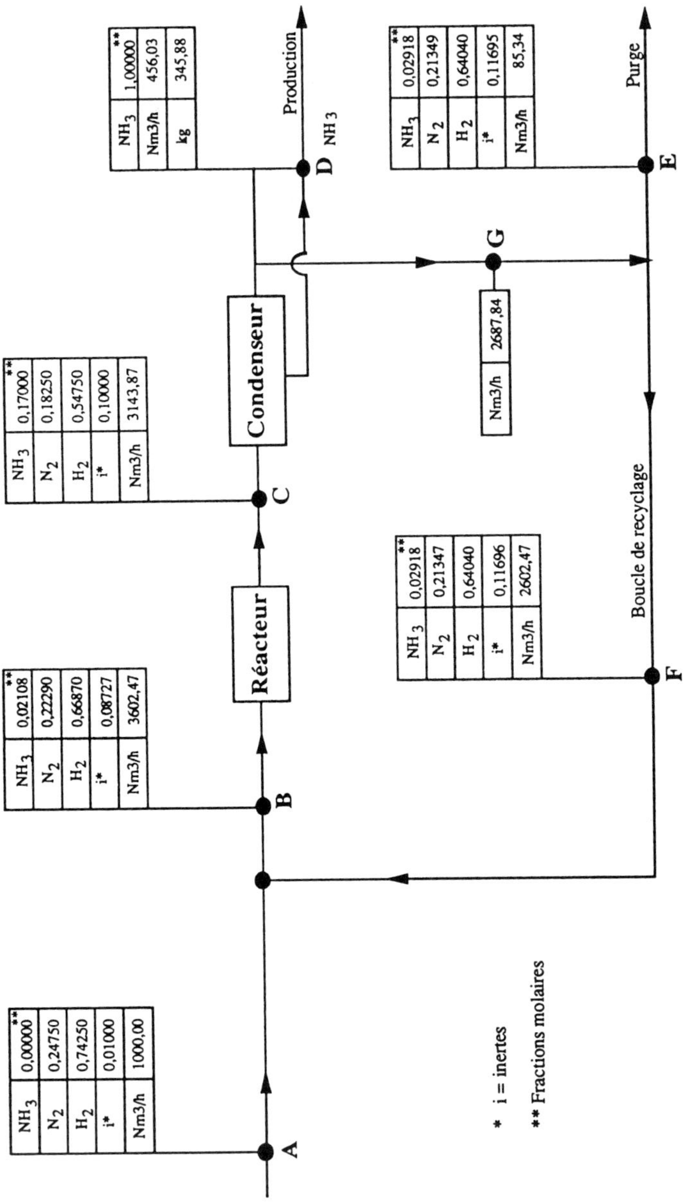

La réaction $1/2\ N_2 + 3/2\ H_2 \rightleftarrows NH_3$ se fait avec réduction du nombre de mol : 2 mol → 1 mol.

Il s'ensuit que :

$$V_B - V_{C'} = V_{NH_3} \text{ formé}$$

d'où :

$$V_B - V_{C'} = V_{C'} \times 0{,}13 - V_B \times 0{,}02108$$

$$V_B\,(1 + 0{,}02108) = V_{C'}\,(1 + 0{,}13)$$

$$V_{C'} = \frac{1{,}02108}{1{,}13}\,V_B = 0{,}9036\,V_B$$

Pour 1 mol de gaz entrant, la quantité de NH_3 formée est :

$$0{,}9036 \times 1 \times 0{,}13 - 1 \times 0{,}02108 = 0{,}096388 \text{ mol}$$

L'enthalpie de réaction est $\Delta H_{r\,360}^{\,220} = -\ 13{,}03$ kcal/mol NH_3

15% de cette chaleur est dissipée à l'extérieur du lit de catalyseur.

Quantité de chaleur fournie par la réaction pour 1 mol de gaz entrant :

$$-\ 13{,}03\,(1 - 0{,}15) \times 0{,}096388 = -\ 1{,}06754 \text{ kcal/mol gaz entrant}$$

soit $-\ 1067{,}54$ cal/mol gaz entrant

Enthalpie des gaz sortants correspondant à $V_B = 1$ mol.

$$\Delta H_{s\,360}^{\,T}\ P_{jC'} = 0{,}9036 \times 8{,}43 \times (\theta_1 - 360) = 7{,}6173\,(\theta_1 - 360)$$

On peut déterminer θ_1 en écrivant l'égalité :

$$1067{,}54 = 7{,}6173\,(\theta_1 - 360)$$

$$7{,}6173\ \theta_1 = 3809{,}77$$

d'où : $\theta_1 = 500{,}15°C \approx 500°C$

La température de sortie du 1er lit de catalyseur est de 500°C.

4°) Calcul de la température du mélange gazeux après dilution.

Soit θ_m cette température.

On peut écrire la relation :

$$1 \times 7{,}70 \times (\theta_m - 103) = 3 \times 8{,}43\ (500 - \theta_m)$$

$$7{,}70\ \theta_m - 793{,}1 = 12645 - 25{,}29\ \theta_m$$

$$32{,}99\ \theta_m = 13438{,}1$$

d'où : $\theta_m = 407{,}34°C \approx 407°C$

La température du mélange après dilution est 407°C.

- Calcul de la température du gaz sortant du 2ème lit catalytique, θ_2.

Calculons la teneur en NH_3 du courant gazeux entrant dans le 2ème lit catalytique, sachant qu'il est constitué de gaz sortant du 1er lit pour $\frac{3}{4}$ et de gaz initial pour $\frac{1}{4}$, les teneurs respectives en NH_3 de ces deux gaz étant 0,13 et 0,02108.

On a donc pour x_{NH_3}, teneur du mélange :

$$0{,}13 \times 3 + 0{,}02108 \times 1 = 4 \,.\, x_{NH_3}$$

$$x_{NH_3} = 0{,}10277$$

Comme dans la question précédente, on peut calculer le débit volumique de NH_3 formé :

V_{NH_3} formé $= V_C \times 0{,}17 - V_m \times 0{,}10277$ avec V_m : volume du mélange entrant dans la 2ème couche de catalyseur.

et : V_{NH_3} formé $= V_m - V_C$

$$V_m - V_C = 0{,}17\ V_C - 0{,}10277\ V_m$$

$$V_m\ (1 + 0{,}10277) = V_C\ (1 + 0{,}17)$$

$$V_C = \frac{1{,}10277}{1{,}17}\ V_m = 0{,}9425\ V_m$$

Pour 1 mol de mélange gazeux entrant V_m, on obtient un volume V_C de 0,9425 mol et la quantité de NH_3 formée est donc :

$$V_{NH_3} \text{ formé} = 0,9425 \times 0,17 - 1 \times 0,10277 = 0,05746 \text{ mol}$$

La chaleur récupérée correspondante est égale à :

$$- 13,09 (1 - 0,15) \times 0,05746 = - 0,63933 \text{ kcal ou } - 639,33 \text{ cal}$$

L'enthalpie sensible des gaz sortants est :

$$0,9425 \times 8,92 \times (\theta_2 - 407) = 8,407 \, \theta_2 - 3421,69$$

En égalant ces 2 quantités de chaleur : $639,33 = 8,407 \, \theta_2 - 3421,69$

On trouve : $\theta_2 = 483°C$

5°) On porte les températures et les teneurs en NH_3 des gaz obtenues précédemment, sur le graphique où ont été tracées les courbes représentant les températures d'équilibre et les températures optimales.

On constate que les points correspondant au gaz en sortie du 1er et du 2ème lit sont proches de la courbe des températures optimales. (Voir la figure : "Températures d'équilibre et températures optimales - Solution"). Il faudrait augmenter le nombre de lits catalytiques pour rester plus proche du profil des températures optimales.

TEMPÉRATURES D'ÉQUILIBRE ET TEMPÉRATURES OPTIMALES
- Solution -

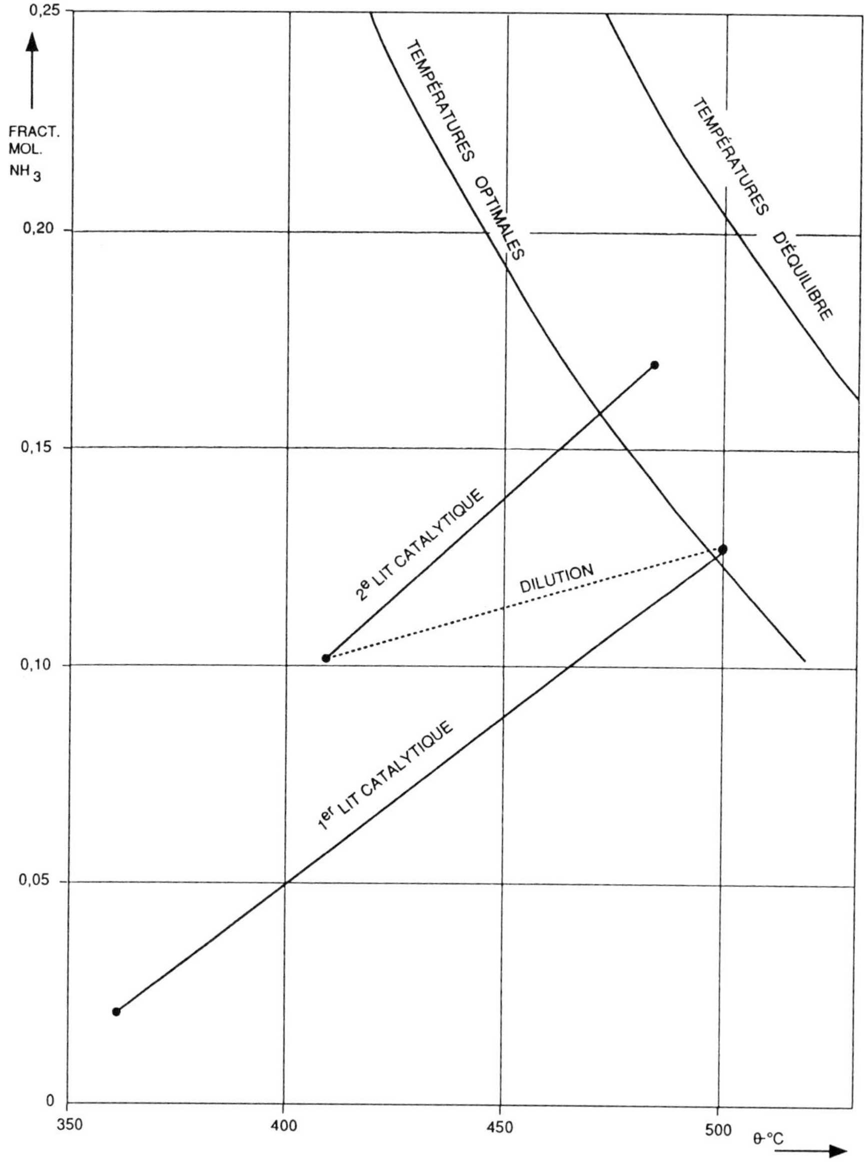

SYNTHESE DU METHANOL - Enoncé -

On veut dresser les bilans d'un atelier de synthèse de méthanol construit selon le schéma ci-joint (figure 1). La pression de synthèse est de 120 atmosphères et la température est de 553 K.

L'appoint (A) a la composition suivante, exprimée en pourcentages molaires :

CO	13,840
CO_2	8,520
H_2	74,640
Inertes	3,000

La composition du gaz de purge (P) est également connue, et exprimée en pourcentages molaires :

CO	2,305
CO_2	4,524
H_2	83,951
Inertes	9,220

Par ailleurs, on a mesuré la teneur en oxyde de carbone du gaz sortant du réacteur (point C) et on a trouvé 2,113% (pourcentage molaire).

On sait que la condensation de l'eau et du méthanol est totale, c'est-à-dire que les gaz de recyclage ne contiennent ni méthanol, ni eau. On suppose que les quantités de gaz solubilisés dans l'eau et le méthanol sont négligeables et que seules interviennent les réactions suivantes :

$$\underset{g}{CO} + \underset{g}{2H_2} \rightleftharpoons \underset{g}{CH_3OH} \qquad (1)$$

$$\underset{g}{CO_2} + \underset{g}{3H_2} \rightleftharpoons \underset{g}{CH_3OH} + \underset{g}{H_2O} \qquad (2)$$

(Les produits secondaires interviennent, en effet, pour moins de 0,5% dans les bilans).

1°) Etablir le bilan-matière de l'installation pour un appoint de 100 moles/h. On calculera successivement :

- les débits de purge : oxyde de carbone, hydrogène...
- les débits de produits : eau et méthanol

- le débit total de recyclage, en faisant le bilan de l'oxyde de carbone entre les points A, D et C.

On complètera par les débits de la boucle de recyclage, les débits au point B et au point C.

2°) Quel est le taux de recyclage de l'hydrogène ?

3°) Connaissant les enthalpies libres de formation données en annexe 1, calculer K_a pour la réaction (1). Connaissant K_ϕ (annexe 1), calculer K_y à 120 atm et 553 K.

Comparer cette valeur à la valeur trouvée en réponse à la question 1.

4°) On veut rectifier, sous pression atmosphérique, le mélange eau-méthanol fabriqué précédemment et on désire obtenir : au distillat, une teneur en méthanol de 99,5% (molaire) et au bouilleur, une teneur en méthanol de 1% (molaire)(*).

Calculer le nombre de plateaux théoriques nécessaires pour effectuer cette séparation, en adoptant un taux de reflux de 3,25. Les compositions des phases vapeur et liquide, à l'équilibre, sont données en annexe 2.

5°) Calculer l'enthalpie de vaporisation du méthanol par la relation de GIACALONE (annexe 3). Sans faire le bilan thermique de la colonne de rectification, donner, par un calcul approximatif, la consommation de chaleur du bouilleur pour une mole de méthanol séparée au distillat.

(*) On alimente la colonne en liquide saturé à la température du plateau d'alimentation.

Annexe 1 : $\Delta G^0_{f_T}$, courbe $K_\phi = f(P)_T$
Annexe 2 : Système eau-méthanol
Composition des phases sous pression atmosphérique
Annexe 3 : Relation de GIACALONE
Constantes du méthanol

Figure 1 : SYNTHESE DU METHANOL - Enoncé -

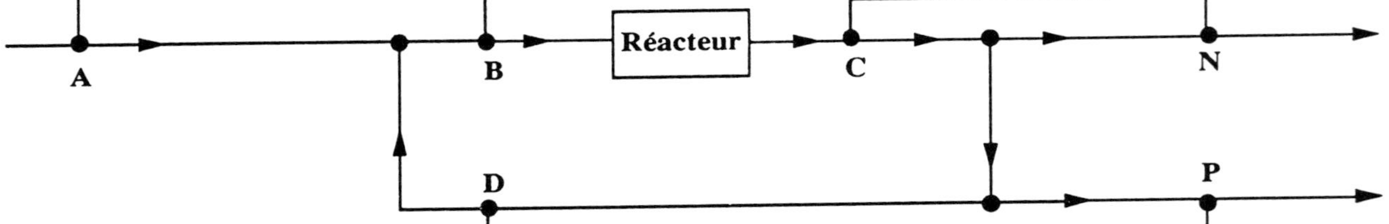

A

	moles/h	%
CO	13,840	13,840
CO_2	8,520	8,520
H_2	74,640	74,640
i(*)	3,000	3,000
TOTAL	100,000	100,000

B

	moles/h	%
CO		
CO_2		
H_2		
i(*)		
TOTAL		

C

	moles/h	%
CH_3OH		
H_2O		
CO		2,113
CO_2		
H_2		
i(*)		
TOTAL		

N

	moles/h	%
CH_3OH		
H_2O		
TOTAL		

D

	moles/h	%
CO		
CO_2		
H_2		
i(*)		
TOTAL		

P

	moles/h	%
CO		2,305
CO_2		4,524
H_2		83,951
i(*)		9,220
TOTAL		100,000

(*) i = inertes

Annexe 1

1 - Données : Enthalpies libres $\Delta G^0_{f_T}$ (kcal/mol)

$\Delta G^0_{f_T}$	T = 500 K	T = 600 K
CO	- 37,19	- 39,36
CH_3OH	- 32,11	- 28,52

2 - Courbe $K_\phi = f(P)_T$

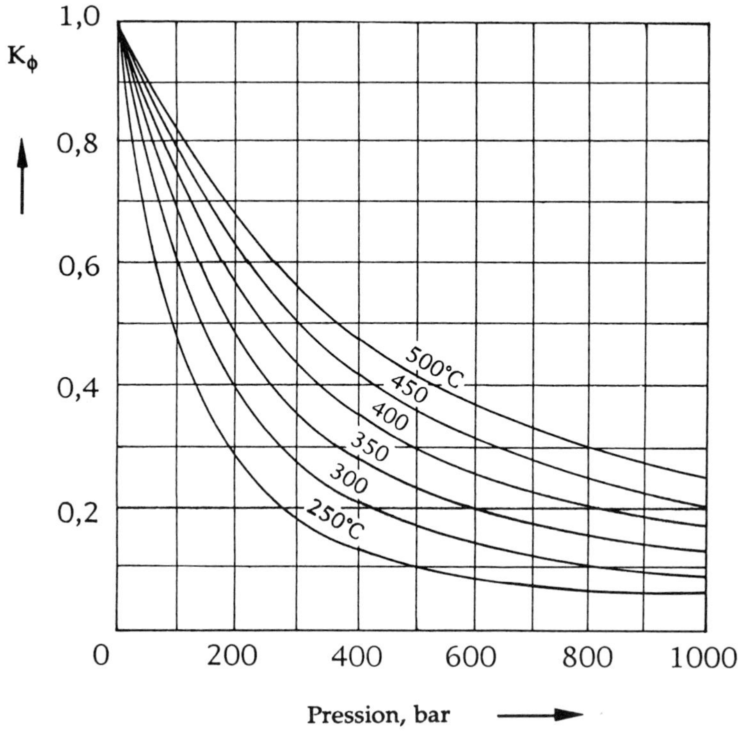

[B.F. DODGE. Trans. Am. Inst. Chem. Engrs. 34, 529 (1938)]

Annexe 2

Equilibre liquide - vapeur
eau - méthanol

P = 760 mm de mercure

Titres molaires en méthanol		Températures
x	y	(°C)
0,0	0,0	100,00
2,0	13,4	96,40
4,0	23,0	93,50
6,0	30,4	91,20
8,0	36,5	89,30
10,0	41,8	87,70
13,0	51,7	84,40
20,0	57,9	81,70
30,0	66,5	78,00
40,0	72,9	75,30
50,0	77,9	73,10
60,0	82,9	71,20
70,0	87,0	69,30
80,0	91,5	67,50
90,0	95,8	66,00
95,0	97,9	65,00
100,00	100,0	64,55

Annexe 3

- Relation de GIACALONE :

$$\Delta H_{V_B} = \frac{R\, T_C\, T_B \ln P_C}{T_C - T_B}$$

- Constantes du méthanol

CH_3OH $T_C = 513$ K $T_B = 337{,}7$ K
$P_C = 78{,}7$ atm

SYNTHESE DU METHANOL - Solution -

1°) Bilan-matière de l'installation :

On admet, selon l'énoncé que seules interviennent les réactions :

$$\underset{g}{CO} + \underset{g}{2H_2} \rightleftharpoons \underset{g}{CH_3OH} \qquad (1)$$

$$\underset{g}{CO_2} + \underset{g}{3H_2} \rightleftharpoons \underset{g}{CH_3OH} + \underset{g}{H_2O} \qquad (2)$$

Calculons, pour une base de 100 moles d'appoint, les teneurs molaires des constituants des divers courants représentés sur la figure 1.

Purge P :

Comme les inertes i, ne subissent pas de transformation au cours de la synthèse : $i_P = i_A$

En effet : $i_A + i_D = i_B = i_C = i_P + i_D$ d'où $i_A = i_P$

$i_P = 3{,}000$ mol/h, ce qui permet de déduire les quantités des autres constituants :

$$CO_P = \frac{3{,}000 \times 2{,}305}{9{,}22} = 0{,}750 \text{ mol / h}$$

$$CO_{2P} = \frac{3{,}000 \times 4{,}524}{9{,}22} = 1{,}472 \text{ mol / h}$$

$$H_{2P} = \frac{3{,}000 \times 83{,}951}{9{,}22} = 27{,}316 \text{ mol / h}$$

Donc le courant total en P est égal à 32,538 mol/h.

Production N :

Comme il n'y a pas d'eau dans la boucle de recyclage, toute l'eau formée par la réaction (2) est présente en N.

Calculons cette quantité d'eau.

La formation d'une mol d'eau par la réaction (2) s'accompagne de la disparition d'une mol de CO_2.

Le nombre de mol de CO_2 transformé est égal à

$$CO_{2A} - CO_{2P} = 8{,}520 - 1{,}472 = 7{,}048 \text{ mol/h}$$

Le débit d'eau formée présente en N est donc de 7,048 mol/h.

Dans la réaction (2) la formation d'une mol d'eau s'accompagne de la formation d'une mol de CH_3OH. Le débit de méthanol formé selon (1) est donné par le débit de CO ayant réagi, lui-même égal à :

$$CO_A - CO_P = 13{,}840 - 0{,}750 = 13{,}090 \text{ mol/h}$$

Le débit total de méthanol formé est donc :

$$7{,}048 + 13{,}090 = 20{,}138 \text{ mol/h}$$

Le taux de participation de chacune des réactions est le suivant :

(1) $\dfrac{13{,}090}{20{,}138} = 0{,}65$ soit 65%

(2) $\dfrac{7{,}048}{20{,}138} = 0{,}35$ soit 35%

Le courant total N est de 20,138 + 7,048 = 27,186 mol/h, constitué de :

74,075% en CH_3OH et 25,925% en H_2O.

Recyclage D :

$$C = N + P + D$$

$$C = 27{,}186 + 32{,}538 + D = 59{,}724 + D$$

$$CO_C = CO_P + CO_D$$

$$0{,}02113\ C = 0{,}75000 + 0{,}02305\ D$$

ou : $0{,}02113\ (59{,}724 + D) = 0{,}75000 + 0{,}02305\ D$

$$1{,}26197 - 0{,}75000 = (0{,}02305 - 0{,}02113)\ D$$

et : $D = \dfrac{0{,}51197}{0{,}00192} = 266{,}651 \text{ mol / h}$

$CO_D = 266{,}651 \times 0{,}02305 =$ 6,146 mol/h 2,305 %

$CO_{2D} = 266{,}651 \times 0{,}04524 =$ 12,063 mol/h soit 4,524 %

$H_{2D} = 266{,}651 \times 0{,}83951 =$ 223,856 mol/h soit 83,951 %

$i_D = 266{,}651 \times 0{,}0922 =$ 24,585 mol/h soit 9,220%

Total du courant D : 266,650 mol/h soit 100,000%

Alimentation B :

B = A + D

B = 100 + 266,650 = 366,650

$CO_B = 13{,}840 + 6{,}146 =$ 19,986 mol/h soit 5,451%

$CO_{2B} = 8{,}520 + 12{,}063 =$ 20,583 mol/h soit 5,614%

$H_{2B} = 74{,}640 + 223{,}856 =$ 298,496 mol/h soit 81,412%

$i_B = 3{,}000 + 24{,}585 =$ 27,585 mol/h soit 7,524%

Total du courant B : 366,650 mol/h soit 100,001%

Effluents du réacteur, C :

Nous avons vu que :

CO transformé : $CO_A - CO_P = 13{,}840 - 0{,}750 = 13{,}090$ mol/h,

valeur qui est égale au débit de CO transformé selon la réaction (1) pour donner du CH_3OH

H_2 transformé par (1) = 13,090 x 2 = 26,180 mol/h

CO_2 transformé par (2) pour donner CH_3OH : 7,048 mol/h

H_2 consommé par (2) = 7,048 x 3 = 21,144 mol/h

Consommation totale de H_2 = 47,324 mol/h

Composition de C :

$CH_3OH_C = 13{,}090 + 7{,}048 =$ 20,138 mol/h soit 6,170%

$H_2O_C =$ 7,048 mol/h soit 2,159%

$CO_C = CO_B - CO$ transf. = 19,986 - 13,090 = 6,896 mol/h soit 2,113%

$CO_{2C} = CO_{2B} - CO_2$ trans. = 20,583 - 7,048 =13,535 mol/h soit 4,147%

$H_{2C} = H_{2B} - H_2$ transf. = 298,496 - 47,324 = 251,172 mol/h soit 76,958%

$i_C = i_B =$ 27,585 mol/h soit 8,452%

d'où un courant C total de : 326,374 mol/h soit 99,999%

Les débits et compositions calculés sont portés sur la figure "Synthèse du méthanol - Solution".

2°) Taux de recyclage de l'hydrogène

$$\text{Taux de recyclage} = \frac{\text{débit molaire du recyclage}}{\text{débit molaire de l'appoint}}$$

$$= \frac{H_{2D}}{H_{2A}} = \frac{223{,}856}{74{,}640} = 2{,}999 \qquad \text{ou environ } 300\%$$

3°) Calcul de K_a puis de K_y à 120 atm, 553 K, pour la réaction :

$$\underset{g}{CO} + \underset{g}{2H_2} \rightleftarrows \underset{g}{CH_3OH} \qquad (1)$$

$$\Delta G^0_{r_T} = -RT \ln K_a$$

$$\Delta G^0_{r_T} = \Delta G^0_{f_T}(P_j) - \Delta G^0_{f_T}(R_i)$$

Selon les valeurs de l'annexe 1 :

$$\Delta G^0_{f_{553}}(CH_3OH) = -32{,}11 + \frac{[(-28{,}52)-(-32{,}11)] \times 53}{100} = -30{,}207 \text{ kcal / mol}$$

SYNTHESE DU METHANOL - Solution -

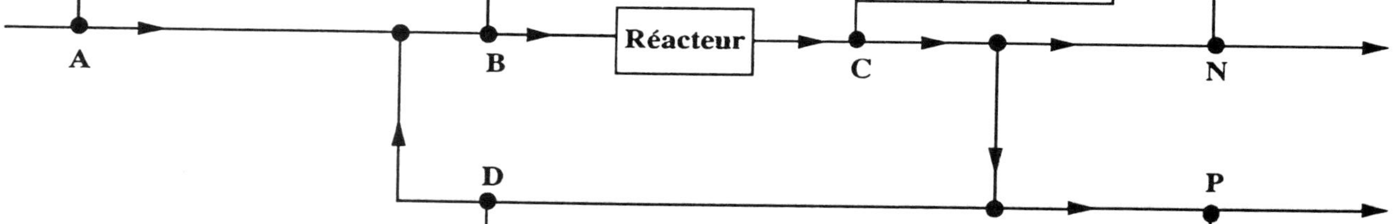

A

	moles/h	%
CO	13,840	13,840
CO_2	8,520	8,520
H_2	74,640	74,640
i(*)	3,000	3,000
TOTAL	100,000	100,000

B

	moles/h	%
CO	19,986	5,451
CO_2	20,583	5,614
H_2	298,496	81,412
i(*)	27,585	7,524
TOTAL	366,650	100,001

C

	moles/h	%
CH_3OH	20,138	6,170
H_2O	7,048	2,159
CO	6,896	2,113
CO_2	13,535	4,147
H_2	251,172	76,958
i(*)	27,585	8,452
TOTAL	326,374	99,999

N

	moles/h	%
CH_3OH	20,138	74,075
H_2O	7,048	25,925
TOTAL	27,186	100,000

D

	moles/h	%
CO	6,146	2,305
CO_2	12,063	4,524
H_2	223,856	83,951
i(*)	24,585	9,220
TOTAL	266,650	100,000

P

	moles/h	%
CO	0,750	2,305
CO_2	1,472	4,524
H_2	27,316	83,951
i(*)	3,000	9,220
TOTAL	32,538	100,000

(*) i = inertes

$$\Delta G^0_{f553}(CO) = -37,19 + \frac{(-39,36 + 37,19) \times 53}{100} = -38,340 \text{ kcal / mol}$$

$$\Delta G^0_{r553} = (-30,207) - (-38,34) = 8,133 \text{ kcal / mol}$$

$$\ln K_a = -\frac{8133}{1,987 \times 553} = -7,401637$$

$K_a = 6,103 \cdot 10^{-4}$

$$K_a = K_f \quad , \quad \phi_i = \frac{f_i}{p_i} \text{ d'où } K_f = K_\phi K_p$$

$$p_i = y_i P \text{ d'où } K_p = \frac{y_{CH_3OH} P}{y_{CO} P \cdot y_{H_2}^2 P^2} = K_y P^{-2}$$

$$K_f = K_\phi K_y P^{-2} \text{ d'où } K_y = \frac{K_f}{K_\phi} P^2$$

Compte tenu de $K_\phi \approx 0,50$ tiré de l'annexe 1, il vient :

$$K_y = \frac{6,103 \cdot 10^{-4}}{0,50} \times 120^2 = 17,58$$

Avec les valeurs trouvées à la question 1 dans le courant C on a les titres molaires $y_i = \frac{n_i}{N}$
d'où :

$$K_y = \frac{0,0617}{(0,02113)(0,76958)^2} = 4,930$$

Nous sommes au-dessous de la valeur à l'équilibre, calculée précédemment.

4°) Rectification

On rectifie à la pression atmosphérique le mélange eau-méthanol obtenu :

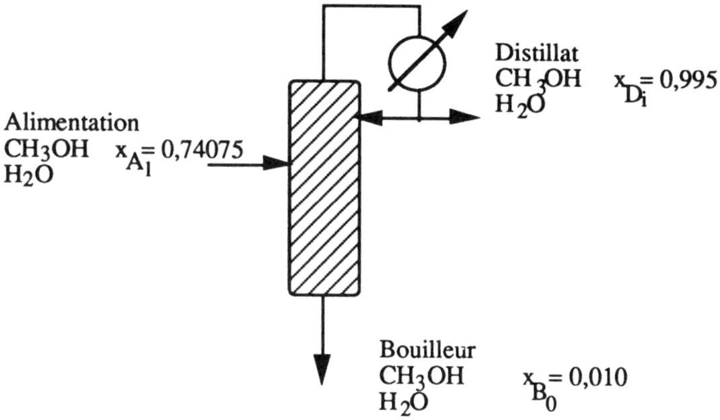

On utilise la courbe d'équilibre y = f(x), du mélange "méthanol - eau" tracée dans un diagramme de distribution. On y porte les titres du composé le plus volatil, le méthanol. Sur la bissectrice on a les points D_i : $x_{D_i} = 0,995$ et B_0 : $x_{B_0} = 0,010$, correspondant respectivement, au distillat et au résidu dans le bouilleur.

On connaît le taux de reflux R = 3,25

La droite de concentration a une pente de $\frac{R}{R+1} = \frac{3,25}{4,25} = 0,765$ et une ordonnée à l'origine de :

$$\frac{x_{D_i}}{R+1} = \frac{0,995}{4,25} = 0,234$$

On trace cette droite passant par x_{D_i} et coupant l'axe des ordonnées pour y = 0,234

On trace également la droite d'épuisement qui passe par x_{B_0} et qui coupe la droite de concentration au point A_l d'abscisse $x_{A_l} = 0,74$ (point alimentation)

Le nombre de plateaux théoriques est égal au nombre de gradins entre D_i et B_0, s'appuyant sur la courbe d'équilibre et sur les 2 droites opératoires (concentration et épuisement).

Le nombre de plateaux théoriques est environ 9 (sans le bouilleur).

Le tracé des plateaux théoriques est montré sur la figure : "Rectification d'un mélange méthanol - eau - Solution". En vue de rendre le tracé plus précis, il a fallu modifier les échelles des teneurs pour x > 0,74.

5°) Enthalpie de vaporisation du méthanol :

La réaction de GIACALONE permet de calculer :

$$\Delta H_{V_B} = \frac{R\,T_C\,T_B \ln P_C}{T_C - T_B}$$

$T_C = 513$ K
$T_B = 337{,}7$ K

$$\Delta H_{V_B} = \frac{1{,}987 \times 337{,}7 \times 513 \times \ln 78{,}7}{513 - 337{,}7}$$

$$= 8572{,}6 \text{ cal/mol} \approx 8{,}57 \text{ kcal/mol}$$

Calculons la consommation thermique approximative du bouilleur pour 1 mol de méthanol séparée.

Le taux de recyclage est 3,25

Pour 1 mol de méthanol séparée, 3,25 mol de méthanol de titre $x_D = 0{,}995 \approx 1$ retournent dans le bouilleur.

Il y a, au total, condensation de 4,25 mol de méthanol.

Si on néglige les enthalpies sensibles (entrée et sortie) on peut calculer grossièrement la quantité de chaleur à fournir au bouilleur :

$$\Delta H_{V_B} \text{ méthanol } \times 4{,}25 = 8{,}57 \times 4{,}25 = 36{,}4 \text{ kcal.}$$

<u>Nota</u> :

Dans la réalité les unités de fabrication de méthanol comportent deux colonnes de rectification :
- l'une pour éliminer les produits légers (oxyde de méthyle, gaz dissous)
- l'autre pour séparer l'eau du méthanol.

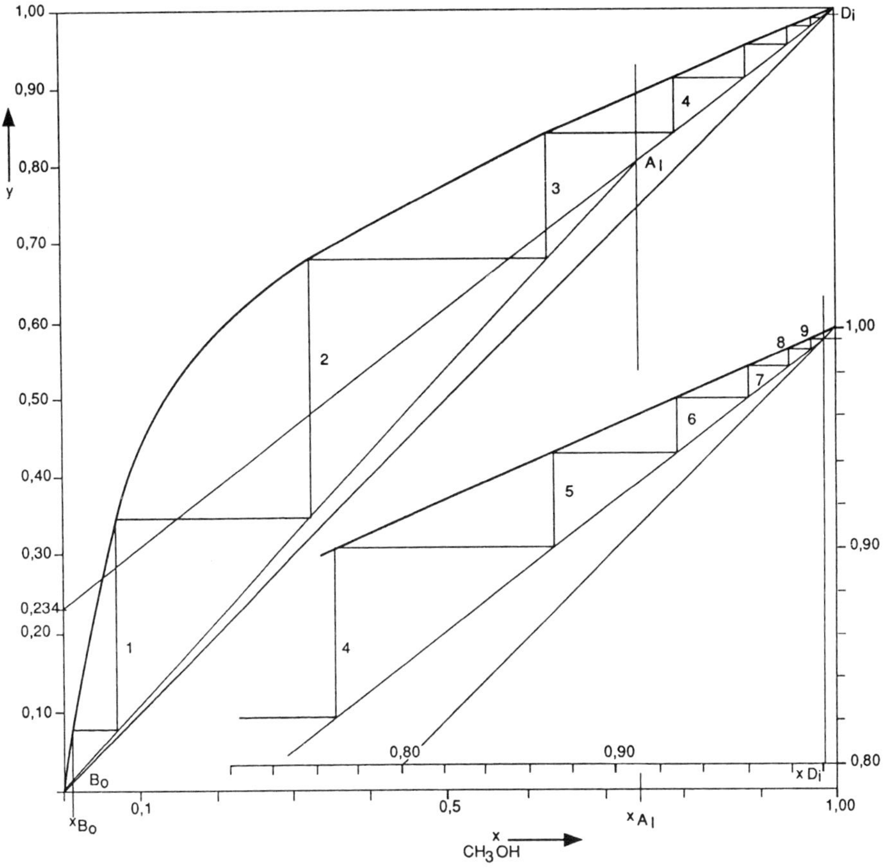
1,00
0,90
0,80
y
0,70
0,60
0,50
0,40
0,30
0,234
0,20
0,10
Di
4
A I
3
2
1
Bo
1,00
8
9
7
6
5
4
0,90
0,80
0,80
0,90
x Di
xBo
0,1
0,5
xA I
1,00
x
CH3OH

FABRICATION DE METHYLAMINES - Enoncé -

On s'intéresse à la fabrication de méthylamines à partir de méthanol et d'ammoniac.

Les principales réactions à considérer sont des réactions d'équilibre, les corps étant pris à l'état gazeux :

$$CH_3OH + NH_3 \rightleftharpoons CH_3NH_2 + H_2O \quad (1)$$

$$CH_3NH_2 + CH_3OH \rightleftharpoons (CH_3)_2NH + H_2O \quad (2)$$

$$(CH_3)_2NH + CH_3OH \rightleftharpoons (CH_3)_3N + H_2O \quad (3)$$

1°) Montrer que connaissant, à une température donnée, les constantes d'équilibre K_{1a}, K_{2a}, et K_{3a}, de ces trois réactions, il est possible de calculer la composition à l'équilibre pour un mélange initial (CH_3OH - NH_3) donné.

On calculera les trois constantes d'équilibre en fonction des degrés d'avancement des trois réactions, pour un mélange initial de 1 mole de méthanol et de a moles d'ammoniac.

Comment peut-on réduire la production relative de triméthylamine ?

2°) Le schéma général d'une unité de fabrication de méthylamines (MMA, DMA et TMA) fonctionnant en régime stationnaire, est représenté sur la figure 1, ci-jointe.

Les produits issus du réacteur R (20 atm, 550°C), sont séparés par des rectifications simples et extractives en D.

Une boucle de recirculation B permet de réintroduire dans le réacteur R de l'ammoniac, de la triméthylamine et de l'eau.

On connait les débits d'appoint A :

3300 kg/h de méthanol
1115,4 kg/h d'ammoniac.

On sait que tout le méthanol de l'appoint est converti. Une fraction faible, 0,4727% (massique) du méthanol de l'appoint est dissociée en oxyde de carbone et en hydrogène. On suppose que c'est l'unique réaction parasite.

Si on considère, en F, l'ensemble des trois méthylamines produites, on obtient les pourcentages molaires suivants :

MMA : 50,175%
DMA : 43,223%
TMA : 6,602%

Calculer les débits de production en MMA, DMA, TMA, oxyde de carbone, hydrogène et eau (F).

3°) Par ailleurs, on connait le rapport molaire (NH_3/CH_3OH) qui est égal à 3, en C, à l'entrée du réacteur, et la composition massique du gaz circulant dans la boucle de recirculation B :

TMA : 17,800%
Ammoniac : 80,000%
Eau : 2,200%

Calculer les débits d'ammoniac, TMA et eau de la boucle de recirculation B, puis les débits en entrée et en sortie du réacteur R. Compléter ainsi le schéma de la figure 1. On vérifiera que la totalité de l'ammoniac de l'appoint A est transformée en méthylamines.

4°) L'atelier de rectification D, comprend une dernière colonne dans laquelle on sépare la diméthylamine et la monométhylamine produites.

Le coefficient de volatilité relative théorique, α, vaut 1,67 (pression de 10 atmosphères et température de 60° - 80°C). L'alimentation est introduite liquide à la température du plateau d'alimentation.

Donner, pour une solution supposée idéale, le nombre de plateaux théoriques des tronçons de concentration et d'épuisement, sachant que l'on adopte un taux de reflux de 4 et que l'on désire obtenir, en tête, la monométhylamine à la teneur de 0,98 (fraction molaire), et en queue, la diméthylamine, à la teneur de 0,96 (fraction molaire).

On donne : NH_3 = 17 g, H_2O = 18 g, CO = 28 g, CH_3OH = 32 g,
MMA = 31 g, DMA = 45 g, TMA = 59 g

Figure 1 : Fabrication de méthylamines - Enoncé.

Figure 1 : FABRICATION DE METHYLAMINES - Enoncé -

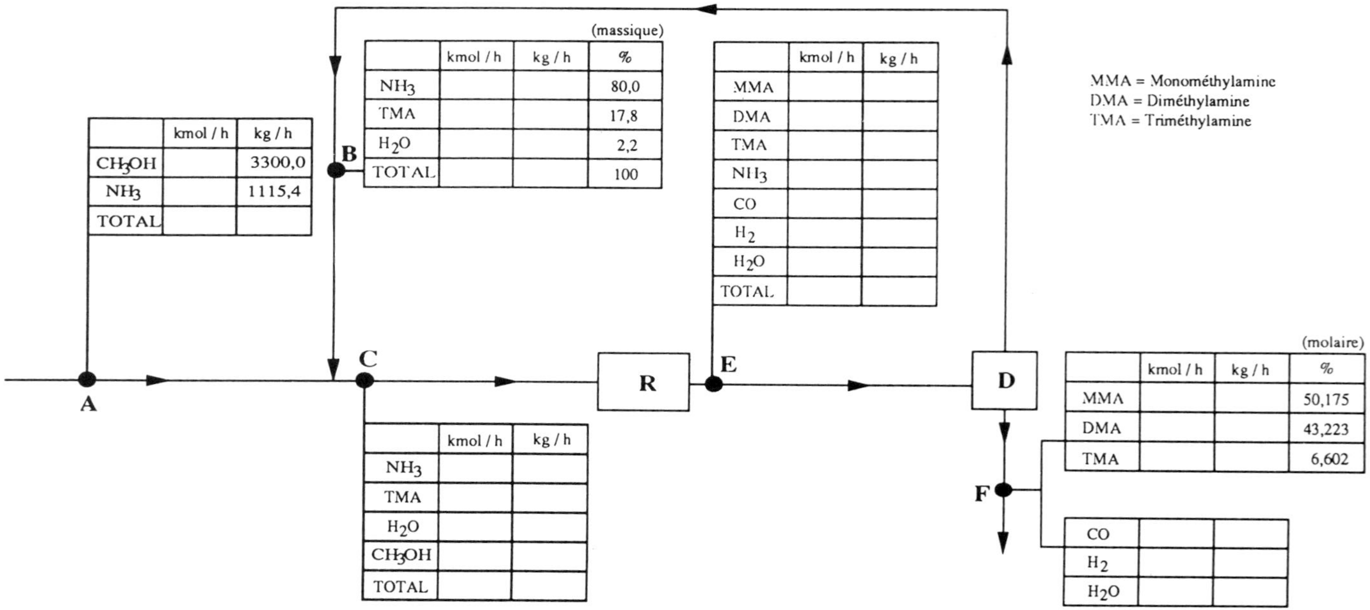

Point A :

	kmol / h	kg / h
CH_3OH		3300,0
NH_3		1115,4
TOTAL		

Point B (massique) :

	kmol / h	kg / h	%
NH_3			80,0
TMA			17,8
H_2O			2,2
TOTAL			100

Point C :

	kmol / h	kg / h
NH_3		
TMA		
H_2O		
CH_3OH		
TOTAL		

Point E :

	kmol / h	kg / h
MMA		
DMA		
TMA		
NH_3		
CO		
H_2		
H_2O		
TOTAL		

Point F (molaire) :

	kmol / h	kg / h	%
MMA			50,175
DMA			43,223
TMA			6,602

CO		
H_2		
H_2O		

MMA = Monométhylamine
DMA = Diméthylamine
TMA = Triméthylamine

- Au point C = $\frac{NH_3}{CH_3OH}$ = 3 (molaire)
- (3300 x 0,004727) kg / h de CH_3OH transformés en CO et H_2

FABRICATION DE METHYLAMINES - Solution -

Les principales réactions sont les suivantes :

$$CH_3OH + NH_3 \rightleftharpoons CH_3NH_2 + H_2O \quad (1)$$

$$CH_3NH_2 + CH_3OH \rightleftharpoons (CH_3)_2NH + H_2O \quad (2)$$

$$(CH_3)_2NH + CH_3OH \rightleftharpoons (CH_3)_3N + H_2O \quad (3)$$

1°) Expression des constantes d'équilibre en fonction du degré d'avancement des réactions.

Pour établir la constante d'équilibre d'une réaction en fonction du degré d'avancement de cette réaction, il est nécessaire de déterminer, à l'équilibre, le nombre de moles n_i de chacun des i constituants, exprimé en fonction du degré d'avancement de la réaction, ε.

Ainsi, si on considère d'une manière générale une réaction équilibrée :

$$\nu_A A + \nu_B B \rightleftharpoons \nu_C C + \nu_D D$$

pour un changement infinitésimal du nombre de mol, correspondant à la formation (ou à la disparition) de dn_i moles du composé i, dn_i est proportionnel au coefficient stoechiométrique ν_i de ce constituant i, de sorte que :

$$\frac{dn_A}{-\nu_A} = \frac{dn_B}{-\nu_B} = \frac{dn_C}{\nu_C} = \frac{dn_D}{\nu_D} = \frac{dn_i}{\pm\nu_i} = d\varepsilon$$

$d\varepsilon$ étant positif pour la réaction réalisée dans le sens $\longrightarrow$ et négatif dans le sens contraire.

Si on intègre les équations ci-dessus, on trouve :

$n_i = n_i^0 \pm \nu_i \varepsilon$
avec $\varepsilon = 0$ au début de la réaction,
quand $n_i = n_i^0$ nombre de moles initial

Soient ε_1, ε_2, ε_3 les degrés d'avancement des réactions (1), (2) et (3).

Calculons, à titre d'exemple, le nombre de moles de MMA :

après la réaction (1) : $\int_0^{n_{MMA}} dn = \varepsilon_1$ d'où $n_{MMA} = \varepsilon_1$

après les réactions (1) et (2) : $\int_{\varepsilon_1}^{n_{MMA}} dn = -\varepsilon_2$ d'où $n_{MMA} = \varepsilon_1 - \varepsilon_2$

La monométhylamine n'intervient pas dans la réaction (3). On aura donc après équilibre :

$$n_{MMA} = \varepsilon_1 - \varepsilon_2$$

On établit, en fonction des degrés d'avancement, le nombre de moles de chacun des constituants présent à l'équilibre.

Le résultat de ces calculs est donné dans le tableau ci-dessous.

Composés	Au départ	à l'équilibre après (1)	(2)	(3)
CH_3OH	1	$1 - \varepsilon_1$	$1 - \varepsilon_1 - \varepsilon_2$	$1 - \varepsilon_1 - \varepsilon_2 - \varepsilon_3$
NH_3	a	$a - \varepsilon_1$	$a - \varepsilon_1$	$a - \varepsilon_1$
CH_3NH_2	0	ε_1	$\varepsilon_1 - \varepsilon_2$	$\varepsilon_1 - \varepsilon_2$
$(CH_3)_2NH$	0	0	ε_2	$\varepsilon_2 - \varepsilon_3$
$(CH_3)_3N$	0	0	0	ε_3
H_2O	0	ε_1	$\varepsilon_1 + \varepsilon_2$	$\varepsilon_1 + \varepsilon_2 + \varepsilon_3$
N	**1 + a**	**1 + a**	**1 + a**	**1 + a**

Le nombre de mol de départ ne varie pas après chaque réaction. Le nombr de mol total N et la pression totale P n'interviendront pas dans l'expression des constantes d'équilibre. De plus on suppose que la pressio totale est faible et que les lois des gaz parfaits peuvent s'appliquer.

On aura donc $K_a = K_f = K_p = K_n$

Les expressions des constantes d'équilibre sont donc :

$$K_{1a} = \frac{n_{CH_3NH_2} \; n_{H_2O}}{n_{CH_3OH} \; n_{NH_3}} = \frac{(\varepsilon_1 - \varepsilon_2)(\varepsilon_1 + \varepsilon_2 + \varepsilon_3)}{(1 - \varepsilon_1 - \varepsilon_2 - \varepsilon_3)(a - \varepsilon_1)}$$

$$K_{2a} = \frac{n_{(CH_3)_2NH} \; n_{H_2O}}{n_{CH_3NH_2} \; n_{CH_3OH}} = \frac{(\varepsilon_2 - \varepsilon_3)(\varepsilon_1 + \varepsilon_2 + \varepsilon_3)}{(\varepsilon_1 - \varepsilon_2)(1 - \varepsilon_1 - \varepsilon_2 - \varepsilon_3)}$$

$$K_{3a} = \frac{n_{(CH_3)_3N} \quad n_{H_2O}}{n_{(CH_3)_2NH} \quad n_{CH_3OH}} = \frac{\varepsilon_3 (\varepsilon_1 + \varepsilon_2 + \varepsilon_3)}{(\varepsilon_2 - \varepsilon_3)(1 - \varepsilon_1 - \varepsilon_2 - \varepsilon_3)}$$

Connaissant K_{1a}, K_{2a}, K_{3a}, il est possible de calculer ε_1, ε_2, ε_3, donc de connaître la composition à l'équilibre.

Un moyen commode pour réduire la production d'une méthylamine consiste à la recycler. On pourra en particulier recycler la triméthylamine si on désire limiter sa production.

2°) Calcul des débits de production en F.

La quantité de CH_3OH dans l'appoint est 3300 kg / h.

Tout le méthanol est converti, soit pour donner naissance aux méthylamines soit pour donner CO et H_2.

D'après les pourcentages molaires des trois méthylamines obtenues, on peut déduire la quantité de méthanol nécessaire pour 100 kmol de méthylamines ; cette quantité est égale à :

pour la MMA d'après (1) :	50,175 kmol
pour la DMA (2) : 43,223 × 2 =	86,446 kmol
pour la TMA (3) : 6,602 × 3 =	<u>19,806 kmol</u>
soit au total :	156,427 kmol de CH_3OH

Le CH_3OH dissocié est égal à 3300 × 0,004727 = 15,5991 kg

soit : $\frac{15,5991}{32} = 0,48747$ kmol

La réaction de dissociation du méthanol est :

$$CH_3OH \rightleftharpoons CO + 2H_2$$

En F, CO_F obtenu est donc égal à 0,48747 kmol soit 0,48747 × 28 = 13,6492 kg/h et H_{2_F} est égal à 0,97494 kmol, soit 0,9748 x 2 = 1,9499 kg/h.

On calcule le méthanol transformé en méthylamines :

$$3300\ (1 - 0,004727) = 3284,401 \text{ kg soit } \frac{3284,401}{32} = 102,6375 \text{ kmol / h}$$

On en déduit les quantités de CH_3OH qui ont donné naissance à chacune des méthylamines :

à la MMA = $\dfrac{50,175 \times 102,6375}{156,427} = 32,9216 \text{ kmol / h de } CH_3OH$

à la DMA = $\dfrac{86,446 \times 102,6375}{156,427} = 56,7204 \text{ kmol / h de } CH_3OH$

à la TMA = $\dfrac{19,806 \times 102,6375}{156,427} = 12,9954 \text{ kmol / h de } CH_3OH$

d'où la quantité de chacune des méthylamines :

MMA_F d'après (1) : 32,9216 kmol/h soit 32,9216 × 31 = 1020,570 kg/h

DMA_F d'après (2) : $\dfrac{56,7204}{2} = 28,3602 \text{ kmol / h soit } 28,36 \times 45 = 1276,209 \text{ kg / h}$

TMA_F d'après (3) : $\dfrac{12,9954}{3} = 4,3318 \text{ kmol / h soit } 4,3318 \times 59 = 255,576 \text{ kg / h}$

soit au total 65,6136 kmol/h ou 2552,355 kg/h pour les 3 méthylamines. (respectivement en % molaire : MMA 50,175%, DMA 43,223%, TMA 6,602%)

L'eau formée provient des réactions (1), (2) et (3) ; les coefficients stoechiométriques montrent que pour chacune, le nombre de mol d'eau obtenu est égal au nombre de mol de CH_3OH consommé,

d'où : H_2O_F = 102,6375 kmol/h soit 102,6375 × 18 = 1847,475 kg/h

soit au total pour le courant F : 4415,429 kg/h

3°) Calcul des débits dans la boucle de recirculation B ainsi que des débits d'entrée C et sortie E du réacteur R.

- Calcul du courant de recyclage B.

On a l'égalité : courant C = courant A + courant B

$$NH_{3_C} = NH_{3_A} + NH_{3_B}$$

et :

$$CH_3OH_C = CH_3OH_A = \frac{3300}{32} = 103,1250 \text{ kmol/h}$$

en C : $\frac{NH_3}{CH_3OH} = 3$ d'où $NH_{3_C} = \frac{3300}{32} \times 3 = 309{,}3750$ kmol/h

on en déduit $NH_{3_B} = 309{,}375 - \frac{1115{,}4}{17} = 243{,}7632$ kmol/h

soit 243,7632 × 17 = 4143,974 kg/h

NH_{3_B} soit 4143,974 kg représente les 80% en masse du courant total B

On peut en déduire le débit massique total en B :

$$\frac{4143{,}974 \times 100}{80} = 5179{,}967 \text{ kg / h}$$

d'où : TMA_B = 5179,967 × 0,178 = 922,034 kg/h soit 15,6277 kmol/h

et : H_2O_B = 5179,967 × 0,022 = 113,959 kg/h soit 6,3310 kmol/h

Soit au total en B : 243,7632 + 15,6277 + 6,3310 = 265,7219 kmol/h ou 5179,967 kg/h

- Calcul du courant d'entrée, C, du réacteur, R.

On a vu que : CH_3OH_C = 103,125 kmol/h, soit 3300,000 kg/h
NH_{3_C} = 309,3750 kmol/h soit 5259,375 kg/h
$TMA_C = TMA_B$ = 15,6277 kmol/h soit 922,034 kg/h
$H_2O_C = H_2O_B$ = 6,3310 kmol/h soit 113,959 kg/h

soit au total : 434,4587 kmol/h ou 9595,368 kg/h

- Calcul du courant de sortie E, du réacteur.

On a déterminé précédemment les débits molaires des produits en F et en B,

or courant E = courant F + courant B.

On a donc, en E :

$MMA_E = MMA_F$ = 32,9216 kmol/h = 1020,570 kg/h

$DMA_E = DMA_F$ = 28,3602 kmol/h = 1276,209 kg/h

FABRICATION DE METHYLAMINES - Solution -

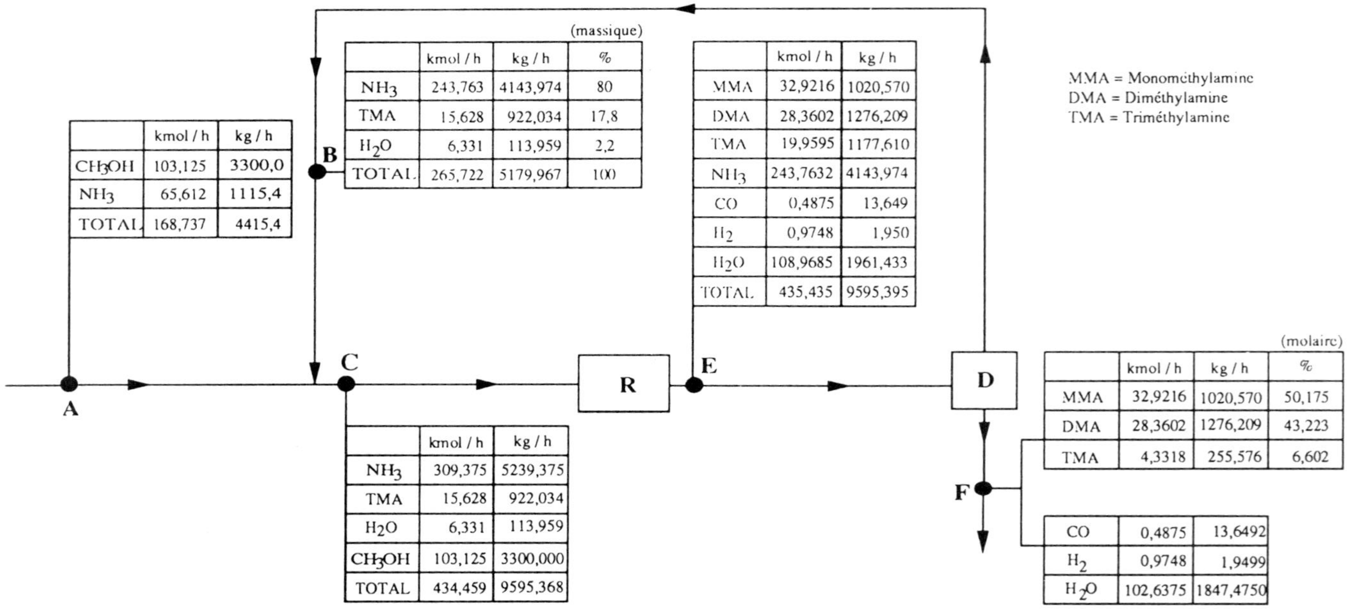

Point A

	kmol / h	kg / h
CH_3OH	103,125	3300,0
NH_3	65,612	1115,4
TOTAL	168,737	4415,4

Point B (massique)

	kmol / h	kg / h	%
NH_3	243,763	4143,974	80
TMA	15,628	922,034	17,8
H_2O	6,331	113,959	2,2
TOTAL	265,722	5179,967	100

Point C

	kmol / h	kg / h
NH_3	309,375	5239,375
TMA	15,628	922,034
H_2O	6,331	113,959
CH_3OH	103,125	3300,000
TOTAL	434,459	9595,368

Point E

	kmol / h	kg / h
MMA	32,9216	1020,570
DMA	28,3602	1276,209
TMA	19,9595	1177,610
NH_3	243,7632	4143,974
CO	0,4875	13,649
H_2	0,9748	1,950
H_2O	108,9685	1961,433
TOTAL	435,435	9595,395

MMA = Monométhylamine
DMA = Diméthylamine
TMA = Triméthylamine

Point F (molaire)

	kmol / h	kg / h	%
MMA	32,9216	1020,570	50,175
DMA	28,3602	1276,209	43,223
TMA	4,3318	255,576	6,602

CO	0,4875	13,6492
H_2	0,9748	1,9499
H_2O	102,6375	1847,4750

- Au point C = $\frac{NH_3}{CH_3OH}$ = 3 (molaire)
- (3300 x 0,004727) kg / h de CH_3OH transformés en CO et H_2

$TMA_E = TMA_F + TMA_B = 4{,}3318 + 15{,}6277 = 19{,}9595$ kmol/h
soit 1177,610 kg/h

$NH_{3_E} = NH_{3_B} = 243{,}7632$ kmol/h soit 4143,974 kg/h

$CO_E = CO_F = 0{,}48747$ kmol/h soit 13,649 kg/h (vu précédemment).

$H_{2E} = H_{2F} = 0{,}9749$ kmol/h soit 1,950 kg/h " "

$H_2O_E = H_2O_F + H_2O_B = 102{,}6375 + 6{,}3310 = 108{,}9685$ kmol/h soit 1961,433 kg/h

soit au total pour le courant E : 435,435 kmol/h ou 9595,395 kg/h

Vérifions que l'ammoniac de l'appoint est totalement transformé

$NH_{3_A} = 65{,}6120$ kmol/h

Sa conversion conduit aux 3 méthylamines :

$MMA_F + DMA_F + TMA_F = 65{,}6136$ kmol/h

Donc NH_{3_A} est totalement converti.

On peut vérifier que les débits massiques globaux sont tels que : C = A + B, E = C, B = E - F

Les teneurs et compositions sont reportées sur la figure : "Fabrication de méthylamines - Solution".

4°) Nombre de plateaux théoriques des tronçons de concentration et d'épuisement lors de la séparation par rectification de la MMA et de la DMA.

Le coefficient de volatilité $\alpha = 1{,}67$

La courbe d'équilibre y = f(x) est représentée à partir de la relation :

$$y = \frac{\alpha\, x}{1 + (\alpha - 1)\, x}$$

Calculons les coordonnées de quelques points de la courbe d'équilibre :

x	0	0,1000	0,2000	0,3000	0,4000	0,5000	0,6000	0,7000	0,8000	0,9000	1
y	0	0,1565	0,2945	0,4171	0,5268	0,6254	0,7146	0,7957	0,8697	0,9376	1

Le courant F contient les 3 méthylamines, avec une composition connue en % molaire :

MMA :	50,175 %
DMA :	43,223 %
TMA :	6,602 %
	100,000 %

La colonne de rectification est schématisée sur la figure ci-dessous. Elle est alimentée par un mélange (MMA + DMA) dont on peut calculer la composition, exprimée en fractions molaires :

$$\text{MMA} = \frac{50,175}{50,175 + 43,223} = 0,5372$$

$$\text{DMA} = \frac{43,223}{50,175 + 43,223} = 0,4628$$

On a porté sur cette figure les teneurs molaires en corps le plus volatil, la monométhylamine (MMA).

Si a, d, b sont respectivement les débits de l'alimentation, du distillat et du résidu, on peut établir les bilans :

en MMA : a x 0,5372 = d x 0,98 + b x 0,04

Le bilan global donne : a = b + d

Pour un mol de mélange (MMA + DMA),

a = 1, d'où : 0,5372 = 0,98 d + 0,04 (1 - d)

d = 0,5289 mol

et b = 1 - 0,5289 = 0,4711 mol

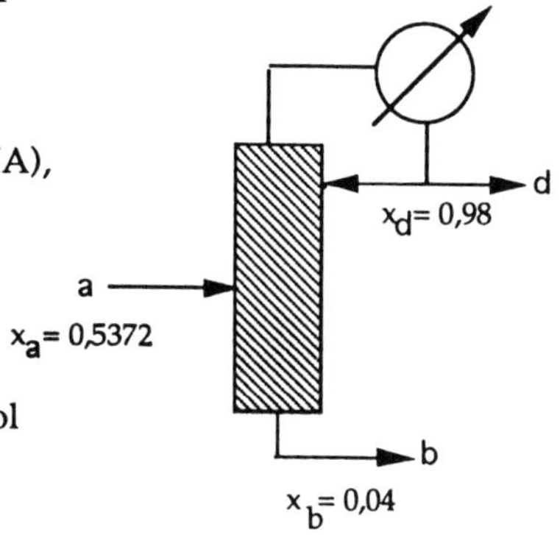

On trace alors sur le diagramme y = f(x), la courbe d'équilibre et les droites de concentration et d'épuisement (Figure : "Rectification d'un mélange MMA-DMA - Solution").

Le taux de reflux choisi est R = 4

Droite de concentration :

La pente de la droite de concentration est égale à $\frac{R}{R+1} = \frac{4}{5} = 0{,}800$

L'ordonnée à l'origine vaut $\frac{x_d}{R+1} = \frac{0{,}98}{5} = 0{,}196$

Cette droite coupe la diagonale y = x en un point d'abscisse $x_d = 0{,}98$

Le tracé des plateaux théoriques donne pour le tronçon de concentration, $n_{th} \approx 12{,}5$. On a amélioré la précision du tracé en modifiant l'échelle des teneurs pour x > 0,85.

Droite d'épuisement :

Elle coupe la diagonale y = x en un point d'abscisse $x_b = 0{,}04$

Le point de concours des droites de concentration et d'épuisement se fait en un point d'abscisse x_a, titre en MMA de l'alimentation, soit $x_a = 0{,}5372$

Le tracé des plateaux théoriques donne pour le tronçon d'épuisement, $n_{th} \approx 9{,}5$ (bouilleur non compris)

Il faut donc approximativement 22 plateaux théoriques pour assurer la séparation demandée.

RECTIFICATION D'UN MÉLANGE MMA - DMA - Solution -

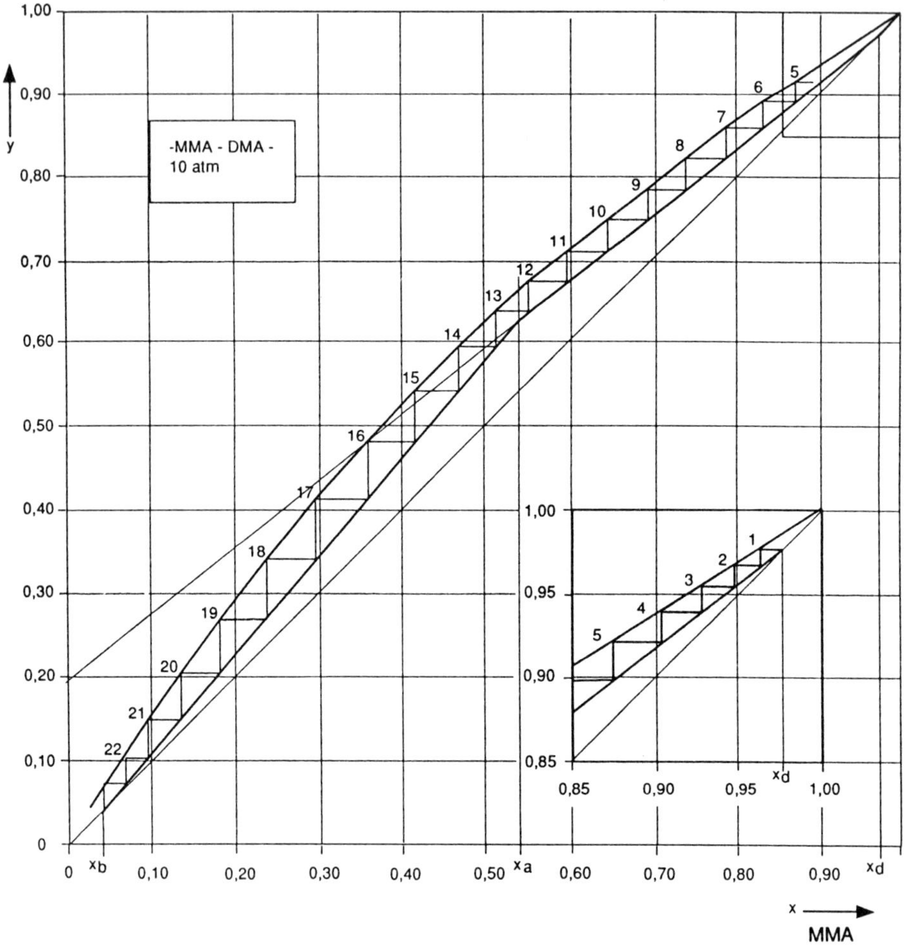

SYNTHÈSE D'AMMONIAC - ABSORPTION - DÉSORPTION
- Enoncé -

On étudie la synthèse d'ammoniac réalisée industriellement selon la réaction :

$$\underset{g}{N_2} + \underset{g}{3H_2} \rightleftharpoons \underset{g}{2\,NH_3}$$

Le schéma général d'un atelier fonctionnant en régime stationnaire est donné en figure 1.

La majeure partie de l'ammoniac formée dans le réacteur (R) est condensée en (Co). La production a lieu après condensation, en (D).

Une boucle de recyclage (F) permet de reprendre le gaz de synthèse qui n'a pas réagi. La purge, en (E) élimine en continu les inertes : argon, méthane...

On connaît, exprimées en fractions molaires :

- les teneurs de l'appoint (A)
- les teneurs des gaz de la boucle de recyclage (F)
- la teneur en inertes à l'entrée (B) du réacteur
- la teneur en ammoniac en sortie (C) du réacteur

1°) On demande de compléter le schéma de l'annexe 1, en calculant successivement, pour un débit d'appoint de 1000 moles/h :

- le débit du gaz de purge (E)
- le débit d'ammoniac produit (D)
- les débits en (B) et (F)
- les teneurs en (B) et (C)

.

.

On doit diminuer, pour une utilisation ultérieure, la teneur en ammoniac des gaz de purge, jusqu'à la valeur de 0,0010 (fraction molaire) (y_1).

Dans ce but, on réalise un lavage à contre-courant, du gaz, par une eau ammoniacale ayant une teneur en ammoniac de 0,0010 (fraction molaire) (x_a).

Le lavage est réalisé à pression atmosphérique, dans une colonne à plateaux.

Avant d'entrer dans cette colonne, que l'on suppose fonctionner à 20°C, le gaz de purge est saturé en vapeur d'eau à la température de 20°C (pression de vapeur d'eau à 20°C : 0,0230 atm).

2°) Sachant que l'équilibre liquide-gaz du système eau-gaz peut être représenté, pour les conditions opératoires données ci-dessus, par l'équation $y = 0{,}763x$ (x et y étant les fractions molaires en ammoniac, respectivement du liquide et du gaz) et que l'on adopte un rapport $\frac{L}{G}$ molaire de 1,555 :

- estimer par une construction graphique, dans le diagramme $y = f(x)$, le nombre de plateaux théoriques nécessaires à l'absorption d'ammoniac,

- donner la teneur de l'eau de lavage enrichie en ammoniac (x_n).

.

.

Ne voulant pas rejeter à l'extérieur l'eau enrichie en ammoniac, on envisage de faire une désorption à contre-courant, avec de l'air, à la pression atmosphérique et à 20°C, dans une colonne à plateaux.

L'eau sortant de cette colonne devra donc avoir une teneur de 0,0010 molaire ($x'_n = x_a$) pour être recyclée dans la colonne d'absorption.

L'air, saturé préalablement en vapeur d'eau, est exempt d'ammoniac ($y'_a = 0$), il sort de la colonne de désorption avec une teneur de 0,0040 molaire (y'_1).
On conservera la droite d'équilibre : $y = 0{,}763\ x$.
Le schéma de l'ensemble des deux colonnes est donné en figure 2.

3°) Calculer le rapport des débits $\frac{L}{G}$ molaire et estimer le nombre de plateaux théoriques de la colonne de désorption par construction graphique dans le diagramme $y = f(x)$ précédemment utilisé.

4°) Le débit de gaz de purge à traiter, saturé d'eau, est de 2000 Nm^3/h.

Calculer les débits d'eau et d'air nécessaires pour obtenir les teneurs données ci-dessus.

5°) Calculer, pour la colonne d'absorption, les coordonnées des points de la courbe $\frac{1}{y - y*} = f(y)$ et en déduire le nombre d'unités de transfert globales de cette colonne.

La valeur du rapport $\frac{\text{nombre d'unités de transfert}}{\text{nombre de plateaux théoriques}}$ vous semble-t-elle logique ?

6)° On voudrait utiliser, dans la colonne de désorption, non plus de l'air, mais une partie du gaz de purge, épuré en ammoniac ($y_1 = 0{,}0010$).

Une fraction de l'eau de lavage, à sa teneur minimale, serait remplacée par de l'eau exempte d'ammoniac, comme le montre le schéma de la figure 3.

Pour que l'eau puisse céder son ammoniac au gaz, dans une colonne de désorption, il faut que la température de celle-ci soit supérieure à 20°C, les droites d'équilibre ($y = Kx$) ayant une pente croissante avec la température.

Montrer, sur un diagramme, $y = f(x)$ quelle sera la disposition des droites opératoires et d'équilibres des 2 colonnes, si on conserve les teneurs x'_n et x'_a précédentes. La teneur en ammoniac de l'eau à l'entrée de la colonne d'absorption sera désormais inférieure à la teneur de sortie de la colonne de désorption $x_a < x'_n$. On prendra pour équation de la droite d'équilibre de la colonne de désorption : $y = 1{,}95x$.

On suppose que la teneur en ammoniac du gaz en sortie de la colonne de désorption est égale à la teneur en ammoniac du gaz de purge ($y'_1 = y_a$).

Nous avons ici un exemple de système bitherme.

Note : - Les questions 2, 3, 4, 5 et 6 sont indépendantes de la question 1 ;

- On pourra traiter la question 3, indépendamment de la question 2 en supposant que la teneur en ammoniac de l'eau sortant de la colonne d'absorption est égale à 0,010 (fraction molaire) ;

- On pourra traiter la question 6 indépendamment des autres questions en supposant que :

  - la teneur d'entrée en ammoniac du gaz de purge vaut 0,015 (fraction molaire) ;

  - la teneur en ammoniac de l'eau sortant de la colonne d'absorption est égale à 0,010 (fraction molaire).

  Ces deux valeurs ne sont que des valeurs approximatives.

Figure 1 : Schéma d'une synthèse d'ammoniac
Figure 2 : Ensemble absorption-désorption
Figure 3 : Sytème bitherme

Figure 1 - SYNTHESE D'AMMONIAC - Enoncé -

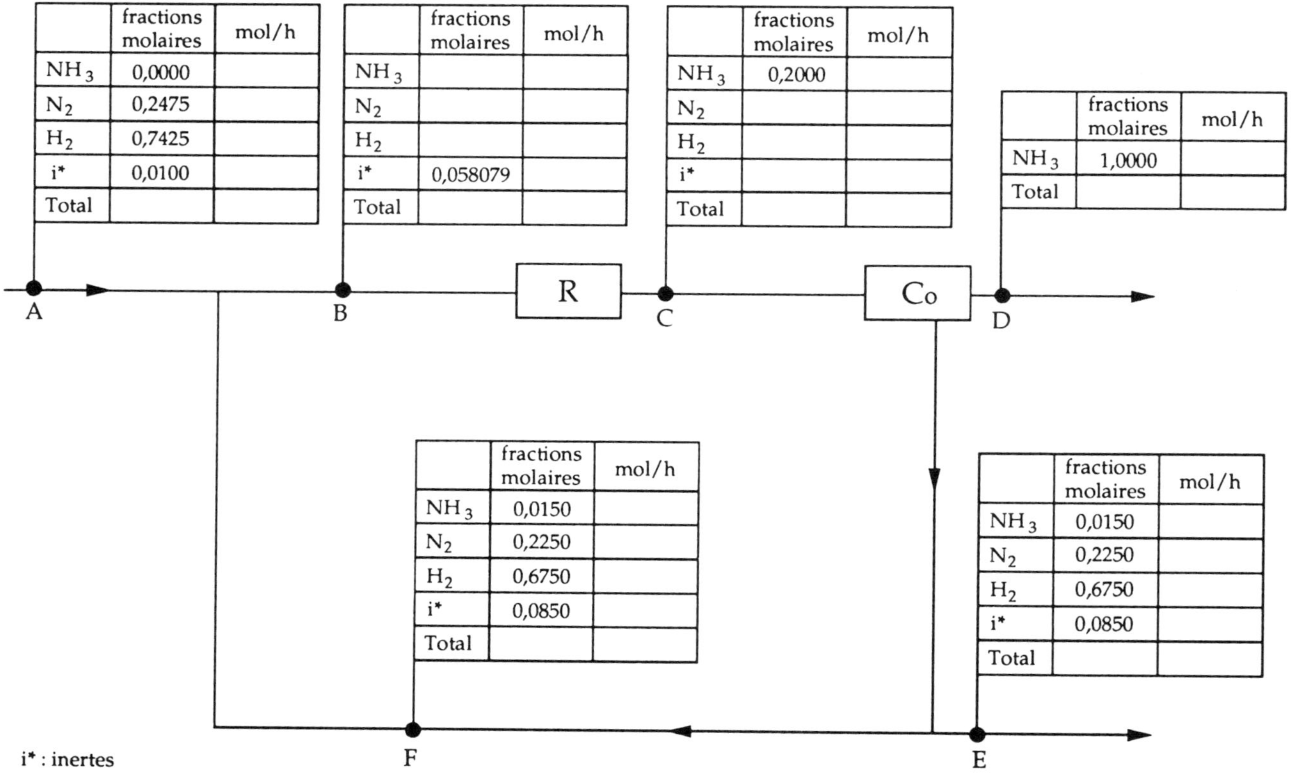

Point A

	fractions molaires	mol/h
NH_3	0,0000	
N_2	0,2475	
H_2	0,7425	
i*	0,0100	
Total		

Point B

	fractions molaires	mol/h
NH_3		
N_2		
H_2		
i*	0,058079	
Total		

Point C

	fractions molaires	mol/h
NH_3	0,2000	
N_2		
H_2		
i*		
Total		

Point D

	fractions molaires	mol/h
NH_3	1,0000	
Total		

Point F

	fractions molaires	mol/h
NH_3	0,0150	
N_2	0,2250	
H_2	0,6750	
i*	0,0850	
Total		

Point E

	fractions molaires	mol/h
NH_3	0,0150	
N_2	0,2250	
H_2	0,6750	
i*	0,0850	
Total		

i* : inertes

Figure 2 - ENSEMBLE ABSORPTION-DESORPTION - Enoncé -

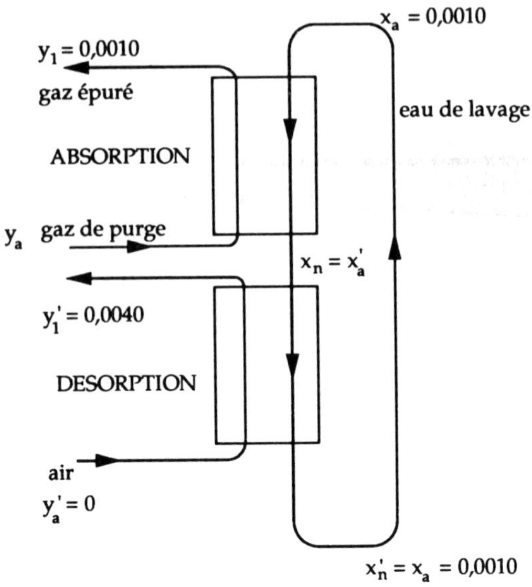

Figure 3 - SYSTEME BITHERME - Enoncé -

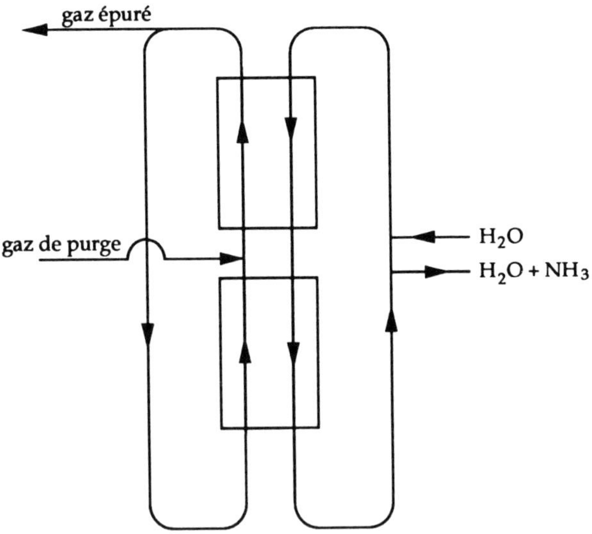

SYNTHÈSE D'AMMONIAC - ABSORPTION - DÉSORPTION
- Solution -

La synthèse d'ammoniac est réalisée industriellement selon la réaction :

$$\underset{g}{N_2} + \underset{g}{3H_2} \rightleftarrows \underset{g}{2\,NH_3}$$

1°) Bilan matière d'après le schéma général du procédé (1).

Le bilan est effectué pour un débit d'appoint de 1000 mol/h

Calcul du débit de gaz de purge, E :

Le nombre de mol d'inertes de l'appoint, i_A, est égal au nombre de mol d'inertes dans la purge, i_E.

$i_A = 1000 \times 0{,}1000 = 10$ mol

On peut donc déduire le débit de purge, de la valeur de $i_E = 10$ mol puisque l'on connaît la teneur molaire correspondante : 0,0850.

Débit molaire de purge : $E = \dfrac{10}{0{,}0850} = 117{,}647$ mol/h

Les débits molaires de chacun des constituants de ce courant sont donc les suivants :

NH_{3_E} :	$117{,}647 \times 0{,}015 =$	1,76 mol/h
N_{2_E} :	$117{,}647 \times 0{,}225 =$	26,47 mol/h
H_{2_E} :	$117{,}647 \times 0{,}675 =$	79,41 mol/h
i_E :		10,00 mol/h
		117,64 mol/h

Calcul du débit d'ammoniac produit, D :

Les débits de l'appoint, A, sont calculables :

NH_{3_A} :	0,00
N_{2_A} :	247,50 mol/h
H_{2_A} :	742,50 mol/h
i_A :	10,00 mol/h
A :	1000,00 mol/h

Le nombre de mol de N_2 qui ont réagi est égal à la différence $N_{2_A} - N_{2_E}$:

$$N_{2_A} - N_{2_E} = 247{,}50 - 26{,}47 = 221{,}03 \text{ mol/h}$$

Le débit molaire d'ammoniac produit est donc, d'après la réaction de formation :

$$NH_{3_D} = 221{,}03 \times 2 = 442{,}06 \text{ mol/h}$$

Calcul des débits molaires en B et F.

$$B = A + F = 1000 + F$$

et :

$$i_B = i_A + i_F$$

soit : $0{,}058079\ B = 1000 \times 0{,}01 + 0{,}085\ F$

et, en remplaçant F par B - 1000,

$$-10 + 85 = 0{,}085\ B - 0{,}058079\ B$$

$$75 = 0{,}026921\ B$$

d'où : $B = 2785{,}93$ mol/h

et : $F = 1785{,}93$ mol/h

Ce qui conduit aux débits suivants pour ces deux courants :

Courant de recyclage, F :

NH_{3_F}	$= 1785{,}93 \times 0{,}0150 =$	26,79 mol/h
N_{2_F}	$= 1785{,}93 \times 0{,}2250 =$	401,83 mol/h
H_{2_F}	$= 1785{,}93 \times 0{,}6750 =$	1205,50 mol/h
i_F	$= 1785{,}93 \times 0{,}0850 =$	151,80 mol/h
vérif.	= Total F	= 1785,92 mol/h

Courant d'entrée, B, dans le réacteur, sachant que B = A + F :

NH_{3_B}		= 26,79 mol/h
N_{2_B}	= 247,5 + 401,83	= 649,33 mol/h
H_{2_B}	= 742,50 + 1205,50	= 1948,00 mol/h
i_B	= 10 + 151,80	= 161,80 mol/h
vérif.	= Total B	= 2785,92 mol/h

avec $\frac{i_B}{B} = \frac{161,80}{2785,92} = 0,058078 \approx 0,5808$

Calcul des teneurs en B et C.

Teneurs dans le courant B :

$$\text{pour } NH_{3_B} : \frac{26,79}{2785,92} = 0,00962$$

$$N_{2_B} : \frac{649,33}{2785,92} = 0,23308$$

$$H_{2_B} : \frac{1948,00}{2785,92} = 0,69923$$

i_B : $\underline{0,05808}$

Total : 1,00001

Courant C :

$NH_{3_C} = 442,06 + 26,79 = 468,85$ mol/h

$N_{2_C} = 649,33 - 221,03 = 428,30$ mol/h

$H_{2_C} = 1948,00 - 3 \times 221,03 = 1284,91$ mol/h

$i_C = \underline{161,80 \text{ mol/h}}$

Total C : $= 2343,86$ mol/h

On connaît la teneur de NH_3 dans le courant C, $NH_{3_C} = 0,2000$

et l'on a vu que le débit molaire de NH_{3_C} est égal à 468,85 mol.

On vérifie le débit molaire total C = $\frac{468,85}{0,2000} = 2344,25$ mol/h

qui est peu différent du débit calculé précédemment = 2343,86 mol/h.

Les teneurs dans ce courant sont :

$$NH_{3_C} = \frac{468,85}{2343,86} = 0,2000$$

$$N_{2_C} = \frac{428,30}{2343,86} = 0,1827$$

$$H_{2_C} = \frac{1284,91}{2343,86} = 0,5482$$

$$i_C = \frac{161,80}{2343,86} = 0,0690$$

Total : 0,2000 + 0,1827 + 0,5482 + 0,0690 = 0,9999

Toutes les valeurs calculées sont portées sur le schéma : "Synthèse d'ammoniac - Solution".

Figure 1 - SYNTHESE D'AMMONIAC - Solution -

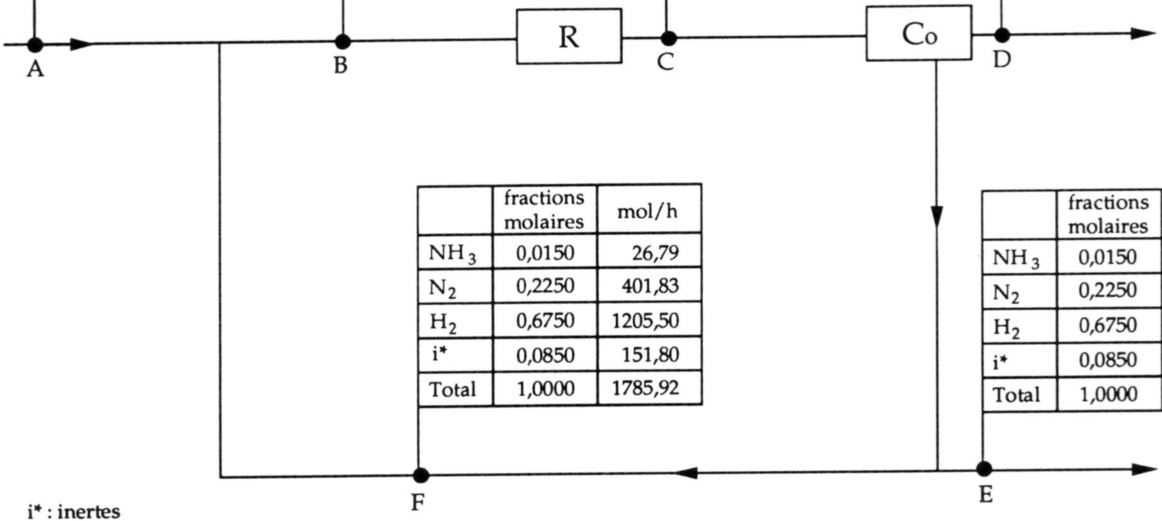

A

	fractions molaires	mol/h
NH_3	0,0000	0,00
N_2	0,2475	247,50
H_2	0,7425	742,50
i*	0,0100	10,00
Total	1,0000	1000

B

	fractions molaires	mol/h
NH_3	0,0096	26,79
N_2	0,2331	649,33
H_2	0,6992	1948,00
i*	0,0581	161,80
Total	1,0000	2785,92

C

	fractions molaires	mol/h
NH_3	0,2000	468,85
N_2	0,1827	428,30
H_2	0,5482	1284,91
i*	0,0690	161,80
Total	0,9999	2343,86

D

	fractions molaires	mol/h
NH_3	1,0000	442,06
Total	1,0000	442,06

F

	fractions molaires	mol/h
NH_3	0,0150	26,79
N_2	0,2250	401,83
H_2	0,6750	1205,50
i*	0,0850	151,80
Total	1,0000	1785,92

E

	fractions molaires	mol/h
NH_3	0,0150	1,76
N_2	0,2250	26,47
H_2	0,6750	79,41
i*	0,0850	10,00
Total	1,0000	117,64

i* : inertes

2°) Absorption de l'ammoniac

Le gaz de purge est saturé en vapeur d'eau avant d'entrer, à 20°C dans la colonne d'absorption. Le gaz non saturé est à la pression atmosphérique normale. La loi des gaz parfaits peut être appliquée, ce qui permet de déduire le nombre de moles d'eau à ajouter à 1 mole de gaz non saturé à P = 1 atm :

$$\frac{n_i}{N} = \frac{p_i}{P} = \frac{p_s}{1}$$

A la saturation $p_{s_{eau}}$ = 0,023 atm, ce qui conduit à n_{H_2O} = 0,0230 mol/mol de gaz saturé.

Les autres gaz, dont les proportions relatives sont connues, représentent donc 0,9770 mol par mol de gaz saturé.

On calcule la nouvelle composition du gaz saturé en vapeur d'eau et on l'exprime en fractions molaires :

NH_3	: 0,015 mol	x 0,9770		: 0,01465
N_2	: 0,225 mol	" "		: 0,2198
H_2	: 0,675 mol	" "		: 0,6595
i	: 0,085 mol	" "		: 0,0830
H_2O	: 0,023 mol	x 1,000	"	: 0,0230
Total	: 1,023 mol			: 0,99995

A l'entrée de la colonne le gaz a une teneur en ammoniac, $y_{a\,NH_3}$ = 0,01465, sa teneur de sortie doit être y = 0,0010. Ce gaz est lavé par une eau ammoniacale dont la teneur initiale est $x_{a\,NH_3}$ = 0,0010.

On sait que les conditions d'équilibre peuvent être traduites par la relation y = 0,763 x, ce qui permet de construire la droite d'équilibre dans un diagramme de distribution.

Sur ce même diagramme, on pourra tracer la droite opératoire $b_{abs}\,s_{abs}$ après avoir trouvé la teneur en ammoniac de l'eau en sortie de la colonne d'absorption.

On connaît la pente de cette droite, puisque le rapport des débits molaires vaut :

$$\frac{L}{G} = 1{,}555 \text{ d'où } 1{,}555 = \frac{0{,}01465 - 0{,}0010}{x_n - 0{,}0010}$$

$1{,}555\ x_n = 0{,}015210$

$x_n = 0{,}00978$

La teneur ammoniacale de l'eau à la sortie de la colonne d'absorption est $x_n \approx 0{,}00978$.

La droite opératoire d'absorption est tracée au-dessus de la courbe d'équilibre. Elle passe par les points : $b_{abs} \begin{vmatrix} y = 0{,}01465 \\ x = 0{,}00978 \end{vmatrix}$ et $s_{abs} \begin{vmatrix} y = 0{,}0010 \\ x = 0{,}0010 \end{vmatrix}$.

Le nombre de plateaux théoriques (n_{th}) est environ 4,9 (voir le diagramme : "Absorption-Désorption de l'ammoniac - Solution").

On peut donner l'équation de la droite opératoire d'absorption :

$y = ax + b$

$$\begin{vmatrix} y = 0{,}01465 = 0{,}00978\ a + b \\ y = 0{,}00100 = 0{,}00100\ a + b \end{vmatrix}$$

d'où on tire :
$a = 1{,}5546$
$b = -\ 0{,}000554$
et $y = 1{,}5546\ x - 0{,}000554$

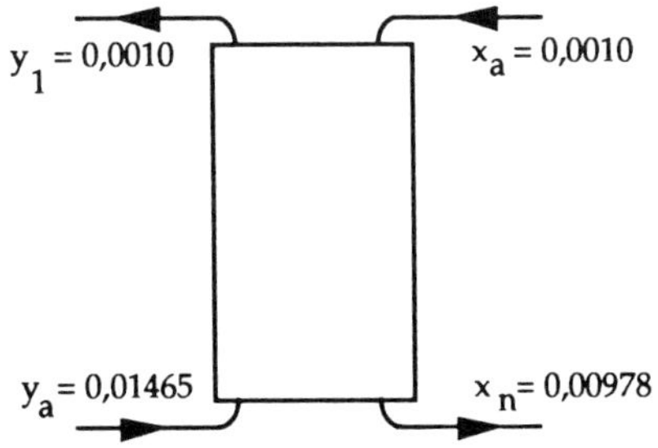

3°) Désorption de l'ammoniac contenu dans l'eau par de l'air circulant à contre-courant.

Calcul du rapport des débits molaires des courants d'eau et d'air dans la colonne de désorption :

Ce rapport est égal à la pente de la droite opératoire :

$$\frac{L}{G} = \frac{0{,}0040 - 0{,}0000}{0{,}00978 - 0{,}0010} = 0{,}456$$

On trace la droite opératoire de désorption passant par : $b_{dés} \begin{vmatrix} y = 0{,}0000 \\ x = 0{,}0010 \end{vmatrix}$

et $s_{dés} \begin{vmatrix} y = 0{,}0040 \\ x = 0{,}00978 \end{vmatrix}$

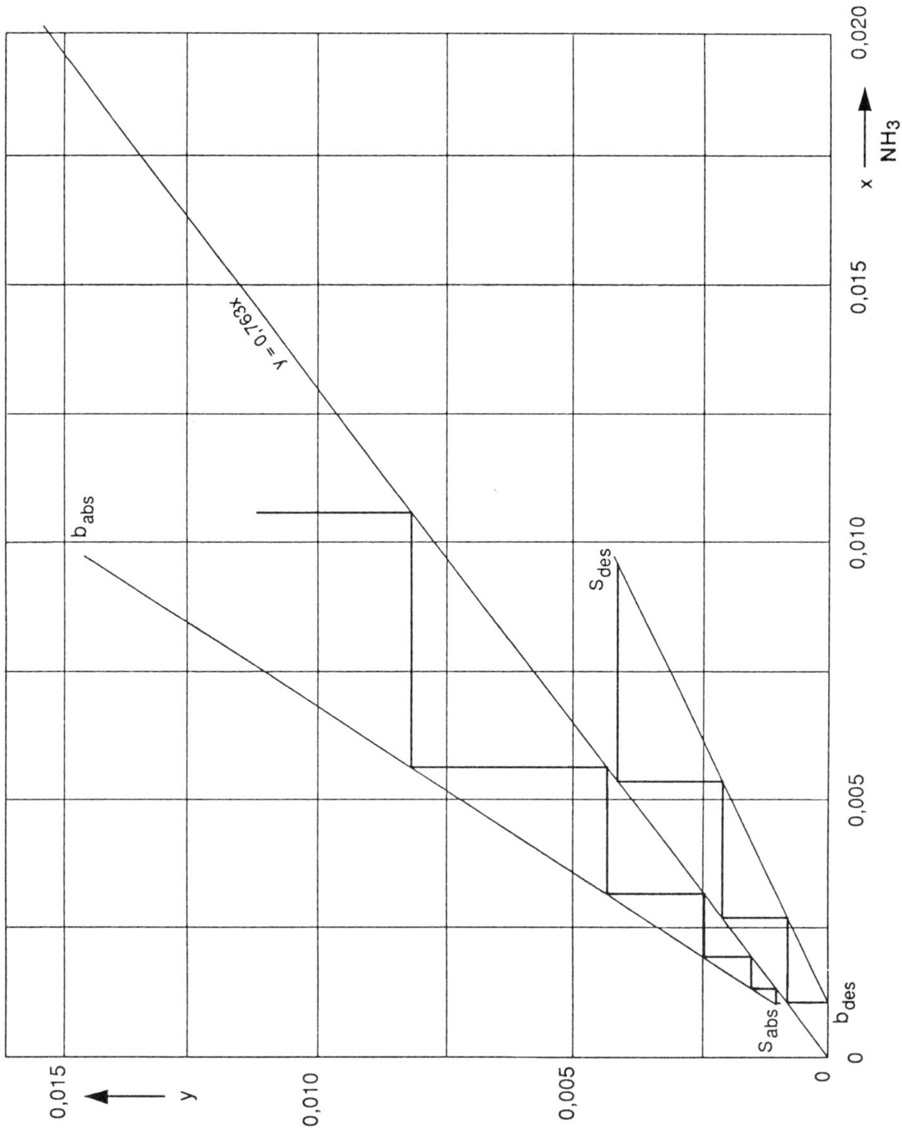
y = 0,763x
b_abs
S_des
S_abs
b_des
x → NH3
y
0
0,005
0,010
0,015
0,020

Le nombre de gradins entre cette droite $b_{dés}\, s_{dés}$ et la courbe d'équilibre est 3 d'où le nombre de plateaux théoriques de désorption, $n_{th} = 3$ (voir le diagramme : "Absorption-Désorption de l'ammoniac - Solution").

4°) Calcul des débits d'eau et d'air nécessaires pour obtenir les teneurs ci-dessus, pour un débit de gaz de purge saturé d'eau, à traiter, de 2000 Nm^3/h.

Soit : $G = \frac{2000}{22,41} = 89,246$ kmol/h

Dans la colonne d'absorption on a un rapport molaire des débits, $\frac{L}{G}$ de 1,555, d'où :

$$L = 89,246 \times 1,555 = 138,777 \text{ kmol/h d'eau}$$

Ce qui donne : 2498 kg/h ou ≈ 2,500 m^3/h d'eau.

Ce courant d'eau entre dans la colonne de désorption dans laquelle le rapport des débits molaires est 0,456.

Le débit molaire d'air dans la colonne de désorption est donc égal à :

$$\frac{138,777}{0,456} = 304,335 \text{ kmol/h}$$

ou :

$$304,335 \times 22,41 = 6820 \text{ Nm}^3/\text{h}$$

5°) Courbe $\frac{1}{y - y^*} = f(y)$ et calcul du nombre d'unités de transfert de la colonne d'absorption.

A chaque valeur des teneurs en NH_3 dans l'eau entre l'entrée de celle-ci dans la colonne $x_a = 0,0010$ et la sortie $x_n = 0,00978$, correspond une valeur de y opératoire (d'après l'équation de la droite opératoire) et une valeur de y à l'équilibre déterminée d'après l'équation $y = 0,763\ x$, soit $y^* = 0,763\ x$.

On peut donc en déduire les valeurs de $y - y^*$ et calculer les coordonnées des points de la courbe $\frac{1}{y - y^*} = f(y)$.

Le nombre d'unités de transfert peut être déterminé par intégration graphique en mesurant la surface située entre l'axe des y et cette courbe, comprise entre les valeurs de y correspondant à x = 0,00978 et x = 0,00100.

La décomposition en trapèzes élémentaires de surface $\Delta y \left(\dfrac{1}{y - y^*} \right)_{\text{moyen}}$

donne une valeur plus ou moins approchée selon l'intervalle Δy adopté .

La variation de $\dfrac{1}{y - y^*}$ en fonction de y étant très grande lorsqu'on se rapproche de y = 0,0010, nous avons adopté deux pas de variation de y, afin de limiter les erreurs :

$\Delta y = 0{,}001365$ de y = 0,01465 à y = 0,00373

$\Delta y = 0{,}000273$ de y = 0,00373 à y = 0,00100

Le tableau ci-dessous donne partiellement les intermédiaires du calcul du nombre d'unités de transfert N_{TV}.

On trouve $N_{TV} = 6{,}78$

y ($\times 10^2$)	x ($\times 10^3$)	y^* ($\times 10^3$)	$y - y^*$ ($\times 10^3$)	$\dfrac{1}{y-y^*}$	$\left(\dfrac{1}{y-y^*}\right)_m$	$\Delta y \left(\dfrac{1}{y-y^*}\right)_m$
1,465	9,78001	7,46215	7,188785	139,123581		
-----	-----	-----	-----	------	146,570191	0,20006831
1,3285	8,90197	6,7922	6,4928	154,016801		
-----	-----	-----	-----	------	-------------	-------------
----------	----------	----------	----------	-------------		
-----	-----	-----	-----	------	522,526072	0,71324809
0,373	2,75569	2,10259	1,62741	614,474661		
0,3457	2,58008	1,9686	1,4884	671,864563		
-----	-----	-----	-----	------	643,169612	0,1755853
0,3184	2,40448	1,83462	1,34938	741,07888		
-----	-----	-----	-----	------	-------------	-------------
----------	----------	----------	----------	------------		
-----	-----	-----	-----	------	3435,79356	0,93797164
0,1000	0,99961	0,76271	0,23729	4214,17302		
Total, N_{TV}						6,77956349

Le calcul algébrique est plus rapide.

Selon les équations des droite d'équilibre et droite opératoire, on a :

$$y - y^* = 1{,}5546\ x - 0{,}000554 - 0{,}763\ x$$
$$y - y^* = 0{,}7916\ x - 0{,}000554$$

d'où on calcule :

$$\frac{dy}{y - y^*} = \frac{1{,}5546\ dx}{0{,}7916x - 0{,}000554}$$

L'intégration de $\frac{dy}{y - y^*}$ donne N_{TV} :

$$N_{TV} = 1{,}9638 \quad [\ln(0{,}7916x - 0{,}000554)]_{0{,}00100}^{0{,}00978}$$

$N_{TV} = 1{,}9638 \ln 30{,}2517 = 6{,}69$, valeur proche de la valeur calculée par intégration graphique (6,78).

Le rapport $\frac{N_{TV}}{n_{th}}$ vaut $\approx \frac{6{,}69}{4{,}9} \approx 1{,}37$.

Un rapport supérieur à 1 est logique puisque la pente de la droite opératoire est supérieure à la pente de la droite d'équilibre.

6°) Diagramme d'un système bitherme

Les droites opératoires des colonnes de désorption et d'absorption doivent être placées par rapport aux droites d'équilibre $y = 1{,}95x$ (désorption) et $y = 0{,}763x$ (absorption).

Ces droites opératoires ont un point commun qui représente la teneur en ammoniac entre les deux colonnes : $y_a = y'_1$, $x_n = x'_a = 0{,}00978$ (voir figures 2 et 3 de l'énoncé).

La droite opératoire de la colonne d'absorption de l'ammoniac passe par le point : $y_1 = 0{,}0010$, x_a, avec $x_a < x'_n$ et $x'_n = 0{,}0010$.

La droite opératoire de la colonne de désorption de l'ammoniac passe par le point $y'_a = y_1 = 0{,}0010$, $x'_n = 0{,}0010$.

La disposition générale du diagramme du système bitherme réalisé est donnée par la figure ci-dessous : "Système bitherme - Solution".

- Système bitherme - Solution -

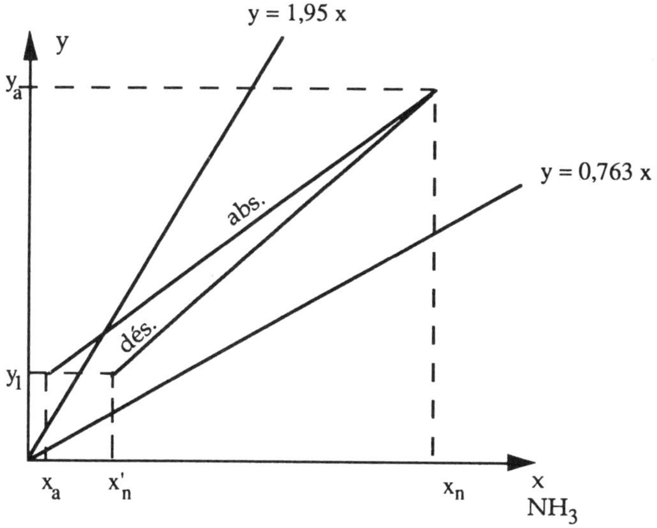

FABRICATION DU CUMENE - Enoncé -

On s'intéresse à la fabrication de l'isopropylbenzène (cumène) à partir de benzène et de propène, en phase gazeuse, selon la réaction :

$$\underset{g}{C_6H_6} + \underset{g}{CH_2=CH-CH_3} \rightleftarrows \underset{g}{C_6H_5CH(CH_3)_2} \qquad (1)$$

1°) Connaissant les enthalpies libres de formation données en annexe 1, calculer la constante d'équilibre Ka à 478 K.

2°) Connaissant les enthalpies de formation ainsi que les capacités thermiques des réactifs et des produits, calculer l'enthalpie de réaction à 478 K et sous pression atmosphérique (annexe 2).

3°) Le schéma général d'un atelier de production, alimenté par un mélange équimolaire de propane et de propène est donné en figure 1. On y distingue

- le réacteur dans lequel sont effectuées les deux réactions :

$$C_6H_6 + CH_2 = CH - CH_3 \rightleftarrows C_6H_5CH(CH_3)_2 \qquad \text{(1) réaction principale}$$

$$C_6H_6 + 2\,CH_2 = CH - CH_3 \rightleftarrows C_6H_4(CH(CH_3)_2)_2 \qquad \text{(2) réaction annexe}$$

La réaction donnant le tri-isopropylbenzène, et autres réactions parasites, sont négligées.

- la colonne de rectification C_1 dans laquelle on sépare le propane qui est recyclé avec une très faible proportion de propène (boucle B_1).

- la colonne de rectification C_2 qui permet de séparer le benzène n'ayant pas réagi, ainsi que des composés inertes accompagnant celui-ci. Une partie du benzène et des inertes séparés est renvoyée à l'alimentation par la boucle B_2.

- la colonne de rectification C_3, ou colonne de purification de l'isopropylbenzène.

- les purges P_{B_1} et P_{B_2}, placées respectivement sur les boucles B_1 et B_2, destinées à éviter la concentration dans l'installation du propane (P_{B_1}) et des inertes accompagnant le benzène (P_{B_2}).

On connaît les débits suivants :

- appoint	: A	Propène	100,00 kmol/h
		Propane	100,00 kmol/h
		Benzène	96,73 kmol/h
		Inertes	7,28 kg/h
- purges	: P_{B_1}	Propane	100,00 kmol/h
		Propène	0,54 kmol/h
	P_{B_2}	Benzène	0,50 kmol/h
		Inertes	7,28 kg/h
- production globale	: G	Isopropylbenzène	93,00 kmol/h
		di-isopropylbenzènes	(à calculer)

ainsi que les titres molaires :

: H	di-isopropylbenzènes	0,0005
	Isopropylbenzène	0,9995
: J	di-isopropylbenzènes	0,9669
	Isopropylbenzène	0,0331

Sachant que :

- tout le benzène d'appoint est consommé par les réactions (1) et (2) et par la purge P_{B_2},

- tout le propène d'appoint est consommé par les réactions (1) et (2) et par la purge P_{B_1},

- le rapport molaire $\left(\dfrac{\text{Benzène}}{\text{Propène}}\right)$ à l'entrée du réacteur vaut 7,898,

- le débit réel de la boucle B_1, mesuré à 320 K et sous une pression de 10 atmosphères, est de 629,00 m^3/h (voir annexe 3, courbe $Z = f(T_R, P_R)$ et grandeurs critiques)

Calculer, en les exprimant en kmol/h, ou en kg/h pour les inertes :

- les réactifs consommés et les produits formés par les réactions (1) et (2),

- les débits véhiculés par la boucle B_1,

- les débits de l'alimentation D, de la boucle B_2, ainsi que les débits aux points E, F, G, H et J.

4°) Connaissant l'enthalpie de réaction de la réaction (1) (question 2), à 478 K et sous la pression atmosphérique, calculer la quantité de chaleur dégagée en une heure dans le réacteur maintenu à 478 K en supposant la correction de pression négligeable. Comparer cette quantité de chaleur à la chaleur requise pour vaporiser tout le propane de la boucle B_1, liquide, à 303 K (la pression est supérieure à la tension de vapeur du propane à 303 K).

On calculera ΔH_v du propane par les relations de GIACALONE et de WATSON (annexe 4).

5°) La colonne de rectification C_3 fonctionne à pression atmosphérique.

L'alimentation est liquide et introduite à la température du plateau d'alimentation.

Connaissant la courbe d'équilibre liquide-vapeur, y = f(x), donnée en annexe 5 et annexe 6, ainsi que les compositions précisées ou calculées précédemment, calculer le taux de reflux minimum, et le nombre de plateaux théoriques des deux tronçons de la colonne pour un taux de reflux de 1,683.

Figure 1 : Fabrication du cumène
Annexe 1 : Enthalpies libres de formation
Annexe 2 : Enthalpies de formation - Capacités thermiques
Annexe 3 : Facteur de compressibilité
Annexe 4 : Relation de GIACALONE et relation de WATSON
Annexe 5 : Equilibre liquide - vapeur - Mélange isopropylbenzène - di-isopropylbenzènes - (o<x<1) - Enoncé -
Annexe 6 : Equilibre liquide - vapeur - Mélange isopropylbenzène - di-isopropylbenzènes - (x > 0,965) - Enoncé

Figure 1 - FABRICATION DU CUMENE - Enoncé -

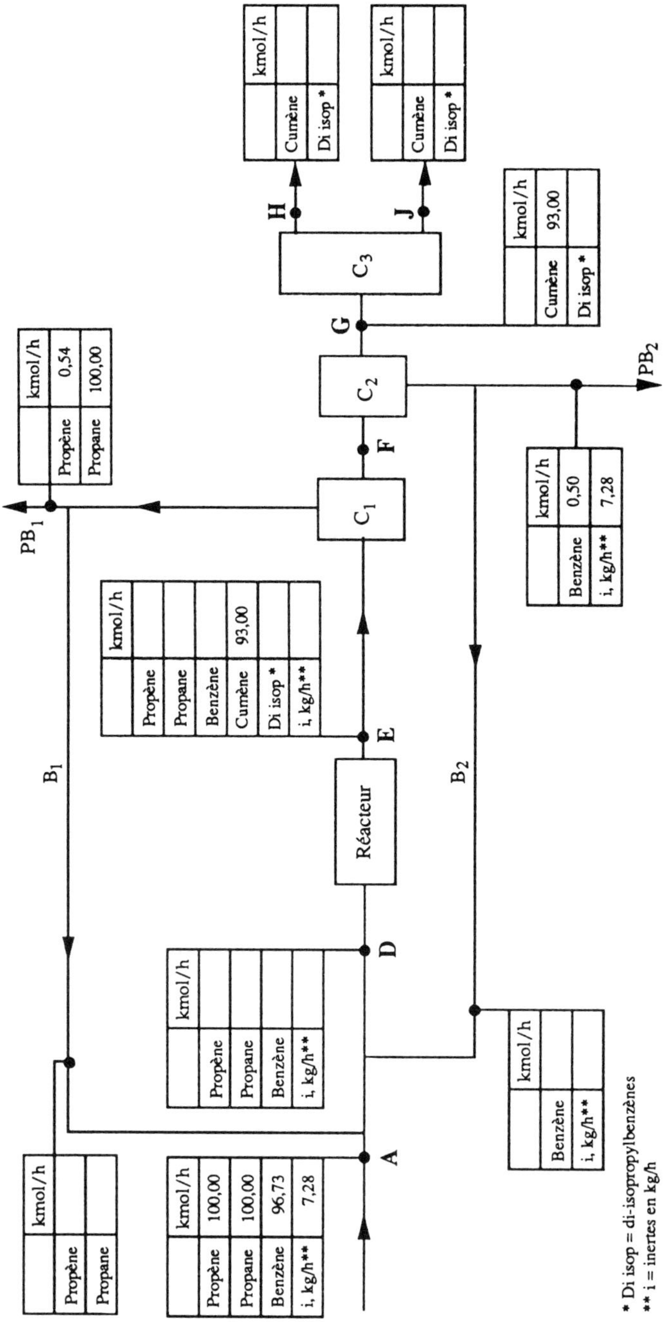

Annexe 1 - ENTHALPIES LIBRES DE FORMATION -

$\Delta G^0_{f_T}$ en kcal/mol		
T (K)	400	500
Propène (g)	18,62	22,45
Benzène (g)	35,01	39,24
Isopropylbenzène (g)	43,95	55,46

Annexe 2 : ENTHALPIES DE FORMATION - CAPACITES THERMIQUES -

	$\Delta H^0_{f\,298}$ en kcal/mol	C_p cal/mol K
Propène (g)	4,879	4,4269 + 0,03638 T
Benzène (g)	19,820	- 0,10079 + 0,06584 T
Isopropylbenzène (g)	0,940	4,33560 + 0,10712 T

Annexe 3 : FACTEUR DE COMPRESSIBILITÉ -

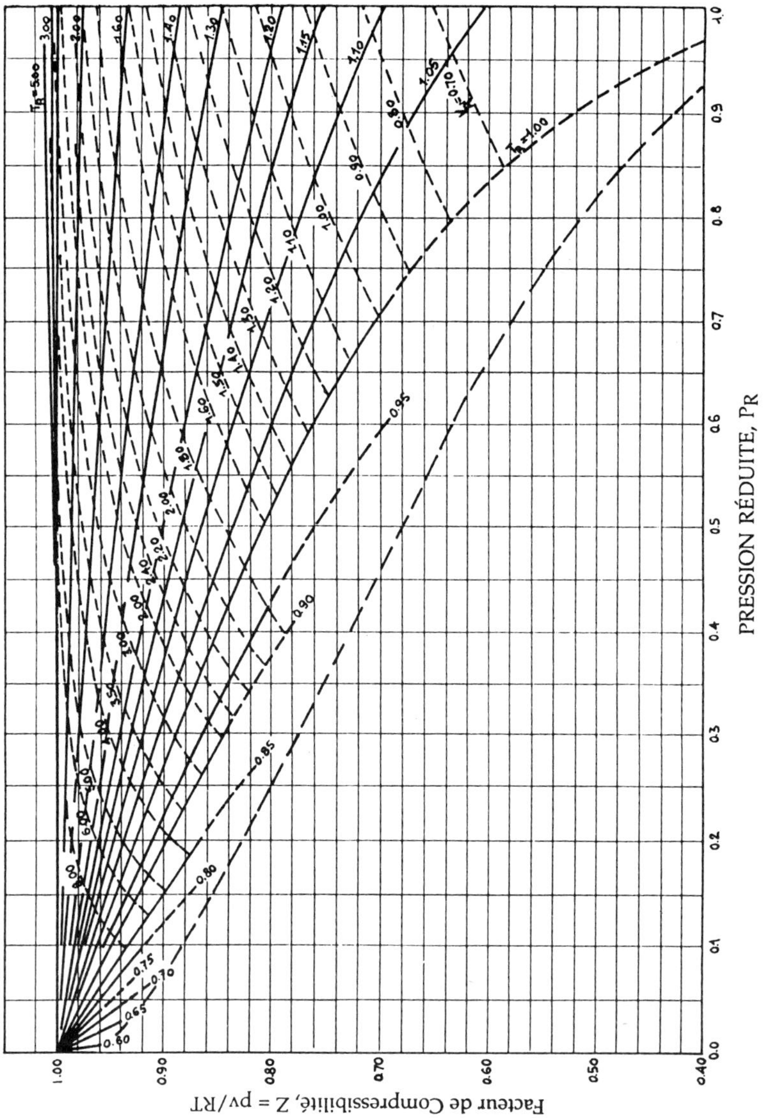

[L.C. NELSON et E.F. OBERT, Trans ASME, 76, 1057 (1954)]

Propane : P_C = 42,0 atm, T_C = 370 K

Propène : P_C = 45,4 atm, T_C = 365 K

On prendra la méthode de KAY pour calculer les coordonnées critiques du mélange

Annexe 4 : RELATION DE GIACALONE ET RELATION DE WATSON -

Relation de GIACALONE :

$$\Delta H_{v_B} = \frac{R\,T_B \ln P_C}{1 - T_{B_R}} \text{ en cal/mol } (P_C \text{ en atm})$$

avec T_B = 231 K, pour le propane

P_C = 42 atm " "

T_C = 370 K " "

Relation de WATSON :

$$\Delta H_{v_1} = \Delta H_{v_2} \left(\frac{1 - T_{R_1}}{1 - T_{R_2}} \right)^n$$

avec $n = 0{,}740\ T_{B_R} - 0{,}116$

pour $0{,}57 < T_{B_R} < 0{,}71$

Annexe 5 : EQUILIBRE LIQUIDE - VAPEUR -
MÉLANGE ISOPROPYLBENZÈNE - DI-ISOPROPYLBENZÈNES - (O<X<1) -
Enoncé -

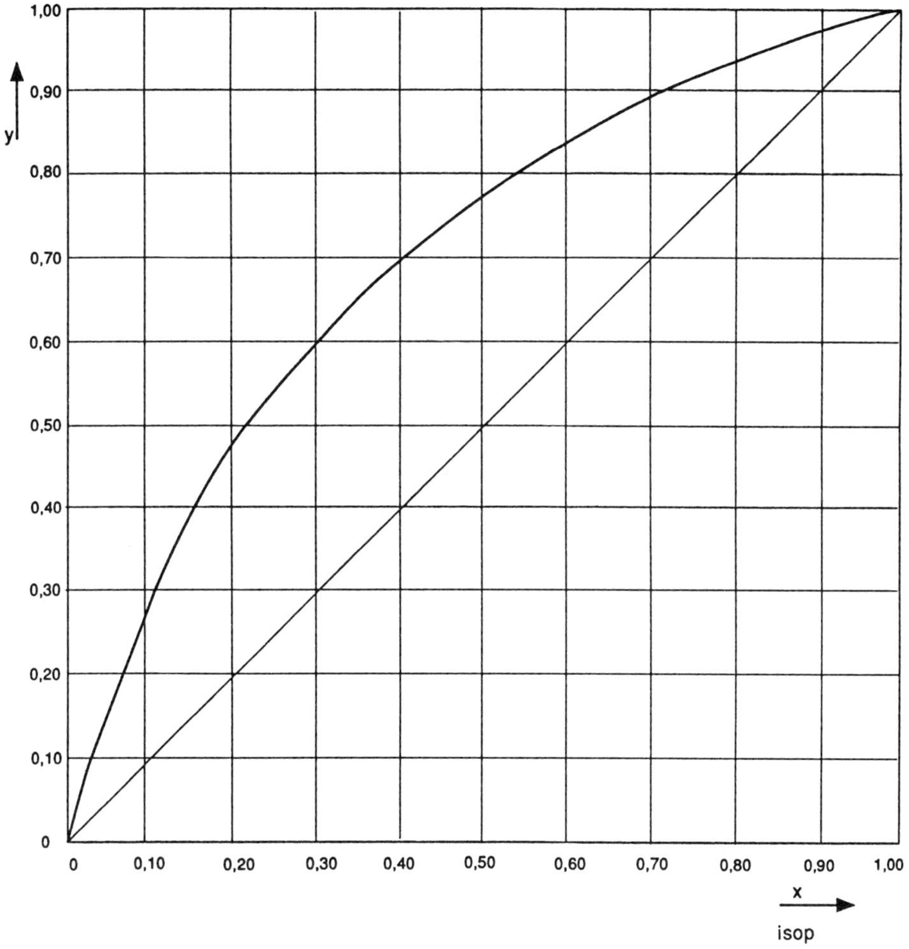

Annexe 6 : EQUILIBRE LIQUIDE - VAPEUR -

MÉLANGE ISOPROPYLBENZÈNE - DI-ISOPROPYLBENZÈNES - (X > 0,965)

- Enoncé -

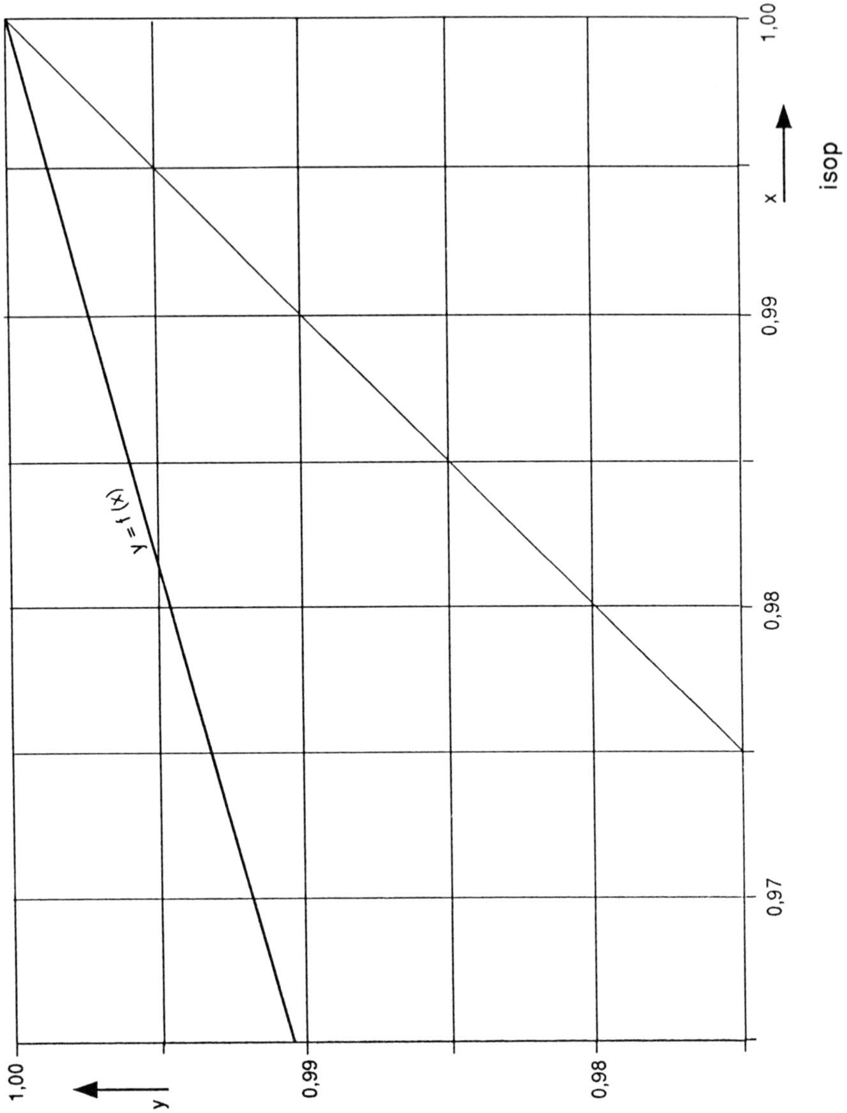

FABRICATION DU CUMENE - Solution -

$$\underset{g}{C_6H_6} + \underset{g}{CH_2=CH-CH_3} \rightleftarrows \underset{g}{C_6H_5CH(CH_3)_2} \qquad (1)$$

1°) Calcul de la constante d'équilibre à 478 K.

$$\ln K_{a(T)} = -\frac{\Delta G^0_{r\,T}}{RT} \text{ donc } \ln K_{a478} = -\frac{\Delta G^0_{r\,478}}{1{,}987 \times 478}$$

Déterminons $\Delta G^0_{r\,478} = \Delta G^0_{f\,478}(\text{isop.}) - \Delta G^0_{f\,478}(\text{benzène}) - \Delta G^0_{f\,478}(\text{propène})$

$$\Delta G^0_{f\,478}\text{isop.} = 43{,}95 + \frac{(55{,}46 - 43{,}95)\times 78}{100} = 52{,}928 \text{ kcal/mol}$$

$$\Delta G^0_{f\,478}\text{benzène} = 35{,}01 + \frac{(39{,}24 - 35{,}01)\times 78}{100} = 38{,}309 \text{ kcal/mol}$$

$$\Delta G^0_{f\,478}\text{propène} = 18{,}62 + \frac{(22{,}45 - 18{,}62)\times 78}{100} = 21{,}607 \text{ kcal/mol}$$

$$\Delta G^0_{r\,478} = 52{,}928 - 38{,}309 - 21{,}607 = -6{,}988 \text{ kcal/mol}$$

$$\ln K_{a478} = -\frac{-6988}{1{,}987 \times 478} = +7{,}357447$$

d'où : $K_{a478} = 1568$

2°) Calcul de l'enthalpie de réaction à 478 K et p = 1 atm.

Construisons le diagramme enthalpique entre 478 K et 298 K, il vient :

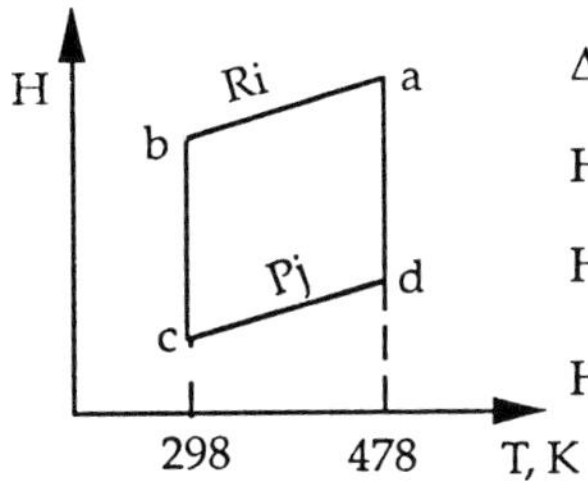

$$\Delta H_{r\,478} = H_d - H_a = (H_b - H_a) + (H_c - H_b) + (H_d - H_c)$$

$$H_b - H_a = (\Delta H_S)^{298}_{478}\, R_i = \int_{478}^{298} n_i Cp_i(R_i)dT$$

$$H_c - H_b = \Delta H^0_{r\,298}$$

$$H_d - H_c = (\Delta H_S)^{478}_{298}\, P_j = \int_{298}^{478} n_j Cp_j(P_j)dT$$

d'où : $$\Delta H_{r_{478}} = \Delta H^0_{r\,298} + \int_{298}^{478} n_j Cp_j(P_j)dT - \int_{298}^{478} n_i Cp_i(R_i)dT$$

$$\Delta H^0_{r\,298} = 0{,}940 - 19{,}820 - 4{,}879 = -23{,}759 \text{ kcal/mol}$$

$$(\Delta H_S)_{298}^{478} P_j = \int_{298}^{478}(4{,}3356 + 0{,}10712T)\,dT = \left[4{,}3356T + 0{,}10712\frac{T^2}{2}\right]_{298}^{478}$$

$$= 4{,}3356\,(478 - 298) + \frac{0{,}10712}{2}\,(478^2 - 298^2)$$

$$= 780{,}41 + 7481{,}26 = 8261{,}67 \text{ cal} \approx 8{,}262 \text{ kcal}$$

$$(\Delta H_S)_{298}^{478} R_i = \int_{298}^{478}(-0{,}10079 + 0{,}06584T)dT + \int_{298}^{478}(4{,}4269 + 0{,}03638T)dT$$

$$= -0{,}10079\,(478 - 298) + \frac{0{,}06584}{2}\,(478^2 - 298^2)$$

$$+ 4{,}42690\,(478 - 298) + \frac{0{,}03638}{2}\,(478^2 - 298^2)$$

$$= -18{,}1422 + 4598{,}2656 + 796{,}8420 + 2540{,}7792$$

$$= 7917{,}7446 \text{ cal} \approx 7{,}918 \text{ kcal}$$

$$\Delta H_{r_{478}} = -23{,}759 + 8{,}262 - 7{,}918 = -23{,}415 \text{ kcal/mol}$$

3°) Bilan-matière de l'atelier de production.

On a les deux réactions :

$$C_6H_6 + CH_2 = CH - CH_3 \rightleftharpoons C_6H_5CH(CH_3)_2 \qquad \text{(1) réaction principale}$$

$$C_6H_6 + 2\,CH_2{=}CH{-}CH_3 \rightleftharpoons C_6H_4\begin{matrix} CH(CH_3)_2 \\ CH(CH_3)_2 \end{matrix} \qquad \text{(2) réaction annexe}$$

<u>Calcul des réactifs consommés et des produits formés par les réactions (1) et (</u>

Benzène consommé = benzène appoint - benzène purge P_{B_2} :
96,73 - 0,50 = 96,23 kmol/h

L'isopropylbenzène (cumène) formé selon (1) en G = 93 kmol/h, on en déduit le benzène transformé en di-isopropylbenzènes selon (2) et, en conséquence, les di-isopropylbenzènes formés : 96,23 - 93 = 3,23 kmol/h

Propène transformé = propène d'appoint - propène purge P_{B_1}
= 100 - 0,54 = 99,46 kmol/h

Propène transformé selon (1) : 93 kmol/h
selon (2) : 99,46 - 93 = 6,46 kmol/h

On vérifie que le débit de di-isopropylbenzènes formés est bien égal à :

$$\frac{6,46}{2} = 3,23 \text{ kmol/h}$$

Débits véhiculés par la boucle de recyclage B_1

Cette boucle ne contient que du propane et du propène.
Son débit réel mesuré à 320 K sous 10 atm est Q_{B_1} = 629,00 m³/h. Il est donc nécessaire, pour déterminer les débits respectifs des constituants, en kmol/h, de calculer le volume molaire du mélange à 320 K et sous 10 atm, donc le facteur de compressibilité.

Pour évaluer le facteur de compressibilité du mélange propane-propène on utilise la méthode de KAY qui donne :

$$Z_M = y_1 Z_1 + y_2 Z_2$$

avec y_1 et y_2 titres molaires respectifs du propane et du propène.

Détermination de Z_1 et Z_2 d'après la courbe $Z = f(P_R, T_R)$

propane $\left.\begin{array}{l} P_R = \dfrac{10}{42} = 0,238 \\ T_R = \dfrac{320}{370} = 0,864 \end{array}\right\}$ d'où $Z_1 \approx 0,85$(*)

propène $\left.\begin{array}{l} P_R = \dfrac{10}{45,4} = 0,220 \\ T_R = \dfrac{320}{365} = 0,877 \end{array}\right\}$ d'où $Z_2 \approx 0,87$(*)

Détermination de y_1 et y_2 d'après la composition de P_{B_1}

$$y_1 = \frac{100}{100,54} = 0,99463 \qquad y_2 = \frac{0,54}{100,54} = 0,00537$$

$$Z_M = 0,99463 \times 0,85 + 0,00537 \times 0,87 = 0,8454 + 0,00467 = 0,850$$

En supposant l'additivité des volumes, on trouve le volume molaire du mélange à 320 K et sous une pression de 10 atm :

(*) Les tables de LEE et KESSLER donnent des valeurs comprises entre 0,845 et 0,850.

$$V_M = V_1 + V_2 = (y_1 Z_1 + y_2 Z_2) \frac{RT}{P}$$

$$V_M = \frac{0,08206 . 320 . 0,850}{10}$$

$$V_M = 2,232 \text{ l/mol}$$

Le débit molaire du recyclage B_1 vaut :

$$\frac{629}{2,232} = 281,81 \text{ kmol/h}$$

Débit molaire de propane en B_1 :

$$281,81 \times 0,9946 = 280,29 \text{ kmol/h}$$

Débit molaire de propène en B_1 :

$$281,81 \times 0,00537 = 1,51 \text{ kmol/h}$$

Débits au point D

$\text{propène}_D = \text{propène}_A + \text{propène } B_1 = 100 + 1,51 = 101,51$ kmol/h

$\text{propane}_D = \text{propène}_A + \text{propène } B_1 = 100 + 280,29 = 380,29$ kmol/h

On connaît le rapport molaire $\left(\frac{\text{benzène}}{\text{propène}}\right)_D = 7,898$

d'où $\text{benzène}_D = 101,51 \times 7,898 = 801,726$ kmol/h

On en déduira le débit de benzène dans la boucle B_2.

Débit dans la boucle B_2

$\text{benzène } B_2 = \text{benzène}_D - \text{benzène}_A$
$= 801,726 - 96,730 = 704,996$ kmol/h
soit : $704,996 \times 78 = 54989,69$ kg/h

On peut trouver les titres massiques dans la boucle B_2 à partir des données de la purge P_{B_2} :

benzène = $0,50 \times 78 = 39,00$ kg/h (M benzène = 78)
inertes = 7,28 kg/h

d'où un débit massique total de 46,28 kg/h

et des titres massiques,

en benzène = $\dfrac{39}{46,28} = 0,8427$

inertes = $\dfrac{7,28}{46,28} = 0,1573$

Le débit massique global de la boucle B_2 est calculable à partir du débit de benzène :

$$\frac{54989,69}{0,8427} = 65254,06 \text{ kg/h}$$

Le débit massique des inertes est donc :

inertes B_2 : 65254,06 - 54989,69 = 10264,37 kg/h

On en déduit le débit massique des inertes en D :

$$\text{inertes}_D = \text{inertes}_A + \text{inertes}_{B_2} = 7,28 + 10264,37 = 10271,65 \text{ kg/h}$$

Débit en E

propène_E = propène_D - propène consommé
= 101,51 - 99,46 = 2,05 kmol/h

propane_E = propane_D = 380,29 kmol/h

benzène_E = benzène_D - benzène consommé
= 801,726 - 96,23 = 705,496 kmol/h

On peut vérifier : benzène B_2 = benzène_E - benzène P_{B_2}
= 705,496 - 0,5 = 704,996 kmol/h

cumène_E = cumène formé selon (1) = 93 kmol/h

di-isop._E = di-isop. formé selon (2) = 3,23 kmol/h

$\text{inertes}_E = \text{inertes}_D$ = 10271,65 kg/h

Débit en F

Les débits en F sont identiques à ceux de E moins le recyclage en propane et propène B_1 et moins la purge P_{B_1}.

On peut vérifier :

propane_F = propane_E - propane B_1 - propane P_{B_1}
= 380,29 - 280,29 - 100 = 0

propène_F = propène_E - propène B_1 - propène P_{B_1}
= 2,05 - 1,51 - 0,54 = 0

<u>Débit en G</u>

cumène_G = cumène fabriqué = 93 kmol/h

di-isop._G = di-disop. formés = 3,23 kmol/h

Soit au total 96,23 kmol/h

Titre molaire en cumène : $\dfrac{93}{96,23} = 0,9664$

<u>Débits en H et J</u>

Bilan global G = H + J   96,23 = H + J

Bilan en cumène : $96,23 \times 0,9664 = H \times 0,9995 + J \times 0,0331$
$92,9967 = 0,9995H + 0,0331\ (96,23 - H)$

$$H = \frac{89,8115}{0,9664} = 92,934 \text{ kmol/h}$$

J = 96,230 - 92,934 = 3,296 kmol/h

En H :

débit global : 92,934 kmol/h
débit en cumène : 92,934 × 0,9995 = 92,888 kmol/h
débit en di-isopropylbenzènes : 92,934 - 92,888 = 0,046 kmol/h

En J :

débit global : 3,296 kmol/h
débit en cumène : 3,296 × 0,0331 = 0,109 kmol/h
débit en di-isopropylbenzènes = 3,296 - 0,109 = 3,187 kmol/h

Les débits calculés sont portés sur la figure "Fabrication du cumène - Solution".

FABRICATION DU CUMENE - Solution -

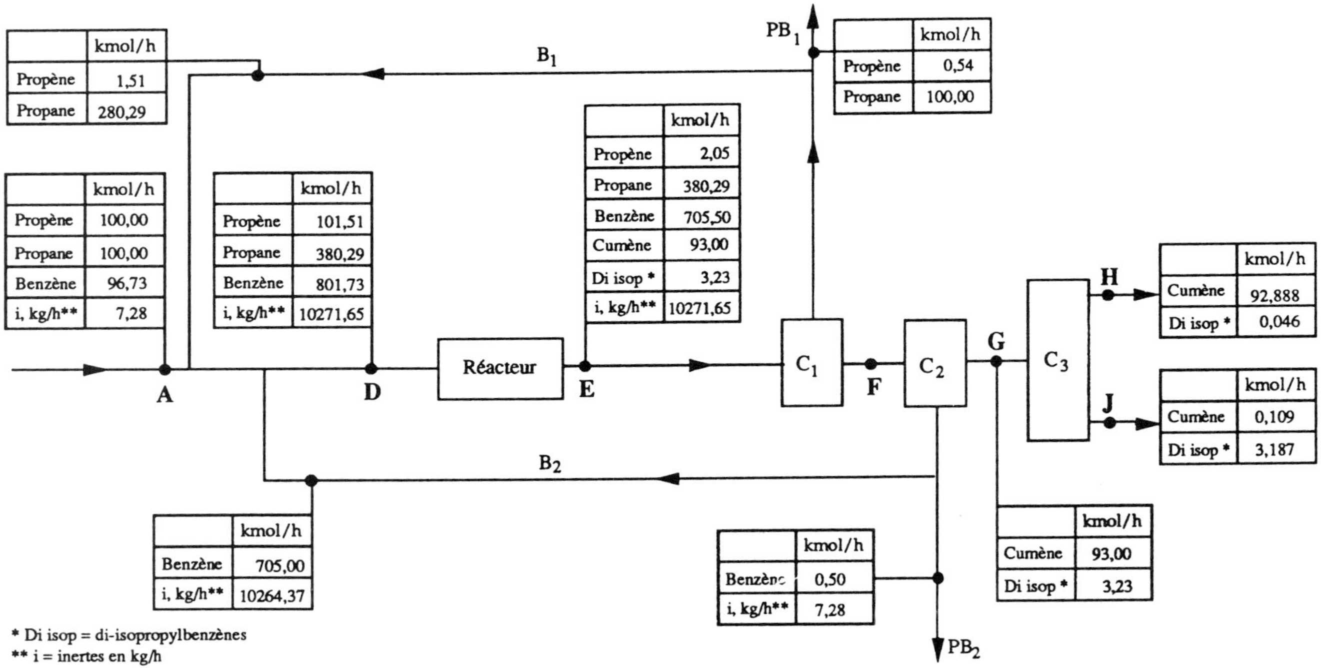

* Di isop = di-isopropylbenzènes
** i = inertes en kg/h

4°) Calcul de la quantité de chaleur dégagée en 1 heure dans le réacteur à 478 K, la pression étant égale à 1 atm. On néglige l'enthalpie de la réaction (2).

Pour la réaction (1) : $\Delta H_{r\ 478\,K}^{1\,atm} = -23{,}415$ kcal/mol,

la production horaire du cumène étant de 93 kmol/h :

$$\Delta H_{r\ 478\,K}^{1\,atm} = -23{,}415 \times 93 \times 10^3 = -2177595 \text{ kcal/h}$$

Calculons la quantité de chaleur nécessaire pour vaporiser le propane de la boucle B_1, liquide, à 303 K ($P > P_S$).

$$\Delta H_{v_B} = \frac{RT_B \ln P_C}{1 - T_{B_R}} \text{ en cal/mol}$$

pour $T_B = 231$ K, $T_C = 370$ K et $P_C = 42$ atm, on trouve :

$$T_{BR} = \frac{231}{370} = 0{,}62432 \text{ , } \ln P_C = 3{,}73767$$

$$\Delta H_{vBpropane} = \frac{1{,}987 \times 231 \times 3{,}73767}{1 - \frac{231}{370}} = 4566{,}65 \text{ cal/mol}$$

à 303 K :

$$\Delta H_{v_{303}} = \Delta H_{v_{231}} \left(\frac{1 - T_{R_1}}{1 - T_{R_2}} \right)^n$$

Comme $0{,}57 < T_{B_R} < 0{,}71$, $n = 0{,}740\ T_{B_R} - 0{,}116 = 0{,}740 \times 0{,}62432 - 0{,}116 = 0{,}346$

$$\Delta H_{v303} = 4566{,}65 \left[\frac{1 - \frac{303}{370}}{1 - \frac{231}{370}} \right]^{0{,}346}$$

$$= 4566{,}65 \,.\, 0{,}77685$$

$$\Delta H_{v_{303}} = 3547{,}6 \text{ cal/mol}$$

Pour un débit de propane de 280,29 kmol/h, la vaporisation nécessite :

280,29 x 3547,6 = 994357 kcal/h

Cette quantité de chaleur est inférieure à celle qui est dégagée dans le réacteur. Il est possible d'envisager un réacteur dont l'aménagement intérieur comporterait un bouilleur.

5°) Rectification :

Calcul du taux de reflux minimum et estimation du nombre de plateaux théoriques.

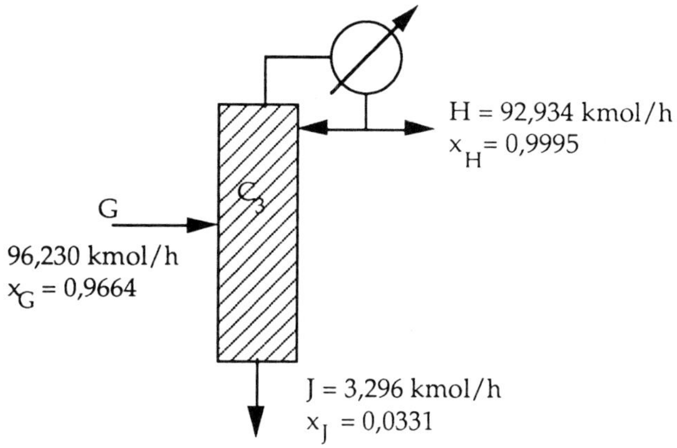

Les teneurs sont exprimées en fractions molaires du cumène sur le schéma ci-dessus représentant la colonne C_3.

Le taux de reflux R vaut 1,683.

Considérons la courbe d'équilibre y = f(x) et construisons un diagramme de Mc CABE et THIELE (voir figure : "Rectification d'un mélange isopropylbenzène -di-isopropylbenzènes (x > 0,965) - Solution").

La détermination graphique du nombre de plateaux théoriques impose la construction d'un graphique à grande échelle pour la partie haute de la colonne.

La droite de concentration passe par le point H de coordonnées $x_H = 0{,}9995$, $y_H = 0{,}9995$ et a pour pente $\frac{R}{R+1} = \frac{1{,}683}{2{,}683} = 0{,}627$. L'ordonnée pour x = 0,965 vaut y = 0,9778.

Cette droite coupe la courbe d'équilibre au point M, tel que :

$x_M = x_G = 0{,}9664$

y_M (lue) = 0,9905 , lorsque le taux de reflux est minimum.

Le taux de reflux minimum est donné par la relation :

$$\frac{R_m}{R_m+1} = \frac{x_H - y_M}{x_H - x_M} \quad \text{ou} \quad R_m = \frac{x_H - y_M}{y_M - x_M}$$

Ce qui donne :

$$R_m = \frac{0{,}9995 - 0{,}9905}{0{,}9905 - 0{,}9664} = \frac{0{,}0090}{0{,}0241} = 0{,}373$$

La droite d'épuisement passe par le point J de coordonnées : $x_J = 0{,}0331$, $y_J = 0{,}0331$ et par le point Q situé sur la droite de concentration, à l'abscisse $x_Q = x_G = 0{,}9664$. On peut calculer l'ordonnée : $y_Q = 0{,}9787$ (voir la figure : "Rectification d'un mélange isopropylbenzène - di-isopropylbenzènes - $0 < x < 1$ - Solution").

On trouve approximativement 9 plateaux théoriques.

RECTIFICATION D'UN MÉLANGE ISOPROPYLBENZÈNE - DI-ISOPROPYLBENZÈNES - (x > 0,965) - Solution

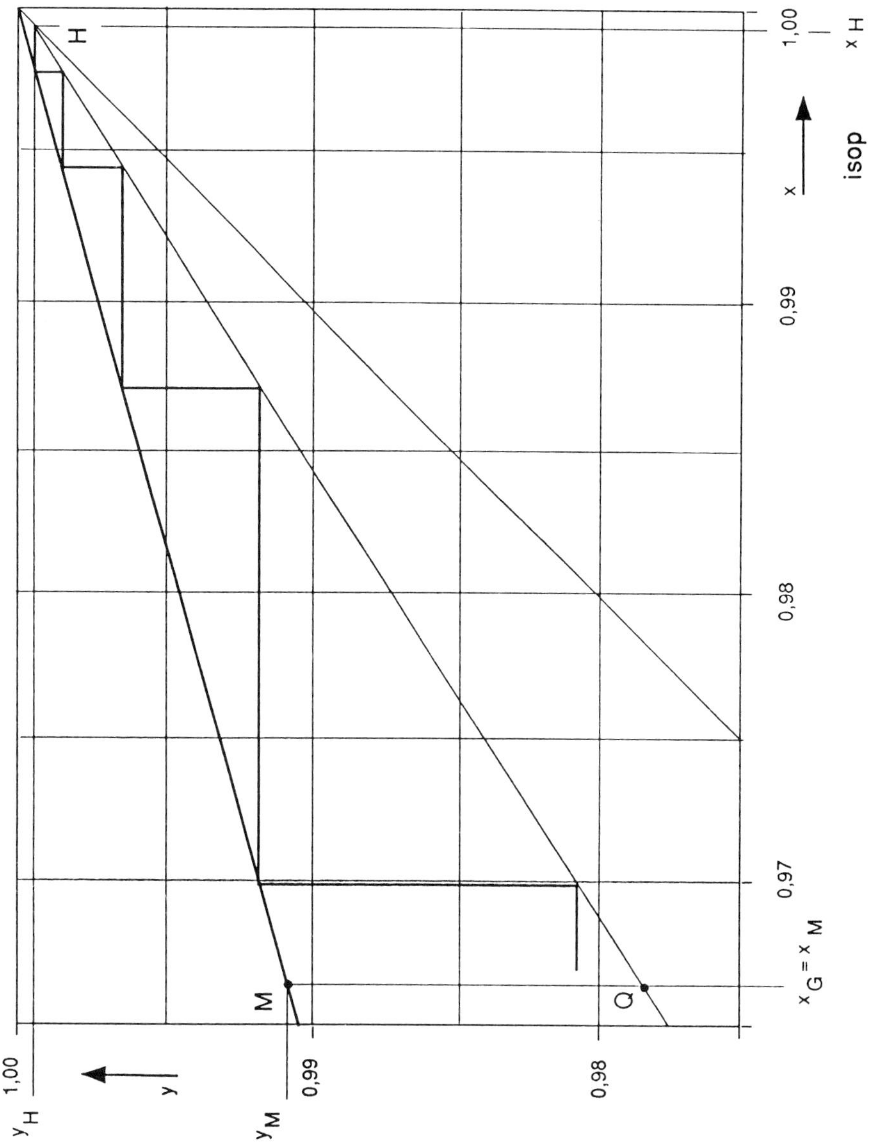

RECTIFICATION D'UN MÉLANGE ISOPROPYLBENZÈNE - DI-ISOPROPYLBENZÈNES - (0 < x < 1) - Solution

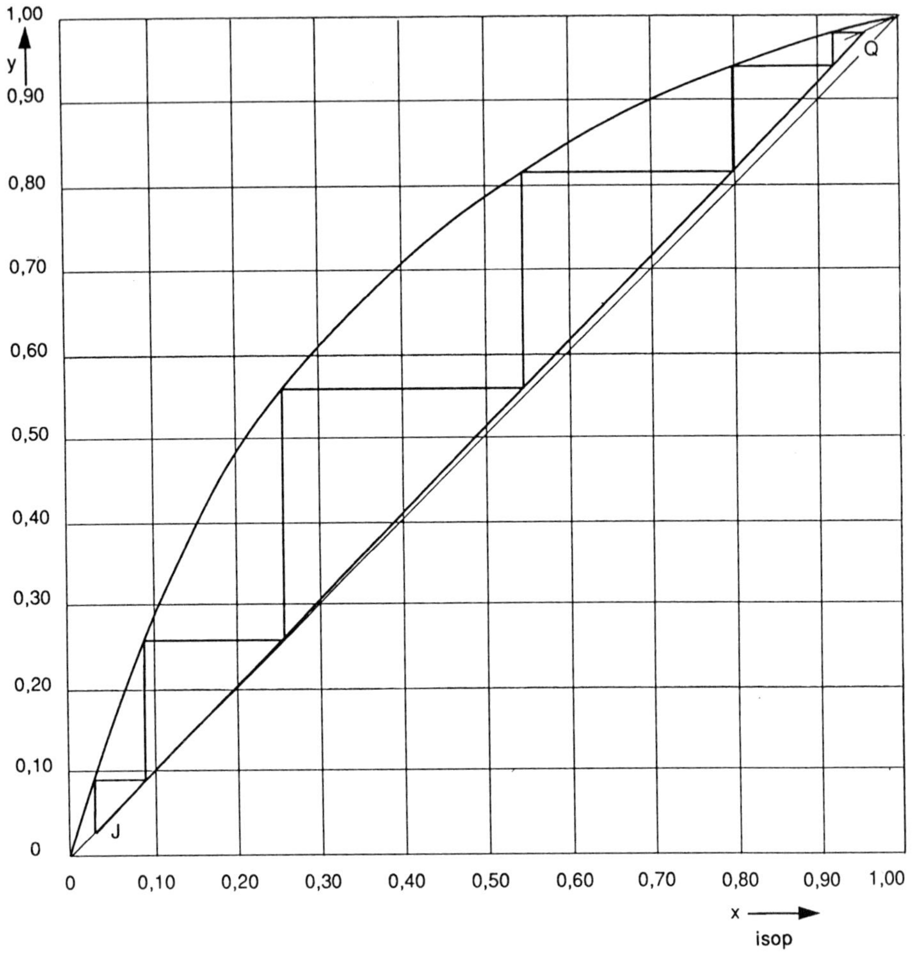

FABRICATION DE L'ANHYDRIDE ACETIQUE - Enoncé -

On veut fabriquer industriellement de l'anhydride acétique à partir de cétène et d'acide acétique, selon la réaction suivante :

$$CH_2 = C = O + CH_3\,COOH \longrightarrow (CH_3\,CO)_2\,O$$

Une partie de l'atelier de fabrication correspondant est schématisée figure 1.

- Le réacteur Re, fonctionnant en régime stationnaire, est alimenté :

d'une part : - point A - par un mélange de cétène, d'acétone et d'inertes (CO, CH_4...) dont les débits sont :

Acétone	:	73,878 kmol/h
Cétène	:	7,500 kmol/h
Inertes	:	10,000 kmol/h

d'autre part : - point C - par un mélange d'acide acétique et d'acétone dont la teneur en acétone est de 0,020 (fraction molaire)

On suppose que tout le cétène de l'alimentation est transformé en anhydride acétique.

- La production liquide du réacteur - point B - a la composition suivante, les teneurs étant exprimées en fractions molaires :

Acide acétique	:	0,550
Acétone	:	0,350
Anhydride acétique	:	0,100

Tout l'anhydride acétique formé est contenu dans cette production liquide.

- Les effluents gazeux du réacteur - point D - sont un mélange d'inertes, d'acide acétique et d'acétone. La fraction molaire de l'acétone est de 0,750. Tous les inertes de l'alimentation sortent au point D.

- Les effluents gazeux du réacteur Re passent ensuite dans un condenseur Co. Les effluents du condenseur sont constitués :

  - point F - d'une phase gazeuse, mélange d'inertes et d'acétone. La fraction molaire des inertes est de 0,40

  - point E - d'une phase liquide, mélange d'acide acétique et d'acétone.

Tous les inertes de l'alimentation sortent au point F.

1°) Compléter le schéma de la figure 1 en calculant successivement :

- les débits partiels au point B
- le débit d'acide acétique au point C et le débit global au point D
- les débits partiels aux points D et C
- le débit d'acétone au point F
- les débits partiels au point E

2°) On désire séparer les inertes de l'acétone, présents au point F, par un lavage à contre-courant avec de l'acide acétique qui dissout l'acétone. Ce lavage est réalisé dans une colonne d'absorption Ab (figure 2).

Sachant que :

- Le gaz épuré contient tous les inertes de l'alimentation - soit un débit de 10 kmol/h - et de l'acétone dont le débit est de 0,450 kmol/h - point I.

- Le liquide de lavage est constitué d'acide acétique au débit de 33,5 kmol/h et d'acétone au débit de 0,500 kmol/h - point H.

Il n'y a pas d'acide acétique dans le gaz épuré, ni d'inerte dans le liquide sortant de la colonne Ab.

2.1 Déterminer graphiquement le nombre de plateaux théoriques nécessaires à la séparation, en utilisant la courbe d'équilibre de l'annexe 1, construite en coordonnées corrigées $X = \dfrac{x}{1-x}$ et $Y = \dfrac{y}{1-y}$

2.2 Donner les débits et composition du liquide de lavage sortant - point G

2.3 Quel est le débit minimum d'acide acétique nécessaire pour obtenir l'effluent (point I) désiré (inertes 10 kmol/h - acétone 0,45 kmol/h) à partir de l'alimentation (point F) dont les débits ont été calculés pour répondre à la question 1 (inertes 10 kmol/h - acétone 15 kmol/h)

3°) La production liquide du réacteur Re - point B - est envoyée dans une colonne de rectification D_1, de manière à séparer l'anhydride acétique qui constitue la production de l'atelier (figure 3).

On suppose que tout l'anhydride acétique fabriqué dans le réacteur Re est présent au pied de la colonne D_1, à l'état pur - point P -

Au distillat de cette colonne - point L - est ajouté le liquide - point E - venant du condenseur Co et le liquide de lavage sortant de la colonne Ab - point G -

Le débit total - point M - est envoyé dans une colonne de rectification D_2, en vue de séparer l'acide acétique, pour le recycler vers le réacteur Re.

Cette colonne fonctionne sous une pression de 2 atm (abs).

3.1 Calculer les débits et la composition au point M.

3.2 Connaissant la courbe d'équilibre "liquide-vapeur" du mélange binaire "acide acétique - acétone" donnée en annexe 2(*) et sachant que :

- on veut obtenir en tête de colonne un mélange contenant 2% d'acide acétique (fraction molaire 0,020)

- l'alimentation est introduite liquide à la température du plateau d'alimentation

- le taux de reflux R est de 0,45

Déterminer graphiquement le nombre de plateaux théoriques nécessaires à la séparation effectuée dans le tronçon de concentration de D_2.

3.3 Quel est le taux de reflux minimum ?

L'acétone sortant en tête de colonne - point N - est envoyée dans un atelier situé en amont, qui fabrique le cétène à partir d'acétone(**).

4°) On veut obtenir une teneur en acétone au pied de la colonne D_2 de 0,02 (fraction molaire).

4.1 Calculer les débits en acétone et acide acétique aux points N et O.

4.2 Le débit au pied de la colonne D_2 - point O - peut servir d'une part comme liquide de lavage de la colonne Ab - point Q -, d'autre part comme alimentation en acide acétique du réacteur Re - point C - (figure 4).

(*) Courbe calculée à partir des tensions de vapeur

(**) Selon la réaction : $(CH_3)_2CO \rightarrow CH_2 = C = O + CH_4$

Un appoint en acide acétique de 9 kmol/h - point J - est ajouté à la fraction de courant venant du pied de la colonne D_2 pour former le débit total de liquide de lavage de la colonne Ab - point H -

Compte tenu des figures 1, 2, 3 et 4, construire le schéma général de l'atelier de fabrication en complétant la figure 5.

4.3 Vérifier le bilan global de l'acétone ainsi que le bilan global de l'acide acétique.

- Figures : 1 - 2 - 3 - 4 - 5 : Fabrication de l'anhydride acétique.
- Annexe 1 : Solubilité de l'acétone dans l'acide acétique et dans les inertes. Courbe d'équilibre - Enoncé -
- Annexe 2 : Equilibre liquide-vapeur : mélange acétone - acide acétique- Enoncé -

Figure 1 : FABRICATION D'ANHYDRIDE ACETIQUE - Enoncé -

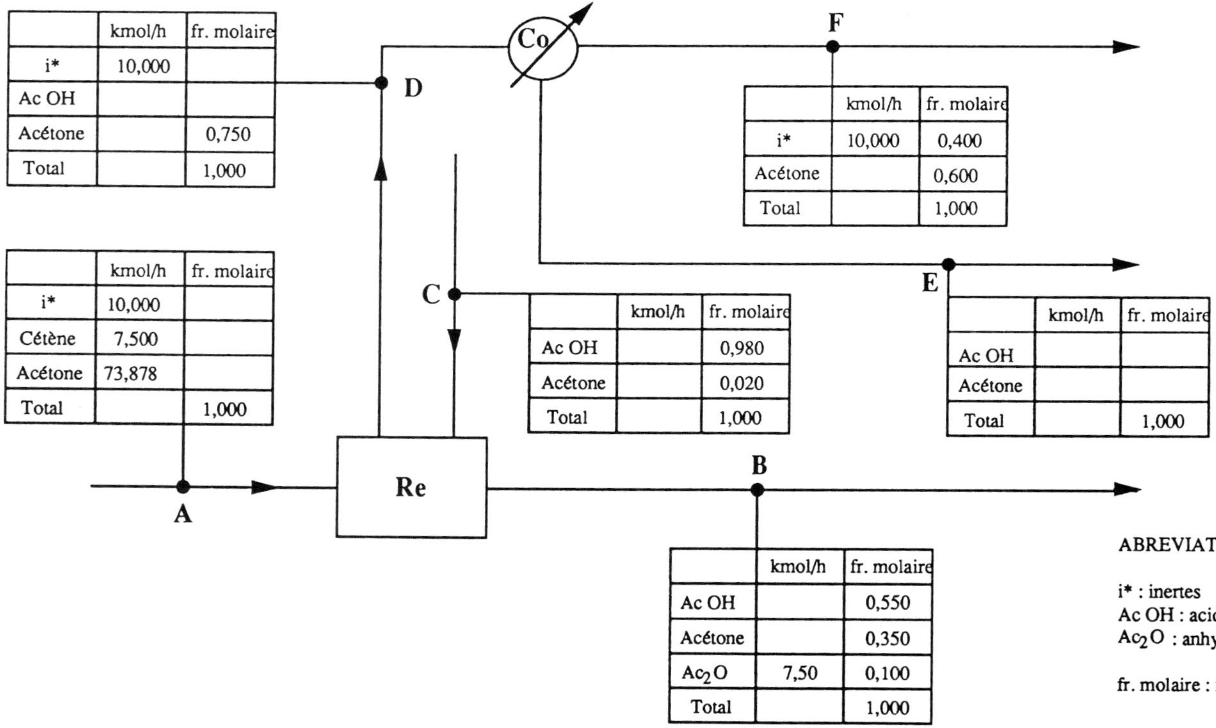

D

	kmol/h	fr. molaire
i*	10,000	
Ac OH		
Acétone		0,750
Total		1,000

A

	kmol/h	fr. molaire
i*	10,000	
Cétène	7,500	
Acétone	73,878	
Total		1,000

C

	kmol/h	fr. molaire
Ac OH		0,980
Acétone		0,020
Total		1,000

F

	kmol/h	fr. molaire
i*	10,000	0,400
Acétone		0,600
Total		1,000

E

	kmol/h	fr. molaire
Ac OH		
Acétone		
Total		1,000

B

	kmol/h	fr. molaire
Ac OH		0,550
Acétone		0,350
Ac_2O	7,50	0,100
Total		1,000

ABREVIATIONS :

i* : inertes
Ac OH : acide acétique
Ac_2O : anhydride acétique

fr. molaire : fraction molaire

Figure 2 : FABRICATION D'ANHYDRIDE ACETIQUE - Enoncé -

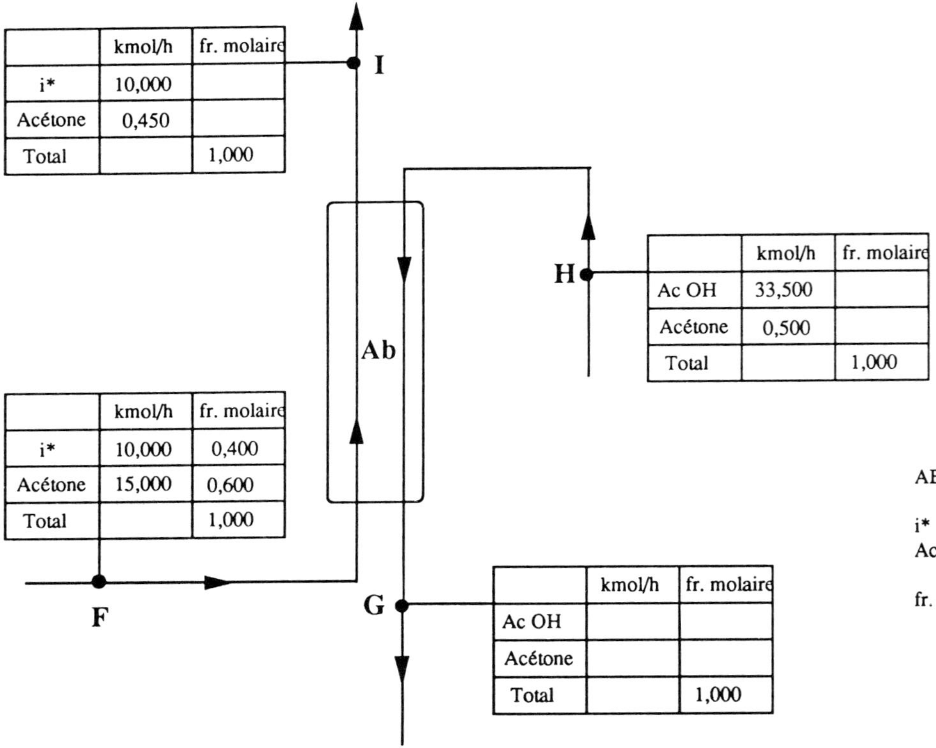

Courant I :

	kmol/h	fr. molaire
i*	10,000	
Acétone	0,450	
Total		1,000

Courant F :

	kmol/h	fr. molaire
i*	10,000	0,400
Acétone	15,000	0,600
Total		1,000

Courant H :

	kmol/h	fr. molaire
Ac OH	33,500	
Acétone	0,500	
Total		1,000

Courant G :

	kmol/h	fr. molaire
Ac OH		
Acétone		
Total		1,000

ABREVIATIONS :

i* : inertes
Ac OH : acide acétique

fr. molaire : fraction molaire

Figure 3 : FABRICATION D'ANHYDRIDE ACETIQUE - Enoncé -

ABREVIATIONS :

Ac OH : acide acétique
Ac_2O : anhydride acétique

fr. molaire : fraction molaire

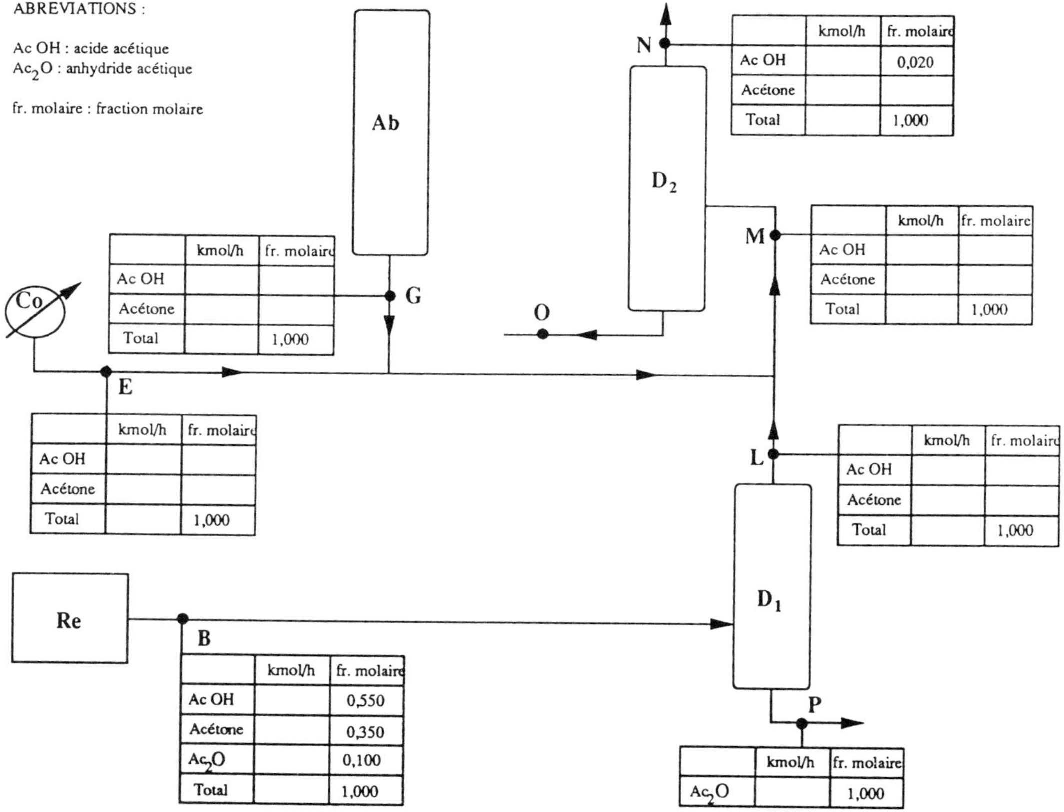

Courant N

	kmol/h	fr. molaire
Ac OH		0,020
Acétone		
Total		1,000

Courant M

	kmol/h	fr. molaire
Ac OH		
Acétone		
Total		1,000

Courant G

	kmol/h	fr. molaire
Ac OH		
Acétone		
Total		1,000

Courant E

	kmol/h	fr. molaire
Ac OH		
Acétone		
Total		1,000

Courant L

	kmol/h	fr. molaire
Ac OH		
Acétone		
Total		1,000

Courant B

	kmol/h	fr. molaire
Ac OH		0,550
Acétone		0,350
Ac_2O		0,100
Total		1,000

Courant P

	kmol/h	fr. molaire
Ac_2O		1,000

Figure 4 : FABRICATION D'ANHYDRIDE ACETIQUE - Enoncé -

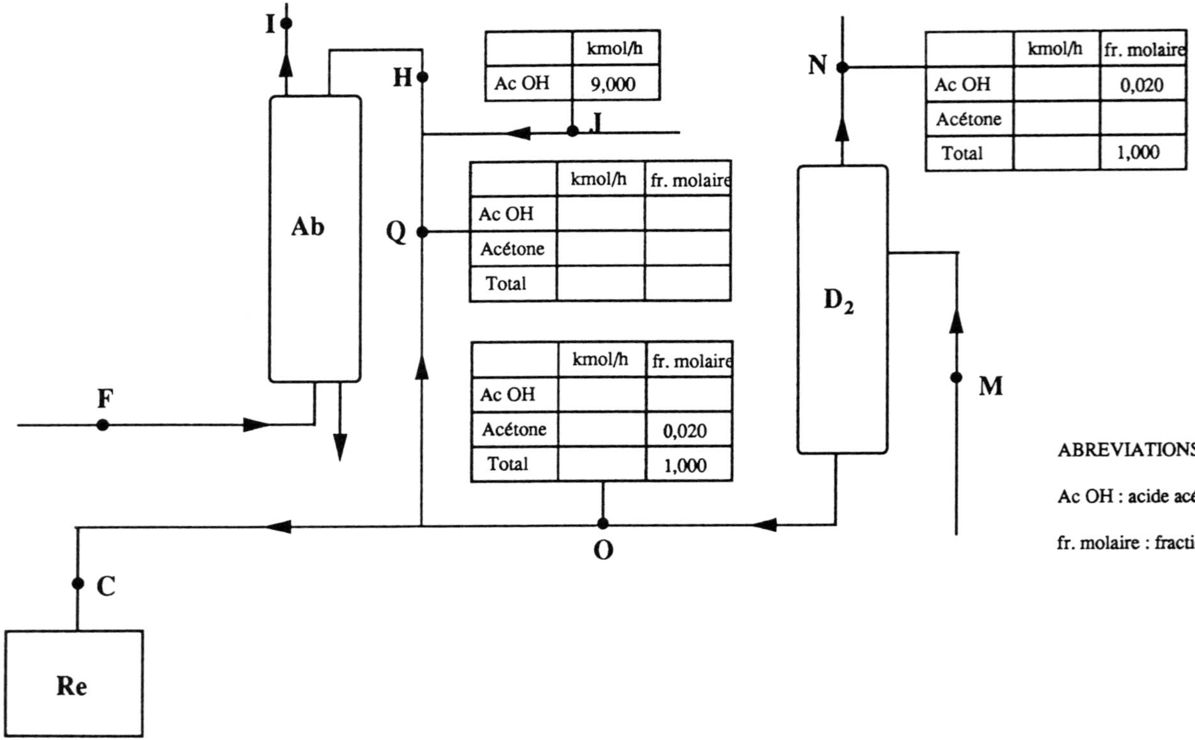

ABREVIATIONS :

Ac OH : acide acétique

fr. molaire : fraction molaire

Figure 5 : FABRICATION D'ANHYDRIDE ACETIQUE - Schéma Général - Enoncé -

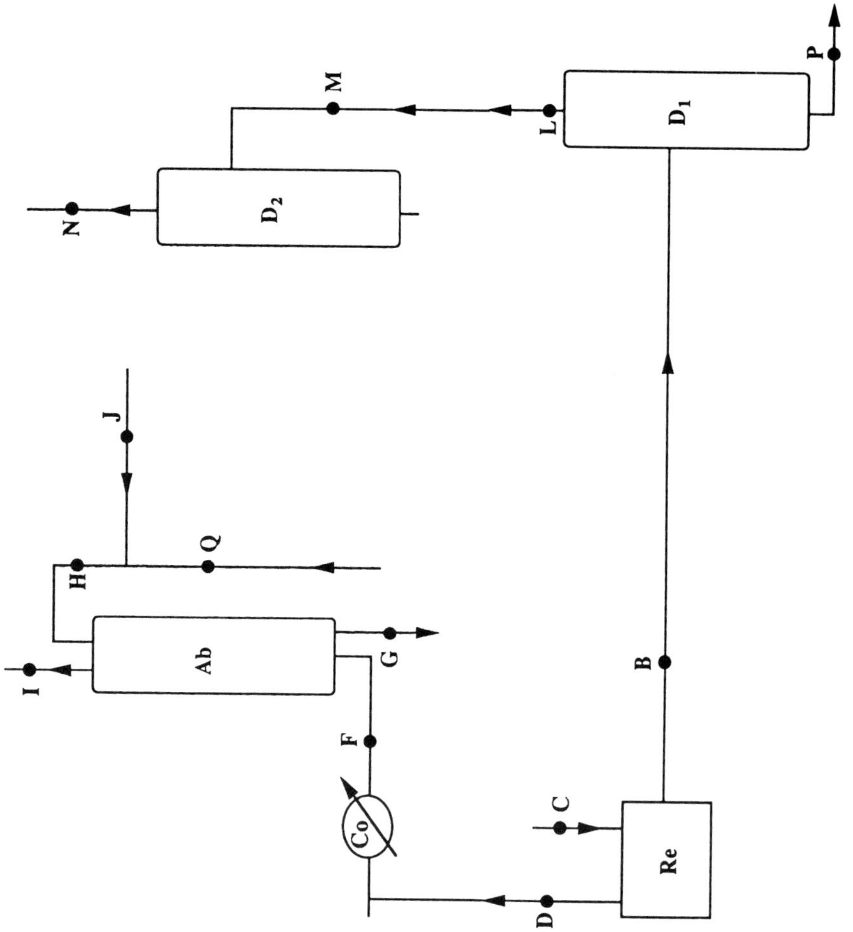

Annexe 1 : SOLUBILITÉ DE L'ACÉTONE DANS L'ACIDE ACÉTIQUE ET DANS LES INERTES - COURBE D'ÉQUILIBRE - Enoncé -

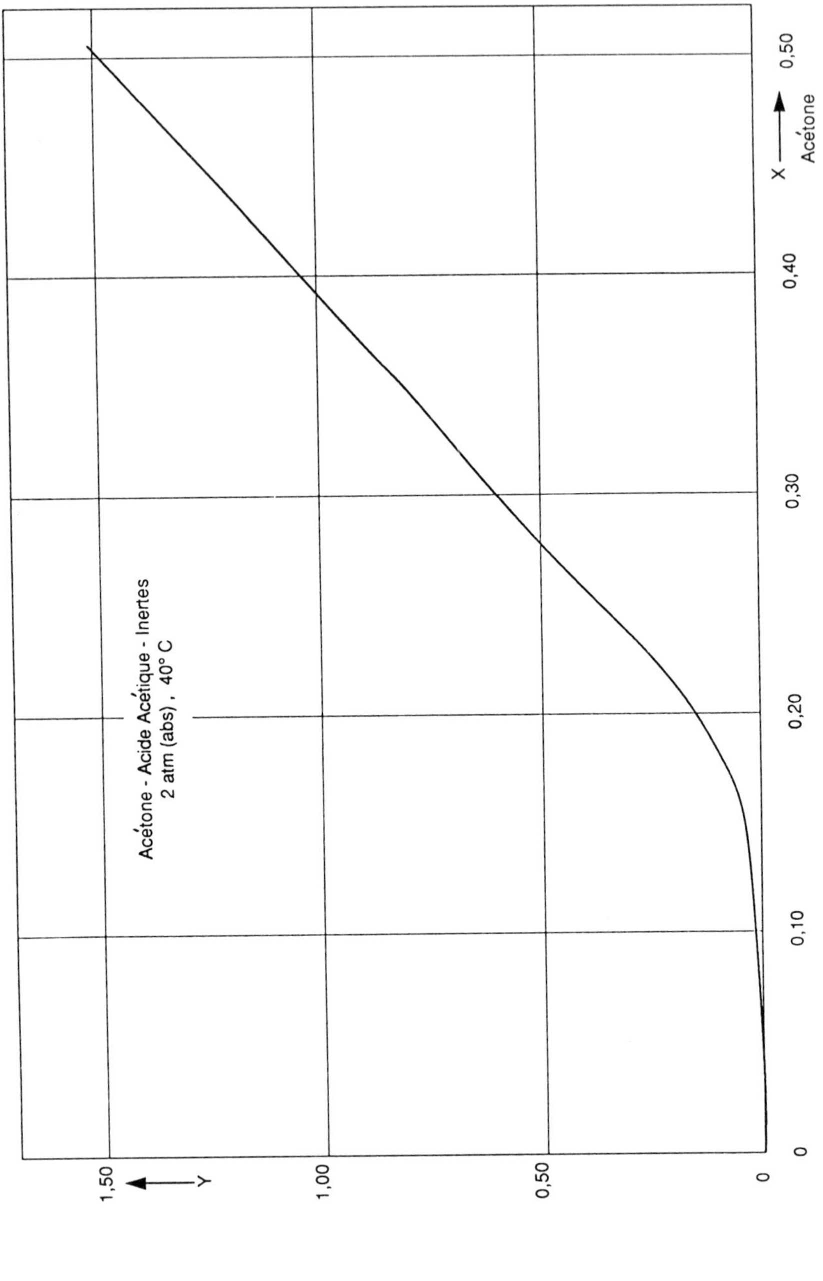

**Annexe 2 : EQUILIBRE LIQUIDE - VAPEUR :
MÉLANGE ACÉTONE - ACIDE ACÉTIQUE - Enoncé -**

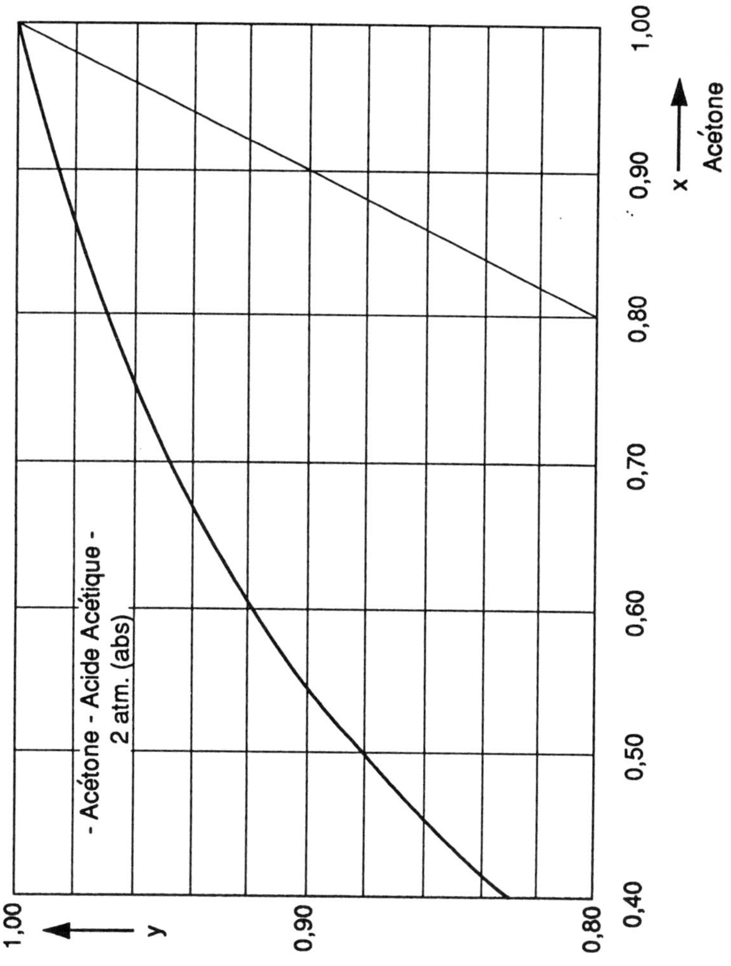

FABRICATION DE L'ANHYDRIDE ACETIQUE - Solution -

L'anhydride acétique est fabriqué industriellement selon la réaction :

$$CH_2 = C = O + CH_3\,COOH \longrightarrow (CH_3\,CO)_2\,O$$

1°) Bilan matière d'après le schéma général du procédé (1).

Le bilan est effectué pour un débit d'alimentation correspondant à 7,5 kmol/h de cétène.

- Calcul des débits au point B, effluents liquides du réacteur.

Tout le cétène de l'alimentation, soit 7,5 kmol/h, est transformé en anhydride acétique. La production de ce dernier est donc, d'après la réaction de formation, égale à 7,5 kmol/h qui sont entièrement éliminées en B donc $(CH_3\,CO)_2\,O_B = 7{,}5$ kmol/h.

Connaissant la fraction molaire de l'anhydride en B, (= 0,100), on peut calculer le débit total de B soit $\frac{7{,}5}{0{,}10} = 75$ kmol/h, puis le nombre de mol des autres constituants :

$$Ac\,OH_B = 75 \times 0{,}550 = 41{,}25 \text{ kmol/h}$$

$$Acétone_B = 75 \times 0{,}350 = 26{,}25 \text{ kmol/h}$$

- Calcul du débit d'acide acétique au point C et du débit global au point D.

La fraction molaire de l'acide acétique au point C = 0,98.

On peut écrire le bilan en acide acétique :

$$Ac\,OH_C = Ac\,OH_B + Ac\,OH_D + Ac\,OH \text{ transformé}$$

$$0{,}98\,C = 41{,}25 + Ac\,OH_D + 7{,}50 = 48{,}75 + Ac\,OH_D$$

$$Ac\,OH_D = D - 10 - 0{,}75\,D = 0{,}25\,D - 10$$

d'où : $$0{,}98\,C = 0{,}25\,D + 38{,}75 \qquad (1)$$

Par ailleurs on écrit le bilan en acétone :

$$Acétone_A + Acétone_C = Acétone_B + Acétone_D$$

$$73{,}878 + Acétone_C = 26{,}250 + 0{,}750\,D \text{ avec } Acétone_C = 0{,}020\,C,$$

d'où : $$0{,}020\,C = 0{,}750\,D - 47{,}628 \qquad (2)$$

à partir de (1) et (2), en multipliant (1) par - 3, on obtient :

$$-2{,}94\ C = -0{,}75\ D - 116{,}250$$

$$0{,}02\ C = 0{,}75\ D - 47{,}628$$

d'où : $2{,}92\ C = 163{,}878$

$C = 56{,}1226$ kmol/h

et : $Ac\ OH_C = 56{,}1226 \times 0{,}98 = 55{,}000$ kmol/h

L'équation (2) donne :

$$56{,}1226 \times 0{,}02 + 47{,}628 = 0{,}75\ D$$

$$48{,}75 = 0{,}75\ D$$

d'où : $D = 65{,}001$ kmol/h $\approx 65{,}000$ kmol/h

• Calcul des débits partiels aux points D et C.

En D :

$Acétone_D = 65 \times 0{,}75 = 48{,}750$ kmol/h

d'où : $Ac\ OH_D = D - Acétone_D - i_D = 65{,}000 - 10{,}000 - 48{,}750 = 6{,}250$ kmol/h

et le titre molaire correspondant : $\dfrac{6{,}250}{65{,}000} = 0{,}0962$ pour $Ac\ OH_D$

et enfin : $\dfrac{10{,}000}{65{,}000} = 0{,}1538$ pour les inertes.

En C :

$Acétone_C = 56{,}1226 \times 0{,}020 = 1{,}122$ kmol/h

• Calcul du débit d'acétone en F :

$$D = F + E$$

On sait que $0{,}400\ F = 10{,}000$ d'où $F = 25{,}000$ kmol/h
et $E = 65{,}000 - 25{,}000 = 40{,}000$ kmol/h

$Acétone_F = 25{,}000 \times 0{,}6 = 15{,}000$ kmol/h

• Débits partiels au point E :

$Acétone_E = Acétone_D - Acétone_F = 48{,}750 - 15{,}000 = 33{,}750$ kmol/h

ce qui correspond à une fraction molaire de $\dfrac{33{,}750}{40{,}000} = 0{,}84375$

$Ac\,OH_E = 40{,}000 - 33{,}750 = 6{,}250$ kmol/h, soit $\dfrac{6{,}250}{40{,}000} = 0{,}15625$

Les débits et compositions calculés sont portés sur la figure 1 : "Fabrication d'anhydride acétique - Solution".

2°) Absorption de l'acétone

2.1 Détermination du nombre de plateaux théoriques.

Le bilan de la colonne Ab est calculé d'après les données de la figure 2.

Calculons les débits et teneurs aux extrémités de la colonne d'absorption.

• Gaz à épurer (courant F) :

débit molaire F = 25 kmol/h

fraction molaire en acétone : $y_F = \dfrac{15}{25} = 0{,}600$

$$Y_F = \frac{y_A}{1-y_A} = \frac{0{,}600}{0{,}400} = 1{,}500$$

Gaz épuré (courant I) :

débit molaire I = 10,450 kmol/h

fraction molaire en acétone : $y_I = \dfrac{0{,}450}{10{,}450} = 0{,}04306$, arrondi à 0,0431

$$Y_I = \frac{0{,}043}{1-0{,}043} = 0{,}04493, \text{ arrondi à } 0{,}0449$$

Figure 1 : FABRICATION D'ANHYDRIDE ACETIQUE - Solution -

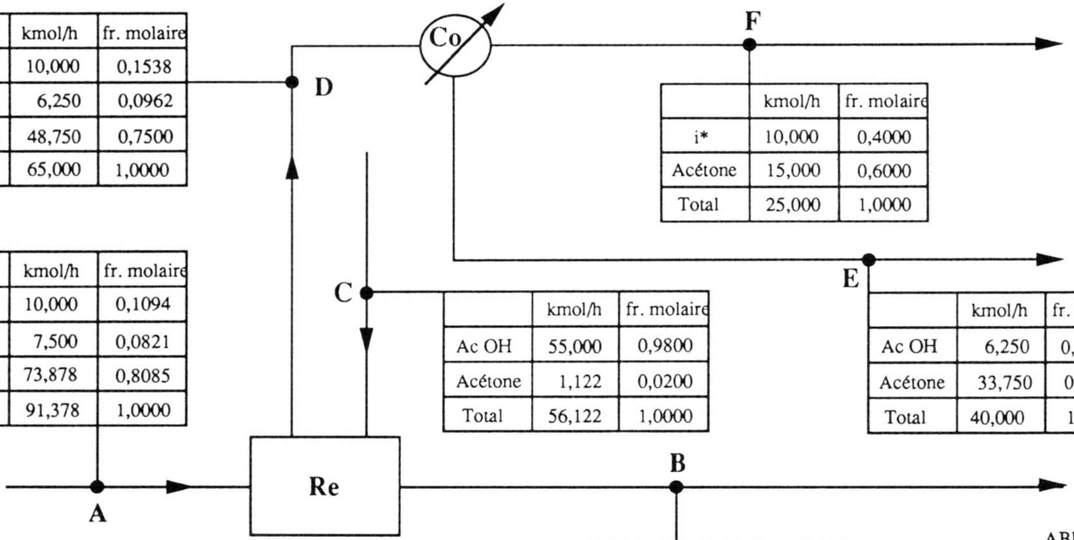

D

	kmol/h	fr. molaire
i*	10,000	0,1538
Ac OH	6,250	0,0962
Acétone	48,750	0,7500
Total	65,000	1,0000

A

	kmol/h	fr. molaire
i*	10,000	0,1094
Cétène	7,500	0,0821
Acétone	73,878	0,8085
Total	91,378	1,0000

F

	kmol/h	fr. molaire
i*	10,000	0,4000
Acétone	15,000	0,6000
Total	25,000	1,0000

C

	kmol/h	fr. molaire
Ac OH	55,000	0,9800
Acétone	1,122	0,0200
Total	56,122	1,0000

E

	kmol/h	fr. molaire
Ac OH	6,250	0,15625
Acétone	33,750	0,84375
Total	40,000	1,00000

B

	kmol/h	fr. molaire
Ac OH	41,250	0,5500
Acétone	26,250	0,3500
Ac_2O	7,500	0,1000
Total	75,000	1,0000

ABREVIATIONS :

i* : inertes
Ac OH : acide acétique
Ac_2O : anhydride acétique

fr. molaire : fraction molaire

• Solution de lavage

- à l'entrée H = 34 kmol/h

fraction molaire en acétone : $x_H = \frac{0,5}{34} = 0,0147$

et $X_H = \frac{x}{1-x} = \frac{0,0147}{1-0,0147} = 0,0149$

- à la sortie (courant G) :

$Ac\ OH_G = Ac\ OH_H = 33,500$ kmol/h

$\text{Acétone}_G = \text{Acétone}_F - \text{Acétone}_I + \text{Acétone}_H$

$\text{Acétone}_G = 15,00 - 0,45 + 0,50 = 15,05$ kmol/h

soit au total pour le débit de G :

G = 33,50 + 15,05 = 48,55 kmol/h

et la fraction molaire en acétone $x_G = \frac{15,05}{48,55} = 0,30998$, arrondi à 0,3100

d'où $X_G = \frac{0,3100}{1-0,3100} = 0,4493$

On trace la droite opératoire bs sur le diagramme d'équilibre

b (bas de colonne)	$Y_F = 1,5000$,	$X_G = 0,4493$
s (sommet de colonne)	$Y_I = 0,0449$,	$X_H = 0,0149$

On construit les gradins entre b et s et on trouve 4 plateaux théoriques (voir la figure : Annexe 1 - "Absorption d'acétone - Solution").

2.2 Composition du courant de lavage en sortie (point G)

Les débits molaires ont été calculés en 2.1

$Ac\ OH_G = 33,50$ kmol/h

$\text{Acétone}_G = 15,05$ kmol/h

Figure 2 : FABRICATION D'ANHYDRIDE ACETIQUE - Solution -

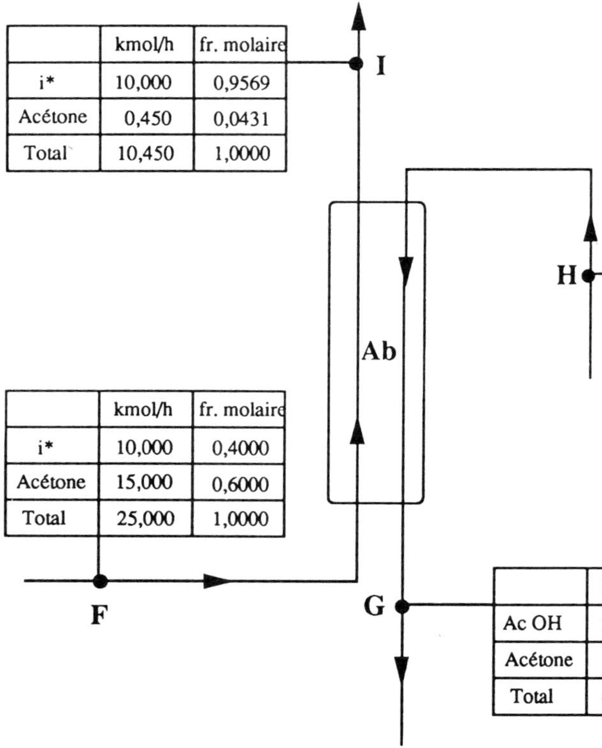

I

	kmol/h	fr. molaire
i*	10,000	0,9569
Acétone	0,450	0,0431
Total	10,450	1,0000

F

	kmol/h	fr. molaire
i*	10,000	0,4000
Acétone	15,000	0,6000
Total	25,000	1,0000

H

	kmol/h	fr. molaire
Ac OH	33,500	0,9853
Acétone	0,500	0,0147
Total	34,000	1,0000

G

	kmol/h	fr. molaire
Ac OH	33,500	0,6900
Acétone	15,050	0,3100
Total	48,550	1,0000

ABREVIATIONS :

i* : inertes
Ac OH : acide acétique

fr. molaire : fraction molaire

Annexe 1 - ABSORPTION D'ACÉTONE - Solution -

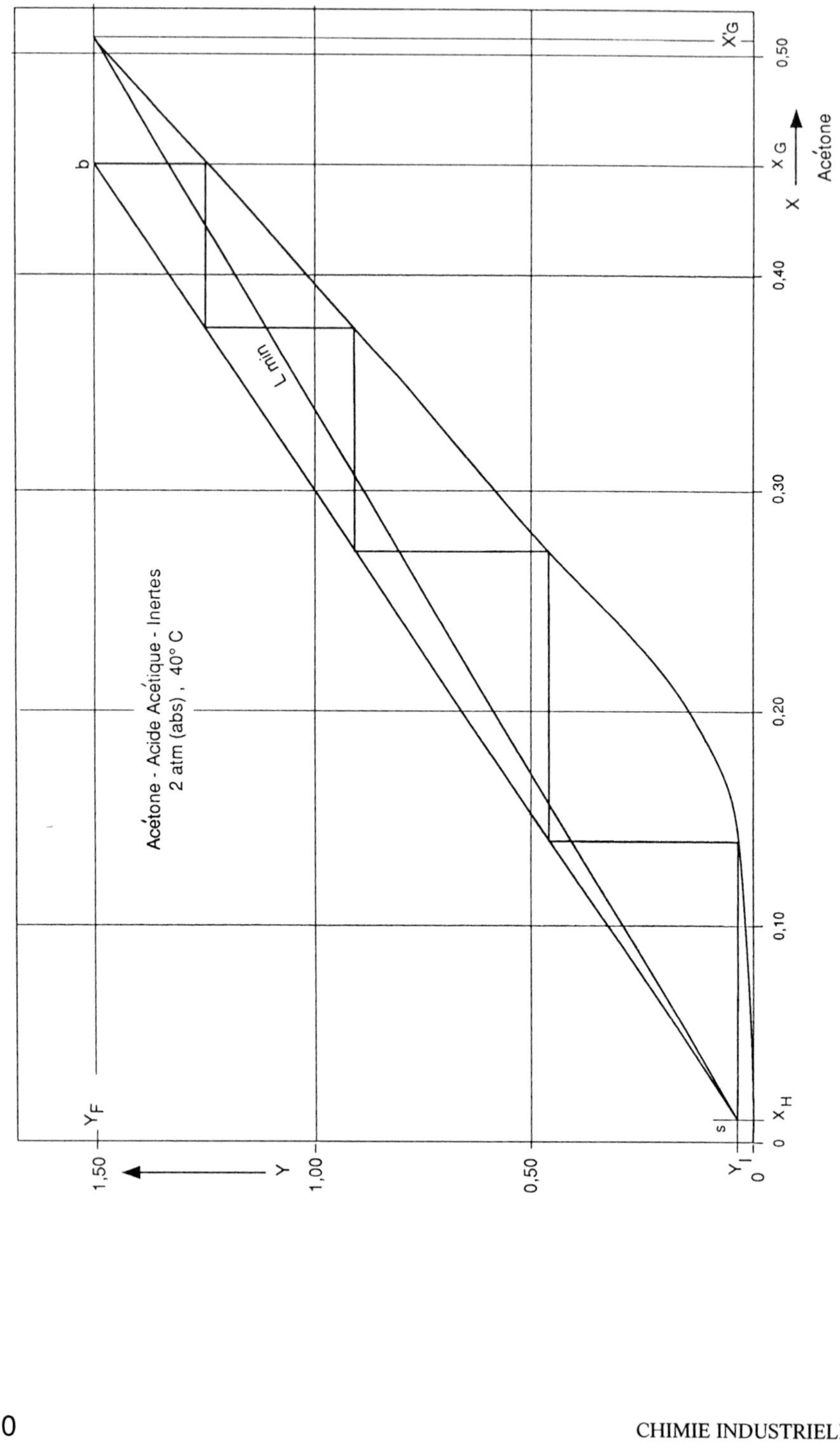

soit un débit total G de 48,55 kmol/h,

ce qui donne pour les fractions molaires :

en acide acétique : $\frac{33,50}{48,55}$ = 0,6900 et en acétone : 0,3100
(calculé en 21).

Les débits et compositions calculés sont portés sur la figure 2 : "Fabrication d'anhydride acétique - Solution".

2.3 Débit minimum d'acide acétique nécessaire pour obtenir l'effluent I désiré :

La pente de la droite opératoire est égale à :

$$\frac{Y_F - Y_I}{X_G - X_H} = \frac{1,5000 - 0,0449}{0,4493 - 0,0149} = 3,350 \left(= \frac{AcOH_H}{inertes_F} \right)$$

Le débit minimum d'acide acétique nécessaire L_{min} correspond à la valeur minimum de cette pente lorsque la droite opératoire pivote autour de s (point fixe), l'ordonnée du point b étant toujours 1,500.

Ceci se produit quand le point b est sur la courbe d'équilibre à l'ordonnée Y_F = 1,500.

On trouve alors X'_G = 0,5040, et le nombre de plateaux est infini.

La nouvelle pente sera donc $\frac{1,4551}{0,5040 - 0,0149}$ = 2,975.

Les débits et teneurs du gaz à traiter n'ayant pas varié, le débit d'acide acétique, qui était de 33,500 kmol/h prend la valeur minimale :

$$L_{min} = \frac{33,500}{3,350} x2,975 = 29,75 kmol / h$$

3°) Séparation par rectification de l'anhydride produit (point B), colonne D_1 (figure 3).

L'alimentation (courant B) a été calculée en 1.

On suppose que l'anhydride acétique produit qui entre dans la colonne D_1, est entièrement éliminé, seul, en bas de colonne en P :

Ac_2O_p = 7,50 kmol/h

Les autres composants du courant B sortent de D_1 en L,

soit : $Ac\ OH_L$ = 41,25 kmol/h

$Acétone_L$ = 26,25 kmol/h

Le débit molaire total en L = 67,50 kmol/h,

ce qui donne pour les fractions molaires :

en Ac OH : $\frac{41,25}{67,50} = 0,6111$

et :

en acétone : $\frac{26,25}{67,50} = 0,3889$

3.1 Calcul de la composition du courant M entrant dans la colonne D_2 :

M = L + E + G

$Ac\ OH_M$ = 41,25 + 6,25 + 33,50 = 81,00 kmol/h

$Acétone_M$ = 26,25 + 33,75 + 15,05 = 75,05 kmol/h

soit, pour le débit molaire total de M = 156,05 kmol/h

ce qui correspond pour les fraction molaires :

en Ac OH : $\frac{81}{156,05} = 0,5191$

et :

en Acétone : $\frac{75,05}{156,05} = 0,4809 = x_M$

Les débits et compositions en L et M sont portés sur la figure 3 : "Fabrication d'anhydride acétique - Solution".

3.2 Détermination graphique du nombre de plateaux théoriques. Colonne D_2.

Le taux de reflux, R, est égal à 0,45 - Dans un diagramme de Mc CABE et THIELE (Annexe 2 : "Rectification d'un mélange acétone - acide acétique - Solution"), l'équation de la droite opératoire de concentration s'écrit :

Figure 3 : FABRICATION D'ANHYDRIDE ACETIQUE - Solution -

ABREVIATIONS :

Ac OH : acide acétique
Ac_2O : anhydride acétique

fr. molaire : fraction molaire

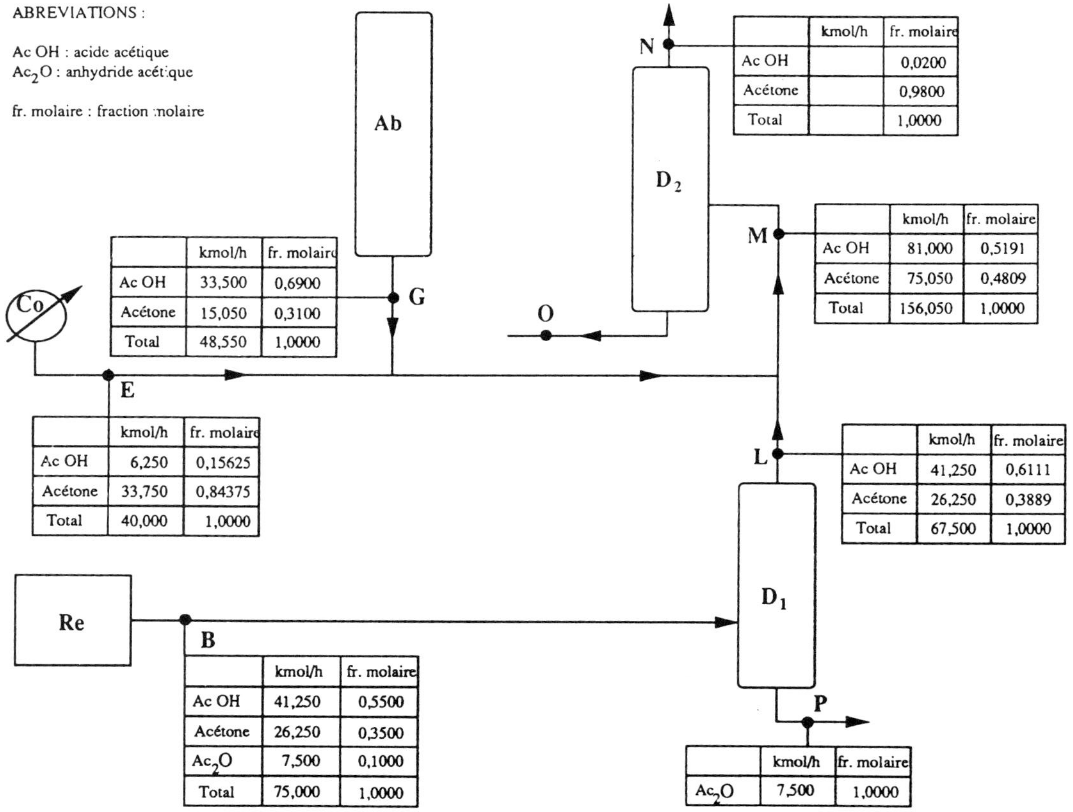

Courant N :

	kmol/h	fr. molaire
Ac OH		0,0200
Acétone		0,9800
Total		1,0000

Courant M :

	kmol/h	fr. molaire
Ac OH	81,000	0,5191
Acétone	75,050	0,4809
Total	156,050	1,0000

Courant G :

	kmol/h	fr. molaire
Ac OH	33,500	0,6900
Acétone	15,050	0,3100
Total	48,550	1,0000

Courant E :

	kmol/h	fr. molaire
Ac OH	6,250	0,15625
Acétone	33,750	0,84375
Total	40,000	1,0000

Courant L :

	kmol/h	fr. molaire
Ac OH	41,250	0,6111
Acétone	26,250	0,3889
Total	67,500	1,0000

Courant B :

	kmol/h	fr. molaire
Ac OH	41,250	0,5500
Acétone	26,250	0,3500
Ac_2O	7,500	0,1000
Total	75,000	1,0000

Courant P :

	kmol/h	fr. molaire
Ac_2O	7,500	1,0000

$$y = \frac{R}{R+1} x + \frac{x_N}{R+1}$$

Le distillat doit avoir une teneur en acide acétique de 0,020 (molaire), le titre en acétone est donc x_N = 0,980 (molaire) et l'équation de la droite opératoire de concentration devient :

$$y = 0{,}3103\ x + 0{,}6759$$

On trace la droite opératoire de concentration de pente égale à 0,3103 et passant par le point x = 0,400 ; y = 0,800.

On détermine le nombre de gradins construits entre cette droite opératoire de concentration, la courbe d'équilibre et les droites x_M = 0,4809 et x_N = 0,9800. On trouve environ 3,5 plateaux théoriques pour le tronçon de concentration.

3.3 Taux de reflux minimum .

Le taux de reflux minimum est obtenu lorsque la droite opératoire de concentration passe par le point T d'intersection de la courbe d'équilibre et de la droite d'alimentation x_M = 0,4809 (x_T = 0,4809, y_T = 0,8700), le point représentant le distillat (x_N = 0,9800, y_N = 0,9800) étant fixe.

La droite opératoire de concentration a alors pour pente :

$$\frac{R_m}{R_m+1} = \frac{0{,}9800 - 0{,}8700}{0{,}9800 - 0{,}4809} = 0{,}220$$

d'où le taux de reflux minimum : R_m = 0,282.

4°) On veut obtenir une teneur en acétone au pied de la colonne D_2 de 0,02.

4.1 Calcul des débits en acétone et en acide acétique aux points N et O.

On effectue les "bilans-matière" de la colonne D_2.

M = N + O = 156,05 d'où O = 156,05 - N

Le bilan en acétone s'écrit :

0,4809 × 156,05 = 0,98 N + 0,02 O. En remplaçant O par sa valeur :

75,044 = 0,980 N + 0,020 (156,05 - N), ou :

Annexe 2 - RECTIFICATION D'UN
MÉLANGE ACÉTONE - ACIDE ACÉTIQUE - Solution -

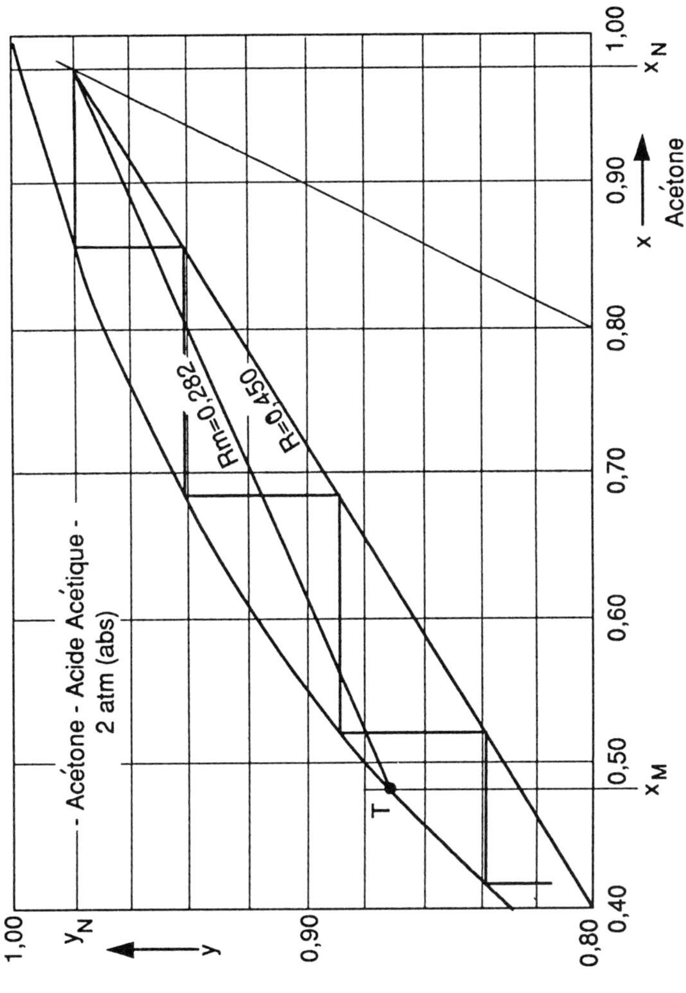

$0,96\ N = 71,923$ kmol/h

$N = 74,9198$ kmol/h, arrondi à $74,920$ kmol/h

et $O = 156,050 - 74,920 = 81,130$ kmol/h

• Courant N :

débit molaire en acide acétique :

$Ac\ OH_N = 74,920 \times 0,020 = 1,498$ kmol/h

débit molaire en acétone :

$Acétone_N = 74,920 \times 0,98 = 73,422$ kmol/h

• Courant O :

débit molaire en acide acétique :

$Ac\ OH_O = 81,130 \times 0,98 = 79,507$ kmol/h

$Acétone_O = 81,130 \times 0,020 = 1,623$ kmol/h

Les débits et compositions calculés sont portés sur la figure 4 : "Fabrication d'anhydride acétique - Solution".

4.2 Schéma général du procédé.

Une partie Q du courant O va constituer, après addition en J de 9 kmol d'acide acétique, l'alimentation H de la colonne d'absorption.

Le débit et la composition du courant H sont donnés dans l'énoncé (question 2).

Compte tenu de l'addition J, le débit en Q est de : $34 - 9 = 25$ kmol/h.

Le courant Q issu de O a même composition molaire que celui-ci, soit 0,9800 en Ac OH et 0,020 en Acétone,

d'où $Ac\ OH_Q = 25 \times 0,98 = 24,50$ kmol/h

$Acétone_Q = 25 \times 0,020 = 0,50$ kmol/h.

On retrouve en H les débits de l'énoncé :

$Ac\ OH_H = 9 + 24,50 = 33,50$ kmol/h

Figure 4 : FABRICATION D'ANHYDRIDE ACETIQUE - Solution -

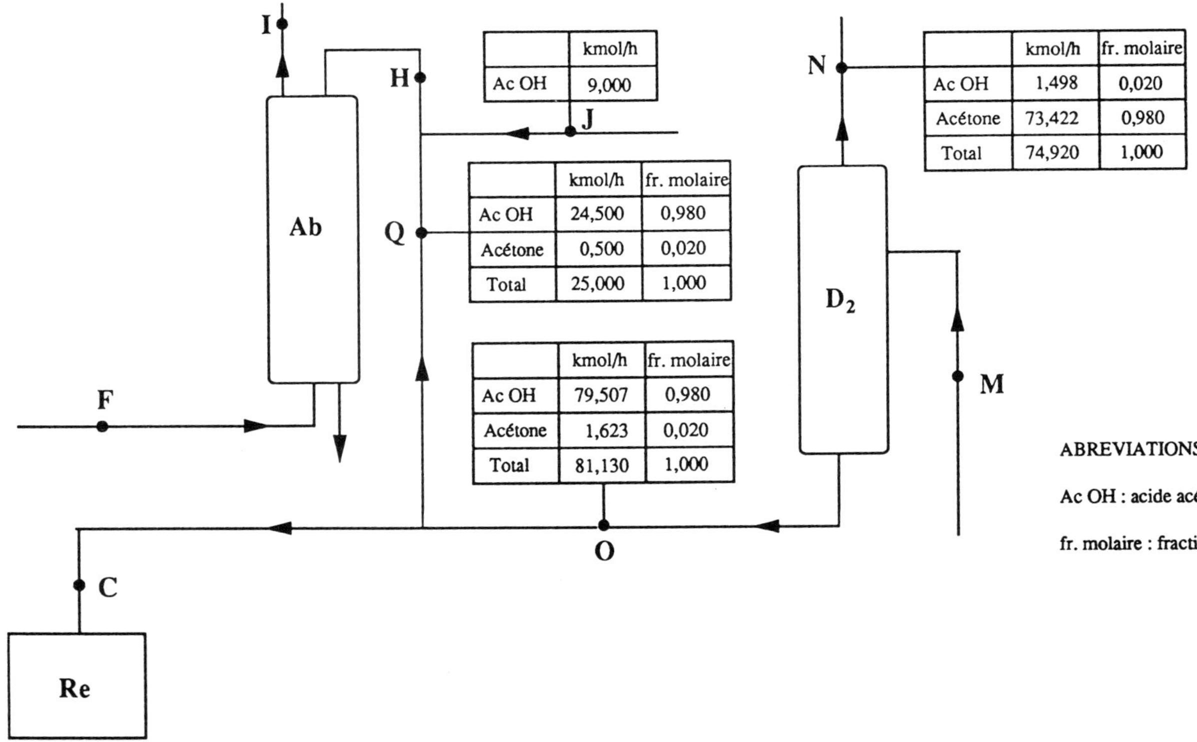

Point J :

	kmol/h
Ac OH	9,000

Point Q :

	kmol/h	fr. molaire
Ac OH	24,500	0,980
Acétone	0,500	0,020
Total	25,000	1,000

Point O :

	kmol/h	fr. molaire
Ac OH	79,507	0,980
Acétone	1,623	0,020
Total	81,130	1,000

Point N :

	kmol/h	fr. molaire
Ac OH	1,498	0,020
Acétone	73,422	0,980
Total	74,920	1,000

ABREVIATIONS :

Ac OH : acide acétique

fr. molaire : fraction molaire

$Acétone_H$ = 0,50 kmol/h

Calculons les débits U = O - Q

$Ac\ OH_U$ = 79,507 - 24,500 = 55,007 kmol/h ≈ 55,000 kmol/h

$Acétone_U$ = 1,623 - 0,500 = 1,123 kmol/h ≈ 1,122 kmol/h

Les débits en U coïncident avec les débits calculés en C pour répondre à la question 1.

On a donc U = C, et le débit (O - Q) peut être utilisé pour alimenter le réacteur Re.

La figure 5 : "Fabrication d'anhydride acétique - Solution" montre le schéma général de l'atelier de fabrication.

4.3 Bilan global de l'acide acétique et de l'acétone.

• L'atelier fabrique 7,5 kmol/h de cétène et consomme donc 7,5 kmol/h d'acide acétique.

9 kmol/h d'acide acétique sont introduites en J et 1,498 kmol/h sortent de l'atelier en N. On retrouve bien 7,5 + 1,498 ≈ 9 kmol/h

• On introduit en A : 73,878 kmol d'acétone. On retrouve l'acétone en N = 73,422 kmol/h et en I = 0,450 kmol/h.

On a bien : 73,422 + 0,450 = 73,872 ≈ 73,878 kmol/h.

Figure 5 : FABRICATION D'ANHYDRIDE ACETIQUE - Schéma Général - Solution -

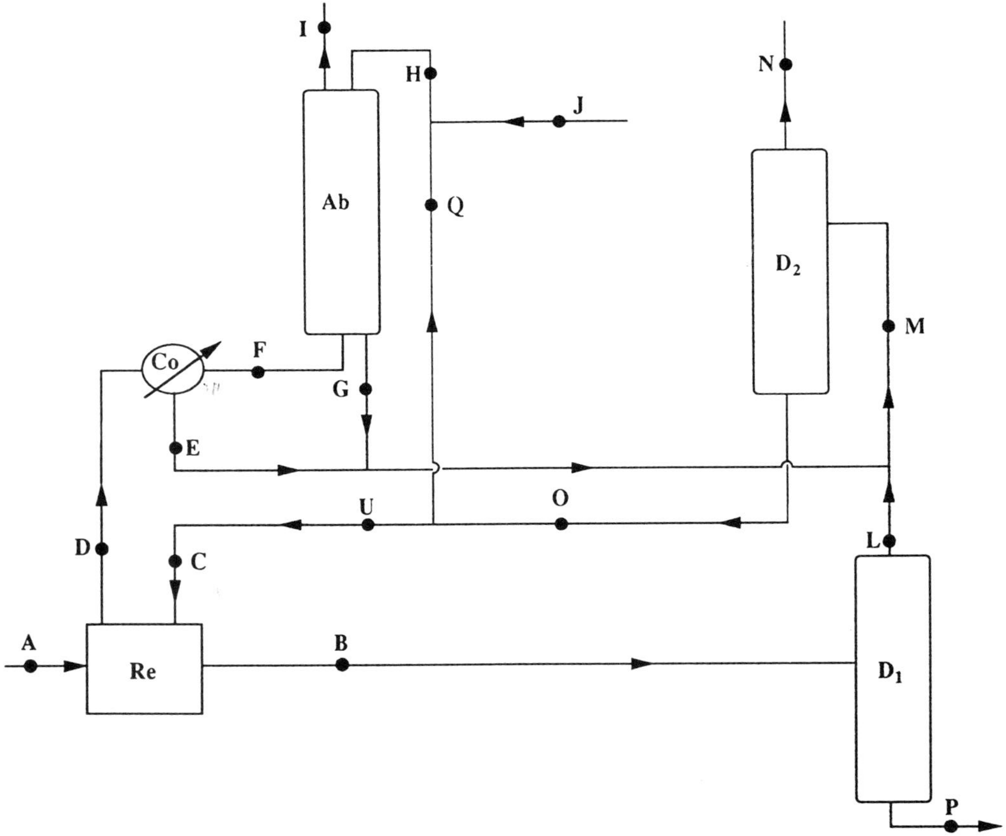

CONVERSION DE L'OXYDE DE CARBONE - Enoncé -

On étudie la réaction de conversion de l'oxyde de carbone :

$$\underset{g}{CO} + \underset{g}{H_2O} \rightleftarrows \underset{g}{CO_2} + \underset{g}{H_2} \qquad (1)$$

On veut traiter un gaz de la composition molaire suivante :

$CO = 14\%$, $CO_2 = 12\%$, $H_2 = 53\%$, $N_2 = 21\%$

On ajoute x mole d'eau à une mole de ce gaz pour réaliser la réaction (1), sous une pression de 26 atmosphères, à la température de 703 K (température de sortie du réacteur de conversion haute température). On suppose que le mélange gazeux est idéal et que l'équilibre est obtenu à la sortie du réacteur.

1°) Connaissant les valeurs des enthalpies libres de formation, données en annexe 1, calculer la constante d'équilibre K_a.

2°) Donner l'expression de K_y en fonction du degré d'avancement de la réaction (1), et de x.

3°) Calculer x correspondant à une teneur molaire en oxyde de carbone de 0,027 à la sortie du réacteur.

4°) Calculer la teneur du gaz en sortie du réacteur pour x = 0,480.

5°) Connaissant les capacités thermiques moyennes des corps constituant le mélange gazeux à l'entrée du réacteur (entre 603 K et 703 K) données en annexe 3, ainsi que les enthalpies de formation de H_2O, CO, CO_2 et H_2, données en annexe 2, calculer la température d'entrée des gaz d'un réacteur adiabatique pour une température de sortie de 703 K.

6°) Le gaz sortant du réacteur de conversion à haute température (703 K) subit une deuxième conversion, à basse température (600 K). Une partie de l'eau est condensée et la composition du gaz est alors :

$CO = 0,0139$ (en fractions molaires)
$CO_2 = 0,2053$
$H_2 = 0,5515$
$N_2 = 0,1773$
$H_2O = 0,0520$

Le mélange gazeux est traité, à 110°C et sous une pression de 23 atmosphères, dans un atelier de décarbonatation. La réaction de décarbonatation s'écrit :

$$CO_2 + H_2O + K_2CO_3 \longrightarrow 2\,KHCO_3$$

Elle est effectuée dans une colonne d'absorption fonctionnant à contre-courant.

Sachant que :

- la solution initiale (K_2CO_3 - H_2O) qui servira de solution de lavage contient 40g de K_2CO_3 pour 100g de solution ; sa masse volumique à 25°C sous une pression de 23 atmosphères est de 1414 kg/m^3,

- la courbe d'équilibre (CO_2 gaz - solution) établie pour une pression de 23 atm et une température de 110°C est donnée en annexe 4, les valeurs X et Y de cette courbe sont rapportées aux débits d'eau et de diluant (N_2, H_2, H_2O, CO). Ce sont des teneurs corrigées,

- à l'entrée de la colonne d'absorption la teneur en CO_2 de la solution correspond à 21 Nm^3 de CO_2 absorbés par m^3 de solution initiale (mesuré à 25°C et sous 23 atm),

- le gaz entrant dans la colonne d'absorption a une teneur en eau correspondant à la pression de saturation des solutions de lavage, à 110°C et sous 23 atm,

- le débit de gaz à traiter est de 50 000 Nm^3/h,

et supposant :

- la température de la colonne, uniforme et égale à 110°C,

- les gaz formant le diluant insolubles dans les solutions de lavage,

- le débit d'eau, exprimé en kg/h, constant le long de la colonne (la pression de saturation des solutions de lavage ne varie pas), calculer :

6.1 les débits massiques (entrée-sortie) des solutions de lavage pour une teneur en sortie correspondant à 65 Nm^3 de CO_2 absorbés par m^3 de solution initiale (25°C et sous 23 atm),

6.2 le nombre de plateaux théoriques pour les conditions de fonctionnement données ci-avant.

Si on ne néglige plus la variation du débit d'eau et si on conserve, le même débit de gaz, les mêmes teneurs (entrée-sortie) du gaz en CO_2 ainsi que la teneur en CO_2 absorbé de la solution de lavage à l'entrée de la colonne,

On demande :

6.3 de calculer l'équation de la courbe opératoire,

6.4 d'estimer graphiquement le nombre de plateaux théoriques que l'on comparera au nombre de plateaux théoriques précédemment déterminé (voir la question 6.2).

Annexe 1 : Enthalpies libres de formation ΔG_f^0 cal/mol

Annexe 2 : Enthalpies de formation ΔH_f^0 cal/mol

Annexe 3 : Capacités thermiques moyennes (603 - 703 K) cal/mol K

Annexe 4 : Courbe d'équilibre : CO_2 gaz - Solution de carbonates - Enoncé

Annexes

Annexe 1 : Enthalpies libres de formation ΔG_f^0 cal/mol

	600 K	823 K
H_2O	- 51150	- 48340
CO_2	- 94440	- 94540
CO	- 39360	- 44090

Annexe 2 : Enthalpies de formation ΔH_f^0 cal/mol

	600 K	823 K
H_2O	- 58490	- 58940
CO_2	- 94120	- 94230
CO	- 26330	- 26490

Annexe 3 : Capacités thermiques moyennes (603 - 703 K) $\left(\overline{C}_P\right)_{603}^{703}$ cal/mol K

H_2O : 9,09
CO_2 : 12,10
CO : 7,50

H_2 : 7,08
N_2 : 7,48

Annexe 4

COURBE D'ÉQUILIBRE : CO_2 GAZ - SOLUTION DE CARBONATES - Enoncé -

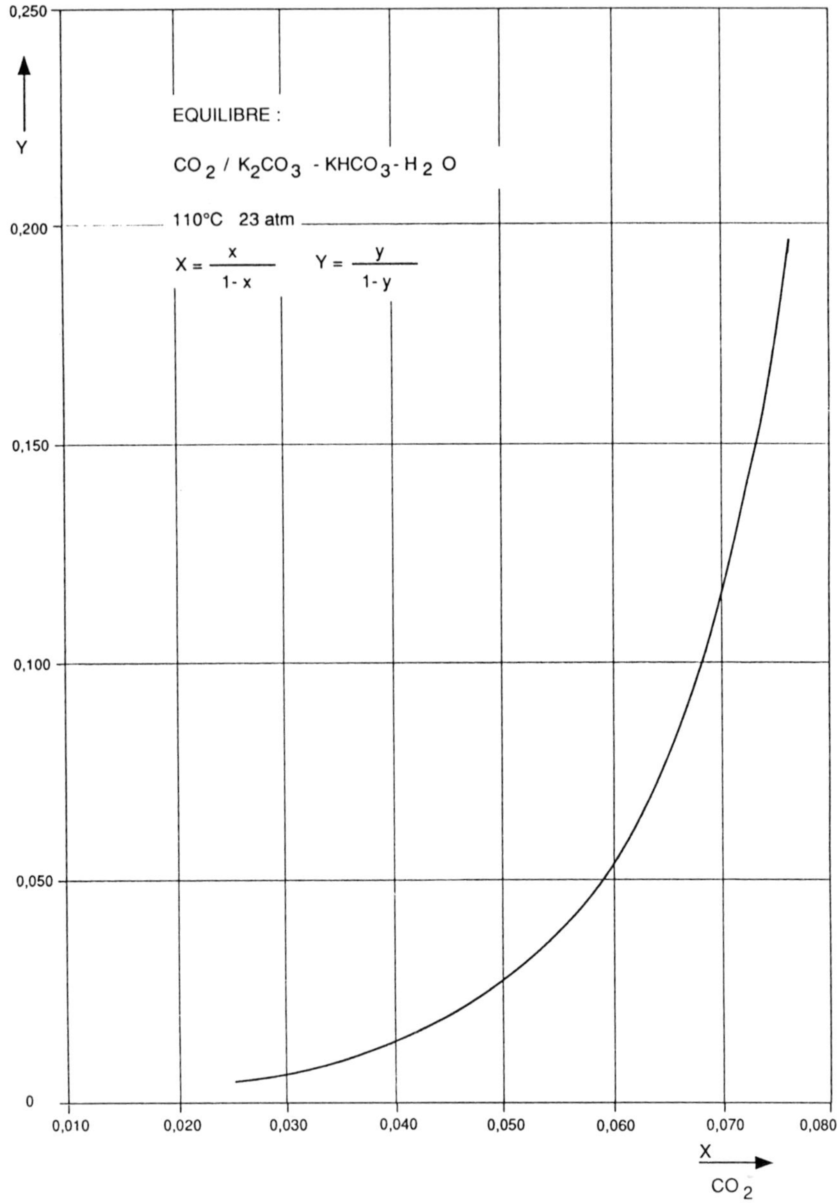

CONVERSION DE L'OXYDE DE CARBONE - Solution -

$$\underset{g}{CO} + \underset{g}{H_2O} \rightleftarrows \underset{g}{CO_2} + \underset{g}{H_2} \qquad (1)$$

1°) Calcul de la constante d'équilibre K_a de la réaction (1) qui se produit à la pression P = 26 atm et à la température T = 703 K.

Les enthalpies libres de formation des constituants sont connues à 600 K et 823 K. Il est nécessaire de les calculer à 703 K par la relation :

$$\Delta G^0_{f_{703}} = \Delta G^0_{f_{600}} + \frac{\left(\Delta G^0_{f_{823}} - \Delta G^0_{f_{600}}\right) \times (703 - 600)}{823 - 600}$$

$$\Delta G^0_{f_{CO_2}} = -94440 + (-94540 + 94440) \times \frac{103}{223} = -94486{,}188 \text{ cal/mol}$$

$$\Delta G^0_{f_{CO}} = -39360 + (-44090 + 39360) \times \frac{103}{223} = -41544{,}708 \text{ cal/mol}$$

$$\Delta G^0_{f_{H_2O}} = -51150 + (-48340 + 51150) \times \frac{103}{223} = -49852{,}107 \text{ cal/mol}$$

On en déduit la valeur de $\Delta G^0_{r_{703K}}$:

$$\Delta G^0_{r_{703}} = -94486{,}188 - (-41544{,}708 - 49852{,}107) = -3089{,}373 \text{ cal/mol}$$

On calcule la constante d'équilibre $K_{a_{703}}$ par la relation :

$$\Delta G^0_{r_T} = -RT \ln K_{a_T}$$

$$\ln K_{a_{703}} = -\frac{\Delta G^0_{r_{703}}}{R \times 703}$$

$$\ln K_{a_{703}} = \frac{3089{,}373}{1{,}987 \times 703} = +2{,}21165$$

d'où : $\underline{K_{a_{703}} = 9{,}1308}$

2°) Expression de K_y en fonction du degré d'avancement de la réaction (1) et de x, le nombre de moles d'eau ajoutées à une mole de mélange gazeux initial dont la composition est :

$CO : 14\%$, $CO_2 : 12\%$, $H_2 : 53\%$, $N_2 : 21\%$

$$K_y = \frac{y_{CO_2} \; y_{H_2}}{y_{CO} \; y_{H_2O}} \quad \text{avec} \quad y_i = \frac{n_i}{N}$$

Calculons les valeurs des fonctions molaires y_i.

Soit ε le degré d'avancement de la réaction, relatif à 0,14 mol initiales de CO, on trouve les teneurs suivantes, fonctions de ε et de x :

Composition	**Initiale** (mol)	**à l'équilibre** Expression des n_i		et des y_i
CO	0,14	$\int_{0,14}^{n_{CO}} dn = -\varepsilon$	d'où $n_{CO} = 0,14 - \varepsilon$	$y_{CO} = \frac{0,14 - \varepsilon}{1 + x}$
CO_2	0,12	$\int_{0,12}^{n_{CO_2}} dn = \varepsilon$	" $n_{CO_2} = 0,12 + \varepsilon$	$y_{CO_2} = \frac{0,12 + \varepsilon}{1 + x}$
H_2	0,53	$\int_{0,53}^{n_{H_2}} dn = \varepsilon$	" $n_{H_2} = 0,53 + \varepsilon$	$y_{H_2} = \frac{0,53 + \varepsilon}{1 + x}$
N_2	0,21	-	$n_{N_2} = 0,21$	$y_{N_2} = \frac{0,21}{1 + x}$
H_2O	x	$\int_{x}^{n_{H_2O}} dn = -\varepsilon$	" $n_{H_2O} = x - \varepsilon$	$y_{H_2O} = \frac{x - \varepsilon}{1 + x}$
N	**1 + x**		**1 + x**	**1,00**

d'où l'expression de :

$$K_y = \left(\frac{0,12 + \varepsilon}{1 + x}\right)\left(\frac{0,53 + \varepsilon}{1 + x}\right) \Big/ \left(\frac{0,14 - \varepsilon}{1 + x}\right)\left(\frac{x - \varepsilon}{1 + x}\right)$$

$$K_y = \frac{(0,12 + \varepsilon)(0,53 + \varepsilon)}{(0,14 - \varepsilon)(x - \varepsilon)} = 9,1308$$

3°) Calcul de x correspondant à une teneur molaire en CO, $y_{CO} = 0,027$ à la sortie du réacteur :

$$y_{CO} = \frac{n_{CO}}{N} = \frac{0,14 - \varepsilon}{1 + x} = 0,027 \qquad \text{(a)}$$

Si on suppose le mélange gazeux idéal $K_y = K_a$.

On sait d'autre part que : $\frac{(0,12+\varepsilon)(0,53+\varepsilon)}{(0,14-\varepsilon)(x-\varepsilon)} = 9,1308$ (b)

Exprimons x en fonction de ε d'après (a) :

$$0,140 - \varepsilon = 0,027 + 0,027x$$

$$0,027x = 0,113 - \varepsilon$$

d'où : $x = 4,185 - 37,037\varepsilon$

Reportons cette valeur dans (b) :

$(0,12 + \varepsilon)\ (0,53 + \varepsilon) = 9,1308\ (0,14 - \varepsilon)\ (4,185 - 38,037\varepsilon)$

$0,0636 + 0,53\varepsilon + 0,12\varepsilon + \varepsilon^2 = 9,1308\ (0,5859 - 5,325\varepsilon - 4,185\varepsilon + 38,037\varepsilon^2)$

$$0,0636 + 0,65\varepsilon + \varepsilon^2 = 5,3497 - 86,834\varepsilon - 347,308\varepsilon^2$$

$$347,308\varepsilon^2 - 87,484\varepsilon + 5,286 = 0$$

$$\Delta = 7653,450 - 7322,336 = 331,114 \quad \text{d'où } \sqrt{\Delta} = 18,196$$

$$\varepsilon = \frac{87,484 \pm 18,196}{692,616} = \begin{matrix} 0,1526 \\ \text{ou} \\ 0,1000 \end{matrix}$$

Le nombre de mol de CO au départ étant 0,14, seule la valeur du degré d'avancement inférieure à 0,14 convient, donc $\varepsilon = 0,1000$.

Ce qui donne : $x = 4,185 - 37,037 \times 0,1000$
$x = 0,4813$

4°) Calcul de la teneur du gaz à la sortie du réacteur (x = 0,480).
On porte cette valeur dans les expressions des titres molaires y_i :

$$y_{CO} = \frac{0,14 - 0,10}{1,48} = 0,0270$$

$$y_{CO_2} = \frac{0,12 + 0,10}{1,48} = 0,1486$$

$$y_{H_2} = \frac{0,53+0,10}{1,48} = 0,4257$$

$$y_{N_2} = \frac{0,21}{1,48} = \quad 0,1419$$

$$y_{H_2O} = \frac{0,48-0,10}{1,48} = \quad 0,2568$$

Total : 1,000

On a, avec cette valeur : $K_y = \dfrac{0,1486 \times 0,4257}{0,0270 \times 0,2568} = 9,1235$ peu différent de $K_a = 9,1308$.

5°) Calcul de la température d'entrée des gaz d'un réacteur adiabatique pour lequel la température de sortie des gaz est T = 703 K.

Construisons le diagramme enthalpique relatif au réacteur.
Pour l'ensemble du cycle ABC, on a :
$H_B - H_A + H_C - H_B + H_A - H_C = 0$

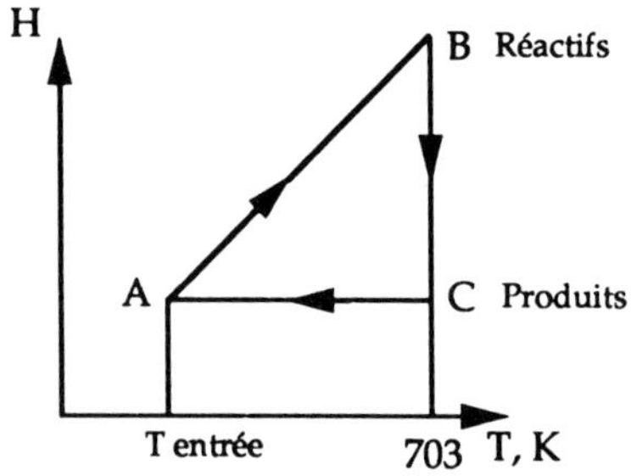

Explicitons :

$$H_B - H_A = (\Delta H_S)_{T_{entrée}}^{703} Ri = \sum_i n_i \overline{C}_{p_i} \Delta T$$

$$H_C - H_B = \Delta H_{r703}$$

Le réacteur étant adiabatique, $H_A - H_C = 0$

d'où : $H_B - H_A + H_C - H_B = 0$, et :

$-\Delta H_{r703} = \sum_i n_i \overline{C}_{pi} \Delta T$. La pression étant relativement faible, on supposera que $\Delta H_{r703} = \Delta H^0_{r703}$

Calculons ΔH^0_r à partir des ΔH^0_f à 600 K et à 823 K

$$\Delta H^0_{f703} = \Delta H^0_{f600} + \left(\Delta H^0_{f823} - \Delta H^0_{f600}\right) \times \frac{703-600}{823-600}$$

$$\Delta H^0_{f703}(H_2O) = -58490 + (-58940 + 58490) \times 0,46188 = -58697,85 \text{cal/mol}$$

$$\Delta H^0_{f703}(CO_2) = -94120 + (-94230 + 94120) \times 0,46188 = -94170,81 \text{ cal/mol}$$

$$\Delta H^0_{f703}(CO) = -26330 + (-26490 + 26330) \times 0,46188 = -26403,90 \text{ cal/mol}$$

d'où : $\Delta H^0_{r703} = -94170,81 - (-26403,90 - 58697,85) = -9069,06 \text{ cal / mol}$

Ceci correspond à 1 mol de CO qui a réagi. On doit calculer la quantité qui a réellement réagi en partant de 0,14 mol CO pour 1,48 mol de mélange initial pour arriver à 0,027 mol CO pour 1 mol de mélange final.

Une mole de mélange initial contient $\frac{0,14}{1,48} \times 1 = 0,0946$ mol de CO.

Après la réaction de conversion, il reste 0,0270 mol de CO pour une mol de mélange initial, le volume ne variant pas au cours de la réaction.

Le nombre de mol de CO qui a réagi est donc 0,0946 - 0,027 = 0,0676 mol pour une mol de mélange initial.

d'où : $\Delta H^0_{r703} = -9069,06 \times 0,0676 = -613,068 \text{ cal}$

$$(\Delta Hs)^{703}_{T_e} Ri = (0,14 \times 7,5 + 0,48 \times 9,09 + 0,21 \times 7,48 + 0,12 \times 12,1 + 0,53 \times 7,08)\,\Delta T$$

$$= 12,1884\ \Delta T$$

Ceci correspond à 1,48 mol de mélange gazeux initial, pour 1 mol on aura donc :

$$\frac{12,1884\ \Delta T}{1,48} = 8,235\ \Delta T$$

d'où : $8,235\ \Delta T = +\ 613,068$

et : $\Delta T = 74,45$ K

Ce qui donne pour la température d'entrée des réactifs :

703 - 74,45 = 628,55 K ≈ 629 K

6°) **Décarbonatation**

La composition du mélange gazeux après la 2ème conversion est la suivante :

CO_2 :	0,2053	(en fractions molaires)
CO :	0,0139	
H_2 :	0,5515	
N_2 :	0,1773	
H_2O :	0,0520	
Total	1,0000	

La fraction molaire du gaz à traiter est donc $y_A = 0{,}2053$. Les autres gaz constituent le diluant, dont la fraction molaire vaut : 0,7947.

6.1 Dans un m^3 de la solution initiale, à 25°C, et sous une pression de 23 atmosphères, la masse de K_2CO_3 est de $1414 \times 0{,}40 = 565{,}6$ kg et la masse d'eau est de : $0{,}60 \times 1414 = 848{,}4$ kg.

La réaction de décarbonatation :

$$\underset{138g}{K_2CO_3} + \underset{44g}{CO_2} + \underset{18g}{H_2O} \longrightarrow \underset{200g}{2KHCO_3}$$

est telle que l'absorption d'une mole de CO_2 provoque une augmentation de masse de sels ($K_2CO_3 + KHCO_3$) de 200 - 138 = 62g.

La solution entrant dans la colonne de décarbonatation est la solution initiale après absorption de 21 Nm^3 de CO_2/m^3.

Par rapport à la solution initiale, l'augmentation de la masse de sels est de :

$$\frac{21000}{22{,}41} \times 0{,}062 = 58{,}10 \text{ kg}$$

La masse d'eau diminue de :

$$\frac{21000}{22{,}41} \times 0{,}018 = 16{,}9 \text{ kg}$$

La solution entrant dans la colonne de décarbonatation contient donc :

$848,4 - 16,9 = 831,5$ kg d'eau
$565,6 + 58,10 = 623,7$ kg de sels

Après absorption de 65 Nm^3 de CO_2, le m^3 de solution initiale (mesuré à 25°C) a subi une augmentation de masse de :

$$\frac{65000}{22,41} \times 0,062 = 179,8 \text{ kg}$$

Si <u>on néglige la masse d'eau absorbée</u> dans la colonne par la réaction de décarbonatation (≈ 35,3 kg), on peut calculer les fractions molaires corrigées de CO_2 dans la solution :

$$\text{Entrée dans la colonne : } \frac{21}{22,41} \cdot \frac{18}{831,5} = 0,0203 = X_A$$

$$\text{Sortie de la colonne : } \frac{65}{22,41} \cdot \frac{18}{831,5} = 0,0628 = X_n$$

Pour le gaz, les fractions molaires corrigées de CO_2 ($X = \frac{x}{1-x}$, $Y = \frac{y}{1-y}$) varient de Y_A à Y_1:

$$\text{Entrée dans la colonne : } \frac{0,2053}{0,7947} = 0,2583 = Y_A$$

$$\text{Sortie dans la colonne : } \frac{0,0100}{0,9900} = 0,0101 = Y_1$$

La droite opératoire, dans le diagramme Y = f(X) a pour pente :

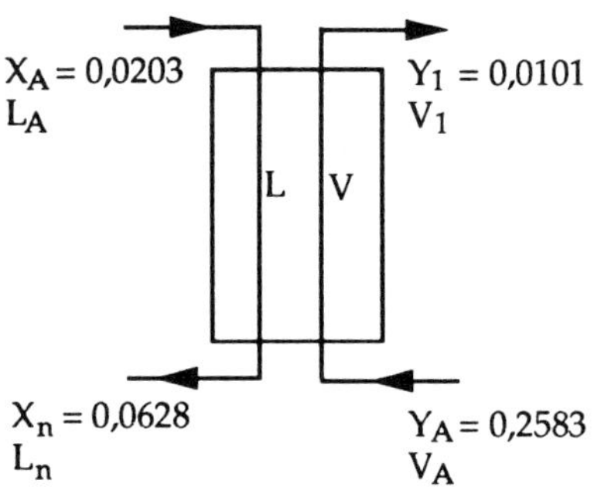

$$\frac{L}{V} = \frac{0,2583 - 0,0101}{0,0628 - 0,0203} = 5,84$$

Le débit V du diluant ($H_2O + N_2 + H_2 + CO$) est de :

$50000 \times 0,7947 = 39735$ Nm^3/h. Le débit molaire L de l'eau (solvant) est donc de :

$$\frac{39735}{0,02241} \cdot 5,84 = 10\ 354\ 859 \text{ mol/h},$$

soit un débit massique de : 186387 kg/h

On calcule ensuite le débit massique de la solution, à l'entrée de la colonne :

$$\frac{186387}{831,5}(565,6 + 831,5 + 58,1) = 326194 \text{ kg/h}$$

et le débit massique de la solution en sortie de colonne :

$$\frac{186387}{831,5}(565,6 + 831,5 + 179,8) = 353474 \text{ kg/h}$$

On ne peut calculer les débits volumiques, car la masse volumique des solutions (K_2CO_3 - $KHCO_3$ - H_2O) de différentes teneurs n'est pas donnée dans l'énoncé.

Si la masse volumique ne varie pas avec la composition, on peut estimer les débits volumiques mesurés à 25°C et sous 23 atmosphères. A l'entrée de la colonne, le débit volumique des solutions sera de l'ordre de :

$$\frac{326194}{1414} \approx 231 \text{ m}^3/\text{h}$$

6.2 On détermine graphiquement le nombre de plateaux théoriques en traçant, sur un diagramme Y = f(X) la droite opératoire de pente 5,84, passant par le point ($X_A = 0,0203$, $Y_1 = 0,0101$). On trouve entre 1,5 et 2 plateaux théoriques entre les teneurs $Y_1 = 0,0101$ et $Y_A = 0,2583$ (voir la figure "Absorption de CO_2 - Solution").

6.3 Le nombre de moles de CO_2 à absorber, par heure, vaut :

$$(Y - 0,0101)\frac{39735}{0,02241}$$

Compte tenu de la réaction de décarbonatation, la variation du débit molaire d'eau est égale au nombre de moles de CO_2 absorbées par heure.

On peut donc écrire le bilan de CO_2 au point courant (X,Y) :

$$(Y - 0,0101)\frac{39735}{0,02241} = [\,L_A - (Y - 0,0101)\frac{39735}{0,02241}\,]\,X - 0,0203\,L_A \qquad (1)$$

où L_A est le débit molaire d'eau à l'entrée de la colonne.

La valeur de L_A est donnée par le bilan de l'ensemble de la colonne.

Pour une teneur en CO_2 correspondant à 65 Nm^3 absorbés/m^3 en sortie de colonne, la masse d'eau n'est plus de 831,5 kg mais de :

$$831{,}5 - \frac{65-21}{0{,}02241} \times 0{,}018 = 796{,}2 \text{ kg}$$

La teneur de la solution en sortie vaut : $\frac{65}{0{,}02241} \cdot \frac{18.10^{-3}}{796{,}2} = 0{,}0656$

Le nombre de moles de CO_2 absorbées en une heure est égal à :

$$(0{,}2583 - 0{,}0101)\ \frac{39735}{0{,}02241} = 440081 \text{ mol/h}$$

Si L_n est le débit d'eau en sortie de colonne, le bilan général en CO_2 s'écrit :

$$0{,}0656\ L_n - 0{,}0203\ L_A = 440081 \qquad (2)$$

D'après l'équation de décarbonatation, la variation du débit molaire d'eau est égale au nombre de moles de CO_2 absorbées en une heure, d'où :

$$L_n = L_A - 440081$$

Compte tenu de cette expression de L_n, l'équation (2) ci-dessus donne :

$$(L_A - 440081)\ 0{,}0656 - 0{,}0203\ L_A = 440081$$

et :

$$L_A = \frac{468950}{0{,}0453} = 10\ 352\ 097 \text{ mol/h}$$

Portons la valeur de L_A dans l'équation (1) :

$$(Y - 0{,}0101)\ 1773092 = [\ 10\ 352\ 097 - (Y - 0{,}0101)\ 1773092\ ]\ X - 210147$$

Après simplifications, on obtient :

$$Y = \frac{10352097\ X - 210147}{(1 + X)\ 1773092} + 0{,}0101$$

ou :

$$Y = \frac{5,8485\,X - 0,1084}{1 + X}$$

C'est l'équation de la courbe opératoire, qui présente une courbure très faible entre Y = 0,0101 et Y = 0,2583.

Dans cet intervalle, la courbe opératoire peut être remplacée par la droite d'équation :

$$Y = 5,479\,X - 0,1011$$

6.4 Le nombre de plateaux théoriques est environ de 2. Il est légèrement supérieur au nombre de plateaux théoriques trouvé en réponse à la question **6.2** (voir la figure : "Absorption de CO_2 - Solution").

ABSORPTION DE CO_2 - Solution -

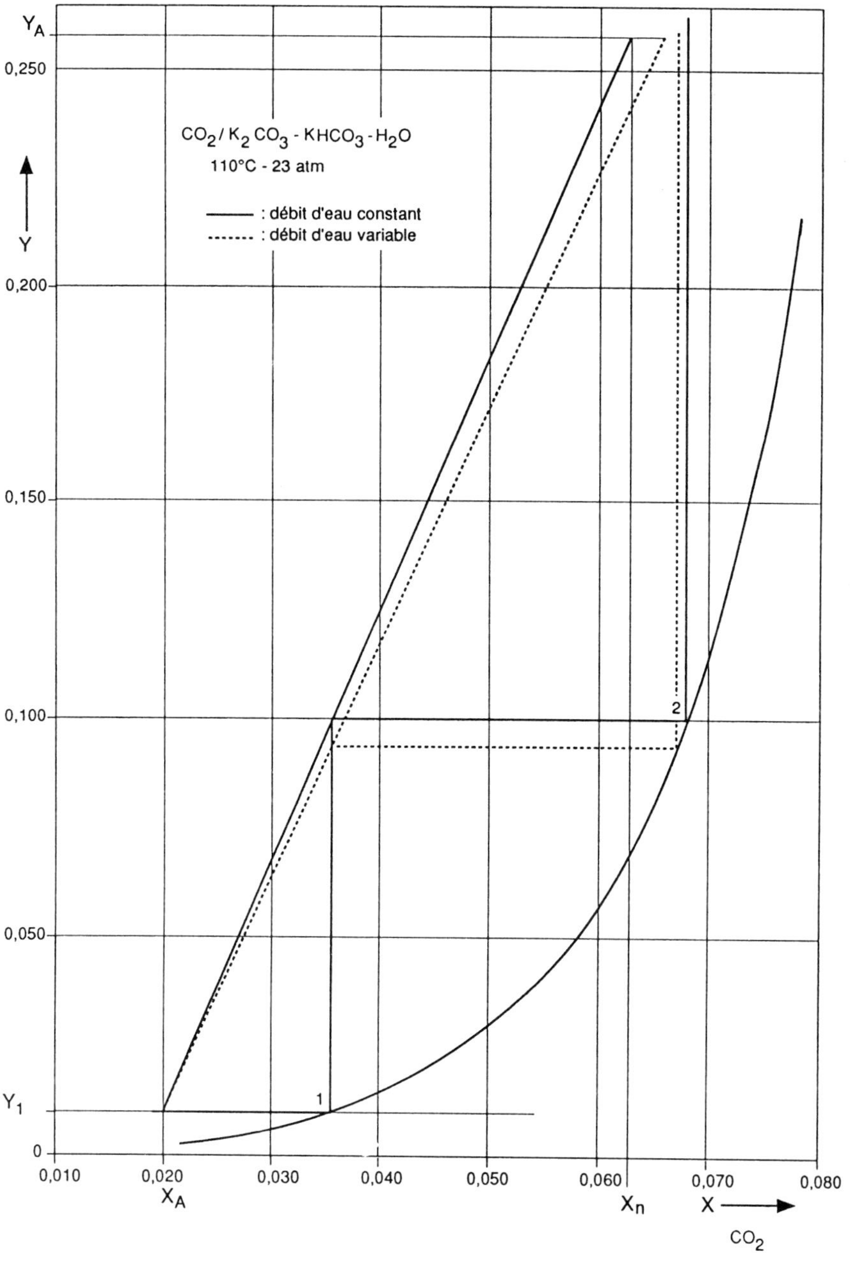

PREPARATION DE L'ACETATE D'ETHYLE- Enoncé -

On désire réaliser, en phase liquide, sous pression atmosphérique et à 373 K, l'estérification suivante :

$$\underset{(l)}{C_2H_5OH} + \underset{(l)}{CH_3COOH} \rightleftarrows \underset{(l)}{CH_3COOC_2H_5} + \underset{(l)}{H_2O} \qquad (1)$$

1°) Connaissant les enthalpies de formation, à 298 K, des différents corps mis en jeu (annexe 1), calculer l'enthalpie de réaction à 298 K.

2°) On connaît, par expérience, la constante d'équilibre de la réaction, relative aux fractions molaires K_x ; sa valeur est $K_{x_{298}} = 2{,}103$.

Calculer la valeur de K_x à 373 K, en supposant que les coefficients d'activité et que l'enthalpie de réaction ne varient pas avec la température entre 298 et 373 K.

3°) Une recherche bibliographique a permis de trouver les enthalpies libres de formation des différents corps mis en jeu au cours de la réaction (1) (annexe 2).

A partir de ces valeurs, calculer, par l'intermédiaire de $\left(\Delta G_r^0\right)_{298}$, la constante d'équilibre K_a de la réaction (1).

Pourquoi la valeur de cette constante est-elle très différente de la valeur de $K_{x_{298}}$, trouvée expérimentalement ?

4°) On part, pour réaliser l'estérification, des proportions suivantes :

- acide acétique : 1 mole, réactif contenant 5% (molaire) d'eau ;
- éthanol : 6 moles, réactif contenant 0,5% (molaire) d'eau.

Quelles sont les compositions, à l'équilibre (373 K, une atmosphère), en prenant la valeur expérimentale extrapolée de la constante d'équilibre ?

5°) On dispose, dans la pratique, d'acide acétique de récupération contenant 60% (molaire) d'eau que l'on rectifie en régime stationnaire, sous une pression de une atmosphère, pour obtenir de l'acide acétique à 5%

(molaire) d'eau utilisé dans la réaction d'estérification (1). On veut, d'autre part, que l'eau sortant du condenseur contienne, au maximum, 10% (molaire) d'acide acétique.

Les teneurs, à l'équilibre, du système eau-acide acétique, sont données en annexe 3 pour les phases liquide et vapeur.

Compte tenu du fait que nous disposons d'une colonne comportant 30 plateaux réels, et que l'efficacité de MURPHREE, côté vapeur, d'un plateau est de 0,50, quelle doit être la valeur minimale du taux de reflux, sachant que la colonne est alimentée en liquide, à la température du plateau d'alimentation ?

On fera, pour répondre à cette question, des essais graphiques sur le diagramme de Mc CABE et THIELE du système eau-acide acétique.

6°) L'équilibre étant réalisé avec les teneurs calculées pour répondre à la question 4, on désire séparer l'acétate d'éthyle du mélange eau-acide acétique-éthanol-acétate d'éthyle.

On sait qu'il existe un azéotrope ternaire bouillant à 70,2°C, dont la composition massique est : acétate d'éthyle 82,6%, eau 9% et alcool 8,4%. Cet homo-azéotrope ternaire, refroidi et additionné d'une masse égale d'eau, donne deux couches de liquide : l'une, riche en acétate d'éthyle (93%) contenant un peu d'eau et d'alcool, l'autre constituée par de l'eau (94%) contenant un peu d'alcool et d'acétate d'éthyle.

Donner le principe d'une séparation par rectification azéotropique en faisant un schéma où apparaîtront les colonnes de rectification et la circulation des fluides.

Les températures d'ébullition normale sont les suivantes :

- acide acétique : 118,50°C
- alcool éthylique : 78,30°C
- acétate d'éthyle : 77,15°C
- eau : 100,00°C
- azéotrope ternaire eau-alcool-acétate d'éthyle : 70,2°C

La phase riche en acétate d'éthyle a la composition massique suivante : acétate d'éthyle : 93%, eau : 5% et alcool : 2%.

Annexe 1 : Enthalpies de formation
Annexe 2 : Enthalpies libres de formation
Annexe 3 : Equilibre liquide-vapeur : eau-acide acétique (1 atm)

Annexes

Annexe 1

Enthalpies de formation $\Delta H^0_{f_{298}}$

- acide acétique	:	- 116 400 cal/mol (état liquide)
- éthanol	:	- 66 200 cal/mol (état liquide)
- acétate d'éthyle	:	- 112 570 cal/mol (état liquide)
- eau	:	- 68 317 cal/mol (état liquide)

Annexe 2

Enthalpies libres de formation $\Delta G^0_{f_{298}}$

- acide acétique	:	- 93 800 cal/mol (état liquide)
- éthanol	:	- 41 650 cal/mol (état liquide)
- acétate d'éthyle	:	- 77 600 cal/mol (état liquide)
- eau	:	- 56 690 cal/mol (état liquide)

Annexe 3

Equilibre "liquide-vapeur", eau-acide acétique (1 atm)

% molaire en eau		température °C
liquide : x	vapeur : y	
0,0	0,0	118,1
5,0	9,2	115,4
10,0	16,7	113,8
20,0	30,2	110,1
30,0	42,5	107,5
40,0	53,0	105,8
50,0	62,6	104,4
60,0	71,5	103,1
70,0	79,5	102,1
80,0	86,4	101,3
90,0	93,0	100,6
95,0	96,3	100,3
100,0	100,0	100,0

PREPARATION DE L'ACETATE D'ETHYLE - Solution -

L'acide acétique est estérifié, en phase liquide, par l'éthanol, selon la réaction suivante :

$$\underset{(l)}{C_2H_5OH} + \underset{(l)}{CH_3COOH} \rightleftharpoons \underset{(l)}{CH_3COOC_2H_5} + \underset{(l)}{H_2O} \qquad (1)$$

P = 1 atm
T = 373 K

1°) Enthalpie de réaction à 298 K

A 298 K, les réactifs et les produits sont à l'état liquide ; l'enthalpie de réaction se calcule à partir des enthalpies de formation de ceux-ci :

$$\Delta H^0_{r_{298}} = -112\,570 - 68\,317 - (-116\,400 - 66\,200) = 1\,713 \text{ cal/mol}$$

2°) Constante d'équilibre de la réaction à 373 K

La constante d'équilibre est calculée d'une manière approximative à l'aide de la formule de VAN'T HOFF, en supposant que les coefficients d'activité et l'enthalpie de réaction ne varient pas avec la température, entre 298 K et 373 K.

L'utilisation de l'équation de VAN'T HOFF :

$$\frac{d\ln K_a}{dT} = \frac{\Delta H}{RT^2}$$

devient, avec ΔH constante, entre 298 et 373 K :

$$\ln\frac{K_{a_{373}}}{K_{a_{298}}} = -\frac{\Delta H_{298}}{R}\left(\frac{1}{373} - \frac{1}{298}\right)$$

et : $\ln\dfrac{K_{x_{373}}}{2{,}103} = -\dfrac{1713}{1{,}987}\left(\dfrac{1}{373} - \dfrac{1}{298}\right) = 0{,}5817$, si les coefficients d'activité ne varient pas entre 298 et 373 K ($\dfrac{K_a}{K_x}$ constant).

$$K_{x_{373}} = 2{,}103 \times e^{0{,}5817} = 2{,}103 \times 1{,}789 = 3{,}762$$

3°) L'enthalpie libre de réaction, à 298 K, se calcule facilement à l'aide des enthalpies libres de formation de différents corps mis en jeu au cours de la réaction (1).

$$\Delta G^0_{r298} = -77600 - 56690 - (-93800) - (-41650) = 1160 \text{ cal/mol}$$

L'application de la formule $\ln K_{a_{298}} = -\dfrac{\Delta G^0_{r298}}{RT}$ donne :

$$\ln K_{a_{298}} = \frac{-1160}{1,987 \times 298} = -1,95904$$

$$K_{a_{298}} = 0,14099 \approx 0,141$$

La valeur de Ka est $\dfrac{2,103}{0,141} = 14,91$ fois plus petite que la valeur expérimentale K_x ; ceci vient du fait que nous supposons la solution idéale, alors que les coefficients d'activité sont très différents de l'unité.

4°) Taux de conversion de l'acide acétique

Pour la détermination du taux de conversion, on prendra, comme base de calcul, 1 mol initiale d'acide acétique pur. On calculera les compositions molaires des réactifs et de produits pour le taux de conversion z (z = nombre de mol de CH_3COOH ayant réagi pour une mole initiale de CH_3COOH).

La constante d'équilibre exprimée en fonction des fractions molaires, s'écrit :

$$K_{x373} = \frac{(x_{AcOEt})(x_{H_2O})}{(x_{AcOH})(x_{EtOH})} = \frac{z(0,084 + z)}{(1 - z)(6,284 - z)}$$ (*) (voir tableau ci-dessous).

En opérant à 1 atm et avec $K_{x_{373}} = 3,762$, il vient :

$$3,762 = \frac{z^2 + 0,084z}{z^2 - 7,284z + 6,284}$$

d'où : $2,762\, z^2 - 27,486\, z + 23,640 = 0$

(*) Avec CH_3COOH = AcOH ; C_2H_5OH = EtOH ; CH_3COOC_2H5 = AcOEt

Comme $0 < z < 1$, une seule racine convient, soit :

$$z = \frac{27,486 - 22,233}{5,524} = 0,9509 \approx 0,951$$

Le taux de conversion, dans les conditions ci-dessus, est voisin de 0,95 ou 95%.

Les compositions molaires centésimales calculées pour z = 0,951 sont données dans le tableau ci-dessous :

Composés	**Réactifs** (mol)	**Après Réact.** (mol)	% (mol)
CH_3COOH	0,95/0,95 = 1mol pur	1 - z	[(1 - 0,951)/7,368] × 100 = 0,665
C_2H_5OH	(6 x 0,995)/0,95 = 6,284	6,284 - z	[(6,284 - 0,951)/7,368] × 100= 72,381
$CH_3COO\ C_2H_5$	0	z	(0,951/7,368) × 100 = 12,907
H_2O	(0,05 + 0,03)/0,95 = 0,084	0,084 + z	[(0,084 + 0,951)/7,368] × 100= 14,047
Nombre de mol TOTAL	**7,368**	**7,368**	**100,000**

5°) Rectification, détermination du taux de reflux

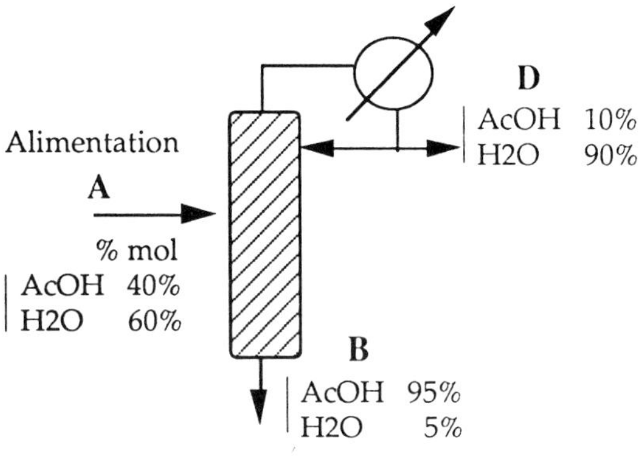

On rectifie, à la pression atmosphérique, en continu, l'acide acétique de récupération contenant 60% (mol) d'eau pour obtenir, en queue de rectification, un acide acétique contenant 5% (mol) d'eau. On veut obtenir un distillat contenant, au maximum, 10%, molaire d'acide acétique.

Ici, le corps le plus volatil est l'eau, donc c'est elle que l'on retrouve majoritairement en tête de colonne.

La résolution de cette partie du problème se ramène à la construction du nombre de plateaux réels par la méthode de Mc CABE et THIELE.

Les titres en composé le plus volatil, l'eau, sont, dans l'alimentation $x_A = 0{,}60$, dans le bouilleur $x_B = 0{,}05$, et dans le distillat $x_D = 0{,}90$.

On trace la courbe d'équilibre en x et y sur un diagramme de distribution, en utilisant les titres molaires de l'eau, dans la vapeur et dans le liquide (figure 1 : "Diagramme de Mc CABE et THIELE - 1er essai - Solution").

Sur la diagonale des axes, on place les points D et B, donnés par les titres molaires en eau dans le distillat, $x_D = 0{,}90$ et, dans le résidu, $x_B = 0{,}05$.

Le point A, placé sur la courbe d'équilibre, pour $x_A = 0{,}60$, permet de calculer le taux de reflux minimum R_m correspondant à un nombre de plateaux infini. En effet, la pente de la droite DA vaut $\frac{R_m}{R_m+1}$ d'où :

$$\frac{R_m}{R_m+1} = \frac{x_D - y_A}{x_D - x_A} = \frac{0{,}900 - 0{,}715}{0{,}900 - 0{,}600} = 0{,}6167 \qquad \text{(pour } x_A = 0{,}60,\ y_A = 0{,}715\text{)}$$

On en tire : $R_m = 1{,}609$

A ce taux de reflux, correspond, pour la droite DA, une ordonnée à l'origine de $\frac{x_D}{R_m+1} = \frac{0{,}900}{2{,}609} = 0{,}345$

Dans la réalité, on prendra des taux de reflux 2 à 3 fois supérieurs, car le nombre de plateaux est limité. Si on choisit, par exemple, un taux de reflux de $3\ R_m = 4{,}827$, on peut faire la construction correspondante des droites opératoires (figure 1 : "Diagramme de Mc CABE et THIELE - 1er essai - Solution") :

- la droite de concentration passant par le point D et d'ordonnée à l'origine :

$$\frac{0{,}900}{4{,}827+1} = 0{,}154 \quad \text{(point I)}$$

- la droite d'épuisement passant par le point B et le point d'intersection C de la droite de concentration et de la droite $x_A = 0{,}600$.

L'efficacité du plateau n pour la phase vapeur V au sens de MURPHREE est définie comme le rapport entre l'enrichissement de la phase V effectivement obtenu et l'enrichissement de cette phase que l'on

Figure 1 -DIAGRAMME DE MC CABE ET THIELE - 1er essai - Solution -

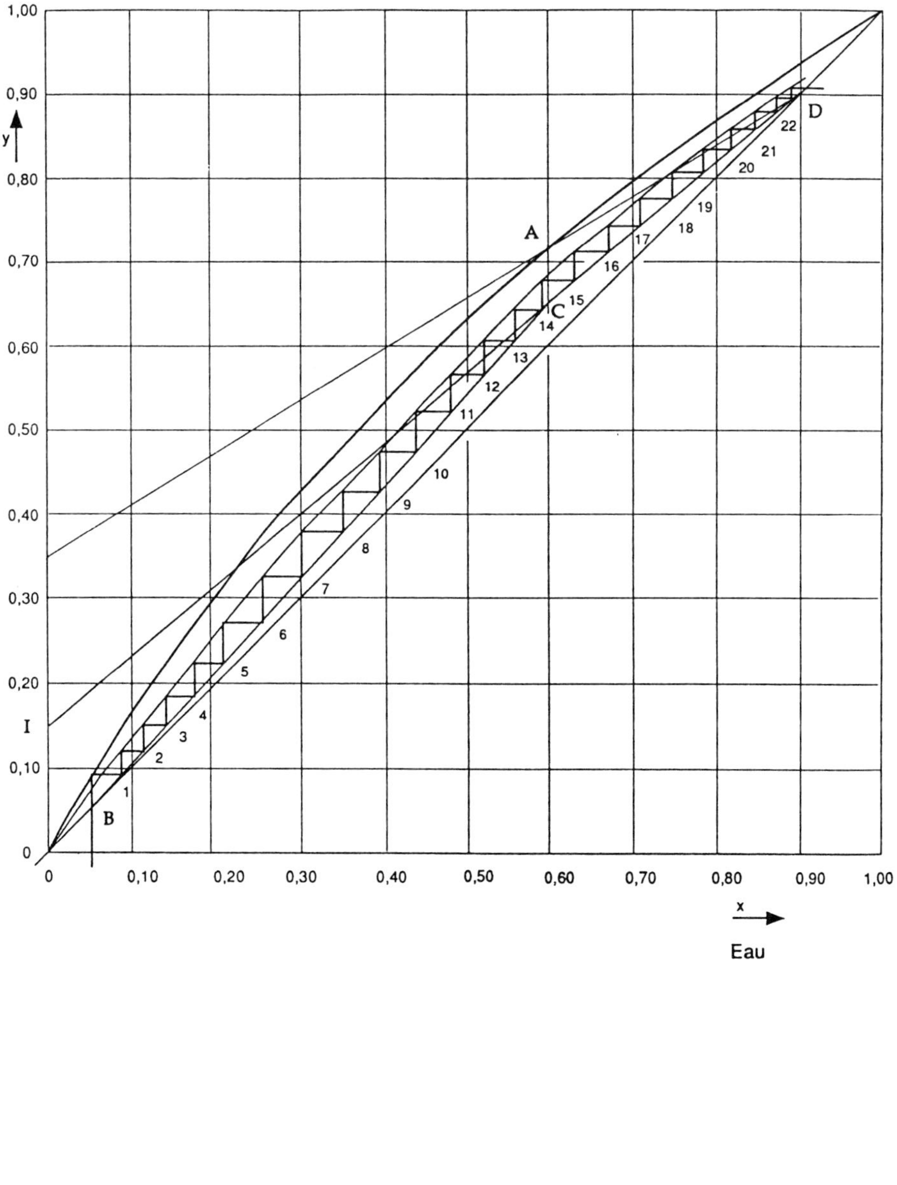

obtiendrait si les deux phases (liquide et vapeur) quittant le plateau étaient en équilibre. (figure 2 : "E_{MV} - Solution - y_n^* en équilibre avec x_n").

Figure 2 - E_{MV} - Solution

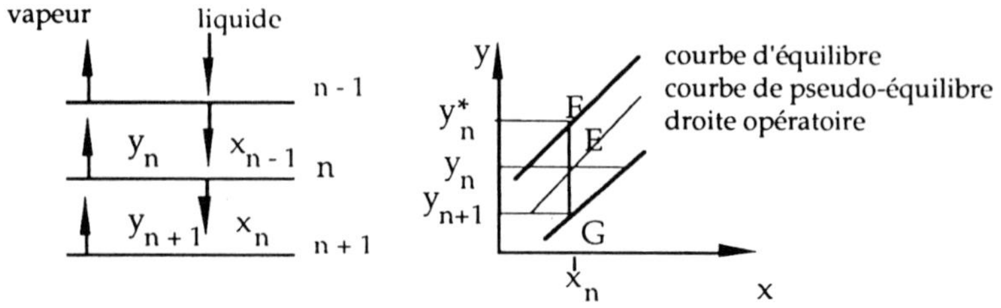

<u>représentation des courants sur le plateau n de la colonne</u>

<u>efficacité de MURPHREE d'un plateau réel</u>

Ce rapport E_{MV} permet de construire la courbe de pseudo-équilibre, lieu des points E, telle que :

$$E_{MV} = \frac{EG}{FG} = \frac{y_n - y_{n+1}}{y_n^* - y_{n+1}} = 0,5 \qquad \text{(figures 1,2, 3 et 4)}$$

On fera trois essais en variant les pentes des droites opératoires, donc en choisissant des taux de reflux différents.

Le problème posé consiste à tracer 30 plateaux réels entre les droites opératoires et la courbe de pseudo-équilibre dans l'intervalle $x = 0,050$ et $x = 0,900$.

- <u>1er essai</u> :

On choisit $R = 3R_m$, l'ordonnée à l'origine vaut, comme nous l'avons vu, 0,154. On trouve 23 plateaux réels + 1 bouilleur (figure 1 : "Diagramme de Mc CABE et THIELE - 1er essai - Solution").

- <u>2ème essai</u> :

On choisit l'ordonnée à l'origine, 0,20. On trouve 26 plateaux réels + 1 bouilleur (figure 3 : "Diagramme de Mc CABE et THIELE - 2ème essai - Solution").

Figure 3 - DIAGRAMME DE MC CABE ET THIELE - 2ème essai - Solution -

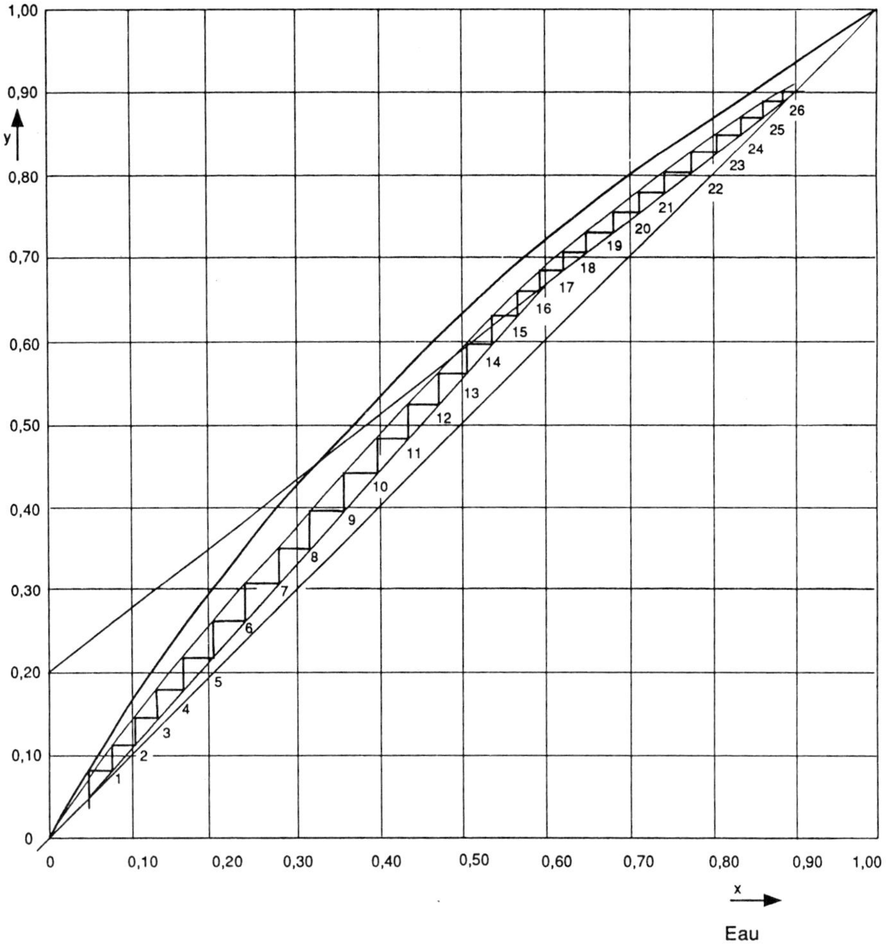

Figure 4 - DIAGRAMME DE MC CABE ET THIELE - 3ème essai - Solution -

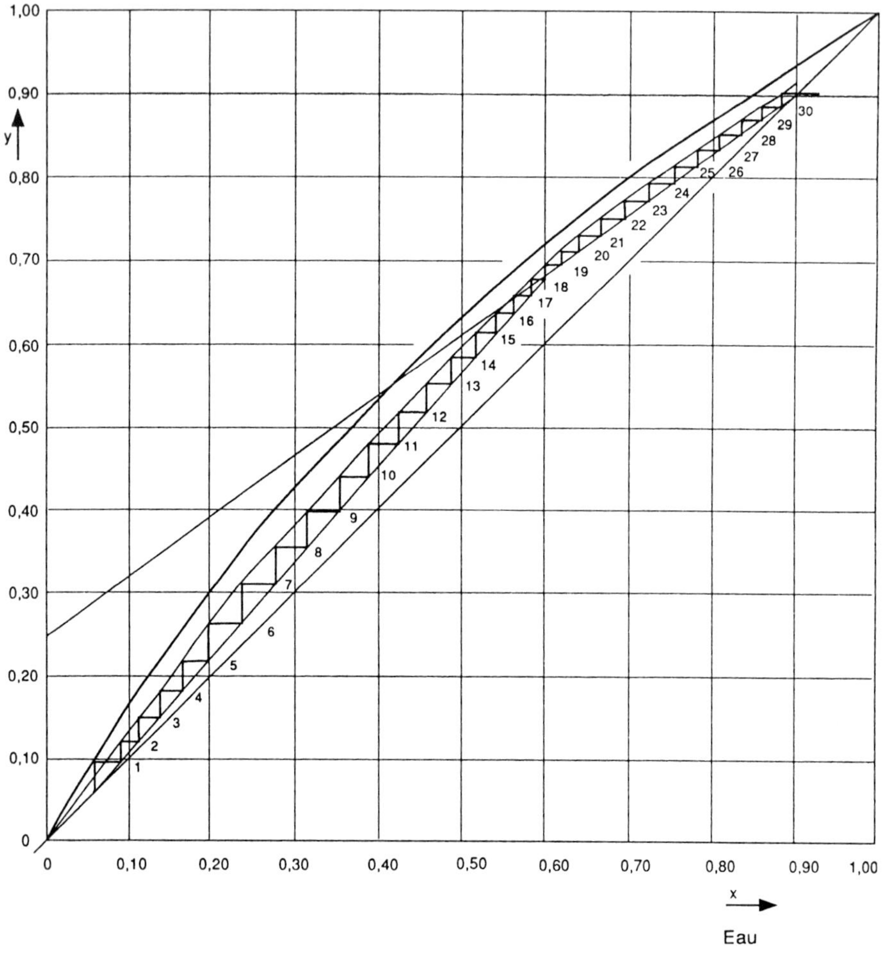

- <u>3ème essai</u> :

On choisit, une ordonnée à l'origine égale à 0,25. On trouve 30 plateaux réels + 1 bouilleur (figure 4 : "Diagramme de Mc CABE et THIELE - 3ème essai - Solution").

L'ordonnée à l'origine est égale à : $\frac{x_D}{R+1} = 0,25$

Comme $x_D = 0,90$, on a : $0,90 = 0,25R + 0,25$

$$\text{d'où } R = \frac{0,65}{0,25} = 2,6$$

Il faut donc un taux de reflux supérieur à 2,6 pour la colonne proposée.

6°) Schéma de fabrication de l'acétate d'éthyle

Le mélange réactionnel, après estérification, ne contient pratiquement plus d'acide acétique, l'alcool éthylique étant en fort excès (voir question 4).

On doit séparer l'acétate d'éthyle de ce mélange (acétate d'éthyle-eau-alcool éthylique) sachant qu'il existe un homo-azéotrope ternaire bouillant à basse température (Eb = 70,2°C) et que cet homo-azéotrope, additionné d'une masse égale d'eau, donne deux phases liquides, l'une riche en acétate (acétate : 93%, pourcentage massique) et l'autre riche en eau (eau : 94%, pourcentage massique).

On peut imaginer ainsi la séparation (figure 5 : "Schéma général - Solution") :

Le mélange, après estérification, est envoyé dans une première colonne de rectification <u>1</u> qui permet de séparer, en tête, l'homo-azéotrope ternaire Az et, en queue, un mélange eau-alcool éthylique, si la totalité de l'acétate d'éthyle d'alimentation est éliminée avec l'azéotrope Az. Ce mélange est envoyé au réacteur d'estérification.

Figure 5 - SCHÉMA GÉNÉRAL - Solution -

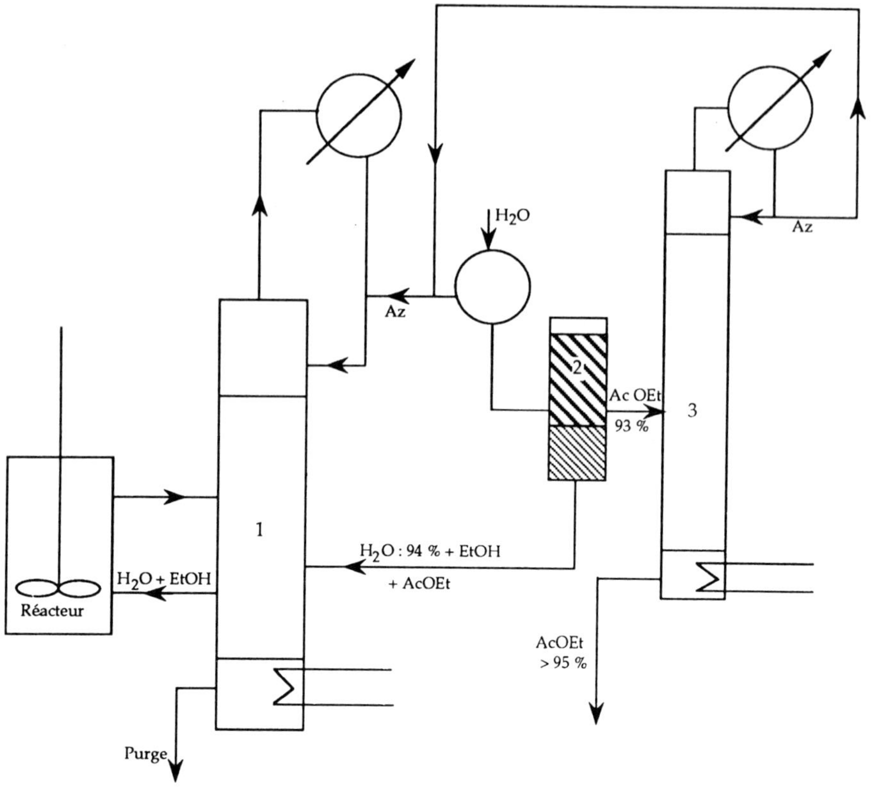

Le problème consiste maintenant à extraire l'acétate d'éthyle de l'azéotrope ternaire.

Après addition d'eau et décantation en 2, la phase riche en eau retournera vers la colonne 1 et on enverra la phase riche en acétate d'éthyle dans une colonne de rectification 3.

On obtiendra, en tête de cette colonne, l'azéotrope ternaire Az que l'on recyclera en amont du décanteur, et en pied de colonne, un mélange (acétate d'éthyle-eau) riche en acétate (l'alcool d'alimentation est éliminé en tête de colonne avec l'azéotrope).

Un bilan montre que la teneur en acétate d'éthyle dans le bouilleur de la colonne 3 peut être supérieure à 95% (pourcentage massique).

FABRICATION DE METHYLAMINES - Cycle frigorifique - Enoncé -

On étudie les réactions de l'ammoniac sur le méthanol, en vue de produire des méthylamines :

$$CH_3OH + NH_3 \rightleftarrows CH_3NH_2 + H_2O \qquad (1)$$

$$CH_3NH_2 + CH_3OH \rightleftarrows (CH_3)_2NH + H_2O \qquad (2)$$

$$(CH_3)_2NH + CH_3OH \rightleftarrows (CH_3)_3N + H_2O \qquad (3)$$

Ces réactions ont lieu en phase gazeuse, à 723 K, et sous une pression de 20 atm, en présence d'un catalyseur (phosphate d'aluminium).

1°) Connaissant les enthalpies libres de formation données en annexe 1, calculer les constantes d'équilibre relatives aux activités $K_{1_a}, K_{2_a}, K_{3_a}$.

2°) En supposant les gaz parfaits, donner les expressions de $K_{1_a}, K_{2_a}, K_{3_a}$ en fonction des degrés d'avancement $\varepsilon_1, \varepsilon_2, \varepsilon_3$ des 3 réactions. On supposera que le mélange initial contient 1 mol de méthanol pour 2,5 mol d'ammoniac et 0,40 mol de triméthylamine.

3°) On s'intéresse à un atelier de production de méthylamines dont le schéma général est donné sur la figure 1. Il comprend essentiellement un ensemble "réacteur-échangeurs", un ensemble de "séparation des produits" et une "boucle de recyclage", véhiculant de l'ammoniac et une partie de la triméthylamine (TMA) formée.

Calculer les débits exprimés en kilomoles par heure, aux points B, C et E, et les débits de production de TMA et d'eau, en D, connaissant :

- le débit de l'appoint A : 4,2994 kmol/h de méthanol
  2,8823 kmol/h d'ammoniac

- les débits des produits D : 1,8064 kmol/h de monométhylamine (MMA)
  0,7777 kmol/h de diméthylamine (DMA)
  0,0430 kmol/h de méthanol

- la composition des gaz de la boucle de recyclage :
  NH_3 : 95,161% molaire
  TMA : 4,839% molaire

- le rapport molaire NH_3/CH_3OH en B qui vaut 2,500.

4°) On veut utiliser la monométhylamine comme liquide frigorigène travaillant entre 1 atm (pression d'évaporation) et 6 atmosphères (pression de fin de compression). Le diagramme enthalpique du cycle frigorifique projeté sera construit en prenant pour origine le liquide saturé à la température d'ébullition normale T_B (1 atm). On calculera la température en fin de compression de la vapeur, en supposant la compression adiabatique, réversible, et la vapeur idéale. La température d'aspiration est égale à T_B. On suppose la détente du liquide isenthalpique. On placera sur le diagramme "enthalpie-température" les points :

o : liquide saturé à la température T_B - pression 1 atm
a : vapeur saturée à la température T_B - pression 1 atm
b : vapeur à la température T_3 (correspondant à la pression de saturation de 6 atm) et à la pression de 1 atmosphère
c : vapeur à la température T_2, (de fin de compression) - pression 1 atm
d : vapeur à la température T_2 - pression 6 atm
e : vapeur saturée à la température T_3 - pression de saturation 6 atm
f : liquide saturé à la température T_3 - pression de saturation 6 atm
g : mélange liquide-vapeur après détente isenthalpique du liquide de 6 à 1 atm.

On s'aidera, pour construire le diagramme, des relations et constantes données en annexes 2 et 2 bis.

Echelle des enthalpies : 25mm pour 1000 cal/mol

Echelle des températures : 10mm pour 10K

Nota : les questions 1, 2, 3 et 4 sont indépendantes.

Figure 1 : Fabrication de méthylamines - Enoncé -
Figure 2 : Cycle frigorifique - monométhylamine - Enoncé -
Annexe 1 : Enthalpies libres de formation
Annexe 2 : Compression adiabatique réversible d'un gaz parfait - Formule de GIACALONE - Capacité thermique moyenne - Température correspondant à une tension de vapeur de 6 atm - Formule de WATSON
Annexe 2bis : Courbes $(H^* - H) / T_C = f(T_R\ P_R)$

Figure 1 : FABRICATION DE METHYLAMINES - Enoncé -

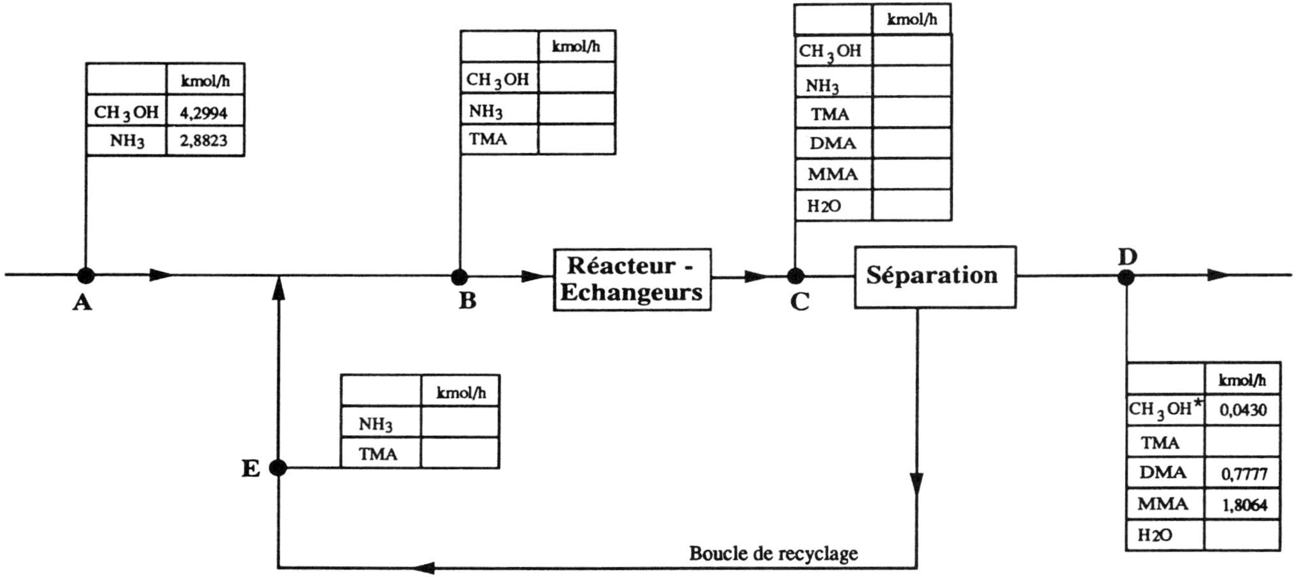

- débits exprimés en kilomoles/heure
- MMA : monométhylamine
- DMA : diméthylamine
- TMA : triméthylamine

- rapport molaire en B : mol NH_3 /mol CH_3OH = 2,50

- composition molaire en E : 95,161% de NH_3
  4,839% de TMA

CH_3OH* : en réalité, produits de décomposition de CH_3OH

Figure 2 : CYCLE FRIGORIFIQUE - MONOMETHYLAMINE - Enoncé -

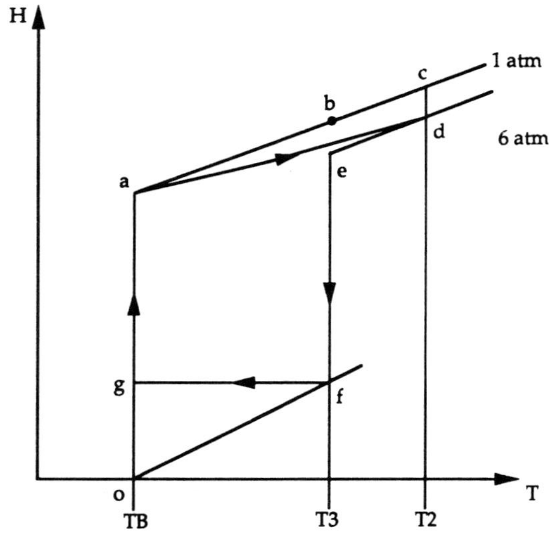

Figure 2a

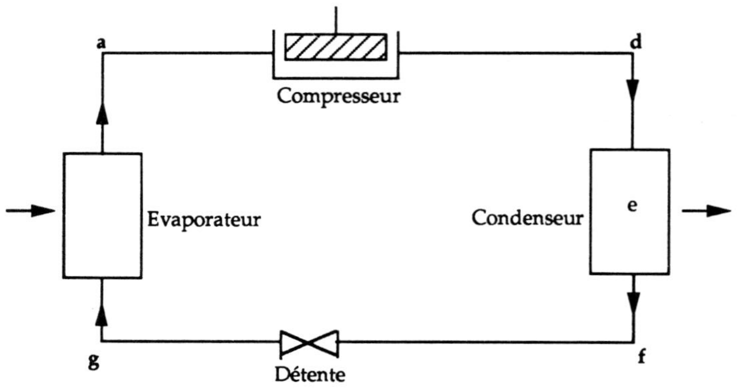

Figure 2b

CEF = (Ha - Hg)/(Hd - Ha)

Annexes

Annexe 1 : ΔG_f^0 en kcal/mol :

	700 K	800 K
NH_3	6,55	9,29
CH_3OH	- 24,84	- 21,10
H_2O	- 49,92	- 48,65
CH_3NH_2	27,29	32,46
$(CH_3)_2NH$	46,64	54,57
$(CH_3)_3N$	66,10	77,08

Annexe 2 :

- Compression adiabatique réversible

pour un gaz parfait : $$(T_2 / T_1) = \left(\frac{P_2}{P_1}\right)^{\frac{R}{Cp}}$$

- $\Delta H_{V_B} = \frac{RT_C T_B}{T_C - T_B} \ln P_C$ (formule de GIACALONE)

avec : $T_C = 430{,}2$ K
$P_C = 73{,}1$ atm
$R = 1{,}987$ cal/mol K

- La capacité thermique moyenne, entre T_B (au point d'ébullition normale) et T_2, d'une part, et T_B et T_3, d'autre part, à la pression de 1 atm, vaut 13,00 cal/mol K

- La variation d'enthalpie de la vapeur avec la pression, à la température T_2 et à la température T_3, entre 1 et 6 atm est donnée par les courbes $(H^* - H)/T_C$ ci-jointes (Annexe 2 bis)

- La température correspondant à une tension de vapeur saturée de 6 atm est de 315 K = T_3

- $\Delta H_{V_B} / (1 - T_{B_R})^n = \Delta H_{V_3} / (1 - T_{R_3})^n$ avec $n = 0{,}740\, T_{B_R} - 0{,}116$ (formule de WATSON)

Annexe 2 bis : Courbes $(H^* - H)/T_C = f(T_R\ P_R)$

Annexe 2 bis

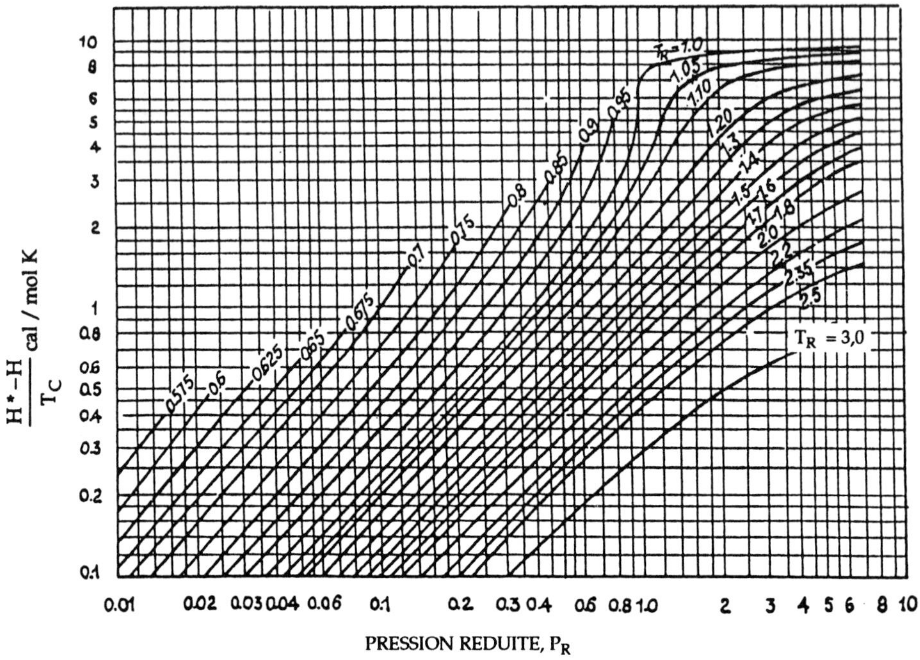

[O. A. HOUGEN et K. M. WATSON, Chemical Process Principles – Combinated volume, 12, 494, 2° edition, John Wiley & Sons – New York (1950).]

FABRICATION DE METHYLAMINES - Cycle frigorifique - Solution -

Les réactions de formation des triméthylamines sont :

MMA :	$CH_3OH + NH_3$	$\rightleftarrows$	$CH_3NH_2 + H_2O$	(1)
DMA :	$CH_3OH + CH_3NH_2$	$\rightleftarrows$	$(CH_3)_2NH + H_2O$	(2)
TMA :	$CH_3OH + (CH_3)_2NH$	$\rightleftarrows$	$(CH_3)_3N + H_2O$	(3)

1°) Calcul des constantes d'équilibre à 723 K, 20 atm.
Après avoir calculé les enthalpies libres de chacune des réactions à 723 K, nous déterminerons les constantes d'équilibre à cette température, par la relation :

$$-\Delta G^0_{r_T} = RT \ln K_a$$

Calcul des enthalpies libres : $\Delta G^0_{r_{723}} = \sum^{j} \Delta G^0_{f_{723}}(Pj) - \sum^{i} \Delta G^0_{f_{723}}(Ri)$

Ce calcul nécessite la détermination des enthalpies libres de formation des composés, à 723 K à partir de leurs valeurs, connues à 700 K et 800 K

$$\Delta G^0_{f_{723}} = \Delta G^0_{f_{700}} + \frac{\left(\Delta G^0_{f_{800}} - \Delta G^0_{f_{700}}\right) \times (723-700)}{800-700}$$

$$\Delta G^0_{f_{723}}(CH_3OH) = -24,84 + (-21,10 + 24,84) \times 0,23 = -23,980 \text{ kcal/mol}$$

$$\Delta G^0_{f_{723}}(NH_3) = 6,55 + (9,29 - 6,55) \times 0,23 = 7,180 \text{ kcal/mol}$$

$$\Delta G^0_{f_{723}}(H_2O) = -49,92 + (-48,65 + 49,92) \times 0,23 = -49,628 \text{ kcal/mol}$$

$$\Delta G^0_{f_{723}}(CH_3NH_2) = 27,29 + (32,46 - 27,29) \times 0,23 = 28,479 \text{ kcal/mol}$$

$$\Delta G^0_{f_{723}}(CH_3)_2NH = 46,64 + (54,57 - 46,64) \times 0,23 = 48,464 \text{ kcal/mol}$$

$$\Delta G^0_{f_{723}}(CH_3)_3N = 66,10 + (77,08 - 66,10) \times 0,23 = 68,625 \text{ kcal/mol}$$

D'où les enthalpies libres de réaction, $\Delta G^0_{r_{723}}$:

$$\Delta G^0_{r_{723}}(1)$$
$$= \left[\Delta G^0_{f_{723}}(CH_3NH_2) + \Delta G^0_{f_{723}}(H_2O)\right] - \left[\Delta G^0_{f_{723}}(CH_3OH) + \Delta G^0_{f_{723}}(NH_3)\right]$$

$$= (28{,}479 - 49{,}628) - (-23{,}98 + 7{,}180) = -4{,}349 \text{ kcal/mol}$$

$$\Delta G^0_{r_{723}}(2)$$
$$= \left[\Delta G^0_{f_{723}}((CH_3)_2NH) + \Delta G^0_{f_{723}}(H_2O)\right] - \left[\Delta G^0_{f_{723}}(CH_3OH) + \Delta G^0_{f_{723}}(CH_3NH_2)\right]$$

$$= (48{,}464 - 49{,}628) - (-23{,}980 + 28{,}479) = -5{,}663 \text{ kcal/mol}$$

$$\Delta G^0_{r_{723}}(3)$$
$$= \left[\Delta G^0_{f_{723}}((CH_3)_3N) + \Delta G^0_{f_{723}}(H_2O)\right] - \left[\Delta G^0_{f_{723}}(CH_3OH) + \Delta G^0_{f_{723}}((CH_3)_2NH)\right]$$

$$= (68{,}625 - 49{,}628) - (-23{,}98 + 48{,}464) = -5{,}487 \text{ kcal/mol}$$

Ces valeurs des $\Delta G^0_{r_{723}}$ permettent de calculer les constantes d'équilibre K_{1_a}, K_{2_a} et K_{3_a} qui en résultent :

$$\ln K_{1_a} = \frac{4349}{1{,}987 \times 723} = 3{,}02728 \text{ d'où } K_1 = 20{,}641$$

$$\ln K_{2_a} = \frac{5663}{1{,}987 \times 723} = 3{,}94194 \text{ d'où } K_2 = 51{,}518$$

$$\ln K_{3_a} = \frac{5487}{1{,}987 \times 723} = 3{,}81943 \text{ d'où } K_3 = 45{,}578$$

2°) Expression de K_{1_a}, K_{2_a} et K_{3_a} en fonction des degrés d'avancement $\varepsilon_1, \varepsilon_2$ et ε_3.

Pour établir la constante d'équilibre d'une réaction en fonction du degré d'avancement de cette réaction, il est nécessaire de déterminer, à l'équilibre, le nombre de mol, n_i, de chacun des constituants, exprimé en fonction du degré d'avancement de la réaction, ε.

Ainsi, si on considère d'une manière générale une réaction équilibrée :

$$\nu_A\, A + \nu_B\, B \rightleftharpoons \nu_C\, C + \nu_D\, D\ ,$$

pour un changement infinitésimal du nombre de mol, correspondant à la formation de dn_i moles du composé i, dn_i est proportionnel au coefficient stoechiométrique ν_i de ce constituant i, de sorte que :

$$\frac{dn_A}{-\nu_A} = \frac{dn_B}{-\nu_B} = \frac{dn_C}{\nu_C} = \frac{dn_D}{\nu_D} = \frac{dn_i}{\pm\nu_i} = d\varepsilon$$

Si on intègre les équations ci-dessus, on trouve, pour chaque constituant, $n_i = n_i^0 \pm \nu_i\, \varepsilon$, avec $\varepsilon = 0$ au début de la réaction quand $n_i = n_i^0$, nombre de moles initial.

Par exemple pour le méthanol, pour une mole au départ :

après la réaction (1) : $\int_1^{n_1} dn = -\varepsilon_1,\quad$ d'où $n_1 = 1 - \varepsilon_1$

après la réaction (2) : $\int_{1-\varepsilon_1}^{n_2} dn = -\varepsilon_2,\quad$ d'où $n_2 = 1 - \varepsilon_1 - \varepsilon_2$

après la réaction (3) : $\int_{1-\varepsilon_1-\varepsilon_2}^{n_3} dn = -\varepsilon_3,\quad$ d'où $n_3 = 1 - \varepsilon_1 - \varepsilon_2 - \varepsilon_3$

Le même type de calcul, mené pour les 6 constituants présents, permet de dresser le tableau ci-dessous :

Composés	**A l'origine (mol)**	**à l'équilibre (mol)**		
		après (1)	après (2)	après (3)
CH_3OH	1	$1 - \varepsilon_1$	$1 - \varepsilon_1 - \varepsilon_2$	$1 - \varepsilon_1 - \varepsilon_2 - \varepsilon_3$
NH_3	2,5	$2{,}5 - \varepsilon_1$	$2{,}5 - \varepsilon_1$	$2{,}5 - \varepsilon_1$
CH_3NH_2	0	ε_1	$\varepsilon_1 - \varepsilon_2$	$\varepsilon_1 - \varepsilon_2$
$(CH_3)_2\,NH$	0	0	ε_2	$\varepsilon_2 - \varepsilon_3$
$(CH_3)_3\,N$	0,40	0,40	0,40	$0{,}40 + \varepsilon_3$
H_2O	0	ε_1	$\varepsilon_1 + \varepsilon_2$	$\varepsilon_1 + \varepsilon_2 + \varepsilon_3$
N	**3,90**	3,90		

On suppose les gaz parfaits. Donc $K_a = K_f = K_p$, $\quad p_i = y_i\, P = \frac{n_i}{N} P$.
Comme le nombre de mol des produits est égal à celui des réactifs, on aura $K_p = K_n$

d'où les expressions de K_{1_a}, K_{2_a} et K_{3_a} :

$$K_{1_a} = \frac{(\varepsilon_1 - \varepsilon_2)(\varepsilon_1 + \varepsilon_2 + \varepsilon_3)}{(1 - \varepsilon_1 - \varepsilon_2 - \varepsilon_3)(2,5 - \varepsilon_1)}$$

$$K_{2_a} = \frac{(\varepsilon_2 - \varepsilon_3)(\varepsilon_1 + \varepsilon_2 + \varepsilon_3)}{(1 - \varepsilon_1 - \varepsilon_2 - \varepsilon_3)(\varepsilon_1 - \varepsilon_2)}$$

$$K_{3_a} = \frac{(0,40 + \varepsilon_3)(\varepsilon_1 + \varepsilon_2 + \varepsilon_3)}{(1 - \varepsilon_1 - \varepsilon_2 - \varepsilon_3)(\varepsilon_2 - \varepsilon_3)}$$

3°) Bilan-matière de l'atelier de production.

Soit x le nombre de kmol de NH_3 dans la boucle de recyclage E.

A partir de la composition molaire centésimale de E et du rapport $\frac{NH_3}{CH_3OH}$ en B on déduit le débit de NH_3 dans l'alimentation B.

En effet : B = A + E

et $NH_{3_B} = NH_{3_A} + NH_{3_E}$ donc NH_{3_B} = 2,8823 + x

en B = $\frac{NH_3}{CH_3OH} = 2,5$ soit $\frac{2,8823 + x}{4,2994} = 2,5$ (le recyclage ne contient pas de méthanol)

2,8823 + x = 10,7485

d'où : NH_{3_E} = x = 7,8662 kmol/h

et : $TMA_E = \frac{7,8662 \times 4,839}{95,161}$ = 0,4000 kmol/h

<u>En E</u> :

Courant E total = 7,8662 + 0,4000 = 8,2662 kmol/h

<u>En B</u> :

NH_{3_B} = 10,7485 kmol/h (= 7,8662 + 2,8823 kmol/h)
CH_3OH_B = 4,2994 kmol/h
TMA_B = <u>0,4000 kmol/h</u>

Courant B total = 15,4479 kmol/h

En C : $NH_{3_C} = NH_{3_E}$ = 7,8662 kmol/h

On en déduit NH_3 transformé = 10,7485 - 7,8662 = 2,8823 kmol/h

$MMA_C = MMA_D$ = 1,8064 kmol/h

$DMA_C = DMA_D$ = 0,7777 kmol/h, $MMA_C + DMA_C$ = 2,5841 kmol/h

$TMA_C = NH_3$ transformé + TMA_B

d'où : TMA_C = (2,8823 - 2,5841) + 0,4000 = 0,2982 + 0,4000 = 0,6982 kmol/h

$CH_3OH_C = CH_3OH_D$ = 0,0430 kmol/h

Dans chacune des 3 réactions, le nombre de mol d'eau formée correspond au nombre de mol de CH_3 OH consommé,

d'où : $H_2O_C = (CH_3\ OH)_B - (CH_3OH)_C$ = 4,2994 - 0,0430 = 4,2564 kmol/h

et : Total C = 1,8064 + 0,7777 + 0,6982 + 0,0430 + 4,2564 + 7,8662 = 15,4479 kmol/h

Le débit ne varie pas entre les points B et C.

En D : $TMA_D = TMA_C - TMA_E$ = 0,2982 kmol/h

$H_2O_D = H_2O_C$ = 4,2564 kmol/h

Les valeurs des débits calculés sont portées sur la figure : "Fabrication de méthylamines - Solution".

4°) Construction du diagramme enthalpique (H, T) :

o : liquide saturé à $T_1 = T_B$ = 266,5 K, P_1 = 1 atm

$H_o = 0$

a : vapeur saturée à T_B = 266,5 K, P_1 = 1 atm

$H_a = H_o + \Delta H_{V_B}$

Calcul de $\Delta H_{V_B} = \Delta H_{V_{266,5K}}$ (équation de GIACALONE)

FABRICATION DE METHYLAMINES - Solution -

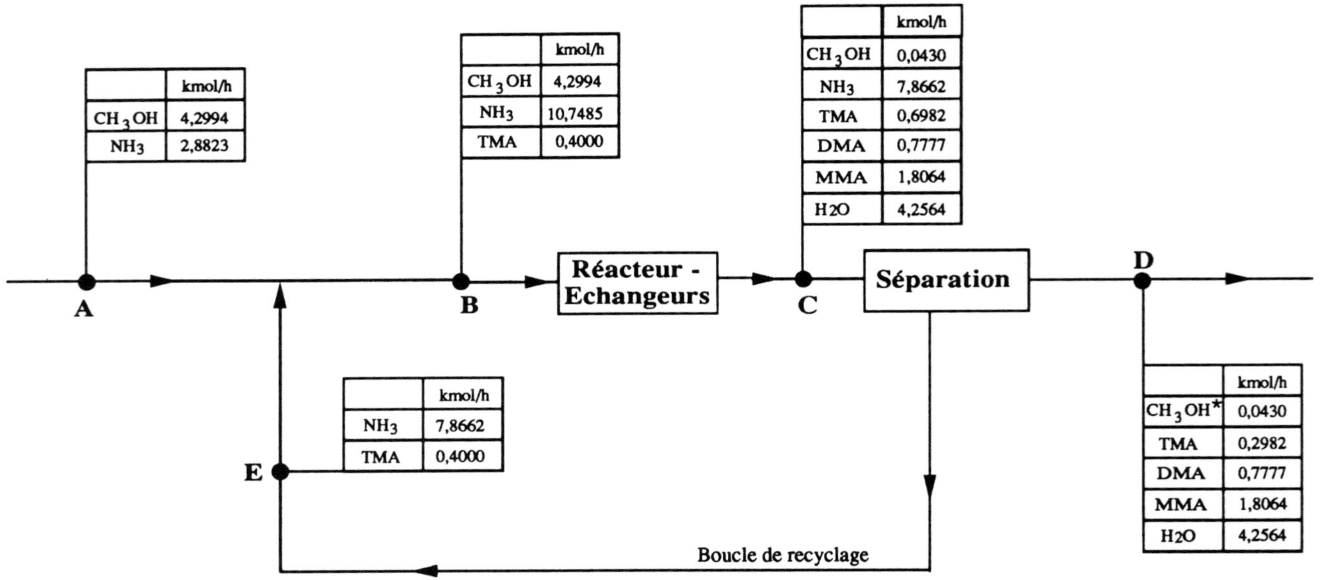

A

	kmol/h
CH_3OH	4,2994
NH_3	2,8823

B

	kmol/h
CH_3OH	4,2994
NH_3	10,7485
TMA	0,4000

C

	kmol/h
CH_3OH	0,0430
NH_3	7,8662
TMA	0,6982
DMA	0,7777
MMA	1,8064
H_2O	4,2564

D

	kmol/h
CH_3OH*	0,0430
TMA	0,2982
DMA	0,7777
MMA	1,8064
H_2O	4,2564

E

	kmol/h
NH_3	7,8662
TMA	0,4000

- débits exprimés en kilomoles/heure
- MMA : monométhylamine
- DMA : diméthylamine
- TMA : triméthylamine

- rapport molaire en B : mol NH_3 /mol CH_3OH = 2,50

- composition molaire en E : 95,161% de NH_3
  4,839% de TMA

CH_3OH* : en réalité, produits de décomposition de CH_3OH

$$\Delta H_{V_B} = \frac{RT_C T_B}{T_C - T_B} \ln P_C = \frac{1{,}987 \times 430{,}2 \times 266{,}5}{430{,}2 - 266{,}5} \ln 73{,}1 = 5972{,}5 \, cal/mol$$

$H_a = \Delta H_{V_B} = 5972{,}5$ cal/mol

b : vapeur à T_3 (correspondant à $p_S = 6$ atm) et $P_1 = 1$ atm

Entre a et b la pression reste constante ($P_1 = 1$ atm)

la température croît de 266,5 K à $T_3 = 315$ K

$H_b = H_a + (\Delta H_S)_{266,5}^{315} = 5972{,}5 + 13\,(315 - 266{,}5)$

donc, au point b, $H_b = 6603$ cal/mol

c : vapeur à la température T_2 de fin de compression et $P_1 = 1$ atm.

Il s'agit d'une compression adiabatique réversible d'un gaz parfait :

$$\frac{T_2}{T_1} = \left(\frac{P_2}{P_1}\right)^{\frac{R}{C_P}} \text{ d'où } T_2 = 266{,}5\left(\frac{6}{1}\right)^{\frac{1{,}987}{13}} = 350{,}46 \approx 350{,}5 \, K$$

Comme précédemment, la pression étant constante ($P_1 = 1$ atm) entre a et c, on peut écrire :

$$H_c = H_a + (\Delta H_S)_{266}^{350} = 5972{,}5 + 13(350{,}5 - 266{,}5)$$

$H_c = 7064{,}5$ cal/mol

d : vapeur à $T_2 = 350$ K et $P_2 = 6$ atm

A T_2 constante, pour passer de c à (1 atm) à d à (6 atm) on utilise les courbes $\frac{H^* - H}{T_C} = f(P_R, T_R)$ (Annexe 2 bis). On suppose que les enthalpies à P = 0 atm et P = 1 atm sont égales. Dans ces conditions, H* correspond à H_c et H à H_d.

$$P_R = \frac{6}{73{,}1} = 0{,}082 \text{ et } T_R = \frac{350}{430{,}2} = 0{,}813$$

on lit $\frac{H^* - H}{T_C} \approx 0{,}4$ d'où $H^* - H = 0{,}4 \times 430{,}2 = 172$ cal/mol

$H_d = 7064{,}5 - 172 = 6892{,}5$ cal/mol

e : vapeur saturée à T_3 = 315 K et p_S = 6 atm

A T_3 constante, pour passer de b (1 atm) à e (6 atm), on utilise à nouveau les courbes $\dfrac{H^* - H}{T_C} = f(P_R, T_R)$

H^* correspond à H_b et H à H_e

$$P_R = \frac{6}{73{,}1} = 0{,}082 \text{ et } T_R = \frac{315}{430{,}2} = 0{,}732$$

On lit $\dfrac{H^* - H}{T_C} \approx 0{,}62$ d'où $H^* - H$ = 267 cal/mol

H_e = 6603 - 267 = 6336 cal/mol

f : liquide saturé à T_3 = 315 K et P_2 = 6 atm

Entre e et f le liquide se condense sous P = 6 atm. La différence d'enthalpie entre e (vapeur saturée) et f (liquide saturé) est égale à ΔH_{V_3}.

On peut calculer $T_{B_R} = \dfrac{266{,}5}{430{,}2} = 0{,}619$ et $T_{R_3} = \dfrac{315}{430{,}2} = 0{,}732$

L'application de la relation : $\dfrac{\Delta H_{V_B}}{\left(1 - T_{B_R}\right)^n} = \dfrac{\Delta H_{V_3}}{\left(1 - T_{R_3}\right)^n}$

avec n = 0,740 T_{B_R} - 0,116, soit n = 0,342, donne ΔH_{V_3} = 5295 cal/m

d'où : H_f = 6336 - 5295 = 1041 cal/mol

g : mélange liquide-vapeur après détente isenthalpique du liquide de P_2 = 6 atm à P_1 = 1 atm

La détente étant isenthalpique $H_g - H_f = 0$

$H_g = H_f$ = 1041 cal/mol

Les différentes enthalpies calculées sont portées sur la figure : "Cycle frigorifique - Monométhylamine - Solution".

CYCLE FRIGORIFIQUE - MONOMÉTHYLAMINE - Solution -

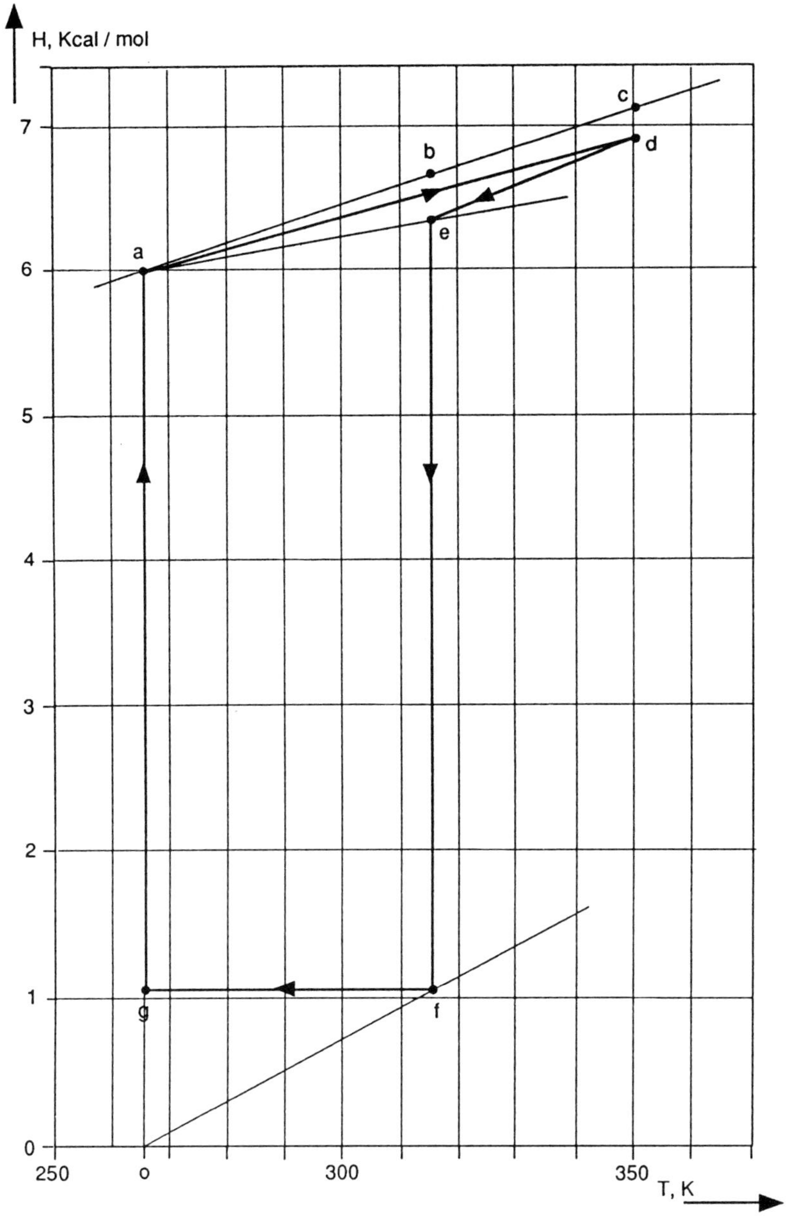

ETABLISSEMENT D'UN DIAGRAMME ENTHALPIQUE APPLICATION A UN CYCLE FRIGORIFIQUE - Enoncé -

On connaît la température d'ébullition normale (T_B = 249,0 K) du chlorure de méthyle, CH_3Cl, et on désire construire le diagramme enthalpique de ce corps (enthalpie en fonction de température).

1°) Calculer les constantes critiques du chlorure de méthyle.

2°) Calculer sa tension de vapeur et son enthalpie de vaporisation à 258 et 303 K.

3°) Connaissant la capacité thermique $C_p = 6{,}44 + 1{,}643.10^{-2}\ T$, calculer et reporter sur un graphique les enthalpies des points représentatifs suivants :

- 0 origine : liquide en équilibre avec sa vapeur à 258 K,
- A : vapeur à 258 K et sous la tension de vapeur du liquide à 258 K,
- B : vapeur à 258 K et sous une pression nulle,
- C : vapeur à 303 K et sous une pression nulle,
- D : vapeur à 303 K et sous la tension de vapeur du liquide à 303 K,
- E : liquide en équilibre avec sa vapeur à 303 K,
- F : vapeur à 340 K et sous une pression nulle,
- G : vapeur à 340 K et sous une pression égale à la tension de vapeur du liquide à 303 K.

On portera également :

- le point I représentatif du point critique dont les coordonnées sont égales à la température critique et à une enthalpie de 4805 cal/mol.
- le point H, sur OA, tel que les enthalpies des points H et E soient égales.

4°) Montrer que les point A, G, D, E et H sont représentatifs d'un cycle frigorifique.
Décrire ce cycle et donner la signification physique des segments EH et AG ainsi que du rapport $\frac{OH}{OA}$.

5°) Calculer le coefficient d'effet frigorifique théorique pour ce cycle (CEF_{th}). La relation de définition est : CEF_{th} = (chaleur absorbée par l'évaporation)/(énergie fournie au fluide par le compresseur).

6°) Le point G a été choisi en supposant une compression isentropique entre la tension de vapeur du chlorure de méthyle à 258 K et sa tension de vapeur à 303 K.

Expliciter le raisonnement qui permettrait de montrer que les points A et G sont placés approximativement sur une même courbe isentropique.

Annexe 1 : Constantes de LYDERSEN
Annexe 2 : Relations de LYDERSEN, KIRCHHOFF, GIACALONE, WATSON.
Annexe 3 : Courbes de variations d'enthalpie et d'entropie en fonction de T_R, P_R.

Annexe 1 - CONSTANTES DE LYDERSEN

	ΔT_L	ΔP_L	ΔV_L
Valeur initiale	---	---	40
CH_3 , CH_2	0,020	0,227	55
CH_2 dans un cycle	0,013	0,184	44,5
CH	0,012	0,210	51
CH dans un cycle	0,012	0,192	46
C	0,00	0,210	41
C dans un cycle	(- 0,007)	(0,154)	(31)
Hydrogène	0,00	0,00	0,00
= CH , = CH_2	0,018	0,198	45
= CH dans un cycle	0,011	0,154	37
= C , = C =	0,00	0,198	36
= C , = C = dans un cycle	0,011	0,154	36
≡ C, ≡ CH	0,005	0,153	(36)
Atome d'un cycle	.....	.....	.....
Fluor	0,018	0,224	18
Chlore	0,017	0,320	49
Brome	0,010	(0,50)	(70)
Iode	(0,012)	(0,83)	(95)
- O -	0,021	0,16	20
- O - dans un cycle	(0,014)	(0,12)	(8)
- OH , alcools	0,082	0,06	(18)
- OH , phénols	(0,031)	(- 0,02)	(3)
CO , cétones	0,040	0,29	60
CO dans un cycle	(0,033)	(0,2)	(50)
- CHO aldéhydes	0,048	0,33	73
- COO - esters	0,047	0,47	80
- COOH acides	0,085	(0,4)	80
NH_2	0,031	0,095	28
= NH	0,031	0,135	(37)
= NH dans un cycle	(0,024)	(0,09)	(27)
= N -	0,014	0,17	(42)
= N - dans un cycle	(0,007)	(0,13)	(32)
- CN	(0,060)	(0,36)	(80)
- SH , - S -	0,015	0,27	55
O à l'exception des cas précédents	(0,02)	(0,12)	(11)
S =	(0,003)	(0,24)	(47)
- S - dans un cycle	(0,008)	(0,24)	(45)
- NO_2	(0,055)	(0,42)	(78)

Note : Les nombres entre parenthèses reposent sur peu de valeurs expérimentales.

[A.L. LYDERSEN, "Estimation of critical properties of organic compounds", Coll. Eng. Univ. Wisconsin. Eng. Expt. Sta. Rept 3, Madison - Wisconsin, April 1955.]

Annexe 2

Relations de LYDERSEN

$$\frac{T_B}{T_C} = 0,567 + \sum \Delta T_L - \left(\sum \Delta T_L\right)^2$$

$$P_C = \frac{M}{\left(0,34 + \sum \Delta P_L\right)^2} \qquad \text{pour } CH_3\,Cl,\ M = 50,5$$

$$V_C = 40 + \sum \Delta V_L$$

Relation de KIRCHHOFF

$$\ln P_{S_R} = \frac{T_{B_R} \ln P_C}{T_{B_R} - 1}\left(\frac{1}{T_R} - 1\right)$$

Formule de GIACALONE

$$\Delta H_{vB} = \frac{R\,T_C\,T_B \ln P_C}{T_C - T_B}$$

Formule de WATSON

$$\Delta H_{v_1} = \Delta H_{v_2}\left(\frac{1 - T_{R_1}}{1 - T_{R_2}}\right)^n$$

$n = 0,3$ pour $T_{B_R} < 0,57$

$n = 0,74\ T_{B_R} - 0,116$ pour $0,57 < T_{B_R} < 0,71$

$n = 0,41$ pour $T_{B_R} > 0,71$

Annexe 3

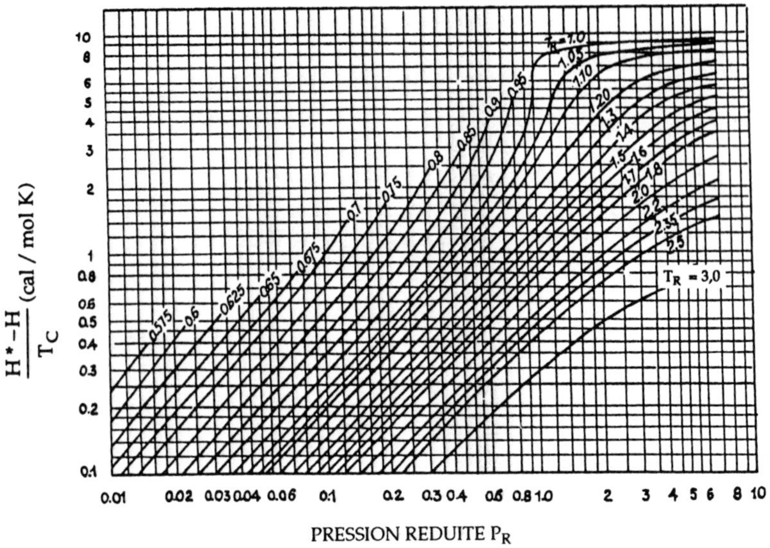

[O. A. HOUGEN et K. M. WATSON, Chemical Process Principles – Combinated volume, 12, 495, 2° edition, John Wiley & Sons – New York (1950).]

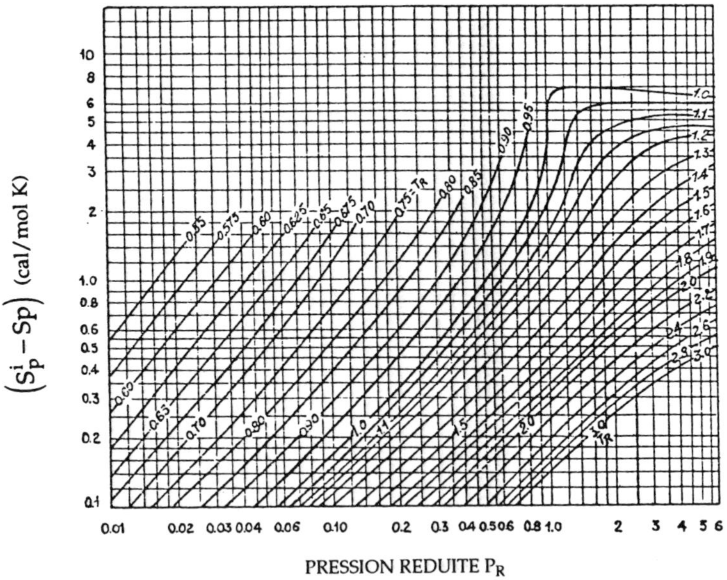

[O. A. HOUGEN et K. M. WATSON, Chemical Process Principles – Combinated volume, 12, 498, 2° edition, John Wiley & Sons – New York (1950). Avec l' autorisation de John Wiley & Sons.]

ETABLISSEMENT D'UN DIAGRAMME ENTHALPIQUE APPLICATION A UN CYCLE FRIGORIFIQUE - Solution -

1°) Les constantes critiques du chlorure de méthyle sont calculées d'après la méthode de LYDERSEN, à partir des relations suivantes :

- pour la température critique :

$$\frac{T_B}{T_C} = 0,567 + \sum \Delta T_L - \left(\sum \Delta T_L\right)^2$$

Connaissant T_B, on obtient :

$$T_C = \frac{T_B}{0,567 + \sum \Delta T_L - \sum (\Delta T_L)^2}$$

Pour le chlorure de méthyle $T_B = 249,0$ K et

$\sum \Delta T_L$ est calculé d'après la table de LYDERSEN :

$$\sum \Delta T_L = \Delta T_L(CH_3) + \Delta T_L(Cl) = 0,020 + 0,017 = 0,037$$

$$T_C = \frac{249}{0,567 + 0,037 - (0,037)^2} = \frac{249}{0,6026} = \underline{413,2 \text{ K}}$$ (réalité : 416,3 K)

- pour la pression critique :

$$P_C = \frac{50,5}{\left(0,34 + \sum \Delta P_L\right)^2}$$

$$\sum \Delta P_L = \Delta P_L(CH_3) + \Delta P_L(Cl) = 0,227 + 0,320 = 0,547$$

$$P_C = \frac{50,5}{(0,340 + 0,547)^2} = 64,187 \approx \underline{64,19 \text{ atm}}$$ (réalité : 65,9 atm)

- pour le volume critique :

$$V_C = 40 + \sum \Delta V_L$$
$$\sum \Delta V_L = \Delta V_L(CH_3) + \Delta V_L(Cl) = 55 + 49 = 104$$

$V_C = 40 + 104 = \underline{144\ cm^3/mol}$ (réalité : 143 cm^3/mol)

2°) Calcul de la tension de vapeur et de l'enthalpie de vaporisation du chlorure de méthyle.

La tension de vapeur est calculée d'après la relation de KIRCHHOFF :

$$\ln p_{s_R} = \frac{T_{B_R} \ln P_C}{T_{B_R} - 1}\left(\frac{1}{T_R} - 1\right)$$

avec $T_{B_R} = \frac{T_B}{T_C} = \frac{249}{413{,}2} = 0{,}6026$

donc à 258 K :

$$\ln p_{s_R} = \frac{0{,}6026 \ln 64{,}19}{0{,}6026 - 1}\left(\frac{1}{\frac{258}{413{,}2}} - 1\right)$$

$$= -\,6{,}31084 \times 0{,}60155$$

$$\ln p_{s_R} = -\,3{,}796288$$

$$p_{s_R} = 0{,}02245$$

d'où $p_s = p_C \times p_{s_R} = 64{,}19 \times 0{,}02245$

$p_{s(258K)} = \underline{1{,}44\ atm}$

de la même façon, à 303 K :

$$\ln p_{s_R} = \frac{0{,}6026 \ln 64{,}19}{0{,}6026 - 1}\left(\frac{1}{\frac{303}{413{,}2}} - 1\right)$$

$$= -\,6{,}31084 \times 0{,}363696$$

$$\ln p_{s_R} = -\,2{,}29523$$

$$p_{s_R} = 0{,}10074$$

d'où $p_s = p_C \times p_{s_R} = 64,19 \times 0,10074$

$p_{s(303K)} = \underline{6,47 \text{ atm}}$

L'enthalpie de vaporisation à différentes températures peut être établie à partir de l'enthalpie de vaporisation à la température d'ébullition, ΔH_{v_B}, elle-même obtenue d'après la formule de GIACALONE,

$$\Delta H_{v_B} = \frac{R\, T_C\, T_B \ln P_C}{T_C - T_B}$$

soit : $\Delta H_{v_B} = \dfrac{1,987 \times 413,2 \times 249,0 \times \ln 64,19}{413,2 - 249,0}$

$= 5181,679 \approx 5181,7$ cal/mol

Pour obtenir les valeurs de l'enthalpie à 258 K et 303 K, on utilise la formule de WATSON :

$$\Delta H_{v_1} = \Delta H_{v_2} \left(\frac{1 - T_{R_1}}{1 - T_{R_2}} \right)^n$$

avec $n = 0,740 \times 0,6026 - 0,116 \approx 0,330$

puisque $0,57 < T_{B_R} = 0,6026 < 0,71$

$$\Delta H_{v258} = \Delta H_{v249} \left(\frac{1 - \dfrac{258}{413,2}}{1 - \dfrac{249}{413,2}} \right)^{0,330} = 5181,7 \left(\frac{0,37560}{0,39738} \right)^{0,330}$$

$\underline{\Delta H_{v_{258}} = 5086,2 \text{ cal / mol}} \approx 5086$ cal/mol

$$\Delta H_{v303} = 5181,7 \left(\frac{1 - \dfrac{303}{413,2}}{1 - \dfrac{249}{413,2}} \right)^{0,330} = 5181,7 \left(\frac{0,26670}{0,39738} \right)^{0,330}$$

$\underline{\Delta H_{v_{303}} = 4542,8 \text{ cal / mol}} \approx 4543$ cal/mol

3°) Enthalpie des différents points représentatifs :

0 : Origine - Le liquide est en équilibre avec sa vapeur à 258 K : $H_0 = 0$.

A : Vapeur à 258 K, sous la tension de vapeur du liquide à 258 K (le liquide 0 s'est vaporisé à T = 258 K) :

$$H_A = H_0 + \Delta H_{v_{258}} = \underline{5086{,}2 \text{ cal/mol}} \approx 5086 \text{ cal/mol}$$

B : Vapeur à 258 K, sous une pression nulle.

Pour obtenir H_B, on utilise les courbes $\frac{H^* - H}{T_C} = f(T_R, P_R)$ qui permettent de trouver la valeur de H* - H où H* est l'enthalpie au point B et H l'enthalpie au point A, à 258 K et sous la pression p_s du liquide à 258 K, calculée pour répondre à la question 2.

Pour $p_{s_R} = 0{,}02245$ et $T_R = \frac{258}{413{,}2} = 0{,}6244$, on lit pour $\frac{H^* - H}{T_C}$ la valeur 0,33,

d'où : $H^* - H = 0{,}33 \times 413{,}2 = 136{,}4$ cal/mol

et : $H_B = H_A + 136{,}4 = 5086{,}2 + 136{,}4 = \underline{5222{,}6 \text{ cal/mol}}$

C : Vapeur à 303 K, sous une pression nulle.
L'élévation de la température de la vapeur de 258 à 303 K donne :

$$H_C = H_B + \int_{258}^{303} C_p \, dT$$

$$H_C = H_B + \int_{258}^{303} (6{,}44 + 1{,}643\,10^{-2}T)\, dT$$

$$H_C = 5222{,}6 + 6{,}44\,(303 - 258) + \frac{1{,}643.10^{-2}}{2}(303^2 - 258^2)$$

$$H_C = 5222{,}6 + 289{,}8 + 207{,}4 = \underline{5719{,}8 \text{ cal/mol}} \approx 5720 \text{ cal/mol}$$

D : Vapeur à 303 K, sous la tension de vapeur du liquide à 303 K.

H_D est obtenue à partir de la valeur de H_C en utilisant les courbes $\frac{H^* - H}{T_C} = f(T_R, P_R)$ pour trouver la valeur de H* - H, où H* représente H_C et H représente H_D.

à 303 K : $T_R = \dfrac{303}{413,2} = 0,733$

et : $p_{s_R} = 0,10074$

d'après la courbe :

$$\frac{H^*-H}{T_C} \approx 0,75 \qquad \text{donc } H^* - H = 0,75 \times 413,2 = 309,9 \text{ cal/mol}$$

donc : $H_D = 5719,8 - 309,9 = \underline{5409,9 \text{ cal/mol}} \approx 5410 \text{ cal/mol}$

E : Liquide en équilibre avec sa vapeur à 303 K.
(la vapeur présente en D s'est condensée à 303 K)

H_E est obtenue en retranchant à H_D la valeur de l'enthalpie de vaporisation à 303 K :

$$H_E = 5409,9 - 4542,8 = \underline{867,1 \text{ cal/mol}} \approx 867 \text{ cal/mol}$$

F : Vapeur à 340 K sous une pression nulle.
L'échauffement de la vapeur de 258 à 340 K, donne H_F :

$$H_F = H_B + \int_{258}^{340} C_P \, dT$$

$$= 5222,6 + \int_{258}^{340} (6,44 + 1,643.10^{-2} T) \, dT$$

$$= 5222,6 + 6,44\,(340 - 258) + \frac{1,643.10^{-2}}{2}(340^2 - 258^2)$$

$$= 5222,6 + 528,1 + 402,8$$

$$H_F = \underline{6153,5 \text{ cal/mol}} \approx 6153 \text{ cal/mol}$$

G : Vapeur à 340 K sous une pression égale à la tension de vapeur du liquide à 303 K.

H_G est obtenue à partir de H_F en calculant à partir des courbes $\dfrac{H^*-H}{T_C}$ la valeur de (H^* - H), où H^* correspond à H_F et H à H_G.

pour 340 K, $T_R = \frac{340}{413,2} = 0,823$

d'autre part, à 303 K, $p_{s_R} = 0,10074$

On trouve : $\frac{H^* - H}{T_C} = 0,46$ soit $H^* - H = 0,46 \times 413,2 \approx 190,1$ cal/mol

$H_G = 6153,5 - 190,1 =$ 5963,4 cal/mol $\approx$ 5963 cal/mol

4°) Interprétation du cycle A G D E H

AG : A : vapeur à $T_1 = 258$ K et $p_1 = 1,44$ atm
G : vapeur à $T_3 = 340$ K et $p_2 = 6,47$ atm

selon AG on effectue une compression de la vapeur de

$p_1 = 1,44$ atm à $p_2 = 6,47$ atm

sa température augmente de

$T_1 = 258$ K à $T_3 = 340$ K.

GD : G : vapeur à $T_3 = 340$ K et $p_2 = 6,47$ atm
D : vapeur à $T_2 = 303$ K et $p_2 = 6,47$ atm

selon GD la vapeur est refroidie à p = cte = 6,47 atm

DE : D : vapeur à $T_2 = 303$ K et $p_2 = 6,47$ atm
E : liquide en équilibre avec sa vapeur à 303 K

selon DE la vapeur est condensée à T = cte = 303 K

EH : E : liquide en équilibre avec sa vapeur à $T_2 = 303$ K et $p = p_s = 6,47$ atm
H : sur OA est à $T_1 = 258$ K. Le point H se trouve à l'intérieur de la zone liquide-vapeur : une partie du liquide s'est vaporisée, le titre en vapeur est $x = \frac{OH}{OA}$.

la pression le long de OA est égale à la tension de vapeur du liquide à 258 K soit 1,44 atm

EH correspond donc à 1 détente isenthalpique accompagnée d'un début de vaporisation.

HA : H : liquide + vapeur à T = 258 K et p = 1,44 atm
A : vapeur à T = 258 K et p = 1,44 atm

HA = vaporisation totale à p = cte et T = cte

Nous avons donc tous les éléments d'un cycle frigorifique : compression, condensation, détente et évaporation.

Signification physique de :

EH : détente isenthalpique du liquide de p_2 = 6,47 atm à p_1 = 1,44 atm accompagnée d'un début de vaporisation

AG : compression de la vapeur de p_1 = 1,44 atm à p_2 = 6,47 atm

$\frac{OH}{OA}$: titre en vapeur du mélange liquide-vapeur à l'entrée de l'évaporateur

Les différents points A, B, C, D, E, F, G, H, I, O ont été reportés sur le diagramme : "Cycle frigorifique - Chlorure de méthyle - Solution".

5°) Calcul du coefficient d'effet frigorifique :

$$CEF : \frac{\text{chaleur absorbée par l'évaporateur}}{\text{énergie fournie au fluide par le compresseur}}$$

La chaleur absorbée par l'évaporateur est égale à :

$$H_A - H_H = H_A - H_E = 5086,2 - 867,1 = 4219,1 \text{ cal/mol}$$

La chaleur rejetée par le condenseur est :

$H_G - H_E = 5963,4 - 867,1 = 5096,3$ cal/mol.

L'énergie fournie au fluide est telle que pour 1 cycle :
$\Delta U = Q - W = 0$

d'où $W = (H_A - H_H) - (H_G - H_E)$

et si $H_E = H_H$

on a $W = H_A - H_G$

$$W = H_A - H_G = 5086,2 - 5963,4 = - 877,2 \text{ cal/mol.}$$

On trouve alors pour le coefficient d'effet frigorifique théorique :

$$CEF_{th} = \frac{H_A - H_E}{-W} = \frac{4219,1}{877,2} = 4,81$$

6°) Les points A et G sont-ils placés sur une même courbe isentropique ?

Calculons les valeurs de l'entropie du fluide en A et G : S_A et S_G.

Si A et G sont sur une même courbe isentropique $S_G - S_A = 0$

Condidérons le cycle A B F G A

En A : évaluons $S_A^i - S_A$: différence entre l'entropie du gaz parfait et celle du gaz réel sous même pression. On l'obtient à partir des courbes $S_p^i - S_p = f(P_R, T_R)$

On a trouvé à 258 K : $p_{s_R} = 0,02245$ et $T_R = 0,6244$

d'où $S_A^i - S_A \approx 0,48$ cal/mol K

Entre A et B :

$S_B^i - S_A^i$: variation d'entropie d'un gaz parfait due à la diminution de pression entre :
A (p = 1,44 atm) et B (p = 1 atm, pression de référence)

$$S_B^i - S_A^i = - R \ln \frac{p_B}{p_A} = - R (\ln p_B - \ln p_A) = + R \ln p_A$$

$$S_B^i - S_A^i = + R \ln 1,44 = 0,725 \text{ cal/mol K}$$

Entre B et F :

$S_F^i - S_B^i$: variation d'entropie du gaz parfait avec l'élévation de température entre B (T = 258 K) et F (T = 340 K)

$$S_F^i - S_B^i = \int_{258}^{340} \left(\frac{6,44}{T} + 1,643\ 10^{-2} \right) dT = 6,44 \ln \frac{340}{258} + 1,643\ 10^{-2}(340 - 258)$$

$$S_F^i - S_B^i = 1,777 + 1,347 = 3,124 \text{ cal/mol K} \approx 3,12 \text{ cal/mol K}$$

Entre F et G :

$S^i_G - S^i_F$ correspond à la variation d'entropie d'un gaz parfait, due à la différence de pression entre les points F(p = 1 atm) et G(p = 6,47 atm)

$$S^i_G - S^i_F = - R \ln \frac{p_G}{p_F} = - R (\ln p_G - \ln p_F) = - R \ln p_G$$

$$S^i_G - S^i_F = - R \ln 6,46 = - 3,71 \text{ cal/mol K}$$

En G : $S^i_G - S_G$: différence entre l'entropie du gaz parfait et celle du gaz réel sous la même pression.

Elle est donnée par les courbes $S^i_p - S_p = f(P_R, T_R)$

en G $p_{s_R} = 0,10074$ et $T_R = 0,823$

on trouve $S^i_G - S_G = 0,45$ cal/mol K

Entre G et A :

On peut évaluer $S_G - S_A$ en décrivant le cycle A B F G A :

$$S_G - S_A = (S^i_A - S_A) + (S^i_B - S^i_A) + (S^i_F - S^i_B) + (S^i_G - S^i_F) - (S^i_G - S_G)$$

$$= \quad 0,48 \quad + \quad 0,72 \quad + \quad 3,12 \quad - \quad 3,71 \quad - \quad 0,45$$

$$= 0,16 \text{ cal/mol K}$$

Bien que $(S_G - S_A)$ soit relativement faible, l'utilisation des diagrammes généraux ne permet pas de conclure que les points A et G sont sur une même courbe isentropique.

CYCLE FRIGORIFIQUE - CHLORURE DE MÉTHYLE - Solution -

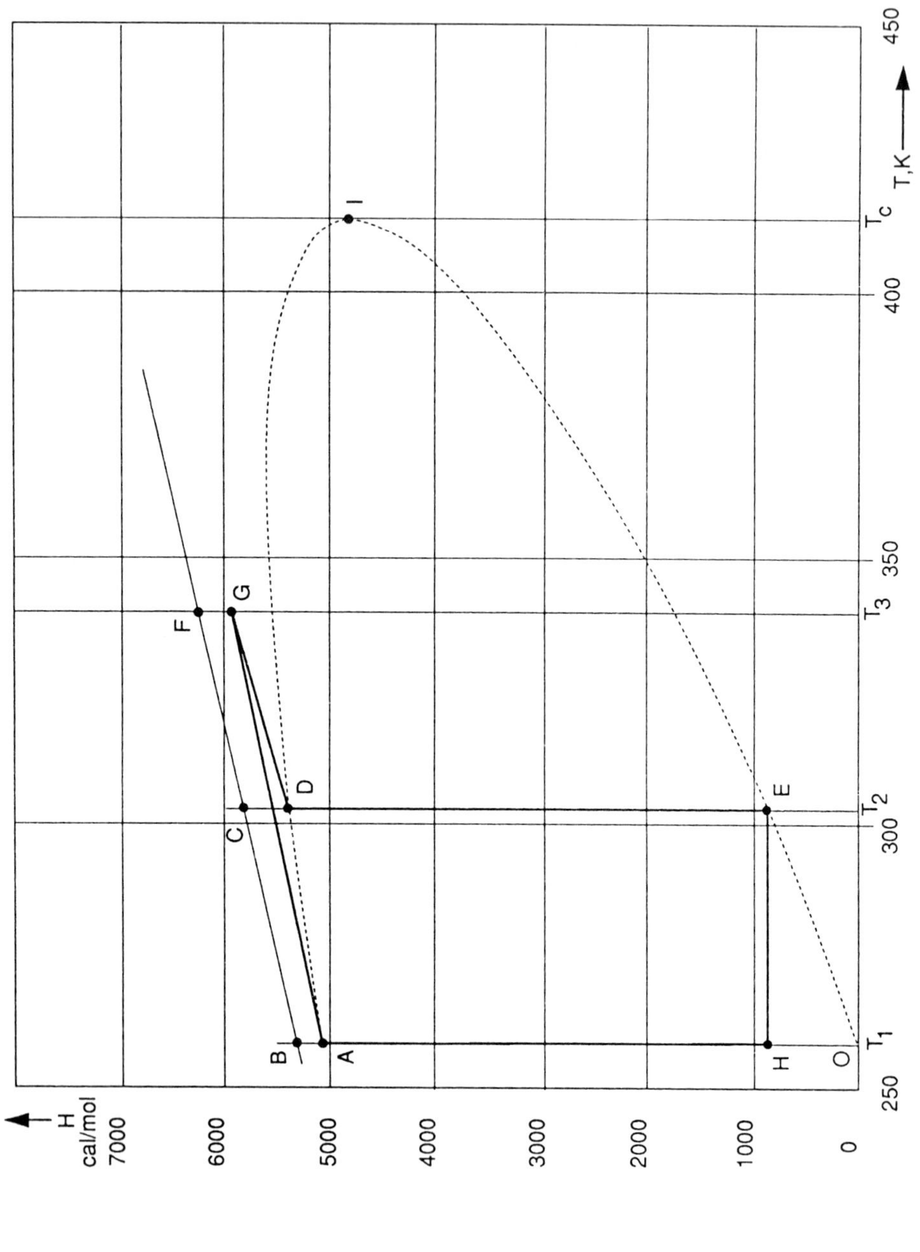

FABRICATION DU CHLORURE D'ETHYLE - Enoncé -

On s'intéresse à la fabrication du chlorure d'éthyle (EtCl) et à son utilisation comme fluide frigorigène.

1°) Connaissant la température d'ébullition normale du chlorure d'éthyle, T_B = 285,3 K, calculer ses constantes critiques par la méthode de LYDERSEN (Annexe 1).

2°) Le chlorure d'éthyle est fabriqué par réaction de l'acide chlorhydrique sur l'éthanol, selon la réaction :

$$\underset{g}{C_2H_5OH} + \underset{g}{HCl} \rightleftharpoons \underset{g}{C_2H_5Cl} + \underset{g}{H_2O}$$

réalisée en phase gazeuse, à 418 K, sous une pression de 2,5 atm (abs.) et en présence d'un catalyseur.

Connaissant les enthalpies libres de formation ΔG_f^0 (Annexe 2), calculer la constante d'équilibre K_a à 418 K.

3°) Sachant que le coefficient de fugacité peut être mis sous la forme suivante, à basse pression :

$$\ln \phi = \frac{P_R}{T_R}(B_0 + \omega B_1) \quad (1)$$

avec $B_0 = 0{,}083 - \dfrac{0{,}422}{T_R^{1,6}}$ (2) et $B_1 = 0{,}139 - \dfrac{0{,}172}{T_R^{4,2}}$ (3),

calculer les teneurs à l'équilibre pour un mélange initial contenant 1 mole de C_2H_5OH et 1 mole de HCl. Pour réduire la longueur des calculs, on donne $\phi_{EtOH} = 0{,}967$, $\phi_{HCl} = 0{,}995$ et $\phi_{H_2O} = 0{,}986$. Pour le calcul de ϕ_{EtCl}, on utilisera les relations 1, 2 et 3, ω étant estimé par la relation (4) :

$$\omega = \frac{3}{7}\left[(\log P_C)\Big/\left(\frac{T_C}{T_B} - 1\right)\right] - 1 \quad (4)$$

4°) On utilise le chlorure d'éthyle comme fluide frigorigène entre 258 K (température d'évaporation) et 303 K (température de condensation). Le cycle frigorifique étudié est représenté figure 1.

Calculer les tensions de vapeur du chlorure d'éthyle à 258 K et 303 K, ainsi que les enthalpies de vaporisation à ces températures (Annexe 3).

5°) Sachant que la température des vapeurs, en fin de compression,est de 326 K, tracer les points représentatifs du cycle frigorifique (fonctionnant en régime stationnaire) étudié sur un diagramme "enthalpie-température".

On suppose :

- que la capacité thermique de la vapeur est constante entre 258 K et 326 K, à pression nulle, et vaut 15 cal/mol K,

- que la détente est isenthalpique (entre les points C et D de la figure 1).

On utilisera les courbes générales $\frac{H^*-H}{T_C}$ de l'annexe 4.

Un diagramme indicatif est donné figure 2.

Echelles proposées : en abscisse : 1 cm pour 10 K
en ordonnée : 2cm pour 1000 cal/mol

6°) Donner la valeur du coefficient de performance théorique (ou coefficient d'effet frigorifique théorique), compte tenu des valeurs calculées.
Le coefficient de performance théorique est égal à :

$$CEF_{th} = \frac{\text{chaleur reçue à l'évaporateur}}{\text{énergie fournie au fluide par le compresseur}}$$

Figure 1 : Cycle frigorifique - Enoncé.
Figure 2 : Diagramme indicatif H = f(T) - Enoncé.
Annexe 1 : Constantes de LYDERSEN.
Annexe 2 : Enthalpies libres de formation.
Annexe 3 : Equations d'ANTOINE, de GIACALONE, de WATSON.
Annexe 4 : Courbes générales $\frac{H^*-H}{T_C} = f(T_R, P_R)$.

Figure 1 - CYCLE FRIGORIFIQUE - Enoncé -

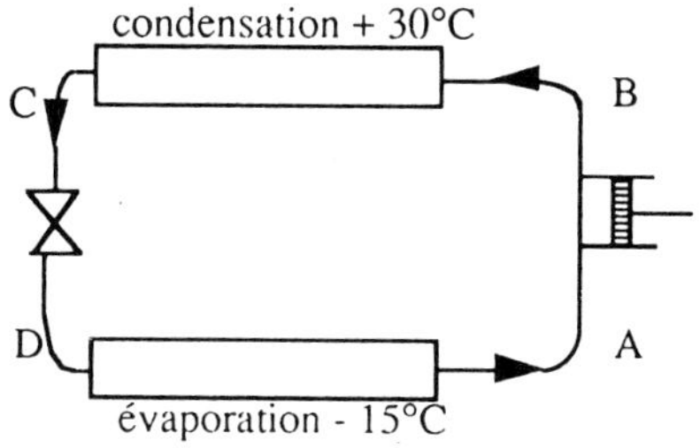

Figure 2 - DIAGRAMME INDICATIF H = f(T) - Enoncé -

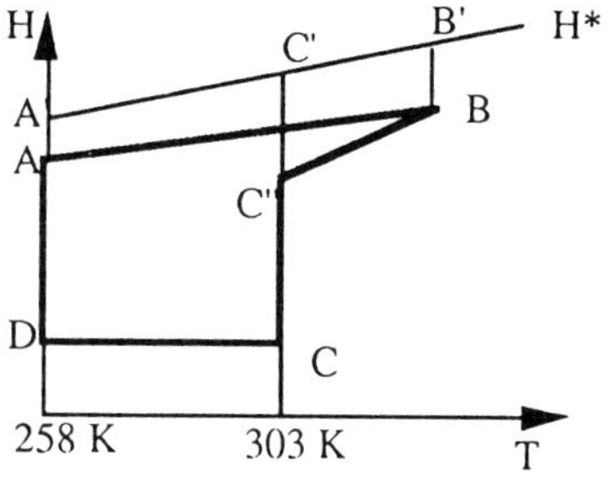

Annexe 1 : Constantes de LYDERSEN : voir feuille jointe

$$T_{B_R} = 0{,}567 + \sum \Delta T_L - (\sum \Delta T_L)^2$$

$$M_{C_2H_5Cl} = 64{,}5\ g$$

$$P_C = \frac{M}{(0{,}34 + \sum \Delta P_L)^2}$$

Annexe 2 : Enthalpies libres de formation, ΔG_f^0, à différentes températures :

ΔG_f^0 en kcal/mol	EtOH g	HCl g	EtCl g	H_2O g
400 K	- 34,60	- 23,01	- 9,96	- 53,52
500 K	- 28,80	- 23,22	- 5,43	- 52,36

EtOH = éthanol

EtCL = chlorure d'éthyle

Annexe 3 :

Tension de vapeur : - Equation d'ANTOINE :

$$\ln P_{S_R} = \left(\frac{T_B - C}{T_B - T_C}\right)\left(\frac{T_C - T}{T - C}\right) \ln P_C$$

avec $C = -18 + 0{,}19\ T_B$

Enthalpie de vaporisation : - Equation de GIACALONE :

$$\Delta H_{V_B} = \frac{R\, T_C\, T_B \ln P_C}{T_C - T_B}$$

- Equation de WATSON :

$$\frac{\Delta H_{V_1}}{\left(1-T_{R_1}\right)^n}=\frac{\Delta H_{V_2}}{\left(1-T_{R_2}\right)^n}$$

avec $n = 0{,}74\ T_{B_R} - 0{,}116$

si $0{,}57 < T_{B_R} < 0{,}71$

Annexe 4 : Courbes générales $\left(\frac{H^*-H}{T_C}\right)$.

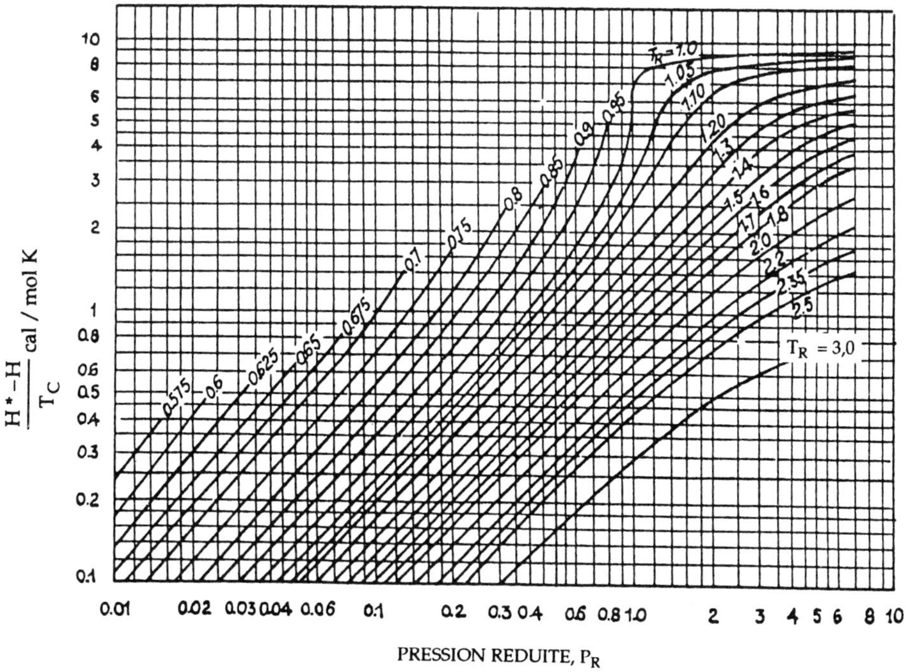

[O. A. HOUGEN et K. M. WATSON, Chemical Process Principles, Combinated volume, 12, 495, 2° edition, John Wiley & Sons, New York (1950)]

ANNEXE 1 - CONSTANTES DE LYDERSEN -

	ΔT_L	ΔP_L	ΔV_L
Valeur initiale	---	---	40
CH_3 , CH_2	0,020	0,227	55
CH_2 dans un cycle	0,013	0,184	44,5
CH	0,012	0,210	51
CH dans un cycle	0,012	0,192	46
C	0,00	0,210	41
C dans un cycle	(- 0,007)	(0,154)	(31)
Hydrogène	0,00	0,00	0,00
= CH , = CH_2	0,018	0,198	45
= CH dans un cycle	0,011	0,154	37
= C , = C =	0,00	0,198	36
= C , = C = dans un cycle	0,011	0,154	36
≡ C, ≡ CH	0,005	0,153	(36)
Atome d'un cycle	.....	.....	.....
Fluor	0,018	0,224	18
Chlore	0,017	0,320	49
Brome	0,010	(0,50)	(70)
Iode	(0,012)	(0,83)	(95)
- O -	0,021	0,16	20
- O - dans un cycle	(0,014)	(0,12)	(8)
- OH , alcools	0,082	0,06	(18)
- OH , phénols	(0,031)	(- 0,02)	(3)
CO , cétones	0,040	0,29	60
CO dans un cycle	(0,033)	(0,2)	(50)
- CHO aldéhydes	0,048	0,33	73
- COO - esters	0,047	0,47	80
- COOH acides	0,085	(0,4)	80
NH_2	0,031	0,095	28
= NH	0,031	0,135	(37)
= NH dans un cycle	(0,024)	(0,09)	(27)
= N -	0,014	0,17	(42)
= N - dans un cycle	(0,007)	(0,13)	(32)
- CN	(0,060)	(0,36)	(80)
- SH , - S -	0,015	0,27	55
O à l'exception des cas précédents	(0,02)	(0,12)	(11)
S =	(0,003)	(0,24)	(47)
- S - dans un cycle	(0,008)	(0,24)	(45)
- NO_2	(0,055)	(0,42)	(78)

Note : Les nombres entre parenthèses reposent sur peu de valeurs expérimentales.

[A.L. LYDERSEN, "Estimation of critical properties of organic compounds", Coll. Eng. Univ. Wisconsin. Eng. Expt. Sta. Rept 3, Madison - Wisconsin, April 1955.]

FABRICATION DU CHLORURE D'ETHYLE - Solution -

1°) Calcul des constantes critiques

On applique les relations de LYDERSEN au chlorure d'éthyle : CH_3 - CH_2 Cl

Calcul de T_C

$$T_{B_R} = 0{,}567 + \sum \Delta T_L - (\sum \Delta T_L)^2$$

$$\sum \Delta T_L = \Delta T_L(CH_3) + \Delta T_L(CH_2) + \Delta T_L(Cl) = 0{,}020 + 0{,}020 + 0{,}017 = 0{,}057$$

$$T_{B_R} = 0{,}567 + 0{,}057 - (0{,}057)^2 = 0{,}62075$$

$$T_{B_R} = \frac{T_B}{T_C} \quad \text{d'où} \quad T_C = \frac{T_B}{T_{B_R}} = \frac{285{,}3}{0{,}62075} = 459{,}6\ K$$

Calcul de P_C :

$$P_C = \frac{M}{(0{,}34 + \sum \Delta P_L)^2} \quad , \quad M = 64{,}5$$

$$\sum \Delta P_L = \Delta P_L(CH_3) + \Delta P_L(CH_2) + \Delta P_L(Cl) = 0{,}227 + 0{,}227 + 0{,}320 = 0{,}774$$

$$P_C = \frac{64{,}5}{(0{,}34 + 0{,}774)^2} = 51{,}97\ \text{atm}$$

Les constantes critiques calculées du chlorure d'éthyle sont : $T_C = 459{,}6$ K
et $P_C = 51{,}97$ atm

Les valeurs réelles sont : $T_C = 460{,}4$ K et $P_C = 52{,}0$ atm

2°) Constantes d'équilibre à 418 K

$$\underset{g}{C_2H_5OH} + \underset{g}{HCl} \rightleftharpoons \underset{g}{C_2H_5Cl} + \underset{g}{H_2O}$$

A partir des ΔG_f^0 des composés, on calcule :

$$\Delta G^0_{r_T} = \sum \Delta G^0_{f_T}(\text{prod}) - \sum \Delta G^0_{f_T}(\text{réact.})$$

On en déduit $K_{a\,418}$ par la relation $\Delta G^0_{r_T} = -RT \ln K_a$

Il est donc nécessaire de calculer $\Delta G^0_{r_{418}}$ à partir des enthalpies de formation :

$$\Delta G^0_{f_{418}} = \Delta G^0_{f_{400}} + (\Delta G^0_{f_{500}} - \Delta G^0_{f_{400}}) \times \frac{18}{100}$$

$$\Delta G^0_{f_{418}}(C_2H_5OH) = (-34,60) + (-28,80 + 34,60) \times \frac{18}{100} = -33,556 \frac{kcal}{mol}$$

$$\Delta G^0_{f_{418}}(HCl) = (-23,01) + (-23,22 + 23,01) \times \frac{18}{100} = -23,048 \frac{kcal}{mol}$$

$$\Delta G^0_{f_{418}}(C_2H_5Cl) = (-9,96) + (-5,43 + 9,96) \times \frac{18}{100} = -9,145 \frac{kcal}{mol}$$

$$\Delta G^0_{f_{418}}(H_2O) = (-53,52) + (-52,36 + 53,52) \times \frac{18}{100} = -53,311 \frac{kcal}{mol}$$

$$\Delta G^0_{r_{418}} = (-53,311 - 9,145) - (-33,556 - 23,048) = -5,852 \frac{kcal}{mol}$$

$$\ln K_{a\,418} = -\frac{\Delta G^0_{r_{418}}}{R \times 418} = \frac{5852}{1,987 \times 418} = +7,045798$$

$$K_{a\,418} = 1148$$

3°) Teneurs à l'équilibre :

Afin de déterminer la valeur de K_ϕ, on calcule $\phi_{C_2H_5Cl}$:

$$\ln \phi = \frac{P_R}{T_R}(B_0 + \omega B_1)$$

$$B_0 = 0,083 - \frac{0,422}{T_R^{1,6}} = 0,083 - \frac{0,422}{\left(\frac{418}{459,6}\right)^{1,6}} = -0,40818$$

$$B_1 = 0,139 - \frac{0,172}{T_R^{4,2}} = 0,139 - \frac{0,172}{\left(\frac{418}{459,6}\right)^{4,2}} = -0,11720$$

$$\omega = \frac{3}{7}\left[(\lg Pc)\Big/\left(\frac{Tc}{T_B}-1\right)\right]-1 = \frac{3}{7}\left[\lg 51,97\Big/\left(\frac{459,6}{285,3}-1\right)\right]-1 = 0,2036$$

$$\ln \phi = \frac{\frac{2,5}{51,97}}{\frac{418}{459,6}}\left[-0,40818 + 0,2036\,(-0,11720)\right] = -0,02285$$

$\phi = 0,977409 \approx 0,977$ pour le chlorure d'éthyle.

$$\text{d'où } K_\phi = \frac{0,977 \times 0,986}{0,967 \times 0,995} = 1,0012 \approx 1,00$$

K_ϕ est voisin de 1, et, comme $K_\phi = \frac{K_f}{K_p}$, $K_p \approx K_f \approx K_a$

Pour 1 mol de C_2H_5OH au départ, nous avons x mol de C_2H_5Cl à l'équilibre.

Calculons x à partir de K_p :

$K_p = 1148$

$$p_i = y_i\, P \quad \text{d'où : } K_p = \frac{\frac{x^2}{2^2} \times (2,5)^2}{\frac{(1-x)^2}{2^2} \times (2,5)^2} = \frac{x^2}{(1-x)^2}$$

$$\text{ou} \quad \frac{x}{1-x} = \sqrt{1148} = 33,88$$

x = 33,88 - 33,88 x   ou   34,88 x = 33,88

x = 0,9713

Les teneurs à l'équilibre sont calculées à partir de cette valeur et portées sur le tableau suivant :

Composé	**au départ** (mol)	**à l'équilibre** (mol)	(%)
C_2H_5OH	1	1 - x = 0,0287	1,434
HCl	1	1 - x = 0,0287	1,434
C_2H_5Cl	0	x = 0,9713	48,565
H_2O	0	x = 0,9713	48,565
Total N	**2**	**2,0000**	**99,998**

4°) Calcul des tensions de vapeur et des enthalpies de vaporisation à - 15°C et + 30°C.

Les tensions de vapeur P_S sont calculées à partir de l'équation d'ANTOINE :

$$\ln P_{S_R} = \left(\frac{T_B - C}{T_B - T_C}\right)\left(\frac{T_C - T}{T - C}\right) \ln P_C \text{ avec} \qquad C = -18 + 0{,}19\, T_B$$

$$C = -18 + 0{,}19 \times 285{,}3$$
$$C = 36{,}2 \text{ K}$$

à T = 258 K

$$\ln P_{S_R} = \left(\frac{285{,}3 - 36{,}2}{285{,}3 - 459{,}6}\right)\left(\frac{459{,}6 - 258}{258 - 36{,}2}\right) \ln 51{,}97 = -5{,}13187$$

$$P_{S_R} = 0{,}0059 \qquad \text{d'où } P_{S_{258}} = 0{,}3066 \text{ atm} \approx 0{,}31 \text{ atm}$$

à T = 303 K

$$\ln P_{S_R} = \left(\frac{285{,}3 - 36{,}2}{285{,}3 - 459{,}6}\right)\left(\frac{459{,}6 - 303}{303 - 36{,}2}\right) \ln 51{,}97 = -3{,}31400$$

$$P_{S_R} = 0{,}0364 \qquad \text{d'où } P_{S_{303}} = 1{,}89 \text{ atm}$$

L'enthalpie de vaporisation à la température d'ébullition normale est obtenue à partir de l'équation de GIACALONE

$$\Delta H_{V_B} = \frac{R\, T_C\, T_B \ln P_C}{T_C - T_B} = \frac{1{,}987 \times 459{,}6 \times 285{,}3 \ln 51{,}97}{459{,}6 - 285{,}3} = 5905{,}4 \text{ cal / mol}$$

L'enthalpie de vaporisation aux températures de 258 K et 303 K est calculée par l'équation de WATSON :

$$\Delta H_{V_1} = \Delta H_{V_2}\left(\frac{1-T_{R_1}}{1-T_{R_2}}\right)^n \qquad \text{avec } n = 0{,}74\ T_{B_R} - 0{,}116$$

$$\text{si } 0{,}57 < T_{B_R} < 0{,}71$$

$$\text{ici} \quad T_{B_R} = 0{,}62075 \ \text{ d'où } \ n = 0{,}343$$

$$\Delta H_{V_{258K}} = 5905{,}4\left(\frac{1-\dfrac{258}{459{,}6}}{1-\dfrac{285{,}3}{459{,}6}}\right)^{0{,}343} = 5905{,}4\left(\frac{1-0{,}56136}{1-0{,}62076}\right)^{0{,}343}$$

$$\Delta H_{V_{258K}} = 6207{,}6 \text{ cal / mol} \approx 6208 \text{ cal / mol}$$

$$\Delta H_{V_{303K}} = 5905{,}4\left(\frac{1-\dfrac{303}{459{,}6}}{1-\dfrac{285{,}3}{459{,}6}}\right)^{0{,}343} = 5905{,}4\left(\frac{1-0{,}65927}{1-0{,}62076}\right)^{0{,}343}$$

$$\Delta H_{V_{303K}} = 5692{,}4 \text{ cal / mol} \approx 5692 \text{ cal / mol}$$

5°) Tracé du diagramme H = f(T)

Point 0 : Origine, le liquide est en équilibre avec sa vapeur à 258 K
On considère $H_0 = 0$

Point A : Vapeur à 258 K à la pression saturante $P_{S\,258} = 0{,}31$ atm

$$H_A = H_0 + \Delta H_{V_{258}} = 0 + 6208 = 6208 \text{ cal / mol}$$

Point A' : Vapeur à 258 K à la pression nulle P = 0
On calcule $H_{A'}$ à partir de H_A en utilisant les courbes $\dfrac{H^*-H}{T_C}$ (annexe 4),

$$P_{S_R} = 0{,}0059 \quad \text{et} \quad T_R = \frac{258}{459{,}6} = 0{,}561$$

On lit : $\dfrac{H^*-H}{T_C} \approx 0{,}12$ cal/mol K (courbes extrapolées)

d'où : $H^* - H = 55$ cal/mol

et : $H^* = H_{A'} = 6208 + 55 = 6263$ cal/mol

Point C' : Vapeur à 303 K à la pression nulle P = 0

On peut calculer $H_{C'}$, à partir de $H_{A'}$, grâce à la variation d'enthalpie sensible entre 258 et 303 K

$$H_{C'} = H_{A'} + (\Delta H_S)_{258}^{303} = 6263 + 15(303 - 258) = 6938 \text{ cal / mol}$$

Point C" : Vapeur saturée à 303 K à la pression de vapeur $P_{S_{303K}} = 1{,}89$ atm

On connaît $H_{C'}$ = 6938 cal/mol = H*

On calcule donc $H = H_{C''}$ par $\frac{H^*-H}{T_C}$ avec $P_{S_R} = 0{,}037$ et $T_R = 0{,}659$

$\frac{H^*-H}{T_C} \approx 0{,}45$ cal/mol K, $H^* - H = 0{,}45 \times 459{,}6 = 206{,}8$ cal/mol

d'où : $H = H_{C''} = 6938 - 207 = 6731$ cal/mol

Point B' : Vapeur à 326 K à la pression nulle P = 0

On peut calculer $H_{B'}$ à partir de $H_{A'}$ grâce à la variation d'enthalpie sensible entre 258 et 326 K

$$H_{B'} = H_{A'} + \Delta H_{S\,258}^{\;326} = 6263 + 15\,(326 - 258) = 7283 \text{ cal / mol}$$

Point B : Vapeur à 326 K à la pression $P_{S_{303K}} = 1{,}89$ atm

On calcule H_B à partir de $H_{B'}$ = 7283 cal/mol = H*

par $\frac{H^*-H}{T_C}$ avec $P_{S_R} = 0{,}036$ et $T_R = \frac{326}{459{,}6} = 0{,}709$

$\frac{H^*-H}{T_C} \approx 0{,}28$ cal/mol K, $H^* - H = 0{,}28 \times 459{,}6 \approx 129$ cal/mol

d'où : $H_B = 7283 - 129 = 7154$ cal/mol

Point C : Liquide à 303 K en équilibre avec sa vapeur à la pression $P_{S_{303}} = 1{,}89$ atm

$H_C = H_{C''} - \Delta H_{V_{303}} = 6731 - 5692 = 1039$ cal / mol

Point D : Mélange liquide + vapeur à 258 K

$H_D = H_C$ car on réalise une détente isenthalpique entre 1,89 atm et 0,307 atm

$H_D = 1039$ cal/mol

Les points A, A', B, B', C, C', C" et D sont portés sur le diagramme de la figure : "Cycle frigorifique - Chlorure d'éthyle - Solution". On a également porté sur ce diagramme les limites du domaine "liquide - vapeur".

Les points A B C" C D sont représentatifs du cycle frigorifique étudié.

6°) Valeur du coefficient de performance théorique.

Sa définition nous permet d'écrire, pour le cycle théorique étudié :

$CEF_{th} = \dfrac{H_A - H_D}{H_B - H_A}$, et en tenant compte des enthalpies calculées :

$$\frac{H_A - H_D}{H_B - H_A} = \frac{6208 - 1039}{7154 - 6208} = 5,46$$

CYCLE FRIGORIFIQUE - CHLORURE D'ÉTHYLE - Solution -

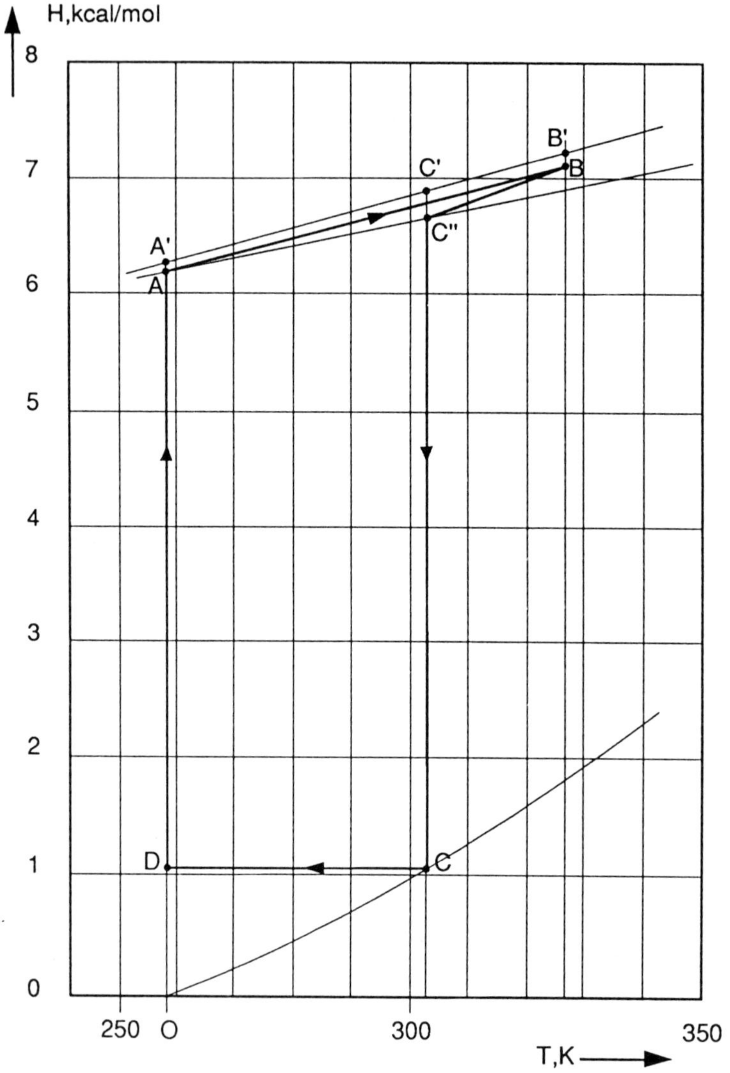

DIAGRAMME H = f(T) DE LA TRIMETHYLAMINE - Enoncé -

On suppose que l'on ne connaît, de la triméthylamine, que sa formule $(CH_3)_3N$ et on se propose de construire le diagramme H = f(T) de ce corps.

On prendra pour origine H = 0 à 298 K, pour la triméthylamine liquide en équilibre avec sa vapeur. On calculera successivement :

1°) La pression critique P_C, la température critique T_C, par la méthode de FORMAN et THODOS et la température d'ébullition normale par la méthode de LYDERSEN.

2°) Les chaleurs de vaporisation à T = 298 K et T = 350 K (équations de GIACALONE et WATSON).

3°) Les tensions de vapeur à T = 298 K et T = 350 K (équation de KIRCHHOFF)

4°) La capacité thermique C_p^* a été calculée, entre 298 et 500 K par la méthode de DOBRATZ(*). Sa valeur moyenne $\overline{C}_p^*$ vaut :
entre 298 et 350 K : 22,00 cal/mol.K, entre 298 et 437 K : 24,47 cal/mol.K, entre 298 et 450 K : 24,83 cal/mol.K, entre 298 et 500 K : 26,18 cal/mol K.
On placera les points suivants sur un graphique H = f(T) :

Référence	Enthalpie	Température	Etat	Pression
(0)	$H_O = 0$	298 K	liquide	tension de vapeur à 298 K
(A)	H_A	298 K	vapeur	tension de vapeur à 298 K
(B)	H_B	298 K	vapeur	pression nulle
(C)	H_C	350 K	vapeur	pression nulle
(D)	H_D	350 K	vapeur	tension de vapeur à 350 K
(E)	H_E	350 K	liquide	tension de vapeur à 350 K
(F)	H_F	T_C	vapeur	pression nulle
(G)	H_G	T_C	état critique	pression critique
(H)	H_H	500 K	vapeur	pression nulle
(I)	H_I	500 K	vapeur	70 atm
(J)	H_J	450 K	vapeur	70 atm

On tracera ainsi la courbe d'équilibre liquide-vapeur "A, D, G, E, 0" ainsi que les isobares "B, C, F, H" (pression nulle) et "J, I" (pression de 70 atm).

(*) Pour le détail du calcul, voir, après la solution de ce problème, l'additif.

5°) La vapeur, à 500 K et 70 atm, subit une détente de type JOULE-THOMSON jusqu'à une pression nulle. Quelle est la température après détente ?

La réponse à cette question ne nécessite pas la construction complète des courbes précédentes (question 4).

Annexe 1 : Courbes $\frac{H^* - H}{T_C} = f(T_R, P_R)$

Annexe 2 : Tables de FORMAN et THODOS
Annexe 3 : Table de LYDERSEN
Annexe 4 : Formules de GIACALONE, WATSON et KIRCHHOFF
Correction de YORK et WEBER

Annexe 1

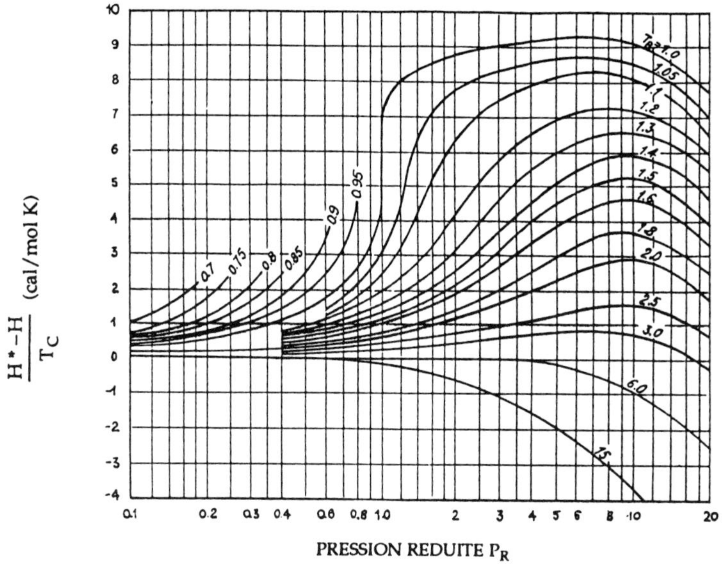

[O. A. HOUGEN et K. M. WATSON, Chemical Process Principles – Combinated volume, 12, 494, 2° edition, John Wiley & Sons – New York (1950).]

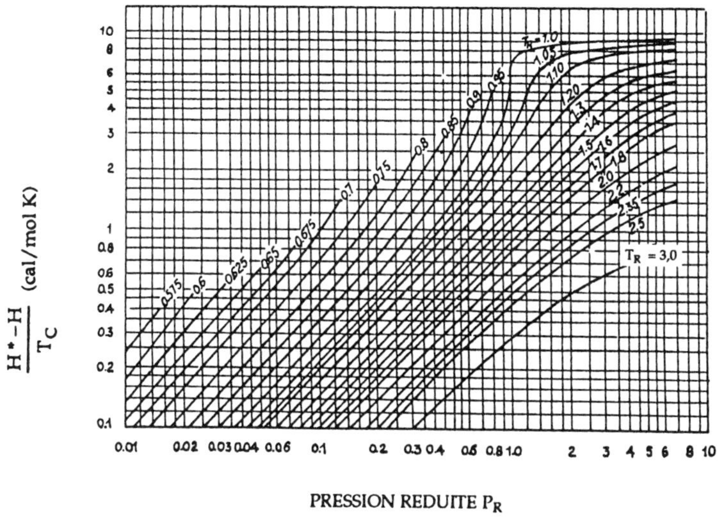

[O. A. HOUGEN et K. M. WATSON, Chemical Process Principles – Combinated volume, 12, 495, 2° edition, John Wiley & Sons – New York (1950).]

Annexe 2

TABLES DE FORMAN ET THODOS

Atomes de carbone d'une chaîne aliphatique

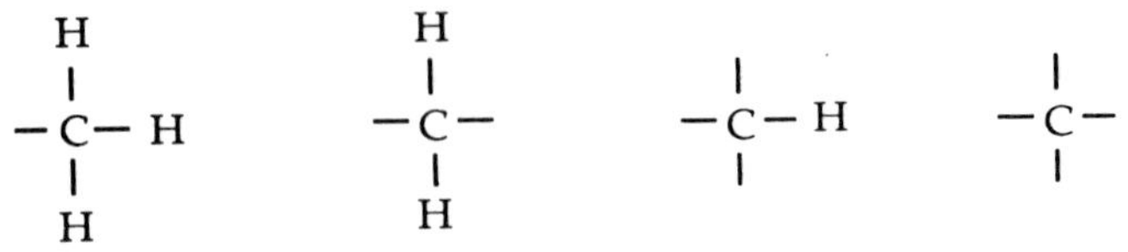

type 1   type 2   type 3   type 4

Tableau 1

n	Type 1		Type 2		Type 3		Type 4	
	$\Delta a^{2/3}$	$\Delta b^{3/4}$	$\Delta a^{2/3}$	$\Delta b^{3/4}$	$\Delta a^{2/3}$	$\Delta b^{3/4}$	$\Delta a^{2/3}$	$\Delta b^{3/4}$
1								
2	15 577	11,453						
3	15 216	11,453	13 678	6,262				
4	15 035	11,453	13 678	6,262	12 567	2,064		
5	14 927	11,453	13 678	6,262	11 189	0,886	6 181	- 4,937
6	14 854	11,453	13 678	6,262	10 270	0,101	4 980	- 6,670
7	14 803	11,453	13 678	6,262	9 614	- 0,460	4 123	- 7,909
8	14 764	11,453	13 678	6,262	9 122	- 0,880	3 480	- 8,837
9	14 734	11,453	13 678	6,262	8 739	- 1,207	2 979	- 9,559
10	14 710	11,453	13 678	6,262	8 433	- 1,469	2 579	- 10,337
11	14 690	11,453	13 678	6,262	8 182	- 1,683	2 252	- 10,160
12	14 674	11,453	13 678	6,262	7 974	- 1,862	1 979	- 11,004
13	14 660	11,453	13 678	6,262	7 797	- 2,012	1 748	- 11,337
14	14 648	11,453	13 678	6,262	7 646	- 2,142	1 550	- 11,623
15	14 638	11,453	13 678	6,262	7 514	- 2,254	1 379	- 11,870

$$T_C = \frac{8a}{27Rb}, \quad P_C = \frac{a}{27b^2}$$

[J.C. FORMAN et G. THODOS, AI chE J, 4, 356 (1958).]

Annexe 2 (suite)

<u>Goupes fonctionnels</u> $\Delta a^{2/3} = \frac{q}{n} + k$ et $\Delta b^{3/4} = \frac{s}{n} + t$

Groupes fonctionnels		$\Delta a^{2/3}$		$\Delta b^{3/4}$	
		q	k	s	t
Alcools	-OH	30 200	14 000	8,96	7,50
Phénols	-OH	0	8 500	0	4,19
Ethers	-O-	14 500	6 500	0	3,26
Ethers (dans un cycle)	-O-	0	9 440	0	2,74
Cétones	O ‖ -C-	62 800	16 700	27,20	4,55
Acides	O ‖ -COH	142 670	16 730	66,80	5,10
Anhydrides	O O ‖ ‖ -COC-	0	43 880	0	14,78
<u>Esters</u> :					
Formiates	O ‖ HCO-	35 140	26 800	2,29	15,80
Autres esters	O ‖ -CO-	37 430	25 500	- 3,00	12,20
<u>Amines</u> :					
Primaires	-NE$_2$	4 800	18 900	0	10,15
Secondaires	E │ -N-	51 800	0	19,60	- 1,10
Tertiaires	│ -N-	60 200	- 4 300	29,20	- 7,90
Nitriles	-CN	86 000	25 900	39,70	12,10
<u>Carbures aliphatiques halogénés</u> :					
Fluorure	-F				
premier		2 400	12 240	- 3,70	10,92
second		- 38 300	4 510	- 48,50	12,86
troisième		0	3 450	0	6,92
Chlorure	-Cl				
premier		0	22 580	0	11,54
second		66 000	- 5 100	19,00	5,90
troisième		- 60 250	29 100	- 40,80	19,40
quatrième		0	16 500	0	11,46
Bromure	-Br				
premier		- 2 720	23 550	- 4,35	11,49
second		0	20 860	0	5,37
Iodure	-I				
premier		0	33 590	0	13,91
<u>Carbures benzéniques halogénés</u> :					
Fluorure	-F	0	4 210	0	7,22
Chlorure	-Cl	0	17 200	0	10,88
Bromure	-Br	0	24 150	0	12,74
Iodure	-I	0	34 780	0	15,22

[J.C. FORMAN et G. THODOS, AI chE J, 4, 356 (1958).]

Annexe 3
Table de LYDERSEN

	ΔT_L	ΔP_L	ΔV_L
Valeur initiale	---	---	40
CH_3, CH_2	0,020	0,227	55
CH_2 dans un cycle	0,013	0,184	44,5
CH	0,012	0,210	51
CH dans un cycle	0,012	0,192	46
C	0,00	0,210	41
C dans un cycle	(- 0,007)	(0,154)	(31)
Hydrogène	0,00	0,00	0,00
=CH, =CH_2	0,018	0,198	45
=CH dans un cycle	0,011	0,154	37
=C, =C=	0,00	0,198	36
=C, =C= dans un cycle	0,011	0,154	36
≡C, ≡CH	0,005	0,153	(36)
Atome d'un cycle :	---	---	---
Fluor	0,018	0,224	18
Chlore	0,017	0,320	49
Brome	0,010	(0,50)	(70)
Iode	(0,012)	(0,83)	(95)
-O-	0,021	0,16	20
-O- dans un cycle	(0,014)	(0,12)	(8)
-OH, alcools	0,082	0,06	(18)
-OH, phénols	(0,031)	(- 0,02)	(3)
CO, cétones	0,040	0,29	60
CO dans un cycle	(0,033)	(0,2)	(50)
-CHO aldéhydes	0,048	0,33	73
-COO- esters	0,047	0,47	80
-COOH acides	0,085	(0,4)	80
-NH_2	0,031	0,095	28
=NH	0,031	0,135	(37)
=NH dans un cycle	(0,024)	(0,09)	(27)
= N-	0,014	0,17	(42)
=N- dans un cycle	(0,007)	(0,13)	(32)
-CN	(0,060)	(0,36)	(80)
-SH, -S-	0,015	0,27	55
O à l'exception des cas précédents	(0,02)	(0,12)	(11)
S=	(0,003)	(0,24)	(47)
-S- dans un cycle	(0,008)	(0,24)	(45)
-NO_2	(0,055)	(0,42)	(78)

Note : Les nombres entre parenthèses reposent sur peu de valeurs expérimentales. Ils ne sont pas sûrs.

$$\frac{T_B}{T_C} = 0,567 + \sum \Delta T_L - \left(\sum \Delta T_L\right)^2$$

[A. L. LYDERSEN, "Estimation of critical properties of organic compounds", Coll. Eng. Univ. Wisconsin. Eng. Expt. Sta. Rept 3, Madison - Wisconsin, April 1955.]

ANNEXE 4

Formule de GIACALONE : $\Delta H_{V_B} = \dfrac{RT_C T_B \ln P_C}{T_C - T_B}$

Formule de WATSON : $\Delta H_{V_1} = \Delta H_{V_2}\left(\dfrac{1-T_{R_1}}{1-T_{R_2}}\right)^n$

$n = 0{,}300$ pour $T_{B_R} < 0{,}57$

$n = 0{,}74\ T_{B_R} - 0{,}116$ $0{,}57 < T_{B_R} < 0{,}71$

$n = 0{,}41$ pour $T_{B_R} > 0{,}71$

Formule de KIRCHHOFF : $\ln P_{S_R} = \dfrac{T_{B_R} \ln P_C}{(T_{B_R} - 1)}\left(\dfrac{1}{T_R} - 1\right)$

Correction de YORK et WEBER : $\left(\dfrac{H^* - H}{T_C}\right)$ est multiplié par $\left(\dfrac{T_C}{470}\right)^n$ pour T proche de T_C ; n prend les valeurs suivantes en fonction de T_R :

T_R	1,00	1,05	1,10	1,20	1,30	1,40	1,50	1,60
n	0,37	0,28	0,25	0,20	0,18	0,16	0,15	0,14

DIAGRAMME H = f(T) DE LA TRIMETHYLAMINE - Solution -

1°) La triméthylamine $N(CH_3)_3$ comporte, selon la méthode de FORMAN et THODOS, 3 carbone de type 1 et un groupe amine tertiaire. Le nombre d'atomes de carbone et d'atomes fonctionnels n est de 4.

On obtient donc, d'après les tables de FORMAN et THODOS :

$$\sum \Delta a^{2/3} = 3 \times 15035 + \frac{60200}{4} - 4300 = 55855$$

d'où $a = 13200582 \ cm^6 mol^{-2} atm$

$$\sum \Delta b^{3/4} = 3 \times 11{,}453 + \frac{29{,}20}{4} - 7{,}90 = 33{,}759$$

d'où $b = 109{,}107 \ cm^3 mol^{-1}$

On sait que $T_C = \frac{8a}{27Rb} = \frac{8 \times 13200582}{27 \times 82{,}06 \times 109{,}107} = 436{,}85 \text{ K}$ (réalité : 433,3 K)

$$P_C = \frac{a}{27b^2} = \frac{13200582}{27 \times (109{,}107)^2} = 41{,}07 \text{ atm}$$ (réalité : 40,2 atm)

D'après LYDERSEN : $\frac{T_B}{T_C} = 0{,}567 + \sum \Delta T_L - \left(\sum \Delta T_L\right)^2$

Dans la table correspondante on trouve :

$\Delta T_L = 0{,}020$ pour un groupe CH_3

et $\Delta T_L = 0{,}014$ pour un groupe "amine tertiaire"

Donc : $\sum \Delta T_L = 3 \times 0{,}020 + 1 \times 0{,}014 = 0{,}074$

Soit : $\frac{T_B}{T_C} = 0{,}567 + 0{,}074 - 5{,}476.10^{-3} = 0{,}6355 = T_{B_R}$

d'où : $T_B = 0{,}6355 \ T_C = 0{,}6355 \times 436{,}85 = 277{,}62 \text{ K}$ (réalité : 276 K)

2°) D'après la formule de GIACALONE :

$$\Delta H_{V_B} = \frac{RT_B \ln P_C}{1 - T_{B_R}} \quad \text{avec} \quad T_{B_R} = 0{,}6355$$

d'où : $\Delta H_{V_B} = \frac{1{,}987 \times 277{,}62 \times \ln 41{,}07}{1 - 0{,}6355} = 5623$ cal/mol
(réalité : 5760 cal/mol)

Connaissant une valeur de ΔH_{V_1} à une certaine température T_1, on peut connaître ΔH_{V_2} à une autre température T_2, grâce à la formule de WATSON : $\Delta H_{V_1} = \Delta H_{V_2} \left(\frac{1 - T_{R_1}}{1 - T_{R_2}} \right)^n$

On a : $T_{B_R} = 0{,}6355$ d'où $n = 0{,}74 \times T_{B_R} - 0{,}116 = 0{,}354$

$$\Delta H_{V_{298}} = \Delta H_{V_{277,6}} \left(\frac{1 - 298/436{,}85}{1 - 277{,}61/436{,}85} \right)^{0,354} = 5623 \left(\frac{0{,}31784}{0{,}36452} \right)^{0,354}$$

$$\Delta H_{V_{298}} = 5357 \text{ cal/mol}$$

Sachant que l'enthalpie est prise égale à zéro pour la triméthylamine à l'état liquide, à 298 K, et sous sa tension de vapeur, l'enthalpie de la vapeur, dans les mêmes conditions, sera égale à 5357 cal/mol.

Donc, l'enthalpie au point A est H_A = 5357 cal/mol
On calculera de même $\Delta H_{V_{350}}$ (voir calcul de H_E).

3°) L'équation de KIRCHHOFF fournit directement les tensions de vapeur aux températures considérées soit :

<u>T = 298</u> K $\quad \ln P_{S_R} = \frac{T_{B_R} \ln P_C}{T_{B_R} - 1} \left(\frac{1}{T_R} - 1 \right) = \frac{0{,}6355 \ln 41{,}07}{0{,}6355 - 1} \left(\frac{1}{298/436{,}85} - 1 \right)$

$$= -3{,}018137 \quad \text{d'où} \quad P_{S_R} = 0{,}04889$$

et $\quad P_S = 0{,}04889 \times P_C = 2{,}008$ atm
(réalité 2,17 atm)

<u>T = 350</u> K $\quad \ln P_{S_R} = \frac{0{,}6355 \ln 41{,}07}{0{,}6355 - 1} \left(\frac{1}{350/436{,}85} - 1 \right) = -1{,}60735$

d'où $\quad P_{S_R} = 0{,}2004 \qquad P_S = 8{,}230$ atm (réalité : 8,84 atm)

4°) <u>Calcul de H_B</u>.

Nous connaissons l'enthalpie à 298 K sous la tension de vapeur soit 2,008 atm (voir question 3) ; donc, pour calculer l'enthalpie à pression nulle, il faut obtenir (H* - H) sur le diagramme correspondant (annexe 1).

On a : $T_R = \dfrac{298}{436{,}85} = 0{,}682$

et : $P_R = \dfrac{2{,}008}{41{,}07} = 0{,}0489$

La lecture du diagramme donne : $\dfrac{H^* - H}{T_C} \approx 0{,}50$ cal/mol K

d'où : $H^* - H = 0{,}5 \times 436{,}85 = 218{,}4$ cal/mol ≈ 218 cal / mol

et : $H_B = 5357 + 218 = 5575$ cal/mol

<u>Calcul de H_C</u>.

On sait que $H_C - H_B = \displaystyle\int_{298}^{350} C_p^* \, dT$

donc : $H_C - H_B = 22{,}0\,(350 - 298) = 1144$ cal/mol

$H_C = H_B + 1144 = 5575 + 1144 = 6719$ cal/mol

<u>Calcul de H_D</u>.

H_C est l'enthalpie de la vapeur à 350 K et à pression nulle. Pour obtenir H_D, qui correspond à l'enthalpie du gaz sous la tension de vapeur à 350 K, on doit utiliser le diagramme donnant $\dfrac{H^* - H}{T_C}$.

Pour $P_{S_R} = 0{,}2004$ et $T_R = \dfrac{350}{436{,}85} = 0{,}801$, on trouve :

$\dfrac{H^* - H}{T_C} = 1{,}15$ cal/mol K

donc : $H^* - H = 1{,}15 \times 436{,}85 = 502{,}4$ cal/mol ≈ 502 cal/mol

et : $H_D = H_C - 502 \approx 6719 - 502 = 6217$ cal/mol

Calcul de H_E.

A 350 K l'enthalpie du liquide sous sa tension de vapeur est égale à H_D (l'enthalpie du gaz), diminuée de l'enthalpie de vaporisation $\Delta H_{V_{350}}$:

On calcule $\Delta H_{V_{350}}$ à partir de $\Delta H_{V_{277,6}}$:

$$\Delta H_{V_{350}} = 5623\left(\frac{1-350/436{,}85}{0{,}36452}\right)^{0{,}354} = 4537 \text{ cal/mol}$$

$$H_E = 6217 - 4537 = 1680 \text{ cal/mol}$$

Calcul de H_F.

On calcule l'enthalpie, à partir du point B.

On sait que : $H_F - H_B = \int_{298}^{436{,}83} C_p^* \, dT = 24{,}47\,(436{,}83 - 298) \approx 3397$ cal/mol

d'où : $H_F = H_B + 3397 = 5575 + 3397 = 8972$ cal/mol

Calcul de H_G.

H_F est l'enthalpie du gaz à pression nulle et à la température critique. Pour obtenir l'enthalpie au point critique, on utilise les tables fournissant H*- H. Au point critique, il faut utiliser la correction de WEBER.

Sur les courbes générales, on lit : $\frac{H^*-H}{T_C} \approx 5{,}6$ cal/mol K pour $T_R = 1$ et $P_R = 1$, mais c'est une valeur très approximative.

La correction de WEBER donne alors :

$$\frac{H^*-H}{T_C} = 5{,}6\left(\frac{T_C}{470}\right)^{0{,}370} = 5{,}45 \text{ cal/mol K}$$

d'où : $H_F - H_G = (H^* - H) = 5{,}45 \times 436{,}85 = 2380{,}8$ cal/mol ≈ 2381 cal/mol
et : $H_G = 8972 - 2381 = 6591$ cal/mol

Calcul de H_H.

L'enthalpie au point H se calcule facilement à partir d'un point connu, à pression nulle, par exemple le point B :

$$H_H - H_B = \int_{298}^{500} C_p^* \, dT = 26{,}18\,(500 - 298) \approx 5288 \text{ cal/mol}$$

d'où : $H_H = 5575 + 5288 = 10863$ cal/mol

Calcul de H_I.

Connaissant l'enthalpie à 500 K et sous pression nulle, H_H, on peut en déduire l'enthalpie, sous 70 atm, par les courbes donnant $\dfrac{H^*-H}{T_C}$

Dans ce cas : $T_R = \dfrac{500}{436{,}85} = 1{,}14$

$$P_R = \frac{70}{41{,}07} = 1{,}70$$

On lit : $\dfrac{H^*-H}{T_C} = 4{,}6.$

La correction de WEBER donne : $\dfrac{H^*-H}{T_C} = 4{,}6\left(\dfrac{T_c}{470}\right)^{0{,}23}$

d'où : $H^* - H = 4{,}6 \times 0{,}98332 \times 436{,}85 = 1975{,}99$ cal/mol ≈ 1976 cal/mol

d'où : $H_I = 10863 - 1976 = 8887$ cal/mol

Calcul de H_K (préliminaire au calcul de H_J).

On calcule d'abord l'enthalpie à 450 K et sous pression nulle, H_K

$$H_K - H_B = \int_{298}^{450} C_p^* \, dT = 24{,}83(450 - 298) = 3774{,}2 \text{ cal/mol} \approx 3774 \text{ cal/mol}$$

d'où : $H_K = 5575 + 3774 = 9349$ cal/mol

Calcul de H_J.

Pour obtenir H_J, on utilise à nouveau le diagramme donnant $\frac{H^*-H}{T_C}$.

Avec $P_R = 1{,}70$ et $T_R = \frac{450}{436{,}85} = 1{,}03$, on trouve $\frac{H^*-H}{T_C} = 7{,}8$ cal/mol K

La correction de WEBER donne alors : $\frac{H^*-H}{T_C} = 7{,}8\left(\frac{436{,}85}{470}\right)^{0{,}316}$
= 7,62 cal/mol K

d'où : $H^* - H = 7{,}62 \times 436{,}85 \approx 3329$ cal/mol $= H_K - H_J$

et : $H_J = 9349 - 3329 = 6020$ cal/mol

Les points 0 A B C D E F G H I J K ont été reportés sur la figure ci-après : "Diagramme H = f(T) de la triméthylamine - Solution", où on a tracé la courbe limitant le domaine "liquide-vapeur".

5°) La détente de type JOULE THOMSON étant isenthalpique, il suffit de mener, sur le diagramme H = f(T), une parallèle à l'axe des températures passant par le point I. Elle coupe la courbe $H^* = f(T)$ à la température $T \approx 434$ K qui est la température en fin de détente.

Additif : Calcul de C_p^*.

Nous donnons ci-après le calcul de la capacité thermique moyenne $\overline{C}_p^*$ de la triméthylamine entre 298 et 500 K, en application de la méthode de DOBRATZ.

On utilise la relation :

$$C_p^* = 4R + m\frac{R}{2} + \Sigma q_i C_{V\nu i} + \left[\frac{3n-6-m-\Sigma q_i}{\Sigma q_i}\right]\Sigma q_i C_{V\delta i}$$

dans laquelle : n est le nombre d'atomes de la molécule $n = 13$
m est le nombre de rotations libres (CN) $m = 3$
Σq_i est le nombre de liaisons, $\Sigma q_i = 12$
$C_{V\nu i}$ est la participation des vibrations longitudinales
$C_{V\delta i}$ est la participation des vibrations transversales

DIAGRAMME H = f (T) DE LA TRIMETHYLAMINE - Solution -

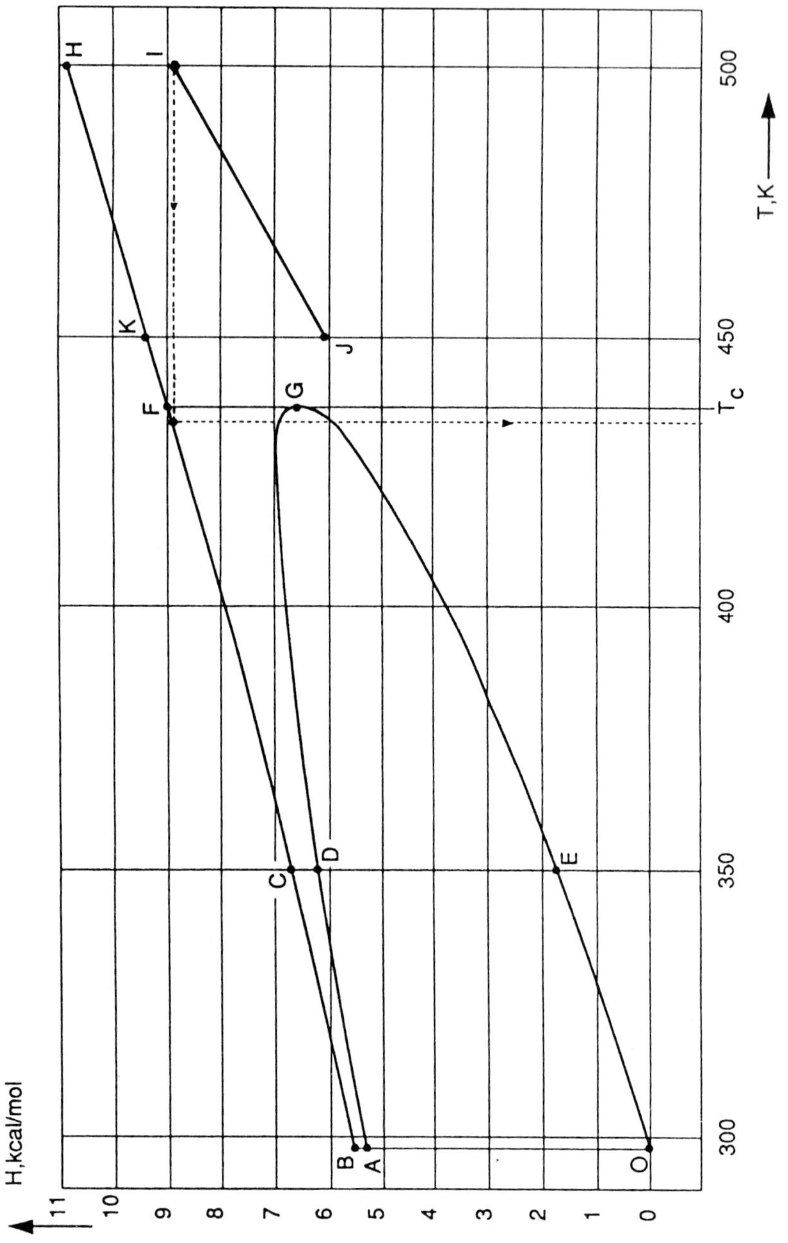

C_{Vvi} et $C_{V\delta i}$ sont fonction de la température, sous la forme : $A + BT + CT^2$.

Les coefficients A, B, C sont donnés dans le tableau ci-dessous pour différents types de liaison entre atomes.

. Calcul de $\Sigma_{q_i} C_{Vvi}$

		A	BT	CT^2
9	C - H :	(0,229	$- 1{,}224.10^{-3}\ T$	$+ 1{,}658.10^{-6}\ T^2$) 9
3	C - N :	(- 1,090	$+ 6{,}000.10^{-3}\ T$	$- 3{,}441.10^{-6}\ T^2$) 3
	Σ :	- 1,209	$+ 6{,}984.10^{-3}\ T$	$+ 4{,}599.10^{-6}\ T^2$

. Calcul de $\Sigma_{q_i} C_{V\delta i}$

		A	BT	CT^2
9	C - H :	(- 0,938	$+ 3{,}900.10^{-3}\ T$	$- 1{,}342.10^{-6}\ T^2$) 9
3	C - N :	(0,730	$+ 3{,}414.10^{-3}\ T$	$- 2{,}577.10^{-6}\ T^2$) 3
	Σ :	- 6,252	$+ 45{,}342.10^{-3}\ T$	$- 19{,}809.10^{-6}\ T^2$

. Le coefficient $\dfrac{3n - 6 - m - \Sigma q_i}{\Sigma q_i}$ vaut $\dfrac{39 - 6 - 3 - 12}{12} = 1{,}50$

L'application de la relation de DOBRATZ donne :

$$C_p^* = 0{,}341 + 74{,}997.10^{-3}\ T - 25{,}1145.10^{-6}\ T^2$$

. La valeur moyenne de C_p^*, entre 298 et 500 K, vaut :

$$\int_{298}^{500} C_p^*\, dT / 202 = \frac{68{,}88 + 37{,}4985\,(250 - 88{,}804) - 8{,}3715\,(125 - 26{,}463)}{202}$$

On trouve : $\overline{C}_p^* = 26{,}18$ cal/mol K, entre 298 et 500 K.

Capacités thermiques, à pression constante, des gaz parfaits

LIAISON	Participation pour les vibrations longitudinales ν			Participation pour les vibrations transversales δ		
	A	B x 10^3	C x 10^6	A	B x 10^3	C x 10^6
C - I, S - S	0,181	4,664	- 3,338	1,461	1,730	-1,272
C-Br	- 0,073	5,158	- 3,591	1,242	2,046	-1,501
C - Cl, C-S	- 0,562	6,385	- 4,495	1,023	2,590	-1,874
C- C, C- N, N - N	- 1,090	6,000	- 3,441	0,730	3,414	-2,577
C- O -, N - O	- 1,173	6,132	- 3,555	1,461	1,633	-1,414
C - F, C=S	- 1,128	5,845	- 3,253	0,011	5,119	-3,699
C=C, C=N	- 0,432	1,233	0,935	-1,140	7,254	-4,936
C=O, N=O	- 0,324	0,724	1,308	0,730	3,414	-2,577
S - H	0,129	- 1,333	2,263	-1,128	5,845	-3,253
C - H, N - H	0,229	- 1,224	1,658	-0,938	3,900	-1,342
O - H	0,150	- 0,810	1,055	-1,135	5,363	-2,740

[C.J. DOBRATZ, Ind. Eng. Chem., 33, 759 (1941).]

Impression : EUROPE MEDIA DUPLICATION S.A.
F 53110 Lassay-les-Châteaux
N° 6671 - Dépôt légal : Septembre 1999
N°281 (I) + CT 80°